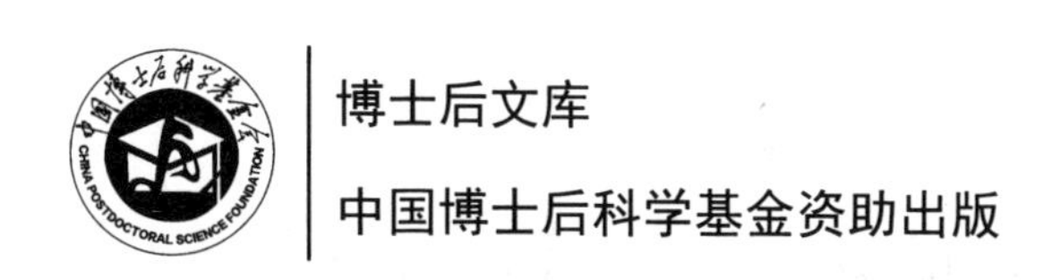

混凝土坝服役性态安全监控多尺度分析理论及其应用

赵二峰　著

科学出版社
北　京

内 容 简 介

本书针对我国已建混凝土坝的数量和总高度均居世界首位的现状，围绕混凝土坝长期运行安全这一当前坝工技术的焦点问题，系统介绍了混凝土坝服役性态安全监控多尺度分析理论，并列举了相应的应用实例。全书共分9章，介绍了混凝土坝服役性态多尺度数据估计模型和随机动态分析方法，高拱坝库盘变形的空间跨尺度正反分析方法和裂缝损伤安全监控分析方法，坝基渗流性态的有规分形分析方法、演变和转异监控模型，重力坝服役稳定性可靠度安全监控方法以及混凝土坝服役性态多源信息集成融合推理方法等内容。

本书可供从事水利水电工程、岩土工程和土木工程等领域设计、施工、运行管理的科研工作者和工程技术人员使用，也可作为水工结构工程、工程力学、安全工程和其他相近专业的本科生和研究生参考用书。

图书在版编目(CIP)数据

混凝土坝服役性态安全监控多尺度分析理论及其应用/赵二峰著. —北京：科学出版社，2019.6

(博士后文库)

ISBN 978-7-03-061622-7

I. 混… II. 赵… III. ①混凝土坝–安全监控–尺度分析 IV. ①TV642

中国版本图书馆CIP数据核字(2019)第114476号

责任编辑：周 丹 曾佳佳/责任校对：杨聪敏

责任印制：师艳茹/封面设计：许 瑞

科学出版社 出版

北京东黄城根北街16号

邮政编码：100717

http://www.sciencep.com

中国科学院印刷厂 印刷

科学出版社发行 各地新华书店经销

*

2019年6月第 一 版 开本：720×1000 1/16

2019年6月第一次印刷 印张：26

字数：520 000

定价：199.00元

(如有印装质量问题，我社负责调换)

《博士后文库》编委会名单

《博士后文库》序言

1985年，在李政道先生的倡议和邓小平同志的亲自关怀下，我国建立了博士后制度，同时设立了博士后科学基金。30多年来，在党和国家的高度重视下，在社会各方面的关心和支持下，博士后制度为我国培养了一大批青年高层次创新人才。在这一过程中，博士后科学基金发挥了不可替代的独特作用。

博士后科学基金是中国特色博士后制度的重要组成部分，专门用于资助博士后研究人员开展创新探索。博士后科学基金的资助，对正处于独立科研生涯起步阶段的博士后研究人员来说，适逢其时，有利于培养他们独立的科研人格、在选题方面的竞争意识以及负责的精神，是他们独立从事科研工作的“第一桶金”。尽管博士后科学基金资助金额不大，但对博士后青年创新人才的培养和激励作用不可估量。四两拨千斤，博士后科学基金有效地推动了博士后研究人员迅速成长为高水平的研究人才，“小基金发挥了大作用”。

在博士后科学基金的资助下，博士后研究人员的优秀学术成果不断涌现。2013年，为提高博士后科学基金的资助效益，中国博士后科学基金会联合科学出版社开展了博士后优秀学术专著出版资助工作，通过专家评审遴选出优秀的博士后学术著作，收入《博士后文库》，由博士后科学基金资助、科学出版社出版。我们希望，借此打造专属于博士后学术创新的旗舰图书品牌，激励博士后研究人员潜心科研，扎实治学，提升博士后优秀学术成果的社会影响力。

2015年，国务院办公厅印发了《关于改革完善博士后制度的意见》(国办发〔2015〕87号)，将“实施自然科学、人文社会科学优秀博士后论著出版支持计划”作为“十三五”期间博士后工作的重要内容和提升博士后研究人员培养质量的重要手段，这更加凸显了出版资助工作的意义。我相信，我们提供的这个出版资助平台将对博士后研究人员激发创新智慧、凝聚创新力量发挥独特的作用，促使博士后研究人员的创新成果更好地服务于创新驱动发展战略和创新型国家的建设。

祝愿广大博士后研究人员在博士后科学基金的资助下早日成长为栋梁之才，为实现中华民族伟大复兴的中国梦做出更大的贡献。

中国博士后科学基金会理事长

序

我国水利水电事业的发展与国民经济其他事业一样，也是从小到大，从中小型水利水电工程发展到世界第一水利枢纽——长江三峡水利枢纽，从10多米的低坝修建到300米级的锦屏一级特高拱坝，在使我国大江大河和一大批中小河流的径流、洪水基本得到控制的同时，建立了从规划、勘测、试验、设计、施工到运行管理的一整套标准化技术体系，逐渐形成了具有中国特色的坝工建设技术。目前，我国坝高100m以上的已建、在建大坝约200座，其中混凝土坝约占40%，在高坝建设中仍占重要地位。在世界装机容量前20名的大坝里，三峡重力坝、溪洛渡拱坝、向家坝重力坝、龙滩重力坝、小湾拱坝、拉西瓦拱坝、锦屏一级拱坝、二滩拱坝、构皮滩拱坝等均名列前茅。

工程实践证明，混凝土坝在结构形式上是安全性较高的坝型，如果坝基岩体坚固完整，混凝土坝绝少发生整体失稳破坏。但是，受地质、水文、设计、施工、运行管理等不确定因素的影响，大坝安全问题和溃坝风险一直无法回避，溃坝并导致重大人员伤亡在世界范围内都有过惨痛教训。然而，混凝土坝失稳破坏是有预兆的，只要建立合理的混凝土坝服役性态安全监控机制，混凝土坝失稳带来的溃坝洪灾是有可能避免的，至少可以减轻失事损失。尽管如此，我国一大批高坝工程的建设，其设计、建造直至运行管理至今尚无国际经验可以参考，都必须自主创新，这就要求我们必须迅速提高科技水平，还必须具有科技的前期储备。科学技术研发的宗旨是应用，对工程领域的科技工作者而言，主要任务就是成功解决工程中的实际关键问题，因此，实践是检验研发科技成功的唯一标准。

我长期从事大坝安全监控和水工结构领域的教学与科研工作，它需要综合应用水工、数学、力学、计算机、传感技术、系统工程等多学科理论。也正是由于大坝安全监控是一门综合性很强的学科，而且是一个正在迅速发展的研究方向，在理论和实践上都有很大的拓展和完善空间，每年有大量的文献发表。赵二峰同志作为大坝安全监控研究的后继人才，以自身研究及应用成果为主干撰写《混凝土坝服役性态安全监控多尺度分析理论及其应用》一书，针对大坝安全监控领域的前沿问题，沿“原型监测数据—结构数值模拟—多源信息综合评价”主线，主要围绕混凝土坝服役性态安全监控多尺度分析理论及其应用进行阐述，专注于多尺度数据估计模型、多尺度随机动态分析方法、跨尺度正反分析方法、裂缝损伤尺度分析方法、坝基渗流有规分形分析方法、稳定性可靠度安全监控方法、多源信息集成融合推理方法等内容，介绍了现阶段的科学分析理论和方法，并对这些方法引举工程实例作示范。可见，该书拓展了大坝安全监控领域的知识，通过阅读该书，读者可以更加系统深入地理解大坝全生命周期“规划设计—施工建设—运行监测”这一“闭路系统”的内涵。

我曾在 20 世纪 90 年代初，结合龙羊峡大坝，提出并研制了“一机四库”的大坝安全综合评价专家系统。当前，随着互联网的迅速发展与应用的深入，以物联网、智能技术、云计算与大数据等新一代信息技术为基本手段的智能大坝成为引领坝工建设发展的方向，这里将有众多关键技术亟待突破。科研与教学必须要有前瞻性与前沿性，我期待着作者继续刻苦努力，将大坝安全监控领域的研究成果运用到智能大坝建设中。

欣喜之余，写了个人感受，谨以为序。

中国工程院院士 吴中如

2018 年 11 月

前　　言

我国是洪灾、旱灾严重的国家，水库大坝是调蓄水资源、防范水灾及涉水次生灾害的重要基础设施。根据《第一次全国水利普查公报》，截至2011年年底，我国共有水库98 002座（未包括港澳台），总库容9323.12亿m^3，是世界上水库大坝数量最多的国家，这些水库大坝在保障我国防洪安全、能源安全和供水安全等方面发挥了重大的作用，产生了巨大的效益。截至2012年7月，在545座坝高30m以上的大坝中，拱坝46座、重力坝186座；2000年以后开工的工程共172座，其中拱坝22座、重力坝66座；按坝高100m以上统计，共计141座，其中重力坝46座、拱坝27座，西南地区高坝数量最多；坝高200m以上的大坝共13座，拱坝7座，最高的为锦屏一级拱坝305m，重力坝1座，光照碾压混凝土重力坝200.5m。随着科学技术的进步、经济的发展和水电能源开发规模的扩大，我国在复杂地质环境中修建的混凝土坝越来越多，并越来越高。但是，水库大坝安全，特别是大型水库大坝安全，因其影响范围大，一旦发生重大险情有可能造成灾难性的后果。世界水库大坝发展史上，欧洲、美国等均发生过溃坝失事等灾难性事件，例如法国马尔帕塞坝、美国圣弗朗西斯坝等。目前，我国水库大坝在数量、规模、坝高等多方面均走在世界的前列，需要对大坝安全保持高度关注。

尽管混凝土坝在结构形式上是安全性较高的坝型，但由于大坝建在复杂的水文地质和工程地质环境中，影响其服役性态的因素有设计、施工等工程因素与地形地貌条件、岩性、地质构造等地质因素，坝体承受着巨大的水压力和突发性地震荷载的冲击，以及随着时间推移带来的混凝土不同程度的老化、病变和裂缝等，这些缺陷或隐患若不能够被及时发现并采取措施解决，将会影响其正常运行，严重时将导致溃坝等灾难性事故。随着可持续发展的工程开发理念的不断深入，国家和社会对涉及能源与公共安全的大坝长效健康服役提出了更高的要求。因此，结合这方面的理论发展要求和重大工程的应用需要，作者经过近年来系统科学研究的逐步积累和总结，撰写成本书。

全书共分9章。第1章绪论，扼要介绍本书内容。第2章混凝土坝服役性态多尺度数据估计模型，论述了监测数据的奇异值诊断方法、监测效应量的最优估计方法、多尺度数据估计模型。第3章混凝土坝服役性态多尺度随机动态分析方法，论述了混凝土坝材料特性的多尺度建模分析方法、重力坝服役稳定性的随机动态分析模型和高拱坝服役性态的等效模拟分析方法。第4章高拱坝库盘变形的空间跨尺度正反分析方法，论述了库盘变形影响因素、模拟方法和变化规律以及库盘变形对大坝结构性态和坝体裂缝稳定性影响的分析方法。第 5 章拱坝裂缝损伤安全监控分析方法，论述了裂缝成因挖掘方法、裂缝稳定性安全监控方法以及基于弹性补偿法的裂缝损伤尺度对拱坝极限承载能力影响的分析方法。第 6 章坝基渗流性态的有规分形分析方法，论述了坝基渗流特性分析方法、坝基断层几何形态的有规分形模拟方法和断层面渗流特性的分形数值模拟方法，同时论述了坝基蠕变损伤对渗流性态的影响。第 7 章坝基断层渗流性态演变和转异监控模型，论述了坝基渗流性态演变时序模型、安全监控模型及其优化方法和时效转异诊断模型。第 8 章重力坝服役稳定性可靠度安全监控方法，论述了重力坝服役稳定性可靠度分析模式、模糊综合评价方法和时空监控方法。第 9 章混凝土坝服役性态多源信息集成融合推理方法，论述了混凝土坝股役性态多源信息集成融合分析模型、综合评价和推理等方法。

本书内容主要来自作者的博士学位论文、博士后工作报告和近年来完成的一系列科研项目成果，工程应用主要来自依托龙羊峡、小湾、李家峡、锦屏一级等工程的研究成果。在做研究期间，河海大学吴中如院士、顾冲时教授、刘汉龙教授、郑东健教授、苏怀智教授、包腾飞教授给予作者许多指导、建议，金怡硕士、宋鹏硕士、梅一韬硕士、李经纬硕士、方春晖博士、汪亚超博士等参加了部分研究工作，同时本书在编写过程中参考了有关书籍、文献，在此向这些专家学者表示衷心的感谢！特别感谢吴中如院士在 80 岁高龄之际还于百忙中亲自为本书作序予以鼓励！

本书的研究工作得到国家重点研发计划(2016YFC0401601)、国家自然科学基金重点项目(51739003)、国家自然科学基金面上项目(51779086，51479054)、江苏高校优势学科建设工程资助项目(水利工程)(YS11001)的资助，在此表示感谢。

由于作者水平和经验有限，书中的谬误与不足之处在所难免，敬请同行和读者批评指正。

赵二峰

2019 年 3 月于河海大学科学楼

目　　录

第1章 绪　论

1.1 混凝土坝服役性态安全监控的意义

1949 年中华人民共和国成立以来，我国水利水电工程建设得到了大力发展，现拥有水库大坝 9.8 万余座，成为世界上拥有水库大坝数量最多的国家。我国的坝工建设在数量、规模、技术难度和技术创新等方面都已进入世界前列，其中已建混凝土坝的数量和高度均居世界首位[1-3]。截至 2016 年 3 月，在国家能源局大坝安全监察中心注册和登记备案的水电站大坝有528座[4](其中混凝土坝和浆砌石坝所占比例超过了 75%)，虽然数量仅占全国大坝总数的 0.54%，但总库容与总装机容量分别占全国的 53.5%和 75.1%，这些大坝在防洪、发电、供水和灌溉等方面创造了巨大的经济效益和社会效益。然而，这些水电站工程多为高坝大库，在发挥巨大工程效益的同时，也存在一定的风险。一旦大坝溃决失事，不仅大坝损毁，直接影响电力供应与电网安全，还会给下游地区的人们生命财产和社会经济环境等造成极严重的损失。比如，1928 年，美国圣弗朗西斯重力坝溃决失事，造成 400 余人死亡；1959 年，法国马尔帕塞拱坝溃决失事，造成 500 多人死亡和失踪，财产损失约 300 亿法郎。1954～2007 年，我国水利部曾对全国溃坝先后进行过 3 次统计，全国水库大坝溃坝共计超过 3500 座，其中土石坝占 97.78%，混凝土坝占 0.33%。从统计资料来看，虽然国内外混凝土坝溃坝数量较少，但混凝土坝溃坝事故发生时，往往属于瞬时溃决，预警时间短，造成的后果极为严重。

目前，我国面临大坝数量多、极端气候变化和建设条件复杂等多重因素带来的风险，加之大坝长期运行过程中，由于受到水、大气、侵蚀性介质和温度变化的反复作用，会不断发生物理性和化学性变化，其性能和结构逐渐劣化，尤其是设计标准偏低、施工质量差、管理不善和在外界自然条件及运行环境恶劣时，其劣化行为将越来越严重，并逐步影响其安全服役。同时，我国 200m 级以上高坝主要集中在西部地区，大都分布在黄河、金沙江、雅砻江、澜沧江、大渡河等大江大河，对水工建筑物的安全性、稳定性、耐久性要求十分高[5,6]。此外，我国梯级开发的江河众多，在规划阶段没有充分考虑溃坝产生的流域安全风险传播和风险阻断，而高坝枢纽工程多为这些江河上的龙头水库或控制性工程，这要求高坝大库长期运行必须做到绝对安全。

我国未来水电工程建设中，高坝占有相当的比重，不仅有 200m 级的高坝，而且有 300m 级超高坝，如此密集地建设一批高坝工程，在世界筑坝史上前所未有[7,8]。高坝坝型中，混凝土坝仍占重要地位，其中混凝土拱坝为典型代表，重力坝较少。坝址在河谷狭窄、地形地质条件基本对称、坝基坝肩岩体坚硬完整的情况下，适合修建高拱坝。由于具有超载能力强、抗震性能好、坝身泄量大、配合地下厂房布置方案施工和运行干扰小以及坝体混凝土工程较省等优点，拱坝已成为超高坝极具竞争力的坝型，甚至是首选坝型。混凝土重力坝结构简单、受力明确，泄水建筑物组合形式较多，抵御洪水安全性高，可灵活布置各种类型的电站厂房，对地形地质条件有较好的适应性，仍然是高坝选择中的主要坝型，可作为超高坝比选坝型。但是，由于坝的应力水平与坝的高度大体成正比，坝体越高，应力越大，安全系数越低，随之带来勘测设计和建设管理中的诸多技术难题，使得特高混凝土坝的安全问题成为当前坝工技术的焦点[9,10]。

工程实践证明，混凝土坝在结构形式上是安全性较高的坝型，如果坝基岩体坚固完整，混凝土坝绝少发生整体失稳破坏。尽管如此，由于混凝土坝承受着巨大的荷载，而且工作条件极为复杂，在服役过程中，受到多重环境因素(如冻融循环、碳化、溶蚀或侵蚀、碱集料反应、干湿循环、温度疲劳冲击等)与荷载因素(如水压力、扬压力等)的长期作用，并经受各种突发性灾害(如汛期洪水、地震等)的侵袭，其服役性态受控于多因素协同作用下材料与结构的交互响应[11]。通过国内外混凝土坝溃坝资料统计分析表明，将近 50%都是由于坝基或坝肩问题引起，如坝基、坝肩存在软弱夹层导致渗流、冲刷破坏等；其次是洪水漫顶以及坝体破坏造成的，分别占 25%和 10%左右，且在漫顶引起的溃决大坝中，绝大多数均为长时间的持续漫顶引发坝基冲刷滑移或坝肩拱座失稳等而导致最终溃坝。截至目前，虽然我国在大坝中心注册的水电站大坝尚未发生过溃坝之类的重大恶性事件，但在运行中曾出现过洪水漫顶、坝基错动、坝体结构损坏、水淹厂房等险情。

可见，混凝土坝工程除了精心设计、精心施工、加强运行管理外[12]，安全监测作为了解大坝工作性态的耳目，可为评价其安全状况和发现异常迹象提供依据，并在出现险情时发布警报以预防大坝失事破坏，降低其造成的损失[13-16]。因此，研究混凝土坝服役性态安全监控多尺度分析理论及其应用，不仅对监控大坝安全状况起到重要作用，而且可以有效降低大坝运行风险、增强溃坝洪灾防控能力。

1.2　本书主要内容

本书主要围绕混凝土坝服役性态安全监控多尺度分析理论及其应用进行阐述，具体涉及混凝土坝服役性态多尺度数据估计模型、混凝土坝服役性态多尺度随机动态分析方法、高拱坝库盘变形的空间跨尺度正反分析方法、高拱坝裂缝损伤安全监控分析方法、坝基渗流性态的有规分形分析方法、坝基渗流性态演变和转异监控模型、重力坝服役稳定性可靠度安全监控方法、混凝土坝服役性态多源信息集成融合推理方法等内容。

1) 混凝土坝服役性态多尺度数据估计模型

鉴于混凝土坝服役性态安全监测效应量之间存在一定的相关关系，首先对效应量监测数据中的奇异值进行分类和模型描述，研究了奇异值诊断和校正方法；然后，在分析监测效应量的最优估计方法的基础上，基于多尺度系统理论，引入时间尺度变量，对监测效应量进行多尺度表示，建立了监测效应量的多尺度数据估计模型，实现在任一尺度上获得基于全局监测信息的最优估计值。将上述方法应用于某重力坝工程，定量分析了大坝服役性态，有效地监控了大坝安全运行。

2) 混凝土坝服役性态多尺度随机动态分析方法

水工混凝土在宏观上连续，在微观、细观上为离散颗粒的集合体，通过分析混凝土材料特性的多尺度建模方法，研究了混凝土细观力学性质对结构的影响。考虑工程材料参数的随机性，利用随机有限元方法计算重力坝服役荷载作用下的效应场，结合某重力坝实测资料，利用递阶对角神经网络获取了工程材料力学参数，建立了重力坝服役稳定性随机动态分析模型。同时，依托锦屏一级双曲拱坝工程，研究了基于伯努利神经网络的高拱坝施工期黏弹性参数反演方法以及运行期极限承载能力等效分析方法。

3) 高拱坝库盘变形的空间跨尺度正反分析方法

由于高坝大库工程的库盘承受巨大水压作用，产生明显向上游转动的变形，其对坝体的影响不可忽视，在对工程运行性态进行分析时有必要加以考虑。通过建立大尺度的库盘模型和小尺度的近坝区模型以及细尺度的坝体结构裂缝模型，提炼了影响高拱坝库盘变形的一般性因素，正反分析了库盘变形变化规律。在此基础上，依托小湾双曲拱坝和龙羊峡重力拱坝工程，结合库盘和大坝实测资料，研究了库盘变形对高拱坝结构性态的影响。

4) 拱坝裂缝损伤安全监控分析方法

通过典型拱坝裂缝相关资料的归纳分析，研究了高拱坝裂缝产生和扩展的影响因素，建立了高拱坝裂缝成因故障树模型，基于粗集理论，依托李家峡工程，进行了高拱坝裂缝成因挖掘，拟定了裂缝失稳判据和警戒指标。在此基础上，分析了混凝土断裂过程区的软化特性和虚拟裂缝模型的特点，探讨了通过承载比均匀度与基准承载比调整单元弹性模量的方法，避免了弹性补偿法名义应力确定的困难，通过模拟某高拱坝极限承载能力状态和局部裂缝损伤状态，分析了裂缝损伤尺度对拱坝极限承载力的影响。

5) 坝基渗流性态的有规分形分析方法

坝基渗流特性取决于岩体的风化程度和岩体裂隙结构面的产状、渗透与变形特性以及岩体的主要断层等透水带。为了准确衡量坝基集中透水通道等对大坝安全的影响，从分析坝基断层的渗流基本特性出发，根据断层渗流的有规分形特性，研究了坝基断层结构面分形特征的模拟方法，论述了考虑断层结构面分形形态的渗流数值模拟方法，并考虑坝基蠕变损伤特性，建立了考虑坝基断层结构面分形特性的蠕变与渗流耦合分析模型。将上述方法应用于龙羊峡工程右岸 F_{120} 断层和 A_2 岩脉的渗流性态的模拟分析，评价了断层及上部覆盖岩体的蠕变和渗流特性对坝基渗流场的影响效应。

6）坝基渗流性态演变和转异监控模型

在应用分形理论模拟断层结构面形态的基础上，结合裂隙渗流立方定律，研究了基于量子遗传优化算法的反映断层结构面形态的渗透系数反演分析方法，充分体现了断层沟槽流、绕流等渗流水力特性，据此构建了坝基渗流演变时序模型。此外，针对库水位、降雨对坝基渗流影响的滞后效应，建立了坝基测压管水位安全监控模型和渗流量安全监控模型，并论述了坝基渗流监控模型优化方法，建立了坝基渗流时效转异诊断模型。将上述方法应用于龙羊峡坝基渗流分析，客观反映了断层的渗流特性，有助于监控坝基渗流性态变化。

7）重力坝服役稳定性可靠度安全监控方法

针对重力坝服役性态分析中存在的随机性、模糊性等诸多客观不确定性因素以及工程地质勘探、设计、施工、运行管理等主观不确定因素，通过建立递阶层次模型对风险因素进行识别，构建了重力坝失稳破坏模式构成方式概化模型，利用模糊综合评判分析方法，研究了串联系统和各种累积破坏模式形成并联系统下的重力坝失稳破坏概率计算方法，并利用模糊数学综合评判了主观不确定性因素对重力坝服役性态的影响。在此基础上，研究了重力坝沿坝基典型组合滑动面的深层抗滑稳定分析方法，依托某宽缝重力坝工程，利用典型坝段监测数据构建时效位移场，建立了大坝服役稳定性的尖点突变模型及失稳判据。

8）混凝土坝服役性态多源信息集成融合推理方法

混凝土坝服役性态多源信息集成融合推理需要综合考虑各种影响因素，研究了多源信息的多层融合、知识获取、知识表示和实时推理等方法；针对混凝土坝服役性态多源信息集成融合推理评价是多指标、多层次的递阶分析问题，阐述了多源信息融合的相容方法集构建方法，介绍了混凝土坝服役性态综合评价的博弈法、方法集化法和模糊属性法；最后，为从信息集成的角度实现对多源信息和各种融合算法的综合控制，以专家系统技术为基础，研究了混凝土坝服役性态多源信息集成融合推理功能的实现方法。

第 2 章　混凝土坝服役性态多尺度数据估计模型

2.1　概　　述

在混凝土坝服役性态安全评价中，影响因素多而复杂，如坝体位移除了受库水压力影响外，还受到温度、渗流、基岩、周围环境以及施工等因素的影响，故依据监测数据，建立安全监控模型进行定量评价预测，对监控混凝土坝安全运行起着重要作用。比如借助统计回归分析所求得的回归方程即测值变量之间关系的数学表达式，在必要的时候，它可使得不必直接测定某些数据，而只需把与该数据有关的另一些数据测出来，通过它们之间存在的数学关系式，推算出所要测定的量，即所谓预报；或根据坝工专业知识和工程原理，对已求得的规律作分析和判断，以取得结构是否处于正常运行状态的信息；或经过分析判断，认定这个规律是正常的情况下，可用它同以后的测值相对照，以判断结构的动向是否失常，后两者即所谓监视结构安全。

但随着新的监测方法和仪器不断涌现，并投入使用，混凝土坝服役性态安全监测一方面朝着规模化、复杂化、自动化程度高的方向发展，采集频率高，数据量日益增大；另一方面由于受到监控系统或监测仪器时常出现各类故障等诸多不确定性因素影响，监测数据往往都是效应量的真实信息经模糊、失真或加噪后的输出信息。效应量监测数据除了包含真实信息和随机误差信息外，还包含系统误差、粗差等未确知性信息，并常常会出现一个或多个严重偏离目标真值的奇异值，使得监控系统得出一些不利的结论而产生虚警误报，削弱了监测数据反映混凝土坝服役性态的能力。而且，监控系统通常由若干子系统组成，监控往往是在不同尺度上进行的，系统的分层和分块特性使得监测部位非常多。而传统的数据统计分析方法还处于单效应量分析阶段，割裂了大多数效应量之间的相关关系，而且对于系统中普遍存在的噪声和异常数据，仍需依赖专家凭经验进行认定和处理，分析效率显得较为低下。因此，虽然先进的数据采集方式提供了大量实测数据，但骤增的分析工作量直接导致分析用时的几何增长，势必导致补救措施延误，更为严重的是应急措施不力可能引起工程失事，造成不可挽回的损失。

多尺度系统理论是在小波变换方法、系统理论及随机过程理论等基础上建立起来的[17]，尺度变量在动态过程中犹如时间序列中的时间变量。混凝土坝服役性态监测过程可以看作是尺度上具有“因果”关系的动态系统，利用多尺度系统理论可以研究在不同尺度上得到的监测数据的多尺度统计特性，将动态过程的多尺度表示方法、多尺度数据估计方法等引入混凝土坝服役性态安全监控领域，可以大大简化分析过程，降低计算的复杂性。

2.2 监测数据的奇异值诊断方法

2.2.1 奇异值分类及其模型描述

2.2.1.1 奇异值分类

混凝土坝安全监测效应量能够及时反映大坝结构和性能的重要变化，如荷载的突变、大坝本身结构性能的改变会产生监测数据奇异突变，但当监测仪器出现故障或操作和记录过失以及数据复制和计算处理出现的过失性错误时，效应量监测数据中的奇异值将影响到对混凝土坝服役性态的准确评价。监测数据中的奇异值比较常见的有以下两种类型。

1)斑点型奇异值

斑点型奇异值指成片出现的异常监测数据，表现在 t_{j-p} 时刻出现的奇异值，将引起 $y(t_{j-p+1})$，…，$y(t_j)$ 区域性的严重偏离失真。

2)孤立型奇异值

某一时刻 t_i 处的监测数据是否为奇异值与 t_{i-1} 及 t_{i+1} 时刻监测数据的质量无必然联系，比较常见的是，当 t_i 时刻的监测数据呈现异常时，在 t_i 时刻的一个邻域内监测数据质量是好的，即奇异值的出现是孤立的。

一般情况下，效应量监测误差包括系统误差和随机误差。在效应量监测数据中，系统误差将引起区间性的整体漂移，即出现斑点型奇异值，主要表现为监测数据总是大于(或小于)真实值一个固定的程度(百分比或定值)，整个监测数据序列被分割成若干个数据段，影响了对全序列监测数据的分析；孤立型奇异值主要由随机误差引起，表现为监测数据在真实值附近的突跳性，是效应量监测过程中不可预见的偏差。

2.2.1.2 奇异值的模型描述

设混凝土坝服役性态效应量监测数据的集合为 $D=\{y(t_1),y(t_2),\cdots,y(t_N)\}$。

1)监测效应量的“加性”分解

根据复杂因素对混凝土坝服役性态的影响机制，监测效应量 $y(t)$ 可分解成下列四个部分：

$$y(t)=y_{\mathrm{tr}}(t)+y_{\mathrm{p}}(t)+\varepsilon_{\mathrm{s}}(t)+\varepsilon_0(t) \tag{2-1}$$

式中：$y_{\mathrm{tr}}(t)$ 为趋势分量，描述监测数据的趋势性变化；$y_{\mathrm{p}}(t)$ 为周期分量，描述监测数据周期性变化，即混凝土坝受到周期性变化因素作用，每隔一段时间后运行状态出现一定的相似性；$\varepsilon_{\mathrm{s}}(t)$ 为监测数据随机误差分量，反映的是监测仪器随机误差和混凝土坝服役环境中各种不确定扰动共同作用的结果；$\varepsilon_0(t)$ 为监测数据的污染分量或突变型分量，将使监测数据发生严重偏离，$P\{\varepsilon_0(t)=0\}=1-\gamma$ 或 $P\{\varepsilon_0(t)\gg 0\}=\gamma$，其中 γ 为奇异值出现的概率。

2) 加性异常值模型

在监测时刻 t_{i_0}，由于受到随机误差产生因素的影响，某些监测数据 $\varepsilon_0(t)$ 严重偏离大部分测值，用模型描述为

$$\varepsilon_0(t)=\lambda\delta_{(i,t_0)} \tag{2-2}$$

式中：λ 为效应量监测数据异常幅度；$\delta_{(i,t_0)}$ 为 Kronecker delta 函数。

传统监测数据分析是基于数理统计原理，利用监测资料建立监测效应量的统计模型，根据模型中的剩余标准差，将实测值与模型值进行比较，从而进行效应量监测数据中的奇异值诊断。鉴于主元分析能够有效地利用效应量之间的相关性，并能够提高监测数据分析效率，下面引入主元分析方法对效应量监测数据进行分析。

2.2.2 主元分析

主元分析(principal component analysis，PCA)是在不损失或很少损失原有信息的前提下，对高维空间信息进行降维及特征提取，在保留主要过程信息的基础上实现数据压缩和数据解释。

2.2.2.1 主元分析描述

假设有 n 个效应量，每个效应量有 L 个监测数据，利用 $L\times n$ 的矩阵表示

$$\boldsymbol{X}=\begin{bmatrix} x_{11} & x_{12} & \cdots & x_{1j} & \cdots & x_{1n} \\ x_{21} & x_{22} & \cdots & x_{2j} & \cdots & x_{2n} \\ \vdots & \vdots & & \vdots & & \vdots \\ x_{i1} & x_{i2} & \cdots & x_{ij} & \cdots & x_{in} \\ \vdots & \vdots & & \vdots & & \vdots \\ x_{L1} & x_{L2} & \cdots & x_{Lj} & \cdots & x_{Ln} \end{bmatrix} \tag{2-3}$$

式中：L 为监测系统变量的监测值数目；n 为监测系统变量数目。

标准化后的矩阵 $\tilde{\boldsymbol{X}}$ 和协方差矩阵 $\boldsymbol{S}$ 分别为

$$\tilde{\boldsymbol{X}}=\begin{bmatrix}\tilde{x}_{11} & \tilde{x}_{12} & \cdots & \tilde{x}_{1n}\\ \tilde{x}_{21} & \tilde{x}_{22} & \cdots & \tilde{x}_{2n}\\ \vdots & \vdots & & \vdots\\ \tilde{x}_{L1} & \tilde{x}_{L2} & \cdots & \tilde{x}_{Ln}\end{bmatrix}\in R^{L\times n} \tag{2-4}$$

$$\boldsymbol{S}=\frac{1}{L-1}\tilde{\boldsymbol{X}}^{\mathrm{T}}\boldsymbol{X} \tag{2-5}$$

将矩阵 $\tilde{\boldsymbol{X}}$ 分解为 n 个向量外积之和

$$\tilde{\boldsymbol{X}}=[t_1,t_2,\cdots,t_n]\begin{bmatrix}\boldsymbol{p}_1^{\mathrm{T}}\\ \boldsymbol{p}_2^{\mathrm{T}}\\ \vdots\\ \boldsymbol{p}_n^{\mathrm{T}}\end{bmatrix}=\sum_{j=1}^{n}\boldsymbol{t}_j\boldsymbol{p}_j^{\mathrm{T}} \tag{2-6}$$

式中：$\boldsymbol{t}_j\in R^{L\times 1}$ 为得分向量元素，即主元；$\boldsymbol{p}_j\in R^{n\times 1}$ 称为负载向量元素。

由于协方差矩阵 $\boldsymbol{S}$ 是实对称矩阵，可将其分解为

$$\boldsymbol{S}=\boldsymbol{Q}\boldsymbol{\Lambda}\boldsymbol{Q}^{\mathrm{T}} \tag{2-7}$$

式中：$\boldsymbol{Q}=[q_1,q_2,\cdots,q_n]$ 为特征向量矩阵，$\boldsymbol{q}_i=[q_{i1},q_{i2},\cdots,q_{in}]$，$\langle q_i,q_j\rangle=\delta_{ij}$，$i,j=1,2,\cdots,n$；$\boldsymbol{\Lambda}=\mathrm{diag}[\lambda_1,\lambda_2,\cdots,\lambda_n]$ 是实对角矩阵，λ_i 为 $\boldsymbol{S}$ 的特征值，并可假定 $\lambda_1\geqslant\lambda_2\geqslant\cdots\geqslant\lambda_n$，各主元的贡献大小根据 λ_i 大小确定，依次称为第一、第二、第三主元等。

主元分析同矩阵的奇异值分解密切相关，矩阵 $\tilde{\boldsymbol{X}}$ 的奇异值分解为

$$\tilde{\boldsymbol{X}}=\boldsymbol{U}\boldsymbol{D}\boldsymbol{V}^{\mathrm{T}} \tag{2-8}$$

式中：$\boldsymbol{U}=[u_1,u_2,\cdots,u_L]\in R^{L\times L}$，$\langle u_k,u_l\rangle=\delta_{kl}$，$k,l=1,2,\cdots,L$；$\boldsymbol{V}=[v_1,v_2,\cdots,v_L]\in R^{n\times n}$，$\langle v_i,v_j\rangle=\delta_{ij},i,j=1,2,\cdots,n$；$\boldsymbol{D}=\begin{bmatrix}\Sigma & \boldsymbol{O}_{r\times(n-r)}\\ \boldsymbol{O}_{(n-r)\times r} & \boldsymbol{O}_{(n-r)\times(n-r)}\end{bmatrix}\in R^{L\times n}$，$\boldsymbol{O}$ 表示相应阶的零矩阵，$\Sigma=\begin{bmatrix}\sigma_1 & 0 & \cdots & 0\\ 0 & \sigma_2 & \cdots & 0\\ \vdots & \vdots & & \vdots\\ 0 & 0 & \cdots & \sigma_r\end{bmatrix}\in R^{r\times r}$。

由于矩阵 $\tilde{\boldsymbol{X}}$ 的奇异值 $\sigma_j(j=1,2,\cdots,r,r+1,\cdots,n)$ 等于协方差矩阵 $\boldsymbol{S}$ 的特征值的平方根 $\sigma_1=\sqrt{\lambda_1},\sigma_2=\sqrt{\lambda_2},\cdots,\sigma_n=\sqrt{\lambda_n}$。根据 $\lambda_1\geqslant\lambda_2\geqslant\cdots\geqslant\lambda_r>\lambda_{r+1}=\cdots=\lambda_n=0$，有 $\sigma_1\geqslant\sigma_2\geqslant\cdots\geqslant\sigma_r>\sigma_{r+1}=\cdots=\sigma_n=0$。将式(2-8)改写为

$$\tilde{\boldsymbol{X}}=\sum_{j=1}^{n}\sigma_j\boldsymbol{u}_j\boldsymbol{v}_j^{\mathrm{T}}=\sum_{j=1}^{r}\sigma_j\boldsymbol{u}_j\boldsymbol{v}_j^{\mathrm{T}}+\sum_{j=r+1}^{n}\boldsymbol{O}_{n\times 1}\boldsymbol{v}_j^{\mathrm{T}} \tag{2-9}$$

对照式(2-6)，则有 $\boldsymbol{t}_j=\begin{cases}\sigma_j\boldsymbol{u}_j, & j=1,2,\cdots,r\\ \boldsymbol{O}_{n\times1}, & j=r+1,\cdots,n\end{cases}$，$\boldsymbol{p}_j=\boldsymbol{v}_j$，$j=1,2,\cdots,n$，即矩阵 $\tilde{\boldsymbol{X}}$ 的主元分解，$\sigma_1\boldsymbol{u}_1$ 实际就是 $\tilde{\boldsymbol{X}}$ 的第一个主元向量，而 $\boldsymbol{v}_1$ 也就是 $\tilde{\boldsymbol{X}}$ 的第一个负载向量。这样，式(2-9)可写成

$$\tilde{\boldsymbol{X}}=\boldsymbol{T}\boldsymbol{P}^{\mathrm{T}} \tag{2-10}$$

式中：$\boldsymbol{T}=[t_1,t_2,\cdots,t_n]=\boldsymbol{U}\boldsymbol{D}$；$\boldsymbol{P}=[p_1,p_2,\cdots,p_n]=\boldsymbol{V}$。

根据 $\boldsymbol{V}=[v_1,v_2,\cdots,v_L]\in R^{n\times n},\langle v_i,v_j\rangle=\delta_{ij},i,j=1,2,\cdots,n$，可知，各个负载向量之间是互相正交的，且每个负载向量长度都为 1，即

$$\boldsymbol{p}_i\boldsymbol{p}_j^{\mathrm{T}}=\langle p_i,p_j\rangle=\delta_{ij} \tag{2-11}$$

$$\|\boldsymbol{p}_i\|_2=1 \tag{2-12}$$

式中：$i,j=1,2,\cdots,n$；$\boldsymbol{p}_i=[p_{1i},p_{2i},\cdots,p_{ni}]^{\mathrm{T}}$，$p_{ji}\in R^{1\times1}$。

将式(2-6)两边右同乘 $\boldsymbol{p}_i$，则有

$$\tilde{\boldsymbol{X}}\boldsymbol{p}_i=t_1\boldsymbol{p}_1^{\mathrm{T}}\boldsymbol{p}_i+t_2\boldsymbol{p}_2^{\mathrm{T}}\boldsymbol{p}_i+\cdots+t_n\boldsymbol{p}_n^{\mathrm{T}}\boldsymbol{p}_i \tag{2-13}$$

从而得到

$$t_i=\tilde{\boldsymbol{X}}\boldsymbol{p}_i,\ i=1,2,\cdots,n \tag{2-14}$$

式(2-14)说明每一个主元向量实际上是 $\tilde{\boldsymbol{X}}$ 在该主元向量相对应的负载向量方向上的投影，且得分向量是相互正交的。

结合 $\tilde{\boldsymbol{X}}=[\tilde{X}_1,\tilde{X}_2,\cdots,\tilde{X}_n]$ 和 $\boldsymbol{p}_i=[p_{1i},p_{2i},\cdots,p_{ni}]^{\mathrm{T}}$, $p_{ji}\in R^{1\times1}$，式(2-14)可改写为

$$t_i=p_{1i}\tilde{X}_1+p_{2i}\tilde{X}_2+\cdots+p_{ni}\tilde{X}_n \tag{2-15}$$

即主元 t_i 就是变量 $\tilde{X}_1$，$\tilde{X}_2$，…，$\tilde{X}_n$ 的一个线性联合，t_i 的范数反映了 $\tilde{\boldsymbol{X}}$ 在 $\boldsymbol{p}_i$ 方向上的覆盖长度，t_i 的范数越大，$\tilde{\boldsymbol{X}}$ 在 $\boldsymbol{p}_i$ 方向上的变化越大，故得分向量按其长度可做如下排序：$\|t_1\|>\|t_2\|>\cdots>\|t_n\|$。因此，负载向量 $\boldsymbol{p}_1$ 代表矩阵 $\tilde{\boldsymbol{X}}$ 变化的最大方向，$\boldsymbol{p}_2$ 同 $\boldsymbol{p}_1$ 垂直并表示矩阵 $\tilde{\boldsymbol{X}}$ 变化的第二大方向，以此类推，$\boldsymbol{p}_n$ 代表数据矩阵 $\tilde{\boldsymbol{X}}$ 变化的最小方向。

主元分析的几何表示如图 2-1 所示，图中有两个主元，分别记为 PC#1 和 PC#2，它们之间是正交的。第一个主元 PC#1 给出了数据变化的主要趋势，而相比之下，第二个主元 PC#2 呈现的是数据变化的次要趋势，可认为是噪声因素，是可以忽略的因素。

因此，若设 $z_1,z_2,\cdots,z_m$ 为新的综合变量，主元分析的目的即将 z_i 表示为 $x_1,x_2,\cdots,x_n$ 的线性组合，且不同 z_i 之间互不相关。主元分析的实质就是确定原变量 x_i（$i=1,2,\cdots,n$）在主元 z_i（$i=1,2,\cdots,m$）上的系数，各主元分别是 $\tilde{\boldsymbol{X}}$ 的前 m 个具有较大特征值所对应的特征向量，包含了 $x_1,x_2,\cdots,x_n$ 的绝大部分的信息。建立

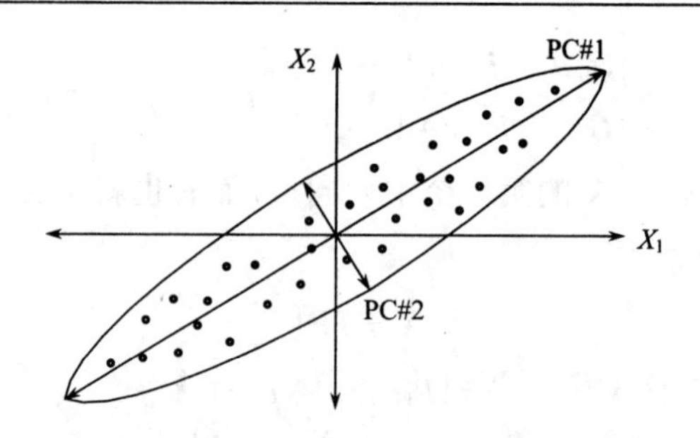

图 2-1　PCA 的几何表示

主元模型的关键问题是如何选择合适的主元个数，当所选主元个数太少时，将会丢失较多信息，造成模型误差增大；当采用的主元过多时，将会因过多地引入过程数据中的测量噪声，造成模型误差增大。

2.2.2.2　主元变量选取

下面通过计算前 m 个主元所包含的能量(范数)占所有能量的百分比来确定主元的个数，前 m 个主元的能量百分比为

$$\mathrm{EP}(m)=\left[\frac{\sum_{j=1}^{m}\left\|t_j\right\|_2}{\sum_{j=1}^{n}\left\|t_j\right\|_2}\right]\times 100\% \tag{2-16}$$

该方法需要事先选取 EP 值的期望阈值，当 EP 值大于该阈值时，对应的 m 值就是所要保留的主元个数，一般需达到 70%～90%。因此，式(2-6)可改写为

$$\tilde{\boldsymbol{X}}=\underbrace{\sum_{j=1}^{m}t_j\boldsymbol{p}_j^{\mathrm{T}}}_{\text{PCA模型}}+\underbrace{\sum_{l=m+1}^{n}t_l\boldsymbol{p}_l^{\mathrm{T}}}_{\boldsymbol{E}\text{残差矩阵}}=\underbrace{\sum_{j=1}^{m}t_j\boldsymbol{p}_j^{\mathrm{T}}}_{\text{PCA模型}}+\boldsymbol{E} \tag{2-17}$$

式中：$\boldsymbol{E}$ 是残差矩阵。

在实际当中，m 要比 n 小得多，忽略 $\boldsymbol{E}$ 会起到清除监测数据中噪声的效果，并不会引起数据的明显损失，故有

$$\tilde{\boldsymbol{X}}=\sum_{i=1}^{m}t_i\boldsymbol{p}_i^{\mathrm{T}} \tag{2-18}$$

因此，采用 PCA 进行多效应量分析，一方面利用主元代替效应量，解决了变量间的相关性问题，并减小了变量的规模；另一方面减小了监测误差的影响。

2.2.2.3　PCA 诊断指标

由于混凝土坝服役性态效应量监测误差没有系统性、数学期望为零、服从高

斯正态分布，而且各次监测互相独立，并具有相同的精度。因此，为了进行效应量监测数据中奇异值的诊断分析，通过 Hotelling-T^2 图，检查 T^2 统计量是否在所定义的控制限内，这里 T^2 为

$$T^2 = \sum_{i=1}^{m} \frac{t_i^2}{s_i^2} \tag{2-19}$$

式中：s_i 是 t_i 的标准差，$s_i^2 = \lambda_i$。

T^2 的置信限可用下式来计算：

$$T_{m,L,\xi}^2 = \frac{m(L-1)}{L-m} F_{m,L-m,\xi} = h_{4a} \tag{2-20}$$

通过有限长度的效应量监测数据计算得到 T^2 值，当 $T^2 > h_{4a}$ 时，表明效应量监测数据中存在奇异值，应对其进行报警分析；当 $T^2 \leqslant h_{4a}$ 时，表明效应量监测数据未有异常发生。

2.2.3 奇异值诊断

在主元分析的基础上，下面研究利用最优估计理论对效应量监测数据中奇异值进行诊断的方法，实现对混凝土坝安全监控系统虚警误判诊断的目的，从而提高监测数据反映混凝土坝服役性态变化的能力。

2.2.3.1 监测信息矩阵的获取

针对混凝土坝安全监测系统，状态向量 $\boldsymbol{x}(k) \in R^{n\times 1}$，单效应量的监控方程为

$$z(k) = \boldsymbol{C}(k)\boldsymbol{x}(k) + \boldsymbol{v}(k) \tag{2-21}$$

式中：整数 $k \geqslant 0$ 为离散时间变量；$z(k) \in R^{m\times 1}$ 是监测仪器对状态 $\boldsymbol{x}(k) \in R^{n\times 1}$ 的监测数据；$\boldsymbol{C}(k) \in R^{m\times n}$ 是监测数据矩阵；监测噪声 $\boldsymbol{v}(k) \in R^{m\times 1}$ 是高斯白噪声序列，具有如下的统计特性：

$$E\left\{\boldsymbol{v}(k)\right\} = 0 \tag{2-22}$$

$$E\left\{\boldsymbol{v}(i)\boldsymbol{v}^{\mathrm{T}}(k)\right\} = \boldsymbol{R}(k)\delta_{ik} \tag{2-23}$$

式中：$i,k \geqslant 0$；$\boldsymbol{R}(k) = \mathrm{diag}[\boldsymbol{R}_1(k), \boldsymbol{R}_2(k), \cdots, \boldsymbol{R}_N(k)]$，为正定矩阵。

多效应量监控通常是选取一段长度为 L 的监测数据 $z(k_0+1)$，…，$z(k_0+L)$ 进行分析，可得到如下的监测数据矩阵：

$$\boldsymbol{Z}(L) = \begin{bmatrix} z_1(k_0+1) & z_2(k_0+1) & \cdots & z_m(k_0+1) \\ z_1(k_0+2) & z_2(k_0+2) & \cdots & z_m(k_0+2) \\ \vdots & \vdots & & \vdots \\ z_1(k_0+L) & z_2(k_0+L) & \cdots & z_m(k_0+L) \end{bmatrix} \in R^{L\times m} \tag{2-24}$$

在上述矩阵中，每一列向量表示对效应量同一分量相继的监测值，每一行向量表示相应时刻对效应量状态向量的一次监测值，k_0 为监测中的某一时刻。

2.2.3.2 单效应量状态估计的奇异值诊断方法

根据最优估计理论，利用单效应量监测数据序列 $z(k_0+1)$，…，$z(k_0+L)$ 对相应的过程状态进行估计，从而得到状态 $x(k_0+l)$ 的估计值 $\hat{x}(k_0+l)$ 和相应的估计误差协方差矩阵 $\boldsymbol{P}(k_0+l)$ 为

$$\hat{x}(k_0+l)=\left\{\boldsymbol{C}^{\mathrm{T}}(k_0+l)\boldsymbol{R}^{-1}(k_0+l)\boldsymbol{C}(k_0+l)\right\}^{-1}\boldsymbol{C}^{\mathrm{T}}(k_0+l)\boldsymbol{R}^{-1}(k_0+l)\boldsymbol{C}(k_0+l) \quad (2\text{-}25)$$

$$\boldsymbol{P}(k_0+l)=\left\{\boldsymbol{C}^{\mathrm{T}}(k_0+l)\boldsymbol{R}^{-1}(k_0+l)\boldsymbol{C}(k_0+l)\right\}^{-1} \quad (2\text{-}26)$$

式中：$l=1,2,\cdots,L$。

可将式(2-25)写成如下的状态估计矩阵：

$$\hat{\boldsymbol{x}}(L)=\begin{bmatrix}\hat{x}_1(k_0+1) & \hat{x}_2(k_0+1) & \cdots & \hat{x}_n(k_0+1)\\ \hat{x}_1(k_0+2) & \hat{x}_2(k_0+2) & \cdots & \hat{x}_n(k_0+2)\\ \vdots & \vdots & & \vdots\\ \hat{x}_1(k_0+L) & \hat{x}_2(k_0+L) & \cdots & \hat{x}_n(k_0+L)\end{bmatrix}\in\boldsymbol{R}^{L\times n} \quad (2\text{-}27)$$

然后采用 PCA 对式(2-27)进行分析，通过 T^2 与置信限 h_{4a} 比较，对监测数据中的奇异值进行诊断，由此判别效应量是否处于正常变化状态。

2.2.3.3 多效应量融合估计的奇异值诊断方法

考虑由 N 个测点组成的监测系统以相同的监测速率(监测起始时刻相同)对状态向量中的相应分量进行监测，则多效应量的监控方程为

$$\boldsymbol{z}_i(k)=\boldsymbol{C}_i(k)\boldsymbol{x}(k)+\boldsymbol{v}_i(k) \quad (2\text{-}28)$$

式中：$i=1,2,\cdots,N$，整数 $k\geqslant 0$ 为离散时间变量；$\boldsymbol{z}_i(k)\in R^{m_i\times 1}(m_i\leqslant n)$ 是测点 i 对目标状态 $\boldsymbol{x}(k)$ 的监测数据；$\boldsymbol{C}_i(k)\in R^{m\times n}$ 是监测数据矩阵；监测噪声 $\boldsymbol{v}_i(k)\in R^{m_i\times 1}$ 是高斯白噪声序列，具有如下统计特性：

$$E\left\{\boldsymbol{v}_i(k)\right\}=0 \quad (2\text{-}29)$$

$$E\left\{\boldsymbol{v}_i(k)\boldsymbol{v}_j^{\mathrm{T}}(l)\right\}=\boldsymbol{R}_i(k)\delta_{ij}\delta_{kl},\ i,j=1,2,\cdots,N \quad (2\text{-}30)$$

记 k 时刻所有测点的监测数据

$$\boldsymbol{z}(k)=[\boldsymbol{z}_1^{\mathrm{T}}(k),\boldsymbol{z}_2^{\mathrm{T}}(k),\cdots,\boldsymbol{z}_N^{\mathrm{T}}(k)]^{\mathrm{T}} \quad (2\text{-}31)$$

根据式(2-28)和式(2-31)，多效应量的监控方程可写为

$$\boldsymbol{z}(k)=\boldsymbol{C}(k)\boldsymbol{x}(k)+\boldsymbol{v}(k) \quad (2\text{-}32)$$

式中：$\boldsymbol{z}(k)=[\boldsymbol{z}_1(k)^{\mathrm{T}},\boldsymbol{z}_2(k)^{\mathrm{T}},\cdots,\boldsymbol{z}_N(k)^{\mathrm{T}}]^{\mathrm{T}}$；$\boldsymbol{C}(k)=[\boldsymbol{C}_1(k)^{\mathrm{T}},\boldsymbol{C}_2(k)^{\mathrm{T}},\cdots,\boldsymbol{C}_N(k)^{\mathrm{T}}]^{\mathrm{T}}$；

$\boldsymbol{v}(k)=[\boldsymbol{v}_1(k)^{\mathrm{T}},\boldsymbol{v}_2(k)^{\mathrm{T}},\cdots,\boldsymbol{v}_N(k)^{\mathrm{T}}]^{\mathrm{T}}$。

根据最优估计理论，可得到状态 $\boldsymbol{x}(k)$ 的估计值及相应的估计误差协方差阵

$$\hat{\boldsymbol{x}}(k)=\left\{\boldsymbol{C}^{\mathrm{T}}(k)\boldsymbol{R}^{-1}(k)\boldsymbol{C}(k)\right\}^{-1}\boldsymbol{C}^{\mathrm{T}}(k)\boldsymbol{R}^{-1}(k)\boldsymbol{z}(k) \tag{2-33}$$

$$\boldsymbol{P}(k)=\left\{\boldsymbol{C}^{\mathrm{T}}(k)\boldsymbol{R}^{-1}(k)\boldsymbol{C}(k)\right\}^{-1} \tag{2-34}$$

因此，在时间段 $[k_0+1,k_0+L]$ 上可得效应量状态相应的估计值矩阵

$$\hat{\boldsymbol{X}}(L)=\begin{bmatrix} \hat{\boldsymbol{x}}_1(k_0+1) & \hat{\boldsymbol{x}}_2(k_0+1) & \cdots & \hat{\boldsymbol{x}}_n(k_0+1) \\ \hat{\boldsymbol{x}}_1(k_0+2) & \hat{\boldsymbol{x}}_2(k_0+2) & \cdots & \hat{\boldsymbol{x}}_n(k_0+2) \\ \vdots & \vdots & & \vdots \\ \hat{\boldsymbol{x}}_1(k_0+L) & \hat{\boldsymbol{x}}_2(k_0+L) & \cdots & \hat{\boldsymbol{x}}_n(k_0+L) \end{bmatrix} \tag{2-35}$$

然后采用 PCA 对式(2-35)进行分析，通过 T^2 与置信限 h_{4a} 的比较，对监测数据中的奇异值进行辨识，从而判别效应量是否处于正常变化状态。基于多效应量融合估计的奇异值诊断过程如图 2-2 所示。

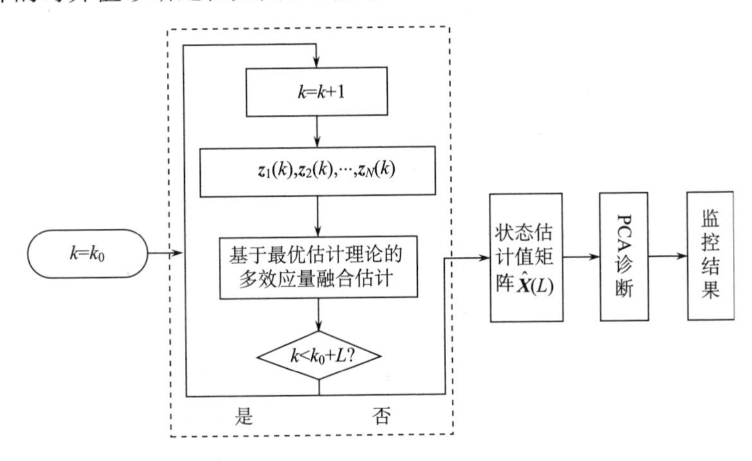

图 2-2　基于多效应量融合估计的奇异值诊断

通过对比分析可知，单效应量奇异值诊断是对某一时刻 k_0 后的 L 个相继监测数据直接进行处理，方法简便，但精度较低；而多效应量奇异值诊断利用多测点监测数据进行融合估计，通过对状态向量的估计值进行分析，改变了传统的单效应量分析模式，提高了数据分析的效率。

2.2.4　奇异值校正

根据前文分析，由随机误差引起的孤立型奇异值可通过长期监测的数据序列分析，去除突跳值来降低噪声影响。因此，下面重点研究对系统误差引起的斑点型奇异值进行漂移校正的方法。

斑点型奇异值校正最简单的办法是假设漂移区段中的首个监测数据的“真实值”与前一次监测值相等，从而确定漂移量，对漂移数据进行校正，称之为“零变化值法”。该法虽然简单，但存在较大的局限，要求在漂移量发生前后，环境量不发生大的变化。另外，漂移前后测值的监测误差必须较小，否则由于误差的传递，漂移校正会存在较大误差。因此，为避开上述局限，下面基于统计分析原理，研究斑点型奇异值校正方法。

混凝土坝服役性态效应量可视为随机变量，将其看做若干环境量(水位、温度等)的函数。根据已有的坝工理论和实践经验，建立效应量与环境量之间的数学模型，设其形式为

$$y = \beta_0 + \beta_1 x_1 + \beta_2 x_2 + \cdots + \beta_m x_m + \varepsilon \tag{2-36}$$

式中：y 为效应量监测数据；x_i（$i=1,2,\cdots,m$）为环境因子；m 为因子总数；β_0 为截距；β_i（$i=1,2,\cdots,m$）为各因子的回归系数；ε 为监测误差。

如果存在斑点型奇异值，式(2-36)就无法直接描述效应量与环境量之间的关系，但如果能设定一个合适的基准，那么监测数据相对于基准值的变化量与环境量的变化量之间仍然符合式(2-36)的形式。因此，可以利用该变化量为样本进行回归分析。根据监测数据变化的基准，以变化量为样本的数据系列有两种。

(1) 相对前一次监测值的变化，即取

$$\Delta y_i' = y_i - y_{i-1},\ \Delta x_{ji}' = x_{ji} - x_{j(i-1)} \tag{2-37}$$

式中：x_{ji} 为因子 x_j 的第 i 次测值，$j=1,2,\cdots,m$。

显然，除漂移点外，$\Delta y_i'$ 与 $\Delta x_{ji}'$ 之间仍然符合式(2-36)的形式，但此时的监测中误差为

$$\sigma' = \sqrt{\operatorname{var}\Delta\varepsilon_i'} = \sqrt{\operatorname{var}\varepsilon_i + \operatorname{var}\varepsilon_{i-1}} = \sqrt{2}\sigma \tag{2-38}$$

(2) 相对区间平均值的变化。设监测数据序列中共有 Q 个漂移点，按监测时间顺序依次为 $k_1,k_2,\cdots,k_Q$，规定以 k_i^- 表示 k_i 前一次测值的编号，并将整个序列首次测值的编号记为 k_0，最后一次测值的编号记为 k_{Q+1}^-。

对于第 s 个区间(该区间内，效应量监测数据的编号为 $k_{s-1} \sim k_s^-$，相对区间平均值的变化，即取

$$\Delta y_i'' = y_i - \frac{1}{k_s - k_{s-1}} \sum_{l=k_{s-1}}^{k_s^-} y_l,\ \Delta x_{ji}'' = x_{ji} - \frac{1}{k_s - k_{s-1}} \sum_{l=k_{s-1}}^{k_s^-} x_{jl} \tag{2-39}$$

式中：$j=1,2,\cdots,m$。

$\Delta y_i''$ 对应的监测中误差为

$$\sigma'' = \sqrt{\operatorname{var}\Delta\varepsilon_i''} = \sqrt{\operatorname{var}\left(\frac{k_s - k_{s-1} - 1}{k_s - k_{s-1}}\varepsilon_i - \frac{1}{k_s - k_{s-1}} \sum_{l=k_{s-1}, l\neq i}^{k_s^-} \varepsilon_l\right)} = \sqrt{\frac{k_s - k_{s-1} - 1}{k_s - k_{s-1}}}\sigma \tag{2-40}$$

对比式(2-38)和式(2-40)可以看出，采用第二种方法的监测中误差较小。为简单起见，以下将$\Delta y_i''$记作Δy，将$\Delta x_i''$记作Δx，对所有Δy_i进行线性回归：

$$\Delta \boldsymbol{Y} = \Delta \boldsymbol{X}\boldsymbol{\beta} + \boldsymbol{\varepsilon} \tag{2-41}$$

式中：$\Delta \boldsymbol{Y} = \left[\Delta y_1, \Delta y_2, \cdots, \Delta y_m\right]^{\mathrm{T}}$；$\Delta \boldsymbol{X} = \begin{bmatrix} \Delta x_{11} & \Delta x_{21} & \cdots & \Delta x_{m1} \\ \Delta x_{12} & \Delta x_{22} & \cdots & \Delta x_{m2} \\ \vdots & \vdots & & \vdots \\ \Delta x_{1n} & \Delta x_{2n} & \cdots & \Delta x_{mn} \end{bmatrix}$；$\boldsymbol{\beta} = \left[\beta_1, \beta_2, \cdots, \beta_m\right]^{\mathrm{T}}$，$\boldsymbol{\varepsilon} = \left[\varepsilon_1, \varepsilon_2, \cdots, \varepsilon_m\right]^{\mathrm{T}}$；$n$为监测序列长度，$n = k_{Q+1}^{-}$。

从而由最小二乘法可以计算出各回归因子的估计值：

$$\hat{\boldsymbol{\beta}} = \left(\Delta \boldsymbol{X}^{\mathrm{T}} \Delta \boldsymbol{X}\right)^{-1} \Delta \boldsymbol{X}^{\mathrm{T}} \Delta \boldsymbol{Y} \tag{2-42}$$

通过$\hat{\boldsymbol{\beta}}$可以进一步求出漂移量，具体计算推导如下。

在第k_s次漂移值前、后两个区段内，即在$y_{k_{s-1}} \sim y_{k_s^-}$和$y_{k_s} \sim y_{k_{s+1}^-}$区段内，效应量监测数据的平均值分别为

$$y_{k_{s-1} \sim k_s^-} = \frac{1}{k_s - k_{s-1}} \sum_{l=k_{s-1}}^{k_s^-} y_l, \quad y_{k_s \sim k_{s+1}^-} = \frac{1}{k_s - k_{s-1}} \sum_{l=k_s}^{k_{s+1}^-} y_l \tag{2-43}$$

由于$y_{k_s} \sim y_{k_{s+1}^-}$区段内的均值包含了漂移量$\Delta s$，因此，在该区段内效应量监测数据的真实平均值应为

$$\overline{y}'_{k_s \sim k_{s+1}^-} = \overline{y}_{k_s \sim k_{s+1}^-} - \Delta s \tag{2-44}$$

由于$\overline{y}'_{k_s \sim k_{s+1}^-} - \overline{y}_{k_{s-1} \sim k_s^-}$的结果代表了效应量监测数据均值的变化，而显然该变化是由环境量变化引起的，由式(2-36)，有

$$\left(\overline{y}_{k_s \sim k_{s+1}^-} - \Delta s\right) - \overline{y}_{k_{s-1} \sim k_s^-} = \left(\overline{x}_{k_s \sim k_{s+1}^-} - \overline{x}_{k_{s-1} \sim k_s^-}\right)\beta \tag{2-45}$$

式中：$\overline{x}_{k_s \sim k_{s+1}^-} = \dfrac{1}{k_{s+1} - k_s}\left[\sum_{l=k_s}^{k_{s+1}^-} x_{1l} \ \sum_{l=k_s}^{k_{s+1}^-} x_{2l} \cdots \sum_{l=k_s}^{k_{s+1}^-} x_{ml}\right]$；$\overline{x}_{k_{s-1} \sim k_s^-} = \dfrac{1}{k_s - k_{s-1}}\left[\sum_{l=k_{s-1}}^{k_s^-} x_{1l} \ \sum_{l=k_{s-1}}^{k_s^-} x_{2l} \cdots \sum_{l=k_{s-1}}^{k_s^-} x_{ml}\right]$。

将式(2-42)计算出的$\hat{\boldsymbol{\beta}}$代入式(2-45)，可以得出Δs的估计值$\hat{\Delta} s$为

$$\hat{\Delta} s = \left(\overline{y}_{k_s \sim k_{s+1}^-} - \overline{y}_{k_{s-1} \sim k_s^-}\right) - \left(\overline{x}_{k_s \sim k_{s+1}^-} - \overline{x}_{k_{s-1} \sim k_s^-}\right)\hat{\boldsymbol{\beta}} \tag{2-46}$$

式(2-46)计算的$\hat{\Delta} s$只是第k_s次监测相对于前一区段的漂移量，其累计漂移量为

$$\hat{\Delta} s' = \sum_{i=1}^{s} \hat{\Delta}_i s = \left(\overline{y}_{k_s \sim k_{s+1}^-} - \overline{y}_{k_0 \sim k_1^-}\right) - \left(\overline{x}_{k_s \sim k_{s+1}^-} - \overline{x}_{k_0 \sim k_1^-}\right)\hat{\boldsymbol{\beta}} \tag{2-47}$$

2.3 监测效应量的最优估计方法

监测效应量的最优估计是从带有随机干扰的监测数据中提取有效信息，估计问题可描述为：若假设被估计量 $\boldsymbol{x}(t)\in R^{n\times1}$ 是一个向量，而向量 $\boldsymbol{z}(t)\in R^{m\times1}$ 是其监测量，并且监测量与被估计量之间存在

$$z(t)=h\left[\boldsymbol{x}(t),\boldsymbol{v}(t),t\right] \tag{2-48}$$

式中：$h\in R^{m\times1}$ 是已知的向量函数，取决于监测方法；$\boldsymbol{v}(t)$ 是监测噪声向量，为随机过程。

那么，最优估计即在监测时间段 $\left[t_0,t\right]$ 内对 $\boldsymbol{x}(t)$ 进行监测，而在监测数据 $z=\left\{\boldsymbol{z}(\tau),t_0\leqslant\tau\leqslant t\right\}$ 的情况下，构造监测数据 z 的函数 $\hat{\boldsymbol{x}}(z)$ 来估计 $\boldsymbol{x}(t)$，并称 $\hat{\boldsymbol{x}}(z)$ 是 $\boldsymbol{x}(t)$ 的估计量。估计问题包括状态估计和参数估计，前者是随时间变化的随机过程/序列，后者是不随时间变化的或只随时间缓慢变化的随机变量。要使估计问题得到好的结果，选择合理的估计准则极为重要。所谓最优估计，是指在某一确定的估计准则条件下，按照某种统计意义，使估计达到最优，即最优估计是针对估计准则而言的，不是唯一的。因此，选取不同的估计准则，就有不同的估计方法。下面根据对监测与被估计值的统计特性的掌握程度，具体介绍最小方差估计、极大似然估计、极大验后估计、线性最小方差估计和最小二乘估计等方法。

2.3.1 最小方差估计

最小方差估计以估计误差达到最小为估计准则。为了进行最小方差估计，需已知被估计值 x 和监测值 z 的条件概率密度值 $P(x|z)$ 或 $P(z)$，及其联合概率分布密度 $P(x,z)$。

设被估计量 $\boldsymbol{x}\in R^{n\times1}$ 是随机向量，$\boldsymbol{z}\in R^{m\times1}$ 为其监测值向量，$\boldsymbol{x}$ 和 $\boldsymbol{z}$ 没有明确的函数关系，只有概率上的联系。$\boldsymbol{x}$ 和 $\boldsymbol{z}$ 的概率分布密度分别为 $P_1(x)$ 和 $P_1(z)$，其联合概率分布密度为 $P(x,z)$。选择估计误差 $\tilde{\boldsymbol{x}}=\boldsymbol{x}-\hat{\boldsymbol{x}}(z)$ 的二次型函数为代价函数：

$$f\left[\boldsymbol{x}-\hat{\boldsymbol{x}}(z)\right]=\left[\boldsymbol{x}-\hat{\boldsymbol{x}}(z)\right]^{\mathrm{T}}\boldsymbol{S}\left[\boldsymbol{x}-\hat{\boldsymbol{x}}(z)\right] \tag{2-49}$$

式中：$\boldsymbol{S}\in R^{n\times n}$ 为对称非负定的加权矩阵。

若有估计量 $\hat{\boldsymbol{x}}_{\mathrm{MV}}(z)$，使得贝叶斯风险最小，即

$$\beta\left[\hat{\boldsymbol{x}}(z)\right]\Big|_{\hat{\boldsymbol{x}}(z)=\hat{\boldsymbol{x}}_{\mathrm{MV}}(z)}=E\left\{\left[\boldsymbol{x}-\hat{\boldsymbol{x}}(z)\right]^{\mathrm{T}}\boldsymbol{S}\left[\boldsymbol{x}-\hat{\boldsymbol{x}}(z)\right]\right\}\Big|_{\hat{\boldsymbol{x}}(z)=\hat{\boldsymbol{x}}_{\mathrm{MV}}(z)}=\min \tag{2-50}$$

则称 $\hat{\boldsymbol{x}}_{\mathrm{MV}}(z)$ 为 $\boldsymbol{x}$ 的最小方差估计。

按最小方差估计的定义，当 $\hat{\boldsymbol{x}}(z)=\hat{\boldsymbol{x}}_{\mathrm{MV}}(z)$ 时，需有

$$\beta\left[\hat{\boldsymbol{x}}(z)\right]\Big|_{\hat{\boldsymbol{x}}(z)=\hat{\boldsymbol{x}}_{\mathrm{MV}}(z)}=\min \tag{2-51}$$

即

$$E\left\{\left[\boldsymbol{x}-\hat{\boldsymbol{x}}(z)\right]^{\mathrm{T}}\boldsymbol{S}\left[\boldsymbol{x}-\hat{\boldsymbol{x}}(z)\right]\right\}\Big|_{\hat{\boldsymbol{x}}(z)=\hat{\boldsymbol{x}}_{\mathrm{MV}}(z)}=\min \tag{2-52}$$

或

$$\int_{-\infty}^{+\infty}\int_{-\infty}^{+\infty}\left[\boldsymbol{x}-\hat{\boldsymbol{x}}(z)\right]^{\mathrm{T}}\boldsymbol{S}\left[\boldsymbol{x}-\hat{\boldsymbol{x}}(z)\right]P(x,z)\mathrm{d}x\mathrm{d}z\Big|_{\hat{\boldsymbol{x}}(z)=\hat{\boldsymbol{x}}_{\mathrm{MV}}(z)}=\min \tag{2-53}$$

由于 $P(x,z)=P(x|z)P(z)$，所以

$$\int_{-\infty}^{+\infty}P(z)\left\{\int_{-\infty}^{+\infty}\left[\boldsymbol{x}-\hat{\boldsymbol{x}}(z)\right]^{\mathrm{T}}\boldsymbol{S}\left[\boldsymbol{x}-\hat{\boldsymbol{x}}(z)\right]P(x|z)\mathrm{d}x\right\}\mathrm{d}z\Big|_{\hat{\boldsymbol{x}}(z)=\hat{\boldsymbol{x}}_{\mathrm{MV}}(z)}=\min \tag{2-54}$$

由于 $\boldsymbol{S}$ 非负定，则 $\left[\boldsymbol{x}-\hat{\boldsymbol{x}}(z)\right]^{\mathrm{T}}\boldsymbol{S}\left[\boldsymbol{x}-\hat{\boldsymbol{x}}(z)\right]$ 也是非负定的，又因为 $P(x|z)$ 和 $P(z)$ 是非负函数，而 $\hat{\boldsymbol{x}}(z)$ 只出现在内积分号内，故只要使下面积分为极小

$$\int_{-\infty}^{+\infty}\left[\boldsymbol{x}-\hat{\boldsymbol{x}}(z)\right]^{\mathrm{T}}\boldsymbol{S}\left[\boldsymbol{x}-\hat{\boldsymbol{x}}(z)\right]P(x|z)\mathrm{d}x\Big|_{\hat{\boldsymbol{x}}(z)=\hat{\boldsymbol{x}}_{\mathrm{MV}}(z)}=\min \tag{2-55}$$

就可使贝叶斯风险为极小，亦即 $\beta\left[\hat{\boldsymbol{x}}(z)\right]\Big|_{\hat{\boldsymbol{x}}(z)=\hat{\boldsymbol{x}}_{\mathrm{MV}}(z)}=\min$，等价于在 $\boldsymbol{z}=z$ 条件下

$$\beta\left[\hat{\boldsymbol{x}}(z)|\boldsymbol{z}\right]\Big|_{\hat{\boldsymbol{x}}(z)=\hat{\boldsymbol{x}}_{\mathrm{MV}}(z)}=\int_{-\infty}^{+\infty}\left[\boldsymbol{x}-\hat{\boldsymbol{x}}(z)\right]^{\mathrm{T}}\boldsymbol{S}\left[\boldsymbol{x}-\hat{\boldsymbol{x}}(z)\right]P(x|z)\mathrm{d}x\Big|_{\hat{\boldsymbol{x}}(z)=\hat{\boldsymbol{x}}_{\mathrm{MV}}(z)}=\min \tag{2-56}$$

这一等价的价值在于求贝叶斯风险最小时的 $(n+m)$ 重积分，就简化成贝叶斯条件风险最小时的 n 重积分，从而简化了积分运算。

当 $\hat{\boldsymbol{x}}(z)=\hat{\boldsymbol{x}}_{\mathrm{MV}}(z)$，并能使 $\beta\left[\hat{\boldsymbol{x}}(z)|\boldsymbol{z}\right]=\min$ 的必要条件是

$$\frac{\partial\beta\left[\hat{\boldsymbol{x}}(z)|\boldsymbol{z}\right]}{\partial\hat{\boldsymbol{x}}(z)}\Bigg|_{\hat{\boldsymbol{x}}(z)=\hat{\boldsymbol{x}}_{\mathrm{MV}}(z)}=0 \tag{2-57}$$

亦即

$$\begin{aligned}&\frac{\partial}{\partial\hat{\boldsymbol{x}}(z)}\int_{-\infty}^{+\infty}\left[\boldsymbol{x}-\hat{\boldsymbol{x}}(z)\right]^{\mathrm{T}}\boldsymbol{S}\left[\boldsymbol{x}-\hat{\boldsymbol{x}}(z)\right]P(x|z)\mathrm{d}x\Big|_{\hat{\boldsymbol{x}}(z)=\hat{\boldsymbol{x}}_{\mathrm{MV}}(z)}\\&=\int_{-\infty}^{+\infty}\frac{\partial}{\partial\hat{\boldsymbol{x}}(z)}\left[\boldsymbol{x}-\hat{\boldsymbol{x}}(z)\right]^{\mathrm{T}}\boldsymbol{S}\left[\boldsymbol{x}-\hat{\boldsymbol{x}}(z)\right]P(x|z)\mathrm{d}x\Big|_{\hat{\boldsymbol{x}}(z)=\hat{\boldsymbol{x}}_{\mathrm{MV}}(z)}\\&=-2S\int_{-\infty}^{+\infty}\left[\boldsymbol{x}-\hat{\boldsymbol{x}}(z)\right]P(x|z)\mathrm{d}x\Big|_{\hat{\boldsymbol{x}}(z)=\hat{\boldsymbol{x}}_{\mathrm{MV}}(z)}=0\end{aligned} \tag{2-58}$$

因为 $\boldsymbol{S}$ 是非负定的，所以

$$\hat{\boldsymbol{x}}_{\mathrm{MV}}(z)\int_{-\infty}^{+\infty}P(x|z)\mathrm{d}x=\int_{-\infty}^{+\infty}\boldsymbol{x}P(x|z)\mathrm{d}x \tag{2-59}$$

加之 $\int_{-\infty}^{+\infty}P(x|z)\mathrm{d}x=1$，则有

$$\hat{\boldsymbol{x}}_{\mathrm{MV}}(z)=\int_{-\infty}^{+\infty}\boldsymbol{x}P(x|z)\mathrm{d}x=E\{x|z\} \tag{2-60}$$

又由于

$$\left.\frac{\partial^2\beta\left[\hat{\boldsymbol{x}}(z)|\boldsymbol{z}\right]}{\partial\hat{\boldsymbol{x}}(z)\partial\hat{\boldsymbol{x}}^{\mathrm{T}}(z)}\right|_{\hat{\boldsymbol{x}}(z)=\hat{\boldsymbol{x}}_{\mathrm{MV}}(z)}=2\boldsymbol{S} \tag{2-61}$$

是非负定的，所以，当 $\hat{\boldsymbol{x}}_{\mathrm{MV}}(z)=\int_{-\infty}^{+\infty}\boldsymbol{x}P(x|z)\mathrm{d}x=E\{x|z\}$ 时，确实使 $\beta\left[\hat{\boldsymbol{x}}(z)|\boldsymbol{z}\right]$ 具有最小值。由此可见，随机向量 $\boldsymbol{x}$ 的最小方差估计 $\hat{\boldsymbol{x}}_{\mathrm{MV}}(z)$ 是在监测向量为 $\boldsymbol{z}$ 的条件下数学期望 $E\{x|z\}$。

2.3.2　极大似然估计

极大似然准则是使条件概率分布密度 $P(\boldsymbol{z}|\boldsymbol{x})$ 达到极大的那个 $\boldsymbol{x}$ 值作为估计值。设 $\boldsymbol{x}\in R^{n\times1}$ 为被估计量(可以是未知的确定量，也可以是随机变量)，$\boldsymbol{z}\in R^{m\times1}$ 为 $\boldsymbol{x}$ 的监测值向量。为了估计 $\boldsymbol{x}$，假设已进行了 k 次监测，并得到了监测集 $\{z(i);i=1,2,\cdots,k\}$，如果对监测的总体 $\boldsymbol{z}$，考虑其概率密度函数 $P(z)$ (其中 z 是 $\boldsymbol{z}$ 的具体取值)，由于监测数据 $\boldsymbol{z}$ 是在被估计量 $\boldsymbol{x}=x$ 的条件下取得的，故概率密度函数 $P(z)$ 应该等于条件概率密度函数 $P(z)=P(z|x)$。一般情况下，$P(z|x)$ 应该是 z 和 x 的函数，但是对于具体的测值 z 来说，$P(z|x)$ 就可以认为只是 x 的函数，即似然函数 $L=P(z|x)$。若对所有可能的 x 值，$P(z|\hat{\boldsymbol{x}})$ 是 $P(z|x)$ 的最大值，那么，$\hat{\boldsymbol{x}}$ 是准确值的可能性就最大，这时就称 $\hat{\boldsymbol{x}}$ 是 $\boldsymbol{x}$ 的极大似然估计 $\hat{\boldsymbol{x}}_{\mathrm{ML}}(z)$。因此，极大似然估计 $\hat{\boldsymbol{x}}_{\mathrm{ML}}(z)$ 是使似然函数 $L=P(z|x)$ 达到极大值的最优估计。

若已得到监测向量 $\boldsymbol{z}$，应有

$$L=P(z|x)\Big|_{\boldsymbol{x}=\hat{\boldsymbol{x}}_{\mathrm{ML}}(z)}=\max \tag{2-62}$$

为求出极大似然估计，对似然函数 $L=P(z|x)$ 取自然对数，即对数似然函数 $\ln L=\ln P(z|x)$。由于对数函数是单调增加函数，故 $\ln L=\ln P(z|x)$ 与 $L=P(z|x)$ 在相同的 x 值达到极大，即

$$\ln L=\ln P(z|x)\Big|_{\boldsymbol{x}=\hat{\boldsymbol{x}}_{\mathrm{ML}}(z)}=\max \tag{2-63}$$

当 $\boldsymbol{x}=\hat{\boldsymbol{x}}_{\mathrm{ML}}(z)$ 时，使 $L=P(z|x)=\max$ 或 $\ln L=\ln P(z|x)=\max$ 的必要条件为

$$\frac{\partial}{\partial x}L=\frac{\partial}{\partial x}P\left(z|x\right)\Big|_{\boldsymbol{x}=\hat{\boldsymbol{x}}_{\mathrm{ML}}(z)}=0 \quad 或 \quad \frac{\partial}{\partial x}\ln L=\frac{\partial}{\partial x}\ln P\left(z|x\right)\Big|_{\boldsymbol{x}=\hat{\boldsymbol{x}}_{\mathrm{ML}}(z)}=0 \tag{2-64}$$

求解上述似然方程即可得到 x 的极大似然估计 $\hat{\boldsymbol{x}}_{\mathrm{ML}}(z)$，而

$$\frac{\partial^2}{\partial x^2}L=\frac{\partial^2}{\partial x^2}P\left(z|x\right)\Big|_{\boldsymbol{x}=\hat{\boldsymbol{x}}_{\mathrm{ML}}(z)}<0 \quad 或 \quad \frac{\partial^2}{\partial x^2}\ln L=\frac{\partial^2}{\partial x^2}\ln P\left(z|x\right)\Big|_{\boldsymbol{x}=\hat{\boldsymbol{x}}_{\mathrm{ML}}(z)}<0 \tag{2-65}$$

为 $L=P(z|x)$ 或 $\ln L=\ln P(z|x)$ 取极大值的充分条件。

在极大似然估计中，被估计量可以是随机量，也可以是非随机的参数，适用范围较广。同时，当监测次数 k 趋于无限时，极大似然估计量也是一种无偏估计量，亦即它是一种渐近无偏估计量。

2.3.3　极大验后估计

极大验后准则是使验后概率分布密度 $P(x|z)$ 达到极大的那个 $\boldsymbol{x}$ 值作为估值的。若给出 $\boldsymbol{x}$ 的条件概率密度 $P(x|z)$ 为 $\boldsymbol{z}=z$ 条件下 $\boldsymbol{x}$ 的条件概率密度（$\boldsymbol{x}$ 的验后概率密度)，均有

$$P\left(x|z\right)\Big|_{\boldsymbol{x}=\hat{\boldsymbol{x}}(z)}=\max \tag{2-66}$$

则称 $\hat{\boldsymbol{x}}(z)$ 为 $\boldsymbol{x}$ 的极大验后估计 $\hat{\boldsymbol{x}}_{\mathrm{MA}}(z)$。

由于验后概率密度函数 $P(x|z)$ 表示了在 $\boldsymbol{z}=z$ 条件下随机向量的条件概率密度，极大验后估计的物理意义是：在 $\boldsymbol{z}=z$ 情况下，被估计量 $\boldsymbol{x}$ 出现可能性最大的值，即随机向量 $\boldsymbol{x}$ 落在 $\hat{\boldsymbol{x}}_{\mathrm{ML}}(z)$ 的邻域内的概率将比其落在其他任何值的相同邻域内的概率要大。显然，极大验后估计应满足

$$\frac{\partial}{\partial x}P\left(x|z\right)\Big|_{\boldsymbol{x}=\hat{\boldsymbol{x}}_{\mathrm{MA}}(z)}=0 \quad 或 \quad \frac{\partial}{\partial x}\ln P\left(x|z\right)\Big|_{\boldsymbol{x}=\hat{\boldsymbol{x}}_{\mathrm{MA}}(z)}=0 \tag{2-67}$$

上式称为验后方程，求解即可得到极大验后估计 $\hat{\boldsymbol{x}}_{\mathrm{MA}}(z)$。

可以说，极大似然估计是一种特殊的极大验后估计，一般情况下，由于极大验后估计考虑了 $\boldsymbol{x}$ 的验前估计知识，即已知了 $P(x)$，因此，它将优于极大似然估计，具有较好的估计效果。

2.3.4　线性最小方差估计

由于为了进行最小方差估计和极大验后估计，需已知条件概率分布密度 $P(\boldsymbol{x}|\boldsymbol{z})$；为了进行极大似然估计，需已知 $P(\boldsymbol{z}|\boldsymbol{x})$，若放松对概率分布密度的要求，只知道测值和被估计值的一、二阶矩，即 $E\{\boldsymbol{x}\}$，$E\{\boldsymbol{z}\}$，$\mathrm{var}\,\boldsymbol{x}$，$\mathrm{var}\,\boldsymbol{z}$，$\mathrm{cov}\{\boldsymbol{x},\boldsymbol{z}\}$ 和 $\mathrm{cov}\{\boldsymbol{z},\boldsymbol{x}\}$。在这种情况下，为了得到有用的结果，必须对估计量的函数形式加以限制。若限定所求的估计量是测值的线性函数，以估计误差的方程达到最小作为最优估计准则，则按这种方式求得的最优估值称为线性最小方差估计。

设 $\boldsymbol{x} \in R^{n\times 1}$ 为被估计随机向量，$\boldsymbol{z} \in R^{m\times 1}$ 为 $\boldsymbol{x}$ 的监测向量，如果限定估计量 $\hat{\boldsymbol{x}}$ 是监测量 $\boldsymbol{z}$ 的线性函数，即

$$\hat{\boldsymbol{x}} = \boldsymbol{a} + \boldsymbol{B}\boldsymbol{z} \tag{2-68}$$

式中：$\boldsymbol{a}$ 为与 $\boldsymbol{x}$ 同维的非随机向量；$\boldsymbol{B} \in R^{m\times 1}$ 是一非随机矩阵；且向量 $\boldsymbol{a}$ 和矩阵 $\boldsymbol{B}$ 使得下列二次型性能指标

$$\overline{J}(\tilde{\boldsymbol{x}}) = \mathrm{tr}E\left\{\tilde{\boldsymbol{x}}\tilde{\boldsymbol{x}}^{\mathrm{T}}\right\} = \mathrm{tr}E\left\{(\boldsymbol{x}-\boldsymbol{a}-\boldsymbol{B}\boldsymbol{z})(\boldsymbol{x}-\boldsymbol{a}-\boldsymbol{B}\boldsymbol{z})^{\mathrm{T}}\right\} = E\left\{(\boldsymbol{x}-\boldsymbol{a}-\boldsymbol{B}\boldsymbol{z})(\boldsymbol{x}-\boldsymbol{a}-\boldsymbol{B}\boldsymbol{z})^{\mathrm{T}}\right\} \tag{2-69}$$

达到最小。这时得到的 $\boldsymbol{x}$ 的最优估计，即线性最小估计 $\hat{\boldsymbol{x}}_{\mathrm{LMV}}(z)$。

若将使 $\overline{J}(\tilde{x})$ 达到极小的 $\boldsymbol{a}$ 和 $\boldsymbol{B}$ 记为 $\boldsymbol{a}_{\mathrm{L}}$ 和 $\boldsymbol{B}_{\mathrm{L}}$，则对应的线性最小方差估计为

$$\hat{\boldsymbol{x}}_{\mathrm{LMV}}(z) = \boldsymbol{a}_{\mathrm{L}} + \boldsymbol{B}_{\mathrm{L}}\boldsymbol{z} \tag{2-70}$$

实际上，只要对 $\boldsymbol{a}$ 和 $\boldsymbol{B}$ 求导，并分别令其所得结果为 0，就可解得 $\boldsymbol{a}_{\mathrm{L}}$ 和 $\boldsymbol{B}_{\mathrm{L}}$。由于 $\overline{J}(\tilde{x})$ 是向量 $\boldsymbol{a}$ 和矩阵 $\boldsymbol{B}$ 的标量函数，因此

$$\begin{aligned}&\frac{\partial}{\partial a}E\left\{(\boldsymbol{x}-\boldsymbol{a}-\boldsymbol{B}\boldsymbol{z})^{\mathrm{T}}(\boldsymbol{x}-\boldsymbol{a}-\boldsymbol{B}\boldsymbol{z})\right\} = E\left\{\frac{\partial}{\partial a}(\boldsymbol{x}-\boldsymbol{a}-\boldsymbol{B}\boldsymbol{z})^{\mathrm{T}}(\boldsymbol{x}-\boldsymbol{a}-\boldsymbol{B}\boldsymbol{z})\right\}\\&= -2E(\boldsymbol{x}-\boldsymbol{a}-\boldsymbol{B}\boldsymbol{z}) = 2\left[\boldsymbol{a}+\boldsymbol{B}E\{\boldsymbol{z}\}-E\{\boldsymbol{x}\}\right]\end{aligned} \tag{2-71}$$

$$\begin{aligned}&\frac{\partial}{\partial B}E\left\{(\boldsymbol{x}-\boldsymbol{a}-\boldsymbol{B}\boldsymbol{z})^{\mathrm{T}}(\boldsymbol{x}-\boldsymbol{a}-\boldsymbol{B}\boldsymbol{z})\right\} = E\left\{\frac{\partial}{\partial B}(\boldsymbol{x}-\boldsymbol{a}-\boldsymbol{B}\boldsymbol{z})^{\mathrm{T}}(\boldsymbol{x}-\boldsymbol{a}-\boldsymbol{B}\boldsymbol{z})\right\}\\&= -2E\left\{\frac{\partial}{\partial B}\left[\mathrm{tr}(\boldsymbol{x}-\boldsymbol{a}-\boldsymbol{B}\boldsymbol{z})(\boldsymbol{x}-\boldsymbol{a}-\boldsymbol{B}\boldsymbol{z})^{\mathrm{T}}\right]\right\} = -2E\left\{(\boldsymbol{x}-\boldsymbol{a}-\boldsymbol{B}\boldsymbol{z})\boldsymbol{z}^{\mathrm{T}}\right\}\\&= 2\boldsymbol{a}E\left\{\boldsymbol{z}^{\mathrm{T}}\right\}+2\boldsymbol{B}E\left\{\boldsymbol{z}\boldsymbol{z}^{\mathrm{T}}\right\}-2E\left\{\boldsymbol{x}\boldsymbol{z}^{\mathrm{T}}\right\}\end{aligned} \tag{2-72}$$

先令式(2-71)等于 0，则可解得

$$\boldsymbol{a}_{\mathrm{L}} = E\{\boldsymbol{x}\} - \boldsymbol{B}_{\mathrm{L}}E\{\boldsymbol{z}\} \tag{2-73}$$

再将 $\boldsymbol{a}_{\mathrm{L}}$ 代入式(2-72)，并令其等于 0，可得

$$\boldsymbol{B}_{\mathrm{L}}E\left\{\left[\boldsymbol{z}-E\{\boldsymbol{z}\}\right]\left[\boldsymbol{z}-E\{\boldsymbol{z}\}\right]^{\mathrm{T}}\right\} - E\left\{\left[\boldsymbol{x}-E\{\boldsymbol{x}\}\right]\left[\boldsymbol{z}-E\{\boldsymbol{z}\}\right]^{\mathrm{T}}\right\} = 0 \tag{2-74}$$

即 $\boldsymbol{B}_{\mathrm{L}}\mathrm{var}\{\boldsymbol{z}\} - \mathrm{cov}\{\boldsymbol{x},\boldsymbol{z}\} = 0$，故

$$\boldsymbol{B}_{\mathrm{L}} = \mathrm{cov}\{\boldsymbol{x},\boldsymbol{z}\}\left(\mathrm{var}\{\boldsymbol{z}\}\right)^{-1} \tag{2-75}$$

最后，将式(2-73)和式(2-75)代入式(2-70)，得

$$\begin{aligned}\hat{\boldsymbol{x}}_{\mathrm{LMV}}(z) &= E\{\boldsymbol{x}\} - \boldsymbol{B}_{\mathrm{L}}E\{\boldsymbol{z}\} + \mathrm{cov}\{\boldsymbol{x},\boldsymbol{z}\}\left(\mathrm{var}\{\boldsymbol{z}\}\right)^{-1}\boldsymbol{z}\\&= E\{\boldsymbol{x}\} + \mathrm{cov}\{\boldsymbol{x},\boldsymbol{z}\}\left(\mathrm{var}\{\boldsymbol{z}\}\right)^{-1}\left[\boldsymbol{z}-E\{\boldsymbol{z}\}\right]\end{aligned} \tag{2-76}$$

上式即由监测 $\boldsymbol{z}$ 求 $\boldsymbol{x}$ 的线性最小方差估计的表达式。

实际上，任意线性估计的均方误差阵与向量 $\boldsymbol{a}$ 和矩阵 $\boldsymbol{B}$ 的选择有关，且任何一种其他线性估计的均方误差方差阵都将大于线性最小方差估计的误差方差阵，即线性最小方差估计 $\hat{\boldsymbol{x}}_{\mathrm{LMV}}(z)$ 具有最小误差方差阵。

2.3.5　最小二乘估计

若既不知道 $\boldsymbol{x}$ 和 $\boldsymbol{z}$ 的概率分布密度，也不知道其一、二阶矩时，就只能采用最小二乘法进行估计，该估计方法是以残差的平方和最小作为估计准则。设被估计量 $\boldsymbol{x}$ 是 n 维随机向量，为了得到其估计，对其进行 k 次线性监测(最小二乘估计一定是线性监测)，得到

$$\boldsymbol{z}_i = \boldsymbol{H}_i\boldsymbol{x} + \boldsymbol{v}_i,\quad i = 1,2,\cdots,k \tag{2-77}$$

式中：$\boldsymbol{z}_i \in R^{m\times 1}$ 是监测向量；$\boldsymbol{H}_i \in R^{m\times n}$ 是监测矩阵；$\boldsymbol{v}_i \in R^{m\times 1}$ 是均值为 0 的监测噪声向量，上式可写成综合形式 $\boldsymbol{z} = \boldsymbol{H}\boldsymbol{x} + \boldsymbol{v}$。

$$\boldsymbol{z} = \begin{bmatrix} z_1 \\ z_2 \\ \vdots \\ z_k \end{bmatrix},\qquad \boldsymbol{H} = \begin{bmatrix} H_1 \\ H_2 \\ \vdots \\ H_k \end{bmatrix},\qquad \boldsymbol{v} = \begin{bmatrix} v_1 \\ v_2 \\ \vdots \\ v_k \end{bmatrix}$$

显然，$\boldsymbol{z} \in R^{km\times 1}$，$\boldsymbol{H} \in R^{km\times n}$，$\boldsymbol{v} \in R^{km\times 1}$。

当 $km \geqslant n$ 时，由于方程的数目多于未知数的数目，以此根据 $\boldsymbol{z}$ 来估计 $\boldsymbol{x}$。若选择 $\boldsymbol{x}$ 的估计值 $\hat{\boldsymbol{x}}$，使

$$J(\hat{\boldsymbol{x}}) = L(\hat{\boldsymbol{x}}) = (\boldsymbol{z} - \boldsymbol{H}\hat{\boldsymbol{x}})^{\mathrm{T}}(\boldsymbol{z} - \boldsymbol{H}\hat{\boldsymbol{x}}) \tag{2-78}$$

达到极小，则称 $\hat{\boldsymbol{x}}$ 为 $\boldsymbol{x}$ 的最小二乘估计 $\hat{\boldsymbol{x}}_{\mathrm{LS}}(z)$。

由于 $J(\hat{\boldsymbol{x}})$ 是标量函数，上述最小二乘估计用于求极小值，可通过使 $J(\hat{\boldsymbol{x}})$ 对 $\hat{\boldsymbol{x}}$ 的梯度等于 0 的方法来求 $\hat{\boldsymbol{x}}_{\mathrm{LS}}(z)$。由梯度公式，可得

$$\frac{\partial}{\partial\hat{x}}J(\hat{\boldsymbol{x}}) = -2\boldsymbol{H}^{\mathrm{T}}(\boldsymbol{z} - \boldsymbol{H}\hat{\boldsymbol{x}}) \tag{2-79}$$

令上式等于 0，则当 $\boldsymbol{H}^{\mathrm{T}}\boldsymbol{H}$ 为非奇异阵时，可得

$$\hat{\boldsymbol{x}}_{\mathrm{LS}}(\boldsymbol{z}) = (\boldsymbol{H}^{\mathrm{T}}\boldsymbol{H})^{-1}\boldsymbol{H}^{\mathrm{T}}\boldsymbol{z} \tag{2-80}$$

使式(2-78)为极小值的充分条件为

$$\left.\frac{\partial^2}{\partial\hat{\boldsymbol{x}}\partial\hat{\boldsymbol{x}}^{\mathrm{T}}}J(\hat{\boldsymbol{x}})\right|_{\boldsymbol{x}=\hat{\boldsymbol{x}}_{\mathrm{LS}}(z)} = 2\boldsymbol{H}^{\mathrm{T}}\boldsymbol{H} > 0 \tag{2-81}$$

即 $\boldsymbol{H}^{\mathrm{T}}\boldsymbol{H}$ 为正定阵。

式(2-81)即由实测数据 $\boldsymbol{z}$ 求 $\boldsymbol{x}$ 的最小二乘估计，显然 $\hat{\boldsymbol{x}}_{\mathrm{LS}}(z)$ 是实测数据 $\boldsymbol{z}$ 的

线性函数，这时的最小二乘估计是线性估计。

2.4　监测效应量的多尺度数据估计模型

根据监测数据对混凝土坝服役性态进行定量估计这类问题通常称为逆问题，逆问题常见的求解方法有时间回归平滑法[18]、正则化全局最小二乘法[19]、奇异值分解法[20]、自适应小波模糊网络[21]、最小相对熵法[22,23]、QR 迭代法[24]和小波逼近法[25,26]等。目前，逆问题研究中需要解决的关键问题为：①在求解逆问题中遇到病态现象时，如何对其进行合理的正则化；②如何才能有效地减少逆问题求解过程中所需的计算量，从而进一步增强求解算法的可实施性。一方面，由于效应量监测数据的不完整等因素导致的病态现象将会给混凝土坝服役性态逆问题的定量求解带来很大困难；另一方面，由于受监测设备自身性能和监测环境等因素的制约，要想获得更高的估计精度往往就需要用多个测点对效应量同时进行监测。因此，在混凝土坝服役性态效应量具有多种属性或受多种不确定因素干扰的情况下，需要使用多种监测仪器协同完成监测任务，但这样导致了逆问题求解的计算量过大而难以实现。因此，下面基于多尺度系统理论，引入时间尺度变量，对监测效应量进行多尺度表示，建立效应量的多尺度统计模型；在此基础上，对监测系统进行多尺度变换，根据监测效应量尺度系数的统计分布规律，建立监测效应量的多尺度数据估计模型。

2.4.1　多尺度统计模型

1994 年，Chou 等基于信号的多尺度表示给出了树状的数据结构，树上的每一层对应于多尺度表示中的一个尺度，这样就构造出类似于时间的以尺度为变量的动态模型，即多尺度模型[27,28]。建立混凝土坝服役性态多尺度数据估计模型的关键是在模型中引入时间尺度变量，时间尺度指数据表示的时间周期及数据形成周期有不同的长短。这样就可以借用时间动态系统现有的理论和滤波估计算法[29]，推导出最优的多尺度数据估计算法。

2.4.1.1　监测效应量的多尺度表示

下面以效应量 $x(t) \in R^{n\times 1}$ 基于三阶树的多尺度表示为例，具体分析定义在单位区间 [0,1] 上的效应量 $x(t)$ 的多尺度表示，树状结构如图 2-3 所示。

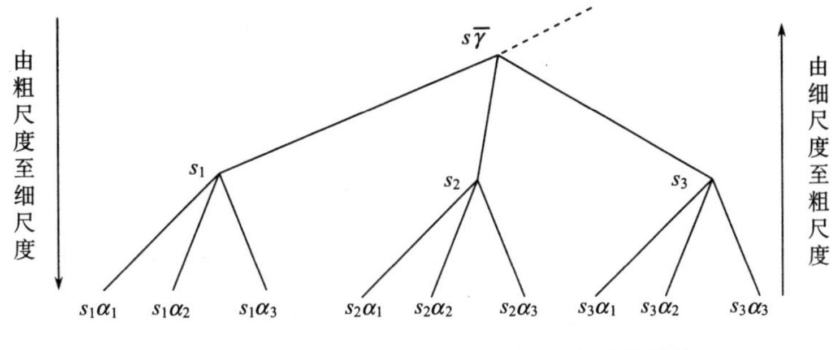

图 2-3　监测效应量多尺度表示的三阶树状结构

首先从联合概率分布 $P_{x(j/3)|x(0),x(1)}(x(j/3)\,|\,x(0),x(1))$（$j=1,2$）中选取初始状态

$$\boldsymbol{X}_0=\boldsymbol{X}(0,0)=\left[x(0),x(1/3),x(2/3),x(1)\right]^{\mathrm{T}} \tag{2-82}$$

式中：$x(t)$ 在节点 $(j/3)$ 处的概率分布是由 $x(0)$ 和 $x(1)$ 的条件分布来确定的。

然后将 $[0,1]$ 等分为 3 个子区间 $[0,1]=[0,1/3)\cup[1/3,2/3)\cup[2/3,1]$，对每个子区间 $[(i-1)/3,i/3)$ $(i=1,2,3)$ 等间距插入 2 个点，并根据 $x(t)$ 在每个节点 $3((i-1)/3+j/3^2)$ 处的概率分布，即在边界 $(i-1)/3$ 与 $i/3$ 处的条件分布 $P_{x\left((i-1)/3+j/3^2\right)|x\left((i-1)/3\right),x(i/3)}(x((i-1)/3+j/3^2)\,|\,x((i-1)/3),x(i/3))$ $(j=1,2)$ 来确定尺度 1 上的 3 个状态：

$$\boldsymbol{X}(1,i)=\left[x(i-1)/3,x\left((i-1)/3+1/3^2\right),x\left((i-1)/3+2/3^2\right),\cdots,x(i/3)\right]^{\mathrm{T}} \tag{2-83}$$

因此，尺度 1 上由所有节点处状态向量按顺序组成的向量集为

$$\boldsymbol{X}_1=\left[x(1,1),x(1,2),x(1,3)\right]^{\mathrm{T}} \tag{2-84}$$

于是就得到 $x(t)$ 基于三阶树在尺度 1 上的表示。

依次重复上述过程，对各个子区间进行三等分，在各子区间内分别在对应于区间长度的 $1/3,2/3,\cdots,(r-1)/3^m$ 处进行插值，并根据 $x(t)$ 所对应的新插值点 $((r-1)/3^m+j/3^{m+1})$ 的概率分布，即由 $x(t)$ 在子区间 $\left[(r-1)/3^m,r/3^m\right]$ 边界处的条件分布 $P_{x\left((r-1)/3^m+j/3^{m+1}\right)|x\left((r-1)/3^m\right),x(r/3^m)}(x((r-1)/3^m+j/3^{m+1})\,|\,x((r-1)/3^m),x(r/3^m))$ $(j=1,2)$ 来确定尺度 m 上的 3^m 个子状态

$$\boldsymbol{X}(m,r)=\left[x\left((r-1)/3^m\right),x\left((r-1)/3^m+1/3^{m+1}\right),\cdots,x(r/3^m)\right]^{\mathrm{T}} \tag{2-85}$$

式中：$r=1,2,\cdots,3^m$。

于是就可以得到 $x(t)$ 基于三阶树在尺度 m 上的表示：

$$\boldsymbol{X}_m=\left[x(m,1),x(m,2),x(m,3),\cdots,x(m,3^m)\right]^{\mathrm{T}} \tag{2-86}$$

式中：$m=2,3,\cdots,M$。

因此，根据混凝土坝服役性态效应量监测的独立性，类似上述过程，通过在 $x(t)$ 定义区间 $[T_1,T_2]$ 上的 $(q-1)$ 个等分点处进行偏离，并在各子区间内重复此过程，即可得到效应量 $x(t)$ 基于 q 阶树的多尺度表示。

2.4.1.2　多尺度统计模型建立

混凝土坝通常设有变形监测、渗压渗流监测、结构应力应变监测、环境量监测(包括上下游水位、气温、雨量、泥沙监测)、水力学监测、结构动力监测以及地震、滑坡和地应力监测等。而且常用的统计模型对监测数据有如下假定：①误差没有系统性、数学期望为零、服从正态分布；②各次监测互相独立，并具有相同的精度。在混凝土坝服役性态效应量的多尺度树状表示中，在任一节点状态上，对应于该节点的所有子节点及后续子节点上的状态构成的集合中的元素都是统计独立的。

设监测系统表示如下：

$$\boldsymbol{z}_m(kT_m)=\boldsymbol{H}_m(kT_m)\boldsymbol{x}(kT_m)+\boldsymbol{v}(kT_m) \tag{2-87}$$

式中：m 是测点的标识，$m=0,1,\cdots,M$（M 是测点数目）；T_m 是测点 m 的采样周期；kT_m 是测点 m 的第 k 个采样时刻；$\boldsymbol{x}(kT_m)$ 是监测时刻 kT_m 时的效应量状态向量；$\boldsymbol{z}_m(kT_m)$ 是效应量监测向量；$\boldsymbol{H}_m(kT_m)$ 是监测矩阵；$\boldsymbol{v}(kT_m)$ 是监测噪声，且满足 $E\left\{\boldsymbol{v}(k)\boldsymbol{v}^{\mathrm{T}}(j)\right\}=\boldsymbol{R}(k)\delta_{kj}$（$k,j=0,1,2,\cdots$）。

目前，混凝土坝监测系统控制方式可分为集中式控制型和分布式控制型，对具有不同监测周期的测点，可以看作采用不同的尺度去监测相同的效应量。根据这些测点监测周期之间的关系，可将多尺度建模分为规则建模和不规则建模。这里主要研究监测效应量的规则建模，即监测系统式(2-87)中，测点的监测周期之比是某一固定的整数。在图 2-3 所示的三阶树上，用 $s=\left[m(s),l(s)\right]$ 表示树上的节点，$m(s)$ 表示节点 s 所在的尺度，$l(s)$ 表示在尺度 $m(s)$ 上节点 s 所处的位置；在每个节点处监测效应量用 $\boldsymbol{X}(s)$ 表示。因此，树上的每一层都对应一个尺度，由每层各节点处的状态向量构成的集合就是对监测效应量的多尺度表示。定义 $\overline{\gamma}$ 为从树上节点 s 处的向上平移算子，$\alpha_1,\alpha_2,\alpha_3$ 为 3 个相应的向下平移算子；用 $s\overline{\gamma}$ 表示节点 s 的父节点，而用 $s\alpha_1,s\alpha_2,s\alpha_3$ 就表示对应于节点 s 的 3 个子节点；用 $\boldsymbol{X}_0=X\left((0,0)\right)$ 表示树上根节点处的状态向量。那么，利用定义在三阶树上节点 s 处的状态向量 $\boldsymbol{X}(s)$ 与它的父节点 $s\overline{\gamma}$ 处的状态向量 $\boldsymbol{X}(s\overline{\gamma})$ 之间的动态关系，就可以建立混凝土坝服役性态效应量以时间尺度为变量的多尺度统计模型：

$$\boldsymbol{X}(s)=\boldsymbol{A}(s)\boldsymbol{X}(s\overline{\gamma})+\boldsymbol{B}(s)\boldsymbol{\omega}(s) \tag{2-88}$$

式中：$\boldsymbol{X}(s)=\left[\boldsymbol{X}^{\mathrm{T}}(s_1),\boldsymbol{X}^{\mathrm{T}}(s_2),\boldsymbol{X}^{\mathrm{T}}(s_3)\right]^{\mathrm{T}}$；$\boldsymbol{A}(s)=\left[\boldsymbol{A}^{\mathrm{T}}(s_1),\boldsymbol{A}^{\mathrm{T}}(s_2),\boldsymbol{A}^{\mathrm{T}}(s_3)\right]^{\mathrm{T}}$，$\boldsymbol{A}(s)$

是用来描述父节点 $s\bar{\gamma}$ 的状态向量与所有子节点上的状态向量之间动态关系的矩阵，其中的每个 $\boldsymbol{A}(s_i)$ 就是父节点与对应节点 s_i（$i=1,2,3$）之间的状态转移阵；$\boldsymbol{B}(s)$ 是扰动矩阵；$\boldsymbol{\omega}(s)$ 是系统建模噪声，具有统计特性 $E\{\boldsymbol{\omega}(s)\}=0$、$E\{\boldsymbol{\omega}(s)\boldsymbol{\omega}^{\mathrm{T}}(s')\}=\delta_{ss'}\boldsymbol{Q}(s)$，其中 $\boldsymbol{Q}(s)$ 是半正定矩阵；初始状态 $\boldsymbol{X}_0$ 具有统计特性 $\boldsymbol{X}_0 \sim N[0,P_0]$，并且与 $\boldsymbol{\omega}(s)$ 是统计独立的，$E\{\boldsymbol{X}_0\boldsymbol{\omega}^{\mathrm{T}}(s)\}=0$。

2.4.2　多尺度数据估计模型

在上文分析基础上，下面对混凝土坝监测系统进行多尺度变换，研究监测效应量尺度系数的统计分布规律，利用监测效应量的分形先验分布条件，建立监测效应量的多尺度数据估计模型，对混凝土坝服役性态进行定量分析。

2.4.2.1　监测系统的多尺度变换

以混凝土坝变形为例，设垂线、引张线等监测系统表示为

$$\boldsymbol{z}_i = h_i(\boldsymbol{x}) + \boldsymbol{v}_i \tag{2-89}$$

式中：$i=1,2,\cdots,M$；$\boldsymbol{z}_i \in R^{N_i\times 1}$，是第 i 个测点获得的监测向量；$\boldsymbol{x}\in R^{N_x\times 1}$，是效应量的离散表示；$\boldsymbol{v}_i$ 是污染数据的白噪声向量；h_i 是从 $R^{N_x\times 1}$ 到 $R^{N_i\times 1}$ 的一个映射。

在很大程度上，逆问题的解是由 h_i 的性质决定的。如果有矩阵 $\boldsymbol{C}_i$，使得

$$h_i(\boldsymbol{x}) = \boldsymbol{C}_i\boldsymbol{x} \tag{2-90}$$

则该逆问题为线性的，否则称之为非线性的。

监测系统式(2-89)给出了监测向量 $\boldsymbol{z}_i$ 与噪声向量 $\boldsymbol{v}_i$、目标向量 $\boldsymbol{x}$ 之间的关系，在利用多尺度理论进行求解时，需要给出它们在小波域中相应的关系式。设监测向量 $\boldsymbol{z}_i$ 是在尺度 N_i 上得到的，现将其进行多尺度分解至尺度 L_i，得其小波系数 $\boldsymbol{z}_{i,D}^{(j)}$（$L_i \leqslant j \leqslant N_i-1$）和尺度系数 $\boldsymbol{z}_{i,V}^{(L_i)}$。若记

$$\boldsymbol{\eta}_i = \left[\left(\boldsymbol{z}_{i,D}^{N_i-1}\right)^{\mathrm{T}},\left(\boldsymbol{z}_{i,D}^{N_i-2}\right)^{\mathrm{T}},\cdots,\left(\boldsymbol{z}_{i,D}^{(L_i)}\right)^{\mathrm{T}},\left(\boldsymbol{z}_{i,V}^{(L_i)}\right)^{\mathrm{T}}\right]^{\mathrm{T}} \tag{2-91}$$

则

$$\boldsymbol{\eta}_i = \boldsymbol{W}_{z_i}\boldsymbol{z}_i \tag{2-92}$$

式中：$\boldsymbol{W}_{z_i}$ 表示对监测向量 $\boldsymbol{z}_i$ 做小波变换的小波变换算子矩阵，且 $\boldsymbol{W}_{z_i}^{\mathrm{T}}\boldsymbol{W}_{z_i}=\boldsymbol{I}$。

设 $\boldsymbol{x}(t)\in R^{n\times 1}$ 是在某一尺度 N_x 上对效应量的离散近似，即 $\boldsymbol{x}^{N_x}=\boldsymbol{x}$，若记

$$\boldsymbol{\gamma} = \left[\left(\boldsymbol{x}_D^{N_x-1}\right)^{\mathrm{T}},\left(\boldsymbol{x}_D^{N_x-2}\right)^{\mathrm{T}},\cdots,\left(\boldsymbol{x}_D^{(L)}\right)^{\mathrm{T}},\left(\boldsymbol{x}_V^{(L)}\right)^{\mathrm{T}}\right]^{\mathrm{T}} \tag{2-93}$$

则

$$\boldsymbol{\gamma} = \boldsymbol{W}_x\boldsymbol{x}(N_x) \tag{2-94}$$

式中：$\boldsymbol{W}_x$ 表示对效应量 $\boldsymbol{x}$ 做小波变换的小波变换算子矩阵，且满足 $\boldsymbol{W}_x^{\mathrm{T}}\boldsymbol{W}_x=\boldsymbol{I}$。

在式(2-90)条件下，式(2-89)可被改写为

$$z_i=\boldsymbol{C}_i\boldsymbol{x}+\boldsymbol{v}_i \tag{2-95}$$

式中：$i=1,2,\cdots,M$。对式(2-95)两边用小波变换算子 $\boldsymbol{W}_{z_i}$ 作用后可得

$$\boldsymbol{\eta}_i=\boldsymbol{W}_{z_i}\boldsymbol{C}_i\boldsymbol{x}+\boldsymbol{W}_{z_i}\boldsymbol{v}_i \tag{2-96}$$

利用式(2-94)，式(2-96)转化为

$$\boldsymbol{\eta}_i=\boldsymbol{\Theta}_i\boldsymbol{\gamma}+\boldsymbol{v}_i \tag{2-97}$$

式中：$\boldsymbol{\Theta}_i=\boldsymbol{W}_{z_i}\boldsymbol{C}_i\boldsymbol{W}_x^{\mathrm{T}}$；$\boldsymbol{v}_i=\boldsymbol{W}_{z_i}\boldsymbol{v}_i$。

为融合混凝土坝安全监测系统 M 个测点的监测数据，把式(2-95)给出的监测系统写成如下形式：

$$\boldsymbol{z}=\boldsymbol{C}\boldsymbol{x}+\boldsymbol{v} \tag{2-98}$$

式中：$\boldsymbol{z}=\left[\boldsymbol{z}_1^{\mathrm{T}},\boldsymbol{z}_2^{\mathrm{T}},\cdots,\boldsymbol{z}_M^{\mathrm{T}}\right]^{\mathrm{T}}$、$\boldsymbol{C}=\left[\boldsymbol{C}_1^{\mathrm{T}},\boldsymbol{C}_2^{\mathrm{T}},\cdots,\boldsymbol{C}_M^{\mathrm{T}}\right]^{\mathrm{T}}$、$\boldsymbol{v}=\left[\boldsymbol{v}_1^{\mathrm{T}},\boldsymbol{v}_2^{\mathrm{T}},\cdots,\boldsymbol{v}_M^{\mathrm{T}}\right]^{\mathrm{T}}$，且满足 $E\{\boldsymbol{v}\}=0$、$E\{\boldsymbol{v}\boldsymbol{v}^{\mathrm{T}}\}=R$，这里 $R=\mathrm{diag}\left[R_1,R_2,\cdots,R_M\right]$。

类似于时域中用($\boldsymbol{z},\boldsymbol{x},\boldsymbol{v}$)表示的监测数据或监测向量，在多尺度域中，用($\boldsymbol{\eta},\boldsymbol{\gamma},\boldsymbol{v}$)表示在多尺度中的相应数据或向量，则与式(2-98)相应的方程为

$$\boldsymbol{\eta}=\boldsymbol{\Theta}\boldsymbol{\gamma}+\boldsymbol{v} \tag{2-99}$$

式中：$\boldsymbol{\eta},\boldsymbol{\Theta},\boldsymbol{v}$ 的形式同 $\boldsymbol{z},\boldsymbol{C},\boldsymbol{v}$。

这样，基于多测点监测系统式(2-98)求解监测效应量 $\boldsymbol{x}$ 的逆问题，就转化为从式(2-99)恢复 $\boldsymbol{\gamma}$ 的问题。

2.4.2.2 监测效应量的分形先验分布

效应量监测数据的分形维数是混凝土坝结构复杂程度的直接反映，而且在效应量监测数据的多尺度模型中，同一尺度上的小波系数独立同分布，不同尺度上的小波系数分布相似。因此，下面采用 $1/f$ 类分形先验模型对上述逆问题进行正则化。

假设效应量 $\boldsymbol{x}$ 在 i 尺度 k 平移处的小波系数满足

$$\boldsymbol{x}_D(m,k)\sim N[0,\sigma^2 2^{-\mu(N-m)}] \tag{2-100}$$

式中：$L_x\leqslant m\leqslant N_x-1$；参数 σ^2 控制着效应量幅值的大小；μ 决定着监测过程的分形结构，$\mu=0$ 意味着效应量监测数据是受白噪声污染的，随着 μ 的增加，效应量监测数据将渐趋平滑。

效应量 $\boldsymbol{x}$ 在最粗尺度上尺度系数的统计分布为

$$\boldsymbol{x}_V(L_x,k)\sim N[0,gL_x] \tag{2-101}$$

式中：gL_x 是某个充分大的数，可以避免在对 x 的低频估计中出现大的偏差。

通过效应量的小波系数和最粗尺度系数统计结构的确定，便可以给出 $\boldsymbol{\gamma}$ 的 $1/f$ 类分形先验分布：

$$\boldsymbol{\gamma} \sim N(0, \bar{P}_0) \tag{2-102}$$

式中：$\bar{\boldsymbol{P}}_0 = \mathrm{diag}[\bar{\boldsymbol{P}}_0(N-1), \bar{\boldsymbol{P}}_0(N-2), \cdots, \bar{\boldsymbol{P}}_0(L), \tilde{\boldsymbol{P}}_0(L)]$；$\bar{\boldsymbol{P}}_0(i) = \sigma^2 2^{-\mu(N-i)} \boldsymbol{I}_{N_x(i)}$；$L_x \leqslant i \leqslant N_x - 1$；$\tilde{\boldsymbol{P}}_0(L) = gL_x \boldsymbol{I}_{N_x(L)}$，其中 $\boldsymbol{I}_n \in R^{n\times n}$ 表示单位矩阵；$N_{x(i)}$ 表示效应量 $\boldsymbol{x}$ 经小波变换后在尺度 i 上的小波系数或尺度系数的个数。

2.4.2.3 多尺度数据估计模型建立

下面对混凝土坝安全监测系统式(2-98)，利用含有噪声的监测数据 $\boldsymbol{z}$ 和效应量 $\boldsymbol{x}$ 的先验信息，采用最大后验逆算法来估计 $\hat{x}$。假设 $\boldsymbol{x}$ 和 $\boldsymbol{v}$ 是不相关的，且 $\boldsymbol{x} \sim N[\bar{x}, P_0]$、$\boldsymbol{v} \sim N[0, R]$，其中 $\boldsymbol{R} = \mathrm{diag}[r_1 \boldsymbol{I}_{N_1}, r_2 \boldsymbol{I}_{N_2}, \cdots, r_M \boldsymbol{I}_{N_M}]$，$\boldsymbol{I}_N$ 是单位矩阵。在已知 $\boldsymbol{z}$ 的条件下，通过最小化下面的加权最小二乘目标函数，就可得基于监测数据 $\boldsymbol{z}$ 的最大后验概率值 $\hat{x}$，即

$$\hat{x} = \arg\min_{\boldsymbol{x}} \left\{ \left\| \boldsymbol{z} - \boldsymbol{C}\boldsymbol{x} \right\|_{R^{-1}}^2 + \left\| \boldsymbol{x} - \bar{\boldsymbol{x}} \right\|_{P_0^{-1}}^2 \right\} \tag{2-103}$$

式中：$\left\| \boldsymbol{z} - \boldsymbol{C}\boldsymbol{x} \right\|_{R^{-1}}^2$ 体现了监测数据对估计精度的贡献，$\left\| \boldsymbol{x} - \bar{\boldsymbol{x}} \right\|_{P_0^{-1}}^2$ 反映了先验均值 $\bar{\boldsymbol{x}}$ 和其协方差矩阵 $\boldsymbol{P}_0$ 中包含的信息，相应的权重分别是 $\boldsymbol{R}^{-1}$ 和 $\boldsymbol{P}_0^{-1}$。如果监测噪声较大，则监测数据对重构结果的影响较小，而较大的 $\boldsymbol{P}_0$ 值则意味着先验模型中没有足够的信息，将加大监测数据对重构结果的权重。

因此，在 $\boldsymbol{v} \sim N[0, R]$ 和 $\boldsymbol{\gamma} \sim N(0, \bar{P}_0)$ 的条件下，即可确定 $\boldsymbol{\gamma}$ 的最大后验概率

$$\hat{\gamma}_{\mathrm{MAP}} = \arg\min_{\gamma} \left[\left\| \boldsymbol{\eta} - \boldsymbol{\Theta}\boldsymbol{\gamma} \right\|_{R^{-1}}^2 + \left\| \bar{\boldsymbol{P}}_0^{-1/2} \boldsymbol{\gamma} \right\|_I^2 \right] \tag{2-104}$$

从而得到混凝土坝安全监测效应量的多尺度数据估计模型

$$\hat{\gamma}_{\mathrm{MAP}} = \left[\boldsymbol{\Theta}^{\mathrm{T}} \bar{\boldsymbol{R}}^{-1} \boldsymbol{\Theta} + (\bar{\boldsymbol{P}}^{\mathrm{T}})^{-1/2} \bar{\boldsymbol{P}}^{-1/2} \right]^{-1} \boldsymbol{\Theta}^{\mathrm{T}} \bar{\boldsymbol{R}}^{-1} \boldsymbol{\eta} \tag{2-105}$$

这样不仅可以获得效应量的有效估计值，而且可以得到评价重构质量的定量指标。相应的性能评价指标是误差协方差阵 $\bar{\boldsymbol{P}}$，在小波变换域中定义为

$$\bar{\boldsymbol{P}} = E[(\boldsymbol{\gamma} - \hat{\boldsymbol{\gamma}})(\boldsymbol{\gamma} - \hat{\boldsymbol{\gamma}})^{\mathrm{T}}] \tag{2-106}$$

对应式(2-99)的误差协方差矩阵形式如下：

$$\bar{\boldsymbol{P}} = (\boldsymbol{\Theta}^{\mathrm{T}} \bar{\boldsymbol{R}}^{-1} \boldsymbol{\Theta} + \bar{\boldsymbol{P}}_0^{-1})^{-1} \tag{2-107}$$

误差协方差阵 $\bar{\boldsymbol{P}}$ 的对角线上的元素通常可作为评价估计结果的性能指标。对角线元素的值越大，意味着对应于 $\hat{\boldsymbol{\gamma}}$ 相应元素的估计值的不确定性越高；反之，

对角线元素的值越小，说明对应于$\hat{\boldsymbol{\gamma}}$相应元素的估计值越可靠。

根据上面定义的误差协方差矩阵，把混凝土坝安全监测效应量x的小波变换系数γ中的元素分为提供显著信息的量和不提供显著信息的量，即如果误差协方差矩阵对角线上的元素取值大于某个给定的阈值τ（$0\leqslant\tau\leqslant1$），则称其相应的小波系数提供显著信息，否则称其相应的小波系数不提供显著信息。记所有提供显著信息的系数组成的向量为$\boldsymbol{\gamma}^1$，所有不提供显著信息的系数组成的向量为$\boldsymbol{\gamma}^2$，则经适当调序后，式(2-99)转化为

$$\boldsymbol{\eta}=\begin{bmatrix}\boldsymbol{\Theta}^1 & \boldsymbol{\Theta}^2\end{bmatrix}\begin{bmatrix}\gamma^1\\ \gamma^2\end{bmatrix}+\boldsymbol{v} \tag{2-108}$$

若设$\hat{\gamma}^2=0$，则式(2-108)被简化为

$$\boldsymbol{\eta}=\boldsymbol{\Theta}^1\boldsymbol{\gamma}^1+\boldsymbol{v} \tag{2-109}$$

通过式(2-105)，则可得到$\boldsymbol{\gamma}^1$的多尺度数据估计降阶模型

$$\hat{\gamma}^1=(\boldsymbol{\Theta}^1)^{\mathrm{T}}\bar{\boldsymbol{R}}^{-1}\boldsymbol{\Theta}^1+\left((\bar{\boldsymbol{P}}_0^{-1})^{-1/2}\right)^{\mathrm{T}}(\bar{\boldsymbol{P}}_0^{-1})^{-1/2}(\boldsymbol{\Theta}^1)^{\mathrm{T}}\bar{\boldsymbol{R}}^{-1}\boldsymbol{\eta} \tag{2-110}$$

式中：$\bar{\boldsymbol{P}}_0^{-1}$是$\boldsymbol{\gamma}^1$中的元素对应的先验协方差矩阵。

对应于估计值$\hat{\gamma}^1$的误差协方差矩阵为

$$\bar{\boldsymbol{P}}^1=E\left\{(\gamma-\hat{\gamma}^1)(\gamma-\hat{\gamma}^1)^{\mathrm{T}}\right\}=\left((\boldsymbol{\Theta}^1)^{\mathrm{T}}\bar{\boldsymbol{R}}^{-1}\boldsymbol{\Theta}^1+(\bar{\boldsymbol{P}}_0^{-1})^{-1}\right)^{-1} \tag{2-111}$$

对应于估计值$\hat{\gamma}^2=0$的误差协方差矩阵为一个数量矩阵为

$$\bar{\boldsymbol{P}}^2=E\left\{(\gamma-\hat{\gamma}^2)(\gamma-\hat{\gamma}^2)^{\mathrm{T}}\right\}=r\boldsymbol{I} \tag{2-112}$$

式中：相对于先验模型的不确定程度而言，r取适当大的数。

因此，效应量的多尺度估计降阶模型是由$\hat{\boldsymbol{\gamma}}=\begin{bmatrix}\hat{\gamma}^1 & \hat{\gamma}^2\end{bmatrix}^{\mathrm{T}}$经过适当排序后的结果，相应的误差协方差矩阵是由$\bar{\boldsymbol{P}}=E\left\{(\gamma-\hat{\gamma})(\gamma-\hat{\gamma})^{\mathrm{T}}\right\}=\begin{bmatrix}\bar{\boldsymbol{P}}^1\,0,0 & \bar{\boldsymbol{P}}^2\end{bmatrix}^{\mathrm{T}}$的对角线元素适当排序后的结果，其估计结果相对于先验模型提供信息的相对误差协方差矩阵为

$$\Pi=\boldsymbol{I}-(\bar{\boldsymbol{P}}_0^{-1/2})^{\mathrm{T}}\bar{\boldsymbol{P}}(\bar{\boldsymbol{P}}_0^{-1/2}) \tag{2-113}$$

由于$\boldsymbol{\gamma}$中较细尺度上的小波系数大都没有向重构结果提供显著信息，所以在选取适当阈值时，$\boldsymbol{\gamma}$中提供显著信息的元素个数不超过总数的1/4，可有效降低算法的复杂度。

式(2-98)可写成符合Kalman滤波的监测方程，即

$$\boldsymbol{Z}(k)=\boldsymbol{C}(k)\boldsymbol{X}(k)+\boldsymbol{V}(k) \tag{2-114}$$

式中：$\boldsymbol{C}(k)$为监测矩阵；$\boldsymbol{X}(k)$为状态变量；$\boldsymbol{V}(k)\in R^{N\times1}$为监测噪声，且假设有统计特性$E\{\boldsymbol{V}(k)\}=0$和$E\{\boldsymbol{V}(k)\boldsymbol{V}^{\mathrm{T}}(j)\}=R(k)\delta_{k,j}$，$k,j=1,2,\cdots$。

若再利用随机序列的小波系数所具有的随机游走特性，可将 $\boldsymbol{X}(k)$ 的变化过程描述为如下的 Kalman 滤波状态方程：

$$\boldsymbol{X}(k)=\boldsymbol{\Phi}(k,k-1)\boldsymbol{X}(k-1)+\boldsymbol{W}(k) \tag{2-115}$$

式中：转移阵 $\boldsymbol{\Phi}(k,k-1)$ 为单位阵 $\boldsymbol{I}\in R^{2N\times 2N}$；$\boldsymbol{W}(k)\in R^{2N\times 1}$ 为模型噪声，具有统计特性 $E\{\boldsymbol{W}(k)\}=0$ 和 $E\{\boldsymbol{W}(k)\boldsymbol{W}^{\mathrm{T}}(j)\}=Q(k)\delta_{k,j}$，$k,j=1,2,\cdots$。

假设 $\boldsymbol{W}(k)$ 和 $\boldsymbol{V}(k)$ 之间能满足 $E\{\boldsymbol{W}(k)\boldsymbol{V}^{\mathrm{T}}(j)\}=0$，$k,j=1,2,\cdots$，式(2-114)可进一步改写成分量形式

$$\boldsymbol{z}(k_i)=\boldsymbol{C}_i(k)\boldsymbol{X}(k)+\boldsymbol{v}(k_i) \tag{2-116}$$

式中：$\boldsymbol{C}_i(k)$ 是 $\boldsymbol{C}(k)$ 的第 i 行向量组成的矩阵。

由式(2-115)～式(2-116)，利用标准的 Kalman 滤波器，可得到扩展的既具有实时性和递归性，又具有多尺度分析能力的小波-Kalman 滤波混合估计与预报模型

$$\begin{aligned}\hat{\boldsymbol{X}}(k\mid k_i)&=E\{\boldsymbol{X}(k)\mid Z(1),Z(2),\cdots,Z(k-1);z(k_1),z(k_2),\cdots,z(k_i)\}\\&=\hat{\boldsymbol{X}}(k\mid k_{i-1})+\boldsymbol{K}(k\mid k_i)\left[\boldsymbol{z}(k_i)-\boldsymbol{C}_i(k)\hat{\boldsymbol{X}}(k\mid k_{i-1})\right]\\&\quad k=1,2,\cdots;i=1,2,\cdots,N\end{aligned} \tag{2-117}$$

$$\boldsymbol{K}(k|k_i)=\boldsymbol{P}(k|k_i)\boldsymbol{C}_i^{\mathrm{T}}(k)\left[\boldsymbol{C}_i(k)\boldsymbol{P}(k|k_i)\boldsymbol{C}_i^{\mathrm{T}}(k)+\boldsymbol{R}(k_i)\right]^{-1} \tag{2-118}$$

$$\boldsymbol{P}(k|k_i)=\left[\boldsymbol{I}-\boldsymbol{K}(k|k_i)\boldsymbol{C}_i(k)\right]\boldsymbol{P}(k|k_{i-1}) \tag{2-119}$$

式中：

$$\hat{\boldsymbol{X}}(k|k_0)=\boldsymbol{\Phi}(k)\hat{\boldsymbol{X}}(k-1|k-1)=\boldsymbol{\Phi}(k)E\left\{\boldsymbol{X}(k)\middle|Z(1),Z(2),\cdots,Z(k-1)\right\} \tag{2-120}$$

$$\boldsymbol{P}(k|k_0)=\boldsymbol{\Phi}(k)\boldsymbol{P}(k-1|k-1)\boldsymbol{\Phi}^{\mathrm{T}}(k)+\boldsymbol{Q}(k) \tag{2-121}$$

$$\hat{\boldsymbol{X}}(k|k_N)=\hat{\boldsymbol{X}}(k|k)=E\left\{\boldsymbol{X}(k)\middle|Z(1),Z(2),\cdots,Z(k-1),Z(k)\right\} \tag{2-122}$$

$$\boldsymbol{P}(k|k_N)=\hat{\boldsymbol{X}}(k|k)=\prod_{i=1}^{N}\left[\boldsymbol{I}-\boldsymbol{K}(k|k_i)\boldsymbol{C}_i(k)\right]\boldsymbol{P}(k|k_0) \tag{2-123}$$

首先给出初始周期的状态 $X(1)$，由状态方程得出一个对第二周期的状态的预测 $X(2|1)$，然后由此值开始，当第二周期内的测值 $z(k)$ 相继到来时，对第二周期的预测不断更新，分别得到第二周期的状态的估计预测值 $X(2|1,2.1)$，$X(2|1,2.1,2.2)$，…，$X(2|1,2.1,2.2,\cdots,2.n)$，第二周期的测值全部到来后，就可以得到对第二周期状态的估计值 $X(2|1,2)$。在此基础上，作出一个对第三周期的状态的预报 $X(3|1,2)$，继续循环递归上述过程，图 2-4 是算法流程图。

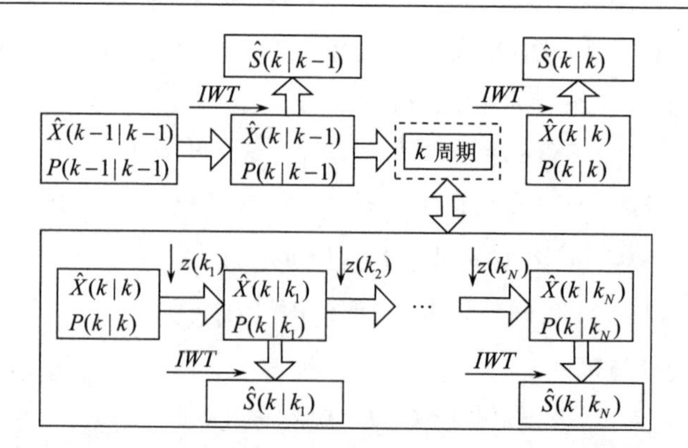

图 2-4　小波-Kalman 滤波混合估计与预报算法流程

2.4.2.4　监测效应量的多尺度数据预测模型

在上述分析基础上，下面通过对离散小波变换的综合形式进行推广，研究基于多尺度数据估计模型的递归算法，实现在任一尺度上获得状态基于全局监测数据的最优估计值。

在尺度 $i+1$ 上，对给定的监测数据序列 $\{\boldsymbol{x}(i+1,k)\}$，其离散小波变换的分析形式和综合形式分别为

$$\boldsymbol{x}(i,k)=\sum_{l=-\infty}^{\infty}\boldsymbol{h}(2k-l)\boldsymbol{x}(i+1,l),\qquad \boldsymbol{x}(i+1,k)\in R^{n\times 1} \tag{2-124}$$

$$\boldsymbol{d}(i,k)=\sum_{l=-\infty}^{\infty}\boldsymbol{g}(2k-l)\boldsymbol{x}(i+1,l),\qquad \boldsymbol{x}(i+1,k)\in R^{n\times 1} \tag{2-125}$$

$$\boldsymbol{x}(i+1,k)=\sum_{l=-\infty}^{\infty}\boldsymbol{h}(2l-k)\boldsymbol{x}(i,l)+\sum_{l}\boldsymbol{g}(2l-k)\boldsymbol{d}(i,l) \tag{2-126}$$

式中：$\{h(k)\}$ 和 $\{g(k)\}$ 分别是小波变换中的低通滤波器和高通滤波器。

式(2-124)～式(2-126)建立起的是尺度 i 上的尺度系数 $\{\boldsymbol{x}(i,k)\}_{k\in Z}$、小波系数 $\{\boldsymbol{d}(i,k)\}_{k\in Z}$ 与细尺度 $(i+1)$ 上的尺度系数 $\{\boldsymbol{x}(i+1,k)\}_{k\in Z}$ 之间的动态关系，$\boldsymbol{d}(i,k)$ 充当的是系统输入量。若记 $\boldsymbol{x}(i):=\{\boldsymbol{x}(i,k)\}_{k\in Z}$、$\boldsymbol{d}(i):=\{\boldsymbol{d}(i,k)\}_{k\in Z}$，则与式(2-124)～式(2-126)相对应的算子形式分别为

$$\boldsymbol{x}(i)=\boldsymbol{H}_i\boldsymbol{x}(i+1) \tag{2-127}$$

$$\boldsymbol{d}(i)=\boldsymbol{G}_i\boldsymbol{x}(i+1) \tag{2-128}$$

$$\boldsymbol{x}(i+1)=\boldsymbol{H}_i^{\mathrm{T}}x(i)+\boldsymbol{G}_i^{\mathrm{T}}\boldsymbol{d}(i) \tag{2-129}$$

式中：$\boldsymbol{H}_i$ 和 $\boldsymbol{G}_i$ 是相应的尺度算子和小波算子。

由前文分析可知，当尺度从细变到粗时，监测数据序列的方差以几何级数的速度减小。因此，$x(i,k)$作为以尺度为变量的 Markov 随机过程，用$\omega(i,\cdot)$代替$d(i,\cdot)$，就建立了以尺度为变量的多尺度数据预测模型

$$E\left\{\boldsymbol{x}(L)\boldsymbol{x}^{\mathrm{T}}(L)\right\}=\bar{\lambda}_{\mathrm{L}}\boldsymbol{I} \tag{2-130}$$

$$\boldsymbol{x}(i+1)=\boldsymbol{H}_i^{\mathrm{T}}\boldsymbol{x}(i)+\boldsymbol{G}_i^{\mathrm{T}}\boldsymbol{\omega}(i) \tag{2-131}$$

$$E\left\{\boldsymbol{\omega}(i)\boldsymbol{\omega}^{\mathrm{T}}(i)\right\}=\bar{\lambda}_{\mathrm{L}}\boldsymbol{I} \tag{2-132}$$

在不发生混淆的情况下，在建模过程中仍用$\boldsymbol{H}_i$和$\boldsymbol{G}_i$表示尺度算子和小波算子，从而得到比式(2-130)～式(2-132)更一般的多尺度数据预测模型

$$\boldsymbol{x}(i+1)=\boldsymbol{H}_i^{\mathrm{T}}\tilde{\boldsymbol{A}}(i+1)\boldsymbol{x}(i)+\tilde{\boldsymbol{B}}(i+1)\boldsymbol{\omega}(i+1) \tag{2-133}$$

$$E\left\{\boldsymbol{\omega}(i)\boldsymbol{\omega}^{\mathrm{T}}(i)\right\}=\tilde{\boldsymbol{Q}}(i) \tag{2-134}$$

式中：$\tilde{\boldsymbol{A}}(i)^{\mathrm{def}}=\mathrm{diag}\left[\cdots,A(i),\cdots,A(i),\cdots\right]$；$\tilde{\boldsymbol{B}}(i)^{\mathrm{def}}=\mathrm{diag}\left[\cdots,B(i),\cdots,B(i),\cdots\right]$；$\tilde{\boldsymbol{Q}}(i)^{\mathrm{def}}=\mathrm{diag}[\cdots,Q(i),\cdots,Q(i),\cdots]$；$i=L+1,\cdots,M-1$；$\boldsymbol{A}(i)$、$\boldsymbol{B}(i)$和$\boldsymbol{Q}(i)$分别表示系统矩阵、噪声输入矩阵和噪声协方差阵。

此外，在混凝土坝这种多层次复杂系统的监测效应量分析过程中，往往有多个传感器在不同尺度上对大坝服役性态进行监测，如何将不同监测类型、不同尺度上的传感器构成的监测系统进行有效的融合已是目前普遍关注的问题。同时，工程性态分析评价也需要利用某些采样率(如低采样率)下得到的高质量数据修正某一采样率(如高采样率)下得到的(质量不高的)监测数据等。为此，在对监测效应量多尺度估计研究的基础上，针对不同尺度上具有不同特征的传感器进行混凝土坝服役性态监测的动态系统，在尚未对目标状态建立起有效模型的情况下，可通过建立以尺度为变量的多尺度随机动态模型，利用多尺度递归数据融合估计算法，进行不同尺度上的多个传感器监测信息有效融合，从而得到在相应尺度上含有不同监测噪声的多个监测量有效综合后的预测与融合估计值。具体可参见相关文献资料，不再赘述。

2.5　应用实例

某水电站主要挡水建筑物为重力坝，坝顶高程为 179.0m，最大坝高为 111.0m，坝顶全长 308.5m。工程以发电为主，兼有防洪、航运、水产养殖等综合效益。水库正常蓄水位 173m，调节库容 11.22 亿 m^3，属不完全调节水库，校核洪水位 177.80m，相应总库容 20.35 亿 m^3。主体工程于 1998 年 4 月正式开工，2000 年 12 月 18 日下闸蓄水。重力坝正常运行期间，监控系统发出多个报警点，并于 2005 年 12 月 11 日～2006 年 3 月 2 日期间频繁出现报警，但期间各环境量变化均正常。因此，下面首先对 2004～2007 年的坝体垂线四个测点自动化监测资料(图 2-5)进

行奇异值处理分析，然后给出坝体位移在多个不同尺度上的表示，对监测效应量进行多尺度表示，建立坝体位移的多尺度数据估计模型。

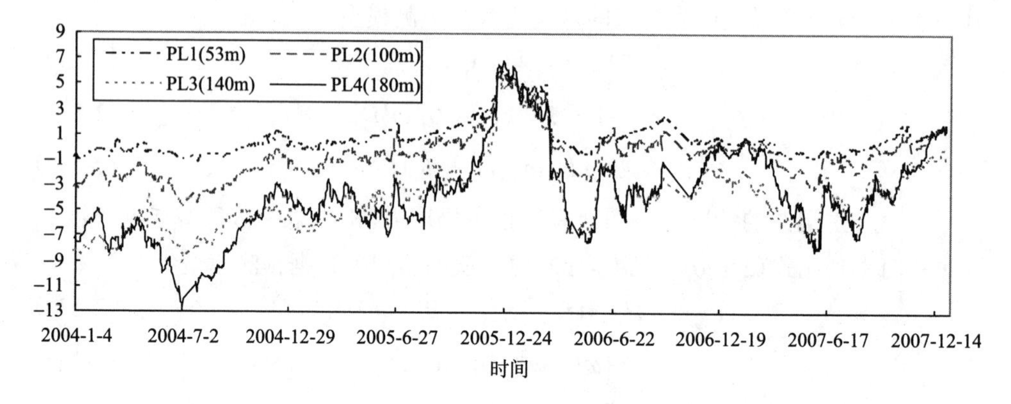

图 2-5　坝体顺河向位移过程线

1) 主元分析

将正垂线 4 个测点作为原始变量，记为 x_1, x_2, x_3, x_4，分别对应垂线测点 PL1、PL2、PL3 和 PL4。通过主元分析，根据式(2-16)计算得到主元对监测数据解释的累积贡献率如图 2-6 所示。可以看出，监测数据变化量的 64.5%可以由第一主元解释、27.5%可以由第二主元解释，两者的累积贡献率为 92%，已经达到解释数据变化要求的精度。

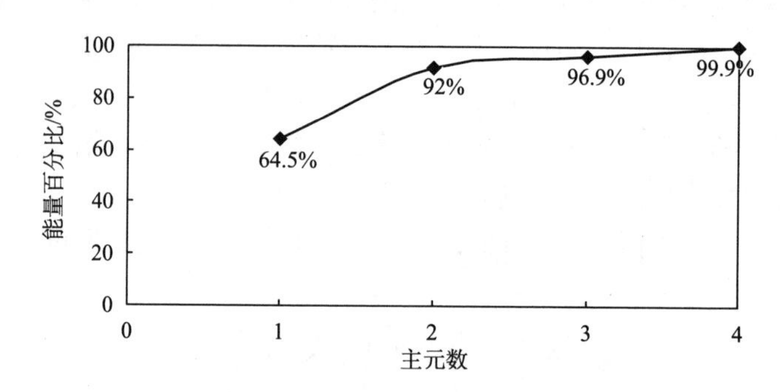

图 2-6　重力坝顺河向变形主元累积贡献率

主元的载荷见表 2-1，对载荷的分析表明，第一主元 PC1 主要解释效应量 x_2 (PL2) 和 x_4 (PL4) 的变化；第二主元 PC2 主要解释效应量 x_1 (PL1) 和 x_3 (PL3) 的变化。因此，提取主元后将原来需要分析的四个效应量缩减为两个主元，达到了数据缩减的目的；同时将 8%的数据变异考虑为噪声，有效地过滤了监测数据中的噪声。

表 2-1　主元载荷表

监测效应量	主元载荷	
	PC1	PC2
x_1（PL1）	−0.127	−0.605
x_2（PL2）	0.792	−0.083
x_3（PL3）	−0.106	−0.526
x_4（PL4）	−0.614	−0.036

2）奇异值诊断

首先进行单效应量奇异值诊断，状态向量 $\boldsymbol{x}(k)=\left[\boldsymbol{x}_1^{\mathrm{T}}(k),\boldsymbol{x}_2^{\mathrm{T}}(k),\boldsymbol{x}_3^{\mathrm{T}}(k),\boldsymbol{x}_4^{\mathrm{T}}(k)\right]^{\mathrm{T}}$，监控方程如式(2-21)所示，其中 $\boldsymbol{C}(k)=0.98\boldsymbol{I}_4$，$\boldsymbol{R}(k)=2\boldsymbol{I}_4$，$\boldsymbol{I}_4$ 为 4×4 的单位矩阵。根据 PCA 模型，当取检验水平 $\xi=0.95$ 时，T^2 置信限 $h_{4a}=1.2851$。利用实测资料和单效应量状态估计，分别根据上面建立的 PCA 模型计算出相应的 T^2 统计量，其诊断效果如图 2-7 所示。

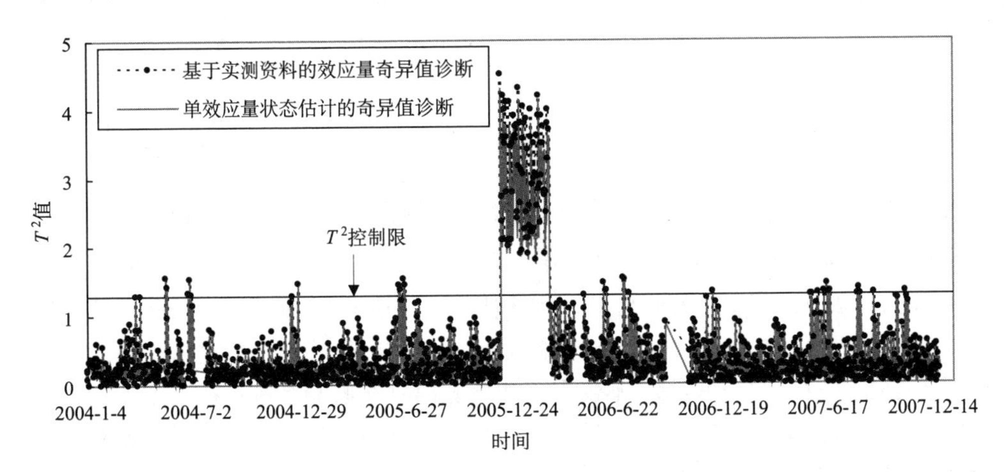

图 2-7　单效应量状态估计的奇异值诊断效果

从图 2-7 可以看出，利用实测资料和单效应量状态估计诊断均能检测出该坝垂线监测系统存在系统误差期间(2005 年 12 月 11 日～2006 年 3 月 2 日)的斑点型奇异值，但前者产生了 30 个孤立型奇异值，使系统存在 30 个虚警点，而后者仅有 17 个虚警点。表 2-2 给出了两种方法在虚警点上相应的 T^2 值，可以看出，由单效应量状态估计的部分虚警点上的 T^2 值由原来的大于 h_{4a} 变为小于 h_{4a}，纠正了部分虚假警报。

表 2-2　基于实测资料与基于单效应量状态估计虚警点上的 T^2 值

序号	监测日期	T^2		序号	监测日期	T^2	
		实测资料	状态估计			实测资料	状态估计
1	2004-3-25	1.3	1.25	16	2006-7-7	1.55	1.52
2	2004-4-3	1.29	1.22	17	2006-7-9	1.51	1.49
3	2004-5-17	1.57	1.54	18	2006-7-16	1.32	1.25
4	2004-5-18	1.42	1.39	19	2006-12-7	1.34	1.29
5	2004-6-25	1.33	1.27	20	2007-5-25	1.3	1.24
6	2004-6-28	1.54	1.51	21	2007-5-27	1.29	1.23
7	2004-6-30	1.31	1.26	22	2007-6-7	1.32	1.25
8	2004-12-21	1.29	1.27	23	2007-6-15	1.33	1.26
9	2004-12-31	1.48	1.45	24	2007-6-22	1.46	1.41
10	2005-6-21	1.46	1.43	25	2007-6-24	1.32	1.29
11	2005-6-24	1.39	1.34	26	2007-6-27	1.35	1.29
12	2005-6-29	1.53	1.51	27	2007-8-13	1.38	1.36
13	2005-7-1	1.44	1.39	28	2007-8-15	1.31	1.28
14	2006-6-3	1.48	1.43	29	2007-8-17	1.29	1.24
15	2006-6-9	1.37	1.34	30	2007-9-8	1.32	1.24

然后验证基于多效应量融合估计的奇异值诊断方法。在式(2-28)中，取 $\boldsymbol{x}(k)=\left[\boldsymbol{x}_1^{\mathrm{T}}(k),\boldsymbol{x}_2^{\mathrm{T}}(k),\boldsymbol{x}_3^{\mathrm{T}}(k),\boldsymbol{x}_4^{\mathrm{T}}(k)\right]^{\mathrm{T}}$，$N=4$，$\boldsymbol{C}_i(k)=0.98\boldsymbol{I}_4$（$i=1,2,3,4$），$R_i(k)=2$。根据 PCA 模型，利用多效应量融合估计计算出相应的 T^2 统计量，诊断效果如图 2-8 所示。从图 2-8 中可知，多效应量融合估计诊断的 T^2 曲线要比基于单效应量状态估计的 T^2 曲线平稳得多，不仅有效地检测出垂线监测系统存在系统误差期间(2005 年 12 月 11 日～2006 年 3 月 2 日)的斑点型奇异值，且仅产生 2 个孤立型奇异值，使得系统虚警点降低到了 2 个。

基于主元分析的监测效应量估计对第一主元 PC1 的拟合曲线如图 2-9 和图 2-10 所示，可以看出，多效应量融合估计后的估计曲线要比单效应量状态估计

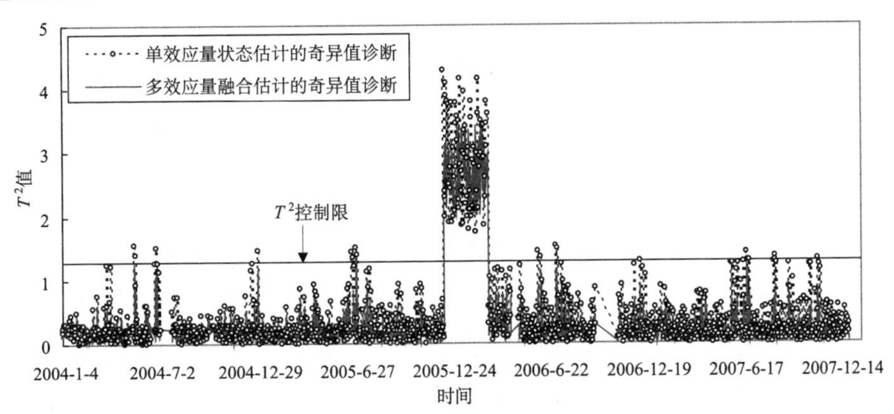

图 2-8 多效应量融合估计的奇异值诊断效果

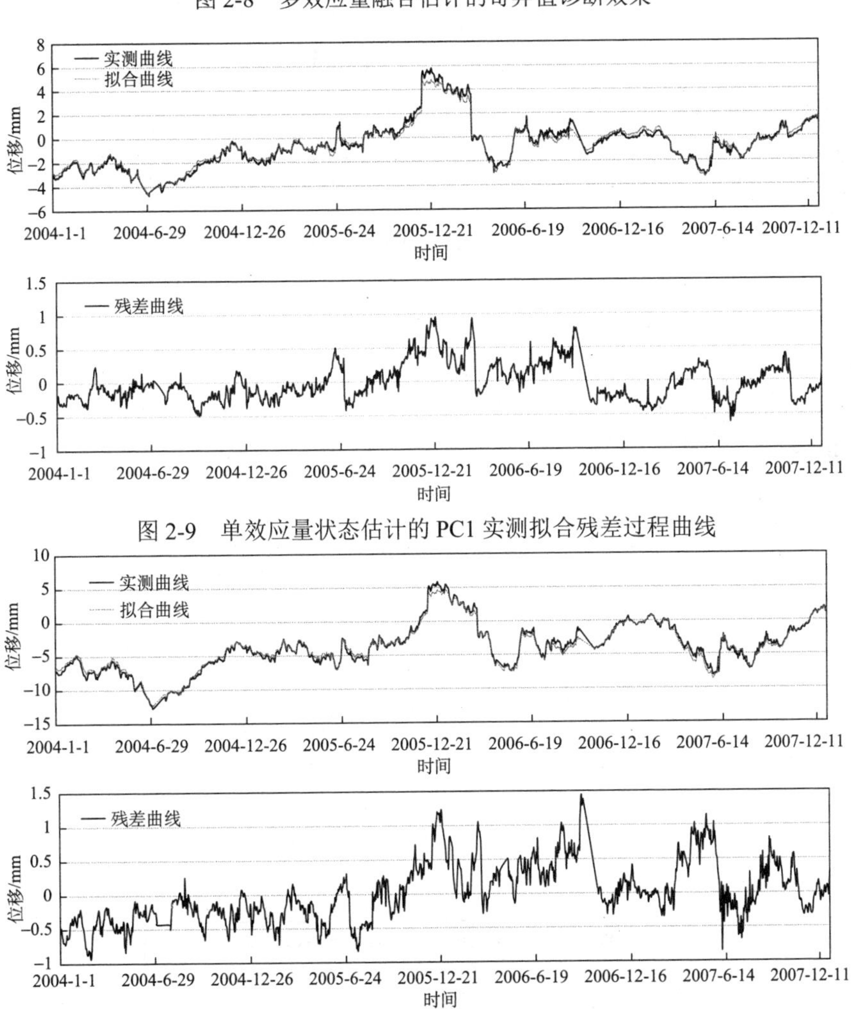

图 2-9 单效应量状态估计的 PC1 实测拟合残差过程曲线

图 2-10 多效应量融合估计的 PC1 实测拟合残差过程曲线

曲线拟合效果优越。因此，多效应量融合估计分析在获得更多关于重力坝服役稳定性效应量监测数据的基础上，能够更加有效地进行奇异值诊断，降低了监控系统的虚警误报率。

3) 多尺度数据估计模型

根据上文斑点型奇异值漂移校正方法，对坝体顺河向位移监测数据中的奇异值进行了校正分析(图 2-11)，然后以测点 PL4(180m)为例，给出该过程基于三阶树在尺度 3、2 和 1 上的表示结果，如图 2-12 所示。在此基础上，对垂线监测系

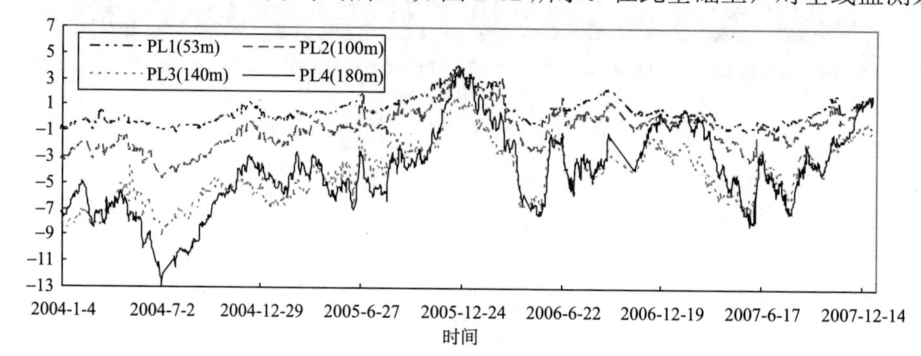

图 2-11　校正奇异值后的坝体顺河向位移过程线

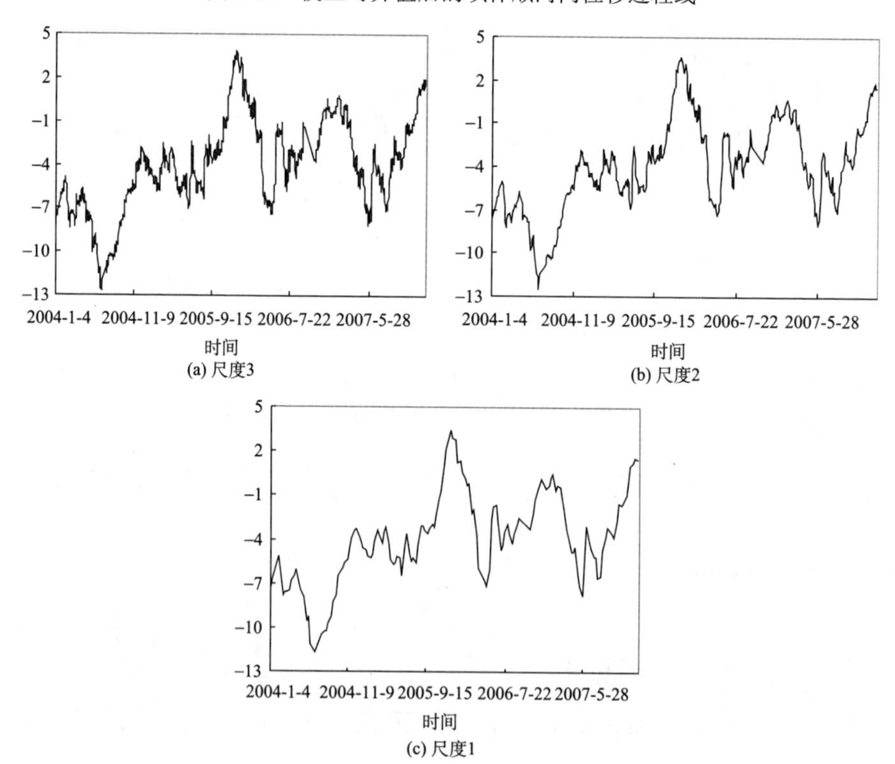

图 2-12　坝体位移在尺度 3、2、1 上的表示

统建立数据融合估计模型。坝体水平位移监测序列长度为 1352，在阈值 $\tau_1 = 0.5$ 时，γ 中提供显著信息的元素只有 338 个；取阈值 $\tau_2 = 0.75$ 时，γ 中包含显著信息 169 个，利用这两种降阶模型进行求解所需的计算量分别是采用全阶模型所需计算量的 $1/64$ 和 $1/512$。采用全阶模型和 $\tau_1 = 0.5$、$\tau_2 = 0.75$ 时降阶模型估计的绝对误差均值分别为 0.0032、0.0035 和 0.0046。

图 2-13 给出了采用全阶模型对 γ 中所有元素估计得到的坝体位移重构结果和采用两种降阶模型只对 γ 中提供显著信息的元素估计得到的坝体位移重构结果。

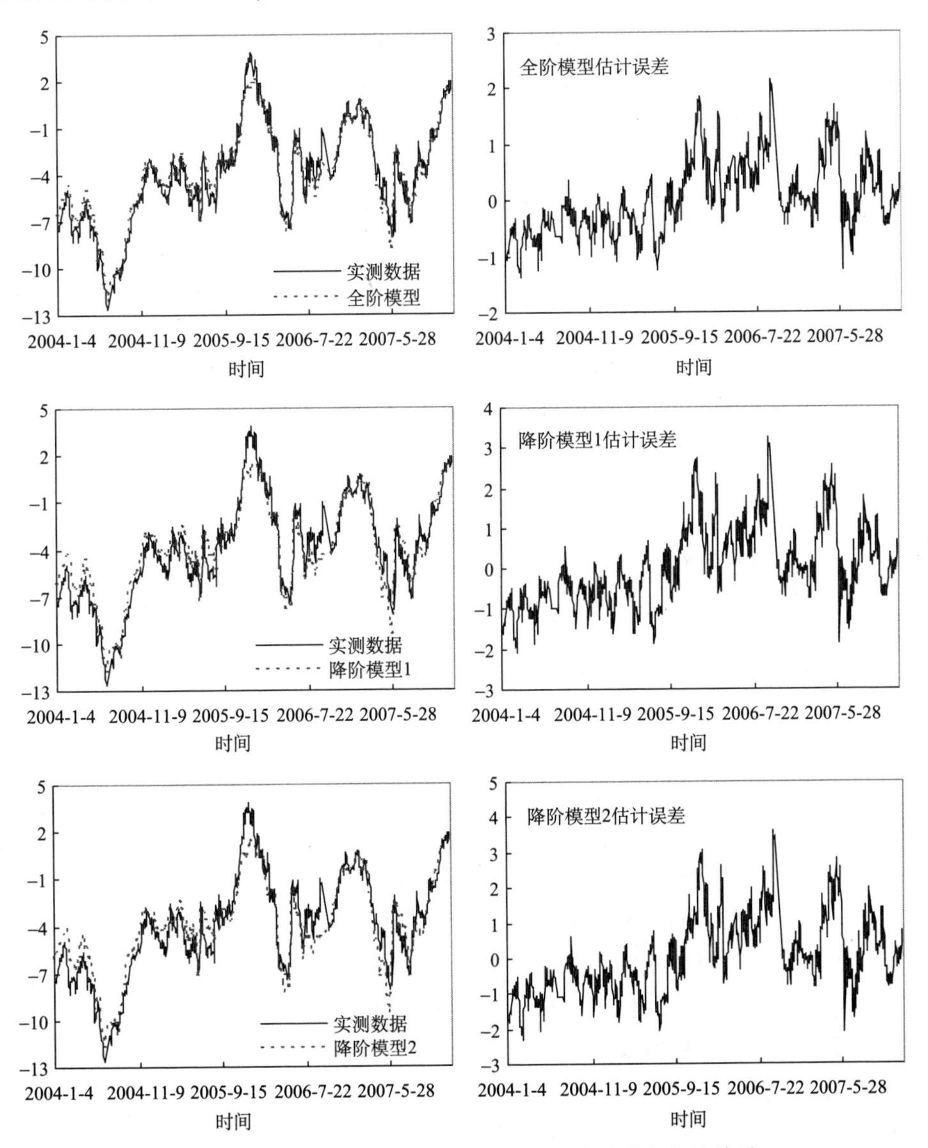

图 2-13　全阶模型和降阶模型的监测效应量融合估计结果

从图 2-13 可以看出，多尺度数据估计模型可以有效地重构监测效应量，而且采用降阶模型可以得到与全阶模型相当的估计结果，这说明了降阶模型近似代替全阶模型是合理有效的。但相对于高阶模型来说，在降阶模型中通过垂线监测系统的监测数据估计更少点的状态值，所得这些点的估计结果会略差于高阶模型的估计结果，体现在有较大的相对误差协方差值。

表 2-3 列出了利用不同阶数模型所得相对误差协方差在各尺度上的平均值。可以看出，第 3 列和第 4 列都有一些均值为 0 的相对误差协方差，这是由于降阶模型利用监测数据只估计那些提供显著信息点的数据，因而其相对于先验模型的相对误差协方差也为 0。当采用模型的阶数越低时，提供显著信息点的相对误差协方差的计算值越大。

表 2-3　全阶模型和降阶模型的相对误差协方差在各尺度上的平均值

尺度	Π^m	$\Pi^m_{\tau_1}$	$\Pi^m_{\tau_2}$
7	0.086527	0	0
6	0.302415	0	0
5	0.593257	0.595381	0
4	0.836429	0.838145	0.839557
3	0.964826	0.965237	0.967149
$\overline{3}$	0.972863	0.973159	0.974032

注：第 2 列是全阶模型估计相对误差协方差，第 3 和 4 列分别表示利用 $\tau_1 = 0.5$ 和 $\tau_2 = 0.75$ 的降阶模型估计的相对误差协方差，第 2～6 行分别是尺度 7～3 上小波系数的估计相对于先验模型的相对误差协方差的平均值，第 7 行表示尺度 3 上尺度系数的估计相对先验模型的相对误差协方差的平均值。

图 2-14 给出了监测效应量的多尺度数据估计模型预测信息，拟合复相关系数(R)分别为 0.992、0.957 和 0.916。从图 2-14 可以看出，多尺度数据估计模型可以实现在任一尺度上获得效应量基于全局监测数据的最优估计值。

通过全阶模型和降阶模型比较分析，由于多尺度数据估计模型保留了数据变化的主要趋势，虽然在阈值较苛刻的情况下，算法中提供显著信息的点较少，也即用较少的细节来重构目标信息，所得估计结果精度稍差一点，但仍可对效应量监测信息进行较准确的预测。因此，针对大坝服役性态安全监测效应量海量的监测数据处理分析，而且各类效应量的监测数据在不断增加的情况下，仍可选取较大的阈值以得到更低阶的模型，由此达到减少计算量的目的，从而及时发现安全隐患，有效地监控大坝服役性态。

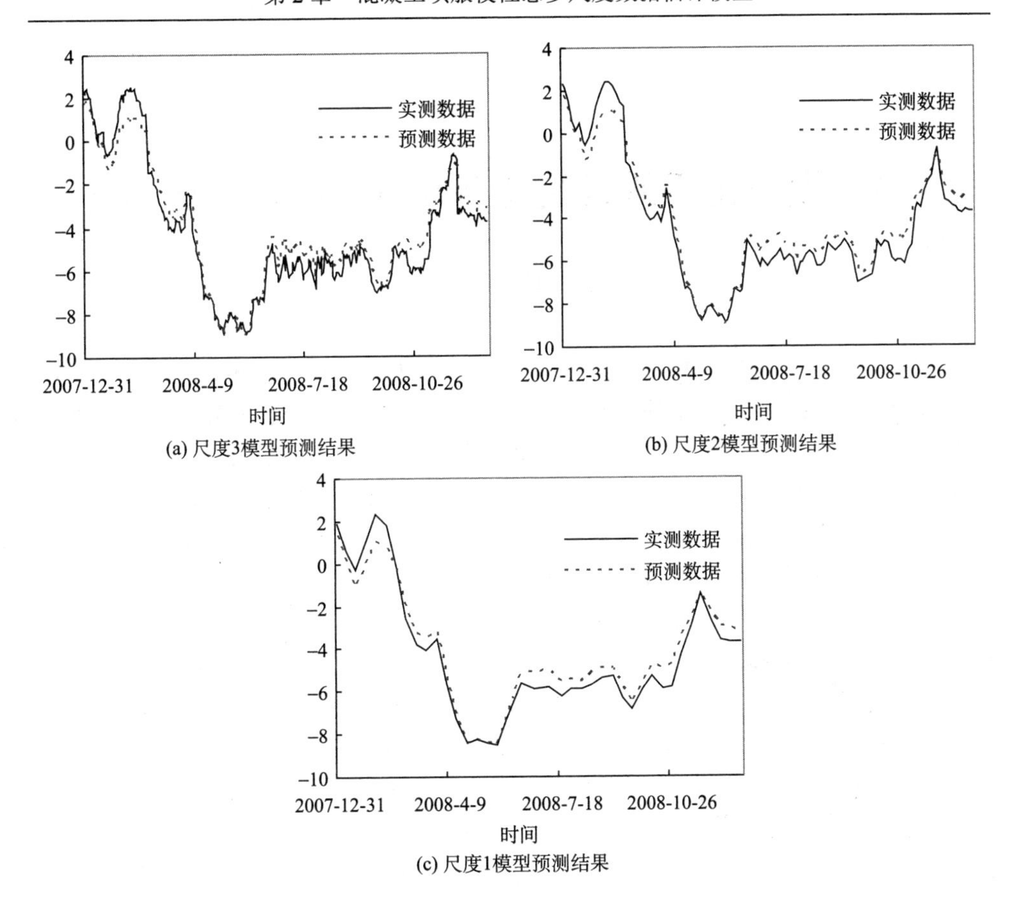

(a) 尺度3模型预测结果

(b) 尺度2模型预测结果

(c) 尺度1模型预测结果

图 2-14　监测效应量的多尺度随机动态预测模型

第3章　混凝土坝服役性态多尺度随机动态分析方法

3.1　概　　述

前文介绍了利用实测资料，通过多尺度数据估计模型定量分析混凝土坝服役的安全状态，该模型是将效应量作为随机变量，依靠数学处理来分析混凝土坝服役稳定性，这种方法有一定的优势，但没有较好地将混凝土坝的材料和结构性态联系起来。水工混凝土是一种多尺度多物相的复合材料，其宏观物理力学性质与微观、细观结构(离散颗粒)的性质、颗粒尺寸分布、颗粒间拓扑构型等因素密切相关。基于各尺度信息数字成像的多尺度数值仿真分析和研究是识别复合材料宏观物理力学性质的重要途径，其考虑了跨尺度与跨物相的材料力学特征以及材料宏观、细观和微观等多尺度间的关联关系，为水工混凝土的力学性能分析和机理研究提供了很好的方法支撑。

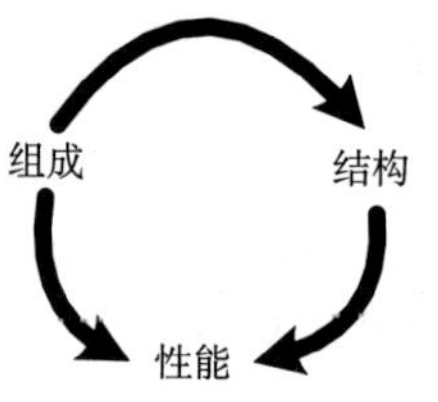

图 3-1　材料组成、结构与性能之间的关系

根据现代材料科学的基本理论，材料的性能与其组成、结构密切相关，如图 3-1 所示，把握组成、结构与性能三者之间的内在联系，是深入了解材料力学性能及其机理的关键。混凝土作为一种非均质复合材料，其宏观层次上复杂的力学行为应是其微观、细观组成与结构的体现。只有分析混凝土材料组成在不同层次结构间的作用与内在联系，从局部到整体，从微观到宏观，才能更好地认识混凝土坝的力学性能。

因此，本章首先介绍混凝土材料特性的多尺度建模方法，探究混凝土细观力学性质对结构的影响；然后考虑工程材料参数的随机性，利用随机有限元方法计算重力坝服役荷载作用下的效应场，研究利用递阶对角神经网络获取工程材料力学参数的反演方法，建立重力坝服役稳定性随机动态分析模型；同时，研究基于伯努利神经网络的高拱坝施工期黏弹性参数反演方法，以及运行期极限承载能力等效分析方法。

3.2　混凝土坝材料特性的多尺度建模分析方法

3.2.1　混凝土材料特性的多尺度建模框架

混凝土是一种高度不均匀、不连续的复合材料，在微观层次上，硬化水泥砂浆含大量的毛细孔隙、未水化颗粒、结晶体等。对于混凝土这种复合材料，微观、细观与宏观三种典型的尺度分级如下：①微观、细观方法，每种材料相分别模拟为离散单元体，即将整体离散为不同材料的非均质连续体；②对水泥基材料而言，描述不同尺度上相、材料的术语主要为 C-S-H、水泥浆、砂浆和混凝土；③宏观方法，将整体视为一种均质连续体。对于水工混凝土结构，根据混凝土材料的内部结构，混凝土材料力学行为的多尺度分离标准如图 3-2 所示。

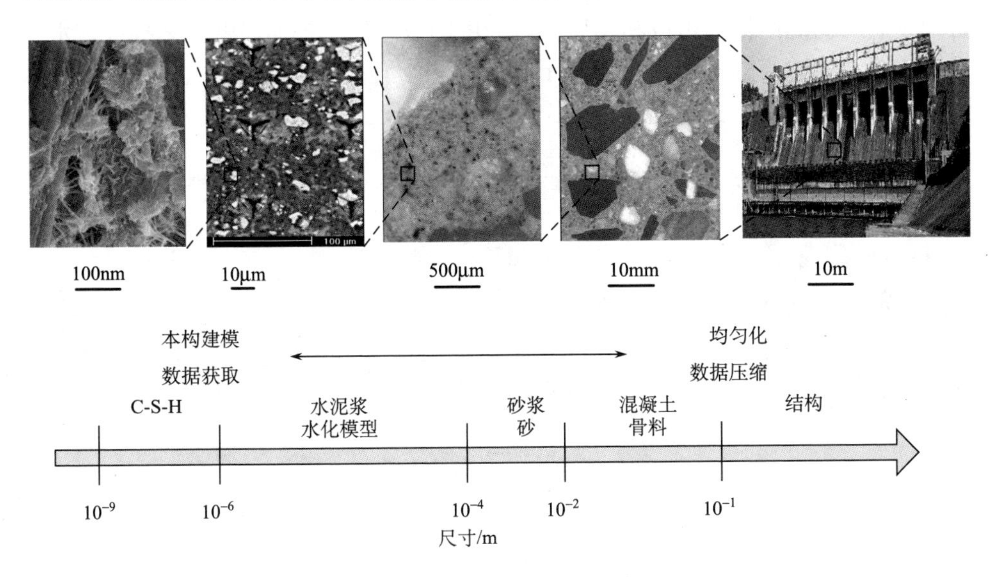

图 3-2 水工混凝土多尺度分离标准

1）宏观尺度

宏观尺度（10^{-1}～10^{3}m）上的混凝土材料，即一般意义的混凝土试件或结构，特征尺寸大于几厘米，混凝土作为非均质材料存在着一种特征体积，一般认为是相当于 3～4 倍的最大骨料粒径。当小于特征体积时，材料的非均质性质将会十分明显；当大于特征体积时，材料可假定为均质。由于各种结构缺陷的存在，其宏观应力-应变关系一般是非线性的，宏观尺度裂缝按均质体断裂力学假定进行分析。

2）细观尺度

在细观尺度（10^{-4}～10^{-1}m）上，混凝土可视为骨料、水泥砂浆及其交界面（过渡区）组成的三相复合材料，骨料与水泥砂浆的交界面是混凝土材料内部最薄弱的环节。在外荷载作用下，微裂纹往往先从交界面上开始产生，之后逐渐演化、发展和贯穿，最终形成宏观裂缝，导致混凝土坝体材料的破坏。因此，交界面的特性对混凝土材料的某些力学行为起着控制作用，如混凝土的强度会随着粗骨料粒径的增大而减小以及混凝土强度低于骨料、水泥砂浆各自的强度等。

3)微观尺度

在微观尺度(10^{-9}～10^{-4}m)上，主要依靠电子显微镜和扫描电镜观察混凝土材料中水泥水化物的微观结构及其分子组成。根据试验结果，交界面中包含大量的针状钙矾石晶体与块状氢氧化钙晶体，易于形成多孔隙的构架。因此，交界面多孔隙的结构是导致其强度低于砂浆本体的重要原因之一。

水工混凝土宏观上连续，在微观、细观上为离散颗粒的集合体，同时，宏观有效性质对微观结构的组成和性质具有高度的敏感性。根据尺度分离标准，水工混凝土多尺度建模框架如图 3-3 所示。

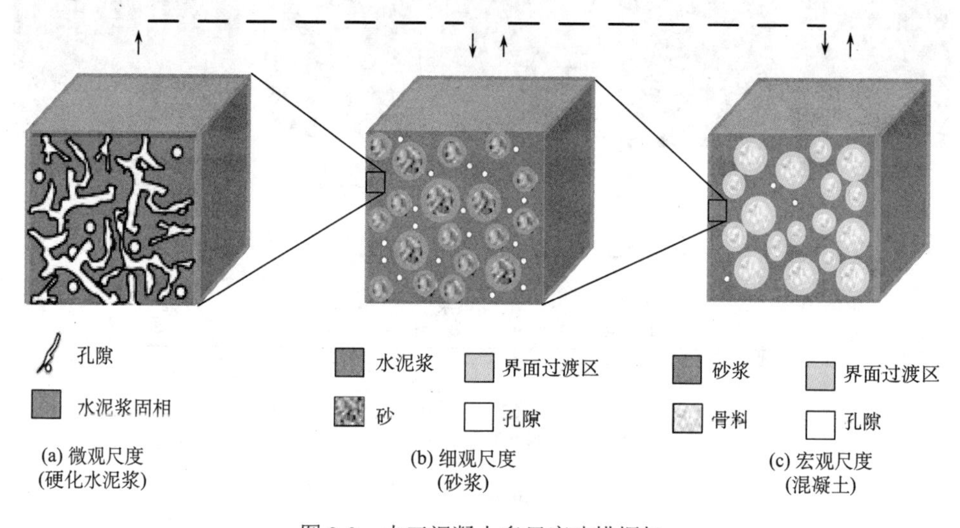

图 3-3　水工混凝土多尺度建模框架

3.2.2　混凝土多相细观力学特性分析方法

混凝土材料是由骨料颗粒和水泥浆基体构成的复合材料，细观尺度上，是典型的非均质材料，其中含有微裂纹，甚至有宏观的缺陷，如裂纹、夹杂、孔洞等。目前，混凝土类材料力学性能的研究限于试验条件、环境条件等的变化以及材料本身的复杂性，只能近似反映宏观力学性能指标，很少涉及由于混凝土自身非均匀性引起的应力分布非均匀化及其局部化破坏，难以揭示材料变形和破坏的物理机制。因此，下面从混凝土的细观结构出发，考虑骨料在基质中分布的随机性以及骨料、水泥砂浆及两者交界面等各相组分力学性质的随机性，介绍混凝土多相细观力学特性[30]。

混凝土内部缺陷(微裂缝)引起的损伤，从宏观上定性描述如下：在开始加载阶段，微裂缝处于均匀分布状态，在每一独立裂缝周围有一应力释放区(损伤区)，有势的裂缝区在应力释放区边缘上，这一过程也是能量耗散过程或不可逆过程；继续加载，应力释放区增大，独立裂缝开始连通，直到最后形成宏观裂缝，造成局部破坏。混凝土作为一种准脆性材料，承载后，在宏观上呈现应力-应变曲线的非线性是由于其受力后的不断损伤引起微裂纹萌生和扩展而造成的。

由于混凝土内部损伤，实际能承担荷载的未受损伤的等效阻力体积定义为V_{n}，应力释放区的体积为V_{d}，总体积为V。显然，在加载过程中，损伤区V_{d}不断增加，而V_{n}不断减少。假设V_{n}服从线弹性本构关系，相应的应力称为有效应力σ_{ij}^{n}。

引入损伤变量$D=V_{\mathrm{d}}/V\ (0\leqslant D\leqslant 1)$，有

$$V=V_{\mathrm{n}}+V_{\mathrm{d}},\quad 1-D=V_{\mathrm{n}}/V \tag{3-1}$$

则有效应力可定义为

$$\sigma_{ij}^{\mathrm{n}}=\sigma_{ij}/(1-D),\quad \sigma_{ij}=(1-D)\sigma_{ij}^{\mathrm{n}} \tag{3-2}$$

式中：σ_{ij}为名义应力。

基于连续介质损伤力学的材料模型来分析混凝土在细观尺度下各相单元的力学特性，按照 Lemaitre 应变等价原理，应力作用在受损材料上引起的应变与有效应力作用在无损材料上引起的应变等价，则受损材料的本构关系可通过无损材料的名义应力-应变关系表示，即

$$\tilde{\boldsymbol{E}}=\boldsymbol{E}_0(1-D)\quad (0\leqslant D\leqslant 1) \tag{3-3}$$

$$\boldsymbol{\sigma}=\tilde{\boldsymbol{E}}\boldsymbol{\varepsilon} \tag{3-4}$$

式中：$\boldsymbol{E}_0$为初始弹性模量；$\tilde{\boldsymbol{E}}$为损伤后的弹性模量；D为损伤变量(其中$D=0$时，对应无损状态；$D=1$时，对应完全损伤(断裂或破坏)状态；$0<D<1$时，对应不同程度的损伤状态)。

计算模型中采用最大拉应力准则，即当细观单元的最大主拉应力达到其给定的极限时，该单元开始发生拉伸损伤。为满足断裂能守恒准则，裂缝扩展单位面积所吸收的能量是唯一的，即在单轴拉伸状态下，对于宽度为w_{c}的断裂过程区，其断裂能可表示为

$$G_{\mathrm{f}}=w_{\mathrm{c}}\int_0^{\varepsilon_{\mathrm{f}}}\sigma\,\mathrm{d}\varepsilon \tag{3-5}$$

混凝土试件在单轴拉伸时，试件的裂缝与加载方向垂直且只有一条，即沿最大拉伸变形方向拉断破坏；单向压缩时，试件的破裂呈现平行的多条裂缝，即沿加载方向开裂，这主要是由于受压时自由面向外膨胀产生拉伸变形，混凝土的受力变形与损伤破裂主要是拉伸变形起控制作用。因此，下面采用的本构模型只考虑了混凝土细观单元受拉时的破坏，认为混凝土细观单元在受压时是线弹性的。从数值计算的稳定性出发，可将基于细观单元的离散尺度以及各相组分材料断裂

能参数对图 3-4 中采用的双折线应力-应变关系进行调整，其中 f_t、f_m 分别为各相材料的初始抗拉强度和拐点 M 处的抗拉残余强度，ε_t、ε_m 分别为单元应力达到 f_t、f_m 时的主拉应变，ε_f 为材料完全丧失抗拉强度时的极限拉应变。

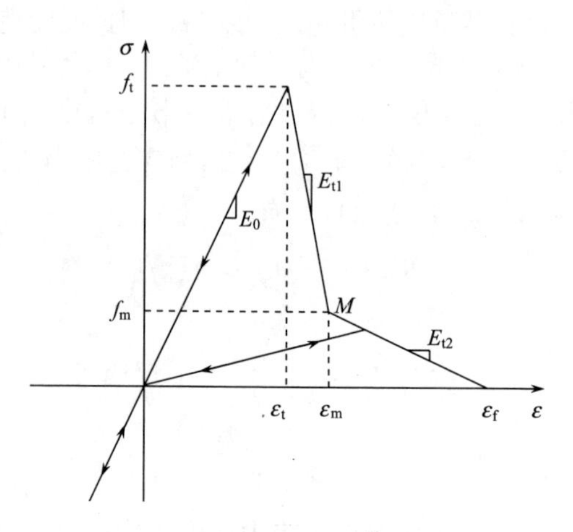

图 3-4　双折线应力-应变本构关系

引入 $f_m = \lambda f_t$（$0<\lambda<1$）、$\varepsilon_f - \varepsilon_t = \eta(\varepsilon_m - \varepsilon_t)$（$\eta>1$），$\lambda$ 和 η 分别为单元的残余强度系数和极限应变系数，相应地，式(3-3)中刚度退化变量 D 可确定如下：

$$D=\begin{cases}0 & \varepsilon<\varepsilon_t\\ 1-\left(\dfrac{f_t+E_{t1}\varepsilon_t}{E\varepsilon}-\dfrac{E_{t1}}{E}\right) & \varepsilon_t\leqslant\varepsilon<\varepsilon_m\\ 1-\dfrac{E_{t2}}{E}\left(\dfrac{\varepsilon_f}{\varepsilon}-1\right) & \varepsilon_m\leqslant\varepsilon<\varepsilon_f\\ 1 & \varepsilon_f\leqslant\varepsilon\end{cases} \tag{3-6}$$

上述应力-应变关系是基于单元在单轴应力状态得出的。假定单元在平面及三维应力状态下，其损伤仍然是各向同性的，参考 Fenves 模型中关于损伤定义由一维扩展至多维的方法，将上述本构关系推广至平面及三维应力状态。一般的多轴空间中应力-应变关系定义为

$$\boldsymbol{\sigma}=(1-D)\boldsymbol{D}_0^{\mathrm{el}}:\boldsymbol{\varepsilon} \tag{3-7}$$

式中：$\boldsymbol{D}_0^{\mathrm{el}}$ 为相应二维或三维空间中初始(未受损)弹性矩阵。

$$D=r(\tilde{\sigma})D_t \tag{3-8}$$

式中：D_t 为单轴拉伸损伤变量；$r(\tilde{\sigma})$ 定义如下：

$$r(\tilde{\sigma})=\frac{\sum_{i=1}^{n}\langle\tilde{\sigma}_i\rangle}{\sum_{i=1}^{n}|\tilde{\sigma}_i|}\quad 0\leqslant r(\tilde{\sigma})\leqslant 1 \tag{3-9}$$

式中：$\tilde{\sigma}_i$（二维：$i=1,2$；三维：$i=1,2,3$）为主应力分量；$\langle\bullet\rangle$ 为 Macauley 算符，定义为$\langle x\rangle=\frac{1}{2}(|x|+x)$。

基于连续介质理论，常规的结构有限元分析多采用位移有限元方法进行模拟。引入位移插值函数将结构位移场离散为有限元体系节点位移，再根据虚功原理建立变形与外荷载之间的平衡关系，满足

$$\boldsymbol{K}^e\boldsymbol{u}^e=\boldsymbol{P}^e\text{，}\quad \boldsymbol{K}^e=\int_{\Omega^e}\boldsymbol{B}^{\mathrm{T}}\boldsymbol{D}\boldsymbol{B}\mathrm{d}\Omega^e \tag{3-10}$$

式中：$\boldsymbol{K}^e$ 为单元刚度矩阵；$\boldsymbol{u}^e$ 为单元节点位移向量；$\boldsymbol{P}^e$ 为单元等效节点力向量；$\boldsymbol{B}$ 为应变转换矩阵；$\boldsymbol{D}$ 为材料本构矩阵；Ω^e 为单元积分域。

对于材料非线性问题，采用增量迭代法求解式(3-10)，即荷载的施加被分成若干个加载步骤，然后对每个加载步基于总体平衡方程进行迭代求解。

$$\boldsymbol{K}^{e\tan}\Delta\boldsymbol{u}^e=\Delta\boldsymbol{P}^e \tag{3-11}$$

$$\boldsymbol{K}^{e\tan}=\int_{\Omega^e}\boldsymbol{B}^{\mathrm{T}}\boldsymbol{D}^{\tan}\boldsymbol{B}\mathrm{d}\Omega^e\text{，}\quad \Delta\boldsymbol{P}^e=\boldsymbol{P}^e-\int_{\Omega^e}\boldsymbol{B}^{\mathrm{T}}\boldsymbol{\sigma}_0\mathrm{d}\Omega^e\text{，}\quad \boldsymbol{\sigma}_0=\boldsymbol{D}\big|_{\varepsilon=\varepsilon_0}\boldsymbol{\varepsilon}_0 \tag{3-12}$$

式中：$\boldsymbol{K}^{e\tan}$ 为单元切线刚度矩阵；$\Delta\boldsymbol{u}^e$ 为单元节点位移增量；$\Delta\boldsymbol{P}^e$ 为单元等效节点力增量；$\boldsymbol{D}^{\tan}$ 为材料切线本构矩阵；$\boldsymbol{\sigma}_0$ 为时步初的单元应力；$\boldsymbol{D}$ 为材料本构矩阵。

由式(3-11)可构造求解非线性问题的 Newton 迭代算法，基本过程如下：

$$\Delta\boldsymbol{u}^{(n,i)}=\left[\boldsymbol{K}^{(n,i-1)}\right]^{-1}\Delta\boldsymbol{P}^{(n,i)}\text{，}\quad \Delta\boldsymbol{P}^{(n,i)}=\boldsymbol{f}_{\mathrm{ext}}^{(n)}-\boldsymbol{f}_{\mathrm{int}}^{(n,i-1)} \tag{3-13}$$

$$\boldsymbol{u}^{(n,i)}=\boldsymbol{u}^{(n,i-1)}+\Delta\boldsymbol{u}^{(n,i)}\quad i=1,2,3,\cdots \tag{3-14}$$

式中：$\boldsymbol{u}^{(n,i)}$ 为在第 n 个增量步经过 i 次迭代后位移近似值；$\Delta\boldsymbol{u}^{(n,i)}$ 为相应在第 i 次迭代的位移增量；$\boldsymbol{K}^{(n,i-1)}$ 为相应于 $\boldsymbol{u}^{(n,i-1)}$ 变形状态的总体切线刚度矩阵，随着当前应变状态的调整不断改变；$\boldsymbol{f}_{\mathrm{ext}}^{(n)}$ 为在第 n 个增量步时的相应外载向量；$\boldsymbol{f}_{\mathrm{int}}^{(n,i-1)}$ 为经过 $i-1$ 次迭代后的内力向量。

3.2.3 混凝土细观力学参数非均质随机分布模型

混凝土是一种高度不均匀、不连续的复合材料，在微观层次上，硬化水泥砂浆含大量的毛细孔隙、未水化颗粒、结晶体等；在细观层次上，骨料颗粒、孔隙等在基质中随机分布，使其具有强随机性，但混凝土作为非均质材料所具有的强度性质的随机性往往被忽略。因此，为了考虑混凝土非均质性对材料宏观力学性能的影响，可以从微细观尺度去研究宏观尺度的力学行为与变化规律。由于混凝

土的力学性质(如弹性模量、强度等)在空间上具有随机性，假定组成材料细观各相的力学性质满足某种概率统计分布，其中 Weibull 分布密度函数较适宜于混凝土材料的细观结构特征描述，故采用该函数分析混凝土细观各相材料的非均质特性。为了反映混凝土材料自身的连续性，下面介绍不同空间相关尺度因子对混凝土材料力学性能的影响[30]。

3.2.3.1　混凝土细观单元力学特性的统计分布密度函数

混凝土本身存在各种缺陷，如微裂纹和孔洞等，其各组分材料力学参数的分布具有一定的随机性，而不是通常计算时所采用的定值，可根据 Weibull 提出的材料脆性破坏强度统计理论以及材料局部强度的分布函数，从概率统计学的角度研究混凝土坝宏观强度，据此计算混凝土坝长期服役可靠性。

为了合理地描述混凝土的非均质性，假定组成材料细观单元的力学性质满足 Weibull 分布，分布密度函数如下：

$$f(u)=\frac{m}{u_0}\left(\frac{u}{u_0}\right)^{m-1}\exp\left[-\left(\frac{u}{u_0}\right)^m\right] \tag{3-15}$$

式中：u 为满足该分布参数(如弹性模量、强度、泊松比等)的变量；m 为材料均质度；u_0 为与均值相关的参数。

$$E(u)=u_0\Gamma(1+1/m) \tag{3-16}$$

$$D(u)=u_0^2\left[\Gamma(1+2/m)-\Gamma^2(1+1/m)\right] \tag{3-17}$$

Weibull 分布密度函数的形状由参数 m 决定，图 3-5 给出 $u_0=30$，均质度分

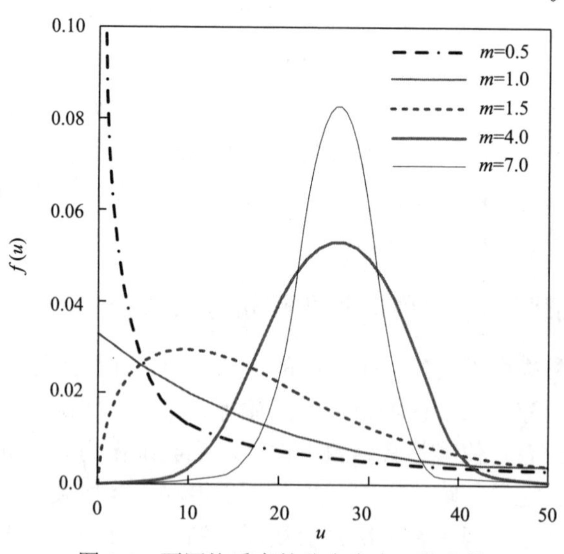

图 3-5　不同均质度的分布密度函数曲线

别为 0.5、1.0、1.5、4.0 和 7.0 时 Weibull 分布密度函数曲线，可以看出：m 值反映了统计模型中材料结构的均匀化程度，当其由小到大变化时，混凝土细观单元密度分布函数由扁而宽向高而窄变化，细观单元强度趋于均匀，混凝土内部所包含的大部分细观单元接近给定的均值相关参数 u_0。

3.2.3.2　混凝土力学特性的统计概率分析

混凝土结构模型首先被离散为有限单元，假定所有单元的力学性质满足给定的 Weibull 分布，由此产生的数值试样的不同力学性质的单元数目也应满足该 Weibull 分布，如图 3-6 所示。

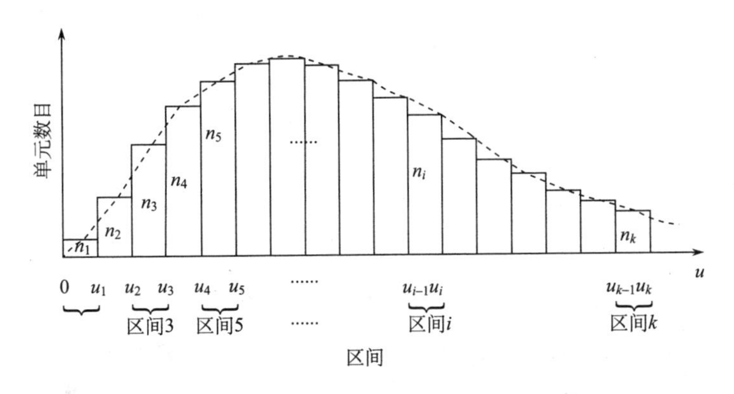

图 3-6　不同强度单元数目的分布直方图

某数值样本被离散为 N 个单元，材料的力学参数 u 按精度的要求被均分为 k 个区间，其中每个区间对应的单元数目分别为 n_1，n_2，…，n_k，N 满足

$$N = n_1 + n_2 + \cdots + n_k \tag{3-18}$$

可见，若样本的力学强度满足一个给定的 Weibull 分布，则区间 1、区间 2、……、区间 k 中的单元数目之比为 $n_1 : n_2 : \cdots : n_k$，由此可建立概率抽样标尺[30]如图 3-7 所示。

取数值样本中的 1 号单元，在 $(0,1)$ 之间取均匀随机数，在概率抽样标尺中确定该随机数的位置，由此确定 1 号单元的抽样区间 i，然后对应区间 i 力学参数 u 的取值范围，在 (u_{i-1}, u_i) 中随机取值，确定 1 号单元的力学参数。按照上述方法，历遍数值样本中的 N 个单元，从而得到力学参数符合给定 Weibull 分布的数值样本。

图 3-8 给出了不同随机分布的样本，不同的颜色反映了单元力学参数的高低，混凝土模型中所有单元的力学参数整体上满足式(3-15)给定的 Weibull 分布，并可看出：不同 m 值的 Weibull 分布参数代表均质度不同的非均匀材料，且对于相

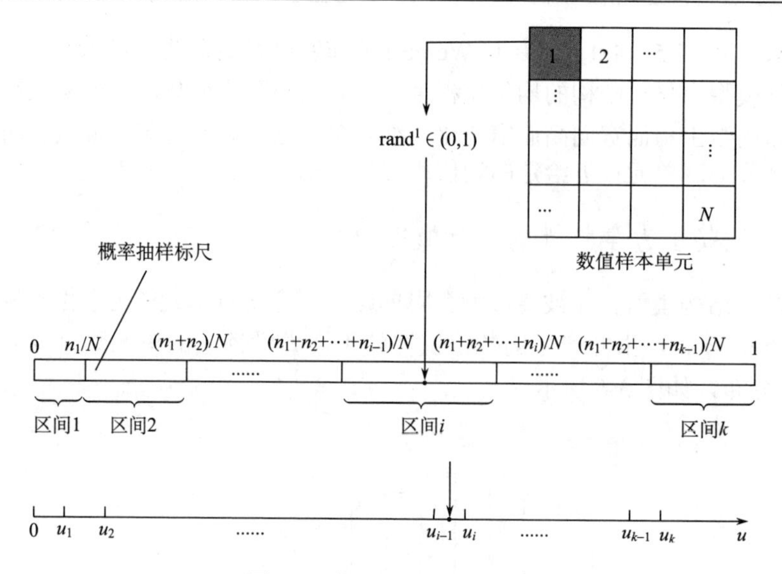

图 3-7　单元随机参数的确定

同的 Weibull 分布参数 m 和 u_0，每一次随机产生的样本，其材料参数的空间分布虽各不相同，但在统计平均意义上，均质度是相同的。

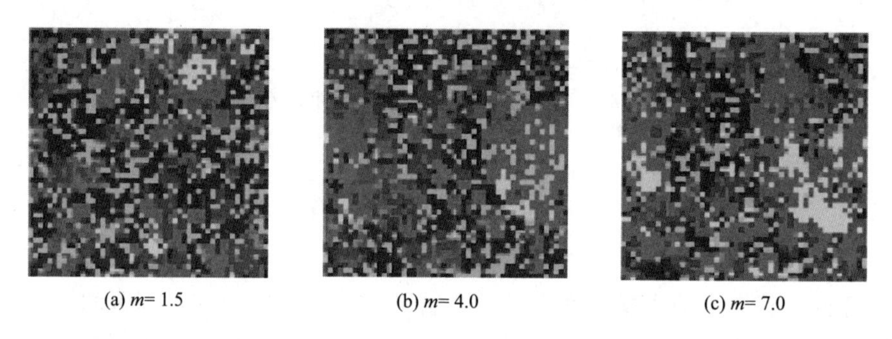

(a) m= 1.5　　(b) m= 4.0　　(c) m= 7.0

图 3-8　不同均质度的随机样本

对于相同的 Weibull 分布参数 m 和 u_0，每次随机产生的样本，其材料参数的空间分布不同，使得混凝土的结构性态也不同。随着混凝土的均质度提高，混凝土力学性质的离散性逐渐减小，其力学性能趋于理想均匀状态。同时，不同的均质度在混凝土处于线弹性阶段时差别较小，进入非线性软化阶段后，将存在较大的离差，表明均质度相同时，混凝土力学参数分布的随机性对其线弹性阶段力学性能的影响较小，各组弹性模量相互接近，而对非线性损伤行为的影响则较大，且均质度越小，离差越大。引入混凝土力学参数的随机性，在数值模拟过程中，单元出现损坏破坏后，混凝土模型的变形曲线没有立即出现脆性断裂，这表明混凝土宏观破坏的产生是细观损伤累积和发展的结果。

3.2.3.3　随机场相关因子对混凝土性能的影响

混凝土作为非均质材料，在细观层次上存在随机分布的孔洞、微裂纹等缺陷，使其力学性能不再是均一的，而是呈现较强的随机性。实际工程中，混凝土性能参数并不是完全杂乱无章、随机分布的，而是在局部范围内存在一定的空间相关性，即混凝土单元的力学性能与材料点之间的距离存在一定的相关性。下面在上文给出了描述混凝土力学参数随机分布的基础上，引入空间相关尺度因子以表征材料的空间局部连续程度，并对不同空间相关尺度因子对混凝土力学性能的影响进行分析，介绍混凝土材料连续性对其力学性能的影响。

为了分析随机场内部各点之间的连续性，引入空间关联函数用以表征材料的连续程度，如图 3-9 所示。

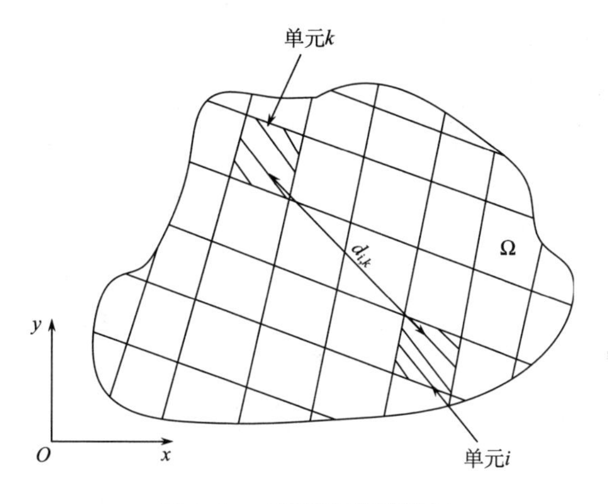

图 3-9　二维连续的随机场

二维随机场 Ω 被离散为 n 个有限元单元，则单元 i 的力学参数可定义为

$$f_i = \sum_{k=1}^{n} f_k \rho_{i,k} \tag{3-19}$$

$$\rho_{i,k} = \mathrm{e}^{-\frac{d_{i,k}}{\Theta}}\ ,\quad d_{i,k} = \left|\boldsymbol{r}_i - \boldsymbol{r}_k\right| \tag{3-20}$$

式中：f_i、f_k 为单元 i、k 的力学参数；$\rho_{i,k}$ 为 Markov 相关函数；$d_{i,k}$ 为单元 i 与单元 k 形心之间的距离；$\boldsymbol{r}_i - \boldsymbol{r}_k$ 为单元 i、k 的位置向量；Θ 为空间相关尺度因子，用以度量空间两点之间随机变量的相关程度，Θ 越大，随机场变化越平滑。

考虑空间相关尺度因子的随机场数值模拟流程[30]如图 3-10 所示，取包括 N 个单元的随机样本，按照上文方法，具体模拟步骤如下。

步骤 1　生成符合给定 Weibull 概率分布的初始随机场。

步骤 2　根据混凝土特性，引入空间相关尺度因子Θ，按照式(3-19)、式(3-20)更新初始随机场中各单元的力学参数，获得力学参数满足给定关联性的随机场；此时，由于单元的力学参数已被更新，其分布并不符合给定的 Weibull 统计形态，仅仅确定了单元力学参数的相关性，因而还需对其进行修正。

步骤 3　将该随机场中单元的力学参数从小到大排序，按顺序记录相应的单元号，即$e_1,e_2,\cdots,e_i,\cdots,e_{n_1+n_2+\cdots+n_k}$。

步骤 4　根据给定 Weibull 分布的形态，取前n_1个单元$e_1 \sim e_{n_1}$，将其力学参数映射至(u_1,u_2)。

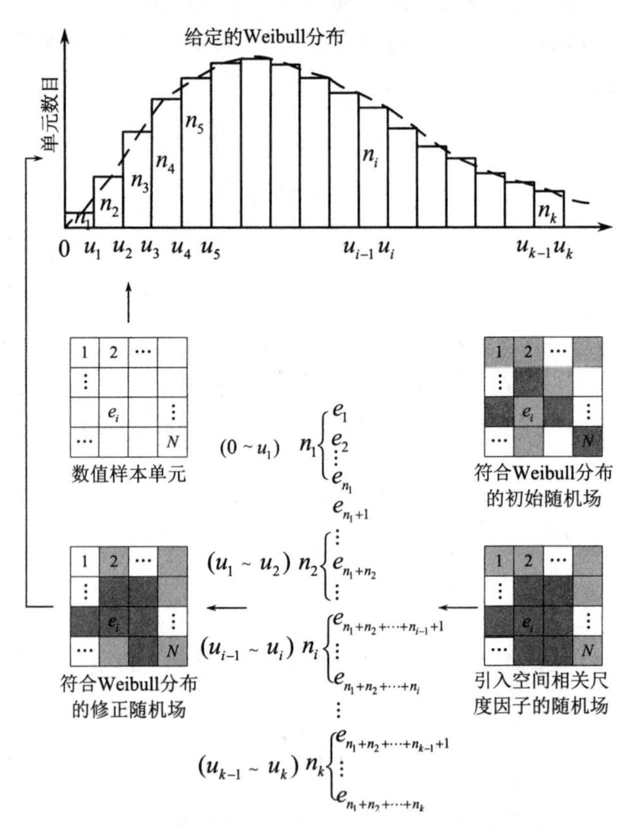

图 3-10　考虑空间相关尺度因子的随机场数值模拟流程

同理，实现整个随机场的修正，使其在保证各单元空间关联性的同时，满足既定的 Weibull 统计分布。

随着空间相关尺度因子的减小，混凝土力学性能的离散性增大，即模型的标准差(变异系数)增大。由于空间相关尺度因子考虑了随机场的关联性、连续性，当相关尺度较小时，随机场各点力学性能的梯度较大，力学性能随空间变化剧烈；反之，当空间相关尺度因子较大时，随机场各点力学性能的梯度较小，随机场越趋于平稳变化，因而在宏观上呈现较小的离散性。因此，引入空间相关尺度因子后，通过相关试验，如材料的类型、外界温湿度等的变化，确定空间相关尺度因子的变化，就可以达到数值仿真结果更为合理的效果。此外，尽管引入空间相关尺度因子可以使得模型更加贴近实际，但是由于混凝土材料细观各点的力学分布符合同一种 Weibull 分布，因而引入空间相关尺度因子后，各组样本力学性能的均值变化并不大。

混凝土材料与工程存在时间、空间固有的多尺度特性，多尺度方法考虑了空间和时间的跨尺度与跨层次的材料力学特征，是求解混凝土材料复杂力学问题的重要方法和技术，构成了联系宏观、细观、微观等多重尺度的桥梁。20 世纪 70 年代初期发展起来的均匀化理论成为分析混凝土材料等效弹性模量以及材料的细观结构拓扑优化的方法之一，根据均匀化理论，混凝土微观尺度-细观尺度-宏观尺度的分析过程构建如图 3-11 所示。

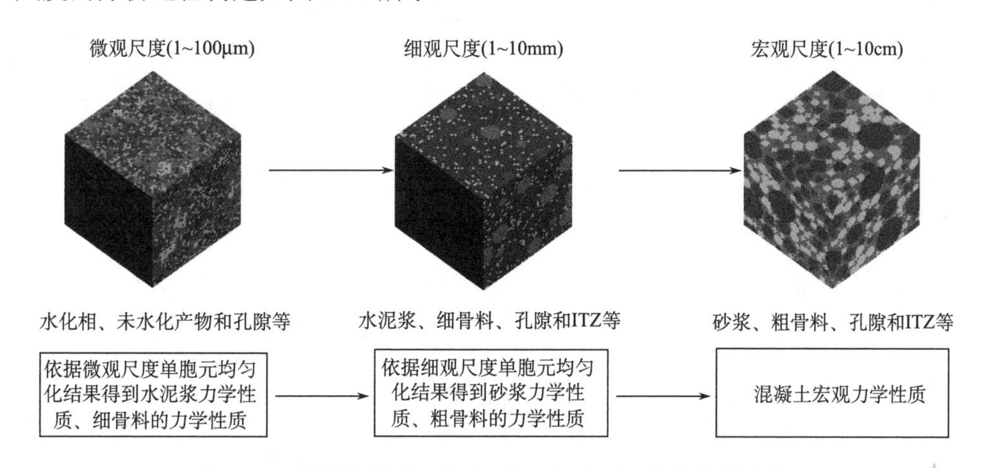

图 3-11　混凝土微观尺度-细观尺度-宏观尺度的分析过程

均匀化理论从构成材料微观结构的“单胞元”入手，假定胞元具有空间可重复性，即假设微观结构呈周期性或准周期性，通过同时引入宏观尺度和微观尺度，可以详尽地考虑材料微结构的影响。它既能从细观尺度分析材料的等效模量和变形，又能从宏观尺度分析结构的响应。均匀化理论不同于一些细观力学方法，不需要人为地假定胞元的边界条件，而是采取摄动解的形式，将宏观结构中一点的位移和应力等物理量展开为与细观结构尺度相关的小参数的渐近级数，并用摄动级数建立一系列控制方程，依据这些方程可求解出平均化的材料参数、细观位移和细观应力。详见相关文献，在此不再赘述。在此基础上，可对混凝土材料的宏观整体与细观局部化效应进行分析，从而揭示混凝土的宏观、细观受载反应特征。

3.3 重力坝服役稳定性的随机动态分析模型

3.3.1 工程材料时变特性的随机场分析

根据混凝土和岩石的室内试验和现场原位试验以及监测资料分析可知[31-34]，重力坝和基岩在水压和温度等荷载作用下，将产生明显的时变效应，如坝体混凝土徐变特性、基岩蠕变特性等。同时，混凝土材料的弹性模量等物理参数与基岩的弹性模量、凝聚力、内摩擦角等都具有明显的空间变异性，其中坝体混凝土参数实质上为空间分布的三维随机场，如坝体混凝土弹性模量是随机场过程，在坝体每一点处为随机过程，在某一固定时刻，混凝土弹性模量在空间上表现为随机场[35]，可表示为

$$E(\tau)=E_0(1-\mathrm{e}^{-m_1\tau})\approx\bar{E}(\tau)+(1-\mathrm{e}^{-m_1\tau})\Delta E_0+\tau\mathrm{e}^{-\bar{m}_1\tau}\bar{E}_0\Delta m_1 \tag{3-21}$$

式中：$\bar{E}(\tau)$为均值过程；E_0、m_1为随机变量。

而对于基岩材料参数，由于试验、勘探条件的限制，不可能取样很多，很难得出三维相关函数。随机有限元可以方便地考虑材料参数的随机性，下面利用随机有限元进行重力坝工程材料时变特性分析，其中随机场的离散方法是随机有限元需要解决的主要问题[36]，故着重研究基于三维等参元局部平均的随机场离散格式及相应的随机有限元列式。

3.3.1.1 三维可分随机场

如果在局部坐标系$O_i'X_i'Y_i'Z_i'$中，随机场$S(X',Y',Z')$的相关函数为$\rho(\Delta x',\Delta y',\Delta z')$，在平行于$O'X'Y'$的平面内为$\rho_{12}(\Delta x',\Delta y')$，而沿着$Z'$轴为$\rho_3(\Delta z')$，则该随机场实质上是部分可分离的，相关函数可以写成

$$\rho(\tau_1,\tau_2,\tau_3)=\rho_{12}(\tau_1,\tau_2)\rho_3(\tau_3) \tag{3-22}$$

式中：τ_1、τ_2、τ_3分别为$\Delta x'$、$\Delta y'$、$\Delta z'$，相应的Wiener-Khinchin关系式为

$$G(\omega_1,\omega_2,\omega_3)=\frac{\sigma^2}{(2\pi)^2}\int_{-\infty}^{+\infty}\int_{-\infty}^{+\infty}\int_{-\infty}^{+\infty}\rho(\tau_1,\tau_2,\tau_3)\exp\left(\sum_{k=1}^{3}\omega_k\tau_k\right)\mathrm{d}\tau_1\mathrm{d}\tau_2\mathrm{d}\tau_3$$

$$=\left[\frac{\sigma_{12}^2}{(2\pi)^2}\int_{-\infty}^{+\infty}\int_{-\infty}^{+\infty}\rho_{12}(\tau_1,\tau_2)\exp\left(\sum_{k=1}^{2}\omega_k\tau_k\right)\mathrm{d}\tau_1\mathrm{d}\tau_2\right]$$

$$\times\left[\frac{\sigma_3^2}{(2\pi)^2}\int_{-\infty}^{+\infty}\rho_3(\tau_3)\exp(\omega_3\tau_3)\mathrm{d}\tau_3\right]$$
$$=G_{12}(\tau_1,\tau_2)G_3(\tau_3) \tag{3-23}$$

式中：G、G_{12}、G_3 分别为对应于 ρ、ρ_{12}、ρ_3 的功率谱密度函数。

当 $S(X',Y',Z')$ 是一个均匀随机场时，可用该随机场的均值 m、方差 σ^2 及相关尺度 θ 来描述：

$$m=E[S(X',Y',Z')] \tag{3-24}$$

$$\sigma^2=\mathrm{var}[S(X',Y',Z')] \tag{3-25}$$

$$\theta=\int_{-\infty}^{+\infty}\int_{-\infty}^{+\infty}\rho_{12}(\tau_1,\tau_2)\mathrm{d}\tau_1\mathrm{d}\tau_2\int_{-\infty}^{+\infty}\rho_3\mathrm{d}\tau_3=\theta_{12}\theta_3 \tag{3-26}$$

式中：θ_{12} 为在 $O'X'Y'$ 面内的相关面积；θ_3 为沿 Z' 轴的相关距离。

由于 $\rho(\Delta x',\Delta y',\Delta z')$ 为局部坐标下的相关函数，具体计算时则需向整体坐标系 $OXYZ$ 转换。如果整体坐标对局部坐标的方向余弦为 l、m、n，则

$$(\Delta x',\Delta y',\Delta z')^{\mathrm{T}}=\boldsymbol{T}_S(\Delta x,\Delta y,\Delta z)^{\mathrm{T}} \tag{3-27}$$

$$\boldsymbol{T}_S=\begin{bmatrix}\boldsymbol{T}_l^{\mathrm{T}}\\ \boldsymbol{T}_m^{\mathrm{T}}\\ \boldsymbol{T}_n^{\mathrm{T}}\end{bmatrix}=\begin{bmatrix}l_x & l_y & l_z\\ m_x & m_y & m_z\\ n_x & n_y & n_z\end{bmatrix} \tag{3-28}$$

因此，整体坐标下的相关函数 ρ_ω 为

$$\rho_\omega(\Delta x,\Delta y,\Delta z)=\rho(\boldsymbol{T}_l^{\mathrm{T}}\Delta\omega,\boldsymbol{T}_m^{\mathrm{T}}\Delta\omega,\boldsymbol{T}_n^{\mathrm{T}}\Delta\omega)=\rho_{12}(\boldsymbol{T}_l^{\mathrm{T}}\Delta\omega,\boldsymbol{T}_m^{\mathrm{T}}\Delta\omega)\rho_3(\boldsymbol{T}_n^{\mathrm{T}}\Delta\omega) \tag{3-29}$$

$$\Delta\omega=(\Delta x,\Delta y,\Delta z)^{\mathrm{T}} \tag{3-30}$$

3.3.1.2　三维可分随机场的局部平均

均匀随机场在单元内的局部平均可表示为

$$S_{V_i}=\frac{1}{V_i}\iiint_{V_i}S(x,y,z)\mathrm{d}x\mathrm{d}y\mathrm{d}z \tag{3-31}$$

若单元 V_i 是三维等参元，上式可进一步表示为

$$S_{V_i}=\frac{1}{V_i}\sum_{k=1}^{n_g}S^{(i)}(\xi_k,\eta_k,\zeta_k)|J|_k H_k \tag{3-32}$$

$$V_i=\sum_{k=1}^{n_g}H_k|J|_k \tag{3-33}$$

式中：$S^{(i)}(\xi_k,\eta_k,\zeta_k)$ 表示随机场 $S(x,y,z)$ 在第 i 单元第 k 个高斯点处的值；ξ_k、η_k、ζ_k 为第 k 个高斯点的局部坐标；H_k 是高斯加权系数；n_g 为高斯点数；$|J|$ 为 Jacobi

矩阵行列式值。

由式(3-32)、式(3-33)可得

$$E[S_{V_i}]=\frac{1}{V_i}\sum_{k=1}^{n_g}E\left[S^{(i)}(\xi_k,\eta_k,\zeta_k)\right]\left|J\right|_k H_k=m \tag{3-34}$$

$$\begin{aligned}\operatorname{cov}[S_{V_i},S_{V_j}]&=E\left[\left(S_{V_i}-E(S_{V_i})\right)\left(S_{V_j}-E(S_{V_j})\right)\right]\\&\approx E\left[\frac{1}{V_iV_j}\sum_{k=1}^{n_g}\sum_{k=1}^{n_g}H_k\left|J\right|_k H_i\left|J\right|_i\left(S_{V_{ik}}-E(S_{V_{ik}})\right)\left(S_{V_{jl}}-E(S_{V_{jl}})\right)\right]\\&=\sum_{k,l=1}^{n_g}\omega_{ik}\omega_j\operatorname{cov}[S_{V_{ik}},S_{V_{jl}}]\end{aligned} \tag{3-35}$$

式中：$S_{V_{ik}}=S^{(i)}(\xi_k,\eta_k,\zeta_k)$；$S_{V_{jl}}=S^{(j)}(\xi_l,\eta_l,\zeta_l)$；$\omega_{ik}=H_k\left|J\right|_k/V_i$，$\omega_{jl}=H_l\left|J\right|_l/V_j$；$\operatorname{cov}[S_{V_{ik}},S_{V_{jl}}]$为第 i 单元第 k 个高斯点与第 j 单元第 l 个高斯点之间的互协方差；$\rho(\cdot)$为相应的相关函数值。

$$\rho_\omega(\Delta x_{ik,jl},\Delta y_{ik,jl},\Delta z_{ik,jl})=\rho_{12}(\boldsymbol{T}_l^{\mathrm{T}}\Delta x_{ik,jl},\boldsymbol{T}_m^{\mathrm{T}}\Delta y_{ik,jl})\rho_3(\boldsymbol{T}_n^{\mathrm{T}}\Delta z_{ik,jl}) \tag{3-36}$$

式中：$\boldsymbol{T}_l^{\mathrm{T}}$、$\boldsymbol{T}_m^{\mathrm{T}}$、$\boldsymbol{T}_n^{\mathrm{T}}$的计算见式(3-28)；$\Delta x_{ik,jl}(x,y,z)$、$\Delta y_{ik,jl}(x,y,z)$、$\Delta z_{ik,jl}(x,y,z)$分别为两点在 x、y、z 方向的距离，写成有限元格式有

$$\Delta x_{ik,jl}=\sum_{P=1}^{n_g}\left[(N_P)_l x_{jP}-(N_P)_k x_{iP}\right](x,y,z) \tag{3-37}$$

式中：$(N_P)_l$和$(N_P)_k$分别为形函数在第 l 及第 k 个高斯点的值；x_{jP}和x_{iP}分别为第 j 和 i 单元第 P 个节点的 x 坐标值。

3.3.1.3　三维可分随机场的方差折减

方差折减系数是随机场特性的重要参数，在三维等参元下，三维可分随机场的方差折减系数可以按下式计算：

$$\gamma(\Omega)=\frac{\theta}{V_\Omega}=\frac{1}{V_\Omega}\int_\Omega\rho_\omega(T_1,T_2,T_3)\mathrm{d}\Omega\approx\frac{1}{V_\Omega}\sum_{i=1}^{N_e}\sum_{k=1}^{n_g}\rho_\omega(\xi_k,\eta_k,\zeta_k)\left|J\right|_k H_k \tag{3-38}$$

如果既要考虑随机场的影响，又要避免随机场引起的随机有限元计算的复杂性，则可按上式计算方差折减系数后，对方差进行折减处理即可。

由上分析可知，随机场局部平均离散法中，每个随机变量的统计特征可由随机场单元的均值和方差来反映，随机变量之间的相关性可以由协方差矩阵来反映。因此，在重力坝稳定性的随机有限元计算分析中，通过将基岩弹性模量 E 作为随机场处理，基岩凝聚力参数 c、摩擦力参数 f 按方差折减的方法进行计算，研究坝体混凝土材料、基岩软弱夹层时变特性对重力坝服役稳定性的影响。

3.3.2　重力坝服役荷载和效应的随机处理

3.3.2.1　荷载的随机分级处理

在重力坝稳定性随机有限元计算中，需考虑运行荷载的随机性。如果采用常规确定性的荷载分级方法，将不易模拟实际情况。因此，下面分析水压力、扬压力和自重随机分级方法。

1) 水压荷载的分级

将水深 H(随机变量) 表示为

$$H=\sum_{i=1}^{k}\Delta H_i \tag{3-39}$$

每一级 ΔH_i 可由实际情况决定。设 ΔH_i 的均值为 m_i，方差为 σ_i。但如果简单地就此进行计算，将导致荷载随机变量增多(荷载分几级就将增加几个荷载随机变量)，因此设

$$\Delta H_i=a_iH+b_i \tag{3-40}$$

则

$$m_i=a_i\bar{H}+b_i \tag{3-41}$$

$$\sigma_i^2=a_i^2\mathrm{var}(H) \tag{3-42}$$

由此可解出：$a_i=\sigma_i\big/\sqrt{\mathrm{var}(H)}$，$b_i=m_i-\sigma_i H\big/\sqrt{\mathrm{var}(H)}$。将 a_i、b_i 代入式(3-40)，再将式(3-40)代入式(3-39)可得

$$\bar{H}=\sum_{i=1}^{k}m_i \tag{3-43}$$

$$\mathrm{var}(H)=\sum_{i=1}^{k}\sigma_i^2 \tag{3-44}$$

式(3-43)、式(3-44)即为选取 m_i、σ_i 时需满足的条件。由式(3-40)～式(3-42)可知，这种方法一方面仍可考虑每级水深的随机性，另一方面使每级水深均以总水深表示，不增加任何随机变量。

设 ΔH_i 引起的等效节点荷载为 $\Delta\boldsymbol{F}_i$ (i=1,2,⋯)，则

$$\Delta\boldsymbol{F}_i=\boldsymbol{F}_i-\boldsymbol{F}_{i-1}=\boldsymbol{F}_i(\sum_{i=1}^{k}a_jH+b_j)-\boldsymbol{F}_{i-1}(\sum_{j=1}^{i-1}a_jH+b_j) \tag{3-45}$$

$$\frac{\partial\Delta\boldsymbol{F}_i}{\partial\Delta H_i}=\frac{\partial\Delta\boldsymbol{F}_i\sum_{j=1}^{i}\left(a_jH+b_j\right)}{\partial\sum_{j=1}^{i}\left(a_jH+b_j\right)}\frac{\partial\sum_{j=1}^{i}\left(a_jH+b_j\right)}{\partial H}\frac{\partial H}{\partial\left(a_jH+b_j\right)}$$

$$-\frac{\partial \Delta \boldsymbol{F}_{i-1} \sum_{j=1}^{i-1}\left(a_j H+b_j\right)}{\partial \sum_{j=1}^{i-1}\left(a_j H+b_j\right)} \frac{\partial \sum_{j=1}^{i-1}\left(a_j H+b_j\right)}{\partial H} \frac{\partial H}{\partial\left(a_j H+b_j\right)}=\frac{\sum_{j=1}^{i} a_j}{a_i} \frac{\partial \boldsymbol{F}_i}{\partial H_i}-\frac{\sum_{j=1}^{i-1} a_j}{a_i} \frac{\partial \boldsymbol{F}_{i-1}}{\partial H_{i-1}} \tag{3-46}$$

由式(3-45)、式(3-46)可知，在具体推导过程中并未要求面荷载的分布形式，因而所给出的方法对任何形式的分布面力问题均适用。

得出$\partial \boldsymbol{F}_{i-1}/\partial H_{i-1}$后，可求出$\partial \boldsymbol{F}_i/\partial H_i$，如此可方便地解决每一级增量步内计算$\partial \boldsymbol{U}/\partial \Delta H_i$时必须事先计算出$\partial \boldsymbol{F}_i/\partial \Delta H_i$的问题。作进一步简化，取

$$\Delta H_i = H/K \tag{3-47}$$

则

$$\Delta \bar{H}_i = \bar{H}/K \tag{3-48}$$

$$\operatorname{var}(\Delta H_i) = \operatorname{var} H/K^2 \tag{3-49}$$

式(3-40)中的a_i、b_i成为：$a_i = 1/K$、$b_i = 0$，从而式(3-45)、式(3-46)转换为

$$\Delta \boldsymbol{F}_i = \boldsymbol{F}_i\left(\frac{i}{K} H\right) - \boldsymbol{F}_{i-1}\left(\frac{i-1}{K} H\right) \tag{3-50}$$

$$\frac{\partial \Delta \boldsymbol{F}_i}{\partial \Delta H_i} = i \frac{\partial \boldsymbol{F}_i}{\partial H_i} - (i-1) \frac{\partial \boldsymbol{F}_{i-1}}{\partial H_{i-1}} \tag{3-51}$$

2)扬压力的分级

由于扬压力分布与水头有关，分布形式与水压分布形式类同，式(3-45)～式(3-51)仍可使用，不再多述。

3)自重的分级

由于坝体自重一般可视为确定值，不作为随机变量，处理较为简单：

$$\boldsymbol{F} = \sum_{i=1}^{k} \Delta \boldsymbol{F}_i \tag{3-52}$$

$$\partial \boldsymbol{F}_i / \partial X = 0 \tag{3-53}$$

式中：$\Delta \boldsymbol{F}_i$视重力坝坝体混凝土浇筑方式确定。

3.3.2.2　效应的随机处理

重力坝结构平衡方程可写为

$$\boldsymbol{K}(\boldsymbol{U})\boldsymbol{U} = \boldsymbol{F} \tag{3-54}$$

式中：$\boldsymbol{K}(\boldsymbol{U})$为弹塑性刚度矩阵；$\boldsymbol{U}$为结构响应(位移)；$\boldsymbol{F}$为外荷载列阵。

式(3-54)可采用 Newton-Raphson 变刚度迭代法、BFGS 迭代法以及子增量变

塑性刚度迭代法等求解。在每一级荷载增量步中，也可写为

$$\boldsymbol{K}(\boldsymbol{U})\Delta\boldsymbol{U}=\Delta\boldsymbol{F} \tag{3-55}$$

$$\boldsymbol{K}(\boldsymbol{U})=\sum_{\mathrm{e}}\int_{\Omega_{\mathrm{e}}}\boldsymbol{B}^{\mathrm{T}}\boldsymbol{D}_{\mathrm{ep}}\boldsymbol{B}\mathrm{d}\upsilon \tag{3-56}$$

式中：$\boldsymbol{D}_{\mathrm{ep}}=\boldsymbol{D}_{\mathrm{e}}-\boldsymbol{D}_{\mathrm{p}}$ 为弹塑性应力应变矩阵，$\boldsymbol{D}_{\mathrm{e}}$ 为弹性矩阵，$\boldsymbol{D}_{\mathrm{p}}$ 为塑性矩阵。

将位移 $\boldsymbol{U}$ 在均值点处 $\bar{\boldsymbol{X}}=(\bar{X}_1,\bar{X}_2,\cdots,\bar{X}_n)^{\mathrm{T}}$ 一阶 Taylor 展开，并在两边同时取均值，可得

$$E[\boldsymbol{U}]\approx\boldsymbol{U}(\bar{\boldsymbol{X}})=\bar{\boldsymbol{K}}^{-1}\bar{\boldsymbol{F}} \tag{3-57}$$

式中：$E[\cdot]$ 表示求均值，此式与常规确定性有限元的计算完全相同。

任一节点位移 $\boldsymbol{U}$ 的方差可计算如下：

$$\mathrm{var}[\boldsymbol{U}]\approx\sum_{i=1}^{n}\sum_{j=1}^{n}\left.\frac{\partial\boldsymbol{U}}{\partial X_i}\right|_{X=\bar{X}}\cdot\left.\frac{\partial\boldsymbol{U}}{\partial X_j}\right|_{X=\bar{X}}\mathrm{cov}(X_i,X_j) \tag{3-58}$$

式中：$\mathrm{var}[\cdot]$ 表示求方差；$\mathrm{cov}(X_i,X_j)$ 为 X_i 和 X_j 的协方差。

由式(3-58)可知，在随机有限元中，结构响应(如位移)统计量的计算关键在于求解偏导数 $\partial\boldsymbol{U}/\partial\boldsymbol{X}$，故下面给出 $\partial\boldsymbol{U}/\partial\boldsymbol{X}$ 的计算方法。

对于每级荷载 $\Delta\boldsymbol{F}_i$，可以看成是以 $\Delta\boldsymbol{F}_i$ 为全量荷载的全量问题的解，可以采用与上一节相同的列式，则在全量形式下的变 $\boldsymbol{K}_{\mathrm{p}}$ 法在增量形式下将成为子增量变 $\boldsymbol{K}_{\mathrm{p}}$ 迭代法，第 k 级增量步的第 i 次迭代格式可写为

$$\boldsymbol{K}_{\mathrm{e}}\frac{\partial\Delta\Delta\boldsymbol{U}_i}{\partial X}=\frac{\partial\Delta\Delta\boldsymbol{F}_i}{\partial X}-\frac{\partial\boldsymbol{K}_{\mathrm{e}}}{\partial X}\Delta\Delta\boldsymbol{U}_i \tag{3-59}$$

$$\frac{\partial\Delta\Delta\boldsymbol{F}_i}{\partial X}=\frac{\partial\Delta\boldsymbol{F}_i}{\partial X}-\frac{\partial\Delta\boldsymbol{F}_{i-1}}{\partial X}=\sum_{e}\boldsymbol{B}^{\mathrm{T}}\left(\frac{\partial\Delta\boldsymbol{\sigma}_i^{\mathrm{p}}}{\partial X}-\frac{\partial\Delta\boldsymbol{\sigma}_{i-1}^{\mathrm{p}}}{\partial X}\right)\mathrm{d}v \tag{3-60}$$

$$\frac{\partial\Delta\boldsymbol{\sigma}_i^{\mathrm{p}}}{\partial X}=\frac{\partial(\boldsymbol{D}_{\mathrm{p}})_i}{\partial X}\boldsymbol{B}\Delta\boldsymbol{U}_i^{\mathrm{e}}+(\boldsymbol{D}_{\mathrm{p}})_i\boldsymbol{B}\frac{\partial\boldsymbol{U}_{i-1}^{\mathrm{e}}}{\partial X} \tag{3-61}$$

$$\frac{\partial\Delta\boldsymbol{U}_i}{\partial X}=\frac{\partial\Delta\boldsymbol{U}_{i-1}}{\partial X}+\frac{\partial\Delta\Delta\boldsymbol{U}_i}{\partial X} \tag{3-62}$$

$$\frac{\partial\Delta\boldsymbol{\sigma}_i}{\partial X}=\frac{\partial\boldsymbol{D}_{\mathrm{ep}}}{\partial X}\boldsymbol{B}\Delta\boldsymbol{U}_i^{\mathrm{e}}+\boldsymbol{D}_{\mathrm{ep}}\boldsymbol{B}\frac{\partial\boldsymbol{U}_i^{\mathrm{e}}}{\partial X} \tag{3-63}$$

式中：$\Delta\Delta$ 表示子增量。

当荷载增至第 m 级时，有

$$\boldsymbol{U}_m=\sum_{i=1}^{m}\Delta\boldsymbol{U}_i\text{，}\quad\frac{\partial\Delta\boldsymbol{U}_m}{\partial X}=\sum_{i=1}^{m}\frac{\partial\Delta\boldsymbol{U}_i}{\partial X} \tag{3-64}$$

$$\boldsymbol{\sigma}_m = \sum_{i=1}^{m} \Delta\boldsymbol{\sigma}_i \text{，} \quad \frac{\partial \Delta\boldsymbol{\sigma}_m}{\partial X} = \sum_{i=1}^{m} \frac{\partial \Delta\boldsymbol{\sigma}_i}{\partial X} \tag{3-65}$$

在式(3-59)中，当随机变量 X 取为水深 H 时，有

$$\frac{\partial \Delta\boldsymbol{U}_i}{\partial X} = \frac{\partial \Delta\boldsymbol{U}_i}{\partial \Delta H_i}\frac{\partial \Delta H_i}{\partial H} = a_i \frac{\partial \Delta\boldsymbol{U}_i}{\partial \Delta H_i} \tag{3-66}$$

由于每一级增量步计算出的是 $\partial\Delta\boldsymbol{U}_i/\partial\Delta H_i$，需按上式进行修正，从这里可以看出荷载随机分级方法使 $\partial\Delta\boldsymbol{U}_i/\partial H_i$ 与 $\partial\Delta\boldsymbol{U}_i/\partial\Delta H_i$ 直接挂钩。

3.3.3　基于递阶对角神经网络的动态分析模型

下面结合上文随机有限元方法计算重力坝运行荷载下的效应场，基于神经网络模型，研究利用实测资料动态获取重力坝时变特性参数的方法。

3.3.3.1　基于递阶对角神经网络的混凝土坝力学时变参数动态获取

重力坝服役稳定性与其影响因子之间常存在滞后效应，而且其时变特性力学参数变化具有较明显的动态性，鉴于神经网络高速的大规模并行处理特性、高度的容错性和鲁棒性，适用于重力坝这种非线性系统的研究。因此，下面研究利用神经网络原理动态获取工程材料时变特性力学参数的分析过程。

递阶对角神经网络(hierarchical diagonal neural network，HDNN)具有内部的反馈和权值连接(图 3-12)，在处理动态问题上具有很大优势[37]。在未知系统结构和阶次的情况下，HDNN 仅选取上一个时刻的参数作为输入向量，通过内部回归神经元的权值的调整实现非线性系统的动态映射。

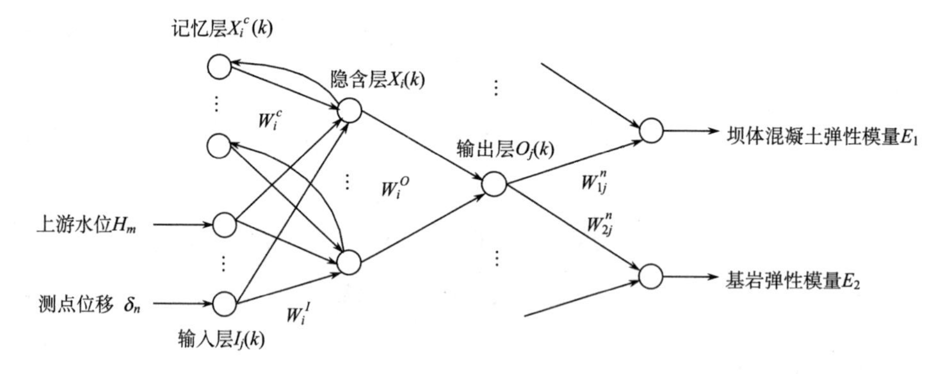

图 3-12　递阶对角神经网络结构

1) HDNN 结构

HDNN 具有整体前馈、部分递归的结构，如图 3-13 所示。HDNN 的描述方程为

$$\begin{cases} O(k) = W^{O}S(k) \\ S^{C}(k) = S(k-1) \\ S(k) = h[W^{C}S^{C}(k) + W^{I}X(k-1)] \end{cases} \tag{3-67}$$

式中：$h(\cdot)$ 为 Sigmoid 型的激励函数；由于 $h(\cdot)$ 是有界函数，所以相应隐含层的状态输出存在上界 $\varphi_{\max}$，使得 $\|h(x)\| \leqslant \varphi_{\max}$；$X(k-1)$、$S(k)$、$S^{C}(k)$、$O(k)$ 分别为输入层、隐含层、记忆层和输出层的节点状态；W^{I}、W^{C}、W^{O} 分别为 HDNN 的输入层与隐含层之间、隐含层与记忆层之间、隐含层与输出层之间的权值矩阵。

整个网络完全由外部输入信号 $X(k-1) \in R^{m}$ 激励。当 $m=1$ 时，整个网络的输入层节点只有一个，但由于记忆层 $S^{C}(k) = S(k-1)$ 的存在，网络具有对任意阶动态系统的描述能力。在 HDNN 中，输入层单元仅起信号传输作用，输出层单元起线性加权的作用，隐含层单元可以是线性或非线性激活函数。记忆层单元从普通隐含层接收反馈信号，用来记忆隐含层单元前一时刻的输出值，可视为时延算子。具体地说，网络在 k 时刻的输入不仅包括目前的输入值，而且包括隐含层前一时刻的输出值，训练结束后，k 时刻隐含层的输出值将通过递归连接部分反馈回记忆层单元，并保留到下一个训练 $k+1$ 时刻。

2) HDNN 辨识器

辨识器的任务是利用已知的输入输出数据训练神经网络模型，该模型经过充分的训练便能足够精确地近似给定的系统。采用串并联模型作为神经网络辨识器（图 3-14），辨识器的输入采用被辨识系统的输出 y，而不是模型的输出 $\hat{y}$。图 3-14 中的延迟环节，用以从当前的输出值中得到上一时刻的值作为辨识器的输入。该方法收敛性好，但因为采用了实际系统的输出，在应用中需要对实际监测值的噪声进行处理，对数据处理要求较高。

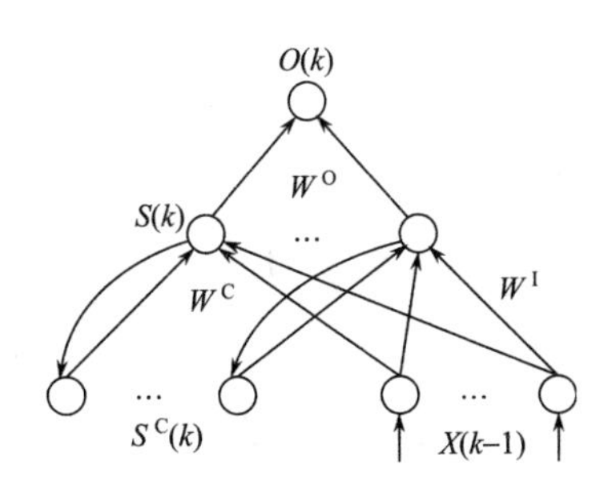

图 3-13　递阶对角神经网络结构

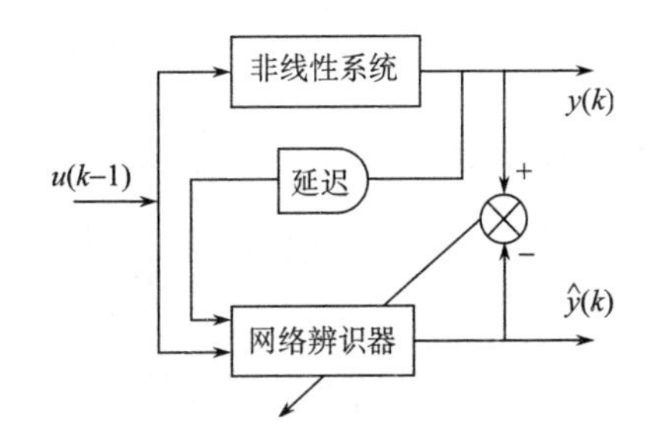

图 3-14　串并连方式神经网络辨识器结构

在输入输出模型形式中

$$y(k) = f[y(k-1), \cdots, y(k-n_y), u(k-1), \cdots, u(k-n_u)] \tag{3-68}$$

式中：$f(\cdot)$ 为非线性映射。

神经网络辨识系统模型结构为

$$\hat{y}(k)=f_{\mathrm{NN}}[W,y(k-1),\cdots,y(k-n),u(k-1),\cdots,u(k-m)] \tag{3-69}$$

式中：$f_{\mathrm{NN}}(\cdot)$ 为神经网络辨识得到的映射；W 为神经网络权值空间。

由于此模型以控制量 u 和系统输出 y 作为输入，学习过程结束后得到的网络辨识器不能取代系统而离线地设计控制器，所以在系统辨识之后进行控制器设计时，仍需被控系统在线运行。

3) HDNN 学习算法

由于 HDNN 本身的特殊结构，网络状态完全由输入信号激励，隐含层和记忆层状态 $S(k)$ 、$S^{\mathrm{C}}(k)$ 可以认为是输入信号 $x(k-1)$ 经过加权作用后的响应。输入层与隐含层间的网络连接权值 W^{I} 要与隐含层的状态 $S(k)$ 相联系，将隐含层当前被激励的状态作为输入信号 $x(k-1)$ 的激励结果，并以此来修正输入层与隐含层间的连接权值。这样，该算法可以不需要持续激励就能保证网络内部状态的有界性，从而使得整个网络具有无源性，外来的有界干扰不会破坏整个网络的稳定性。另外，在 BP 网络学习算法的基础上，对于 HDNN 这种局部递归神经网络的权值学习，由于特殊的记忆层的存在，相应的权值修正有其特殊性，这就构成了 HDNN 学习算法。HDNN 学习算法的目标函数如下：

$$J(k)=\frac{1}{2}\sum_{j=1,2}[y_j(k)-\hat{y}_j(k)]^2 \tag{3-70}$$

式中：$y_j(k)$ 为系统的输出；$\hat{y}_j(k)$ 为 HDNN 的输出。训练时采用梯度法，各部分权值修正公式为

输出层：

$$\Delta W_{\mathrm{O}}=-\eta\frac{\partial J(k)}{\partial W_{\mathrm{O}}}=-\eta S(k) \tag{3-71}$$

隐含层和输出层，考虑到权值的时变性，可以推导出

$$\Delta W_{\mathrm{I}}=-\eta\frac{\partial J(k)}{\partial W_{\mathrm{I}}}=-\eta\frac{\partial J(k)}{\partial S(k)}\left[X(k)+W_{\mathrm{C}}\frac{\partial S(k-1)}{\partial W_{\mathrm{I}}}\right] \tag{3-72}$$

$$\Delta W_{\mathrm{C}}=-\eta\frac{\partial J(k)}{\partial W_{\mathrm{C}}}=-\eta\frac{\partial J(k)}{\partial S(k)}\left[S(k-1)+W_{\mathrm{C}}\frac{\partial S(k-1)}{\partial W_{\mathrm{C}}}\right] \tag{3-73}$$

由负梯度下降法及链式法则可得 HDNN 的任一权向量迭代算法如下：

$$W(k+1)=W(k)+\eta\left[y_j(k)-\hat{y}_j(k)\right]\frac{\partial O(k)}{\partial W} \tag{3-74}$$

式中：η 为权向量 W 的学习速率。

将式(3-71)～式(3-73)代入式(3-74)，即可得到权值的调整算法。

4)基于 HDNN 的动态分析过程

在上文利用随机有限元对混凝土坝时变特性、运行荷载和效应量进行研究的基础上，基于递阶对角神经网络原理，研究重力坝时变特性参数的动态获取过程。

坝体位移 δ 可以表示为

$$\delta = f(H,T,\theta,x,y,z) \tag{3-75}$$

式中：H 为坝前水头；T 为坝体变温值；θ 为时间效应量；x、y、z 为坝体各部位的坐标。

重力坝坝体位移可分为顺河向、横河向水平位移和垂直位移，其位移场是随时间变化的，可分解为

$$\boldsymbol{\delta} = \delta_x(H,T,\theta,x,y,z)\boldsymbol{i} + \delta_y(H,T,\theta,x,y,z)\boldsymbol{j} + \delta_z(H,T,\theta,x,y,z)\boldsymbol{k} \tag{3-76}$$

在小变形的情况下，坝体变形可以分解为水压分量、温度分量和时效分量，其中水压分量和温度分量中包含了荷载和时间两个因素。由此可以得到坝体位移的分量表达式

$$\delta(\delta_x,\delta_y,\delta_z) = f_1(H,t,x,y,z) + f_2(T,t,x,y,z) + f_3(\theta,t,x,y,z) \tag{3-77}$$

式中：t 表示时间。

假设 t 时刻，坝体混凝土、基岩的分区综合弹性模量为 $\{E_i(t)\}$ ，可以认为坝体位移和变形综合弹性模量、坝前水位之间存在某种函数关系

$$f_1(H,t,x,y,z) = g\left(\{E_i(t)\},H,x,y,z\right) \tag{3-78}$$

式中：$f_1(H,t,x,y,z)$ 可以通过建立监控模型分离分量得出，式(3-78)隐含地表示了 $\{E_i(t)\}$ 。

假设 t 时刻坝体上某一点 $A(x,y,H)$ 的位移 δ 为

$$\delta = f_1(H,t) + f_2(T,t) + f_3(\theta) \tag{3-79}$$

式中：稳定温度场时，T 用周期函数表示。在位移连续的条件下，三个分量都能用多项式表示。

由式(3-79)建立重力坝上某一固定点 $A(x,y,H)$ 的位移序列 $\{\delta_i\}$ 的监控模型，从而得出该点位移的水压分量 $\delta_H(t)$ 为

$$\delta_H(t) = f_1(H,t) \tag{3-80}$$

由于式(3-78)表示的函数非常复杂，无法得出用 $f_1(H,t,x,y,z)$ 和 H 显式表示 $\{E_i(t)\}$ ，因此，利用样本训练 HDNN 模型，组成神经网络的神经元可以隐含地表达 $\{E_i(t)\} \sim f_1(H,t,x,y,z)$ 、H 的关系。具体分析过程如下所述。

步骤 1　学习样本的准备。HDNN 模型学习样本应尽可能地覆盖实际荷载工况和坝体坝基的材料参数。实际操作中，材料参数选择以初始设计参数为中心在

较大范围变化的区间，多种材料参数的组合尽量多一些；计算的最低水位应低于相应时段的历史最低水位，计算的最高水位应高于相应时段的历史最高水位，低水位与高水位之间应分成较小的间隔。采用有限元计算各组材料参数及不同荷载作用下的位移，选定实测位移建模第一天的水位作用下的位移作为参考值，各荷载作用下的位移值减去参考值，得出水压位移增量。上下游水位、位移增量、材料参数构成了学习样本。

步骤 2　神经网络的训练。选择控制量 u 和真实系统的输出 y 作为 HDNN 的输入信号，输入层节点数和输出层节点数随之而定，然后根据 Kolmogorov 定理，确定隐含层初始节点数为 $2N+1$（N 为输入层节点数）；初始化各层的连接权值和阈值建立网络模型；修正 HDNN 的权系数；用检测样本对网络进行检测，并记录误差和逼近曲线，评估网络的适应性。HDNN 模型应用动量法和学习率自适应调整改造后的 BP 算法来训练网络，动量法降低了网络对于误差曲面局部细节的敏感性，有效地抑制了网络陷入局部极小；自适应调整学习率有利于缩短学习时间。学习结束后，神经网络的权值则隐含地表达了变形综合弹性模量 E 与位移和水位的关系。

步骤 3　工程材料时变特性力学参数获取。各位移测点选择相同的初始日期，建立统计模型，分离出水压位移分量；进行标准化处理，所采用的平均值和方差为训练网络样本的均值和方差；将实测水位序列和水压位移分量序列作为网络的输入进行回想，得到重力坝时变特性参数的演变序列。

3.3.3.2　重力坝服役稳定性动态分析模型建立

在重力坝服役稳定性分析时，安全系数常用如下抗剪断公式进行计算：

$$K=\frac{P}{Q}=\frac{\sum_{i=1}^{n} f_i\sigma_i\Delta A_i+\sum_{i=1}^{n} c_i\Delta A_i}{\sum_{i=1}^{n}\tau_i\Delta A_i} \tag{3-81}$$

式中：K 为重力坝稳定性安全系数；P、Q 为滑动面上的抗滑力和滑动力；σ_i、τ_i、f_i、c_i 分别为某滑动单元滑动面上的正应力、剪应力、摩擦系数和黏聚力系数；ΔA_i 为某滑动单元滑动面的面积；n 为滑动面上的单元数。

正常情况下，在滑动面上产生应力的外荷载为坝体自重、水压力、扬压力等。考虑工程材料发生弹性变形时，安全系数 K 可表示为

$$K=\frac{P}{Q}=\frac{\sum_{i=1}^{n}f_i\sigma_i\Delta A_i+\sum_{i=1}^{n}c_i\Delta A_i}{\sum_{i=1}^{n}\tau_i\Delta A_i}=\frac{\sum_{i=1}^{n}f_i\left(\sigma_{i0}+\sigma_{i\mathrm{H}}-\sigma_{i\mathrm{U}}\right)\Delta A_i+\sum_{i=1}^{n}c_i\Delta A_i}{\sum_{i=1}^{n}\left(\tau_{i0}+\tau_{i\mathrm{H}}\right)\Delta A_i}$$
$$=\frac{P_0+P_\mathrm{H}-P_\mathrm{U}+P_\mathrm{c}}{Q_0+Q_\mathrm{H}} \tag{3-82}$$

式中：P_0、P_H、P_U 为自重、水压力、扬压力在滑动面上产生的滑动力；P_c 为滑动面上的凝聚力；σ_{i0}、$\sigma_{i\mathrm{H}}$、$\sigma_{i\mathrm{U}}$、τ_{i0}、$\tau_{i\mathrm{H}}$ 为自重、水压力、扬压力在滑动面单元上产生的正应力和剪应力。

由式(3-82)可知，在已知滑动面的情况下，重力坝稳定性安全系数主要取决于自重、库水压力和扬压力在滑动面上产生的滑动力和抗滑力，自重可认为是恒载，扬压力为库水压力与折减系数的乘积。因此，只要找出抗滑力与库水压力之间的关系，就可以求出在任一时间、任一组合荷载作用下重力坝稳定性安全系数，下面具体研究建立这种关系的方法。

选用 N 组库水位 H_1、H_2、…、H_N，用有限元法求出滑动面上各单元应力，由 $P_\mathrm{H}=\sum_{i=1}^{n}f_i\sigma_{i\mathrm{H}}\Delta A_i$、$Q_\mathrm{H}=\sum_{i=1}^{n}\tau_{i\mathrm{H}}\Delta A_i$ 计算对应水位下的抗滑力 $P_{i\mathrm{H}}$ 和滑动力 $Q_{i\mathrm{H}}$，把 $P_{i\mathrm{H}}$ 或 $Q_{i\mathrm{H}}$ 作为因变量，H_i 作为自变量，利用多项式进行拟合，求出拟合系数 a_i(或 b_i)，即可建立库水位 H 与抗滑力(滑动力)P_H(Q_H)之间的数学表达式

$$P_\mathrm{H}=\sum_{i=1}^{n_1}a_iH^i \tag{3-83}$$

$$Q_\mathrm{H}=\sum_{i=1}^{n_1}b_iH^i \tag{3-84}$$

式中：n_1 为水深 H 的次方数。

在任一时刻 t、任一组合荷载作用下，重力坝稳定性安全系数可用下式表示：

$$K=\frac{P}{Q}=\frac{P_0+P_\mathrm{H}-P_\mathrm{U}+P_\mathrm{c}}{Q_0+Q_\mathrm{H}}=\frac{P_0+\sum_{i=1}^{n_1}a_iH^i-\alpha\cdot\sum_{i=1}^{n_1}a_iH^i+P_\mathrm{c}}{Q_0+\sum_{i=1}^{n_1}b_iH^i} \tag{3-85}$$

因此，针对工程材料发生弹性变形情况，已知最不利滑动面后，即可通过结构分析求出自重、水压力、扬压力在滑动面单元上的切向力和法向力，再根据动态获取的坝基岩体力学参数，建立水位与抗滑力、滑动力之间的函数关系，从而建立重力坝服役稳定性动态分析模型。

需要指出的是，当考虑工程材料的黏塑性变形时，则要分析加载时每一瞬间

物体的应力和变形，然后基于增量理论等进行研究。此时，式(3-82)中的滑动力和抗滑力则不能进行线性叠加。如对于线性硬化弹塑性材料，其本构方程为

$$\dot{\varepsilon} = \frac{\dot{\sigma}}{E} + \gamma[\sigma - (\sigma_{\mathrm{Y}} + H'\varepsilon^{\mathrm{vp}})] \tag{3-86}$$

式中：γ 为流动系数，$\gamma = 1/\eta$；σ_{Y} 为初始屈服应力；H' 为材料常数，$H' = E_{\mathrm{T}}/(1 - E_{\mathrm{T}}/E)$；$E$ 和 E_{T} 分别为初始弹性模量和切线弹性模量；$\varepsilon^{\mathrm{vp}}$ 为黏塑性应变。

假设材料服从关联流动法则，整个弹黏塑性关系式中将包含应力屈服函数及弹性矩阵。材料进入黏塑性变形后的变形增量将包括弹性和黏塑性两部分，而黏塑性变形增量将满足流动法则，即

$$\mathrm{d}\varepsilon^{\mathrm{p}} = \mathrm{d}\lambda \frac{\partial \boldsymbol{F}}{\partial \boldsymbol{\sigma}} \tag{3-87}$$

式中：$\mathrm{d}\varepsilon^{\mathrm{p}}$ 为黏塑性应变增量；$\boldsymbol{F}$ 为黏塑性势函数；$\mathrm{d}\lambda$ 为待定量。

进入黏塑性后的应力-应变关系为

$$\mathrm{d}\boldsymbol{\sigma} = (\boldsymbol{D} - \boldsymbol{D}_{\mathrm{p}})\mathrm{d}\varepsilon = \boldsymbol{D}_{\mathrm{ep}}\mathrm{d}\varepsilon \tag{3-88}$$

因此，当考虑工程材料的黏塑性效应时，由于需要研究应力与任一瞬时黏塑性应变增量以及弹性应变增量之间的关系，通过利用积分或逐次累加的方法才能对加载全过程进行分析。这种情况下，鉴于有限元强度折减系数法不但能够满足力的平衡条件，而且考虑了工程材料的应力应变关系，将使得计算结果更加精确合理。因此，可以通过神经网络模型动态获取工程材料力学参数，根据安全系数抗剪断公式，结合强度折减系数法对混凝土坝稳定性进行动态分析，在此不再赘述。另外，安全系数的计算与采用的工程材料屈服准则密切相关，如岩土工程稳定性分析中应用较多的 Drucker-Prager 屈服准则考虑了中间主应力的影响，屈服面光滑，而且便于采用关联流动法则进行一般的三维分析，应用方便。

3.3.4　应用实例

某水电站工程属 I 等枢纽工程，主要由混凝土重力坝、副坝、坝顶开敞式溢洪道、泄水底孔、左岸输水建筑物及地下发电厂房等建筑物组成。坝顶高程为 179.0m，最大坝高 111.0m，水库正常蓄水位 173.0m，校核洪水位 177.8m。坝顶全长 308.5m，共分为 6 个坝段。5#坝段为挡水坝段，顶部全长 64.0m，该坝段建基面岩石大多微风化，部分弱风化，局部强风化，断层主要有 F12、F18、F18-1，坝体内部布置两条正垂线 PL6 和 PL3，基岩中布置有一条倒垂线 IP3，并分别在 179.0m、140.0m 和 120.0m 高程处设有 3 个正倒垂线测点。

3.3.4.1　有限元模型的建立和网络学习样本的准备

为模拟重力坝结构性态，根据该坝具体情况，在考虑各相邻坝段之间变形协调性及力的传递性等问题的基础上，尽量将单元节点布置在真实的测点位置上，基岩部分则根据岩性的分布及地质的变化划分单元。重力坝整体有限元模型如图 3-15 所示，模型主要由八节点六面体等参单元与少量五面体和四面体单元构成，共包含单元 140 554 个，节点 152 790 个。

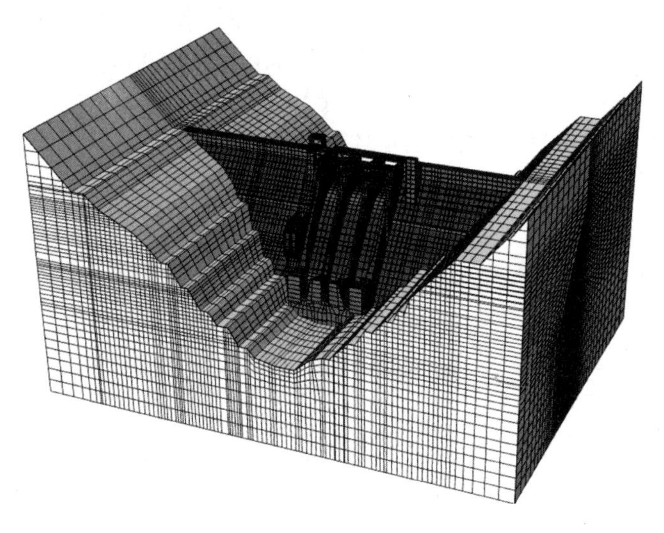

图 3-15　重力坝整体有限元模型

根据重力坝坝体结构及施工次序，不同区域的混凝土弹性模量现场测试值见表 3-1。5#坝段基岩弹性模量采用随机场模型，利用局部平均法将随机场离散为随机场单元，考虑到基岩的成层构成特点，假设沿坝轴线方向随机场特性不变，5#坝段基岩随机场在垂直于坝轴线平面内离散为 24 个随机场单元。坝体混凝土和岩

表 3-1　坝体混凝土分区弹性模量现场测试值

施工时段	设计标号	使用部位	弹性模量测试值/MPa
一枯	$R_{180}200$	上游防渗层	2.83×10^4
	$R_{180}150$	溢流坝段与非溢流坝段 120.00m 高程以下部位	2.82×10^4
二、三枯	$R_{180}200$	上游防渗层	3.00×10^4
	$R_{180}150$	溢流坝段 139.60m 高程以上至溢流面之间	2.90×10^4
	$R_{180}100$	非溢流坝段 120.00m 高程以上部分，溢流坝段 120.00～139.60m 高程之间	2.67×10^4

石的泊松比均作为确定值，混凝土和岩石的密度也作为确定值，上游水位视为正态分布，基岩的摩擦力系数、凝聚力系数等视为对数正态分布，其均值分别为1.11MPa和1.14MPa。

根据表3-1，有限元计算获取神经网络样本的参数选择如下：混凝土的综合模量取20～30GPa，坝基岩体的综合模量取10～20GPa。材料参数的组合由[0,1]之间的随机数确定，其中0对应综合模量区间的最小值，1对应最大值，其余通过插值获取，共形成材料参数25组。分别选取水位为177.80m(校核洪水位)、174.70m(设计洪水位)、173.50m、173.00m(正常蓄水位)、170.00m、167.50m、165.00m、162.50m、160.00m、157.50m、155.00m、152.50m、150.00m、147.50m、146.00m共15组荷载工况。在上述15组水压荷载工况下，对重力坝稳定性时变随机变量(包括随机场)取均值时的坝体位移进行计算分析。5#坝段测点位置处节点的水平位移与上游水位的关系曲线如图3-16所示，坝体水平位移随上游水位升高而逐步增大，而且水平位移受上游水位的影响随高程降低而减小，这与实测资料反映的规律相吻合。

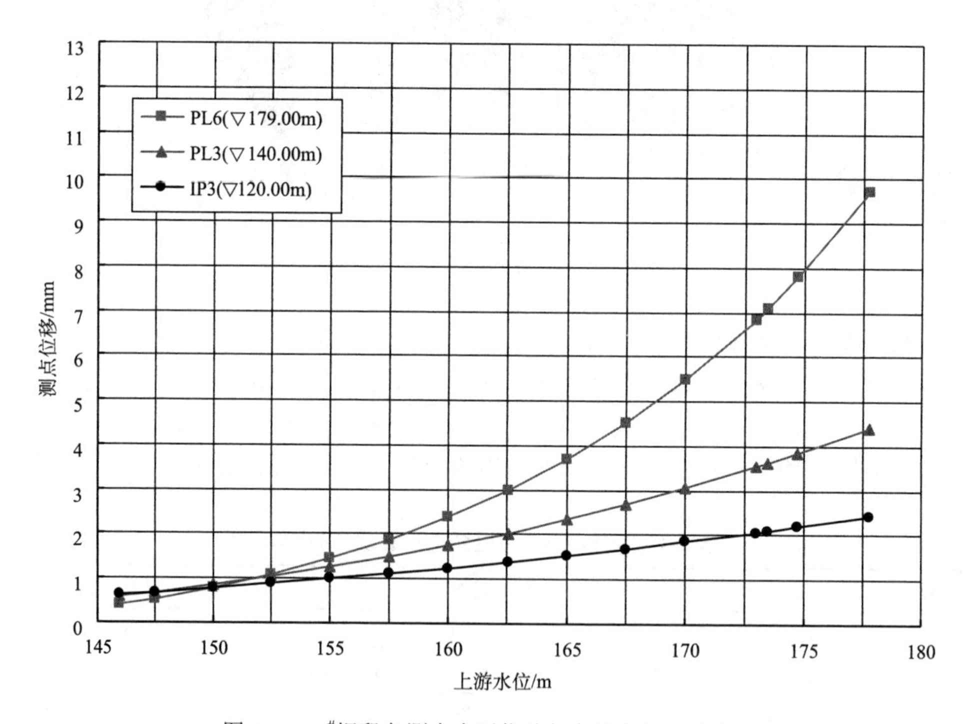

图3-16　5#坝段各测点水平位移与上游水位关系曲线

3.3.4.2　HDNN 模型的训练

以 15 组上游水位、3 个水平位移测点的位移增量和 25 组材料参数作为网络的输入，坝体混凝土和基岩材料的变形综合模量作为网络的输出，在网络训练中，隐含层单元数选为 87 个(N=43)。HDNN 模型可认为是如下的一个高维的离散非线性系统：

$$Y(k)=f[Y(k-d),\cdots,Y(k-n_y),U(k-d),\cdots,U(k-n_x)] \tag{3-89}$$

式中：$f(\cdot)$ 是建模对象；$Y(k-i)=[y_1(k-i),y_2(k-i)]^{\mathrm{T}}$（$i$=1, ⋯, n_y）；$U(k-i)=[\alpha_1 u_1(k-i),\cdots,\alpha_{43}u_{43}(k-i)]^{\mathrm{T}}$（$i$=1, ⋯, n_x）；n_x, n_y 是系统的记忆步数；d 是预测步数；其中 $u_j(k-i)$（j=1, ⋯, 43）；α_1, ⋯, α_{43} 是根据专家经验而定的相关系数。

整个网络模型的输入输出为

$$\hat{y}_j(k)=\sum_i W_{j,\,i}^n(k)O_i(k) \tag{3-90}$$

式中：$O_i(k)=W_i^{\mathrm{O}}(k)^{\mathrm{T}}X_i(k)$；$X_i(k)=h(\bar{X}_i(k))$；$\bar{X}_i(k)=W_i^{\mathrm{C}}(k)^{\mathrm{T}}X_i^{\mathrm{C}}(k)+W_i^{\mathrm{I}}(k)I_i(k)$；$h(x)=\dfrac{1}{1+\mathrm{e}^{-x}}$；$X_i^{\mathrm{C}}(k)=X_i(k-1)$；$j$=1，2。

在该网络结构下，将网络模型涉及的 43 个变量分成 9 组来降低网络规模，即构造出含有 9 个子网的 HDNN 模型，各子网的输入变量分别为上面各组的变量；选择 9 个子网的规模分别为 5-4-1，5-4-1，5-4-1，5-4-1，5-4-1，5-4-1，5-4-1，4-4-1，4-4-1；最后将 9 个子网的输出层神经元馈入到最终递阶模型的输出层(含有两个神经元)中，用已有的监测数据集训练这个 HDNN。

为获得更好的学习精度和收敛速度，将各子网内部的权值采用上文所述的动态 BP 算法来学习，各子网输出层与 E 估计值之间的权值 $W_{j,i}^n$ 采用最小二乘法来学习，修正公式如下：

$$W_j^n(k)=W_j^n(k-1)+\frac{P_j(k-1)O(k-1)[y_j(k)-\hat{y}_j(k)]}{O^{\mathrm{T}}(k-1)P_j(k-1)O(k-1)+\rho} \tag{3-91}$$

$$\boldsymbol{P}_j(k)=\frac{1}{\rho}\begin{bmatrix}P_j(k-1)-P_j(k-1)O(k-1)[O^{\mathrm{T}}(k-1)P_j(k-1)O(k-1)\\+\rho]^{-1}O^{\mathrm{T}}(k-1)P_j(k-1)\end{bmatrix} \tag{3-92}$$

式中：$\boldsymbol{O}(k)=[O_1(k),\cdots,O_4(k)]^{\mathrm{T}}$；$\boldsymbol{P}_j(k)$ 是相应的协方差矩阵；ρ 是遗忘因子；η 是学习因子。

图 3-17 是采用样本集训练以后的拟合误差曲线，其中样本数据容量为 375，拟合误差如下定义：

$$\mathrm{erf}_1=\frac{1}{2}\sum_{m=1}^{375}\sum_{j=1,2}(y_j(m)-\hat{y}_j(m))^2 \tag{3-93}$$

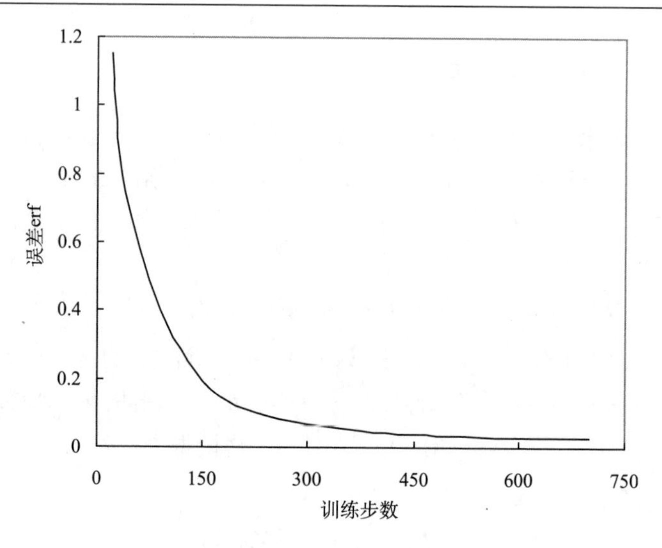

图 3-17　训练样本集的误差曲线

从图 3-17 可看出，网络在训练了 420 步时已基本稳定，用样本集批学习方式训练的神经网络获得了比较好的逼近拟合程度。

3.3.4.3　基岩变形综合弹性模量时序模型

通过 HDNN 模型得到 $5^{\#}$坝段基岩在不同时刻的变形综合弹性模量如图 3-18 所示，可以看出，考虑基岩弹性模量随机场后，基岩变形综合模量变化较为稳定，弹性模量的波动幅度较小。不过数值模拟得到的变形综合模量仍有一定的波动，这是由于分离得出的水压分量与实际值会有所偏差，同时神经网络仿真也会带来一些误差。

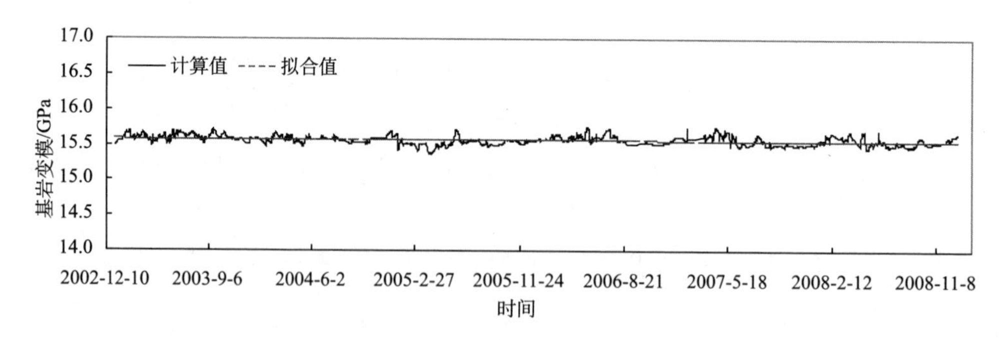

图 3-18　$5^{\#}$坝段基岩变形综合弹性模量演变过程

利用指数函数拟合基岩变形综合弹性模量演变过程，得到坝基变形综合弹性模量演变时序模型如下：

$$E(t)=15.581+0.055\mathrm{e}^{-2.915\times10^{-4}t}\ \mathrm{GPa} \tag{3-94}$$

由时序模型得出的基岩变形综合弹性模量演变规律表明，基岩处于稳定变化状态。结合该坝坝基地质勘探报告分析，基岩为黑云母花岗岩，岩性致密坚硬，强度较高，微风化岩石湿抗压强度平均在 15.5GPa 以上，断层破碎带较发育，但规模较小，多为高倾角，且胶结较好。根据 HDNN 模型训练得到的时序模型基本反映了基岩随机时变特性的演变规律，且表明该坝段建基面岩石局部强风化带和断层 F12、F18、F18-1 对重力坝服役稳定性未构成威胁。

3.3.4.4　重力坝服役稳定性安全分析

考虑到坝体坝基等工程材料的黏塑性效应，下面利用 HDNN 模型计算结果，根据抗剪断公式，结合强度折减系数法来计算重力坝稳定性安全系数。对工程材料采用 Drucker-Prager 屈服准则

$$F=\alpha I_1+J_2^{1/2}-k=0 \tag{3-95}$$

式中：$\alpha=\dfrac{\sqrt{3}\sin\varphi}{3\sqrt{3+\sin^2\varphi}}$；$k=\dfrac{\sqrt{3}c\cos\varphi}{\sqrt{3+\sin^2\varphi}}$，$c$、$\varphi$ 为凝聚力系数和内摩擦角。

按照强度折减系数法的定义，计算中仅对工程材料的凝聚力和内摩擦角的正切值进行折减

$$c'=\frac{c}{K_{\mathrm{c}}};\quad \tan\varphi'=\frac{\tan\varphi}{K_{\mathrm{c}}} \tag{3-96}$$

考虑到重力坝整体失稳破坏判据有：①以研究对象出现贯通性的塑性区（或等效塑性应变区）作为整体失稳的标志；②以有限元静力平衡计算不收敛为整体失稳的标志；③整体失稳破坏标志为滑体无限移动，此时滑移面上应变和位移突变且无限发展。这里以坝顶水平位移或坝基垂直位移发生突变及基岩出现贯通性的塑性区作为破坏失稳的判据。由于 $5^{\#}$坝段靠近河床处受到建基面断层的影响，该坝段多个测压管处扬压力系数超过设计值，而且以扬压力折减系数历史最大值作为参考时计算得到的安全系数最小，故选用对应的上游水位及实测扬压力作为计算工况，分别对不同折减系数下的坝顶水平位移变化量进行有限元分析，计算结果见图 3-19，各折减系数下坝基塑性变形分布见图 3-20。

利用强度储备法对 $5^{\#}$坝段在正常水位、设计水位和校核水位下的稳定性进行计算，计算结果如表 3-2 所示。由于利用强度折减系数法来评价重力坝抗滑稳定性没有统一的评判标准，参照类似工程经验而言，该坝稳定性安全系数虽然满足设计要求，但略偏小一些。

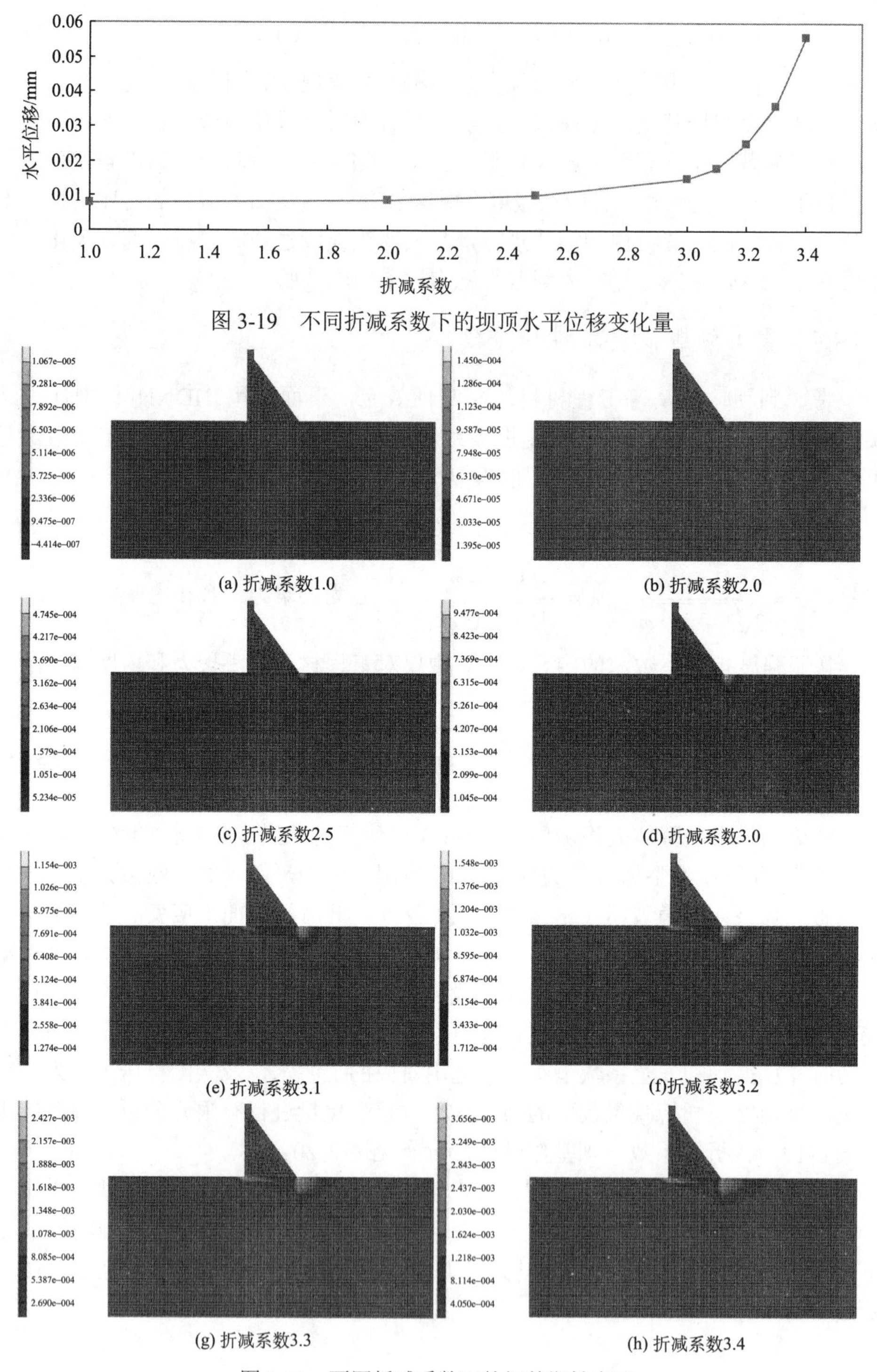

图 3-19　不同折减系数下的坝顶水平位移变化量

(a) 折减系数1.0　(b) 折减系数2.0

(c) 折减系数2.5　(d) 折减系数3.0

(e) 折减系数3.1　(f)折减系数3.2

(g) 折减系数3.3　(h) 折减系数3.4

图 3-20　不同折减系数下的坝基塑性变形

表 3-2　重力坝服役稳定性安全系数

典型坝段	工况	安全系数(K_c)
5#坝段	正常水位	3.0
	设计水位	2.8
	校核水位	2.6

3.4　高拱坝服役性态的等效模拟分析方法

高拱坝浇筑方量大、施工期长，并且多数要求在施工期内分期蓄水，复杂的跳仓浇筑过程、温控过程、封拱灌浆、外界环境变化和分期蓄水使得高拱坝在施工期的工作性态与普通拱坝相比存在极为明显的差异。现阶段，高拱坝施工期结构性态的研究大都采用数值模拟分析方法，计算结果主要决定于模型仿真的真实性、计算参数的准确性和边界约束条件等。随着有限元技术的发展，特别是近年来大坝施工全过程仿真理念的提出，仿真计算可以较准确地考虑高拱坝施工期的坝体浇筑、通水冷却、分期蓄水等过程，使得计算参数选取的准确性对仿真结果的影响凸显，其中弹性模量是高拱坝变形和应力分析中最基本、最重要的参数。与此同时，在设计阶段，无论是体型选择，还是结构计算，一般都采用设计标准值，但是该值一般是在规定混凝土龄期的基础上，考虑徐变作用进行了折减，有时与实际弹性模量有较大偏差。许多工程监测资料分析表明，按设计弹性模量计算得到的大坝变形一般都大于实际情况。因此，要模拟分析高拱坝施工期结构性态和开展运行期极限承载能力的研究，必须准确选择材料力学参数，据此针对不利荷载组合，对拱坝应力进行非线性模拟计算，才能准确分析大坝及坝基的可能破损范围及极限承载能力状态。

3.4.1　高拱坝施工期黏弹性力学参数反演方法

3.4.1.1　广义开尔文模型

为了全面反映混凝土弹-黏弹特性，采用广义 Kelvin 模型来模拟，该模型由一个单 Kelvin 模型和一个弹性元件串联而成，如图 3-21 所示。

广义 Kelvin 模型中的总应变由弹性和黏弹性两部分组成，即

$$\varepsilon = \varepsilon_e + \varepsilon_{ve} \tag{3-97}$$

式中：ε 为总应变；ε_e 为弹性应变；ε_{ve} 为黏弹性应变。

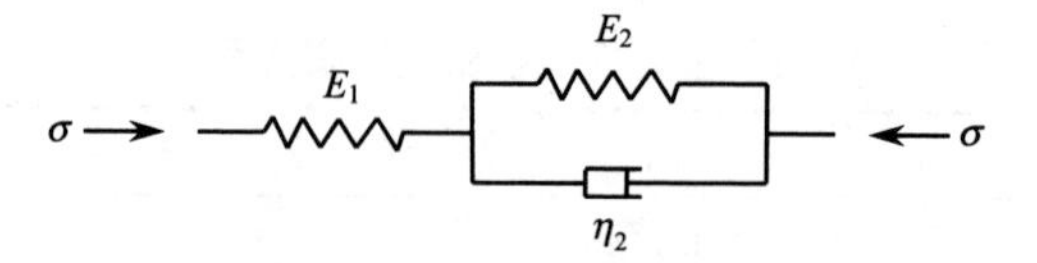

图 3-21　广义 Kelvin 模型

广义 Kelvin 模型本构方程为

$$\sigma + p_1\dot{\sigma} = q_0\varepsilon + q_1\dot{\varepsilon} \tag{3-98}$$

式中：$p_1 = \dfrac{\eta_1}{E_1 + E_2}$；$q_0 = \dfrac{E_1E_2}{E_1 + E_2}$；$q_1 = \dfrac{\eta_2 E_1}{E_1 + E_2}$；$\dot{\varepsilon}$ 为应变速率；$\dot{\sigma}$ 为应力变化率；E_1 为串联弹簧的模量，E_2 为并联弹簧的模量，η_2 为黏性系数。

在常应力 $\sigma = \sigma_0 L(t)$ 的作用下，对于 $t > 0$，则有 $\sigma = \sigma_0$，$\dot{\sigma} = 0$，故式(3-98)可以改写为

$$q_0\varepsilon + q_1\dot{\varepsilon} = \sigma_0 \tag{3-99}$$

通过拉普拉斯变换以及反变换，可以得到

$$\varepsilon(t) = \frac{\sigma_0}{E_1} + \frac{\sigma_0}{E_2}(1 - \mathrm{e}^{-\frac{E_2}{\eta_2}t}) \tag{3-100}$$

在分析高拱坝弹性模量变化规律时，将坝体混凝土视为各向同性材料，利用广义 Kelvin 模型模拟坝体混凝土的黏性流动特性。使用广义 Kelvin 模型对高拱坝服役性态进行分析时的有限元计算过程如下。

(1)随着坝前水位上升，坝体黏性变形不发生，有

$$\boldsymbol{K}_n \Delta\delta_n = \Delta F_n \tag{3-101}$$

式中：$\boldsymbol{K}_n$ 为第 n 次加载时得到的整体刚度矩阵；$\Delta\delta_n$ 为第 n 次加载时引起的位移增量；ΔF_n 为第 n 次加载时的荷载增量。

可得到应力增量

$$\Delta\sigma_n = \boldsymbol{DB}\Delta\delta_n \tag{3-102}$$

式中：$\boldsymbol{D}$、$\boldsymbol{B}$ 分别为弹性矩阵和几何矩阵。

得到本次的应力增量后，累加到总应力中，得到

$$\sigma_{n+1} = \sigma_n + \Delta\sigma_n \tag{3-103}$$

(2)坝前水位持久作用下，坝体混凝土徐变使得坝体有一定的黏性变形，此时混凝土处于黏弹性阶段。设在从 t_{i-1} 到 t_i 的时间段 Δt 内，σ_{i-1} 保持不变，可求出该时步内的 $\Delta\varepsilon_{\mathrm{vei}}$，并计算得到

$$\Delta F_{\mathrm{vei}} = \int_\Omega \boldsymbol{B}^{\mathrm{T}} \boldsymbol{D} \Delta\varepsilon_{\mathrm{vei}} \mathrm{d}\Omega \tag{3-104}$$

式中：ΔF_{vei} 为在 Δt 时段内因黏弹性应变引起的附加节点力。

于是有

$$\boldsymbol{K}_n \Delta\delta_n = \Delta F_{\text{vei}} \tag{3-105}$$

式中：$\Delta\delta_n$ 为在 Δt 时段内因黏弹性应变引起的位移。

从而可得到总应力

$$\Delta\varepsilon_i = \boldsymbol{B}\Delta\delta_i \tag{3-106}$$

$$\Delta\sigma_i = \boldsymbol{D}\left(\Delta\varepsilon_i - \Delta\varepsilon_{\text{vei}}\right) \tag{3-107}$$

$$\sigma_i = \sigma_{i-1} + \Delta\sigma_i \tag{3-108}$$

对横观各向同性体，影响坝体变形的黏弹性参数有 3 个，其总变形 δ 可以表示为

$$\delta=\delta_{\text{e}}\left(E_1\right)+\delta_{\text{ve}}\left(E_2,\eta\right) \tag{3-109}$$

式中：δ_{e}、δ_{ve} 分别为弹性变形和黏弹性变形；E_1、E_2、η 分别为瞬时弹性模量、延迟弹性模量和黏性系数。

因此，如果将坝体混凝土视为横观各向同性体，需要确定以上 3 个黏弹性力学参数。

3.4.1.2　基于伯努利神经网络的黏弹性参数反演

1) 伯努利神经网络建模原理

伯努利神经网络结构[38]如图 3-22 所示，由三层前向网络构成，其中输入层和隐含层的连接数值均为 1，隐含层和输出层的连接权值为 ω_l。伯努利神经网络输入层的神经元数为 3，输出层的神经元数为 1，隐含层神经元数 N；输入层和输出

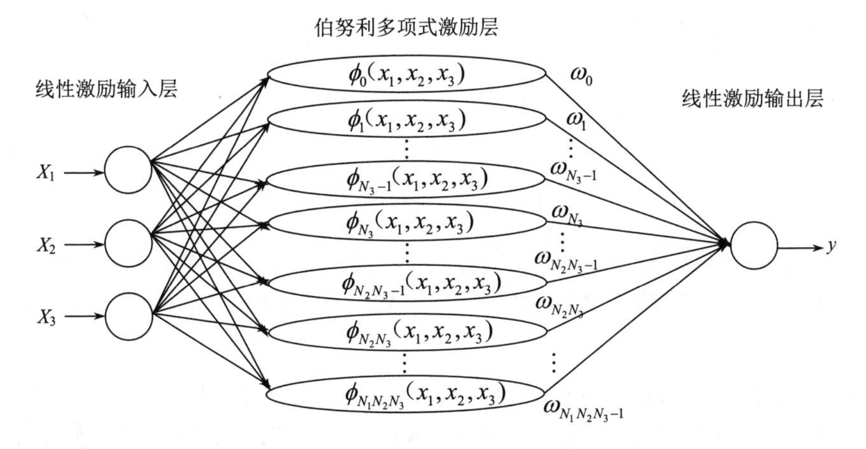

图 3-22　三输入伯努利神经网络结构

层的激励函数为线性恒等激励函数，隐含层激励函数采用伯努利多项式乘积。伯努利神经网络中，所有神经元阈值均设为0。

三输入伯努利神经网络的非线性状态表达式为

$$f(x_1,x_2,x_3)=\sum_{l=0}^{N-1}\omega_l\varphi_l(x_1,x_2,x_3) \tag{3-110}$$

式中：x_1,x_2,x_3为输入；f为输出；ω_l为隐含层和输出层的连接权值；N为隐含层神经元数；$\varphi_l(\cdot)$是 l 阶伯努利多项式，$\varphi_l(X)=\varphi_{v1}(x_1)\varphi_{v2}(x_2)\varphi_{v3}(x_3)$为隐含层神经元的激励函数。

伯努利神经网络隐含层神经元的激励函数可以表示如下：

$$\begin{cases}\varphi_0(x_1,x_2,x_3)=\varphi_0(x_1)\varphi_0(x_2)\varphi_0(x_3)\\ \varphi_1(x_1,x_2,x_3)=\varphi_0(x_1)\varphi_0(x_2)\varphi_1(x_3)\\ \qquad\vdots\\ \varphi_{N_3-1}(x_1,x_2,x_3)=\varphi_0(x_1)\varphi_0(x_2)\varphi_{N_3-1}(x_3)\\ \varphi_{N_3}(x_1,x_2,x_3)=\varphi_0(x_1)\varphi_1(x_2)\varphi_0(x_3)\\ \qquad\vdots\\ \varphi_{N_2N_3-1}(x_1,x_2,x_3)=\varphi_0(x_1)\varphi_{N_2-1}(x_2)\varphi_{N_3-1}(x_3)\\ \varphi_{N_2N_3}(x_1,x_2,x_3)=\varphi_1(x_1)\varphi_0(x_2)\varphi_0(x_3)\\ \qquad\vdots\\ \varphi_{N_1N_2N_3-1}(x_1,x_2,x_3)=\varphi_{N_1-1}(x_1)\varphi_{N_2-1}(x_2)\varphi_{N_3-1}(x_3)\end{cases} \tag{3-111}$$

式中：N_1、N_2、N_3 分别表示用于替换$\left\{P_{n_1,v_1}(x_1),v_1=0,1,\cdots,n_1\right\}$、$\left\{P_{n_2,v_2}(x_2),v_2=0,1,\cdots,n_2\right\}$和$\left\{P_{n_3,v_3}(x_3),v_3=0,1,\cdots,n_3\right\}$的伯努利多项式数目，$P_{n_q,v_q}(x_q)=C_{n_q}^{v_q}x_q^{v_q}(1-x_q)^{n_q-v_q}$，$q$=1,2,…,$d$，$N$= N_1、N_2、N_3为隐含层神经元数目。

伯努利神经网络学习误差函数E如下：

$$E=\frac{1}{M}\sum_{m=0}^{M-1}\left[\gamma_m-\sum_{l=0}^{N-1}\omega_l\varphi_l(X_m)\right] \tag{3-112}$$

式中：M表示样本总数；γ_m表示对应的目标输出；ω_l为隐含层和输出层的连接权值；$\varphi_l(\cdot)$为隐含层的伯努利激励函数；$X_m=\left[X_{m1},X_{m2},X_{m3}\right]$表示第$m$组输入向量。

伯努利神经网络权值与网络结构双确定算法[38]如图3-23所示，其中g用于记录最优隐含层神经元数目，$(g-1)^3\leqslant N_{\rm opt}\leqslant g^3$；$N_{\rm opt}$用于记录当前最优结构对应的各组伯努利多项式数目；$E_{\rm p}$为网络前一结构状态学习误差。

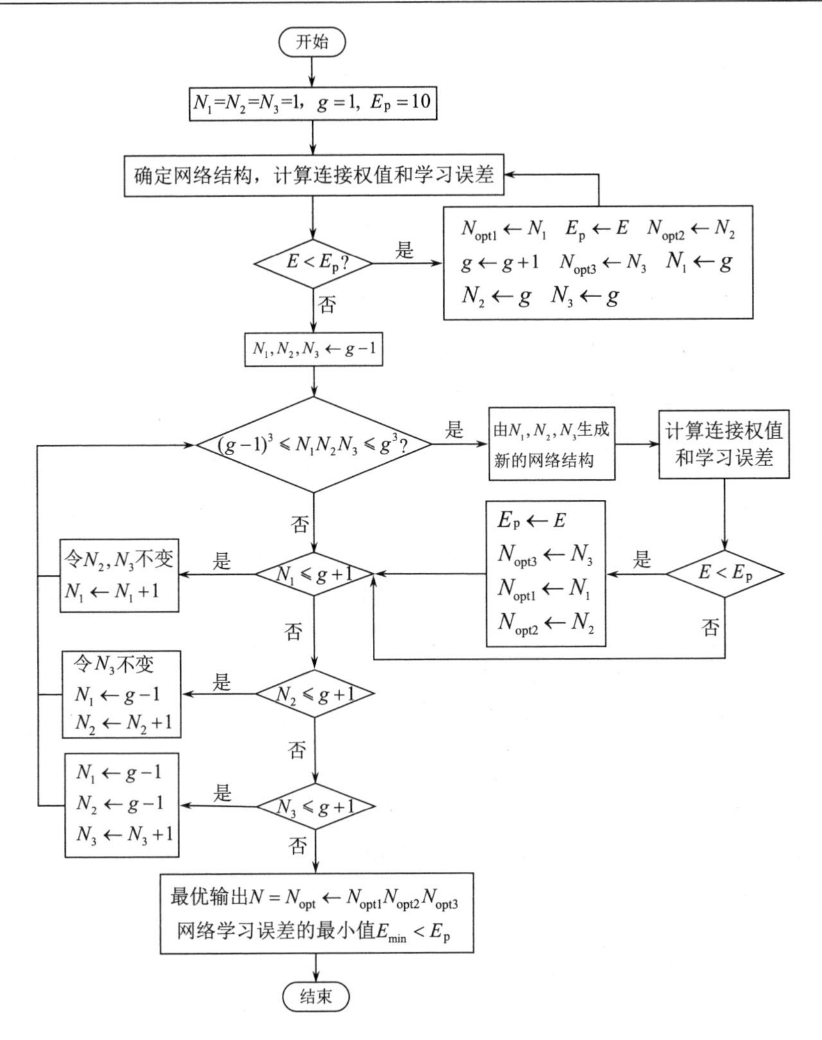

图 3-23　伯努利神经网络权值结构双确定算法

伯努利神经网络最优神经元数 N 确定后，可确定网络最优权值。对于隐含层神经元数为 N、输入样本为 M 的三输入伯努利神经网络，其隐含层的受激励矩阵 $\boldsymbol{\phi}$ 如下：

$$\boldsymbol{\phi}=\begin{bmatrix}\phi_0(X_0) & \phi_1(X_0) & \cdots & \phi_{N-1}(X_0)\\ \phi_0(X_1) & \phi_1(X_1) & \cdots & \phi_{N-1}(X_1)\\ \vdots & \vdots & & \vdots\\ \phi_0(X_{M-1}) & \phi_1(X_{M-1}) & \cdots & \phi_{N-1}(X_{M-1})\end{bmatrix}\in R^{M\times N} \tag{3-113}$$

隐含层和输出层的连接权值矩阵 $\boldsymbol{\omega}$、目标输出向量 $\boldsymbol{\gamma}$ 如下：

$$\boldsymbol{\omega}=\left[\omega_0,\omega_1,\cdots,\omega_{N-1}\right]^{\mathrm{T}}\in R^N \tag{3-114}$$

$$\boldsymbol{\gamma}=\left[\gamma_0,\gamma_1,\cdots,\gamma_{M-1}\right]^{\mathrm{T}}\in R^M \tag{3-115}$$

则根据权值直接确定法，$\boldsymbol{\omega}$为

$$\boldsymbol{\omega}=\left(\boldsymbol{\varphi}^{\mathrm{T}}\boldsymbol{\varphi}\right)^{-1}\boldsymbol{\varphi}^{\mathrm{T}}\boldsymbol{\gamma} \tag{3-116}$$

式中：$(\boldsymbol{\varphi}^{\mathrm{T}}\boldsymbol{\varphi})^{-1}\boldsymbol{\varphi}^{\mathrm{T}}$为矩阵$\boldsymbol{\phi}$的伪逆。

2)黏弹性参数反演模型

假设t时刻，混凝土坝黏弹性参数为$\{E_i(t),\eta_i(t)\}$，可以认为坝体位移和混凝土黏弹性参数、坝前水位之间存在如下函数关系：

$$f_1(H,t,x,y,z)=g\left(\{E_i(t),\eta_i(t)\},H,x,y,z\right) \tag{3-117}$$

式中：$f_1(H,t,x,y,z)$可以通过建立监控模型分量分离得出。

式(3-117)隐式地表示了$\{E_i(t),\eta_i(t)\}$，由于式(3-117)表示的函数非常复杂，无法得出用$f_1(H,t,x,y,z)$和H显式表示$\{E_i(t),\eta_i(t)\}$。因此，通过学习样本训练伯努利神经网络，组成神经网络的神经元则可隐式地表达$\{E_i(t),\eta_i(t)\}\sim f_1(H,t,x,y,z)$、$H$的关系。首先，伯努利神经网络学习样本的准备同前文；然后，开始伯努利神经网络的训练，初始化各层的连接权值和阈值，建立网络模型，用学习样本对网络进行训练，并记录误差和逼近曲线，评估网络的适应性。学习结束，神经网络的权值则隐式表达了黏弹性参数E、η与位移和水位的关系。最后，各位移测点选择相同的初始日期，建立统计模型，分离出水压位移分量；进行标准化处理，所采用的平均值和方差为训练网络样本的均值和方差；将实测水位序列和水压位移分量序列作为网络的输入，得到黏弹性参数反演结果。

3.4.2 高拱坝运行期极限承载能力等效分析方法

混凝土是一种非均匀的多相介质材料，在坝体浇筑中会产生微裂缝，同时在外荷载等因素作用下，这些微裂缝将会扩展并连接形成宏观裂缝，最终导致混凝土的损伤破坏。因此，可将高拱坝从受力到破坏的过程纳入损伤研究范畴，需要解决混凝土损伤和软化效应及其本构关系建立的问题。

3.4.2.1 损伤因子和有效应力

损失因子的提出最早是基于缺陷面积来定义的，设受力杆无损的初始横截面面积为A(名义面积)，受损后的损伤面积为A^*，杆的有效面积或实际承载面积为$\tilde{A}=A-A^*$，损失因子定义为

$$\psi = \frac{\tilde{A}}{A} \tag{3-118}$$

此时，若令横截面上的应力(名义应力)为 σ，则受力杆上的力为

$$F = \sigma A = \tilde{\sigma}\tilde{A} \tag{3-119}$$

式中：$\tilde{\sigma}$ 称为净应力或有效应力，即有效面积上的应力。

引入损伤变量：$D = 1-\psi$，有效应力与名义应力关系为

$$\sigma = (1-D)\tilde{\sigma} \tag{3-120}$$

由于测试有效面积比较困难，Lemaitre 提出了应变等效原理：名义应力在受损材料上引起的应变等于有效应力在无损材料上引起的应变，如图 3-24 所示，即

$$\varepsilon = \frac{\sigma}{\tilde{E}(D)} = \frac{\tilde{\sigma}}{E_0} \tag{3-121}$$

式中：$\tilde{E}(D)$ 为受损后的弹性模量；E_0 为初始(未损伤)弹性模量。

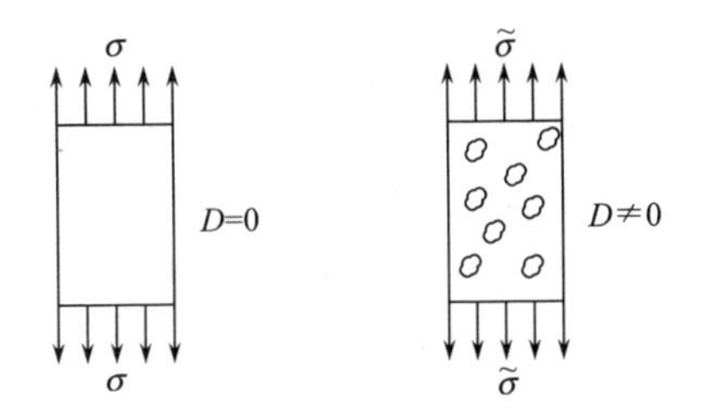

图 3-24　应变等效示意图

由式(3-120)和式(3-121)得到用弹性模量来描述材料损伤的表达式，即

$$D = \frac{\tilde{E}(D)}{E_0} \tag{3-122}$$

对于高拱坝而言，混凝土多为三维受力状态，在三维情况下，可将单轴应力下的有效应力推广表示为有效应力张量。

设有效应力张量为 $\tilde{\boldsymbol{\sigma}}$，柯西应力张量为 $\boldsymbol{\sigma}$，根据应变等价原理，则有

$$\boldsymbol{\sigma} = (\boldsymbol{I} - \boldsymbol{D})\cdot\tilde{\boldsymbol{\sigma}} \tag{3-123}$$

式中：$\boldsymbol{I}$ 为单位矩阵；$\boldsymbol{D}$ 为带有损伤变量的矩阵。

3.4.2.2　混凝土损伤的判定准则

参考 1979 年 Hsieh-Ting-Chen 四参数准则，有学者提出了一种建立在应变空间上的四参数破坏准则[39]：

$$F(I_1', J_2', \varepsilon_0) = A\frac{J_2'}{\varepsilon_0} + B\sqrt{J_2'} + C\varepsilon_1 + DI_1' - \varepsilon_0 = 0 \tag{3-124}$$

式中：$I_1' = \boldsymbol{\varepsilon} : \boldsymbol{\delta} = \varepsilon_{ii}, i = 1,2,3$ 为应变张量的第一不变量；$J_2' = \boldsymbol{e} : \boldsymbol{e}/2 = e_{ij}e_{ij}/2$，$\boldsymbol{e} = \boldsymbol{\varepsilon} - \boldsymbol{\delta I}'/3$ 为应变偏量的第二不变量；$\varepsilon_1 = \frac{2}{\sqrt{3}}\sqrt{J_2'}\sin\left(\theta + \frac{2}{3}\pi\right) + \frac{1}{3}I_1'$ 为最大主应变，$\theta = \frac{1}{3}\arcsin\left(-\frac{3\sqrt{3}J_3'}{2\sqrt{J_2'^3}}\right), |\theta| \leqslant 60°$；$J_3' = \frac{1}{3}\boldsymbol{e}^3 : \boldsymbol{\delta} = \frac{1}{3}e_{ij}e_{jk}e_{ki}$；$\varepsilon_0 = f_t/E$，$f_t$ 为混凝土抗拉强度；A、B、C、D 为材料参数，由四组强度试验数据确定。

高拱坝坝体混凝土单元的状态可以用应变 ε_{ij} 描述，损伤可以用损伤应变 $\varepsilon_{ij}^{\mathrm{d}}$ 和损伤量 D_{ij} 描述。因此，高拱坝混凝土单元的损伤状态以及演化过程可以用损伤面表达，即

$$F^{\mathrm{d}}(\varepsilon_{ij}, \varepsilon_{ij}^{\mathrm{d}}, D_{ij}) = 0 \tag{3-125}$$

当 $F^{\mathrm{d}}<0$ 或者 $F^{\mathrm{d}}=0$ 且 $\partial F^{\mathrm{d}}/\partial\varepsilon_{ij} \cdot \mathrm{d}\varepsilon_{ij} \leqslant 0$ 时，说明单元处于无损伤发展的加载或卸载过程；当 $F^{\mathrm{d}}=0$ 且 $\partial F^{\mathrm{d}}/\partial\varepsilon_{ij} \cdot \mathrm{d}\varepsilon_{ij} > 0$ 时，说明单元处于损伤发展过程。

混凝土材料的唯象损伤模型成果较多，包括弹性损伤模型、各向异性损伤模型、各向同性弹塑性模型等，其中最简单而又实用的是半试验半理论的各向同性模型。各向同性损伤模型中，损伤值表达式为

$$D = 1 - \sqrt{\frac{W_{\mathrm{d}}^{\mathrm{e}}}{W_0^{\mathrm{e}}}} \tag{3-126}$$

式中：$W_{\mathrm{d}}^{\mathrm{e}}$ 为混凝土可恢复的弹性能；W_0^{e} 为混凝土初始状态下的弹性能，如图 3-25 所示。

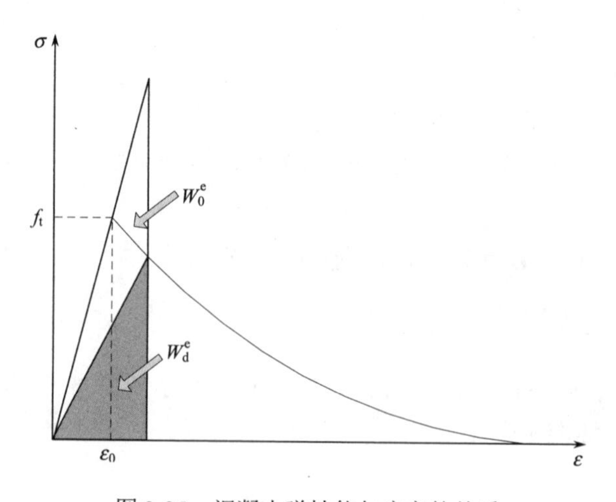

图 3-25　混凝土弹性能与应变的关系

当变形小于损伤初始值 ε_0 时，高拱坝坝体混凝土属于弹性状态，所有的能量都是可恢复的，即 $W_{\mathrm{d}}^{\mathrm{e}}=W_0^{\mathrm{e}}$，$D$=0；极端情况下 $W_{\mathrm{d}}^{\mathrm{e}}$ 趋于零，则损伤值接近于 1。

3.4.2.3　考虑损伤和软化效应的等效本构关系

各向同性损伤模型表达简单，计算成本低，便于模拟混凝土的脆性特性。针对高拱坝而言，由于其边界条件的复杂性，有限元单元数较多，一般在几十万左右，模拟精细的甚至超过百万单元。因此，综合考虑计算精度和计算成本，采用弹性损伤模型是现阶段较合理的选择，如 Loland 模型、Mazars 模型、分段线性模型以及分段曲线损伤模型等。而在多轴应力状态下，一般通过等效应变将多维状态转化成单轴应力状态下的应变值，并由应力应变曲线得到损伤值。因此，合理的损伤模型需要合理的等效应变计算公式以及准确的应力-应变关系。

1) 等效应变

从四参数破坏准则的思想出发，假定在应变软化段内四参数破坏准则仍适用，且参数不变，即形式与式(3-124)相同，将式中的应变 ε 用等效应变 ε^* 替代，则可得各向同性损伤模型的四参数等效应变表达式，即

$$\varepsilon^*=A\frac{J_2'}{\varepsilon_0}+B\sqrt{J_2'}+C\varepsilon_1+DI_1' \tag{3-127}$$

各种应力状态下的等效应变为

$$\varepsilon^*=\frac{(B\sqrt{J_2'}+C\varepsilon_1+DI_1')+\sqrt{(B\sqrt{J_2'}+C\varepsilon_1+DI_1')^2+4AJ_2'}}{2} \tag{3-128}$$

2) 应力-应变关系

选用 Lubliner 等提出的用指数函数描述应力软化曲线的应力-应变关系，即

$$\sigma=f_0\left[(1+a)\exp(-b\varepsilon^{\mathrm{p}})-a\exp(-2b\varepsilon^{\mathrm{p}})\right] \tag{3-129}$$

式中：f_0 为混凝土屈服时的应力；ε^{p} 为塑性应变；a、b 为材料参数。

从式(3-129)可以得到应力与塑性应变的关系为

$$\left.\frac{\mathrm{d}\sigma}{\mathrm{d}\varepsilon^{\mathrm{p}}}\right|_{\varepsilon^{\mathrm{p}}=0}=f_0b(a-1) \tag{3-130}$$

可以看出，当 a>1，说明材料初始硬化，可以描述混凝土受压情况；a<1，说明材料屈服后就软化，可以描述受拉情况。

针对高拱坝受力特点以及损伤本构模型机制，选用下式描述多轴应力状态下混凝土受拉有效应力

$$\tilde{\sigma}(\varepsilon^*)=f_{\mathrm{t}}\left[2\mathrm{e}^{-b(\varepsilon^*-\varepsilon_0)}-\mathrm{e}^{-2b(\varepsilon^*-\varepsilon_0)}\right] \tag{3-131}$$

式中：$b=\dfrac{3}{\varepsilon_0\left(\dfrac{2G_{\mathrm{f}}E}{l_{\mathrm{ch}}f_{\mathrm{t}}^2}-1\right)}$，$G_{\mathrm{f}}$为断裂能，$l_{\mathrm{ch}}$为特征长度。

根据描述损伤状态式(3-126)，结合应力-应变关系，可以得到混凝土受拉状态下的损伤值为

$$D=\begin{cases}0 & \varepsilon^*\leqslant\varepsilon_0\\ 1-\sqrt{\dfrac{f_{\mathrm{t}}}{E\varepsilon^*}\left[2\,\mathrm{e}^{-b(\varepsilon^*-\varepsilon_0)}-\mathrm{e}^{-2b(\varepsilon^*-\varepsilon_0)}\right]} & \varepsilon^*>\varepsilon_0\end{cases} \tag{3-132}$$

3)考虑软化的弹塑性本构模型

如前所述，无论混凝土本构模型还是岩体本构模型，都应包括软化阶段，存在残余强度。

(1)混凝土塑性损伤模型。假定混凝土的拉伸和压缩性能由塑性损伤描述，如图 3-26 所示，其应力-应变关系分别为

$$\sigma_{\mathrm{t}}=(1-d_{\mathrm{t}})E_0(\varepsilon_{\mathrm{t}}-\tilde{\varepsilon}_{\mathrm{t}}^{\mathrm{pl}}),\quad \sigma_{\mathrm{c}}=(1-d_{\mathrm{c}})E_0(\varepsilon_{\mathrm{c}}-\tilde{\varepsilon}_{\mathrm{c}}^{\mathrm{pl}}) \tag{3-133}$$

式中：d_{t}、d_{c} 分别为拉伸损伤变量和压缩损伤变量，为等效塑性应变的函数，$d_{\mathrm{t}}=f(\tilde{\varepsilon}_{\mathrm{t}}^{\mathrm{pl}}), d_{\mathrm{c}}=f(\tilde{\varepsilon}_{\mathrm{c}}^{\mathrm{pl}})$。

通过设定损伤变量和塑性变形的关系来模拟高拱坝坝体混凝土的强化和软化现象。

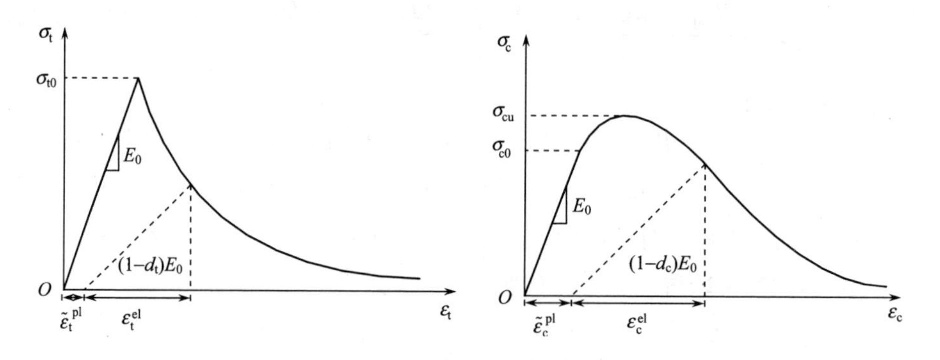

图 3-26　混凝土应力-应变关系曲线(t 为拉伸，c 为压缩)

(2)坝基岩体塑性模型。采用扩展的 Mohr-Coulomb 屈服函数，用黏聚力表征岩体的各向同性的硬化和软化现象，该模型的流动势函数在子午面上的形状为双曲线，在 π 平面上没有尖角，其屈服方程为

$$F(p,q,\theta)=R_{\mathrm{mc}}q-p\tan\varphi-c=0 \tag{3-134}$$

式中：q 为广义剪应力；p 为球应力；φ 为内摩擦角；c 为黏聚力；R_{mc} 为

Mohr-Coulomb 偏应力系数，其表达式为

$$R_{mc} = \frac{1}{\sqrt{3}\cos\varphi}\sin\left(\theta + \frac{\pi}{3}\right) + \frac{1}{3}\cos\left(\theta + \frac{\pi}{3}\right)\tan\varphi \tag{3-135}$$

式中：$\cos(3\theta) = \left(\frac{r}{q}\right)^3$ $(0 \leqslant \theta \leqslant \frac{\pi}{3})$，$r$ 为第三应力不变量。

通过设定黏聚屈服应力与塑性应变关系来描述岩体硬化和软化关系。

3.4.2.4　高拱坝承载能力数值模拟实现方法

对于高拱坝，用 NE 个单元对结构进行离散化，由最小势能原理，平衡状态下单元的外力势能、变形势能和总势能分别为 V^e、U^e 和 Π_p^e，则结构的总势能可表示为

$$\Pi_p = \sum_{e=1}^{NE}\Pi_p^e = \sum_{e=1}^{NE}U^e + \sum_{e=1}^{NE}V^e \tag{3-136}$$

分别选择位移模式和形函数，求出外力势能和变形势能，代入式(3-136)，得

$$\Pi_p^e = \sum_{e=1}^{NE}\frac{1}{2}\{\delta\}^T[K(D)]\{\delta\} - \sum_{e=1}^{NE}\{\delta\}^T\{R\}^e \tag{3-137}$$

式中：$[K(D)]$ 是考虑混凝土材料损伤之后的刚度矩阵；$\{R\}$ 为节点荷载列阵。

根据最小势能原理

$$\partial\Pi_p / \partial\{\delta\} = 0 \tag{3-138}$$

得到考虑混凝土材料损伤量 D 的有限元支配方程

$$[K(D)]\{\delta\} = \{R\} \tag{3-139}$$

在有限元支配方程中，节点荷载列阵 $\{R\}$ 的计算与常规的有限元分析完全相同，因此，考虑混凝土损伤的有限元分析关键在于建立考虑损伤因素的刚度矩阵 $[K(D)]$。具体计算时，设坝体初始荷载为 $\{R_0\}$，相应的结构初始位移和损伤分别为 $\{\delta_0\}$ 和 $\{D_0\}$；当荷载分级增加至 $\{R\} = \{R_0\} + \{dR\}$ 时，结构的位移和损伤分别为 $\{\delta\} = \{\delta_0\} + \{d\delta\}$ 和 $\{D\} = \{D_0\} + \{dD\}$，代入有限元支配方程，得

$$[K(D_0 + dD)](\{\delta_0\} + \{d\delta\}) = \{R_0\} + \{dR\} \tag{3-140}$$

将其作近似展开得

$$[K(D_0)]\{\delta_0\} + [K(D_0)]\{d\delta\} = \{R_0\} + \{dR\} \tag{3-141}$$

并与支配方程比较，可得荷载增量形式的非线性支配方程为

$$[K(D)]\{d\delta\} = \{dR\} \tag{3-142}$$

利用式(3-142)进行分级加载计算时，由于应用了近似假定，随着损伤的增加，

荷载分级增加应逐渐减小，经过多次迭代可得坝体某一部位的稳定损伤值 D，通过坝体混凝土损伤失效条件可判断高拱坝各部位的结构强度。

上述有限元支配方程的求解方法较多，此处采用增量非线性迭代法对其进行数值实现。设高拱坝整体模型的每一级加载结果由 k 次迭代加载完成，则对于整体模型第 n+1 级加载迭代，坝体强度分析流程如图 3-27 所示，具体实现步骤如下。

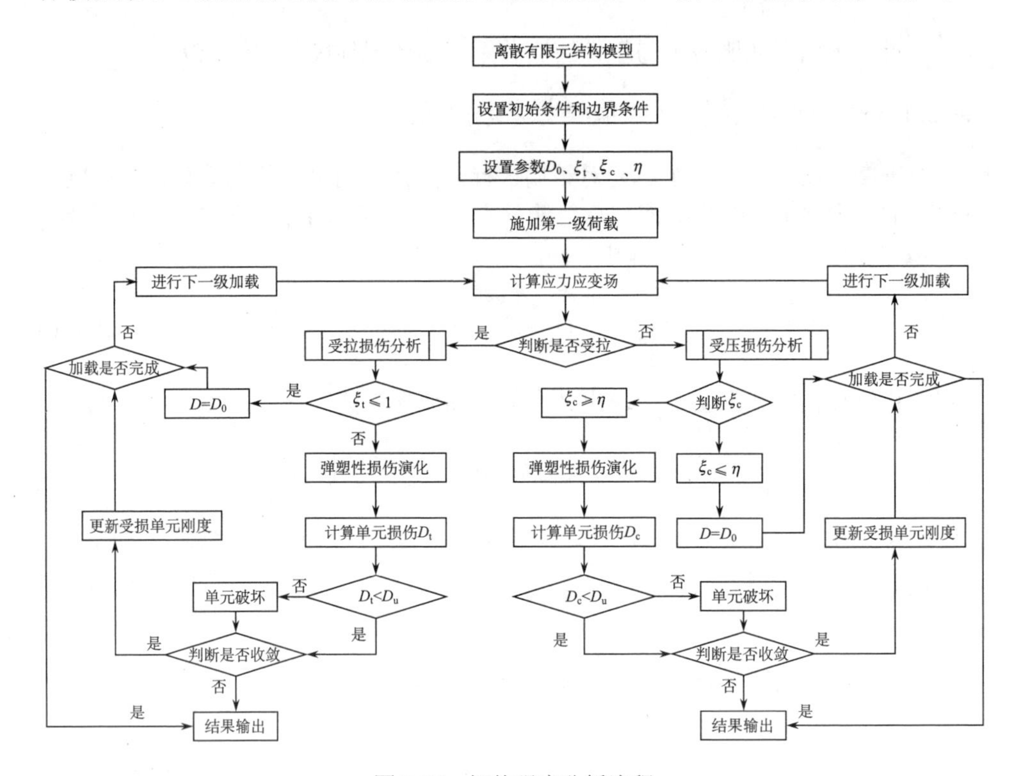

图 3-27　坝体强度分析流程

步骤 1　初始化参数设置，设迭代加载步 $i=0$（$i \leqslant k$），初始位移为 $\boldsymbol{\delta}_{(n+1)}^{0}=\boldsymbol{\delta}_{n}$，考虑损伤的切线刚度矩阵为 $\boldsymbol{K}_{(n+1)}^{(0)}(\boldsymbol{D})=\boldsymbol{K}_{n}(\boldsymbol{D})$。

步骤 2　加载迭代开始，$i=1$，计算第 n 级加载荷载 $\Delta \boldsymbol{R}_{n}$。

步骤 3　计算位移 $\boldsymbol{\delta}_{(n+1)}^{(i+1)}$ 和应变 $\boldsymbol{\varepsilon}_{(n+1)}^{(i+1)}$：$\boldsymbol{\varepsilon}_{(n+1)}^{(i+1)}=\boldsymbol{\varepsilon}_{n}+\boldsymbol{B}(\boldsymbol{\delta}_{(n+1)}^{(i+1)}-\boldsymbol{\delta}_{n})$。

步骤 4　假设此时传入的应变增量为弹性应变增量，根据等效应变假定，计算弹性试探应力：$\overline{\boldsymbol{\sigma}}_{(n+1)}^{\mathrm{tr}}=\boldsymbol{E}_{0}:(\boldsymbol{\varepsilon}_{(n+1)}-\boldsymbol{\varepsilon}_{(n+1)}^{\mathrm{p}(0)})$。

步骤 5　检查屈服条件：$F_{(n+1)}^{\mathrm{p(tr)}}=F^{\mathrm{p}}(\overline{\boldsymbol{\sigma}}_{(n+1)}^{\mathrm{tr}},\varphi)$，由弹性试探应力和描述等向强化规律的参数计算确定此时的屈服函数。如果 $F_{(n+1)}^{\mathrm{p(tr)}}<\mathrm{TOLF}$，说明此时坝体混凝土处于弹性工作状态，应变增量均为弹性应变；否则，假设不成立，坝体混凝土

处于弹塑性工作状态，进入弹塑性损伤演化迭代。

步骤 6　弹塑性损伤演化迭代：由前文建立的弹塑性本构方程和损伤演化方程，分别计算损伤张量 $\boldsymbol{D}_{(n+1)}^{(i+1)}$、塑性应变张量 $\boldsymbol{\varepsilon}_{(n+1)}^{\mathrm{p}(i+1)}$、等效应力张量 $\bar{\boldsymbol{\sigma}}_{(n+1)}^{(i+1)}$ 和考虑损伤因素的切线刚度矩阵 $\boldsymbol{K}_{(n+1)}^{(i+1)}(\boldsymbol{D})$。

步骤 7　对计算过程中荷载增量与施加在大坝结构上的内部节点力进行迭代平衡，判断迭代的收敛性。如果迭代不收敛，则 $i=i+1$，重复步骤 3～步骤 7；如果迭代收敛，保存内变量计算结果，作为下一级加载初始参数。

步骤 8　本级荷载加载迭代完成，$n=n+1$，判断分级加载是否结束。如果没有结束，则返回步骤 1；否则，保存结果并退出计算。

综上所述，高拱坝承载能力数值模拟分析过程为：先建立含损伤变量的材料本构关系，通过试验或经验公式得到损伤随应力或应变发展的损伤演化规律，之后由初始条件(包括初始损伤)、边界条件求解材料各点的应力、应变和损伤。对于受损单元，需要通过损伤导致材料性能劣化的定义来更新单元材料的切线刚度矩阵，重新进行数值模拟，直至计算达到收敛条件；如果单元体损伤超过临界值，认为这个单元体开裂失效。

3.4.3　应用实例

锦屏一级双曲拱坝最大坝高 305.0m，工程属大(1)型一等工程，永久性主要水工建筑物为 1 级建筑物。水库正常蓄水位 1880m，死水位 1800m，正常蓄水位以下库容 77.6 亿 m^3，调节库容 49.1 亿 m^3。枢纽主要建筑物由混凝土双曲拱坝、坝身 4 个表孔+5 个深孔+2 个放空底孔与坝后水垫塘、右岸 1 条有压接无压泄洪洞及右岸中部地下厂房等组成。坝顶高程 1885.0m，坝基最低建基面高程 1580.0m，坝顶宽度 16.0m，坝底厚度 63.0m，厚高比 0.207，坝体基本体形混凝土方量 476 万 m^3。坝址主要由杂谷脑第二段($\mathrm{T_{2\text{-}3Z}}^2$)大理岩组成，仅左岸坝肩上部涉及部分第三段($\mathrm{T_{2\text{-}3Z}}^3$)砂板岩，岩体内层面、层间挤压错动带、断层及节理较发育。坝基绝大部分为Ⅱ级、$\mathrm{III_1}$ 级岩体(约占 94%)，满足拱坝建基要求；主要地质缺陷分布相对集中在断层带、挤压带、煌斑岩脉、风化绿片岩及溶蚀裂隙密集带附近(图 3-28)，通过清基、刻槽置换、加密固结灌浆、高压冲洗和化学灌浆等措施进行综合处理。

3.4.3.1　施工期坝体黏弹性参数反演

2009 年 10 月 23 日，大坝首仓混凝土 $14^{\#}$坝段(1580～1581.5m 高程)开始浇筑，坝体混凝土浇筑过程如图 3-29 所示，其中河床坝段浇筑过程如图 3-30 所示，大坝施工期有限元模型如图 3-31 所示。

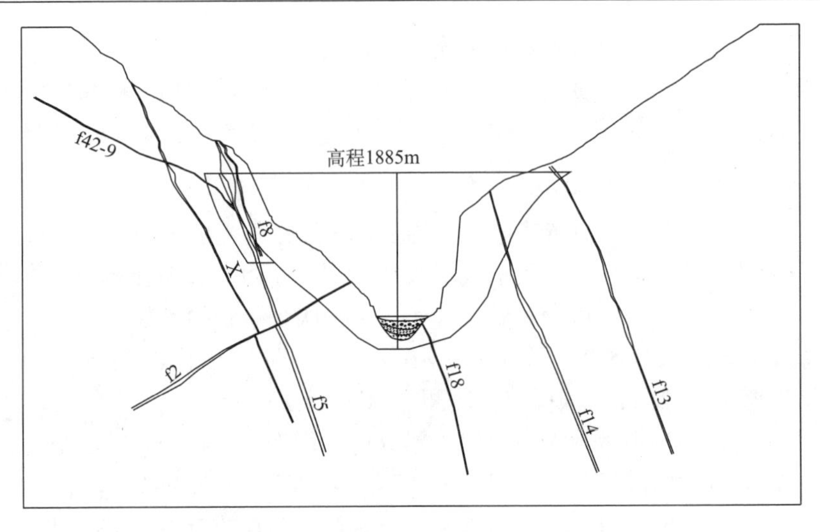

图 3-28　拱坝断层和岩脉的模拟(坝体轴线剖面)

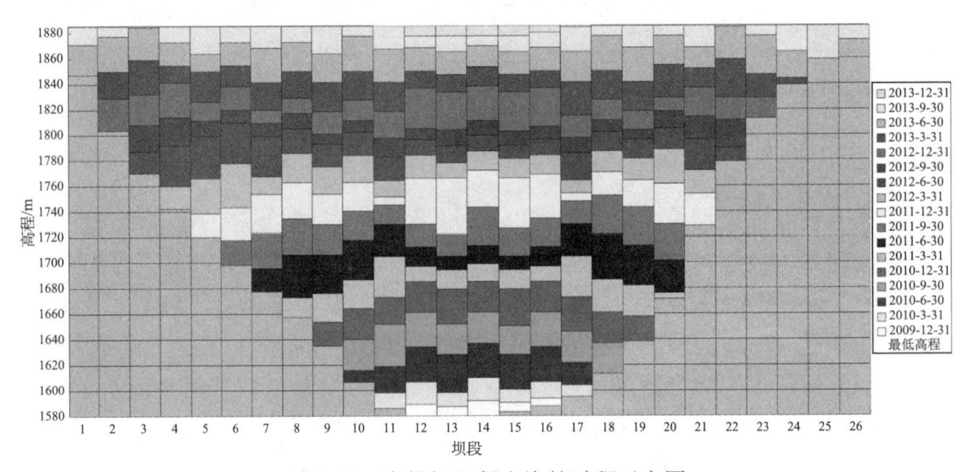

图 3-29　高拱坝混凝土浇筑过程示意图

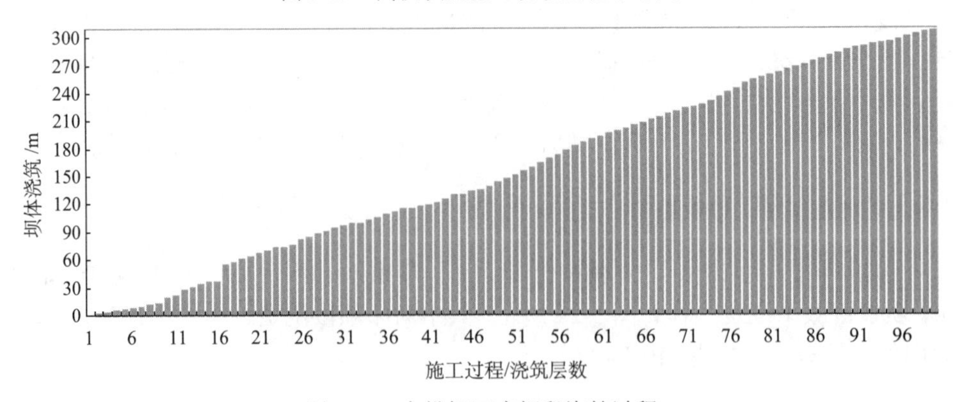

图 3-30　高拱坝河床坝段浇筑过程

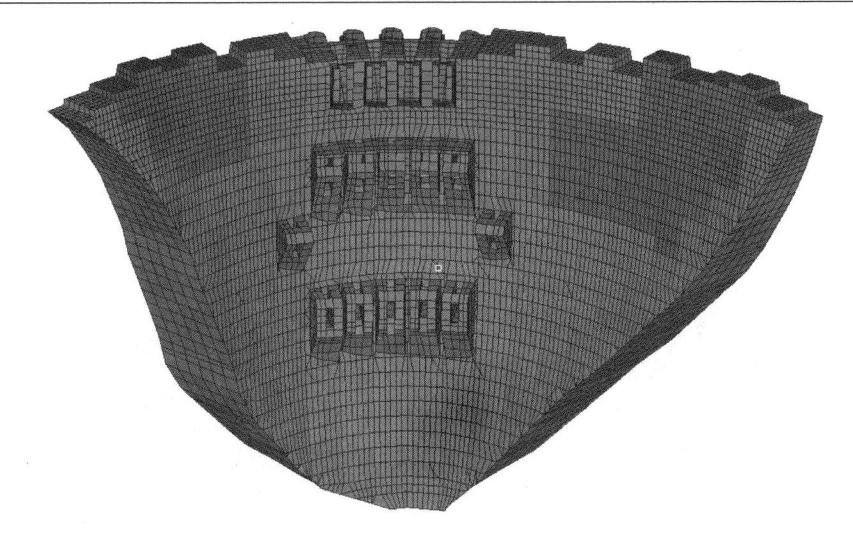

图 3-31　高拱坝施工期三维有限元模型

2012 年 11 月 30 日，导流洞下闸开始首次蓄水，库水位从 1648.37m 开始上升，这里取数据截至 2013 年 11 月 20 日，共经历三阶段蓄水，库水位达到 1838.66m，水库蓄水过程及河床坝段径向位移如图 3-32 所示，蓄水期间的坝体变形变化量分布如图 3-33 所示。

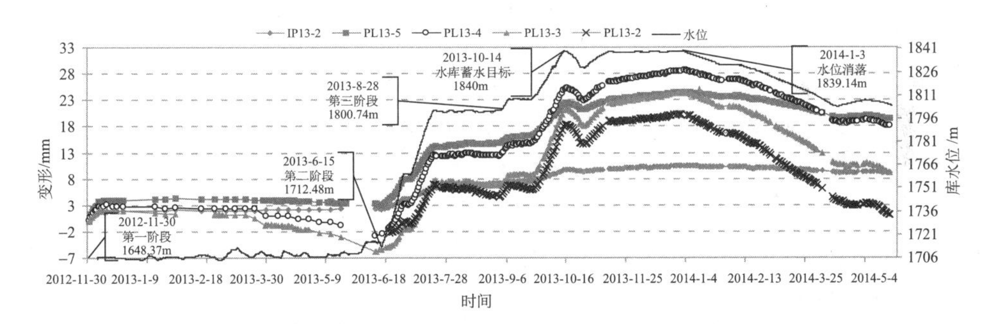

图 3-32　水库蓄水过程及河床坝段径向位移实测过程线

高拱坝在施工期阶段随着混凝土浇筑，坝体不断升高，除了自重荷载不断增大外，受通水冷却条件和水泥水化热影响，坝体温度场也在不断变化。随着浇筑高度的增加，在浇筑高度较低时由于坝体倒悬结构的影响，坝体向上游变形；当浇筑高度较高时，加之上游库水位作用，坝体向下游变形；此外，封拱灌浆高度对坝体结构变形性态也有一定影响，随着封拱高度增加，灌浆高程以下的水平拱效应逐渐增强，水平拱承担的水荷载越来越大，且该阶段的时效变化也较大。可见高拱坝施工期的边界条件远比正常运行期的边界条件复杂，受随机因素影响也较明显。图 3-33 所示的坝体变形性态是浇筑、温度、坝前水压力和封拱后的反向荷载等共同作用引起，因此，坝体任一点在时刻 t 的位移 $\delta(t)$ 分解为水压位移分量 δ_H、温度位移分量 δ_T、自重位移分量 δ_G、封拱高度位移分量 δ_F 和时效位移分量 δ_θ，即

$$\delta(t)=\delta_H+\delta_T+\delta_G+\delta_F+\delta_\theta \tag{3-143}$$

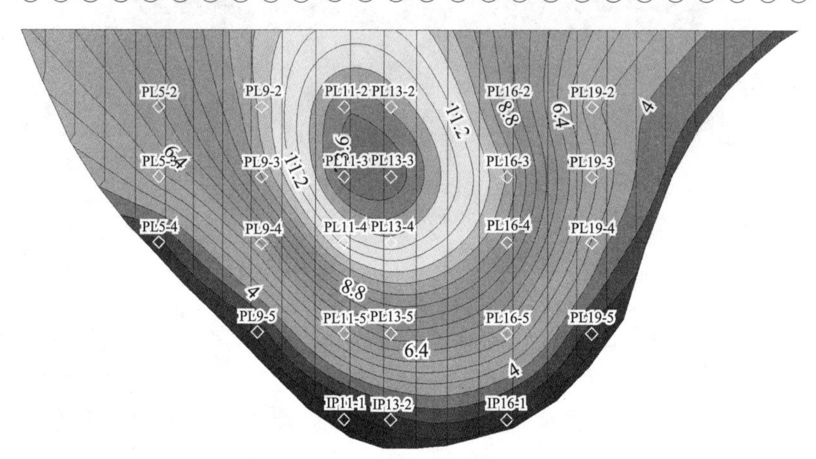

图 3-33　大坝实测径向位移变化量(2013-8-26～2013-10-14)

在非线性位移反分析中，黏弹性参数反演的难度较大、计算时间较长，故需进行分步反演，首先选择一个较短的时段，此时黏性特性尚未发挥，位移主要由瞬时弹性模量引起，可先反演出大坝的瞬时弹性模量；然后再将反演出来的参数作为已知值反演其余的延迟弹性模量和流变参数。因此，选取河床坝段垂线径向位移在蓄水期间(2013-8-26～2013-10-14)的监测数据作为样本空间。由于各种变量的尺度单位不一，数据级差别相差较大，因此需要对数据进行归一化处理，使得输入输出数据介于 0.1～0.9 之间。在此基础上，选取输入量为水位 H、温度 T、位移 δ 建立伯努利神经网络模型(浇筑影响暂不计入)，输出量为黏弹性参数反演调整系数。

根据伯努利神经网络权值与结构双确定算法进行分析，网络学习误差为 1.598×10^{-3}，权值结构双确定用时 6.81s，坝体瞬时弹性模量为 32.52GPa，延迟弹性模量为 82.76GPa，黏性系数为 2.29×10^{7}GPa·s。根据反演结果，利用有限元模型计算河床坝段各垂线测点在高水位下与 1805m 水位下的位移差值，并对各测点位移水压分量对应增量值进行比较(在垂线实测位移增量中将温度分量和时效分量分离)，见表 3-3，大部分计算值与实测值相近，反演结果基本上可以反映施工

期间坝体混凝土的实际黏弹性力学特性。

表 3-3　河床坝段垂线位移实测与计算成果　（单位：mm）

坝段	测点	高程/m	1825m		1830m		1835m		1840m	
			计算	实测	计算	实测	计算	实测	计算	实测
11#	PL_{11-5}	1190	3.75	3.36	4.66	4.22	5.89	5.27	6.55	5.95
	PL_{11-4}	1150	6.68	6.06	8.29	7.56	9.85	9.59	11.68	11.11
	PL_{11-3}	1100	7.41	6.91	9.51	8.73	12.44	11.89	13.89	13.30
13#	PL_{13-5}	1173	4.62	3.94	5.13	4.86	6.54	6.17	7.05	6.97
	PL_{13-4}	1100	7.11	6.31	8.37	7.72	10.68	10.14	12.78	11.48
	PL_{13-3}	1065	8.74	6.98	9.25	8.71	12.59	11.74	14.45	13.31
16#	PL_{16-5}	1190	3.28	3.30	4.06	4.11	5.23	5.19	6.40	6.01
	PL_{16-4}	1150	5.16	4.69	6.31	5.88	8.32	7.59	9.59	8.93
	PL_{16-3}	1100	5.74	5.01	7.39	6.39	8.96	8.50	10.81	10.11

3.4.3.2　运行期极限承载能力复核

利用工程设计和地质资料，建立了高拱坝整体三维有限元模型(图 3-34)，研究大坝运行期结构极限承载能力。该模型共有 923 737 个单元，957 221 个节点，其中坝体 29 840 个单元，36 079 个节点。模型采用六面体八节点等参单元，部分区域考虑地形地质影响，采用五面体六节点等参单元。在剖分网格和布置节点时，

图 3-34　高拱坝三维有限元模型

模拟了主要软弱结构面 f2、f5、f8、f42-9、f13、f14、f18 断层及煌斑岩脉，以及枢纽区的地形和岩层分区，即Ⅱ类、Ⅲ$_1$类、Ⅲ$_2$类、Ⅳ$_1$类和Ⅳ$_2$类岩体，同时还模拟了垫座、混凝土塞、抗剪传力洞、混凝土置换网格、二道坝、水垫塘以及灌浆处理等工程措施。

针对不同不利荷载组合，选择 5 种工况对拱坝应力进行非线性分析，获得大坝及地基可能破损范围及坝体应力状态。计算工况如下：

(1) 基本组合Ⅰ：上游正常蓄水位+相应下游水位+泥沙压力+自重+温降；

(2) 基本组合Ⅱ：上游死水位+下游最低尾水位+泥沙压力+自重+温降；

(3) 基本组合Ⅲ：上游正常蓄水位+相应下游水位+泥沙压力+自重+温升；

(4) 基本组合Ⅳ：上游死水位+下游最低尾水位+泥沙压力+自重+温升；

(5) 特殊组合Ⅰ：上游校核洪水位+相应下游水位+泥沙压力+自重+温升。

其中，上游正常蓄水位为 1880.0m，相应下游水位为 1646.0m；上游死水位为 1800.0m，相应下游水位为 1640.0m；上游校核洪水位为 1882.5m，相应下游水位为 1660.9m；上游淤沙高程取 1652m。

根据计算结果，整理上、下游坝面第一主应力分布见图 3-35，应力最大值及位置见表 3-4。从图表中可以看出，各种工况下，上游面第一主应力除上游建基面局部应力集中点为拉应力值外(坝面和坝基结合的部位)，内部均为压应力，基本呈左右对称分布，主应力大小由周边向中部逐渐减小；下游面除贴脚和孔口部位局部应力集中点出现拉应力，下游面第一主应力基本为压应力。

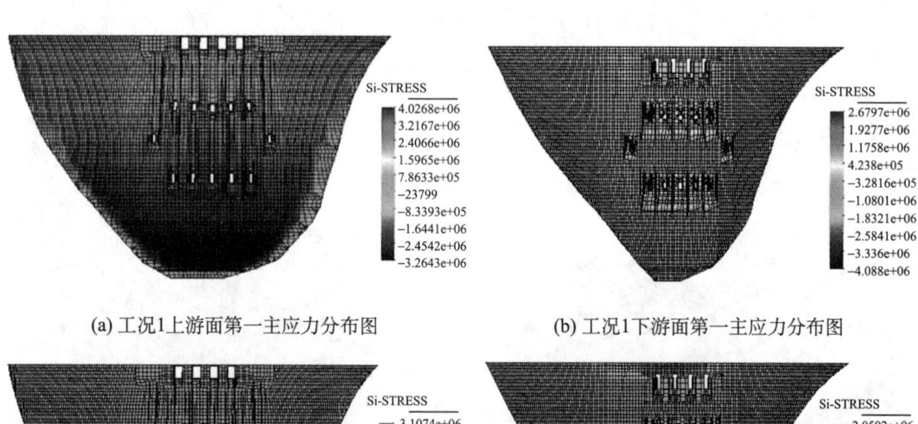

(a) 工况1上游面第一主应力分布图　　(b) 工况1下游面第一主应力分布图

(c) 工况2上游面第一主应力分布图

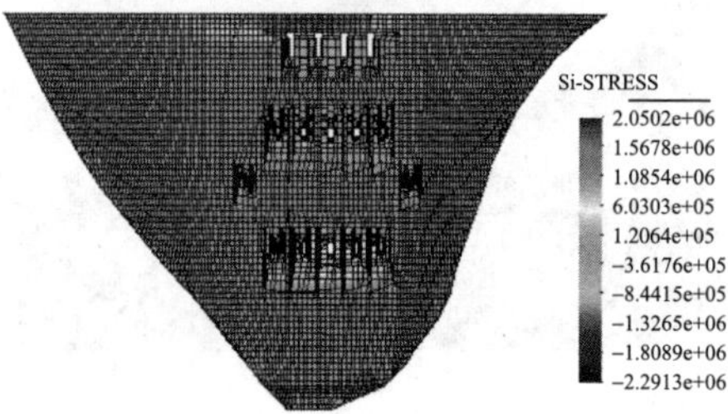

(d) 工况2下游面第一主应力分布图

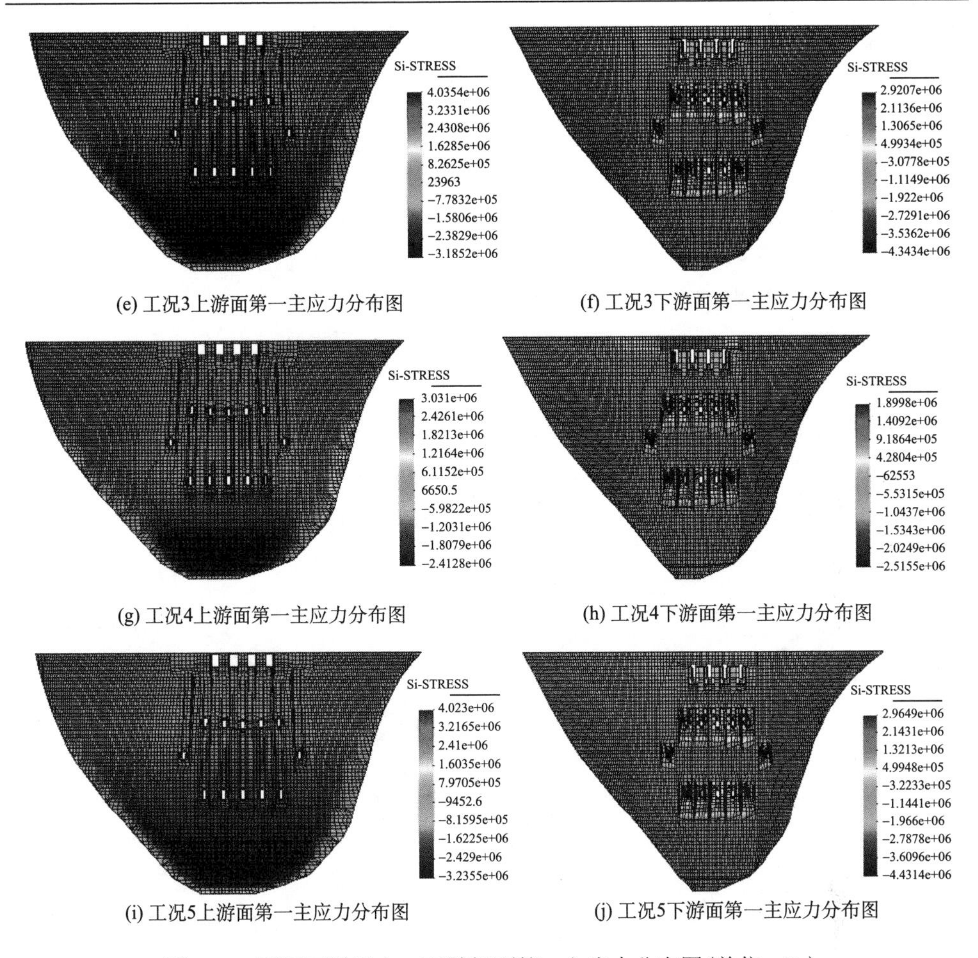

(e) 工况3上游面第一主应力分布图　(f) 工况3下游面第一主应力分布图

(g) 工况4上游面第一主应力分布图　(h) 工况4下游面第一主应力分布图

(i) 工况5上游面第一主应力分布图　(j) 工况5下游面第一主应力分布图

图 3-35　不同工况下上、下游坝面第一主应力分布图(单位：Pa)

表 3-4　各工况坝体应力的最大值　(单位：MPa)

应力	工况 1		工况 2		工况 3		工况 4		工况 5	
	数值	位置	数值	位置	数值	位置	数值	位置	数值	位置
最大主拉应力	4.03	上游面 ▽1618.7	3.11	上游面 ▽1656.5	4.04	上游面 ▽1597.9	3.03	上游面 ▽1638.6	4.02	上游面 ▽1618.7
最大主压应力	23.45	下游面 ▽1694.1	14.5	下游面 ▽1604.8	24.24	下游面 ▽1694.1	15.07	下游面 ▽1586.46	24.71	下游面 ▽1694.1

根据应力计算结果，在 1590～1730m 高程的左右岸建基面附近存在较大拉应力，其中，上游面拉应力处于距建基面 10m 范围内，下游面靠近建基面，且第一主应力的方向与建基面成锐角。从应力形态来分析，该应力为陡坡坝段混凝土自

重在建基面附近产生的拉剪应力。在施工阶段，曾经对这一部位的应力和稳定进行了分析和评价，认为拉剪应力叠加温度应力会导致建基面局部脱开，但整个陡坡不至于失稳滑动。施工期的监测表明，建基面附近有一定范围脱开，个别缝张开度达 2mm。实际上，建基面缝面脱开或滑动后，该局部的拉剪应力会释放，应力会重新调整。即便该部位的拉剪应力一直存在，由于水压在坝踵部位产生的拉应力方向与该拉剪应力方向不相同，水位抬升后，该部位的拉应力增加幅度较小，拉应力的范围增加也较小。

不同工况下建基面的应力分布见图 3-36，建基面损伤破坏情况见表 3-5，可以看出，建基面的主拉应力基本呈左右对称分布，大坝建基面主要处于受压状态，拉应力区域范围很小，主要集中在上游坝面和坝基结合的部位；工况 3 和工况 5 对应的建基面损伤值大于 0.2 的区域面积最大，约占总面积的 6.26%，而损伤值大于 0.9 的区域面积相对较小，仅为 0.6%。因此，在最不利工况下，这些区域可能发生开裂，但是面积较小，不影响拱坝稳定。

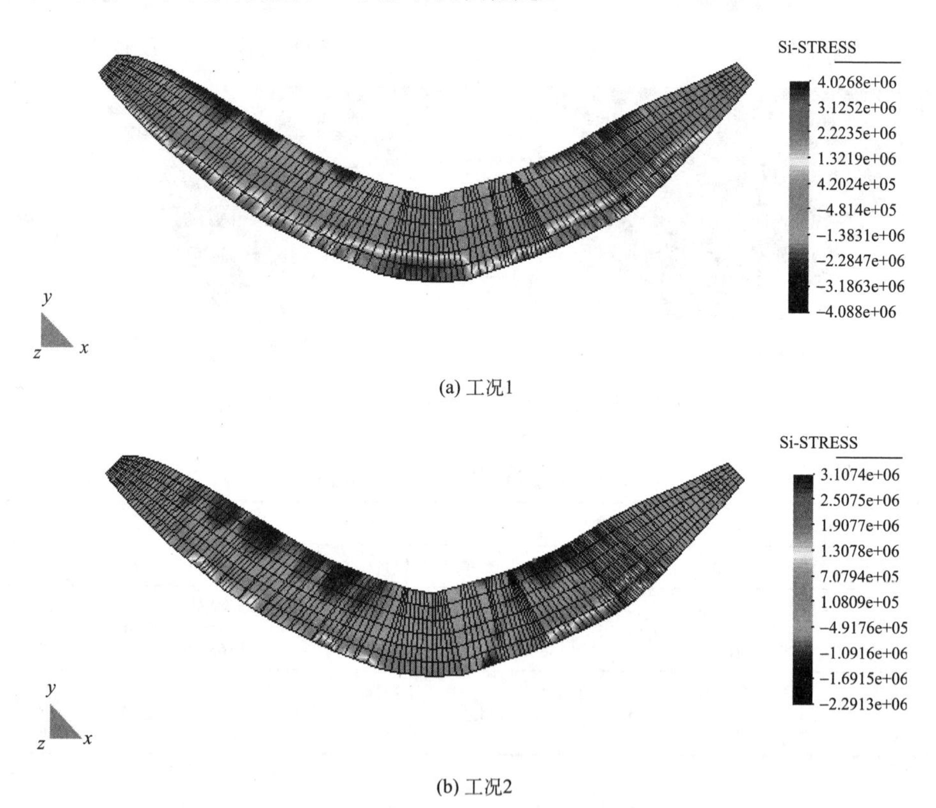

(a) 工况1

(b) 工况2

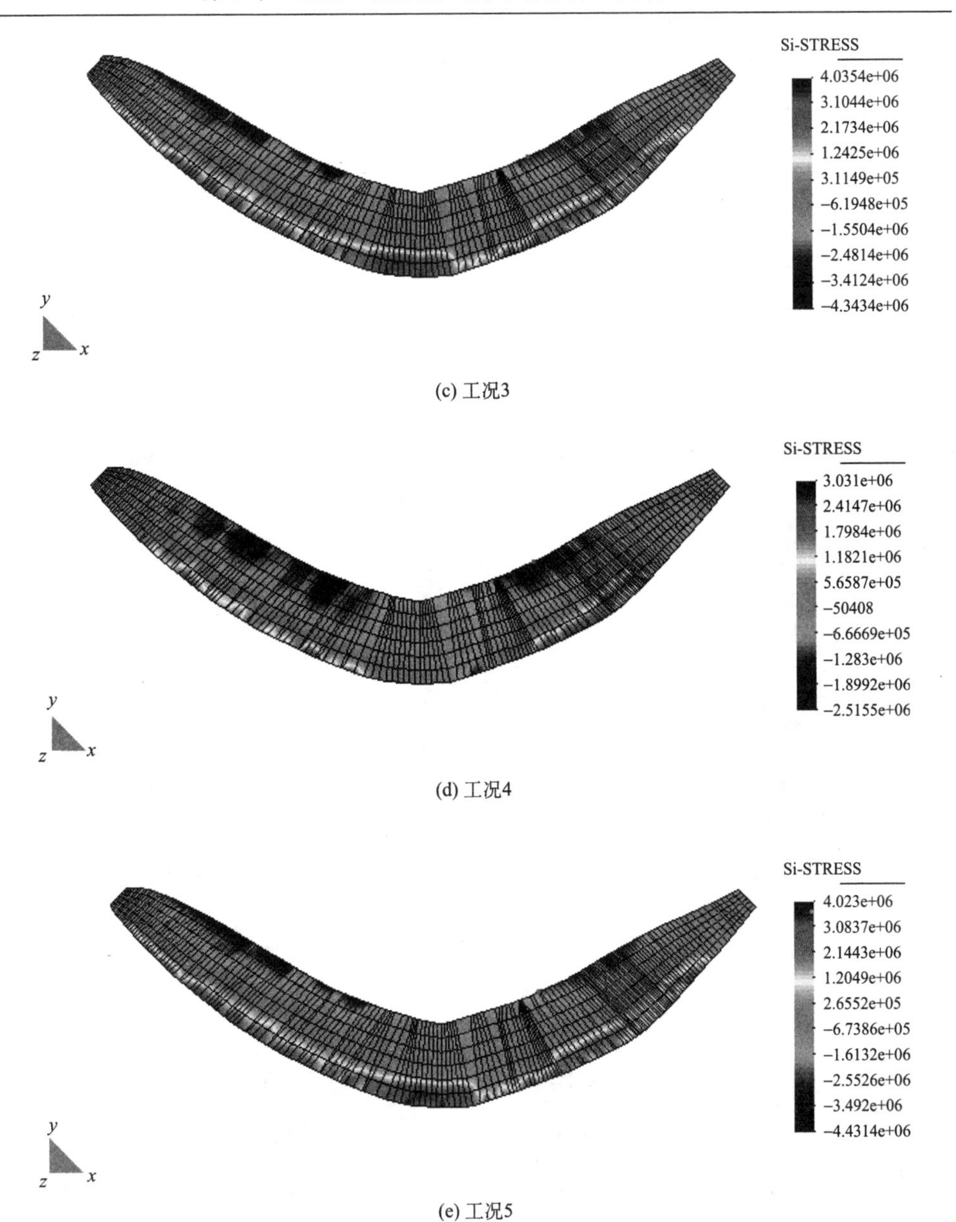

(c) 工况3

(d) 工况4

(e) 工况5

图 3-36　不同工况下建基面第一主应力分布图(单位：Pa)

表 3-5　各工况坝体应力的最大值及位置

不同工况	损伤值大于 0.2 区域面积/m^2	占总面积百分比/%	损伤值大于 0.9 区域面积/m^2	占总面积百分比/%
工况 1	2607.90	5.50	201.3	0.40
工况 2	794.80	1.68	25.86	0.04

续表

不同工况	损伤值大于 0.2 区域面积/m^2	占总面积百分比/%	损伤值大于 0.9 区域面积/m^2	占总面积百分比/%
工况 3	2968.10	6.26	273.47	0.60
工况 4	903.40	1.91	52.00	0.10
工况 5	2968.10	6.26	299.50	0.60

不同工况下拱冠梁的垂直应力分布见图 3-37，可以看出，拱冠梁坝踵附近拉应力值较大，坝趾附近压应力值较大；拱冠梁主要处于受压状态，由于倒悬和水压作用，上游面存在较大区域的压应力，拉应力面积较小，基本集中在坝踵和表孔局部附近。从应力大小和受力面积分析，坝体受力状态良好，大坝结构性态变化基本正常。

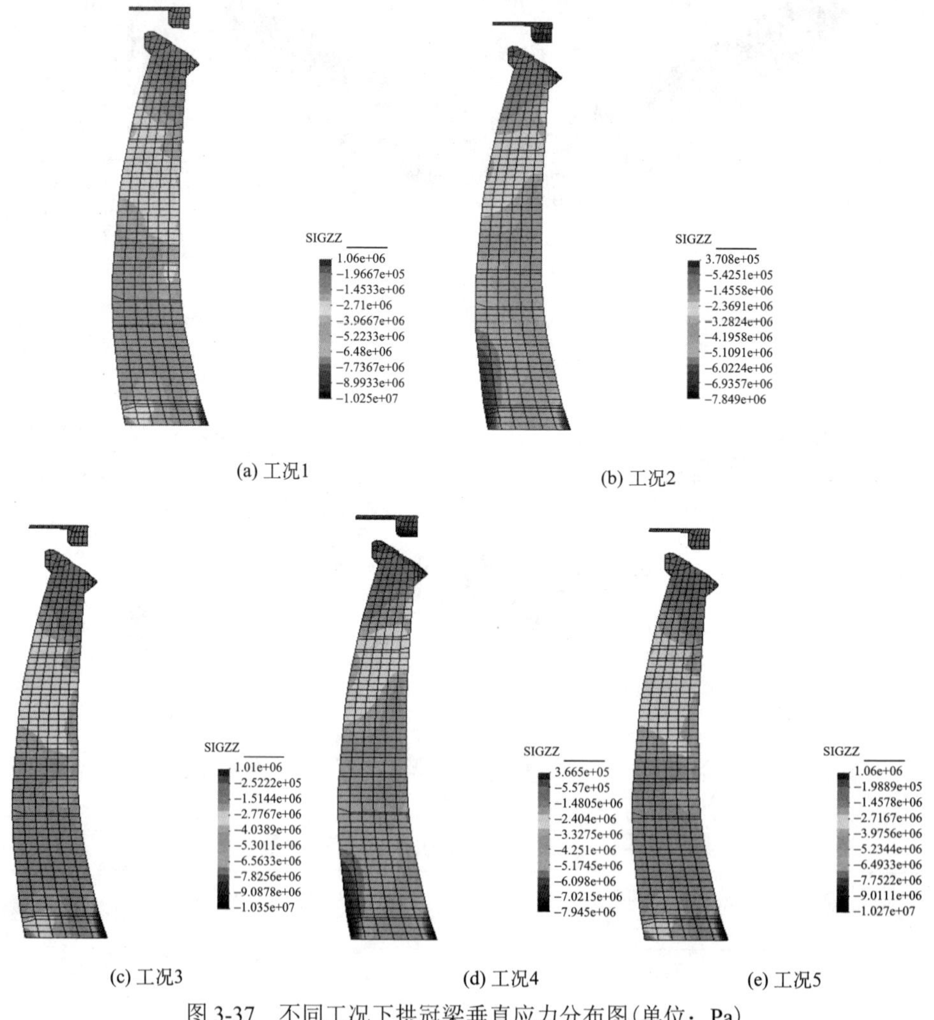

(a) 工况1　(b) 工况2

(c) 工况3　(d) 工况4　(e) 工况5

图 3-37　不同工况下拱冠梁垂直应力分布图(单位：Pa)

第 4 章　高拱坝库盘变形的空间跨尺度正反分析方法

4.1　概　　述

高坝建设期间，水库逐渐蓄水，上游河道内水位逐渐上升，水库上游巨大水体的自重或渗透作用往往引起上下游河道和岸坡的变形效应，将使高坝坝体产生向上游的倾倒变形。目前，我国西南建设了一批 200～300m 级的高坝和特高坝工程，有些水库库容达上百亿立方米。对于高坝大库而言，与一般低坝工程不同的是，所受上游水库巨大的水压力不可避免地会造成库盘变形，但由于这些高坝坝基中往往存在节理、软弱夹层、裂隙、断层、破碎带、蚀变带等复杂地质构造，库盘变形的机理及对高拱坝结构性态的影响尚未有过深入系统研究。

国外对库盘变形的影响监测和分析较少，国内也仅有极少数工程开展了库盘变形的监测工作，对库盘变形的一般性规律做出了总结，下面以龙羊峡和小湾水电站工程为例展开分析。

(1) 龙羊峡重力拱坝坝高 178m，坝顶高程 2610m，可将黄河上游 13.14 万 km^2 控制流域面积的年流量全部拦住，总库容为 247 亿 m^3。工程蓄水期间，坝体有向上游倾倒的变形现象，使得拱冠梁数值计算结果远大于监测值，其中拱冠梁 2600m 处，当蓄水至 2575m 时，垂线实测值为 16.28mm。而这段时期里，已有学者注意到高坝库盘变形的问题，在考虑库盘作用、计入库盘变形分量后，数值计算结果与实测值吻合较好，拱坝径向位移计算值为 15.97mm，包括水压分量为 22.99mm，温度分量为 2.97mm，库盘变形分量为向上游位移 10.00mm，实测值与总计算值的比值为 1.02。

(2) 小湾双曲拱坝坝高 294.5m，工程许多问题都超越了现有的技术水平和规程规范，水库正常蓄水位 1240m，总库容约 150 亿 m^3。蓄水期间，拱坝径向变形的数值计算结果与监测结果有较大的差别，监测所得的位移远小于计算值。虽然监测结果和数值计算的起算点不同是有差别的原因之一，但应不是全部原因。同时，小湾工程蓄水阶段的库区水准监测资料也反映出坝址上游最大沉降 35.0mm、下游最大抬升 2.7mm 的变形现象。根据 20 世纪 80 年代龙羊峡库盘研究的经验，库盘变形对小湾拱坝坝体的变形应有一定影响。

现有高拱坝工程的设计、数值模拟计算及安全评价等方面的诸多研究成果常只局限于近坝一定范围内，而距坝较远的上下游河道和岸坡的库盘变形、渗流等效应往往被忽略。这对低坝小库工程影响较小，可以满足要求，而且国内外专家学者围绕高坝基础变形与破坏问题，从基础断层的分析预报及岩基稳定性等多方面进行了研究，并在高拱坝整体稳定分析中，开展了三维地质力学模型试验和各种数值计算。另外，在高拱坝施工时，为了了解坝基岩体卸荷松弛的变化规律及其对工程安全的影响，并为坝基开挖设计与施工提供科学依据，对坝基的超前变形、卸荷回弹变形以及压缩变形和灌浆后的抬升等均进行了全过程监测。但是高拱坝基础地应力和变形的影响因素较多，地质条件复杂性及现场测试和监测结果具有一定的离散性等因素决定了高坝库盘这种复杂系统模拟分析的难度极大。

由于高坝大库的库盘变形问题是客观存在的，而其对拱坝运行性态产生的影响是不明确的，但常规的高拱坝结构性态分析研究中，忽略了库盘变形的影响，使得大坝变形监测数据与数值计算结果存在一定差异[40]。随着拱坝建设高度的不断提升，高坝大库工程所特有的库盘变形问题越来越不能忽视。为此，本章结合实测资料，通过建立大尺度的库盘模型、小尺度的近坝区模型以及细尺度的坝体结构裂缝模型，对库盘变形规律及其对高拱坝结构性态的影响开展研究。

4.2　库盘变形影响因素分析

通过龙羊峡、小湾、二滩、溪洛渡和胡佛拱坝工程调研，按坝高、库容、水库形态，以及近坝区和远坝区工程地质条件等，归纳库盘变形主要影响因素包括：①坝高及库容，即水库中心区域新增水体的深度或水体的重量(含泥沙淤积重量)的大小；②库首区河段水库形态，即库首区水库形状及沉降中心距坝址的距离。同时包括水库重力场集中沉陷区域(中心区)所处的方位，即拐弯或交叉型河谷水库中心区偏离近坝主河道的方位和距离等；③水库近坝区域性大断裂特性及地层岩石条件，一般近坝区域性大断裂或规模较大的断层对库盘沉陷变形影响较显著，但与其自身特性、延伸长度和深度有关；④坝址区一般性断裂及地层岩石条件，近坝区上下游 10km 范围内分布的一般性断裂，其特点是规模小、延伸长度和深度短，对库盘沉陷变形不构成影响，或可不予考虑；⑤坝基工程地质条件，坝址区分布的断裂对坝基变形一般不会构成较明显的影响，但若坝基上下游侧岩性不均匀或变形模量相差悬殊时可引起坝基的倾斜变形。

可见，特高拱坝是固定在基岩上的超静定结构，库盘基岩在巨大库水压力作用下，将产生库盘变形，进而引起拱坝坝基变形，导致拱坝产生附加应力和变形，从而影响特高拱坝结构性态的变化规律。对于蓄水期特高拱坝而言，库水位对库盘基岩的压力荷载比一般工程要大得多，从而导致库盘附加变形对坝体的作用增加，因此，库盘变形是影响特高拱坝结构性态变化乃至整体稳定性的重要因素。

4.2.1　坝体-坝基-库盘系统模拟的有限元方法

特高拱坝库盘变形的影响因素有上游水库水体大小、地质条件、库盘形式及影响范围等，影响机理极其复杂。分析库水压力对库盘、拱坝的影响，重点需要解决以下两个问题：一是模拟实际库盘形态对坝体的约束作用，二是获取库盘基岩的实际力学参数。下面首先利用有限元方法，模拟不同库盘河谷类型因素，分析库盘变形的影响效应。考虑在小变形情况下服从胡克定律的工程结构，利用有限元法求解高拱坝坝体-坝基-库盘系统结构内的位移分布和应力分布，可分为实际结构的离散化、单元分析和总体分析三个部分。

4.2.1.1　结构的离散化

将连续体结构离散成有限个在节点处相互连接的单元组合而成的离散体代替原来的连续体，在以位移为基本变量的有限元表述中，基本未知量是有限元系统的节点位移，可以用矢量 $\boldsymbol{\alpha}$ 表示，即

$$\boldsymbol{\alpha}=[\,u_1\quad v_1\quad u_2\quad v_2\quad \ldots\quad u_N\quad v_N\,]^{\mathrm{T}} \tag{4-1}$$

对于线性插值的三角形单元的节点位移 $\boldsymbol{\alpha}_{\mathrm{e}}$ 为

$$\boldsymbol{\alpha}_{\mathrm{e}}=[\,u_i\quad v_i\quad u_j\quad v_j\quad u_m\quad v_m\,]^{\mathrm{T}} \tag{4-2}$$

每个单元的节点位移向量 $\boldsymbol{\alpha}_{\mathrm{e}}$ 和整个系统的位移向量 $\boldsymbol{\alpha}$ 之间用如下的选择矩阵 $\boldsymbol{c}_{\mathrm{e}}$ 联系起来：

$$\boldsymbol{\alpha}_{\mathrm{e}}=\boldsymbol{c}_{\mathrm{e}}\boldsymbol{\alpha} \tag{4-3}$$

设 $\boldsymbol{I}$ 为 2×2 单位矩阵，未写出的元素均为 2×2 的零矩阵，三角形单元的选择矩阵 $\boldsymbol{c}_{\mathrm{e}}$ 为

$$\begin{array}{c} \quad\quad i \quad\quad\quad j \quad\quad\quad m \quad N \\ \boldsymbol{c}_{\mathrm{e}}=\left[\begin{array}{c:c:c:c:c:c} \boldsymbol{I} & & & & & \\ \hdashline & & \boldsymbol{I} & & & \\ \hdashline & & & & \boldsymbol{I} & \end{array}\right] \end{array}$$

在上面符号中，有下标 e 的属于单元的量，而不带下标的量属于系统的量。

4.2.1.2　单元分析

首先构造单元的位移模式。通过插值函数或形函数构成的矩阵 $\boldsymbol{N}$，用单元节点的位移 $\boldsymbol{\alpha}_{\mathrm{e}}$ 表示单元内任意点的位移 $\boldsymbol{u}$

$$\boldsymbol{u}=\boldsymbol{N}\boldsymbol{\alpha}_{\mathrm{e}} \tag{4-4}$$

以平面三角形单元为例

$$\boldsymbol{N}=\begin{bmatrix} N_i & 0 & N_j & 0 & N_m & 0 \\ 0 & N_i & 0 & N_j & 0 & N_m \end{bmatrix}=\begin{bmatrix} N_i\boldsymbol{I} & N_j\boldsymbol{I} & N_m\boldsymbol{I} \end{bmatrix}$$

其 中 $N_i=\begin{vmatrix} 1 & x & y \\ 1 & x_j & y_j \\ 1 & x_m & y_m \end{vmatrix}$，$N_j=\dfrac{1}{2A}\begin{vmatrix} 1 & x & y \\ 1 & x_j & y_j \\ 1 & x_m & y_m \end{vmatrix}$，$N_m=\begin{vmatrix} 1 & x_i & y_i \\ 1 & x_j & y_j \\ 1 & x & y \end{vmatrix}$，$2A=\begin{vmatrix} 1 & x_i & y_i \\ 1 & x_j & y_j \\ 1 & x_m & y_m \end{vmatrix}$，$\boldsymbol{I}=\begin{bmatrix} 1 & 0 \\ 0 & 1 \end{bmatrix}$。

上述的插值函数 N_i 等是坐标 x 和 y 的线性函数，在 x_i 和 y_i 节点处 N_i 取值为 1，而在其他节点处 N_i 取值为零。因此有 $(N_i)_i=1$，$(N_i)_j=0$，$(N_i)_m=0\ (i,j,m)$，同时一个单元中所有节点的形函数之和为 1，即 $\sum\limits_{i=1}^{n}N_i=1$。

利用单元内各点应变 $\boldsymbol{\varepsilon}$ 和其位移 $\boldsymbol{u}$ 关系的几何方程 $\boldsymbol{\varepsilon}=\boldsymbol{Lu}$，通过应变矩阵 $\boldsymbol{B}$ 或称几何矩阵 $\boldsymbol{B}$，得到由单元节点位移 $\boldsymbol{\alpha}_{\mathrm{e}}$ 求单元内各点应变 $\boldsymbol{\varepsilon}$ 的转换式

$$\boldsymbol{\varepsilon}=\boldsymbol{Lu}=\boldsymbol{LN}\boldsymbol{\alpha}_{\mathrm{e}}=\boldsymbol{B}\boldsymbol{\alpha}_{\mathrm{e}} \tag{4-5}$$

式中：$\boldsymbol{L}$ 为线性微分算子矩阵。

应变矩阵 $\boldsymbol{B}$ 是常数矩阵，对于三角形单元

$$\boldsymbol{B}=\frac{1}{2A}\begin{bmatrix} b_i & 0 & b_j & 0 & b_m & 0 \\ 0 & c_i & 0 & c_j & 0 & c_m \\ c_i & b_i & c_j & b_j & c_m & b_m \end{bmatrix} \tag{4-6}$$

其中 $b_i=y_j-y_m$，$c_i=x_m-x_j(i,j,m)$，$\boldsymbol{L}=\begin{bmatrix} \dfrac{\partial}{\partial x} & 0 \\ 0 & \dfrac{\partial}{\partial y} \\ \dfrac{\partial}{\partial y} & \dfrac{\partial}{\partial x} \end{bmatrix}$。

在线弹性问题分析中，弹性矩阵 $\boldsymbol{D}$ 仅和材料常数有关，单元应力矢量 $\boldsymbol{\sigma}$ 和单元应变矢量 $\boldsymbol{\varepsilon}$ 之间有线性关系，称为广义胡克定律

$$\boldsymbol{\sigma}=\boldsymbol{D}\boldsymbol{\varepsilon} \tag{4-7}$$

如果介质在外部作用施加之前已具有初应力 $\boldsymbol{\sigma}_0$ 和初应变 $\boldsymbol{\varepsilon}_0$，总应力 $\boldsymbol{\sigma}$ 和总应变 $\boldsymbol{\varepsilon}$ 之间的本构方程可以写为

$$\boldsymbol{\sigma}=\boldsymbol{D}\{\varepsilon-\varepsilon_0\}+\boldsymbol{\sigma}_0 \tag{4-8}$$

由此可以得到由单元节点位移 $\boldsymbol{\alpha}_{\mathrm{e}}$ 求单元内各点应力 $\boldsymbol{\sigma}$ 的应力矩阵 $\boldsymbol{S}$

$$\boldsymbol{\sigma}=\boldsymbol{D\varepsilon}=\boldsymbol{DB}\boldsymbol{\alpha}_{\mathrm{e}}=\boldsymbol{S}\boldsymbol{\alpha}_{\mathrm{e}} \tag{4-9}$$

建立单元的平衡条件，还需要将作用在结构上的各类实际荷载转化为作用在单元节点上的等效集中荷载$(\boldsymbol{R}_{\mathrm{s}})_{\mathrm{e}}$，这种转化是在保证实际荷载与节点等效荷载在虚位移过程中做了相同的虚功的条件下进行的。此外，在单元之间还存在着作用力，对于整个有限单元系统来说，本来是单元发生了虚位移，相应节点的虚位移矢量为$\delta\boldsymbol{\alpha}_{\mathrm{e}}$，可得到单元内部的虚位移矢量$\delta\boldsymbol{u}=N\delta\boldsymbol{\alpha}_{\mathrm{e}}$和单元的虚应变矢量$\delta\boldsymbol{\varepsilon}=\boldsymbol{B}\delta\boldsymbol{\alpha}_{\mathrm{e}}$，现在的虚功方程为

$$\iint_{\mathrm{e}}\delta\boldsymbol{\varepsilon}^{\mathrm{T}}\boldsymbol{\sigma}\mathrm{d}x\mathrm{d}y=(\delta\boldsymbol{\alpha})^{\mathrm{T}}(\boldsymbol{R}_{\mathrm{s,e}}+\boldsymbol{F}_{\mathrm{e}}) \tag{4-10}$$

$$\left(\iint_{\mathrm{e}}\boldsymbol{B}^{\mathrm{T}}\boldsymbol{D}\boldsymbol{B}\mathrm{d}x\mathrm{d}y\right)\boldsymbol{\alpha}_{\mathrm{e}}=\boldsymbol{K}_{\mathrm{e}}\boldsymbol{\alpha}_{\mathrm{e}}=\boldsymbol{R}_{\mathrm{s,e}}+\boldsymbol{F}_{\mathrm{e}} \tag{4-11}$$

式中：$\boldsymbol{K}_{\mathrm{e}}$为单元刚度矩阵

$$\boldsymbol{K}_{\mathrm{e}}=\iint_{\mathrm{e}}\boldsymbol{B}^{\mathrm{T}}\boldsymbol{D}\boldsymbol{B}\mathrm{d}x\mathrm{d}y \tag{4-12}$$

对于具有初应力$\boldsymbol{\sigma}_0$和初应变$\boldsymbol{\varepsilon}_0$的弹性体，单元的平衡方程可写成

$$\boldsymbol{K}_{\mathrm{e}}\boldsymbol{\alpha}_{\mathrm{e}}=\boldsymbol{R}_{\mathrm{s,e}}+\boldsymbol{F}_{\mathrm{e}}+\boldsymbol{R}_{\sigma,\mathrm{e}}+\boldsymbol{R}_{\varepsilon,\mathrm{e}} \tag{4-13}$$

式中：$\boldsymbol{K}_{\sigma,\mathrm{e}}$和$\boldsymbol{K}_{\varepsilon,\mathrm{e}}$分别为初应力矢量$\boldsymbol{\sigma}_0$和初应变矢量$\boldsymbol{\varepsilon}_0$的等效节点荷载矢量

$$\boldsymbol{R}_{\sigma,\mathrm{e}}=-\iint_{\mathrm{e}}\boldsymbol{B}^{\mathrm{T}}\boldsymbol{\sigma}_0\mathrm{d}x\mathrm{d}y,\quad \boldsymbol{R}_{\varepsilon,\mathrm{e}}=-\iint_{\mathrm{e}}\boldsymbol{B}^{\mathrm{T}}\boldsymbol{D}\boldsymbol{\varepsilon}_0\mathrm{d}x\mathrm{d}y \tag{4-14}$$

如果外荷载是体积力荷载$\boldsymbol{p}=\begin{bmatrix}p_x & p_y\end{bmatrix}^{\mathrm{T}}$和表面力荷载$\boldsymbol{q}=\begin{bmatrix}q_x & q_y\end{bmatrix}^{\mathrm{T}}$，则等效节点力

$$\boldsymbol{R}_{\mathrm{s,e}}=\iint_{\mathrm{e}}\boldsymbol{N}^{\mathrm{T}}\boldsymbol{p}\mathrm{d}x\mathrm{d}y+\int_{\mathrm{s}}\boldsymbol{N}^{\mathrm{T}}\boldsymbol{q}\mathrm{d}s=\boldsymbol{P}_{\mathrm{e}}+\boldsymbol{Q}_{\mathrm{e}} \tag{4-15}$$

4.2.1.3　总体分析

由单元的特性得到整个有限单元系统的特性，利用选择矩阵$\boldsymbol{c}_{\mathrm{e}}$将表示单元特性的量与表示有限单元系统的量联系起来。

每个单元的节点位移矢量$\boldsymbol{a}_{\mathrm{e}}$与系统的节点位移矢量$\boldsymbol{a}$通过选择矩阵$\boldsymbol{c}_{\mathrm{e}}$的联系如式(4-3)所示。在总体分析中不必讨论连续性条件，因为插值函数的选取已经保证了整个系统的位移连续性。总体分析只需讨论平衡条件。利用选择矩阵$\boldsymbol{c}_{\mathrm{e}}$，单元的平衡条件式(4-13)可用系统的位移矢量表示

$$\boldsymbol{c}_{\mathrm{e}}^{\mathrm{T}}\boldsymbol{K}_{\mathrm{e}}\boldsymbol{c}_{\mathrm{e}}\boldsymbol{a}=\boldsymbol{c}_{\mathrm{e}}^{\mathrm{T}}\boldsymbol{R}_{\mathrm{s,e}}+\boldsymbol{c}_{\mathrm{e}}^{\mathrm{T}}\boldsymbol{F}_{\mathrm{e}}+\boldsymbol{c}_{\mathrm{e}}^{\mathrm{T}}\boldsymbol{R}_{\sigma,\mathrm{e}}+\boldsymbol{c}_{\mathrm{e}}^{\mathrm{T}}\boldsymbol{R}_{\varepsilon,\mathrm{e}} \tag{4-16}$$

对于平面问题，式(4-15)左端括号内分别是$2N\times2N$的矩阵，它是单元刚度矩阵式(4-12)的扩充。例如对于平面问题的三角形单元，它可由$N\times N$个二阶子矩阵表示为

$$
\boldsymbol{c}_{\mathrm{e}}^{\mathrm{T}}\boldsymbol{K}_{\mathrm{e}}\boldsymbol{c}_{\mathrm{e}}=\begin{array}{c} \\ i \\ j \\ m \\ \\ \end{array}\overset{\begin{array}{cccc} & i & j & m \end{array}}{\begin{bmatrix} 0\cdots 0 & 0\cdots & 0\cdots & 0\cdots \\ 0\cdots 0 & \boldsymbol{K}_{ii,\mathrm{e}}\cdots & \boldsymbol{K}_{ij,\mathrm{e}}\cdots & \boldsymbol{K}_{im,\mathrm{e}}\cdots \\ 0\cdots 0 & \boldsymbol{K}_{ji,\mathrm{e}}\cdots & \boldsymbol{K}_{jj,\mathrm{e}}\cdots & \boldsymbol{K}_{jm,\mathrm{e}}\cdots \\ 0\cdots 0 & \boldsymbol{K}_{mi,\mathrm{e}}\cdots & \boldsymbol{K}_{mj,\mathrm{e}}\cdots & \boldsymbol{K}_{mm,\mathrm{e}}\cdots \\ 0\cdots 0 & 0\cdots & 0\cdots & 0\cdots \end{bmatrix}}
$$

其中未写出的都是零矩阵。在式(4-16)右端的各项，对于平面问题 $2N\times 1$ 的列阵，它们是相应的单元荷载矢量的扩充。例如 $\boldsymbol{c}_{\mathrm{e}}^{\mathrm{T}}\boldsymbol{R}_{\mathrm{e}}$ 对平面三角形单元，是由 N 个二阶子列阵构成的 $2N$ 维列阵

$$
\boldsymbol{c}_{\mathrm{e}}^{\mathrm{T}}\boldsymbol{R}_{\mathrm{e}}=\begin{bmatrix} 0 & 0 & 0 \\ \vdots & \vdots & \vdots \\ \boldsymbol{I} & 0 & 0 \\ \vdots & \vdots & \vdots \\ 0 & \boldsymbol{I} & 0 \\ \vdots & \vdots & \vdots \\ 0 & 0 & \boldsymbol{I} \\ \vdots & \vdots & \vdots \end{bmatrix}\begin{Bmatrix} \boldsymbol{R}_i \\ \boldsymbol{R}_j \\ \boldsymbol{R}_m \end{Bmatrix}=\begin{array}{c} \\ \\ i \\ \\ j \\ \\ m \\ \\ \end{array}\begin{Bmatrix} 0 \\ \vdots \\ \boldsymbol{R}_i \\ \vdots \\ \boldsymbol{R}_j \\ \vdots \\ \boldsymbol{R}_m \\ \vdots \end{Bmatrix} \tag{4-17}
$$

每个单元都可写成一个形如式(4-16)的平衡条件，把每个单元的平衡条件相加得

$$
\boldsymbol{K}\boldsymbol{a}=\boldsymbol{R}_{\mathrm{s}}+\boldsymbol{R}_{\sigma}+\boldsymbol{R}_{\varepsilon} \tag{4-18}
$$

式中：$\boldsymbol{K}=\sum^{M}\boldsymbol{c}_{\mathrm{e}}^{\mathrm{T}}\boldsymbol{K}_{\mathrm{e}}\boldsymbol{c}_{\mathrm{e}}$；$\boldsymbol{R}_{\mathrm{s}}=\sum^{M}\boldsymbol{c}_{\mathrm{e}}^{\mathrm{T}}\boldsymbol{R}_{\mathrm{s,e}}$；$\boldsymbol{R}_{\sigma}=\sum^{M}\boldsymbol{c}_{\mathrm{e}}^{\mathrm{T}}\boldsymbol{R}_{\sigma,\mathrm{e}}$；$\boldsymbol{R}_{\varepsilon}=\sum^{M}\boldsymbol{c}_{\mathrm{e}}^{\mathrm{T}}\boldsymbol{R}_{\varepsilon,\mathrm{e}}$；$\boldsymbol{K}$ 为系统的刚度矩阵(或总体刚度矩阵)；$\boldsymbol{R}_{\mathrm{s}}$ 为外荷载的系统的(或总体的)等效节点荷载矢量；$\boldsymbol{R}_{\sigma},\boldsymbol{R}_{\varepsilon}$ 分别为初应力场和初应变场的等效节点矢量。

在推导式(4-18)时，利用了节点的平衡条件

$$
-\sum^{M}\boldsymbol{c}_{\mathrm{e}}^{\mathrm{T}}\boldsymbol{F}_{\mathrm{e}}=0 \tag{4-19}
$$

上式表明，对每一个节点，周围单元对它的作用力 $-\boldsymbol{F}_{\mathrm{e}}$ 之和为零。如果将 $\boldsymbol{R}_{\mathrm{s}}+\boldsymbol{R}_{\sigma}+\boldsymbol{R}_{\varepsilon}$ 记为 $\boldsymbol{R}$，式(4-18)简记为

$$
\boldsymbol{K}\boldsymbol{a}=\boldsymbol{R} \tag{4-20}
$$

这是一个关于节点位移的线性代数方程组，在物理意义上，它是用节点位移表示的系统的平衡方程；在平面问题中，它是由 $2N$ 个方程组成的方程组。由于单元刚度矩阵是对称的、半正定的和奇异的矩阵，经它们扩充和累加而得到的总

体刚度矩阵 $\boldsymbol{K}$ 保持对称性、半正定性和奇异性。此外，总体刚度矩阵的另一重要性质是稀疏性。例如，在第 i 个节点的平衡方程中仅仅在节点 i 和它相邻的几个节点的位移分量的系数不为零，在系统的节点总数很大时，$\boldsymbol{K}$ 显然是稀疏的。再者，如果系统的节点有规律地编号，可使 $\boldsymbol{K}$ 中的非零元素集中在主对角线附近，使 $\boldsymbol{K}$ 成为带状矩阵。由于总体刚度矩阵 $\boldsymbol{K}$ 的奇异性，不能对式(4-20)求解，需要利用位移边界条件对这组方程进行修正。力的边界条件已归入了荷载矢量，在求解的过程中自动地得到了满足。在考虑几何边界条件后，方程组成为正定的代数方程组，便可求解出系统的节点位移矢量，计算出各单元的应变和应力，从而得到了整个问题的数值计算结果。

4.2.2　库盘变形的影响因素

高拱坝库盘变形分为近坝区库盘在水压力作用下的自身变形和坝区应力的影响以及远坝区(指受坝体应力影响以外)在库水压力作用下产生的变形。由于库盘承受巨大的库水荷载，工作条件极为复杂，在高拱坝施工初期蓄水及运行过程中，库盘变形受到库水压力、地质条件、库盘形式及影响范围，以及近坝区坝体结构、建基条件(河床基础和两岸抗力体)等的影响，其中库盘地质条件复杂，内部断层、裂隙等结构面的产状、特性、分布等均对大坝结构性态造成影响(这部分将在后文依托实际工程开展研究)。因此，下面主要从以下几方面提炼高拱坝库盘变形的一般性影响因素。

1) 库盘形式

分析不同的地形条件，如坝前直线型河道(图 4-1)、坝前拐弯型河道(图 4-2)、坝前分岔型河道(图 4-3)、坝前突扩型河道(图 4-4)等不同库盘形式而引起的对库盘变形的影响。

2) 库盘范围

为充分反映库盘范围引起的对库盘变形的影响，重点研究库盘的宽度、深度及长度不同模拟情况引起的对库盘变形的影响，同时考虑库盘往下游延伸不同长度情况对库盘变形的影响。

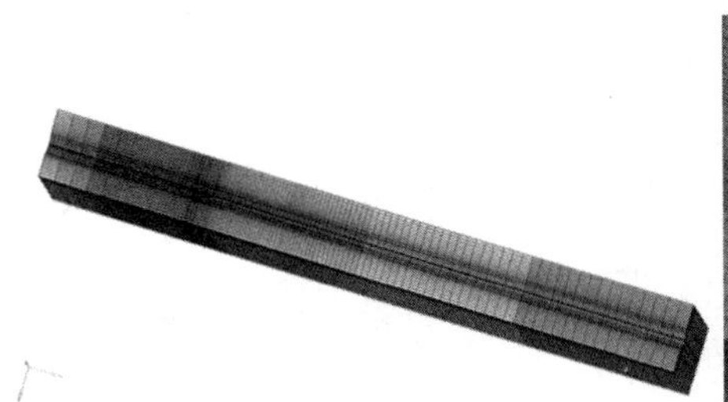
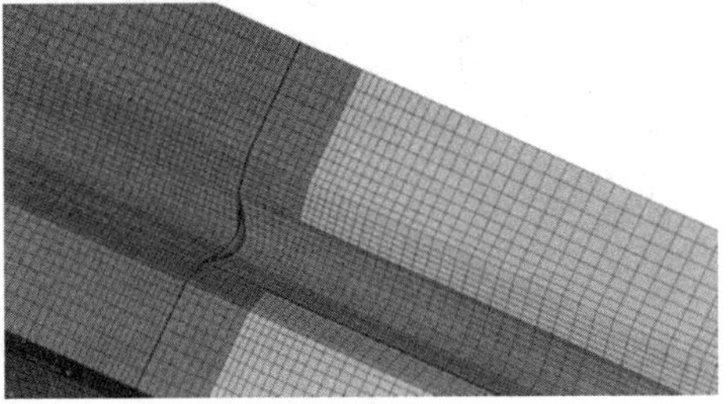

图 4-1　坝前直线型河道

图 4-2　坝前拐弯型河道

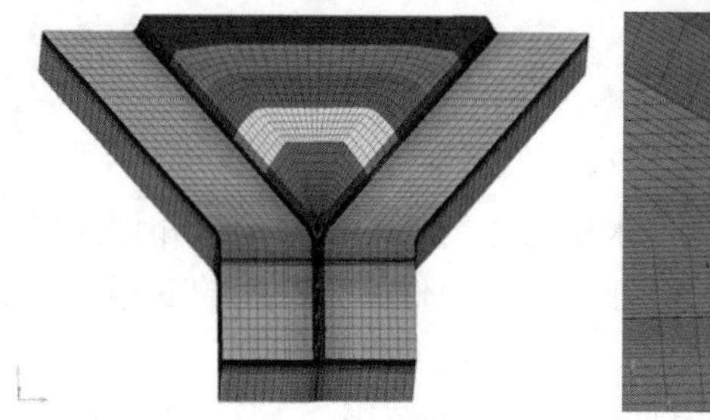

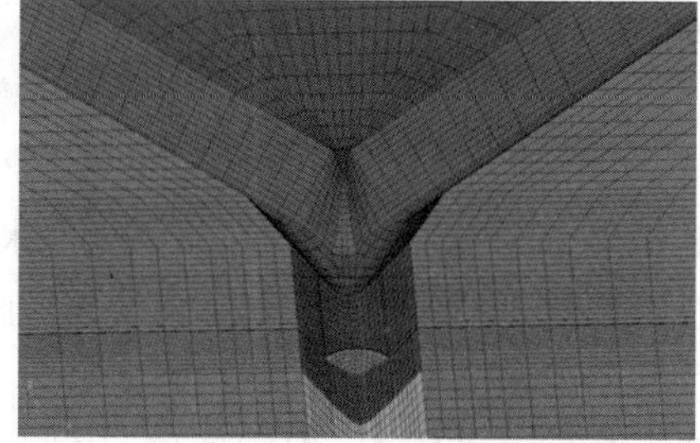

图 4-3　坝前分岔型河道

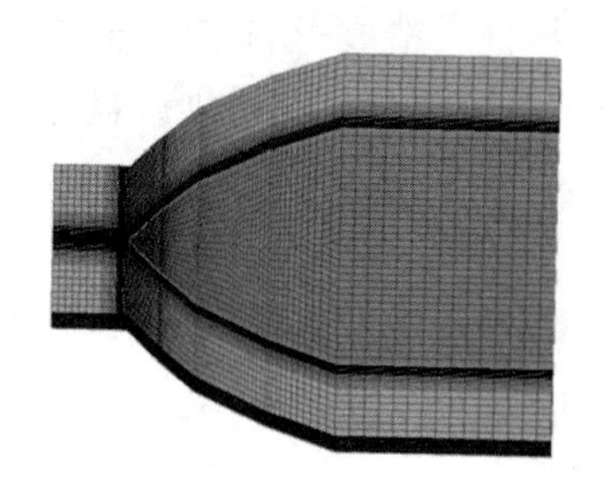

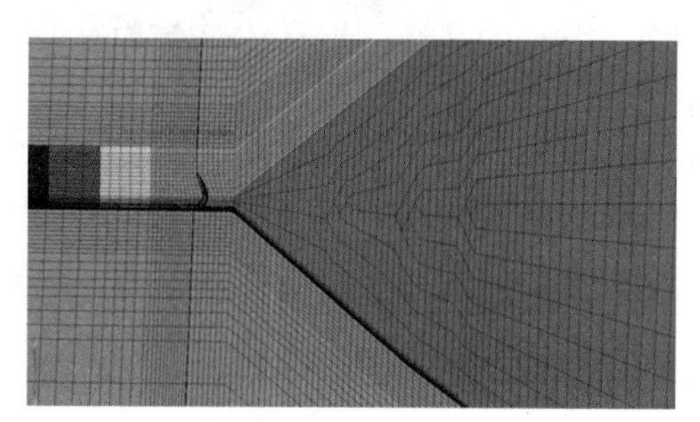

图 4-4　坝前突扩型河道

3) 库盘地质条件

库区地质条件和地质构造十分复杂，无法进行真实的模拟，这里将库盘基础按照主要的地质分区划分，在深度方向按照主要的地质分层划分，同时考虑库区主要的地质构造、大的断层和破碎带。

4) 库盘荷载的施加

库盘荷载主要考虑库盘中水体的自重，将其以面力的形式施加于河床水面以下的单元，计算不同水库水压产生的库盘变形。

4.2.3　库盘变形影响因素的权重分析方法

库盘变形影响因素很复杂，各影响因素对库盘变形的贡献和重要性不尽相同。

而且，库盘变形是随着时间不断变化的动态过程，库水压力等影响因素也在不断变化。在这个动态过程中，随着库盘本身及其影响因素的改变，各影响因素对库盘变形的影响程度必将发生改变，即各影响因素的重要性是不断变化的，其权重分配是一个动态过程。与此同时，就较短的某一时段而言，库盘变形影响因素的重要性是相对稳定的。因此，下面利用改进熵值法研究高拱坝库盘变形影响因素的客观权重。

在信息论中，熵是系统无序程度的量化，可以量化数据所提供的有效信息，故可以用熵来确定权重。熵值法由影响指标构成的判断矩阵来确定指标权重，当在某项指标上的值相差较大时，熵值较小，说明该指标提供的有效信息量较大，该指标的权重也应较大；反之，若某项指标的值相差较小，熵值较大，说明该指标提供的信息量较小，该指标的权重也应较小。当在某项指标上的值完全相同时，熵值达到最大，意味着该指标未向决策提供任何有用的信息，可以考虑从指标体系中去除。但由于影响指标不确定性和许多无法量化的情况存在，所得结果可能不完全符合实际情况，为此，下面提出客观赋权的改进熵值法。

在库盘变形影响因素中，设有 n 个指标的 m 次计算结果，其初始数据矩阵 $\boldsymbol{X}=[x_{ij}]_{m\times n}$ 采用极差变化法，得到标准化后的矩阵 $\boldsymbol{Y}=[y_{ij}]_{m\times n}$，则第 j 项指标的信息熵值为

$$e_j=-k\sum_{i=1}^{m}f_{ij}\ln f_{ij}\quad (i=1,2,\cdots,m;j=1,2,\cdots,n) \tag{4-21}$$

$$f_{ij}=\frac{y_{ij}}{\sum_{i=1}^{m}y_{ij}} \tag{4-22}$$

k 与系统的样本数有关，当系统有序度为 0 时，其熵值最大，即 e=1。m 个样本无序分布时，$f_{ij}=1/m$，则

$$e=-k\sum_{i=1}^{m}\frac{1}{m}\ln\frac{1}{m}=k\sum_{i=1}^{m}\frac{1}{m}\ln m=k\ln m=1 \tag{4-23}$$

所以 $k=\dfrac{1}{\ln m}$。当 $\ln f_{ij}=0$ 时，$f_{ij}\ln f_{ij}=0$。

当信息熵完全无序时，e=1，对评价的效用也为 0，因此影响库盘变形的某项指标的效用值取决于信息熵 e_j 与 1 的差值 H_j：

$$H_j=1-e_j \tag{4-24}$$

某指标的信息效用值越大，则其对评价结果的重要性就越大，即其在库盘变形影响因素中所占的权重也越大。

将信息效用值标准化，即可得到各个指标的权重：

$$w_j = \frac{H_j}{\sum_{j=1}^{n} H_j} = \frac{1-e_j}{\sum_{j=1}^{n}(1-e_j)} = \frac{1-e_j}{n-\sum_{j=1}^{n} e_j} \tag{4-25}$$

式中：$0 \leqslant w_j \leqslant 1, \sum_{j=1}^{n} w_j = 1$，各个指标的权重向量$\boldsymbol{W} = (w_1, w_2, \cdots, w_n)$。

根据各指标的实际意义，当$f_{ij} = 0$时，认为$\ln f_{ij}$为一较大的数值，与f_{ij}相乘后，使得$f_{ij} \cdot \ln f_{ij} \to 0$，故认为$f_{ij} \ln f_{ij} = 0$可以理解。但当$f_{ij} = 1$，也可认为$f_{ij} \ln f_{ij} = 0$，这与熵所反映的信息无序化程度相悖，不符合实际意义，故需对式(4-22)进行修正。基于此，提出f_{ij}的修正公式为

$$f_{ij} = \frac{1+y_{ij}}{\sum_{i=1}^{m}(1+y_{ij})} \tag{4-26}$$

由于$0 \leqslant f_{ij} \leqslant 1$，所以$0 \leqslant -\sum_{i=1}^{m} f_{ij} \ln f_{ij} \leqslant \ln m$，因而推得$0 \leqslant e_j \leqslant 1$。

利用上述方法，影响因素权重分析步骤具体如下。

步骤 1　构建m个计算结果序列的n个指标的判断矩阵$\boldsymbol{X} = [x_{ij}]_{m \times n}$，并将其按一定的方法进行标准化处理，得到标准化后的矩阵$\boldsymbol{Y} = [y_{ij}]_{m \times n}$；

步骤 2　根据熵的定义，m个数据序列n个指标，可以确定第j项指标的信息熵值为

$$e_j = -k \sum_{i=1}^{m} \left[\frac{1+y_{ij}}{\sum_{i=1}^{m}(1+y_{ij})} \ln \frac{1+y_{ij}}{\sum_{i=1}^{m}(1+y_{ij})} \right] \tag{4-27}$$

步骤 3　根据指标的效用值与信息熵e_j之间的关系，确定某指标的效用值H_j

$$H_j = 1 - e_j \tag{4-28}$$

步骤 4　计算标准化的权重值为

$$w_j = \frac{1-e_j}{n-\sum_{j=1}^{n} e_j} \tag{4-29}$$

利用上述改进的熵值法，根据各指标传输的信息量的大小来确定指标的权重，从而确定各影响因素对库盘变形的重要性。

4.2.4　算例分析

某岩基上坝高 300m 的双曲拱坝，重力密度ρ=24kN/m^3；泊松比μ=0.23；考

虑混凝土徐变等影响，混凝土弹性模量取试件瞬时弹性模量的 0.6～0.7 倍，为 24GPa；基岩中考虑了断层和软弱夹层，取综合弹性模量 19GPa。模型范围：坝向上游 30km，坝向下游 10km，坝基向下 10km。计算大坝变形时，上下游、左右侧面施加连杆约束，地基底部为固端约束，重点计算水体自重引起的变形，库水荷载按面荷载施加在库盘表面。为便于对比不同库盘形式各影响因素的作用效应，计算工况如下：

(1) 基础模拟范围分别为 3km、4km、5km、6km、7km、8km、9km、10km，向上游取 5km、10km、20km、30km，向下游取 5km、6km、7km、8km、9km、10km。

(2) 计算坝前水头分别为 215m、225m、235m、245m、255m、265m、275m、285m、295m 作用下库盘变形和大坝的位移。

分别计算了 4 类库盘形式下的库盘和大坝垂直位移，典型工况下的库盘沉降变化规律如图 4-5 所示。

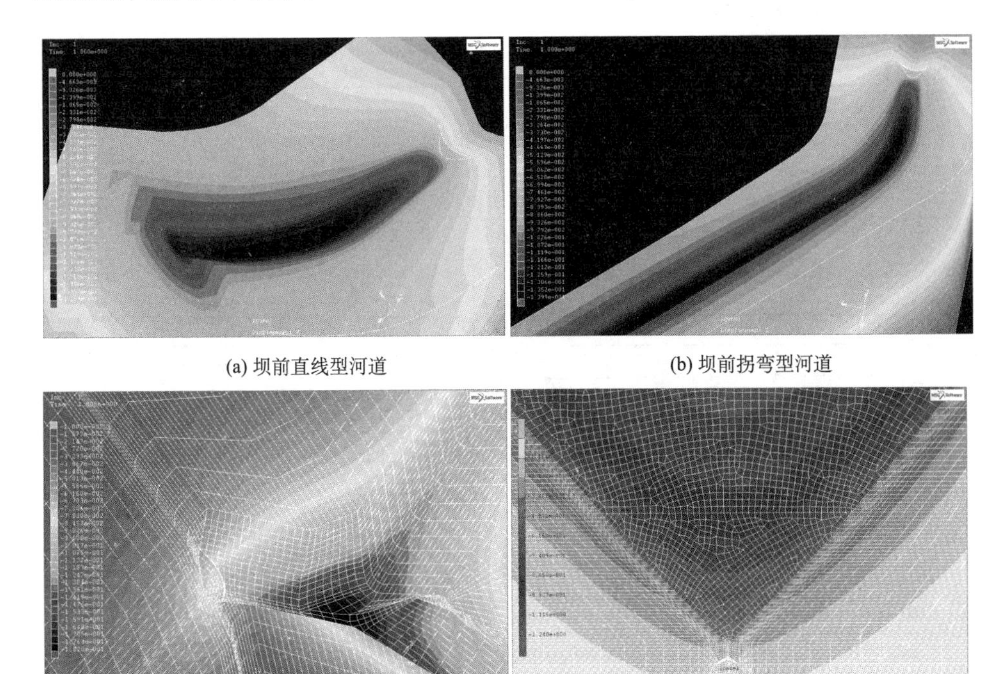

(a) 坝前直线型河道　(b) 坝前拐弯型河道

(c) 坝前分岔型河道　(d) 坝前突扩型河道

图 4-5　不同库盘形式的数值计算结果

4 类库盘形式对应工况下的拱冠梁向上游位移和坝踵、坝趾的垂直位移在不同地基深度、上游长度、下游长度和不同水位工况下的变化规律分别如图 4-6～图 4-9 所示。

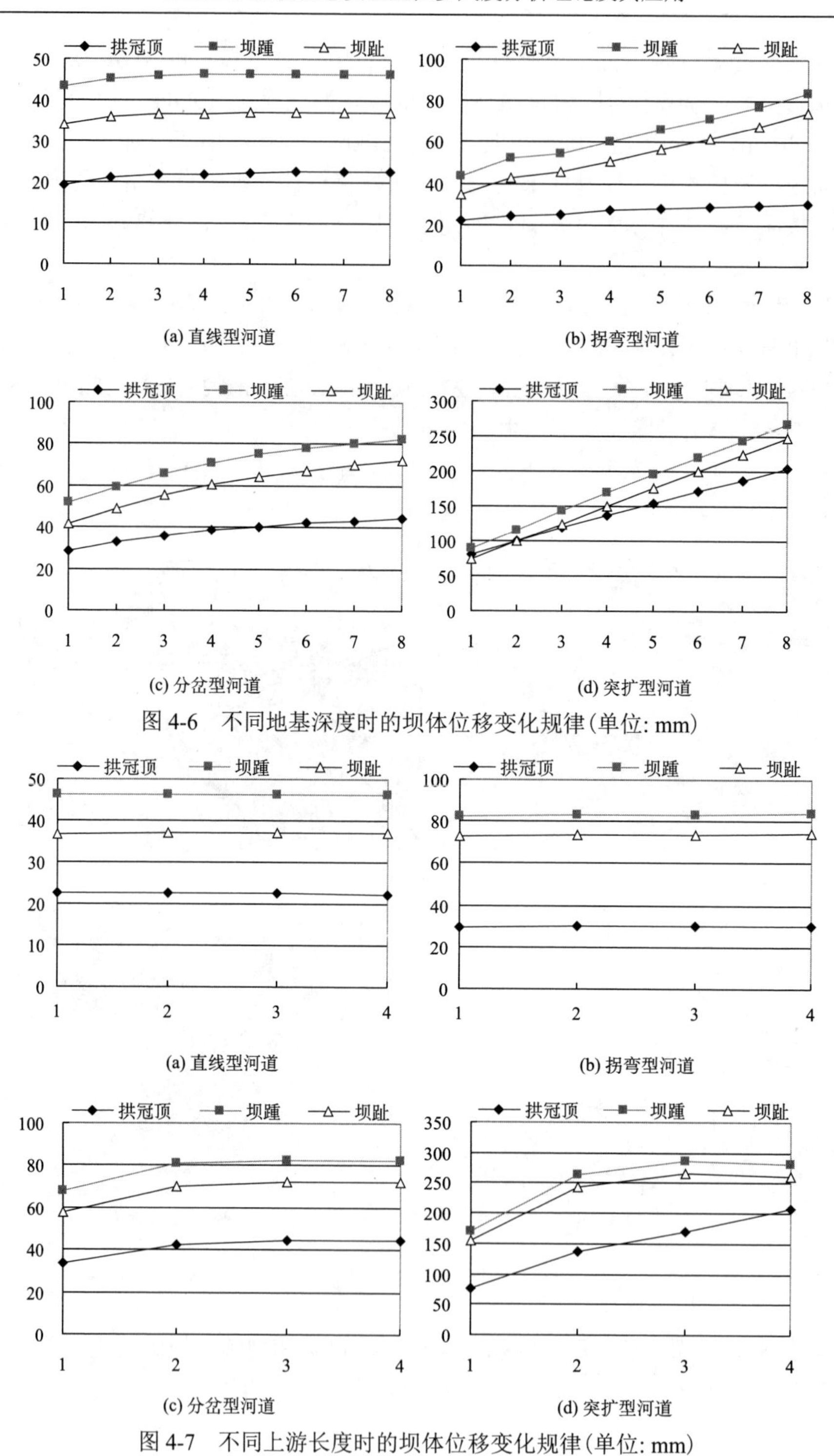

图 4-6　不同地基深度时的坝体位移变化规律(单位: mm)

图 4-7　不同上游长度时的坝体位移变化规律(单位: mm)

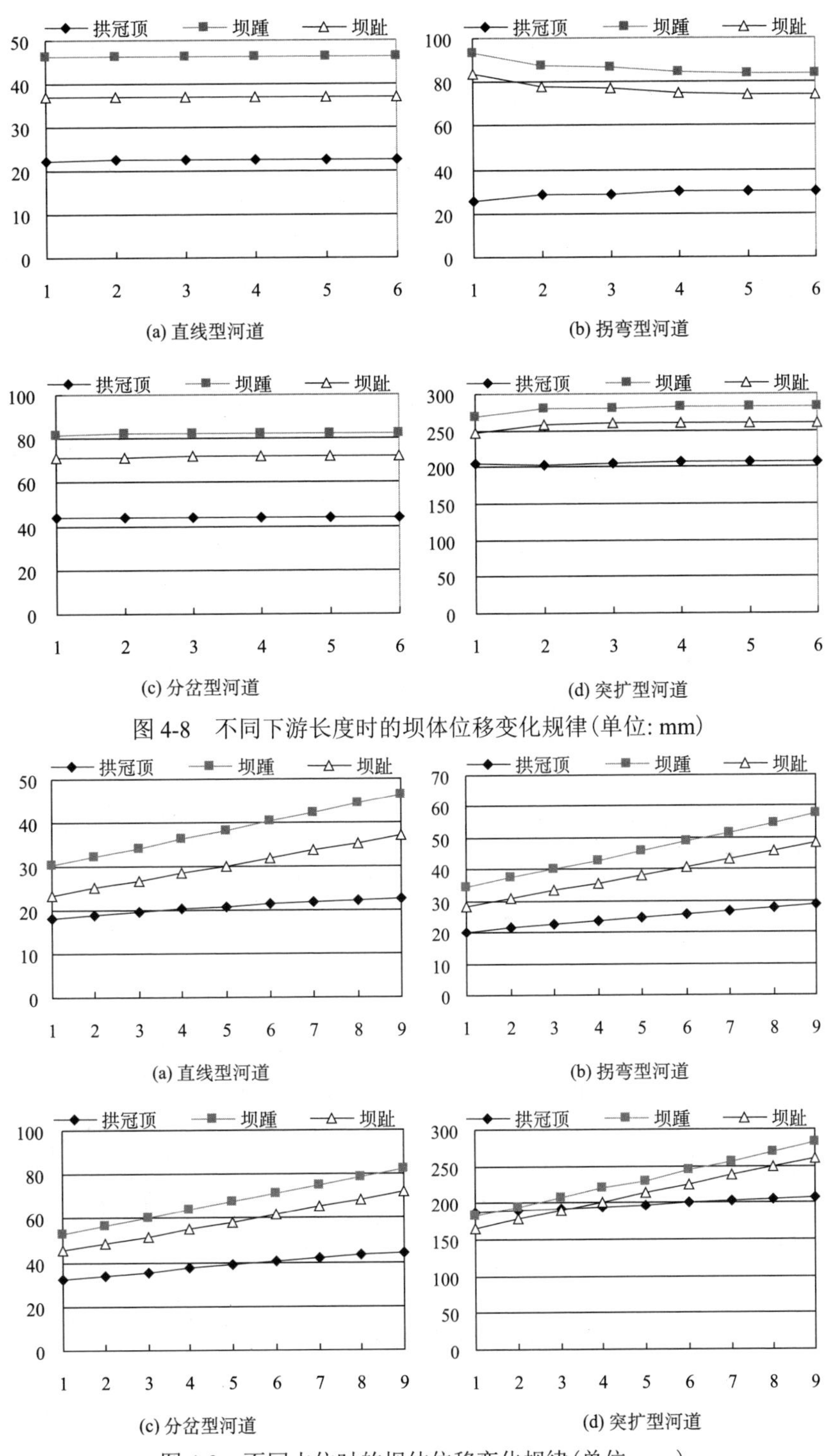

图 4-8　不同下游长度时的坝体位移变化规律(单位: mm)

图 4-9　不同水位时的坝体位移变化规律(单位: mm)

根据计算结果，①库盘垂直位移中，上游河道中部沉降量最大，向两岸及沿纵剖面往基岩深部的沉降量逐渐减小，下游沉降较小，库盘变形整体倾向上游；②随着库盘上游长度的增加(5km→30km)，上游垂直河道纵剖面的变形分布渐趋于收敛(以前后差值的相对增加幅度控制在0.05范围以内)；③随着库盘基岩深度增加(3km→10km)，5km后，库盘变形逐渐收敛；不同的库盘下游长度(5km→10km)对库盘变形影响较小；④坝体沉降最大发生在河床坝段，靠两岸坝段沉降量相对要小；⑤库盘主要向上游位移，坝顶拱冠梁向上游变形最大；⑥随着坝前水位增加，库盘沉降和坝体水平位移逐渐增大。

从河道类型、地基深度、向上游延伸长度、向下游延伸长度和不同水位5个方面，采用改进熵值法建立赋权模型，得到上述因素的客观赋权权重分别为0.37、0.17、0.11、0.05、0.30，可以看出：在库盘水体自重作用下，突扩型河道由于库盘水体自重最大，对高拱坝变形影响最为显著；其次，河道宽度一定的情况下，水库水位越高，高拱坝倾倒向上游的变形和沉降最大；地基深度对模型计算结果有一定影响，深度取到一定距离后，影响渐趋于收敛；上游长度和下游长度权重较小。可见，改进熵值法所得权重总体上反映了库盘变形影响因素的作用规律。

因此，根据上述模拟计算成果，结合工程调研资料，对库盘变形影响的主要因素有：坝高及库容、水库形态(即库首区水库形状、水库中心区距坝址的距离和偏离拱坝参考面的方位)、水库近坝区域性大断裂特性及地层岩石条件、坝基工程地质条件。对于高拱坝坝高在200～300m级、库容大于60亿m^3的大型或特大型工程，水压作用引起的库盘中心区沉降变化量显著，因而对坝体变形影响明显；但低于200m的大坝若在后期运行存在水库淤积严重时，由于水库特性与原设计发生了改变，也可能会引起库盘变形问题，对坝体变形将会有较大的影响。同时，水库形态及沉降中心区域的位置(距坝轴线的距离)是考量库盘变形对坝体结构性态影响程度的又一重要判据。水库形态主要是指库盘中心区地形、蓄水后新增水体总重量(包括水深、水域面积、泥沙淤积情况)等，库盘中心区域面积越大，施加的水荷载也越大；中心区距坝轴线越近，对坝体结构性态影响越明显。水库近坝区域断裂特性及地层岩石条件主要与断裂规模和充填物质性质有关，规模越大、充填物和地层变形模量越低，对库盘沉陷变形的影响就越大；当坝基存在低弹性模量区时，将会引起坝基不均匀沉陷或偏转问题，对坝体结构性态也有一定的影响。

4.3　库盘变形变化规律分析

下面分别以小湾和龙羊峡工程为例，结合实测资料，开展库盘变形变化规律分析研究。

4.3.1　库盘变形实测资料分析

小湾水库在坝前 2km 分为东、西两支，是典型的分叉型水库，东支库长 123km，西支库长 178km；水库两岸山势陡峻，河谷深切，自然山坡坡度一般为 30°～45°，呈“V”形河谷。库盘变形监测水准网平面布置如图 4-10 所示，监测范围从坝址上游 1km 至坝址下游 4km，监测线路总长 33km。整个库盘变形监测网的水准点总数是 33 个，其中左岸 16 个、右岸 17 个；大坝上游水库区内布置 15 个水准点，布置高程在 1245～1400m；大坝下游布置 18 个水准点，布置高程在 1020～1400m。库盘变形监测点基础开挖至基岩或在稳定的土层 0.6m 以下。对于位于土层中的测点，埋设上下标，以增加水准点的可靠性。

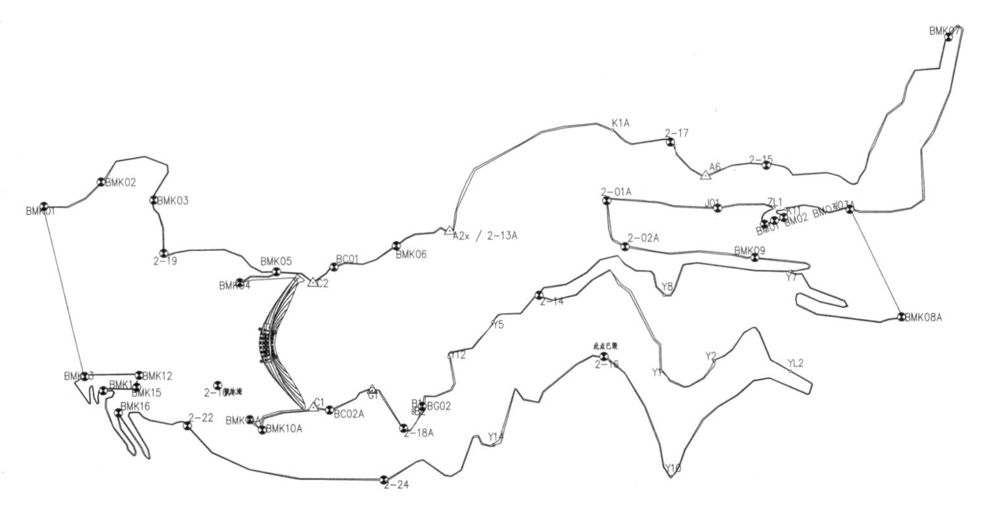

图 4-10　小湾库盘水准网平面布置图

经外业检验、内业平差计算，单位权中误差为 0.424mm；每公里水准测量偶然中误差 M_Δ=±0.36mm，均优于《国家一、二等水准测量规范》(GB/T 12897—2006)中一等水准每千米水准测量偶然中误差 M_Δ=±0.45 mm，精度满足要求。库盘测量时间为 10 月上旬到 12 月中旬，扣除监测误差因素影响外，库盘变形规律为坝上游下沉、下游略有抬升的翘曲变形，测值–1.6～35mm(图 4-11)，最大沉降值 35mm 位于坝上游侧 1km 处，最大抬升值 1.6mm 位于坝下游 4km 处。坝址区库盘整体表现出向上游的转动变形，坝址区库盘向上游旋转约 2～3s。

龙羊峡水库库长 101km，水面面积 383km^2。坝前峡谷呈“V”形，水库向上游迅速拓宽，最大水面宽度 9km，是典型的突扩型水库。龙羊峡库盘水准网是为研究大坝、坝基垂直位移而设立的(图 4-12)，它将坝址下游区水准网和研究水库诱发地震而布设的库区水准网联系在一起。坝址下游区水准网和库区水准网均为

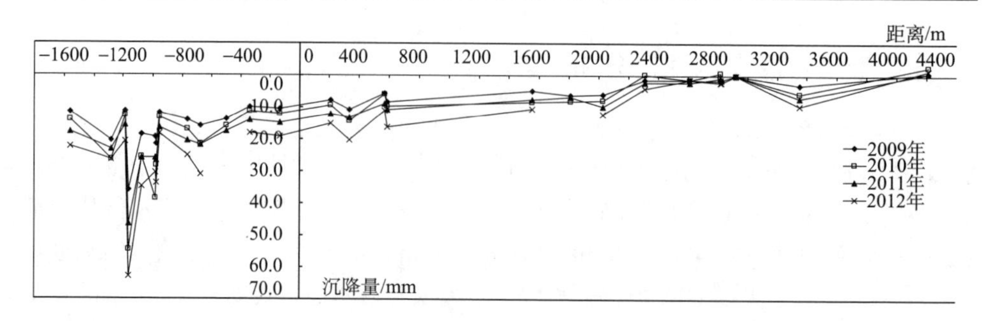

图 4-11　小湾库盘沿顺河向沉降量分布

一等水准网。坝址下游区水准网和库区水准网共设置了龙羊峡主点、虎丘山主点、小山水沟主点共 3 个永久水准基点。坝址下游区水准网和库区水准网共有 4 条一等水准线路，分别为坝址区水准线路(共 27 点)、龙多线(32 点，坝址下游左岸)、龙曲线(库区左岸，8 点)和虎峡线(坝址下游右岸 19 点)。

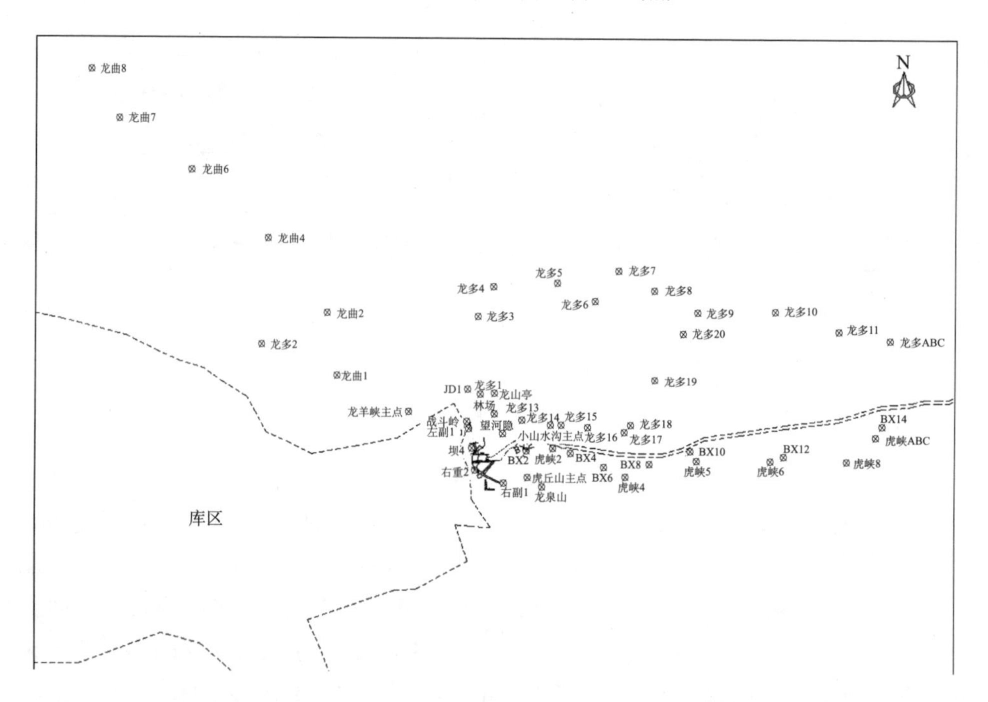

图 4-12　龙羊峡库区及坝址下游区水准测点平面布置图

根据工程水库形状及与大坝的相对位置关系，选取典型的分析线路，即东西向(近似上下游方向)的线路，定义为 EW1 测线。EW1 测线的测点分别为：龙曲 8→龙曲 7→龙曲 6→龙曲 4→龙曲 2→龙曲 1→龙主→龙多 1→龙多 3→龙多 4→龙多 5→龙多 6→龙多 7→龙多 8→龙多 9→龙多 10→龙多 11(换算基准点)，实测成果如图 4-13 所示。

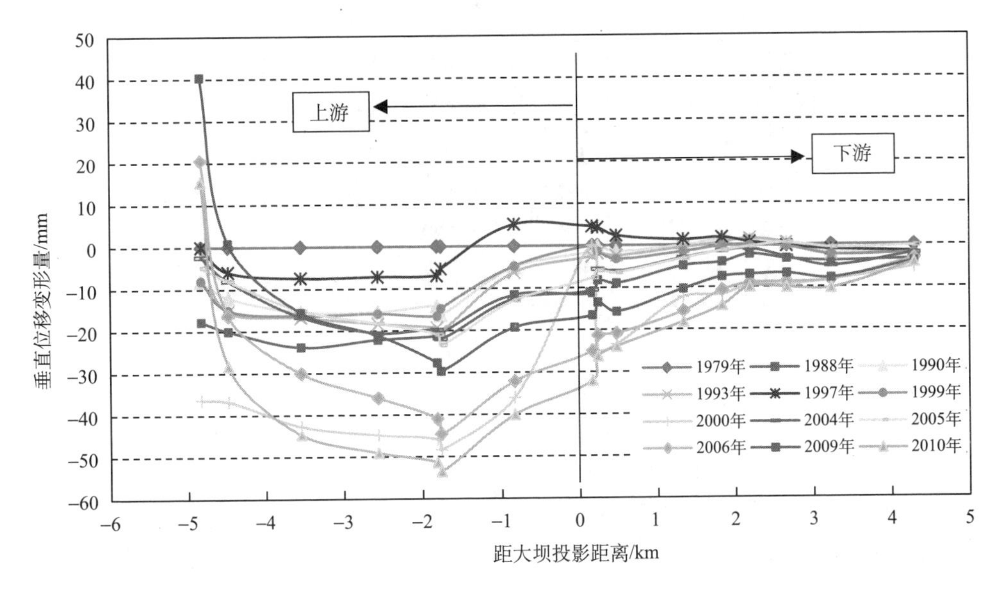

图 4-13　龙羊峡 EW1 测线垂直位移沿上下游方向分布图

根据库区水准资料的现状和分析情况，采用工作基点变换后的成果进行分析计算。由工作基点变换后的测量成果分析可知：龙曲—龙多水准线路各个测点基本呈现下沉的现象，测点变形沿上下游方向整体上呈勺形分布，即坝前区域呈“勺底”状的沉降，大坝轴线部位变形梯度最大，上游侧库盘区域变形梯度次之，坝后变形梯度较小；从变形量值上分析，垂直位移量基本在–53.54～40.36mm，沉降最大值发生在坝前龙曲 1 测点处。考虑库区水准测量历时 30 余年，期间测点部分存在损坏、补建等问题，数据连续性较差，且前后测量路线、垂直位移工作基点不完全一致，并存在测量误差等，同时为了研究库区变形的相对分布问题又进行了数据变换，水准测量数据在一定程度上只能定性反映库区及下游区域库盘变形情况，在量值上仅作为一定参考。

4.3.2　库盘变形数值模拟分析

为分析库盘变形变化规律，首先建立小湾拱坝上下游库盘的大范围有限元模型，如图 4-14 所示，进行典型工况下的库盘变形计算，并从中提取出近坝区模型的位移边界条件，作为分析库盘变形对拱坝结构性态影响的基础。

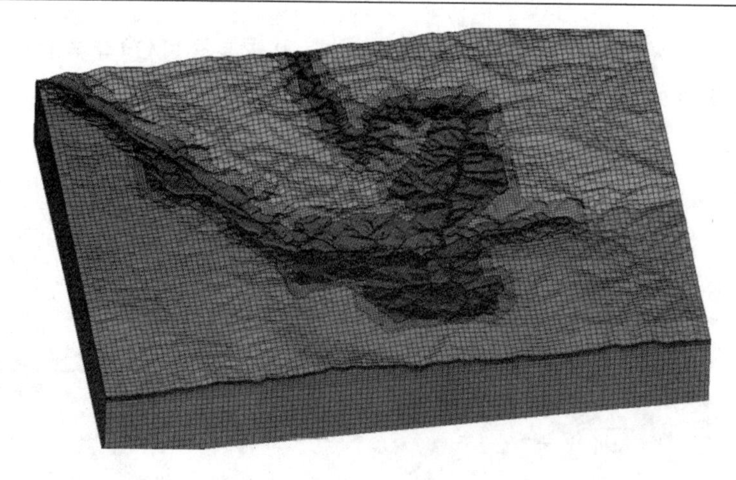

图 4-14　小湾库盘数值分析模型

结合分叉型河道模型范围研究成果，考虑近坝区、库区概化地质分层以及主要地质构造 F1、F2 断裂带及 F7 断层范围，确定小湾大尺度库盘模型边界范围，取上游 44km，下游 21km，左岸 40km，右岸 50km，基础深度 10km，共建立单元 934 740 个，节点 958 636 个。在距离河道和坝体较近的范围内，单元的尺寸较小，在 100～200m 之间，以保证建模的精度；在远离河道的范围内，单元的尺寸逐渐过渡至 800m。在对小湾库区地质条件进行模拟时，也进行了一定的简化。在水平范围内将库盘按照主要的地质分区划分，沿上下游方向分为砂板岩分区、F1～F2 断裂带分区、F7 断层分区和片麻岩分区；在深度方向将基岩按照主要的地质分层划分，各分区分别划分了 4 个地质分层。库区上游 1240m 高程以下河道地形按照 1∶50 000 地形等高线进行精细模拟，河道附近 1800m 等高线以下范围内的单元尺寸为 200m×200m，该范围之外山体单元尺寸逐渐扩大至 800m×800m。库区单元在坝基深度 1km 以上部分划分为 11 层，单元尺寸沿深度方向逐渐扩大，为 12～310m；深度 1～2km 范围分为 2 层，每 500m 一层单元；深度 2～10km 范围分为 8 层，每 1km 一层单元。

4.3.2.1　库盘力学参数随机模拟方法

库盘基岩力学性质具有较大的随机性，试验结果通常不能够直接应用于工程设计。很多工程数值计算的结果对设计仅具有定性层次的参考意义，其主要原因就是源于参数的不精确。但是，可以从空间变异性的随机场角度研究宏观力学参数的理论计算方法[41]，也是从反映小尺度材料力学性质空间变异性的随机场出发，利用有限个小尺度试块试验结果，确定软弱结构面、基岩等宏观力学参数。实际上，大尺度岩体的宏观力学参数在数值上近似可以取小尺度材料的算术平均值，这也为室内试验的尺寸效应提供了有效的解决方法。

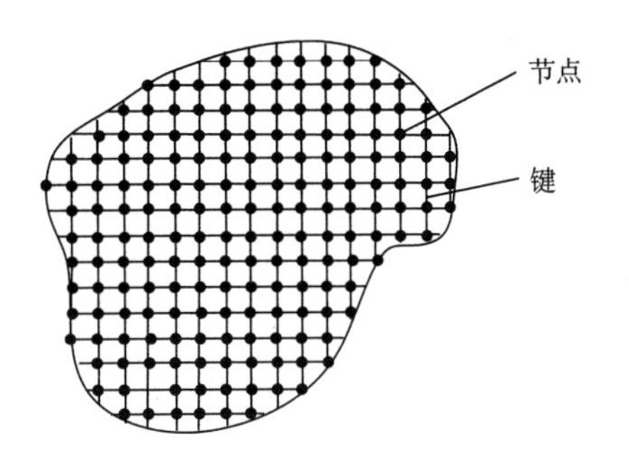

图 4-15　随机网格示意图

1) 逾渗理论

设有一个无限多节点和连接相邻节点的键组成随机网格(图 4-15)，其中各节点或键相互独立地被质点占据的概率为 p，不被占据的概率为 $1-p$，当 p 由 0 增加到 1 时，该随机网络的节点或键显然由不被一个质点占据到全部被质点占据。但是，在 p 由 0 变化到 1 的过程中，随机网格会发生什么样的现象就是逾渗理论所要研究的内容。

根据逾渗理论，随着 p 的变化，无限随机网格将呈现非常奇特的临界现象，亦即当 p 小于临界值 p_{cr} 时，网格中占据节点或键的所有质点呈孤立状态；而当 p 大于临界值 p_{cr} 时，网格中则存在有相互连通的质点贯穿整个无限网格。因此，若该无限随机网格表示电网，其中 p 为电网中每一根电线畅通的概率，当 $p < p_{cr}$ 时，电网不会有电流通过；而 $p > p_{cr}$ 时，则会有电流通过(图4-16)。类似地，若将电网换成渗流网，前述临界现象表明：当 $p < p_{cr}$ 时，没有水流渗透该介质；而当 $p > p_{cr}$ 时，则会有水流渗透过该介质，所以又称为逾渗临界理论。

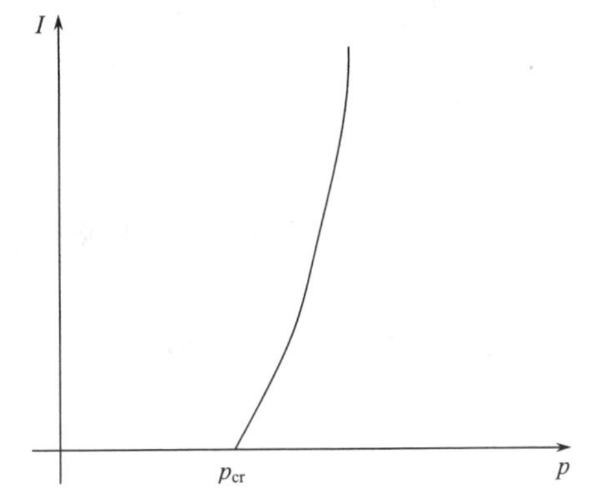

图 4-16　网格电流 I 与电线畅通概率 p 的关系

在逾渗理论中，随机网络在 p 由 0 变到 1 的过程中所发生的现象被视为一个逾渗过程。当质点随机占据节点时，该过程称为节点逾渗过程；当质点随机占据键时，该过程则称为键逾渗过程。

从大尺度库盘模型内取出一区域 $\Delta\Omega$ (图 4-17)，在宏观均布应力的作用下，由于局部小尺度力学性质存在空间上的离异性，$\Delta\Omega$ 内各点(对应小尺度特征单元)的屈服并不一致，而总是有先有后的。但是根据小尺度力学性质随机的统计均匀各向同性，$\Delta\Omega$ 内各点的屈服概率 $p_f(r)$ 为同一数值 p。于是，当 $\Delta\Omega$ 范围足够大时(这时 $\Delta\Omega$ 所包含的小尺度特征单元数很大，可认为有无穷多)，若将 $\Delta\Omega$ 中一点的屈服概率 $[p_f(r)=p]$ 看成是该点被一个质点随机占据的概率，在宏观均布应力作用下的 $\Delta\Omega$ 的屈服演化过程与逾渗过程有着很相似的地方：随着 p 增大，由于 $\xi(r)$ 的各态历经性，$\Delta\Omega$ 内随机出现的屈服材料，如同逾渗过程中随机出现的质点，也是越来越多的。显然，如果对 $\Delta\Omega$ 也存在一个临界的屈服概率 p_{cr}，使得当 $p > p_{cr}$ 时，$\Delta\Omega$ 中屈服的材料能连通形成 $\Delta\Omega$ 整个屈服的滑动面，而当 $p < p_{cr}$ 时，

则不存在这样的滑动面，这对确定库盘基岩宏观力学参数具有重要的意义。

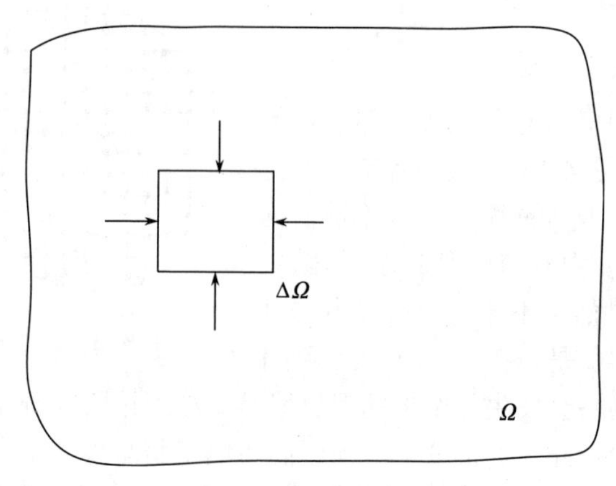

图 4-17　库盘局部区域

2) 随机模拟方法

随机模拟又称 Monte Carlo 方法，其求解问题的基本思想是，先构造与问题相联系的概率模型，然后通过对该模型的随机抽样试验确定问题的解。对于库盘基岩，它的小尺度力学性质随机场 $\xi(r)$ 为

$$\xi(r)=[E(r)\ \ \mu(r)\ \ F(r)\ \ C(r)]^{\mathrm{T}} \tag{4-30}$$

式中：$E(r)$、$\mu(r)$、$F(r)$、$C(r)$ 分别为小尺度基岩弹性模量、泊松比、摩擦系数和黏结力。

由 $\varepsilon(r)$ 的统计均匀各向同性以及 $F(r)$、$C(r)$ 相互独立的性质，$\xi(r)$ 的均值与协方差矩阵分别为

$$E\xi(r)=[\overline{E}\ \ \overline{\mu}\ \ \overline{f}\ \ \overline{c}] \tag{4-31}$$

$$\boldsymbol{B}(|\Delta r|)=\begin{bmatrix} B_{EE}\,|\Delta r| & B_{E\mu}\,|\Delta r| & B_{EF}\,|\Delta r| & B_{EC}\,|\Delta r| \\ & B_{\mu\mu}\,|\Delta r| & B_{\mu F}\,|\Delta r| & B_{\mu C}\,|\Delta r| \\ \text{对} & & B_{FF}\,|\Delta r| & 0 \\ & \text{称} & & B_{CC}\,|\Delta r| \end{bmatrix} \tag{4-32}$$

式中：$|\Delta r|$ 为两点间的距离；$B_{EE}\,|\Delta r|$ 为 $E(r)$ 的协方差函数；$B_{E\mu}\,|\Delta r|$ 为 $E(r)$ 与 $\mu(r)$ 的互协方差函数，其他类推。

显然，欲在 $E\xi(r)$ 与 $B(|\Delta r|)$ 已知的情况下，实现库盘岩体模拟，需将库盘基岩特征单元 ∂V 离散成多个代表小尺度岩体特征单元的小立方体，并且特征单元数有限，设总数为 N。将各小尺度特征单元的力学性质统一构成一个 $4N$ 维的随机向量，即

$$\begin{aligned}\boldsymbol{W} &= \begin{bmatrix} W_1 & W_2 & \cdots & W_{4N} \end{bmatrix}^{\mathrm{T}} \\ &= [E(r_1) \quad \mu(r_1) \quad F(r_1) \quad C(r_1) \quad E(r_2) \quad \mu(r_2) \\ &\quad F(r_2) \quad C(r_2) \quad \cdots \quad E(r_N) \quad \mu(r_N) \quad F(r_N) \quad C(r_N)]^{\mathrm{T}}\end{aligned} \tag{4-33}$$

式中：$(r_i)(i=1,2,\cdots,N)$ 为 ∂V 中第 i 个小尺度单元的位置矢量，则特征单元 ∂V 可近似用多维随机向量 $\boldsymbol{W}$ 来表示。

由式(4-31)、式(4-32)，$\boldsymbol{W}$ 的均值 $\boldsymbol{\upsilon}_w$ 与协方差矩阵 $\boldsymbol{D}_w$ 分别为

$$\boldsymbol{\upsilon}_w = \begin{bmatrix} \upsilon_1 & \upsilon_2 & \dots & \upsilon_{4N} \end{bmatrix}^{\mathrm{T}} \tag{4-34}$$

$$\boldsymbol{D}_w = \begin{bmatrix} d_{11} & d_{12} & \dots & d_{14N} \\ & d_{22} & \dots & d_{24N} \\ \text{对} & & \ddots & \vdots \\ & \text{称} & & d_{4N4N} \end{bmatrix} \tag{4-35}$$

式中：$\boldsymbol{\upsilon}_i = \begin{cases} \boldsymbol{E} & i_E = [i_E] \\ \boldsymbol{\mu} & i_\mu = [i_\mu] \\ \boldsymbol{f} & i_f = [i_f] \\ \boldsymbol{c} & i_c = [i_c] \end{cases}$；$d_{ij} = B_{ab}\left|r_{[i_a]} - r_{[i_b]}\right|, \boldsymbol{i}_a = [\boldsymbol{i}_a], \boldsymbol{j}_b = [\boldsymbol{j}_b](a,b=E,\mu,f,c)$；$k_E = \dfrac{k+3}{4}, k_\mu = \dfrac{k+2}{4}, k_f = \dfrac{k+1}{4}, k_c = \dfrac{k}{4}(k=i,j;j=1,2,\cdots,4N)$，令 $[k_a]$ 表示 k_a 的整数取值 $(k=i,j;a=E,\mu,f,c;i,j=1,2,\cdots,4N)$。

根据工程实践，即使已测得同一基岩内某处或一些力学性质参数，对于该处其他力学参数，或者同一基岩内其他任一处的力学参数，也还是无法完全确定。因此，对于 $W_1-\upsilon_1, W_2-\upsilon_2,\cdots,W_{4N}-\upsilon_{4N}$，不存在不完全为 0 的常数 $k_1,k_2,\cdots,k_{4N}$，使得

$$k_1(W_1-\upsilon_1)+k_2(W_2-\upsilon_2)+\cdots+k_{4N}(W_{4N}-\upsilon_{4N})=0 \tag{4-36}$$

否则，譬如设 $k_m \neq 0(1 \leqslant m \leqslant 4N)$，则由式(4-36)可得

$$\begin{aligned}W_m = &-\frac{k_1}{k_m}(W_1-\upsilon_1)-\frac{k_2}{k_m}(W_2-\upsilon_2)-\cdots-\frac{k_{m-1}}{k_m}(W_{m-1}-\upsilon_{m-1}) \\ &-\frac{k_{m+1}}{k_m}(W_{m+1}-\upsilon_{m+1})-\cdots-\frac{k_{4N}}{k_m}(W_{4N}-\upsilon_{4N})+\upsilon_m\end{aligned} \tag{4-37}$$

由于在材料分区内，$\upsilon_1,\upsilon_2,\cdots,\upsilon_{4N}$ 是确定的，因而上式表明，当测得局部力学性质 $W_1,W_2,\cdots,W_{m-1},W_{m+1},\cdots,W_{4N}$ 后，可由它们完全决定力学性质 W_m，这显然与工程实际矛盾，故对于任意非 0 的普通向量 $\boldsymbol{\theta}=\begin{bmatrix}\theta_1 & \theta_2 & \cdots & \theta_{4N}\end{bmatrix}^{\mathrm{T}}$，有

$$\boldsymbol{\theta}^{\mathrm{T}}\boldsymbol{D}_w\boldsymbol{\theta}=\sum_{i=1}^{4N}\sum_{j=1}^{4N}d_{ij}\theta_i\theta_j=\sum_{i=1}^{4N}\sum_{j=1}^{4N}E\left\{(W_i-\upsilon_i)(W_i-\upsilon_j)\right\}\theta_i\theta_j=E\left\{\left|\sum_{i=1}^{4N}(W_i-\upsilon_i)\theta_i\right|^2\right\}>0 \tag{4-38}$$

上式表明$\boldsymbol{W}$的协方差矩阵$\boldsymbol{D}_w$是正定的。

于是，根据线性代数理论，正定对称的协方差矩阵$\boldsymbol{D}_w$可分解为

$$\boldsymbol{D}_w=\boldsymbol{H}\boldsymbol{H}^{\mathrm{T}} \tag{4-39}$$

式中：$\boldsymbol{H}$ 为下三角矩阵，即

$$\boldsymbol{H}=\begin{bmatrix} h_{11} & & & \\ h_{21} & h_{22} & & 0 \\ \vdots & \vdots & & \\ h_{4N1} & h_{4N2} & \cdots & h_{4N4N} \end{bmatrix} \tag{4-40}$$

其中

$$h_{ij}=\begin{cases}\left(d_{ij}-\sum\limits_{k=1}^{i-1}h_{ik}^2\right)^{\frac{1}{2}}, & i=j \\ \left(d_{ij}-\sum\limits_{k=1}^{j-1}h_{ik}h_{jk}\right)/h_{jj}, & j=1,2,3,\cdots,i-1\end{cases} \tag{4-41}$$

这样，若假设库盘局部材料力学性质$\xi(\boldsymbol{r})$服从正态分布，从而随机向量$\boldsymbol{W}$也服从正态分布，则由 Monte Carlo 方法中关于协方差矩阵为正定的多维正态随机向量的抽样方法可得

$$\boldsymbol{W}=\boldsymbol{\upsilon}_w+\boldsymbol{H}\boldsymbol{S} \tag{4-42}$$

式中：$\boldsymbol{S}=\left[S_1\ \ S_2\ \cdots\ S_{4N}\right]^{\mathrm{T}}$，$S_1$，$S_2$，…，$S_{4N}$为相互独立的$N(0,1)$分布的随机变量。

事实上，由于

$$E\left\{\boldsymbol{\upsilon}_w+\boldsymbol{H}\boldsymbol{S}\right\}=\boldsymbol{\upsilon}_w+\boldsymbol{H}E\left\{\boldsymbol{S}\right\}=\boldsymbol{\upsilon}_w+\boldsymbol{H}0=\boldsymbol{\upsilon}_w=E\left\{\boldsymbol{W}\right\} \tag{4-43}$$

$$E\left\{\left(\boldsymbol{\upsilon}_w+\boldsymbol{H}\boldsymbol{S}-\boldsymbol{\upsilon}_w\right)\left(\boldsymbol{\upsilon}_w+\boldsymbol{H}\boldsymbol{S}-\boldsymbol{\upsilon}_w\right)^{\mathrm{T}}\right\}=\boldsymbol{H}E\left\{SS^{\mathrm{T}}\right\}\boldsymbol{H}^{\mathrm{T}}=\boldsymbol{H}\boldsymbol{H}^{\mathrm{T}}=\boldsymbol{D}_w \tag{4-44}$$

故式(4-42)是正确的。

式(4-42)表明，对多维随机向量$\boldsymbol{W}$的模拟，亦即对库盘宏观材料特征单元∂V的模拟，取决于随机向量$\boldsymbol{S}$的抽样，而$\boldsymbol{S}$的抽样方法则由于$S_1,S_2,\cdots,S_{4N}$相互独立和均服从$N(0,1)$分布，是相当简单的，可分别对其各个向量S_i独立按下式进行抽样，即

$$S_i=\sqrt{-2\ln u_i}\cos 2\pi\upsilon_i \tag{4-45}$$

或

$$S_i = \sqrt{-2\ln u_i}\sin 2\pi \upsilon_i \tag{4-46}$$

式中：u_i、υ_i 是相互独立的在 $[0,1]$ 区间上均匀分布的随机变量。

由于在一般计算机上均设有 $[0,1]$ 区间上均匀分布的随机数，故 u_i、v_i 可按标准函数直接调用，无须自编算法。因此，根据式(4-45)、式(4-46)产生的一组相互独立的 $N(0,1)$ 分布的随机变量 $S_1, S_2, \cdots, S_{4N}$，即可由式(4-42)确定库盘特征单元 ∂V 的力学性质。

为了确定库盘力学性质，将局部特征单元的小立方体作为空间有限元，并施加于 ∂V 以均布应力，就可以对相应于随机向量 $\boldsymbol{W}$ 的基岩 ∂V 进行弹塑性有限元计算。由于弹塑性有限元的计算可按增量加载的方式进行，通过计算分析，不仅可以确定库盘力学参数，同时还可挖掘库盘变形机理。

4.3.2.2　小湾库盘材料参数反演

下面主要利用优化理论来解决库盘基岩力学参数反演问题，以库盘变模(多个)作为反演变量，以库盘水准位移的计算值与实测值的离差平方和的平方根作为目标函数，用优化方法求目标函数最小时的设计变量，可以实现库盘变形的计算值与水准实测值的多点拟合，且可同时反演库盘分区分层多个变形模量。

库盘模型的计算工况为：小湾拱坝 2010 年 7 月 1 日封拱，2012 年 10 月 31 日蓄至正常蓄水位 1240m，选取封拱后 5 个特征水位作为库盘模型的荷载工况：1000.42m(2008 年 7 月)，1166.04m(2009 年 10 月)，1207.9m(2010 年 11 月)，1213.42m(2011 年 11 月)，1235.39m(2012 年 10 月)，计算出相应的库盘模型位移场。利用小湾库区周边的水准测量资料，以水准位移计算值与实测值之差的平方和的平方根作为目标函数，即

$$S = \frac{1}{K}\sum_{j=1}^{K}\sqrt{\frac{1}{N}\sum_{i=1}^{N}(\delta_{ic}-\delta_{im})^2} \tag{4-47}$$

式中：δ_{ic} 为库盘水准测点对应的节点计算值；δ_{im} 为库盘水准实测值；N 为测点个数；K 为复测次数。当 S 达到最小时，则认为此组参数是库盘材料参数的合理值。

库盘变模反演时，先拟定材料参数的各种组合，分别计算得到库盘水准测点的变形。各组材料参数按下式确定：

$$E = (1-\lambda)E_l + \lambda E_u \tag{4-48}$$

式中：E_l、E_u 是参数建议区间上、下限；λ 为分配系数，λ=0 时参数取材料参数区间下限，λ=0.5 时参数取材料参数区间中值，λ=1 时参数取材料参数区间上限。

远坝区库盘基岩变形模量反演计算通过预设置各区各层参数变化区间，结合

库盘水准沉降实测资料，建立目标函数与 λ 的关系如图 4-18 所示，可以看出，当 λ 取 0.576 时，目标函数有极小值，从而确定最优分配系数 λ 为 0.576。

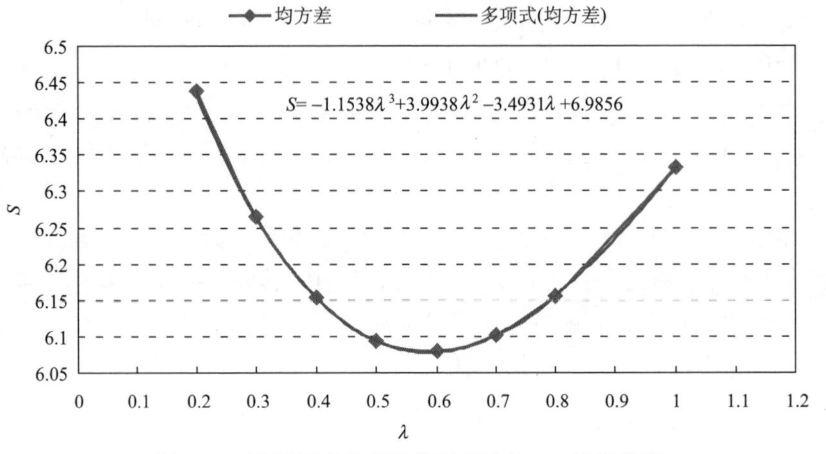

图 4-18　远坝区库盘变形模量反演的 λ-S 关系曲线

根据反演结果，得到小湾上游库盘变形模量随深度的变化规律(图 4-19)。

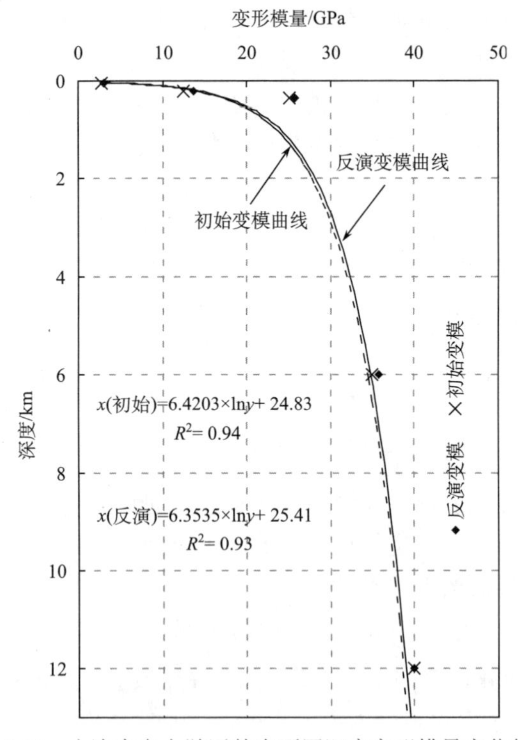

图 4-19　小湾库盘上游区基岩不同深度变形模量变化规律

$$E=6.3535\times \ln h+25.41 \tag{4-49}$$

式中：E 代表库盘变形模量；h 代表库盘深度；库区浅表风化岩体变模取 1.9 GPa。

4.3.2.3　小湾库盘变形变化规律分析

正常蓄水位 1240m 工况下的小湾库盘沉降云图如图 4-20 所示，小湾大坝至澜沧江和黑惠江交叉口范围内有两处沉降较大区域，一处为河道分叉口，一处为 F7 断层上游侧，即遇断层则沉降量增大。小湾库盘变形计算结果具体分析如下。

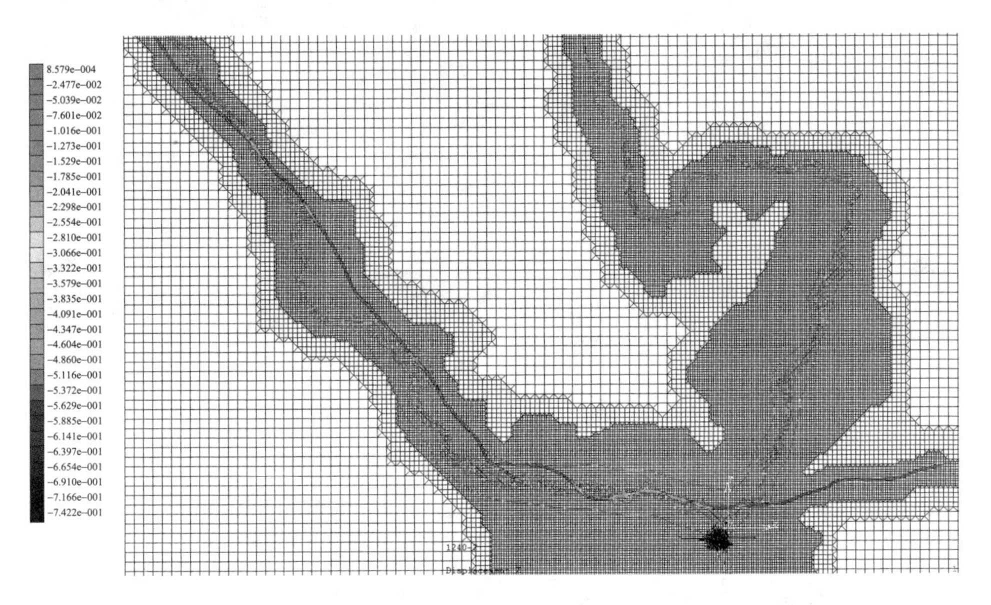

图 4-20　正常蓄水位 1240m 工况下小湾库盘沉降等值线图

(1) 小湾库盘沉降量随水位上升呈增大变化趋势，上游侧沉降均大于下游侧，在库盘水体自重作用下，小湾近坝区基础呈向上游侧变形的规律。

(2) 小湾库盘沉降主要位于河道，且以澜沧江河道沉降为大，两岸山体距河道越远则沉降越小。因 F1、F2 断裂带力学参数较低，澜沧江河道较大的沉降发生在 F1、F2 断裂带穿过河床的位置，沉降最大值出现在 F2 断裂带下游侧端部，距坝址约 17.5km，在 1240m 水位作用下的沉降量为 770.4mm。

(3) 小湾大坝上游侧澜沧江和黑惠江交叉口处水体自重较大，出现较大的沉降，最大沉降为 117.2mm。受 F7 断层影响，坝前河道 F7 断层上游侧出现较大的沉降，为 112.9mm。

选取小湾坝址往上游 15km、下游 6km 范围内主河道河床中部 104 个点，如图 4-21 所示，提取其沉降计算结果如图 4-22 所示，可以看出：小湾上游侧库盘在水体自重作用下，澜沧江断裂带经过的河道沉降量较大；在小湾上游侧分岔口处，由于水体自重较大，库盘沉降量较大；在小湾上游 F7 断层处，沉降量有突增现象，表明 F7 断层对坝前沉降的影响较明显；小湾坝后河道库盘沉降规律性较好，且距坝越远，库盘沉降量越小，库盘沉降接近于 0mm。

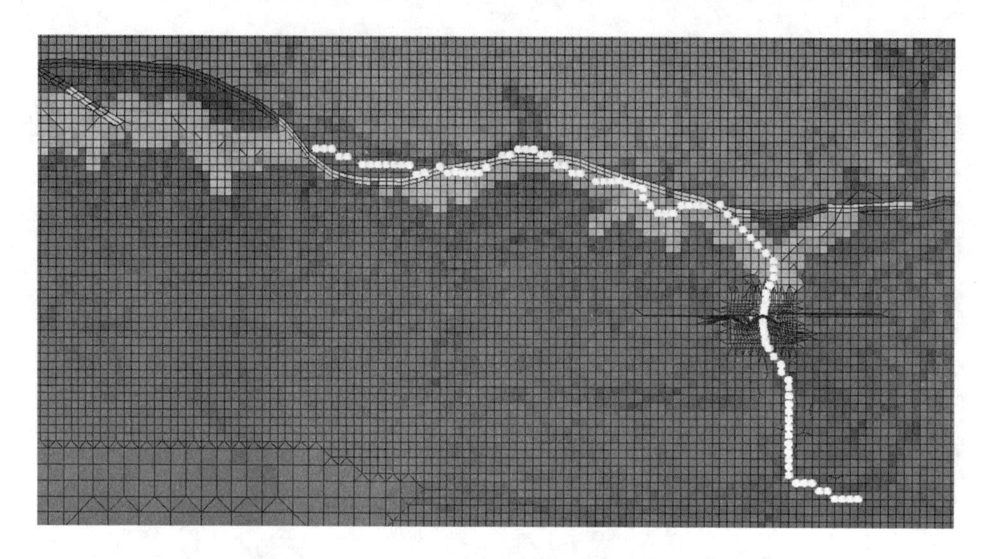

图 4-21　小湾上下游河道沉降特征点示意图

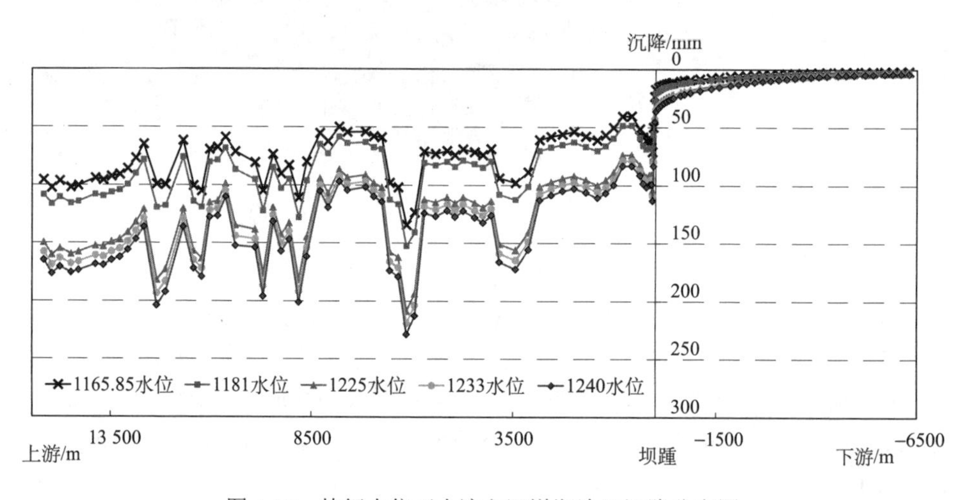

图 4-22　特征水位下小湾主河道澜沧江沉降分布图

4.3.2.4　龙羊峡库盘变形变化规律分析

采用同样方法，建立龙羊峡重力拱坝库盘大范围有限元模型，进行典型工况下龙羊峡库盘变形计算。龙羊峡库盘有限元模型网格剖分以坝区较密、其他区域略疏为原则，基岩部分根据岩性不同进行分区分层模拟，模型如图 4-23 所示。

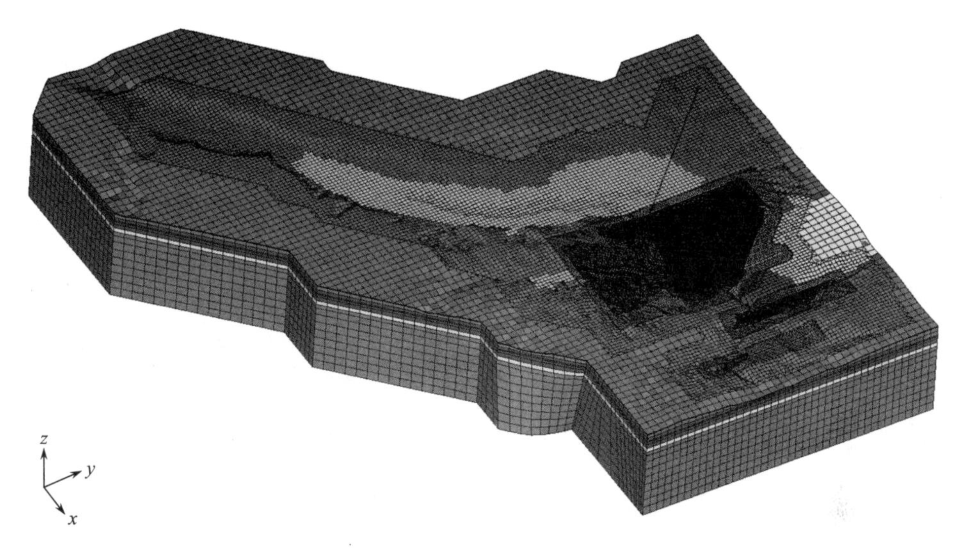

图 4-23　龙羊峡库盘有限元模型

模型范围向下游扩展至距坝轴线 17km，向上游扩展至距坝轴线 70km，左岸取 16km，右岸取 20km，坝基基础以下深度 10km。其中在坝体上游 10km，左右岸 2～3km 范围内网格划分较密，单元水平方向尺寸为 50m×50m，该范围之外山体单元水平方向尺寸逐渐扩大至 800m×800m 以减少单元数量，提高计算效率。龙羊峡库盘模型以八节点六面体等参单元为主，细部和近坝区边界部位以六节点五面体等参单元过渡。模型中坐标系选取为：x 方向以向下游为正；y 方向以指向左岸为正；z 方向为高程方向，以向上为正。模型中模拟了近坝上下游 10～15km 范围概化地质岩性分层以及断裂 F6、F7、F8、F10。

选择龙羊峡历史最高库水位 2597.62m 时库盘模型计算结果进行分析，库盘沉降见图 4-24，可以看出：库盘在水体自重作用下，库区主河道沉降量较大，并向两岸逐渐减小，在接近于水库水体重心区域沉降量达到最大值，即在河床表面点(即湖相沉积层表面点)处最大沉降量为 454.9mm，在沉积层下伏基岩表面点处最大沉降量为 232.8mm。由于近坝断裂 F6、F7、F9 均位于大坝下游侧，对库盘沉降量影响较小；位于上游侧 F10 断层由于宽度较小，对库盘沉降变化影响不明显。

选取坝址上游 40.0km、下游 1.2km 范围内沿主河道河床中部 96 个点(图 4-25)，分析库盘沉降规律(图 4-26)。在不同库水位条件下，河道特征点沉降规律完全一致，且随水位抬升库盘沉降明显；水库水体中心区集中沉降最大发生在距坝址上游约 9.3km 处。

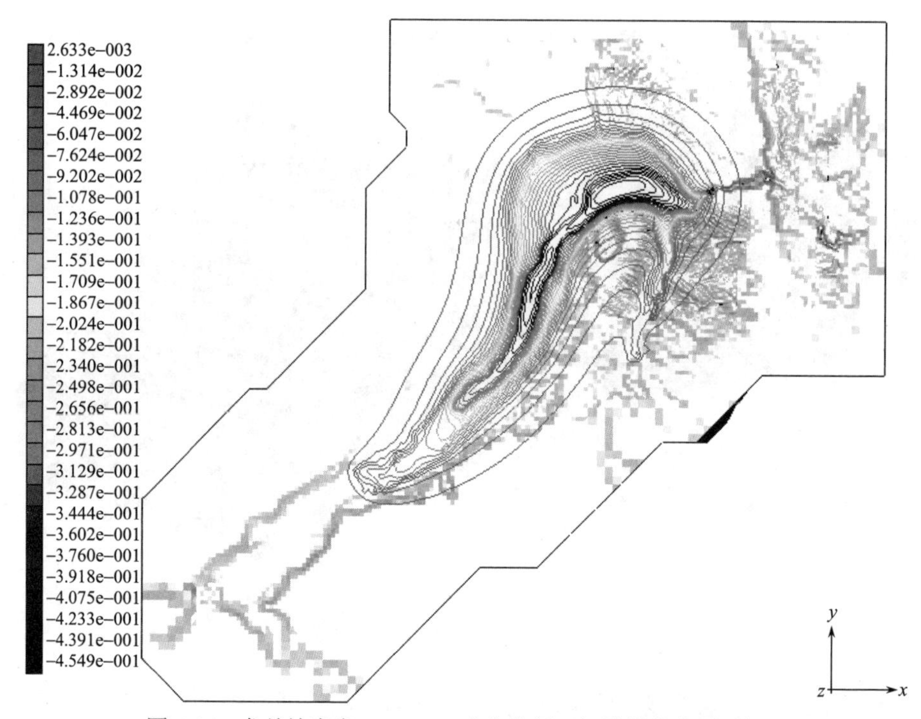

图 4-24　龙羊峡库盘 2597.62m 水位作用下沉降等值线图(整体)

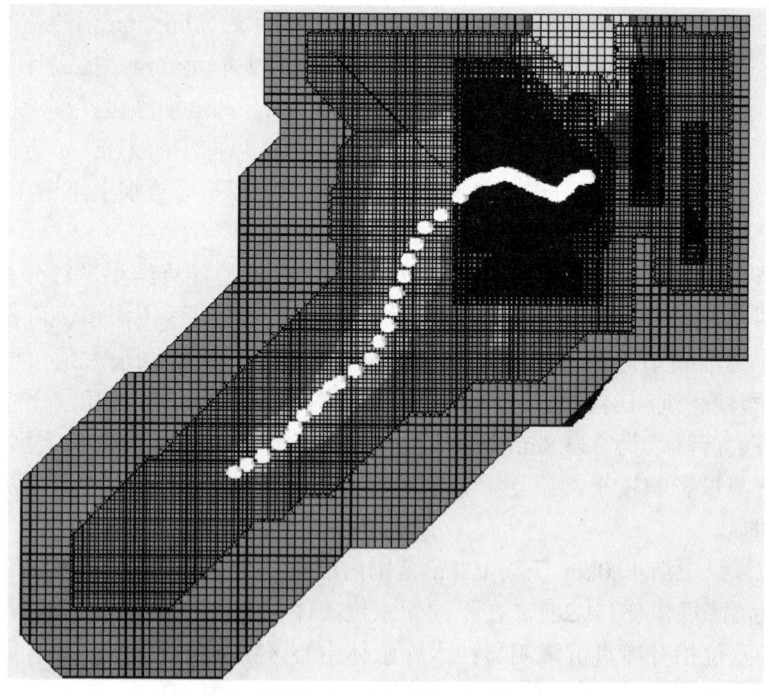

图 4-25　龙羊峡上下游河道沉降特征点示意图

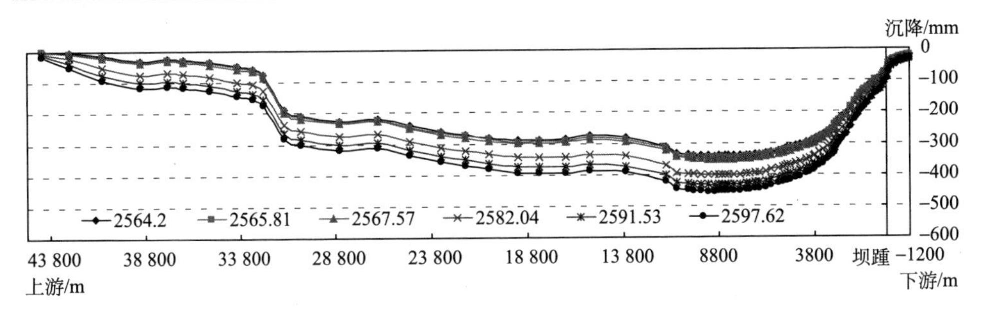

图 4-26　不同库水位下主河道特征点沉降分布图

4.4　库盘变形对大坝结构性态影响分析

根据工程调研，水库新增水体产生库盘沉陷变形是客观存在的，但对坝体变形的影响程度和量值大小主要与水库中心区沉降的量级、距坝轴线的距离(含方位)、坝高和坝型有关。库盘中心区域新增水体(包括水深和水域面积)重量越大，重力场引起的沉降量越大；库盘中心区距离坝轴线越近，引起的坝体变形越大；中心区偏离主河道较远，将引起库盘左右岸变形不对称或引起坝体变形、应力状态的调整。对于不同的坝高，库盘变形引起的坝体变形量级或影响程度会有所不同，对高坝的影响程度较大。此外，坝基岩性不均一也会引起坝基的倾斜或偏转，但与库盘变形不同，这属于浅层的、局部范围的，不属于深层的、整体性的。对于高坝大库工程，水库淹没的范围向上游有时达到几十公里甚至上百公里，相比而言，坝体是其中的一个细微结构。通过建立库盘的大尺度模型和近坝区的小尺度模型，采用弹性有限元方法，联合分析库盘变形对高坝变形性态的影响，其过程大致可分为两个步骤：首先，对库盘大尺度模型施加库水压力，得到库盘变形的位移场；其次，对近坝区小尺度模型施加库盘变形在小尺度模型的边界条件，从而计算得到库盘变形对拱坝结构性态的影响情况。

4.4.1　跨尺度模型构建方法

4.4.1.1　库盘大尺度模型的构建方法

1) 建模范围的确定

为计算得到准确的库盘变形，需要首先确定库盘合理的建模范围，包括模型的上游范围、下游范围、基础深度范围、左岸和右岸范围 5 个部分。对这 5 个范围的合理取值，需要通过多次的试算来确定：在建模的过程中，逐步扩大其中某一项边界的范围，同时将其余边界的范围取得足够大，通过多次试算得到坝体特征点位移随该项边界范围的变化关系，当位移值出现收敛或基本不受边界条件类型的影响时，则认为此时的模型边界已达到了合理的范围。

2) 地质条件的简化

库区的范围广阔，其中的地质条件和地质构造往往十分复杂，难以对地质条件进行真实、详尽的模拟。对地质条件进行简化时，考虑在水平范围内将库盘按照主要的地质分区划分，在深度方向将基岩按照主要的地质分层划分，同时考虑库区范围内重要的地质构造、大的断层和破碎带，以模拟其对库盘整体变形的截断作用。各地质分区的材料参数可参考库区的地勘资料；若库区深层基岩的地勘工作不足时，可利用库区沉降的实测结果进行反演，或者参照其他地质条件相近工程的成果，利用岩石参数随地基深度变化的关系曲线外延得到。

3) 单元尺寸的选择

在建立大尺度的库盘模型时，因受计算规模的限制，坝体和基础不可能剖得很精细，但模型中与坝体和河床不同距离处的地形条件，也应满足模拟精度要求。河床部分单元因直接受水荷载作用，其模拟精度对计算结果的准确性影响较大，所以在距离河床一定范围内，采用尺寸相对较小的单元，边长可取 100～200m；在远离河床时，逐渐扩大单元的尺寸，以减少模型的单元数量，提高有限元计算的效率。

4) 边界及荷载的施加

在库盘模型的底边界施加固定约束，其余边界施加法向约束，考虑库盘水体的自重，将荷载以面力的形式施加于河床部分的单元，计算得到水体自重产生的库盘变形。

4.4.1.2 近坝区小尺度模型的构建方法

为准确分析库盘变形对坝体结构性态的影响，需要对近坝范围的地形、地质条件和坝体结构进行细致的模拟，此时近坝区模型的边界范围根据工程经验选定，最小范围为上游取 2 倍坝高，左右岸取 1 倍坝高，下游取 1 倍坝高，基础深度取 2 倍坝高。按照获取近坝区模型边界条件的不同方式，单元划分的方法可分为两种，示意图如图 4-27 所示，其中粗实线表示近坝区模型的边界，实线网格为近坝区模型单元，虚线网格为库盘模型单元。可见近坝区模型边界节点与库盘模型节点的衔接，可采用两种方法实现：一是通过不断细分网格达到细致模拟近坝区结构的目的，此时近坝区模型边界条件即为库盘模型相应节点的变形；二是近坝区模型的边界条件可以利用库盘变形的计算结果在边界节点上插值得到。为提高建模效率和模拟的精度，采用方法二建立近坝区的有限元模型，将库盘变形的边界条件施加于近坝区模型的边界节点上，计算得到在库盘变形作用下的坝体结构性态。

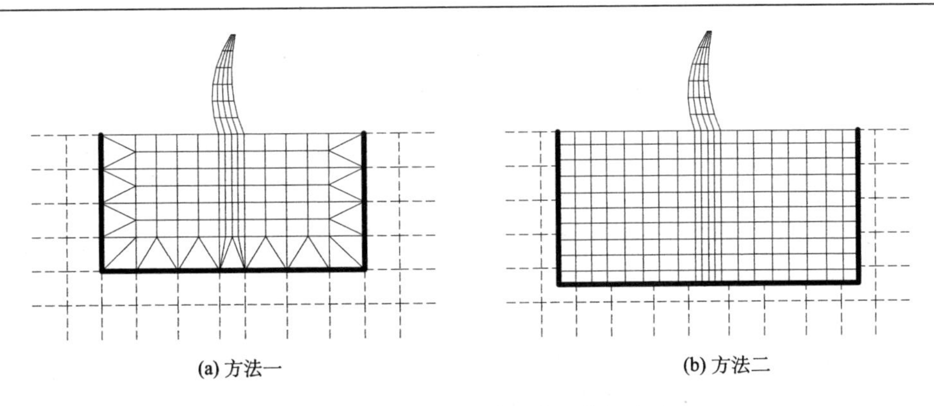

图 4-27　近坝区模型边界变形施加方式

由上分析，利用近坝区模型计算库盘变形的作用效应时，首先利用大尺度库盘有限元模型，计算得到各水位下的库盘变形，将库盘变形以边界条件形式施加在近坝区模型的边界上。近坝区小尺度模型通过库盘模型粗网格细化得到，边界节点分为共用节点 A 和非共用节点 B 两类，示意图如图 4-28 所示，共用节点 A 的位移直接利用库盘有限元模型的计算结果，非共用节点 B 的位移则利用其周围 8 个共用节点的位移通过以下公式插值得到，即

$$u=\sum_{i=1}^{m}N_iu_i \qquad v=\sum_{i=1}^{m}N_iv_i \qquad w=\sum_{i=1}^{m}N_iw_i \tag{4-50}$$

式中：N_i 为形函数，以八节点六面体等参单元为例，其形函数的表达式为

$$N_i=\frac{1}{8}(1+\xi_i\xi)(1+\eta_i\eta)(1+\zeta_i\zeta) \quad (i=1,2,\cdots,8) \tag{4-51}$$

式中：ξ_i、η_i、ζ_i 为等参单元各节点的局部坐标，ξ、η、ζ 为单元内任一点的局部坐标。

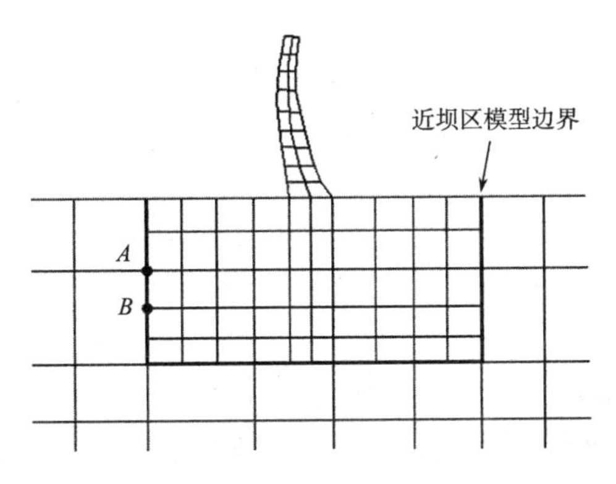

图 4-28　近坝区边界节点与库盘模型节点位置关系

利用有限元方法对近坝区模型进行计算时，可归结为求解如下平衡方程：

$$[\boldsymbol{K}]\{\boldsymbol{\delta}\}=\{\boldsymbol{R}\} \tag{4-52}$$

式中：$[\boldsymbol{K}]$为整体刚度矩阵；$\{\boldsymbol{\delta}\}$为节点位移列阵；$\{\boldsymbol{R}\}$为等效节点荷载列阵。

将平衡方程按已知节点位移和未知节点位移分解为两部分：

$$\begin{bmatrix} K_{uu} & K_{us} \\ K_{su} & K_{ss} \end{bmatrix}\begin{bmatrix} \delta_u \\ \delta_s \end{bmatrix}=\begin{bmatrix} R_a \\ R_r \end{bmatrix} \tag{4-53}$$

则有

$$\delta_u = K_{uu}^{-1}\left(R_a - K_{us}\delta_s\right) \tag{4-54}$$

$$R_r = K_{su}\delta_u + K_{ss}\delta_s \tag{4-55}$$

式中：δ_u为未知节点位移；δ_s为已知节点位移；R_a为外加的节点荷载；R_r为节点的反作用力。

在分析库盘变形的影响时，对近坝区模型施加库盘变形的边界条件δ_s，可利用库盘变形的计算结果，根据式(4-55)求得近坝区模型边界位移，进而对拱坝结构性态变化进行分析。

对于在边界上指定位移的问题还可以采用边界位移单元。如果在区域边界的i点规定一个大小为δ_0、方向为$\boldsymbol{n}$的指定位移，采用的边界位移单元相当于一个刚度为α、方位为$\boldsymbol{n}$的弹簧连接在i点上。如果用K_{ij}代表总体刚度矩阵中与节点i有关的刚度系数，那么要求取$\alpha \gg K_{ij}$，并假定在节点i上作用一个方向为$\boldsymbol{n}$、大小为$P=\alpha\delta_0$的力，这样就会在i点得到了满足边界条件的位移$\boldsymbol{a}_i$（即$\boldsymbol{a}_i^{\mathrm{T}}\boldsymbol{n}=\delta_0$或$\delta_0=\boldsymbol{n}^{\mathrm{T}}\boldsymbol{a}_i$）。

对于平面问题，设$\boldsymbol{n}=[\cos\theta \quad \sin\theta]^{\mathrm{T}}$，则边界位移单元的刚度矩阵

$$\boldsymbol{K}_c=\alpha\begin{bmatrix} \cos^2\theta & \sin\theta\cos\theta \\ \sin\theta\cos\theta & \sin^2\theta \end{bmatrix} \tag{4-56}$$

边界单元的内力$\boldsymbol{F}_i=\boldsymbol{K}_e\boldsymbol{a}_i$，约束反力

$$\boldsymbol{R}=\boldsymbol{K}_e\boldsymbol{P}_i/\alpha-\boldsymbol{K}_e\boldsymbol{a}_i \tag{4-57}$$

式中：$\boldsymbol{P}_i$为作用在节点i上虚拟的外力矢量，$\boldsymbol{P}_i=P\boldsymbol{n}$满足$(\boldsymbol{P}_i/\alpha)=\delta_0\boldsymbol{n}$。

4.4.1.3　算例分析

常规的拱坝运行性态分析在建立有限元分析模型时，将模型上游边界的范围取为2～3倍坝高，并在边界上加以固定约束，消除了库盘变形的影响，从而忽略了库盘变形。但是，对于高坝大库工程，上游水库承受的巨大水压荷载会引起库盘变形，对坝体的变形、应力等产生一定的影响。为对比不同水库形式下库盘变形的影响，以小湾、龙羊峡两座典型工程为例进行计算分析。

利用库区和近坝范围的地形、地质资料，分别建立两个工程的大范围库盘和近坝区的有限元模型，如图 4-29 和图 4-30 所示。

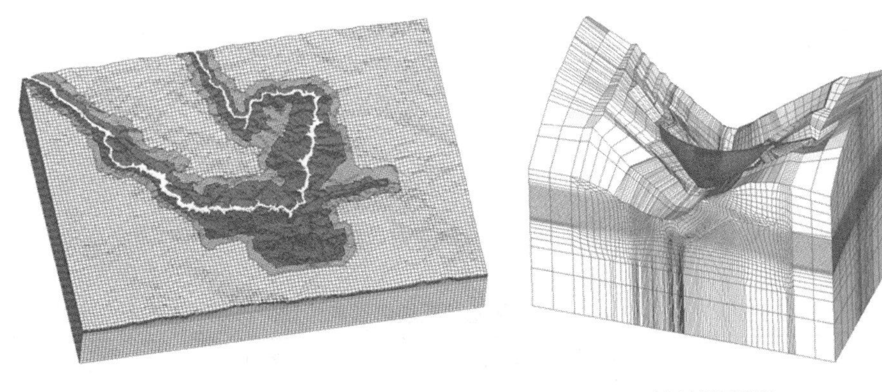

(a) 库盘整体模型　　(b) 近坝区模型

图 4-29　小湾工程模型

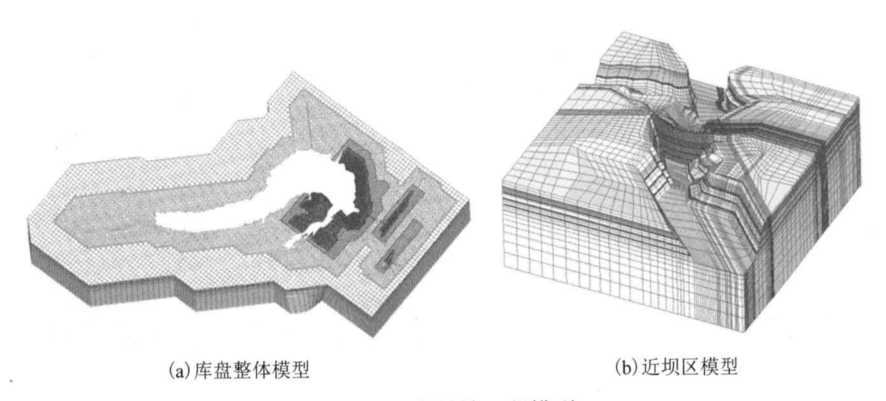

(a) 库盘整体模型　　(b) 近坝区模型

图 4-30　龙羊峡工程模型

以地基深度为例，正常蓄水位下，坝顶最大顺河向变形随库盘边界范围的变化如图 4-31 所示，深度取 10km 时对应的变形增幅为 4%，可认为变形变化已经收敛，故将模型的深度范围取为 10km。

除水压荷载外，温度荷载也是影响拱坝变形的重要因素，故对正常蓄水位+温升荷载工况下的坝体变形进行分析，其中小湾拱坝温度荷载根据正常蓄水位下相应的实测温度场获得，龙羊峡重力拱坝的温度荷载取原设计时的温升荷载。首先，对库盘模型施加最高水位下的水压荷载，进行库盘变形的计算；其次，应用近坝区模型进行坝体位移的计算，近坝区模型边界节点位移值由库盘模型计算结果插值得到。分别计算了考虑与不考虑库盘作用时的坝体变形，获得了拱冠梁坝段垂线测点的径向位移，并与实测值进行对比，见表 4-1。

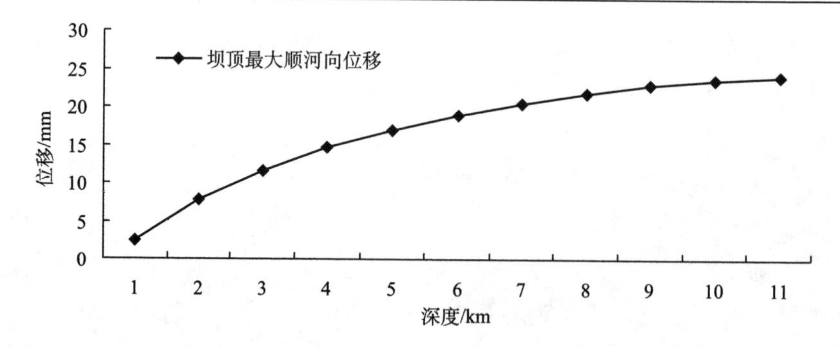

图 4-31　小湾库盘模型坝顶最大顺河向变形随地基深度变化关系曲线

表 4-1　小湾和龙羊峡坝体径向位移

测点		高程/m	实测值 δ /mm	考虑库盘 δ_1 /mm	不考虑库盘 δ_2 /mm	$\Delta=\delta_1-\delta_2$ /mm	$\lvert\Delta/\delta\rvert$ /%
小湾	1(坝顶)	1245	131.00	131.46	138.31	–6.85	5.23
	2	1174	111.00	112.34	117.66	–5.32	4.79
	3	1100	81.81	83.49	87.35	–3.86	4.72
	4	1050	35.52	36.93	39.03	–2.10	5.91
	5(坝基)	963	8.84	10.79	12.05	–1.26	14.25
龙羊峡	1(坝顶)	2600	22.73	34.21	46.01	–11.80	51.91
	2	2560	20.59	23.76	34.60	–10.84	52.65
	3	2497	10.74	10.39	15.75	–5.36	49.91
	4(坝基)	2463	5.72	5.26	8.62	–3.36	58.74

注：表中的径向位移值以向下游侧为正；δ 为坝体位移实测值，δ_1 为考虑库盘变形的坝体位移计算值，δ_2 为未考虑库盘变形的坝体位移计算值。

库盘作用使坝体产生向上游的倾倒变形，对两座拱坝的拱冠梁坝段位移影响分别为 1.26～6.85mm、3.36～11.80mm。考虑库盘变形的影响后，小湾坝体垂线测点位移的计算值更加接近实测值。库盘变形对大坝位移的影响，小湾坝基以上部位在 5%左右，坝基部位超过 10%；龙羊峡均在 50%左右。

通过上述计算分析，对于库容较小、河道细长的工程，因坝前水量有限，库盘的影响较小；而对于坝前库容较大、河道宽阔的工程，因大量的水荷载集中于坝前，库盘对混凝土坝变形的影响明显。通过建立大范围库盘和小范围近坝区两种尺度有限元模型，可以分析混凝土坝变形受库盘变形的影响程度，考虑库盘变形的分析成果与实测资料更加吻合。因此，在利用实测资料进行坝体、坝基力学参数反演分析和拟定变形安全监控指标时，应考虑库盘变形的影响。同时，对于高坝大库工程，库盘的作用影响较大，但大范围库盘有限元模型的力学参数常不易得到，布置一定数量的库盘变形监测点将有利于反演库盘变形综合力学参数，据此分析评价库盘变形的影响效应。

4.4.2　小湾双曲拱坝结构性态模拟分析

下面针对小湾高拱坝工程，结合库盘大尺度模型研究成果，建立近坝区的小尺度模型，开展库盘变形对高坝大库工程运行性态的影响研究。为准确分析库盘变形对坝体的影响，对近坝范围的地形、地质条件和坝体结构进行了细致模拟，以拱坝中心线为基准，左右岸方向各取 1100m；以坝顶原点为基准，向上游取 600m，向下游取 650m；建基面以下取约 2.5 倍坝高；坝顶高程以上岩体边坡模拟到临空面边界，建立的近坝区有限元模型如图 4-32 所示。

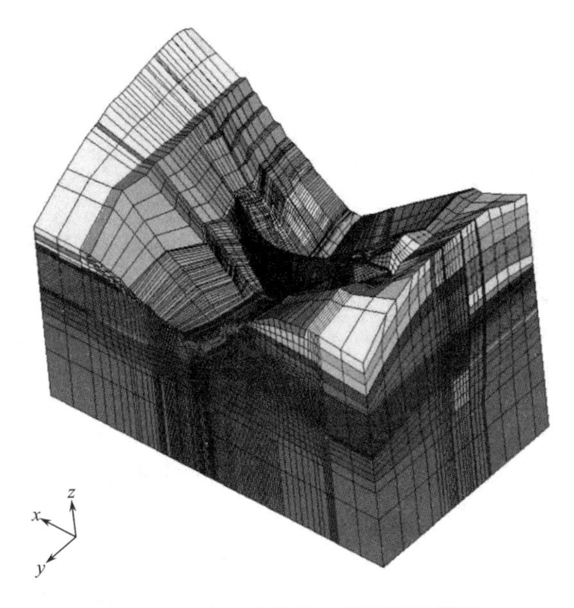

图 4-32　小湾高拱坝工程有限元模型

从已有的工程分析和试验成果以及已建大坝运行情况来看，高拱坝及岩基可能发生的破坏主要表现为坝体局部开裂、上游坝踵的开裂、下游坝趾处坝体和地基的局部屈服破坏、沿建基面的开裂或屈服、坝肩块体失稳等，可归纳为局部屈服和整体失稳两种类型的破坏。结合小湾工程的实际情况，考虑库盘变形对坝体结构的影响，对坝体强度点屈服安全度、危险滑动面的抗滑稳定安全度和整体稳定超载安全度开展研究。

4.4.2.1　坝体强度点屈服安全度

在工程设计中，坝体强度以点安全度作为控制条件，按容许应力法设计，而坝体应力则按拱梁分载法的计算结果取值。实际上，拱坝作为受基础强约束的高次超静定结构，有很强的整体性，当坝体内任一点或某一局部区域的应力超过容许值，并不意味着拱坝丧失正常工作能力，而是可以通过材料的非线性特性以及拱坝的自平衡体系使应力得到调整。因此，下面利用有限元方法，考虑坝体、坝基材料的非线性特性，计算坝体强度的点安全度。点安全度基于 Drucker-Prager 屈服准则进行计算，以拉应力为正，压应力为负，D-P 屈服面可表示为

$$f = \alpha I_1 + \sqrt{J_2} - H = 0 \tag{4-58}$$

式中：$I_1 = \sigma_1 + \sigma_2 + \sigma_3 = \sigma_x + \sigma_y + \sigma_z$；$J_2 = \frac{1}{6}\left[\left(\sigma_x - \sigma_y\right)^2 + \left(\sigma_y - \sigma_z\right)^2 + \left(\sigma_x - \sigma_z\right)^2 + 6\left(\sigma_{xy}^2 + \sigma_{yz}^2 + \sigma_{xz}^2\right)\right]$；$\alpha$、$H$ 为材料参数，由 f、c 值确定，采用 D-P 准则为库仑六边形外接圆的方式确定参数，则 $\alpha = \frac{2\sin\varphi}{\sqrt{3}(3-\sin\varphi)}$，$H = \frac{6\cos\varphi}{\sqrt{3}(3-\sin\varphi)}$，$c$ 为凝聚力，φ 为内摩擦角。

基于式(4-58)，D-P 点安全度可表示如下(考虑抗拉强度 σ_t)：

(1)若 $H - \alpha I_1 \geqslant 0$，则 $K_p = (H - \alpha I_1)/\sqrt{J_2}$ (或 $\sigma_1 > 0$ 时，与 σ_t/σ_1 的小者)；

(2)若 $H - \alpha I_1 \leqslant 0$，则 $K_p = \sigma_t/\sigma_1$。

低温工况是小湾拱坝应力的不利条件，因此，考虑库盘的作用，对正常蓄水位+温降工况下拱坝的点安全度进行了计算，得到建基面的点安全度如图 4-33 所示。

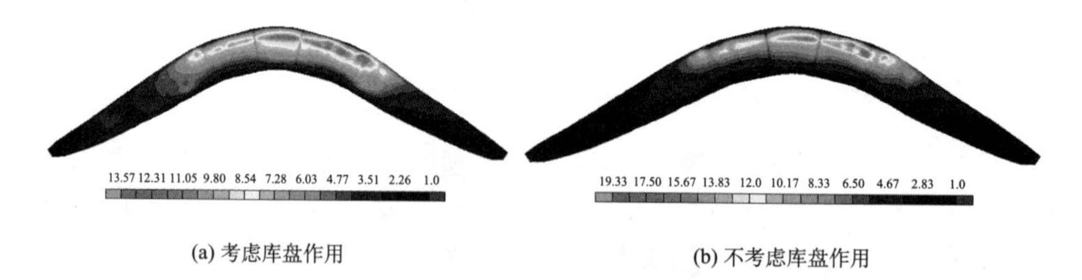

(a) 考虑库盘作用　　(b) 不考虑库盘作用

图 4-33　小湾建基面点屈服安全度云图

由图 4-33 可知，考虑或不考虑库盘影响下，建基面点安全度分布规律大致相同：河床坝段大，坝肩坝段小；坝基中部大，坝踵、坝趾小。两种工况下，建基面安全度最大值分别为 13.57 和 19.33，相比而言，考虑库盘时安全度分布比较均匀，对材料强度的利用更加充分。

各高程坝踵、坝趾的点安全度分布如图 4-34 所示，可以看出：考虑库盘作用时，安全度不足的区域位于右岸坝趾 1245m 附近；不考虑库盘作用时，安全度不足的区域位于右岸坝趾 1245m、右岸坝踵 1070m 附近，范围有所增加，建基面其余部位安全度均大于 1，满足强度要求。

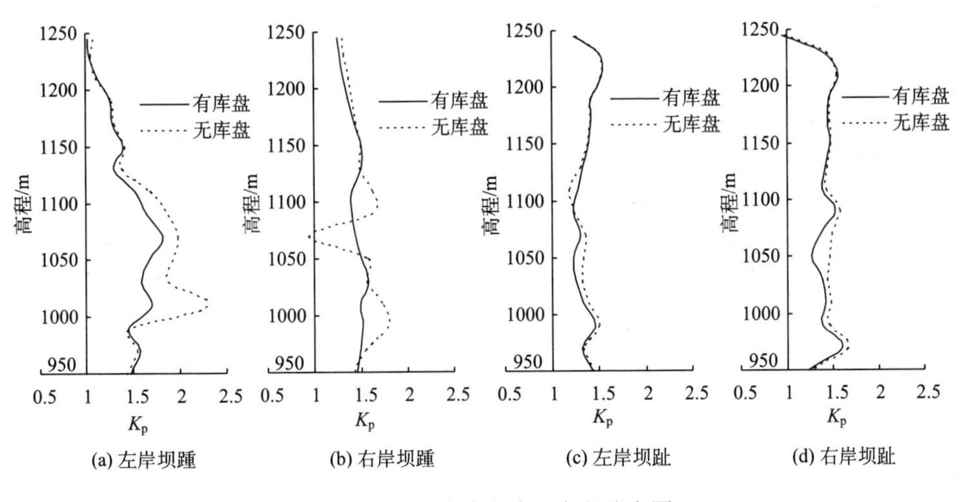

图 4-34　坝基点安全度沿高程分布图

4.4.2.2　坝基浅表部位抗滑稳定安全度

小湾工程河床坝段坝基面以下的浅层岩体，由于开挖卸荷作用形成一定深度的松动区，在拱坝运行过程中是潜在的危险滑动面，故通过计算小湾 1050m 高程以下河床坝段沿坝基浅表部位的整体抗滑稳定安全度，对该部位的抗滑稳定性进行评估。根据是否考虑材料的凝聚力，危险滑动面的抗滑稳定安全度表示如下。

(1) 抗剪断公式

$$K_{f_1}=\frac{\sum(f_i\sigma_i+c_i+u_i)A_i}{\sum\tau_iA_i} \tag{4-59}$$

(2) 抗剪公式

$$K_{f_2}=\frac{\sum\left(f_i'\sigma_i+u_i\right)A_i}{\sum\tau_iA_i} \tag{4-60}$$

式中：f_i 为剪切面摩擦系数；c_i 为剪切面凝聚力；σ_i 为剪切面正应力；τ_i 为剪切面切应力；u_i 为相应点的扬压力强度；f_i' 为抗摩擦系数。

高温工况是影响小湾拱坝整体稳定的不利工况，因此，考虑库盘变形的作用，对正常蓄水位+温升荷载工况下河床坝段危险滑动面的抗滑稳定安全度进行了计算，滑动面上的扬压力分布根据建基面测压管和渗压计的监测资料确定。由式(4-59)和式(4-60)，计算得到危险滑动面的抗滑稳定安全系数，见表 4-2。

表 4-2　坝基浅表部位抗滑稳定安全度

抗滑稳定安全度	抗剪断公式		抗剪公式	
	考虑库盘	不考虑库盘	考虑库盘	不考虑库盘
滑动力/万 t	484.46	496.58	484.46	496.58
阻滑力/万 t	1256.74	1173.35	773.11	706.49
安全度	2.59	2.36	1.60	1.42

由计算结果可知，当未考虑库盘变形影响时，两种公式得到的安全度均未达到规范规定值（$K_{f_1} > 2.5$，$K_{f_2} > 1.5$）；当考虑库盘变形影响时，坝基浅表的稳定性安全度较高，抗滑稳定安全度 K_{f_1}、K_{f_2} 分别增加了 0.23 和 0.18，大于规范规定值。

4.4.2.3　拱坝整体稳定超载安全度

拱坝因具有很强的超载能力而表现出突出的安全性能，在试验和研究中也常以超载能力作为拱坝设计合理性和安全性评价的重要指标。常利用超载法对拱坝和坝基系统的整体安全性能进行评价，模拟实际作用荷载的不确定性和评价大坝承受超载作用的能力。超载法的原理是通过超载使得拱坝-地基系统达到破坏前的极限平衡状态，进而根据此状态下由荷载改变的倍数来确定拱坝的超载安全度 K_{p}。超载有增加上游水体容重和提高上游总水头两种方法，采用水容重超载法时，总水头合力的大小增加到 K 倍（$K = \gamma_{超}/\gamma_{水}$），但总水头合力的位置并没有改变；采用水头超载法时，不仅总水头合力的大小发生改变，其位置也向上移动，对大坝结构性能变化影响较大，这里采用水容重超载法对小湾拱坝的超载安全度进行分析。与模型试验中坝体结构最终发生破坏不同，有限元法分析结构超载安全度时，需要根据一定的指标来判断其是否达到极限平衡状态，通常的破坏判据有位移突变性判据和塑性区贯通判据，下面综合这两种判据，对小湾拱坝整体稳定的超载安全度进行评价。

以水容重超载法计算了温升荷载工况下的小湾拱坝的超载安全度，在正常荷载的基础上(K_{p}=1)，以 1 倍荷载为间隔，逐步增大各荷载，包括上游水压、下游水压、淤沙压力和库盘变形边界条件。超载过程中，温度荷载保持不变。

1) 位移突变性判据

选取拱冠梁坝顶、坝基，左、右岸 1240m 高程坝肩四个位置作为坝体位移的特征点，特征点顺河向位移随超载系数变化如图 4-35 所示。

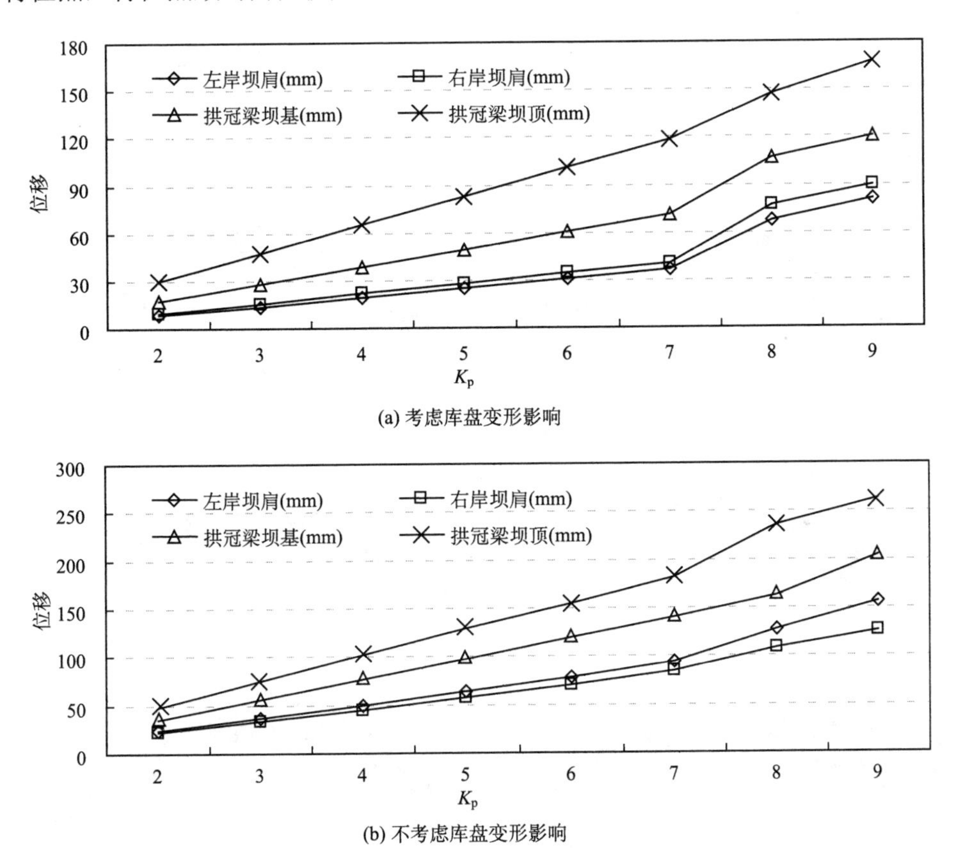

图 4-35　特征点顺河向位移与超载系数关系

各特征点顺河向位移随超载系数的增大而增大，当 K_p 小于 7 时，特征点位移随超载系数呈线性的增长关系，当增至 8 时，各特征点的位移发生了突变，此时拱坝与地基系统的状态发生了变化，说明当 K_p 达到 7 左右时，坝体处于破坏前的极限状态。

2) 塑性区贯通判据

图 4-36 和图 4-37 给出了不同超载系数对应的建基面塑性区分布，建基面塑性区的范围随超载系数的增大而发生扩展。以考虑库盘变形影响为例，K_p=2 时，坝踵出现一定深度的塑性区，右岸坝趾出现小范围的塑性区；K_p=4 时，塑性区向建基面内部发展，范围进一步扩大；K_p=6 时，建基面局部开始出现明显的贯穿上

下游的塑性区；K_p=8 时，建基面几乎全断面出现塑性区。说明当 K_p 达到 5 左右时，坝体处于破坏前的极限状态。经对比可知，在库盘变形的影响下，建基面出现塑性区的范围有所减小。

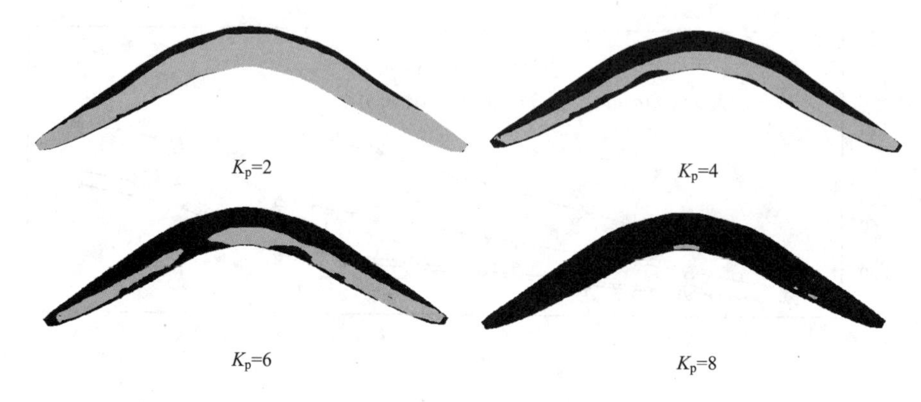

图 4-36 考虑库盘变形影响时建基面塑性区分布

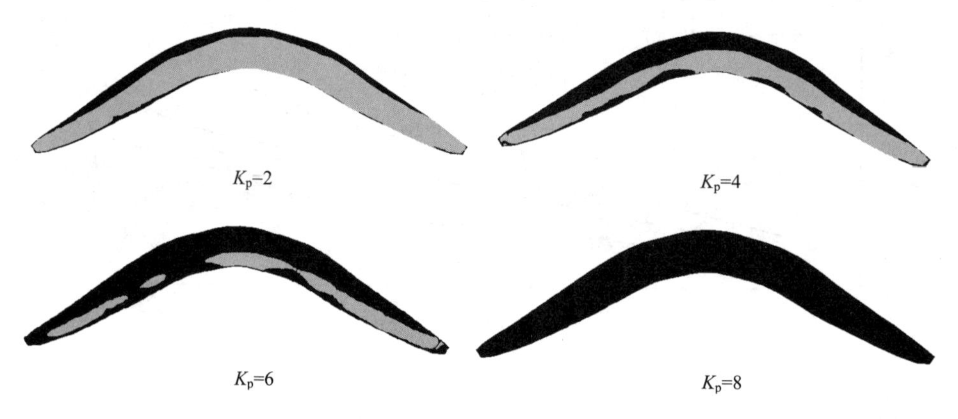

图 4-37 不考虑库盘变形影响时建基面塑性区分布

综合考虑位移突变性判据和塑性区贯通判据，小湾拱坝整体稳定超载安全度在 5 左右，在库盘变形的影响下，拱坝超载安全度计算结果更加符合实际。

综上所述，与未考虑库盘变形影响相比，考虑库盘变形影响后，小湾建基面点安全度不足的区域有所减少，危险滑动面的抗滑稳定安全度有所提高，超载安全度也有一定的提高，也就是说，库盘变形会使得拱坝安全度的计算更符合实际，同时也表明当前大坝安全度的计算方法对工程运行而言是偏于安全的。考虑库盘变形后，坝踵会产生一定的竖向压应力减小量和最大主应力增大量，在结构设计时应予考虑；同时，高坝大库工程的大坝工作性态分析宜考虑库盘变形引起的影响。

4.4.3　龙羊峡重力拱坝结构性态模拟分析

近坝区模型选取向上游扩展长度 640m，下游扩展长度 580m，左右岸分别扩展宽度 405m 和 480m，主要模拟了坝址区 F18，F71，F73，A2，F120，G4，F58-1 等较大断层。同时，该模型还模拟了地下处理结构传力洞、帷幕灌浆和大坝廊道、坝后副厂房大体积框架结构等工程措施的作用，见图 4-38。龙羊峡近坝区模型共有节点 204 806 个，单元 192 494 个。模型中坐标系的选取：*X* 轴平行于拱坝中心线，指向下游为正，*Y* 轴垂直于拱坝中心线，指向左岸为正；*Z* 轴以竖直向上为正。有限元模型采用六面体八节点等参单元，部分区域考虑地形地质条件影响，采用五面体六节点等参单元。

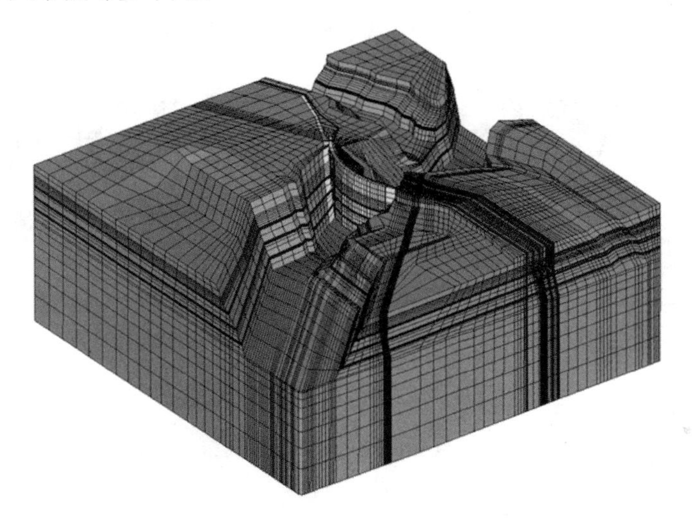

图 4-38　近坝区有限元计算模型

为研究龙羊峡高水位工况库盘变形对大坝结构性态的影响，选定计算工况如下：工况一，库盘影响+水压荷载+淤沙+设计温降荷载；工况二，库盘影响+水压荷载+淤沙+设计温升荷载；计算水位分别取正常蓄水位 2600m(龙羊峡水库于 2018 年 11 月 5 日首次蓄至正常蓄水位)。

4.4.3.1　正常蓄水位下的大坝变形性态

2600m 水位库盘变形引起的坝体顺河向变形如图 4-39 所示，工况一和工况二下坝体顺河向变形如图 4-40 和图 4-41 所示，图中数值为大库盘变形影响量值，未换算为坝体垂线相对倒垂基点的量值。可以看出，库水位引起的坝体水平变形符合一般规律，由于水库新增水体作用引起库盘变形和水库重心的偏移导致坝体向上游变形，且变形规律分布不对称，变形量右岸大于左岸。

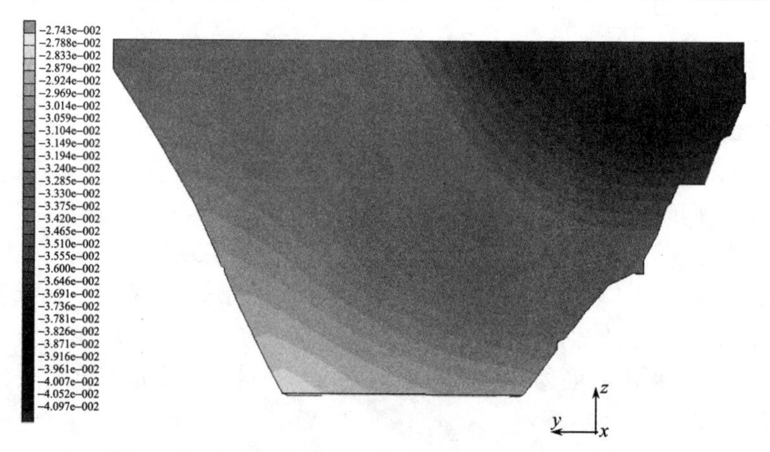

图 4-39　2600m 水位库盘变形引起的坝体顺河向变形

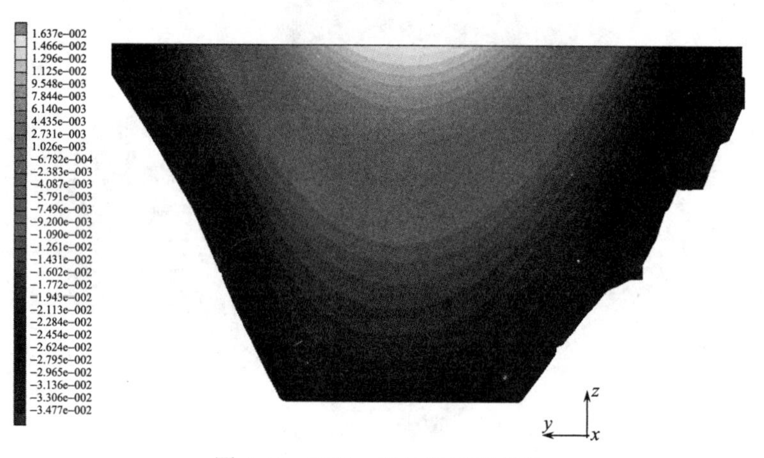

图 4-40　工况一坝体顺河向变形

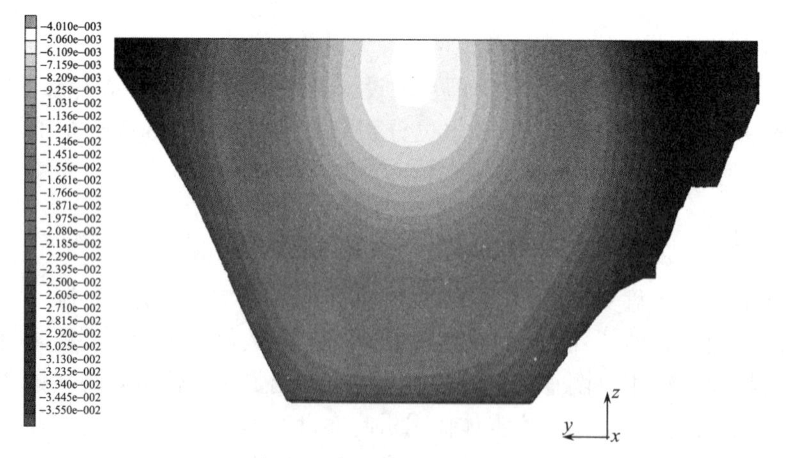

图 4-41　工况二坝体顺河向变形

在不考虑库盘变形影响时，拱冠梁水平径向总体向下游变形，但在库盘变形作用下，径向位移向下游变形量减小。正常蓄水位2600m时，考虑库盘变形影响时，设计温降工况，坝顶测点向下游最大变形量为32.72mm($3^{\#}$垂线)，占无库盘影响时的75.3%。考虑库盘变形与不考虑库盘变形时，拱冠梁($3^{\#}$垂线)：设计温降和温升下，水平径向位移向下游最大变形量相对减小10.73mm，分别占无库盘影响温降和温升工况变位的24.7%和33.9%。左1/4拱($2^{\#}$垂线)：设计温降和温升下，水平径向位移向下游最大变形量相对减小3.52mm，分别占无库盘影响温降和温升工况变位的21.9%和43.9%。右1/4拱($5^{\#}$垂线)：设计温降和温升下，水平径向位移向下游最大变形量相对减小12.61mm，分别占无库盘影响温降和温升工况变位的48.7%和76.2%。通过对龙羊峡工程研究认为，库盘作用引起坝体向上游倾斜变形是客观存在的，揭示了库盘变形对大坝变形性态的影响规律和大小。即使库盘变形相对无库盘时对坝体变形影响最大达到22%～76%，但也不致影响大坝安全服役。

4.4.3.2　坝基和左右岸坝肩主要不稳定块体稳定性分析

坝基各断层计算结果见图4-42，这里仅给出不利工况各断层屈服性态，即库盘+水压荷载+自重+淤沙+温升工况，可以看出：各断裂均出现少量塑性区，且

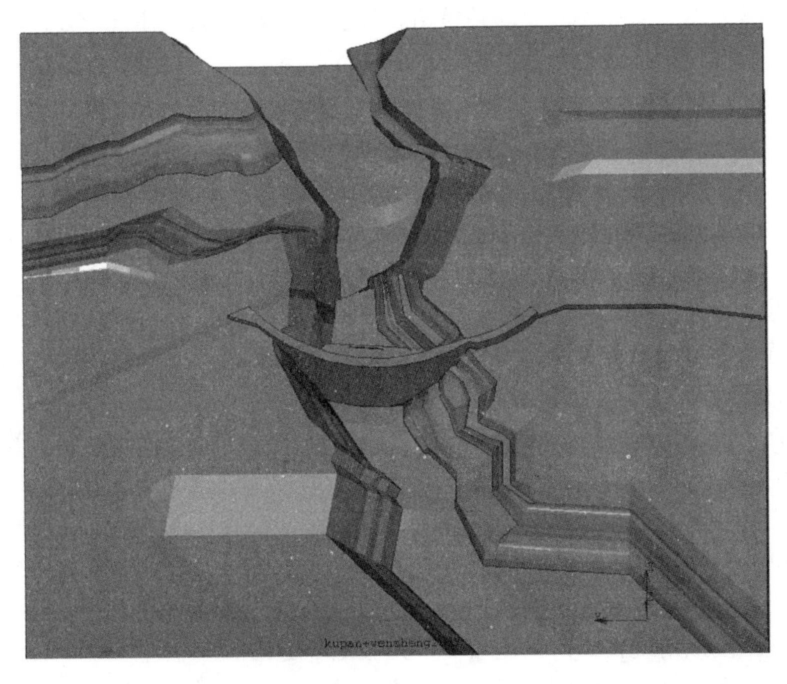

图4-42　“库盘+水压荷载+自重+淤沙+温升”工况下塑性区

出现部位相同；在不考虑库盘作用下，塑性区主要集中在左岸 G4 断层、右岸 F58-1 断层附近；在库盘作用影响下，塑性区主要集中在左岸 G4 断层、F73 断层和 F71 断层，右岸 F58-1 断层附近，即库盘变形的影响不仅使左岸岩体出现新的塑性区，同时也使得坝体上游塑性区范围出现略微扩大趋势。

总体认为，坝基主要断层在库盘作用下虽然都出现了不同程度的屈服现象，相对无库盘作用时原有塑性区范围略有扩大的趋势，同时又出现新的局部塑性区，但其拉、压变形量级很小，对于坝体工作性态不会构成明显影响。

坝肩右岸有倾向下游的断裂 F66、F18、F49、F314 等组成右坝肩岩体底部可能滑移面，侧面有 F120 及 NE 向裂隙切割；左岸下游断层 F73 倾向下游，角 50°～60°与 F7 相交。于 2450m 高程及其以下出露有 F215、T12、T25 等缓倾角与 F73 相连，组成可能底滑移面。库盘变形作用下左、右岸坝肩主要不稳定块体稳定复核结果见表 4-3。

表 4-3　左、右岸主要不稳定块体抗滑稳定安全系数

工况	左岸	右岸
安全系数	2.94	3.15

经复核，左、右岸不稳定块体抗滑稳定安全系数与原设计值十分接近，基本满足龙羊峡原设计抗滑稳定控制标准 3.0～3.5 要求。

4.5　库盘变形对坝体裂缝稳定性的影响分析

裂缝是混凝土坝损伤破坏最常见的病害之一，大坝结构裂缝的出现和发展会引起周围应力的突变、重分布，使得结构的整体刚度降低，所以裂缝稳定性的分析具有重要意义。在前文库盘大尺度模型和近坝区小尺度模型计算分析的基础上，利用数值分析方法，通过建立坝体裂缝的细尺度模型，研究库盘变形对坝体裂缝稳定性的影响。

现有的模拟结构裂缝的有限元模型都有其适用性和局限性，比如离散裂缝模型分为不带弹簧和带弹簧两种模型，其中不带弹簧模型在裂缝发生扩展后需要修改网格非常麻烦，带弹簧模型无须更改计算网格，裂缝扩展时只需要改变弹簧的常数即可，但是需要事先假定裂缝的位置和方向；无拉力模型能够利用能量的改变来判断裂缝是否扩展，但裂缝扩展后也需要更改计算网格；接触单元模型力学概念明确，模拟精度较高，但是需要事先假定裂缝的法向刚度系数和切向刚度系数。薄层单元模型多用于模拟岩体的软弱夹层、混凝土坝接缝及坝体与岩石基础的基础面，尤其是可以较好地模拟缝面的剪切滑动特性，针对小湾坝体温度裂缝产生和发展过程，下面采用比较切合工程实际的薄层单元进行模拟。

4.5.1　薄层单元模拟方法

图 4-43(a) 为薄层单元及其局部坐标，图 4-43(b) 为平面四节点等参元母单元，薄层单元能较好地模拟裂缝面的张开、剪切滑动等特性。由于薄层单元比常规单元平面特征尺寸小得多，因此可忽略部分应变量。

令

$$\varepsilon_x' = \varepsilon_y' = \gamma_{xy}' = 0 \tag{4-61}$$

并取

$$\varepsilon_x' \approx \frac{1}{b_a}\Delta w' \qquad \gamma_{xy}' \approx \frac{1}{b_a}\Delta v' \qquad \gamma_{yz}' \approx \frac{1}{b_a}\Delta u' \tag{4-62}$$

式中：$\Delta u'$、$\Delta v'$、$\Delta w'$ 为单元上下面上任一点的相对位移。

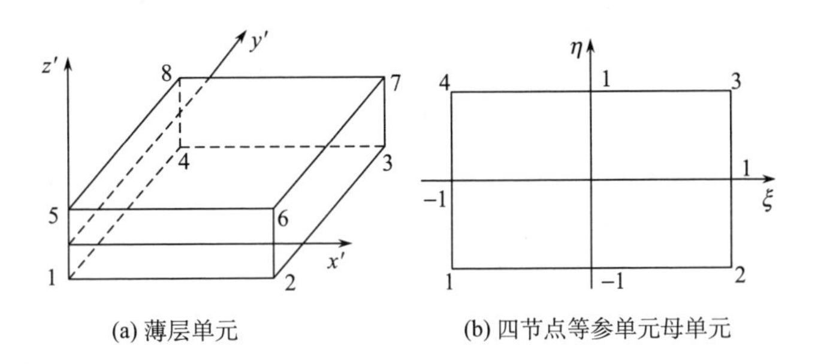

(a) 薄层单元　　(b) 四节点等参单元母单元

图 4-43　薄层单元及等参元母单元

弹性应力与相对位移之间的关系：

$$\{\sigma'\} = \begin{Bmatrix} \tau_{xz}' \\ \tau_{yz}' \\ \sigma_z' \end{Bmatrix} = [\lambda'] \begin{Bmatrix} \Delta u' \\ \Delta v' \\ \Delta w' \end{Bmatrix} + \{\sigma^{0'}\} \tag{4-63}$$

式中：$\{\sigma^{0'}\} = \left[\tau_{xz}^{0'}\ \tau_{yz}^{0'}\ \ \sigma^{0'}\right]^{\mathrm{T}}$ 为初应力。

对于带缝拱坝而言，其裂缝影响带的厚度 b_a 大于零，则式 (4-63) 中的 $|\lambda'|$ 由下式得到

$$[\lambda'] = \begin{bmatrix} G/b_a & & 0 \\ & G/b_a & \\ 0 & & E/b_a \end{bmatrix} \tag{4-64}$$

式中：E、G 分别为薄层单元弹性模量和剪切弹性模量。

单元节点位移在局部坐标系和整体坐标系中的位移列阵满足如下的坐标变换

关系：

$$\begin{Bmatrix} u' \\ v' \\ w' \end{Bmatrix} = [T_0] \begin{Bmatrix} u \\ v \\ w \end{Bmatrix} \tag{4-65}$$

式中：

$$[T_0] = \begin{bmatrix} l_1 & l_2 & l_3 \\ m_1 & m_2 & m_3 \\ n_1 & n_2 & n_3 \end{bmatrix} \tag{4-66}$$

式中：(l_i, m_i, n_i)（i=1,2,3）为局部坐标 x'、y'、z' 在整体坐标中的方向余弦。

利用平面四节点等参单元插值公式，有

$$\begin{Bmatrix} \Delta u \\ \Delta v \\ \Delta w \end{Bmatrix} = \sum_{i=1}^{4} N_i(\xi,\eta) \left(\begin{Bmatrix} u_{i+4} \\ v_{i+4} \\ w_{i+4} \end{Bmatrix} - \begin{Bmatrix} u_i \\ v_i \\ w_i \end{Bmatrix} \right) = [M]\{\delta\}^e \tag{4-67}$$

式中：$\{\delta\}^e = [u_1\ v_1\ w_1\ \dots\ u_8\ v_8\ w_8\ ]$ 为单元节点位移列阵；$[M] = [-N_i\boldsymbol{I} \quad N_i\boldsymbol{I}]$（$i$=1,2,3,4）；$\boldsymbol{I}$ 为 3×3 单位矩阵；$N_i(\xi,\eta)$（i=1,2,3,4）为平面四节点等参单元形函数。

弹性应力的节点位移量表达式为

$$\{\sigma'\} = [\lambda'][T_0] \begin{Bmatrix} \Delta u \\ \Delta v \\ \Delta w \end{Bmatrix} = [\lambda'][T_0][M]\{\delta\}^e \tag{4-68}$$

利用虚功原理，可建立如下有限元方程：

$$[K]^e \{\delta\}^e = \{R\}^e + \{R^0\}^e \tag{4-69}$$

式中：$\{R\}^e$ 为单元节点荷载；$\{R^0\}^e = -\iint\limits_{S_e} [M]^{\mathrm{T}} [T_0]^{\mathrm{T}} \{\sigma^{0'}\} \mathrm{d}x'\mathrm{d}y'$ 为单元初应力等效节点荷载，单元刚度矩阵为

$$\begin{aligned} [k]^e &= \iint\limits_{S_e} [M]^{\mathrm{T}} [T_0]^{\mathrm{T}} [\lambda'][T_0][M] \mathrm{d}x'\mathrm{d}y' \\ &= \int_{-1}^{1}\int_{-1}^{1} [M]^{\mathrm{T}} [T_0]^{\mathrm{T}} [\lambda'][T_0][M] |J| \mathrm{d}\xi \mathrm{d}\eta \end{aligned} \tag{4-70}$$

该单元刚度矩阵可以方便地与六面体八节点单元刚度矩阵组装到一起，由此构成薄层单元有限元分析模型。

缝面的破坏模式可分为抗裂、压剪和拉剪三种，其弹性矩阵可以取下面的

形式：

$$[\lambda']=\begin{bmatrix}\beta\lambda_s & & 0\\ & \beta\lambda_s & \\ 0 & & 0\end{bmatrix} \tag{4-71}$$

式中：β为折减因子，可以取比较小的数；λ_s为界面的切向刚度系数。

4.5.2　裂缝薄层单元等效弹性模量估算方法

4.5.2.1　裂缝薄层单元等效弹性模量理论求解方法

图 4-44 为裂缝薄层单元模型，假定薄层单元(沿径向方向)为 B，裂缝影响带的厚度为 b，坝体混凝土的厚度为 c，则有 $c=B-b$。同时，假定坝体混凝土弹性模量为 E_c，泊松比为 μ_c；裂缝影响带的弹性模量为 E_b，泊松比为 μ_b；坝体混凝土平行于裂缝面方向的等效弹性模量为 E_1，垂直于裂缝面方向的等效弹性模量为 E_2，其综合泊松比为 μ，并假定坝体混凝土、裂缝影响带的泊松比相等，即 $\mu_c=\mu_b=\mu$。

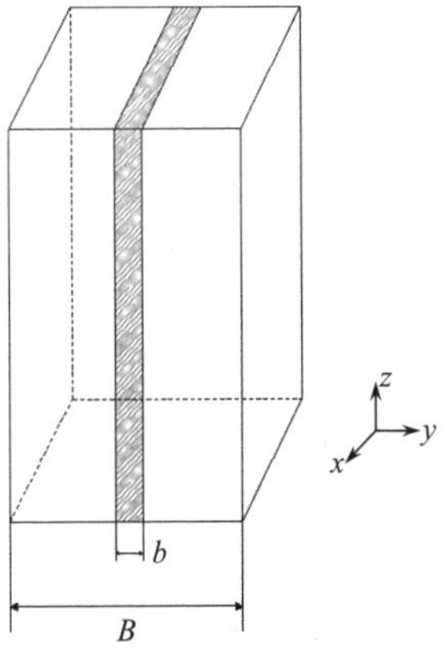

图 4-44　裂缝薄层单元模型

根据复合材料理论，在 x 方向或 z 方向在裂缝薄层单元施加一平均应力 σ 作用在横截面 A 上，其对应作用在裂缝影响带横截面 A_b 和坝体混凝土横截面 A_c 上的平均应力分别为 σ_b 和 σ_c，则有

$$A\sigma=A_b\sigma_b+A_c\sigma_c \tag{4-72}$$

假设在 σ、σ_b 和 σ_c 作用下 X 向产生的轴向应变为 ε，同时假定各部分紧密结合，则式(4-72)可变成

$$AE_1\varepsilon=A_bE_b\varepsilon+A_cE_c\varepsilon \tag{4-73}$$

令 $C_b=A_b/A$，$C_c=A_c/A$，且有 $C_b+C_c=1$，则式(4-73)为

$$E_1=C_bE_b+C_cE_c \tag{4-74}$$

同理，在 y 方向作用一平均应力 σ_y，并假定裂缝薄层单元、裂缝影响带和坝体混凝土承受相等的垂直于裂缝面方向的平均应力 σ_y。设在该平均应力作用下，上述对应部分的应变分别为 ε_y、ε_b、ε_c，则总的变形有

$$\varepsilon_yB=\varepsilon_bb+\varepsilon_cc \tag{4-75}$$

进而有

$$\frac{\sigma}{E_2}B=\frac{\sigma}{E_b}b+\frac{\sigma}{E_c}c \tag{4-76}$$

即
$$\frac{1}{E_2}=\frac{C_b}{E_b}+\frac{C_c}{E_c} \tag{4-77}$$

则
$$E_2=\frac{E_bE_c}{C_cE_b+C_bE_c} \tag{4-78}$$

研究表明：利用式(4-74)计算得到的沿裂缝面方向的等效弹性模量与试验值基本一致；利用式(4-78)计算所得的垂直裂缝面方向的等效弹性模量与试验值相比偏小，而利用式(4-74)作为推求垂直于裂缝面方向的等效弹性模量与试验值相比偏大。为分析式(4-74)和式(4-78)的关系，令$E_c=\lambda E_b$，$F=E_1-E_2$，则有

$$\begin{aligned}F&=E_bC_b+E_cC_c-\frac{E_bE_c}{C_cE_b+C_bE_c}=E_bC_b+\lambda E_bC_c-\frac{\lambda E_b}{C_c+\lambda C_b}\\&=\frac{E_b(C_b+\lambda C_c)(C_c+\lambda C_b)-\lambda E_b}{C_c+\lambda C_b}\end{aligned} \tag{4-79}$$

由于$C_b+C_c=1$，则

$$F=\frac{E_b(\lambda-1)^2C_cC_b}{C_c+\lambda C_b} \tag{4-80}$$

由式(4-80)可知$F\geqslant 0$，即$E_1\geqslant E_2$，反映了由式(4-74)计算得到的垂直于裂缝面的等效弹性模量大于或等于由式(4-78)计算得到的该方向的等效弹性模量。而由试验表明，用式(4-74)和式(4-78)来计算实际的垂直于裂缝面的等效弹性模量都会带来偏差。

4.5.2.2 裂缝薄层单元实际等效弹性模量变化区间分析

由上分析表明，采用式(4-74)和式(4-78)计算得到的垂直于裂缝面的等效弹性模量都会带来偏差，故下面重点研究实际在该方向的等效弹性模量变化区间。假定坝体混凝土在某应力作用下应力和应变宏观上是均匀的，而微观范围内应力应变是不均匀的，并在允许应力场范围内，坝体混凝土内部满足平衡条件，在各部分的边界上满足力的边界条件。在单向应力σ_y作用下，其允许的应力场应变能为U_0，则有

$$U_0=\frac{1}{2}\int_V\frac{\sigma_y^2}{E}\mathrm{d}v=\frac{1}{2}\sigma_y^2\int_V\frac{\mathrm{d}v}{E}=\frac{1}{2}\sigma_y^2\left[\int_{V_b}\frac{\mathrm{d}v}{E_b}+\int_{V_c}\frac{\mathrm{d}v}{E_c}\right]=\frac{1}{2}\sigma_y^2\left(\frac{C_b}{E_b}+\frac{C_c}{E_c}\right)V \tag{4-81}$$

式中：V、$V_b\,(=VC_b)$、$V_c\,(=VC_c)$分别为裂缝薄层单元、裂缝影响带和坝体混凝土对应的体积；E为裂缝薄层单元等效弹性模量。

根据最小余能原理，U_0总大于或等于真实应力对应的应变能U，即$U_0\geqslant U$，设真实应力场对应的应变能为U，则U利用等效弹性模量E计算得到的坝体应变

能为 $\frac{V}{2E}\sigma_y^2$。则有

$$\frac{1}{2}\sigma_y^2\left(\frac{C_b}{E_b}+\frac{C_c}{E_c}\right)V \geqslant \frac{V}{2E}\sigma_y^2 \tag{4-82}$$

由式(4-82)得到

$$E \geqslant \frac{E_b E_c}{E_b C_c + E_c C_b} \tag{4-83}$$

此外，假定裂缝薄层单元作用力为零值除外的表面有给定的位移，则在真实位移场下得到的真实应变能 U 不大于容许应变场产生的应变能 U_0。假定裂缝薄层单元受单向应力作用，其产生的应变量为 ε，为分析方便，令 $\mu_b=\mu_c=\mu$，则可得到坝体混凝土的应力-应变关系为

$$\begin{cases}\sigma_{xc}=E_c\varepsilon \\ \sigma_{zc}=0 \\ \tau_{xzc}=\tau_{yzc}=\tau_{xyc}=0\end{cases} \tag{4-84}$$

同理可得到裂缝影响带 b 的应力-应变关系为

$$\begin{cases}\sigma_{xb}=E_b\varepsilon \\ \sigma_{zb}=0 \\ \tau_{xzb}=\tau_{yzb}=\tau_{xyb}=0\end{cases} \tag{4-85}$$

裂缝薄层单元的应力-应变关系为

$$\begin{cases}\sigma_{xs}=E\varepsilon \\ \sigma_{zs}=0 \\ \tau_{xys}=\tau_{yzs}=\tau_{xzs}=0\end{cases} \tag{4-86}$$

式(4-84)～式(4-86)中，$\sigma_{ij}(i=x、y、z，j=c、b、s)$分别对应各方向的正应力；$\tau_{klm}(k=x、y、z，l=x、y、z，m=c、b、s)$分别对应各方向的剪应力。

利用应变能方程可得到

$$\begin{cases}U_0=\frac{\varepsilon^2}{2}\left(E_bC_b+E_cC_c\right)V \\ U=\frac{1}{2}E\varepsilon^2V\end{cases} \tag{4-87}$$

根据最小势能原理有

$$U_0 \geqslant U \tag{4-88}$$

由式(4-87)和式(4-88)可得到裂缝薄层单元等效弹性模量 E 为

$$E \leqslant E_bC_b+E_cC_c \tag{4-89}$$

由式(4-78)、式(4-83)、式(4-89)可看出：式(4-74)求得的等效弹性模量为裂缝薄层单元垂直于裂缝影响带方向的上限值；而式(4-78)求得的等效弹性模量为裂缝薄层单元垂直于裂缝影响带方向的下限值，即实际的裂缝薄层单元垂直于裂缝影响带方向的等效弹性模量 E_s 的变化范围为

$$\frac{E_b E_c}{E_b C_c + E_c C_b} \leqslant E_s \leqslant E_b C_b + E_c C_c \tag{4-90}$$

4.5.2.3 裂缝薄层单元等效弹性模量估算方法

1)等效弹性模量取值影响因素分析

由以上分析表明，影响裂缝薄层单元垂直于裂缝影响带方向的等效弹性模量的因素包括薄层单元厚度、裂缝影响带厚度、坝体混凝土的弹性模量以及裂缝影响带的弹性模量等，即与 C_b、C_c、E_b、E_c 等有关。下面重点分析这些因素，由式(4-80)可知，裂缝影响带的实际等效弹性模量的上、下限差 F 与 C_b、C_c 和 λ 有关，如果式(4-80)中 F 值越小，则说明坝体等效弹性模量变化范围越小，在上、下限范围内的值越接近真实值。首先分析 F 的变化规律，据此分析 C_b、C_c 和 λ 的变化对 E_s 的影响。

由最优化原理可知，若 F 有极值，则有

$$\frac{\partial F}{\partial \lambda} = 0 \tag{4-91}$$

$$\frac{\partial F}{\partial C_c} = 0 \tag{4-92}$$

$$\frac{\partial F}{\partial C_b} = 0 \tag{4-93}$$

由式(4-91)得到：$\lambda = 1$ 或 $C_c = 0$ 或 $C_b = 0$。同样，由式(4-92)可到：$\lambda = 1$ 或 $C_c = 0$ 或 $C_b = 1$。由式(4-93)得到：$\lambda = 1$ 或 $C_c = 1$ 或 $C_b = 0$。

由式(4-91)～式(4-93)分析表明，当薄层单元为同性材料时，F 值达到最小，此时式(4-74)和式(4-78)推求得的薄层单元等效弹性模量相等，因此实际的裂缝薄层单元垂直于裂缝影响带方向的等效弹性模量 E_s 与 C_b、C_c 和 λ 的关系见图 4-45。由图 4-45 可看出 E_1、E_2 及 E_s 的关系，以及 E_s 随 C_c、C_b 和 λ 的变化规律。

2)等效弹性模量实际值估算方法

由上述分析可看出，裂缝薄层单元垂直于裂缝影响带方向的等效弹性模量 E_s 与 λ、C_b、C_c 有关，且其变化范围在式(4-74)和式(4-78)所计算得到的值之间。因此，在实际估算 E_s 时，除了应综合考虑 λ、C_b、C_c 影响外，还需要根据其物理

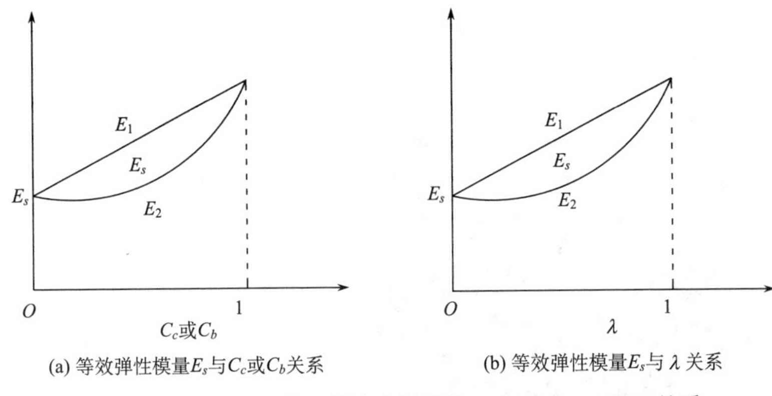

(a) 等效弹性模量E_s与C_c或C_b关系　　(b) 等效弹性模量E_s与 λ 关系

图 4-45　裂缝薄层单元等效弹性模量 E_s 与 C_c、C_b 和 λ 关系

含义来确定 E_s 上、下限的影响。从数量上说，坝体混凝土所占的比重很大，而裂缝影响带所占比重很小。将裂缝影响带和坝体混凝土所占的比例 C_b、C_c 作为变化参数来综合考察其对 E_s 的影响比较合理。考虑到 E_2 略靠近 E_s 的情况，说明 E_2 的影响相对要大一些。采用下式来估算裂缝薄层单元垂直于裂缝影响带方向的等效弹性模量

$$E_s = E_1 C_b + E_2 C_c \tag{4-94}$$

式中：E_1、E_2 通过式(4-74)、式(4-78)计算得到。

4.5.3　应用实例

为准确模拟小湾坝体温度裂缝及复杂地质状况等，对图 4-32 近坝区有限元模型进行细化，共剖分单元 779 914 个，建立节点 821 914 个，其中坝体单元 530 173 个，温度裂缝单元 7305 个，上下游贴角 10 311 个，基础单元 232 125 个，模型如图 4-46 所示。重点选择 22#坝段裂缝 22LF-2 和 22LF-4 展开分析，如图 4-47 所示：①裂缝 22LF-2 在 2009 年 5 月化学灌浆前分布高程为 1013～1050m，由于受导流中孔内高压水力劈裂，原有细微裂缝扩展，2010 年 5～8 月跟踪检查后裂缝分布高程为 1013～1058m，向上延伸了 8m，2010 年针对导流中孔作了专门处理；②裂缝 22LF-4 在 2009 年 5 月化学灌浆前分布高程为 972～1012m，估计有从下游坝面出露的趋势，2010 年 5～8 月跟踪检查后裂缝分布高程为 972～1012m，没有变化。裂缝薄层单元的弹性模量取垂直于裂缝面方向的等效弹性模量，由式(4-94)确定，取1.847×10^4 MPa，坝体混凝土和裂缝薄层单元的泊松比为 0.18。裂缝薄层单元材料参数取灌浆后的参数，f=1.12、$c = 0.90$ MPa，$f_t = 1.0$MPa 。

下面对高拱坝结构裂缝的应力分布情况和稳定性进行分析，并研究库盘变形对结构裂缝的影响。裂缝缝面屈服的判断方法：缝面拉应力大于抗拉强度，或者剪应力大于抗剪强度(莫尔-库仑准则)，即判定该缝面屈服。计算工况如下：

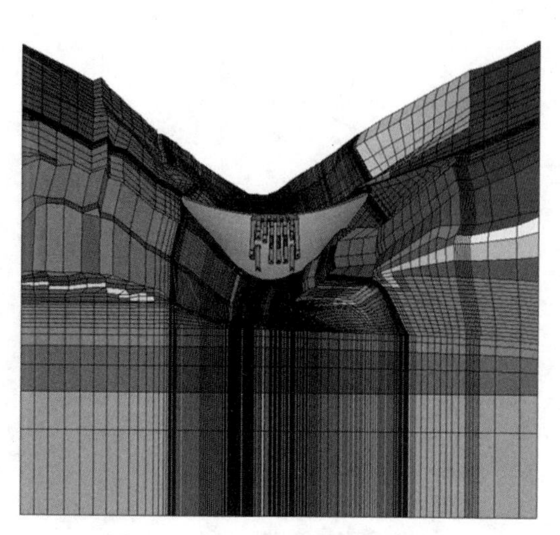

图 4-46　近坝区三维有限元模型

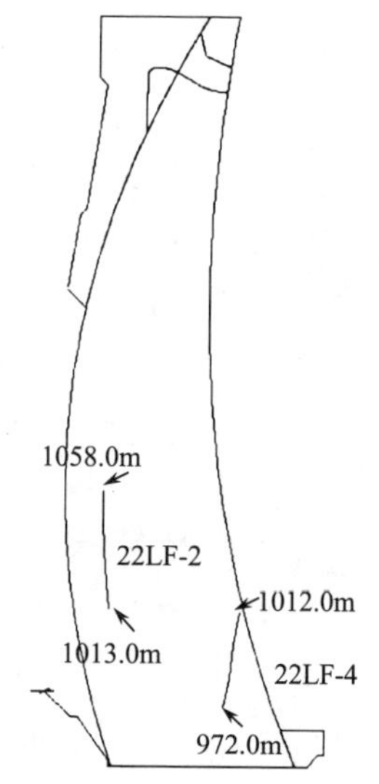

图 4-47　22LF-2 和 22LF-4 裂缝示意图

工况一：常规边界+模拟浇筑+正常蓄水位+设计温降荷载；

工况二：库盘边界+模拟浇筑+正常蓄水位+设计温降荷载。

1) 22LF-2 裂缝缝面应力分布规律

图 4-48 和图 4-49 分别给出了工况一和工况二不同情况下，22LF-2 裂缝的法向应力和切向应力分布情况，22LF-2 裂缝法向全部处于受压状态。

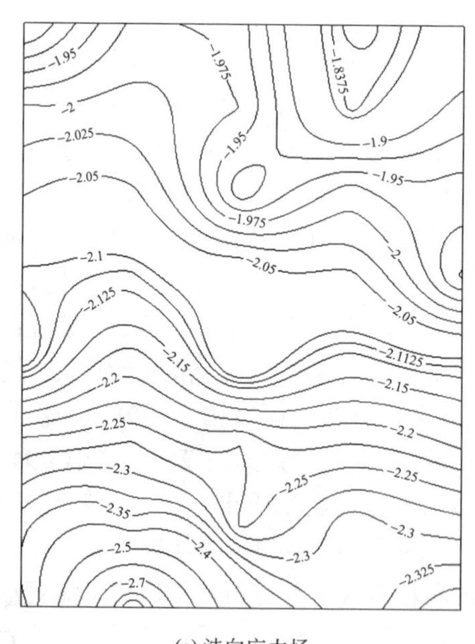

(a) 法向应力场

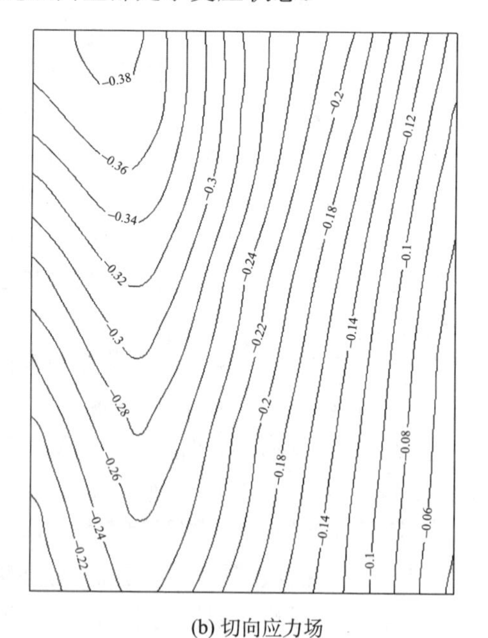

(b) 切向应力场

图 4-48　工况一裂缝 22LF-2 缝面应力场

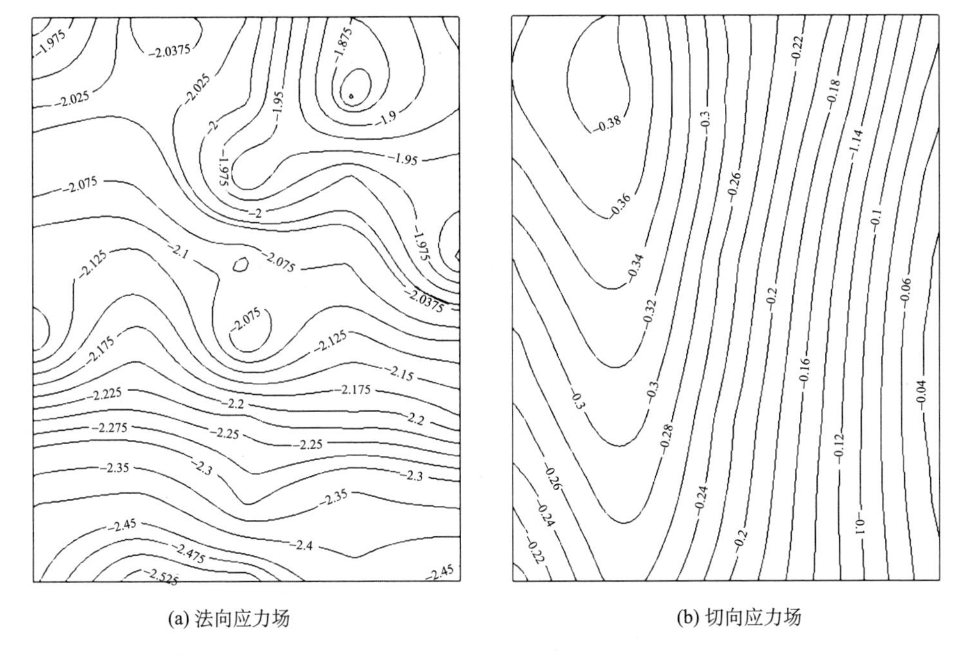

(a) 法向应力场　　　　(b) 切向应力场

图 4-49　工况二裂缝 22LF-2 缝面应力场

(1) 工况一裂缝顶部尖端法向应力为–1.95MPa，剪应力为 0.38MPa；裂缝底部尖端法向应力为–2.70MPa，剪应力为 0.22MPa；最小压应力为–2.70MPa，位于裂缝底部 1013.0m 高程；最大剪应力为 0.38MPa，位于裂缝顶部 1058.0m 高程。

(2) 工况二裂缝顶部尖端法向应力为–2.04MPa，切向应力为 0.38MPa；裂缝底部尖端法向应力为–2.53MPa，切向应力为 0.22MPa；最小压应力为–2.53MPa，位于裂缝底部 1013.0m 高程；最大剪应力为 0.38MPa，位于裂缝顶部 1058.0m 高程。

2) 22LF-4 裂缝缝面应力分布规律

图 4-50 和图 4-51 分别给出了工况一和工况二不同情况下，22LF-4 裂缝的法向应力和切向应力分布情况，22LF-2 裂缝法向全部处于受压状态。

(1) 工况一裂缝顶部尖端法向应力为–0.43MPa，剪应力为 0.55MPa；裂缝底部尖端法向应力为–2.80MPa，剪应力为 0.05MPa；最小压应力为–2.80MPa，位于裂缝底部 972.0m 高程；最大剪应力为 0.70MPa，位于裂缝上部 1006.7m 高程。

(2) 工况二裂缝顶部尖端法向应力为–0.55MPa，剪应力为 0.55MPa；裂缝底部尖端法向应力为–2.70MPa，剪应力为 0.25MPa；最小压应力为–3.00MPa，位于裂缝底部 972.0m 高程；最大剪应力为 0.70MPa，位于裂缝上部 1006.7m 高程。

综上所述，22LF-2 和 22LF-4 裂缝法向全部处于受压状态，故缝面应不存在受拉破坏。受剪情况下，采用线性莫尔-库仑屈服准则，工况一 22LF-2 裂缝未产生塑性应变，22LF-4 裂缝产生了塑性应变，塑性应变区域高程为 975.7～983m，具

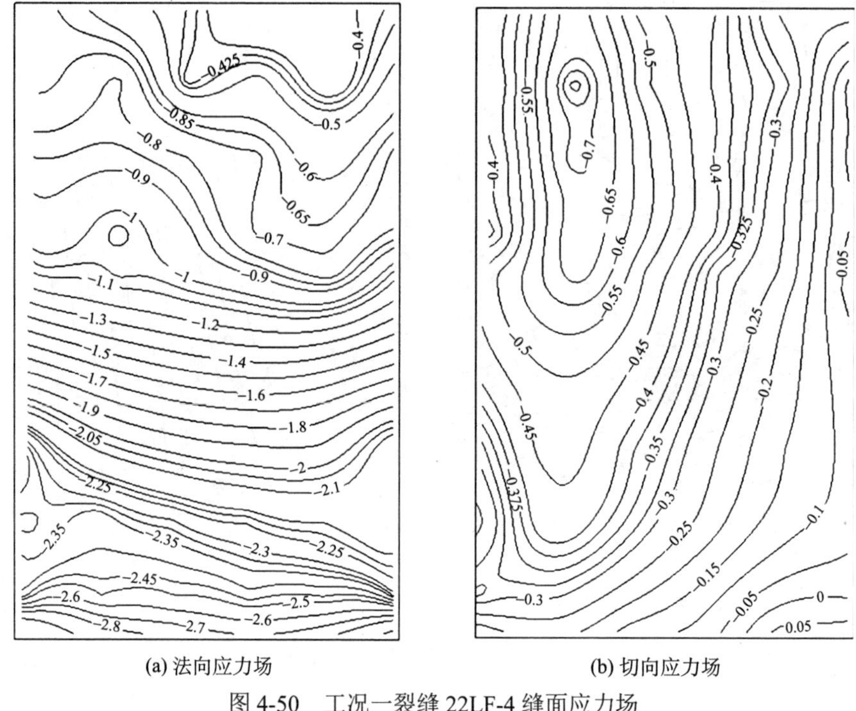

(a) 法向应力场　　　　(b) 切向应力场

图 4-50　工况一裂缝 22LF-4 缝面应力场

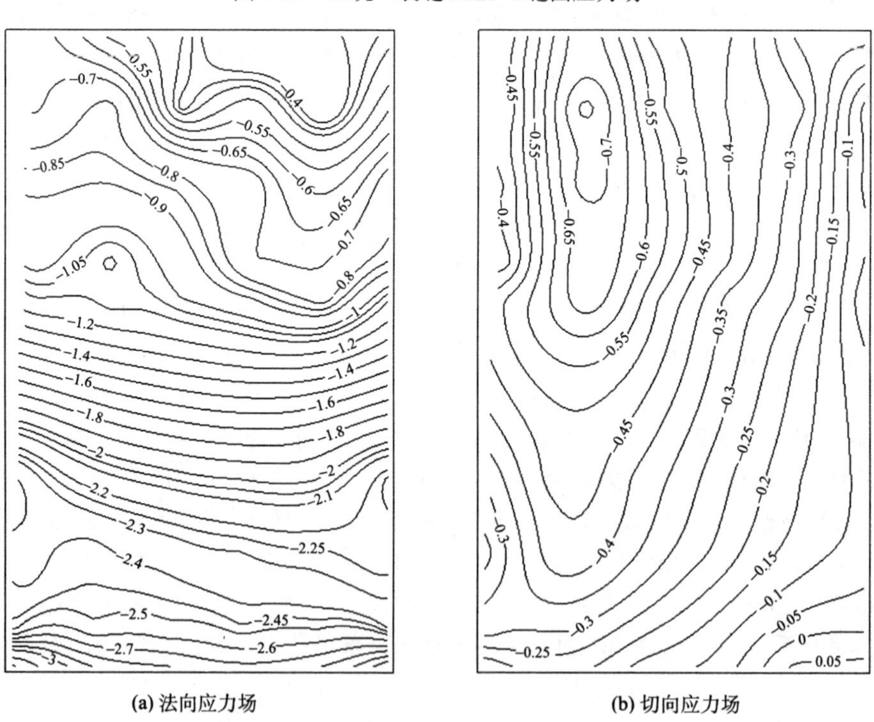

(a) 法向应力场　　　　(b) 切向应力场

图 4-51　工况二裂缝 22LF-4 缝面应力场

体范围如图 4-52 所示；工况二 22LF-2 和 22LF-4 裂缝都未产生塑性应变。因此，压应力分布上，同一条裂缝低高程压应力大于高高程的压应力；剪应力分布方面，同一条裂缝高高程剪应力大于低高程的。同时，考虑库盘变形后，22LF-4 裂缝是稳定的，即库盘变形会使得计算结果与实际更符合，同时也表明当前的计算方法对工程运行而言是偏于安全的。

图 4-52　工况一 22LF-4 裂缝塑性应变区域(阴影部分)

第5章 拱坝裂缝损伤安全监控分析方法

5.1 概 述

拱坝是一种空间高次超静定结构，由拱和梁共同承担荷载是拱坝最主要的特点。鉴于拱坝的经济性和安全性，拱坝备受坝工界的青睐，其发展历史由来已久。

尽管拱坝具有优越的超载性能和良好的运行安全记录，但是由于坝体施工过程、温度影响、混凝土干缩以及动荷载等多种因素的作用，拱坝坝体的开裂现象普遍存在。平行于坝轴线的贯穿性裂缝会削弱坝体承受水压荷载的刚度，影响大坝的整体性，恶化坝体的受力状态，严重影响大坝的安全运行；迎水面的深层裂缝与库水相通，在运行中使坝体或坝基的扬压力分布大为恶化，高压水进入缝内，又将使裂缝进一步被撕开，继续向下游发展，对大坝危害很大；表面裂缝容易形成应力集中，成为深层裂缝扩展的诱导因素；与大气、库水相接触的坝面上的表面裂缝，将影响混凝土的抗风化能力和坝体的耐久性。可见，坝体裂缝的存在，对坝体应力状态产生影响，降低了大坝的安全度和承载能力。当裂缝扩展到一定尺度时将影响大坝的正常运行，最终威胁大坝的安全。

在国内外混凝土拱坝中，由于裂缝而失事或影响运行、影响效益发挥的实例很多。法国的勒加日(LeGage)拱坝[42]，最大坝高47.94m，在1955年水库初期蓄水后，大坝的上、下游面出现大面积裂缝，并在其后的六年里仍继续发展，被迫放弃该坝而在上游另建一座拱坝。法国的托拉(Tolla)拱坝[42]，最大坝高89.92m，在1961年水库初期蓄水时，大坝上部靠近拱座的下游面产生大面积裂缝，并在其后的八年内持续发展，不得不在该坝下游侧设置拱肋和弧形重力结构进行加固。奥地利的科恩布赖(Koelnbrein)拱坝[43-45]，最大坝高199.95m，由于坝体体型较薄，在拉、剪荷载共同作用下，在上游坝踵产生斜截面上的裂缝，导致灌浆帷幕被拉断，库水渗入，在巨大的缝面水压力作用下，裂缝扩展贯穿地基和上游坝踵区，基础廊道内出现裂缝并伴有严重渗漏，河床坝段整个基础面的扬压力达到全水头，导致电站无法正常运行，造成巨大损失，为此曾在1989年和1994年分别对大坝进行了补强加固。奥地利的兹勒格伦特(Zillergrundl)拱坝[5]，最大坝高186m，为了防止出现类似于科恩布赖拱坝坝踵开裂的事故，在坝踵部位设置了底缝，但还是未能避免坝踵开裂，并且电梯竖井内还出现了竖向裂缝，不得不放空水库大修。奥地利的施莱盖斯(Schlegeis)拱坝，最大坝高131m，水库蓄水首次达到坝高的 90%时，上游坝踵处出现了高拉应力，高拉应力导致了大量裂缝的出现，有些裂缝贯通至基础廊道，裂缝引起的渗漏量达 251L/s。瑞士的泽乌齐尔(Zeuzier)拱坝[46]，最大坝高 170.08m，大坝建成 20 年后，当水库接近蓄满时，大坝出现相当明显的向上游方向位移，且在下游面产生了多条宽约 15mm 的裂缝，事故发生后，降低了库水位，并进行了大规模修补。俄罗斯的萨扬-舒申斯克(Sayano-Shushenskaya)重力拱坝[47]，最大坝高 245m，在施工期与运行期均发生较多裂缝，包括垂直裂缝或近似垂直裂缝、上游面水平裂缝和坝踵沿混凝土与岩石接触面和岩基内的裂缝，导致了严重的渗漏。美国的帕克伊马(Pacoima)拱坝[48]，最大坝高 113m，在遭遇两次地震后，造成左岸坝体与重力墩之间横缝张开。在国内，混凝土拱坝的开裂破坏问题也较为普遍。安徽梅山连拱坝[49]，最大坝高 88.24m，1962 年 11 月 6 日右岸垛基突然发生渗漏，坝体出现了几十条裂缝，拱上裂缝主要集中在底拱的斜拱面上(尤以 15#拱最多)，岸坡垛主要分布于东、西垛墙及上游面板(西岸垛墙上裂缝严重，尤以 2#垛明显；东岸垛上游面板裂缝严重，且一般属于贯穿性渗水裂缝，尤以 14#垛上游面板严重)，由此导致大坝处于危险状态，被迫放空水库进行加固。陈村重力拱坝[50,51]，最大坝高 75m，在 1972 年检查时发现两溢洪道间的下游坝面在 80.0～105.5m 高程间分布有较多的水平裂缝，以 105.5m 高程附近的裂缝规模最大，该裂缝不仅横跨 5#～28#坝段，大部分坝段被水平向贯穿，且部分坝段有 2～3 条水平向裂缝，累计延伸总长约 450m，最大缝宽 7.0mm；而在 1977～1979 年低水位运行时，大坝下游面 105.5m 高程处的水平向裂缝明显扩展，拱冠部位裂缝扩展了 1.39mm，河床 10 个坝段裂缝的缝深已超过 5m，大坝严重破损。龙羊峡重力拱坝[52]，最大坝高 178m，1998 年 11 月发现大坝下游面共有 35 条裂缝，其中 9 条裂缝长度在 10～30m，表面宽度在 0.3～1.6mm，裂缝平均深度 0.6～5.0m，成为大坝的安全隐患。佛子岭连拱坝[49]，最大坝高 75.9m，1993 年 11 月下旬河床 13 个垛墙顶向下游的位移量超过了历史最大值，坝体裂缝有扩展迹象，被迫控制水位运行。二滩拱坝[53]，最大坝高 240m，2000 年 12 月发现右岸的 33#～34#坝段下游面出现裂缝，此后，裂缝数量不断增加，而且原有裂缝也有扩展趋势，到 2005 年 1 月，有 94 条裂缝出现在 32#～35#坝段下游面，裂缝最大长度达到 13.9m，缝宽 1～2mm，裂缝平均长度 3.1m，8 条裂缝在不同水位工况下有渗水迹象。铁川桥拱坝[54]，最大坝高 94.5m，在 2011 年，拱冠梁附近出现一条贯穿性裂缝，裂缝长度超过 38m，宽度为 1～5mm。小湾拱坝[40]，最大坝高 294.5m，在 2007 年，1048.5～1059.25m 高程之间出现多条横河向裂缝，其中部分裂缝为贯穿性裂缝，后期进行了灌浆处理。由此可见，尽管混凝土坝绝大部分或多或少地存在裂缝，但严重的裂缝会恶化坝体结构的强度和稳定，破坏其整体性和抗渗性，加速混凝土碳化和腐蚀，危及大坝的安全运行；轻微的裂缝也会影响建筑物的耐久性和美观，有的也会发展成为危险性裂缝。

目前，对高拱坝裂缝的研究主要结合设计、施工、运行等相关资料，应用试验和数值仿真方法进行研究，但高拱坝裂缝成因相当复杂，需要对裂缝成因挖掘方法进一步研究。同时，对于运行期高拱坝，外荷载对裂缝的作用效应是裂缝产生和扩展的重要影响因素，不同荷载组合对裂缝的影响也是不同的，故需要研究荷载及其组合对高拱坝裂缝的影响以及裂缝稳定性问题，通过拟定裂缝失稳判据及警戒指标对裂缝变化性态进行监控。更进一步，对拱坝在运行过程中可能出现的裂缝位置和坝体上已有裂缝的扩展对拱坝极限承载力的影响也有必要开展深入研究。

5.2　高拱坝裂缝成因挖掘方法

裂缝是混凝土高拱坝损伤破坏最常见的病害之一，这些裂缝大部分出现在坝体的表面，并且呈渐进式发展，若控制和补救措施不及时，有些裂缝将不断扩展，最终形成深层或贯穿性裂缝，严重时将导致高拱坝失事破坏。高拱坝裂缝往往具有如下特点：①任意性，即裂缝的方向、位置、开度及深浅等随拱坝结构的不同而变化；②危害的多样性，裂缝的存在削弱了拱坝各部分之间的联系和整体刚度，而且渗水可通过裂缝导致混凝土碳化、碱骨料反应等，缩短高拱坝的使用寿命。由于高拱坝及基岩工作条件复杂，荷载、计算参数、计算模型等的差异性，对高拱坝裂缝成因的研究一直是热点问题。因此，本节根据裂缝检查和监测资料，分析裂缝的属性特征，开展裂缝成因挖掘研究。

5.2.1　高拱坝裂缝成因分析

高拱坝裂缝的类型很多，包括微观裂缝、细观裂缝和宏观裂缝等各种性状的裂缝。按照不同的分类标准，裂缝可以分为不同的类型，表 5-1 给出了五种分类标准下的裂缝类型。因为有些裂缝的危害性不明显，所以在进行裂缝性态及其危害性分析时，仅分析那些对高拱坝服役性态有明显危害性的裂缝，如深层裂缝、贯穿性裂缝，或准稳定裂缝、不稳定裂缝，抑或重度裂缝、危害性裂缝等。

表 5-1　裂缝类型

分类标准	裂缝类型
裂缝特性(宽度、深度、长度)	表面裂缝、浅层裂缝、深层裂缝、贯穿性裂缝
裂缝活动性质	死缝、准稳定裂缝、不稳定裂缝
裂缝的危害程度	轻度裂缝、重度裂缝、危害性裂缝
裂缝的方向、形状	水平缝、垂直缝、纵向裂缝、横向裂缝、斜向裂缝、放射裂缝
裂缝产生时间	原生裂缝、施工裂缝、再生裂缝

混凝土高拱坝裂缝的产生往往是受多种因素影响的综合结果，产生的原因非常复杂。因此，通过收集与裂缝产生有关的设计、施工、运行、管理等各阶段的

记录资料以及实测、试验和科研成果等，建立裂缝成因统计表(表 5-2)。

表 5-2 国内外部分拱坝裂缝分布及成因

坝名	裂缝类型及分布	主要成因	备注
龙羊峡重力拱坝	下游面出现垂直裂缝、水平裂缝和斜缝，共 35 条左右	低温+高水位作用	位于青海省，坝高 178m
紧水滩双曲拱坝	共 300 多条，其中水平裂缝 64 条，基本发生在 9#、10#坝段	温差作用，寒潮，混凝土浇筑层面处理不当	位于浙江省，坝高 102m
东江双曲拱坝	严重裂缝、一般裂缝和微细裂缝，贯穿性裂缝主要发生在仓面，共 460 多条	气温骤降，间歇期不满足设计要求	位于湖南省，坝高 157m
白山双曲拱坝	施工层水平缝 96 条，上游坝面 15 条，纵缝面上 10 条，下游面 32 条，15#坝段 347.5m 高程 4 条深层裂缝	温差作用，气温骤降	位于吉林省，坝高 147.5m
乌江渡拱形重力坝	共 140 多条，6#坝段有 1 条贯穿性裂缝，其他为表面性裂缝，以溢流孔面板最多，有 37 条	温差作用	位于贵州省，坝高 165m
普定碾压混凝土拱坝	共 49 条裂缝，其中 2 条贯穿性裂缝、坝顶 27 条裂缝、下游面 7 条裂缝、溢流面 12 条裂缝、溢流右导墙 1 条	低水位＋温降＋气温骤降；经历三次放空水库，且两次气温较低	位于贵州省，坝高 75m
陈村重力拱坝	105 m 高程处产生严重裂缝	施工不连续、温差作用	位于安徽省，坝高 76.3m
虎盘双曲拱坝	寒潮过后出现 4 条竖向裂缝，纵向分布，切断坝轴线，由下向上发展，下宽上窄，上下游基本对称，背水面宽，迎水面窄	环境温差作用，没有采取应有的温控措施，混凝土约束条件不同，间歇性施工造成冷缝，养护不及时，干缩，保温条件差	位于河南省，坝高 41m
佛子岭连拱坝	有 1000 多条裂缝，包括拱筒环向缝、拱筒叉缝、拱垛交接面裂缝、收缩缝裂缝、收缩缝顶端裂缝、垛头缝、尾缝、垂直裂缝、收缩缝延伸斜缝等	施工质量；新老混凝土收缩性不同；基岩约束；低温+低水位及低温+高水位作用；部分坝垛下游坝趾基岩风化严重等	位于安徽省，坝高 75.9m
石门拱坝	坝踵开裂	低温和高水位影响，同时受裂缝水劈裂作用	位于陕西省，坝高 88m
金坑双曲拱坝	横缝开裂且部分贯穿	空库＋温降	位于浙江省，坝高 80.6m
托拉拱坝	大坝上部两侧靠近拱座的上下游面大面积裂缝	坝体太薄，无安全裕度；坝基基岩坚硬，引起坝体混凝土拉应力增加；气温变化太大	位于法国，坝高 89.92m
帕克伊马拱坝	左拱端坝段	受地震荷载作用	位于美国，坝高 113m

下面对可能导致高拱坝开裂的主要影响因素进行分析。

1) 基础处理不当

良好的拱坝坝基应岩体完整均一、透水性小，并具有足够的抗变形和承载能力。事实上，很多拱坝的坝基均不同程度地受到地质构造和自然环境等的影响，不良的地质条件易导致坝体混凝土开裂，其原因有：①设计时对拱坝基岩的刚度引起后果认识不足，因基岩刚度过大(基岩的弹性模量相对于混凝土的弹性模量)，在坝踵和坝趾附近引起较大的垂直拉应力，导致坝踵和坝趾附近的坝体或基岩出现裂缝，且在渗透水压力的作用下促使裂缝随库水位变化而发展，导致灌浆帷幕被穿透破坏而严重漏水；②勘测、设计和施工中未能及时发现坝基内的断层或软弱破碎带或虽发现而处理不当，水库蓄水后，地下水位抬高而导致拱座岩体失稳；③坝基不均匀沉陷致使坝体不均匀沉陷而引起拱坝产生裂缝。

2) 施工质量控制不严

施工质量控制不严是引起拱坝混凝土裂缝的重要原因之一，具体表现为：①混凝土施工工艺不按规程、规范、设计要求进行，在拌和、运输、平仓、振捣、养护和表面保护等环节，未能重视和严格控制，造成混凝土质量差、强度不均匀或暴露时间过长等，致使混凝土浇筑质量较差、浇筑块在施工期就产生裂缝；②混凝土施工工艺不合理引起混凝土裂缝，如水泥砂浆的使用、流态混凝土的使用不当、没有或不合理的分缝分块、不设冷却管和粉煤灰掺量过大等，都不可避免地导致大坝开裂；③新旧坝的结合缝质量差，承受荷载后产生开裂。

3) 温控措施不当

虽然相对于其他坝型，拱坝体型较小，坝体混凝土的工程量比较少、易于散热，但施工期温度变化对高拱坝坝体应力的影响仍不容忽视；且拱坝坝体较薄，更易受周围环境温度的影响，在坝内产生温度应力，易产生裂缝。如果设计时考虑不周或使坝处于设计工况以外的条件下运用，则往往会因拉应力超限而引起混凝土开裂。混凝土浇筑的时候，因基岩或者老混凝土的约束，易产生拉应力，因此出现裂缝。另外，在空库或低水位运行期，由于拱坝厚度相对比较单薄、边界受到约束、坝体上下游面都暴露在大气中，如果遇到寒潮则收缩而引起裂缝。

4) 混凝土收缩或者膨胀引起裂缝

混凝土收缩或者膨胀主要是由于早期养护不好、水灰比过大、使用收缩率较大的水泥、水泥或者外加剂用量过大等原因造成，膨胀性凝胶体形成时引起的材料片状分离或裂缝张开。水泥胶结材料仅在骨料颗粒的接触处，因碱性物质穿过凝胶体的扩散或因钙矾石的生成而发生变化，混凝土碱性骨料反应导致坝体开裂。

上述分析表明，高拱坝裂缝产生的因素很多，包括水位过高或过低、气温骤降、温差过大、混凝土干缩变形、混凝土养护不当、碱骨料反应、混凝土浇筑质量较差、老混凝土对新混凝土的约束、分缝分块过大、岩基不平整、基岩约束过大、基础不均匀沉降、地震等，勘测设计不周全等也可能导致裂缝产生。因此，根据上述高拱坝裂缝产生的原因(包括直接的、间接的、环境和人为因素)，构建高拱坝裂缝成因故障树模型如图 5-1 所示。

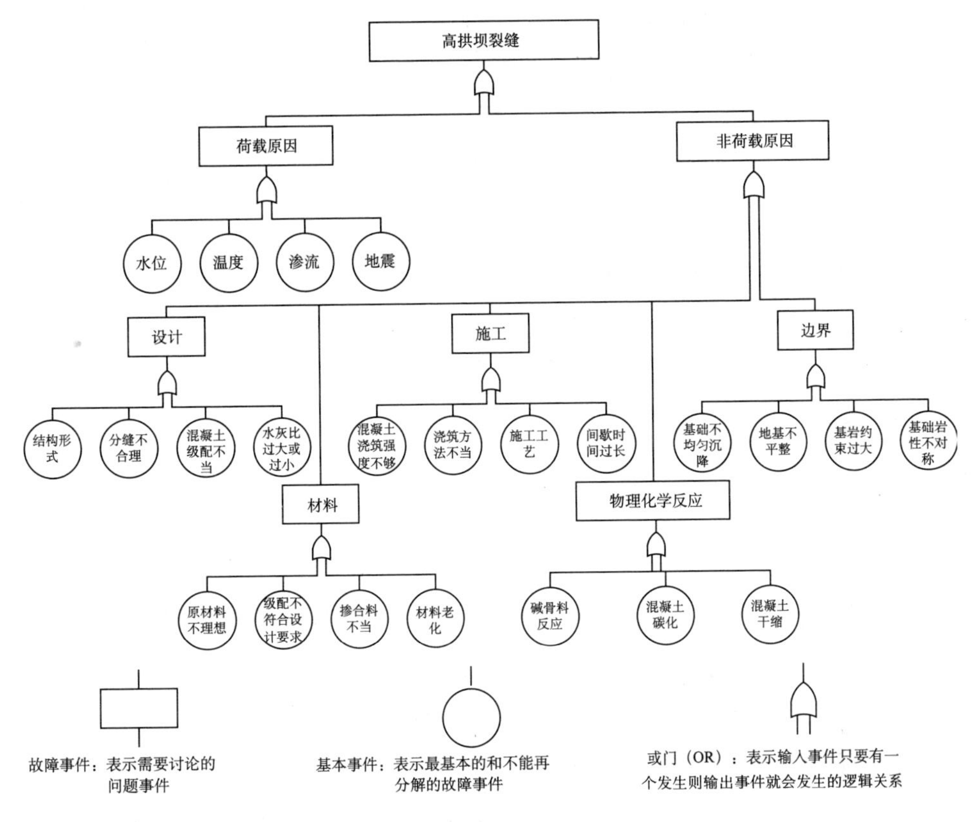

图 5-1　高拱坝裂缝故障树模型

5.2.2　基于粗集理论的高拱坝裂缝成因挖掘

高拱坝裂缝成因的挖掘和提炼需对裂缝产生的各种可能原因进行综合处理和协同分析，最初确定的裂缝产生的可能原因带有一定的经验性和不确定性，并且可能存在成因的冗余和成因的相关性。鉴于粗集理论是一种智能数据决策分析工具，能较好地解决不精确、不确定、不完全的信息的分类分析和知识获取等问题，而且无须提供除与问题相关的数据集合外的任何先验信息，适合于发现数据中隐含的、潜在有用的规律[55]。因此，通过建立高拱坝裂缝成因模式信息表，运用粗集理论，对产生裂缝的可能原因进行压缩或约简，删除可能成因中的冗余信息，挖掘出裂缝产生的主要原因。

粗集理论研究的对象是信息系统 S(表 5-3)，其中行代表每个对象，列表示描述对象的属性，知识则由属性值表示。S 可用一个有序 4 元组 $\langle U, A, V, f \rangle$ 表示，其中：$U=\{x_1, x_2, \cdots, x_n\}$ 是分析对象的集合，称为论域；$A=C\cup D$ 是条件属性和决策属性的集合，C 是条件属性集合，即对象的特征(裂缝的可能成因)，D 是决策属性集合，即对象的类别(是否产生裂缝)，且 $C\cap D=\varnothing$；V 是所有属性值域的并集，即 $V=\bigcup\limits_{a\in A} V_a$，其中 V_a 是属性 a 的值域；f 是信息函数，给每个对象的各个属性赋值，即 f: $U\times A\to V$，对于所有的 $x\in U$，每个 $a\in A$，有 $f(x,a)\in V_a$。

表 5-3　粗集信息表

属性 A \ 对象 U	条件属性 C			决策属性 D
	c_1	c_2	c_3	d
x_1	c_{11}	c_{21}	c_{31}	d_{12}
x_2	c_{11}	c_{21}	c_{32}	d_{11}
x_3	c_{11}	c_{21}	c_{33}	d_{11}
x_4	c_{12}	c_{21}	c_{31}	d_{12}
x_5	c_{12}	c_{22}	c_{32}	d_{12}
x_6	c_{12}	c_{21}	c_{33}	d_{11}

设任一属性子集 $B\subseteq A$，若

$$R(B)=\left\{(x_i,x_j)\in U^2 \mid \forall a\in B, f(x_i,a)=f(x_j,a)\right\} \tag{5-1}$$

则 $R(B)$ 称为不可分辨关系。属性子集 B 将全部样本 U 划分成若干等价类，每个等价类称为 B 基本元素。B 基本元素中的任意两个对象 x_i 和 x_j 是不可区分的，称为相对于 B 是不可分辨的，即 $\forall a\in B$，如果 $f(x_i,a)=f(x_j,a)$，则 x_i 和 x_j 在属性集合 B 上不可分辨。

用 $B(x)$ 表示对象 x 所属的 B 基本元素，对于有限个对象的集合 X，如果满足

$$B_*(X)=\bigcup\left\{x\in U: B(x)\subseteq X\right\}, B^*(X)=\bigcup\left\{x\in U: B(x)\cap X\neq\varnothing\right\} \tag{5-2}$$

则集合 $B_*(X)$ 即为 X 的 B 下近似，$B^*(X)$ 为 X 的 B 上近似。

集合 $X\subseteq U$ 的 B 下近似和 B 上近似，将论域 U 划分为三个不相交的区域：正区域 $\mathrm{POS}_B(X)$、负区域 $\mathrm{NEG}_B(X)$ 和边界区域 $\mathrm{BND}_B(X)$，即

$$\mathrm{POS}_B(X)=B_*(X), \mathrm{NEG}_B(X)=U-B^*(X), \mathrm{BND}_B(X)=B^*(X)-B_*(X) \tag{5-3}$$

由于边界区域的存在，属性集合 B 对 U 的划分是“粗糙”的，边界区域越大，其精确性越差；如果边界区域为空，即所有对象都是确定的，则成为完全确定问题。反映这种粗糙程度的指标可用近似精确度 $\alpha_B(X)$ 表示

$$\alpha_B(X)=\frac{|B_*(X)|}{|B^*(X)|} \tag{5-4}$$

式中：$|\cdot|$ 表示集合的势。$\alpha_B(X)=1$时，所有对象都是确定的；$\alpha_B(X)=0$时，则所有对象都是不确定的。

令属性集合 D 对 C 的依赖程度为$\gamma_C(D)$，则

$$\gamma_C(D)=\frac{|\mathrm{POS}_C(D)|}{|U|} \tag{5-5}$$

式中：$\mathrm{POS}_C(D)$ 是属性集 C 在 U/D 中的正区域，即

$$\mathrm{POS}_C(D)=\bigcup_{X\in U/D} C_*(X) \tag{5-6}$$

式中：U/D 是 D 在 U 上的划分。

将式(5-6)代入式(5-5)中，则

$$\gamma_C(D)=\sum_{X\in U/D}\frac{|C_*(X)|}{|U|} \tag{5-7}$$

如果 D 是全部决策属性，C 是全部条件属性，则$\gamma_C(D)$ 表示用 C 对 U 划分后，任一 $x\in U$ 能被正确划分到决策类的概率；同时反映了条件属性 C 描述决策属性 D 的能力。

进一步，如果C' 是 C 去掉某些条件属性后的条件属性集合，并能保持

$$\gamma_{C'}(D)=\gamma_C(D) \tag{5-8}$$

则C' 称为 C 的一个 D 约简，去掉的条件属性为冗余属性。

高拱坝裂缝成因挖掘的粗集方法流程如图 5-2 所示，主要过程如下。

1) 建立高拱坝裂缝成因分析的原始数据信息表

对数据挖掘来说，相关信息的收集、存储和查询具有十分重要的作用，是其基础和前提。根据领域知识和相关的先验知识，从领域历史记录数据(如裂缝、水位、温度等的实测资料以及设计、施工、运行、管理等阶段的相关数据和资料)中采样、收集、统计，在此基础上建立故障树，确定条件属性(裂缝的可能成因)集合和决策属性(是否产生裂缝)集合，建立裂缝成因分析的原始数据信息表。

2) 连续属性离散化

高拱坝裂缝成因分析的原始数据信息表中的属性一般分为两种类型：一种是连续性(定量)属性，表示了被描述对象的某些可测成因，其值取自某个连续的区间，如气温、水位等；另一种是离散性(定性)属性，这种属性的值是用语言或少量离散值来表述的，如施工质量、结构形式、材料性能等的描述。运用粗集理论处理决策表时，要求决策表中的值用离散数据(如整型、字符串型、枚举型等)，如果某些条件属性或决策属性中的值域为连续型，则在处理前必须对其进行离散

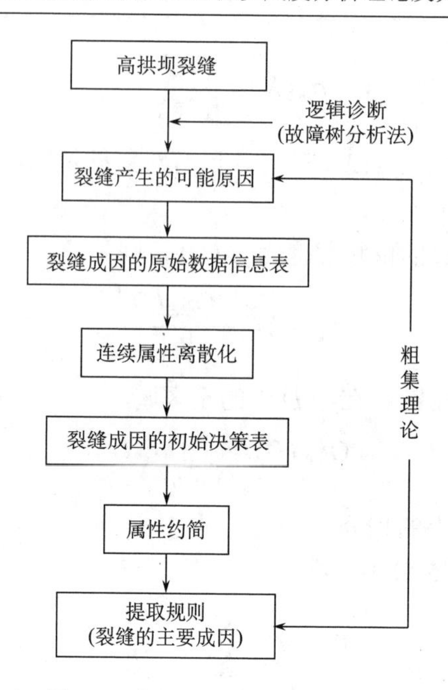

图 5-2　高拱坝裂缝成因挖掘流程

处理。离散化本质上可归结为用选取的断点来对条件属性构成的空间进行划分的问题，离散化的方法很多，这里采用基于属性重要性的离散化算法。属性的重要性是建立在属性的分类能力上的，为了衡量条件属性的重要性程度，可从表中删除这一属性，再来考察信息表的分类会产生怎样的变化。也就是说，如果去掉某属性会相应地改变分类，则说明该属性重要(改变的程度越大，重要性越高)；反之说明该属性的重要性低。

基于属性重要性的离散化算法是通过对每一个断点进行判定，去掉冗余的断点，对连续的条件属性和决策属性进行离散化。首先，根据条件属性的重要性由小到大对条件属性 c_i（$i=1,2,\cdots,n$）进行排序；在属性重要性相同的情况下，按条件属性断点个数由多到少对条件属性进行排序；然后，对属性 c_i 中的每个断点 a_j（$j=1,2,\cdots,m$），考虑它的存在性，把信息表中与 a_j 相邻的两个属性的较小值改为较大值，如果信息系统不引入冲突，则将该断点去掉；否则，把修改过的属性值还原。

3) 高拱坝裂缝成因分析的初始决策表

对原始数据信息表中的连续属性经过离散化处理后，构成高拱坝裂缝成因分析的初始决策表。

4) 属性约简

在信息系统 $S=\langle U,A,V,f\rangle$ 中，$U=\{x_1,x_2,\cdots,x_n\}$ 是全部有限个处理对象(样

本)的集合；$A=C\bigcup D$ 是全部有限个属性的集合，C 是条件属性集合，即裂缝产生的各种可能原因所组成的集合，D 是决策属性集合，即是否产生裂缝，为单决策属性，且 $C\bigcap D=\varnothing$。条件属性约简流程如图 5-3 所示：①首先，从 C 中去掉第 i 个条件属性 c_i，计算 $\gamma_{C-\{c_i\}}(D)$；②若 $\gamma_{C-\{c_i\}}(D)=\gamma_C(D)$，则 c_i 为冗余属性，从 C 中将该属性去除；③若 $\gamma_{C-\{c_i\}}(D)\neq\gamma_C(D)$，则保留该属性 c_i；④对所有条件属性 c_i 均作上述判断后，即可得到约简条件属性 C'。

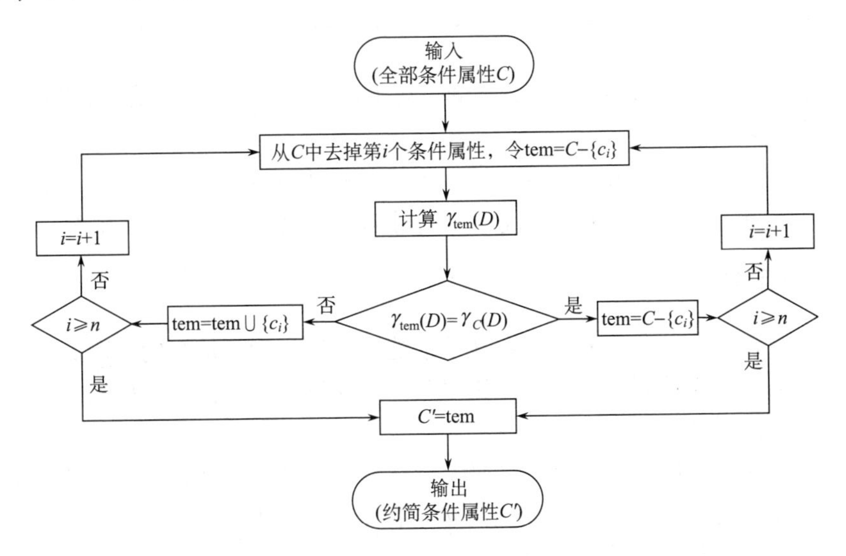

图 5-3　条件属性约简流程

5) 生成决策规则(主要成因)

设 $R(C')=\{X_1,X_2,\cdots,X_n\}$ 是根据 d 的约简条件属性 C' 在 U 上划分的全部等价类集合，其中每个等价类 X_i 对应一个条件属性取值的序列，即等价类 X_i 的描述可表示为

$$\mathrm{Des}(X_i)=\underset{a\in C'}{\Lambda}\big(\alpha=f(x_i,a)\big) \tag{5-9}$$

式中：Λ 表示“与”运算符；x_i 是等价类 X_i 中的元素，$x_i\in X_i$；a 是属性；α 是对象 x_i 对属性 a 的取值。

类似地，决策属性 d 的描述为

$$\mathrm{Des}(d)=\big(\beta=f(x_i,d)\big) \tag{5-10}$$

式中：β 是对象 x_i 对决策属性 d 的取值。

这样，由粗集得到的决策规则为

$$\mathrm{Des}(X)\Rightarrow\mathrm{Des}(d) \tag{5-11}$$

假设对于决策 d(是否产生裂缝)的约简条件属性是$\{c_2,c_4\}$，c_2表示水位，c_4表示温度，那么它的一个等价类 U/d 描述 $d=1$ 只有一条记录(表 5-4)。

表 5-4　属性约简后信息表

属性＼对象	c_2	c_4	d
x_1	1	0	1

对于条件属性 1 表示高，0 表示低；对于决策属性，1 表示是，0 表示否。它表示的规则为

$$f(x_1,c_2)=1\wedge f(x_1,c_4)=0\Rightarrow f(x_1,d)=1 \tag{5-12}$$

式(5-12)表明，如果某拱坝遇到高水位同时遇到低温，则结构会产生裂缝。

5.2.3　应用实例

高拱坝在运行过程中的监测数据是最能反映大坝运行情况的，因此，裂缝开度实测数据能够反映裂缝性态的变化情况。下面以李家峡拱坝工程为例，采用粗集理论，分析裂缝的主要成因。

李家峡水电站位于黄河上游青海尖扎县与化隆县交界处，正常蓄水位 2180m，相应库容 16.3 亿 m^3。枢纽挡水建筑物由混凝土双曲拱坝、左岸重力墩、副坝、坝后双排机厂房和两岸泄水道等组成，三心圆双曲拱坝最大坝高 155m，厚高比 0.29，坝顶轴线长 414m，分 18 个坝段。

1)数据收集与处理

该拱坝测缝计主要布置在横缝以及坝体和基岩的接缝处，下面以中间 $11^{\#}$坝段的测缝计资料为例，收集裂缝开度的实测值及相应的上游水位、下游水位、温度、降雨等实测数据，原始数据信息见表 5-5，由于数据较多，限于篇幅，未将所有的数据都列出。

表 5-5　各监测项目实测资料统计表(部分)

日期	上游水位/m	下游水位/m	温度/℃	降雨量/mm	裂缝开度/mm
1997-6-2	2144.88	2047.57	18.6	0	1.51
1997-12-20	2144.98	2049.51	−2.9	0	1.60
1998-6-1	2145.13	2048.91	14.1	1.1	1.65
2000-4-3	2160.04	2050.39	7.5	2.1	1.76
2001-4-22	2169.51	2049.49	9	6.4	1.72
2002-5-24	2179.68	2050.34	11.1	10.3	1.86
…	…	…	…	…	…

(1) 信息表条件属性选择。根据表 5-5 的统计资料，信息表条件属性选为：上游水位、下游水位、温度、降雨量，分别用 $c_1 \sim c_4$ 表示。

(2) 信息表决策属性选择。裂缝开度的大小会随着各影响因素的变化而变化，可根据裂缝开度的大小来推断裂缝产生的主要原因，决策属性选为裂缝开度，为单决策属性，用 d 表示。

2) 连续属性离散化

由于原始数据信息表中的条件属性和决策属性均为实测数据，为连续变量，需对这些数据进行离散化。采用基于属性重要性的离散化方法，求得最后的断点集为 $C'_{c_1}=\{2175, 2160\}$，$C'_{c_2}=\{2050, 2048\}$，$C'_{c_3}=\{20, 5\}$，$C'_{c_4}=\{10, 5\}$，然后按区间编码，见表 5-6。

表 5-6　连续属性离散化分割区间表

属性	属性离散		
	高/1	中/2	低/3
上游水位/m	>2175	2160～2175	<2160
下游水位/m	>2050	2048～2050	<2048
温度/℃	>20	5～20	<5
降雨量/mm	>10	5～10	<5
裂缝开度/mm	>1.8	1.7～1.8	<1.7

3) 初始决策表

根据表 5-6 中的分割区间，对表 5-5 中的样本进行离散，得到初始决策表 5-7，同样仅列出部分样本。

表 5-7　裂缝成因初始决策表(部分)

样本	c_1	c_2	c_3	c_4	d
1	3	3	2	3	3
2	3	2	3	3	3
3	3	2	2	3	3
4	2	1	2	3	2
5	2	2	2	2	2
6	1	1	2	1	1
…	…	…	…	…	…

条件属性集合

$$C=\{c_1,c_2,c_3,c_4\}$$

其中 $c_1 \sim c_4$ 分别为上游水位、下游水位、温度、降雨量，其值域为{1, 2, 3}，1 表示高水位、高温、降雨量大，2 表示中水位、中温、降雨量中，3 表示低水位、低温、降雨量小或没有降雨。

决策属性：

$$D=\{d\}$$

决策属性的值域为{1, 2, 3}，1 表示裂缝开度大，2 表示裂缝开度较大，3 表示裂缝开度小。

4) 属性约简

通过对条件属性进行约简，得到 d 关于条件属性 C 的约简属性集 $C'=\{c_1,c_3\}$，其中 c_1、c_3 分别对应上游水位、温度，即裂缝的产生和发展主要受上游水位和温度的影响。

5) 生成规则

由上述分析成果，共获得决策规则 9 个，如：

if $c_1=1$ and $c_3=3$ then $d=1$; if $c_1=1$ and $c_3=2$ then $d=1$; if $c_1=3$ and $c_3=2$ then $d=3$; if $c_1=3$ and $c_3=3$ then $d=3$; if $c_1=2$ and $c_3=2$ then $d=2$; …

由属性约简结果和所得出的决策规则可知，上游水位和温度是高拱坝在运行过程中裂缝产生和发展的主要影响因素，并且不同水位和温度的组合对裂缝的影响程度不同。需要说明的是，对于高拱坝来说，裂缝产生的影响因素很多，除了水位和温度的影响外，材料性能和施工等对裂缝的产生也有一定的影响。

5.3　高拱坝裂缝稳定性安全监控方法

对于运行期的混凝土高拱坝，荷载作用(主要指水压和温度荷载)是裂缝产生的主要原因。但由于高拱坝实际运行状况十分复杂，水压和温度都是不断变化的，不同的水位和温度以及两者的不同组合对裂缝的作用效应也不相同，再加上高拱坝地基条件的复杂性，要精确模拟分析坝体应力场较为困难。同时，并不是所有的拱坝裂缝都会影响其正常工作，只有极少数危害性裂缝才会影响坝的安全，而在正常使用条件下，原有裂缝是否会进一步扩展、会不会突然发生失稳转异是工程技术人员和运行管理人员极为关心的问题，这就需要寻求较为理想的方法来判断裂缝的稳定性。对裂缝稳定性分析的方法很多，其中运用断裂力学分析裂缝的稳定性具有一定的先验性，可对及时进行预防和补强起指导作用；而通过数学方法分析裂缝实测资料，进行稳定性判别，比较接近工程实际，又便于工程技术人员和运行管理人员掌握。因此，本节结合实测资料，应用断裂力学理论和小波理论及相空间重构技术，分析运行期高拱坝裂缝稳定性，对裂缝的失稳荷载进行预报，构建裂缝时效变形的尖点突变模型和失稳判据，拟定裂缝失稳警戒指标，实现对高拱坝裂缝变化性态的安全监控。

5.3.1　基于断裂力学理论的裂缝稳定性分析

建立在格里菲斯(Griffith)强度理论基础上的线弹性断裂力学，主要研究理想脆性材料裂缝不稳定扩展问题。混凝土的破坏也是由于裂缝扩展造成的，虽然由于混凝土的不均质性及非完全线性行为，裂缝扩展过程与理想脆性材料不完全相同,但对于小范围屈服的情况,由于裂缝尖端塑性区周围的广大区域仍为弹性区，线弹性断裂力学的计算结果仍具有较好的精确性。

断裂力学主要研究裂纹尖端附近的应力场、应变场和能量释放率等，以建立宏观裂缝的起裂、稳定扩展的规律和失稳扩展的判据[56]。对于各种复杂的断裂形式，可分解为三种基本的断裂类型的组合：第 I 类为张开型，第 II 类为滑开型，第III类为撕开型，如图 5-4 所示。

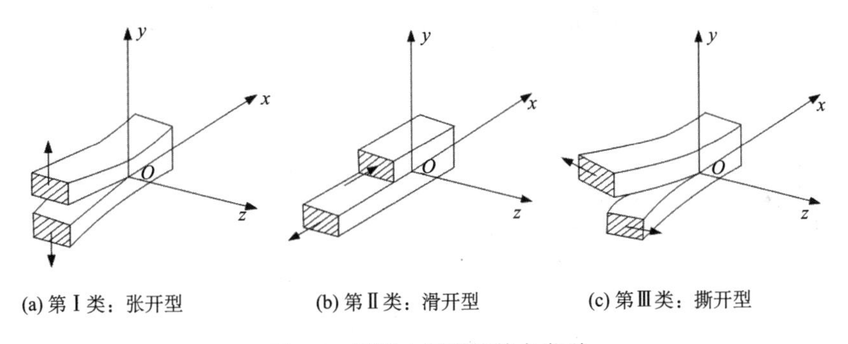

图 5-4　混凝土断裂的基本类型

裂缝尖端附近的应力和位移都可用下述形式表示，即

$$\sigma_{ij} = \frac{K}{\sqrt{r}} f_{ij}(\theta) \tag{5-13}$$

$$U_i = K\sqrt{r} f_i(\theta) \tag{5-14}$$

式中：σ_{ij} 为裂缝尖端区域的应力；U_i 为裂缝尖端的位移；(r,θ) 为以裂缝顶点为原点的极坐标；$f_{ij}(\theta)$ 和 $f_i(\theta)$ 分别为每种裂缝的确定函数。

应用断裂力学理论分析高拱坝裂缝稳定性的基本原理是用临界应力强度因子 K_{c} 作为控制值，通过数值分析求得应力强度因子 K 并与之比较来判断裂缝的稳定性。由于有限元计算结果中位移的精度通常比应力的精度高，因此，按断裂力学理论中用位移分量计算应力强度因子的方法进行分析。

根据威廉姆斯(Williams)位移展开式，三维应力强度因子的计算公式为

$$\begin{cases} K_{\mathrm{I}}=\lim\limits_{r\to 0}\left[\dfrac{\sqrt{2\pi}E}{4(1-\mu^2)}\cdot\dfrac{U_i'}{\sqrt{r_i}}\right] \\ K_{\mathrm{II}}=\lim\limits_{r\to 0}\left[\dfrac{\sqrt{2\pi}E}{4(1-\mu^2)}\cdot\dfrac{V_i'}{\sqrt{r_i}}\right] \\ K_{\mathrm{III}}=\lim\limits_{r\to 0}\left[\dfrac{\sqrt{2\pi}E}{4(1+\mu)}\cdot\dfrac{W_i'}{\sqrt{r_i}}\right] \end{cases} \tag{5-15}$$

式中：E 为材料的弹性模量；μ 为泊松比；U_i'，V_i'，W_i' 分别为裂缝缝面上 i 节点垂直裂缝面方向、沿着裂缝面滑开方向和撕开方向的位移；r_i 为 i 点离裂缝尖端的距离。

在一般情况下，缝面上 i 点的上述位移 $\{U',V',W'\}_i^{\mathrm{T}}$ 并不是 i 点在整体坐标下的位移分量 $\{U,V,W\}_i^{\mathrm{T}}$。为了推导它们之间的关系，在裂缝尖端处建立缝面局部坐标 x'，y'，z'，如图 5-5 所示。

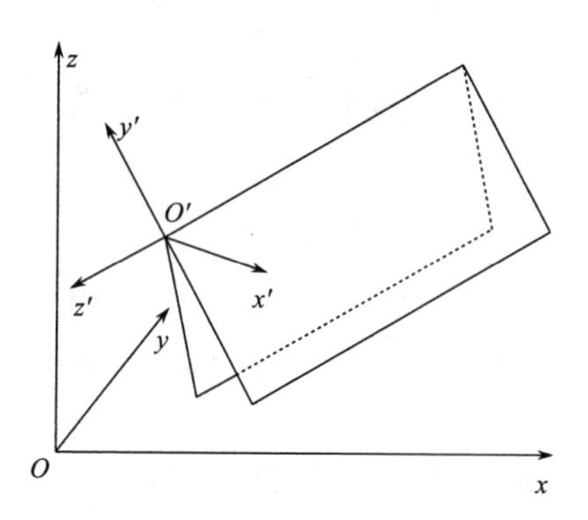

图 5-5 整体坐标与局部坐标的关系

缝面局部坐标 x'、y'、z' 与整体坐标 x、y、z 存在如下转化关系：

$$\begin{Bmatrix} x' \\ y' \\ z' \end{Bmatrix}=\begin{bmatrix} l_1 & m_1 & n_1 \\ l_2 & m_2 & n_2 \\ l_3 & m_3 & n_3 \end{bmatrix}\begin{Bmatrix} x \\ y \\ z \end{Bmatrix} \tag{5-16}$$

$$\begin{Bmatrix} U' \\ V' \\ W' \end{Bmatrix} = \begin{Bmatrix} l_1 & m_1 & n_1 \\ l_2 & m_2 & n_2 \\ l_3 & m_3 & n_3 \end{Bmatrix} \begin{Bmatrix} U \\ V \\ W \end{Bmatrix} \tag{5-17}$$

式中：l_j、m_j、$n_j (j=1,2,3)$分别表示x、y、z与x'、y'、z'之间的方向余弦。

在计算应力强度因子时，根据实际工程的复杂程度，可分别采用两种方法计算，即外推法和奇异单元法。

(1)外推法，即采用不具有奇异性单元缝端上n个点的应力强度外推得到尖端处的K_{I}、K_{II}、K_{III}，计算公式为

$$K_{\mathrm{I}} = \frac{\sqrt{2\pi}E}{4n\left(1-\mu^2\right)} \left[\sum_{j=1}^{n} \frac{U'_j - U'_0}{\sqrt{r_j}} - \frac{n\sum_{j=1}^{n}\left(U'_j - U'_0\right)\sqrt{r_j} - \sum_{j=1}^{n} r_j \times \sum_{j=1}^{n} \frac{\left(U'_j - U'_0\right)}{\sqrt{r_j}}}{n\sum_{j=1}^{n} r_j^2 - \left(\sum_{j=1}^{n} r_j\right)^2} \times \sum_{j=1}^{n} r_j \right] \tag{5-18}$$

$$K_{\mathrm{II}} = \frac{\sqrt{2\pi}E}{4n\left(1-\mu^2\right)} \left[\sum_{j=1}^{n} \frac{V'_j - V'_0}{\sqrt{r_j}} - \frac{n\sum_{j=1}^{n}\left(V'_j - V'_0\right)\sqrt{r_j} - \sum_{j=1}^{n} r_j \times \sum_{j=1}^{n} \frac{\left(V'_j - V'_0\right)}{\sqrt{r_j}}}{n\sum_{j=1}^{n} r_j^2 - \left(\sum_{j=1}^{n} r_j\right)^2} \times \sum_{j=1}^{n} r_j \right] \tag{5-19}$$

$$K_{\mathrm{III}} = \frac{\sqrt{2\pi}E}{4n\left(1+\mu\right)} \left[\sum_{j=1}^{n} \frac{W'_j - W'_0}{\sqrt{r_j}} - \frac{n\sum_{j=1}^{n}\left(W'_j - W'_0\right)\sqrt{r_j} - \sum_{j=1}^{n} r_j \times \sum_{j=1}^{n} \frac{\left(W'_j - W'_0\right)}{\sqrt{r_j}}}{n\sum_{j=1}^{n} r_j^2 - \left(\sum_{j=1}^{n} r_j\right)^2} \times \sum_{j=1}^{n} r_j \right] \tag{5-20}$$

式中：U'_0、V'_0、W'_0为裂缝尖端处在局部坐标下的位移分量；n为计算外推点个数；$r_j\ (j=1,2,\cdots,n)$为插值点至缝端的距离，其余同式(5-15)。

(2)奇异单元法，用缝面处具有奇异性单元边上三个节点在局部坐标下的位移分量U',V',W'计算K_{I}，K_{II}，K_{III}，计算公式为

$$K_{\mathrm{I}} = \frac{\sqrt{2\pi}E}{4\left(1-\mu^2\right)} \frac{1}{\sqrt{S}} \left[4U(2) - U(3) - 3U(1)\right] \tag{5-21}$$

$$K_{\mathrm{II}} = \frac{\sqrt{2\pi}E}{4\left(1-\mu^2\right)} \frac{1}{\sqrt{S}} \left[4V(2) - V(3) - 3V(1)\right] \tag{5-22}$$

$$K_{\mathrm{III}} = \frac{\sqrt{2\pi}E}{4\left(1-\mu^2\right)} \frac{1}{\sqrt{S}} \left[4W(2) - W(3) - 3W(1)\right] \tag{5-23}$$

式中：(1)、(2)、(3)分别表示奇异单元边上首、中、末三个节点的位置；S表示

单元边长。

以第 I 类裂缝为例，分析裂缝的稳定性。由式(5-15)或式(5-18)可知，K_{I} 是 U' 的函数，而 U' 受水位 H 、温度 T 、裂缝深度 l 等影响，因此，K_{I} 可表示成水位 H 、温度 T 、裂缝深度 l 的函数形式，即

$$K_{\mathrm{I}}=f\left(H,T,l\right) \tag{5-24}$$

然而，由于实际工程的复杂性，很难求出 K_{I} 的显函数表达形式，需结合有限元仿真技术，根据具体的实际工程进行简化，计算不同开裂深度下，不同水位、温度组合工况的裂缝缝端强度因子，从而得到 K_{I} 随水位 H 、温度 T 、裂缝深度 l 的变化规律。式(5-24)可以转化为

$$K_{\mathrm{I}}=c_0+\sum_{i=1}^{m_1}c_i\Delta H^i+\sum_{i=1}^{m_2}d_i\Delta T_i \tag{5-25}$$

式中：ΔH 为水深；ΔT_i 为坝体温度与封拱温度的差值，$\Delta T=T_{\mathrm{d}}-T_{\mathrm{c}}$，$T_{\mathrm{d}}$ 为坝体温度，T_{c} 为封拱温度；m_1 为考虑上游水位对裂缝应力强度因子的影响阶次，一般取为 3；m_2 为影响裂缝应力强度因子的坝体温度个数，在选取 m_2 时一般应使所选取的坝体温度测点个数能够反映坝体的实际温度场。

利用多元回归法，对有限元数值计算结果进行回归分析，可得出回归方程。

应力强度因子 K_{I} 是表征裂缝尖端应变能的物理量，反映了缝端的应力场。断裂韧度 K_{IC} 是反映混凝土抵抗断裂的韧度指标，一般通过试验获得。为分析裂缝稳定性的演变规律及其转异特征，根据 K_{I} 与 K_{IC} 之间的关系，可以得到判断裂缝的稳定性的判据为

(1) $K_{\mathrm{I}}<K_{\mathrm{IC}}$ 裂缝稳定；

(2) $K_{\mathrm{I}}=K_{\mathrm{IC}}$ 裂缝处于临界状态；

(3) $K_{\mathrm{I}}>K_{\mathrm{IC}}$ 裂缝发生失稳扩展。

5.3.2 基于小波理论的裂缝稳定性分析

裂缝的产生和发展十分复杂，由于坝体混凝土徐变和缝端塑性变形以及混凝土结构自身体积变形等因素的影响，裂缝会产生不可逆的随时间推进的趋势性变化，即时效变化。目前，一般事先选择好与时间有关的因子形式，利用实测数据建立统计模型，确定裂缝时效变形。该方法事先拟定时效因子构造形式，带有一定的人为影响，有时不一定准确。另外，当水位等影响因子与时效因子密切相关时，这种相关性会对回归效果产生较大影响，时效变形分离效果就较差。而小波变换是一种信号的时间-频率分析方法，具有多分辨分析的特点[57]。同时，裂缝的实测数据序列可以看成一个由不同频率成分组成的数字信号序列，时效变化部分表现为低频率的变化，故可采用小波分析来提取裂缝的时效变形。此外，相空

间是指用状态变量支撑起的抽象空间，可在系统的状态和相空间的点之间建立一一对应关系，相空间里的一个点(即相点)表示系统在某一时刻的一个状态；而相空间里的相点连线，则构成了点在相空间的轨迹，即相轨道，相轨道表示了系统状态随时间的演变。于是，可以将小波分析与相空间重构技术结合起来，分析裂缝的时变规律。

5.3.2.1　裂缝时效分量的小波分析法

如果$\psi(t)\in L^2(R)$，其 Fourier 变换为$\hat{\psi}(\omega)$，当$\hat{\psi}(\omega)$满足允许条件

$$C_\psi=\int_R\frac{\left|\hat{\psi}(\omega)\right|^2}{|\omega|}\mathrm{d}\omega<\infty \tag{5-26}$$

则称$\psi(t)$为一个基小波，由基小波$\psi(t)$经伸缩和平移后生成的小波函数系可表示为

$$\psi_{a,b}(t)=\frac{1}{\sqrt{|a|}}\psi\left(\frac{t-b}{a}\right)\quad a,b\in R;a\neq 0 \tag{5-27}$$

式中：a为尺度因子；b为平移因子。

将信号在这个函数系上分解，就得到了连续小波变换的定义，对于任意函数$f(t)\in L^2(R)$的连续小波变换为

$$W_f(a,b)=\langle f,\psi_{a,b}\rangle=\frac{1}{\sqrt{a}}\int_R f(t)\bar{\psi}\left(\frac{t-b}{a}\right)\mathrm{d}t \tag{5-28}$$

以一个三层的小波分解对多分辨分析方法进行说明，给出正交小波的构造方法以及正交小波变换的快速算法。小波分解树结构如图 5-6 所示，图中S为任意信号，A_1、A_2、A_3为低频部分，D_1、D_2、D_3为高频部分，可以看出，多分辨分析是对低频空间进行进一步的分解，使频率的分辨率变得越来越高。

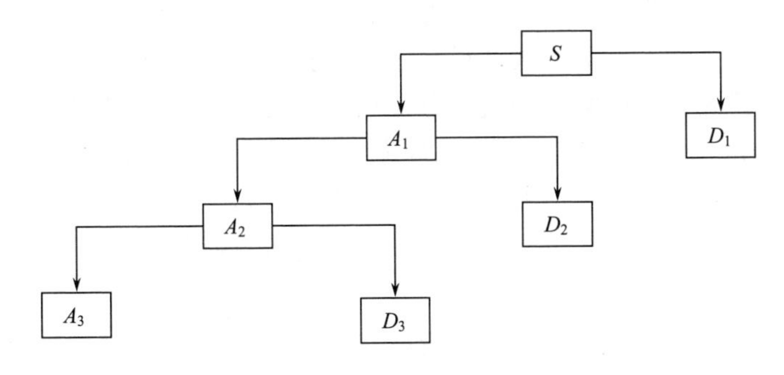

图 5-6　三层多分辨分析(小波分解)树结构

设有信号 $f(t)$ 的离散采样序列 $f(n)$，$n=1,2,\cdots,N$，以 $f(n)$ 表示信号在尺度 $j=0$ 时的近似值，记为 $c_0(n)=f(n)$，则 $f(t)$ 的离散二进小波变换确定如下：

$$c_{j+1}(n)=\sum_{k\in Z}h(k-2n)c_j(k) \tag{5-29}$$

$$d_{j+1}(n)=\sum_{k\in Z}g(k-2n)d_j(k) \tag{5-30}$$

式中：$h(k-2n)$ 和 $g(k-2n)$ 为由小波函数 $\psi(x)$ 确定的两列共轭滤波器系数；c_j 和 d_j 分别为信号在尺度 j 上的近似部分和细节部分，离散信号 c_0 经过尺度 $1,2,\cdots,j$ 的分解，最终分解为 $d_1,d_2,\cdots,d_j,c_j$，它们分别包含了信号从高频到低频的不同频带的信息，所以被称为多分辨分析。

此时，尺度函数由两尺度关系

$$\varphi(x)=\sum_{k=-\infty}^{\infty}h(k)\varphi(2x-k) \tag{5-31}$$

完全确定。其中

$$h(k)=\left\langle\frac{1}{\sqrt{2}}\varphi\left(\frac{x}{2}\right),\varphi(x-k)\right\rangle \tag{5-32}$$

相应地，小波函数由

$$\psi(x)=\sum_{k=-\infty}^{\infty}g(k)\varphi(2x-k) \tag{5-33}$$

完全确定。其中

$$g(k)=(-1)^k h(1-k) \tag{5-34}$$

将高拱坝裂缝的实测资料序列看成一个由不同频率成分组成的数字分形序号序列，其中坝体温度影响因素一般随时间作周期性变化，库水位由于受天然来水、水库调度等影响也呈现出一定的周期性，故裂缝开度随着环境量变化而变化的分量具有相应的周期性。一般年周期(较高频率)变化明显，属高频率信号波动，受到随机因素及监测误差影响的随机部分，也表现为高频率(短周期)的波动；而裂缝时效变化部分，则表现为低频率(长周期)的信号波动。因此，裂缝时效分量的小波分析法为：采用离散小波变换算法对裂缝的分形信号序列进行加速小波分解重构，滤除水位、温度及随机成分的高频信号波动，剩余的低频部分则代表着高拱坝裂缝随监测时间序列的发展趋势，即为高拱坝裂缝的时效变形。在小波分析中，低频部分则对应着最大尺度小波变换的低频系数。时效分量可用以判断高拱坝裂缝变化是否趋于稳定。

5.3.2.2　利用相平面分析裂缝演变规律

利用相空间重构技术分析裂缝时变规律的方法主要有延迟重构法和导数重构法。

1) 延迟重构法

设未知的高拱坝系统的离散时间演化由以下非线性差分方程表示：

$$Z\left(t+1\right)=F\left(Z(t)\right) \tag{5-35}$$

式中：$Z(t)$ 为系统在时刻 t 的 d 维状态向量；$F\left(Z(t)\right)$ 为向量值函数。

设时间序列 $x\left(t\right)$ 是监测获得的系统输出，则

$$x\left(t\right)=h\left(Z(t)\right)+\omega\left(t\right) \tag{5-36}$$

式中：$h\left(Z(t)\right)$ 为数量值函数；$\omega\left(t\right)$ 为由于监测手段的不完善和不精确产生的附加噪声。

当 $\omega\left(t\right)=0$ 时，把一维监测序列 $x\left(t\right)$ 嵌入 m 维相空间中

$$X\left(t\right)=\left(x(t),x(t+\tau),\cdots,x(t+(m-1)\tau)\right) \tag{5-37}$$

式中：τ 是正整数，称为延迟时间。

根据塔肯斯(Takens)定理可知，只要重建的相空间的维数相当大($m\geqslant 2D+1$，其中 D 为吸引子的分维)，系统的状态变化在相空间的映射(即奇怪吸引子的拓扑特性)不会改变，可以在相空间中再现系统的特性。实际上，只要 $m>D$，嵌入空间中点集的维数就等同于吸引子的维数，m 可在 $D\leqslant m\leqslant 2D+1$ 中选择。

2) 导数重构法

导数重构法由系统某一单变量(如 $x(t)$)的各阶导数便能够得到系统的拓扑等价重构相空间。重构相空间中的矢量元素为$\{x(t),\dot{x}(t),\ddot{x}(t),\cdots\}$，其中 $\dot{x}(t)$、$\ddot{x}(t)$ 分别为变量 $x(t)$ 的一阶和二阶导数。由于相空间的导数重构法能够有效地反映时效的变化率，因此，为了更好地表现裂缝的时变过程，采用导数重构法来重构相空间。

裂缝随时间发生的不可逆变形，可用一阶非线性微分方程表示，即

$$\dot{k}_\theta=f\left(k_\theta,a\right) \tag{5-38}$$

式中：$\dot{k}_\theta$ 为裂缝时效变形 k_θ 对时间的导数，即时效变化率；a 为参数。$\dot{k}_\theta$ 和 k_θ 表征了系统 $\dot{k}_\theta=f(k_\theta,a)$ 在任一时刻的运动状态，称之为相，$\dot{k}_\theta$ 与 k_θ 的数值则对应着平面 $\dot{k}_\theta=f(k_\theta,a)$ 上的一个点，即相点；并把平面 $(k_\theta,\dot{k}_\theta)$ 称之为相平面，其中横轴为裂缝的时效变形 k_θ，纵轴为裂缝的时效变化率 $\dot{k}_\theta$。

对于高拱坝运行期的裂缝，其时效通常有三种表现方式：①时效逐渐增大且趋于稳定，其时效变化率 $\mathrm{d}k_\theta/\mathrm{d}t>0$，并且 $\mathrm{d}^2k_\theta/\mathrm{d}t^2>0$，如图 5-7(a)所示；

②时效保持恒定速率增长，其时效变化率 $\mathrm{d}k_\theta/\mathrm{d}t>0$，并且 $\mathrm{d}^2k_\theta/\mathrm{d}t^2=0$，如图 5-7(b)所示；③时效以不断增大的速率发展，其时效变化率 $\mathrm{d}k_\theta/\mathrm{d}t>0$，并且 $\mathrm{d}^2k_\theta/\mathrm{d}t^2>0$，如图 5-7(c)所示。

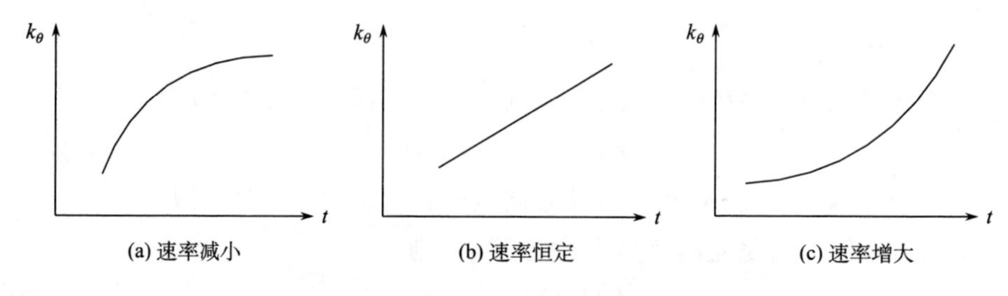

图 5-7　运行期裂缝时效变化的表现形式

与裂缝时效表现方式对应的、利用导数重构法重构的相平面如图 5-8 所示，可以看出：当裂缝的时效随时间变化逐渐趋于稳定时，其时效变化率迅速减小，相应的相轨道呈直线降低(图 5-8(a))；当裂缝的时效随时间变化保持恒定速率增长时，相应的相轨道为一水平直线(图 5-8(b))；当裂缝的时效随时间变化以不断增大的速率发展时，相应的相轨道呈直线上升(图 5-8(c))。由此，相平面可以直观地表现出裂缝随时间的演变规律。

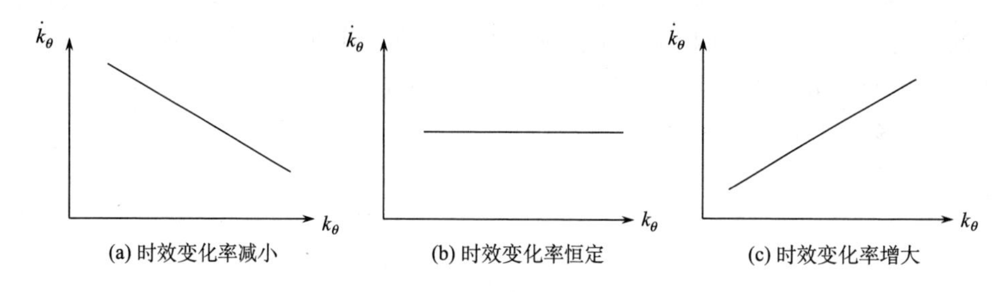

图 5-8　与裂缝时效变化对应的相平面

因此，基于裂缝的实测资料，利用小波分析提取出裂缝的时效变形，采用相空间重构技术对时效变形重构相平面，以此分析裂缝的发展演变规律，不仅可以很好地反映裂缝的实际性态，而且可以清晰地了解其随时间的发展演变过程。

5.3.2.3　基于尖点突变模型的裂缝稳定性判据

目前，尖点突变模型应用广泛[58]，可用于分析裂缝时效分量的变化状态。为了提高尖点突变模型的精度，首先采用灰色理论对数据序列进行处理。设不可逆变形序列为 $\delta_{ir}^{(0)}$，对其进行1-AGO生成，得到 $\delta_{ir}^{(1)}$。对于生成序列 $\delta_{ir}^{(1)}$ 一般可以建立 GM(1,1) 模型，其形式如下：

$$\frac{\mathrm{d}\delta_{ir}^{(1)}}{\mathrm{d}t}+a\delta_{ir}^{(1)}=b \tag{5-39}$$

式(5-39)的解为指数形式，显然不符合突变理论分析的要求，为此，将其进行 Taylor 公式展开，可以得到

$$\delta_{ir}^{(1)}(t)=a_0+a_1t+a_2t^2+a_3t^3+a_4t^4+a_5t^5+\cdots+a_nt^n+\cdots \tag{5-40}$$

式中：$a_0,a_1,\cdots,a_n,\cdots$ 为待定系数；t 为时间变量。

取式(5-40)的 5 次截断，则可以满足精度要求，得到

$$\delta_{ir}^{(1)}(t)=a_0+a_1t+a_2t^2+a_3t^3+a_4t^4+a_5t^5 \tag{5-41}$$

利用多元回归分析确定系数 $a_0,a_1,\cdots,a_5$。

对式(5-41)进行求导可得

$$V=\frac{\mathrm{d}\delta_{ir}^{(1)}}{\mathrm{d}t}=a_1+2a_2t+3a_3t^2+4a_4t^3+5a_5t^4 \tag{5-42}$$

令 $b_0=a_1$、$b_1=2a_2$、$b_2=3a_3$、$b_3=4a_4$、$b_4=5a_5$ 得

$$V=b_0+b_1t+b_2t^2+b_3t^3+b_4t^4 \tag{5-43}$$

令 $p=b_3/4b_4$、$t=y-p$，并将其代入式(5-43)，消去三次项后得

$$V=c_4y^4+c_2y^2+c_1y+c_0 \tag{5-44}$$

式中：$c_4=b_4$，$c_2=6p^2b_4-3pb_3+b_2$，$c_1=-4p^3b_4+3p^2b_3-2pb_2+b_1$，$c_0=p^4b_4-p^3b_3+p^2b_2-pb_1+b_0$。

再令 $y=\sqrt[4]{\frac{1}{4c_4}}Z(c_4>0)$，或 $y=\sqrt[4]{\frac{1}{-4c_4}}Z(c_4<0)$，代入式(5-44)，并略去常数项(常数项不会改变 V 的性质)，当 $c_4>0$ 时，则有

$$V=\frac{1}{4}Z^4+\frac{1}{2}uZ^2+vZ \tag{5-45}$$

式中：$u=\frac{c_2}{\sqrt{c_4}}$；$v=\frac{c_1}{\sqrt[4]{4c_4}}$。

同样，当 $c_4<0$ 时，则有

$$V=-\frac{1}{4}Z^4+\frac{1}{2}uZ^2+vZ \tag{5-46}$$

式中：$u=\frac{c_2}{\sqrt{-c_4}}$；$v=\frac{c_1}{\sqrt[4]{-4c_4}}$。

对势函数求导，并令 $\frac{\partial V}{\partial Z}=0$，即

$$Z^3 + uZ + v = 0 \quad (正则尖点突变) \tag{5-47}$$

或

$$-Z^3 + uZ + v = 0 \quad (对偶尖点突变) \tag{5-48}$$

所有在平衡曲面上有竖直切线的点就构成状态的突变点集，方程为

$$\frac{\partial^2 v}{\partial Z^2} = 3Z^2 + u \quad (正则尖点突变) \tag{5-49}$$

或

$$\frac{\partial^2 v}{\partial Z^2} = -3Z^2 + u \quad (对偶尖点突变) \tag{5-50}$$

由式(5-47)和式(5-49)或由式(5-48)和式(5-50)联立消去 Z，即得到奇点集在控制变量(u,v)平面上的投影构成分叉集的方程为(正则和对偶有相同的分叉集方程)

$$\Delta = 4u^3 + 27v^2 = 0 \tag{5-51}$$

(1)若 $\Delta = 4u^3 + 27v^2 > 0$，裂缝处于稳定状态，不发生亚临界扩展；

(2)若 $\Delta = 4u^3 + 27v^2 < 0$，裂缝处于不稳定状态，发生亚临界扩展。

5.3.3 基于典型小概率法的裂缝失稳警戒指标拟定

1963 年，Well 发表了有关裂尖张开位移(crack tip opening displacement，CTOD)的文章，提出了以临界的裂缝初始缝端张开位移作为断裂参量判别裂缝失稳扩展的近似工程方法。通过试验研究发现，$CTOD_C$ 可作为控制混凝土断裂的重要材料参数，由此提出将 $CTOD_C$ 作为裂缝失稳扩展的判据。

下面采用沿裂缝扩展方向布置测缝计的方式，来说明裂缝开度 δ 与裂缝尖端张开位移 CTOD 之间存在的密切联系，如图 5-9 所示。

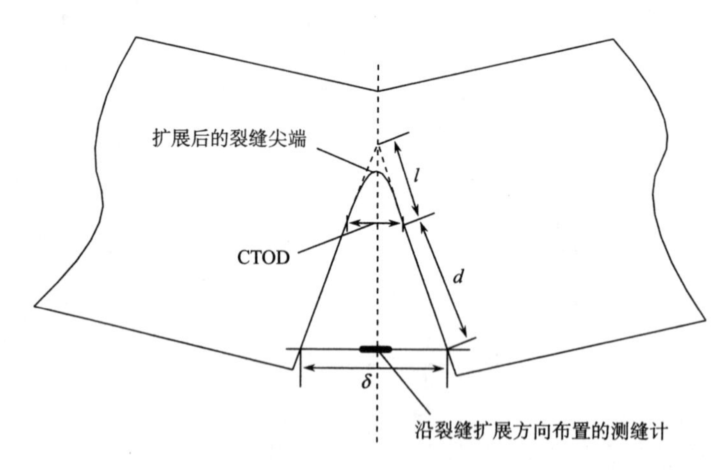

图 5-9 δ 与 CTOD 的关系

根据图5-9中的几何关系，可得

$$\delta = \left(1 + \frac{d}{l}\right)\text{CTOD} \tag{5-52}$$

式中：l为裂缝的亚临界扩展长度；d为测缝计到初始缝端的距离，一旦测缝计布置后，d为定值。

由式(5-52)及图5-9可以看出：①裂缝开度δ与裂缝尖端张开位移之间本质上存在着确定性数量关系；②当裂缝发生失稳时，CTOD达到临界裂缝尖端张开位移CTOD_C，与此同时，δ也应该达到临界的裂缝开度值δ_C。

受CTOD_C失稳准则的启发，结合高拱坝裂缝的实测资料，给出基于裂缝开合度δ的裂缝失稳判据：

(1) $\delta < \delta_\text{C}$　裂缝处于稳定状态；

(2) $\delta = \delta_\text{C}$　裂缝处于临界失稳状态；

(3) $\delta > \delta_\text{C}$　裂缝发生失稳。

这种失稳判据不需要在实验室中采用大尺寸试件试验确定CTOD_C，也不需要测量或计算裂缝失稳断裂前的亚临界扩展量Δa_c、起裂荷载P_s和裂缝尖端张开位移CTOD，仅通过拱坝裂缝的监测资料进行计算分析，操作方便。

失稳判据确立后，需要确定临界裂缝开度值δ_C。运行期的高拱坝裂缝开度的监测值可认为是随机序列，经过各种荷载组合的考验，裂缝发生失稳扩展应该是一个小概率事件。因此，可以通过概率分布检验的方法，在给出一定概率条件下，确定监测数据系列的小概率测值。采用典型小概率法来确定δ_C的基本步骤如下。

步骤1　在实测资料中，选择不利荷载组合时的裂缝开度X_i(为了与数学符号一致，将δ_i记为X_i)，则X_i为随机变量，由监测资料系列可得到一个子样数为n的样本序列$X = \{X_1, X_2, \cdots, X_n\}$。

步骤2　计算原始样本序列的统计特征值，估计序列的统计参数，即均值μ和方差σ。

$$\mu = \frac{1}{n}\sum_{i=1}^{n} X_{mi} \tag{5-53}$$

$$\sigma = \sqrt{\frac{1}{n}\left(\sum_{i=1}^{n} X_{mi}^2 - n\mu^2\right)} \tag{5-54}$$

步骤3　采用统计检验方法(如A-D法、K-S法等)对原始样本序列X进行分布检验，确定其概率密度函数$f(x)$的分布函数$F(x)$。

步骤4　对实测值序列进行小概率计算，得到测值序列的分布类型和相应失事概率下的临界裂缝开度值。例如，令δ_C为裂缝开度的临界值，若当$\delta > \delta_\text{C}$时，裂缝发生失稳，其概率为

$$P\left(\delta > \delta_{\mathrm{C}}\right) = P_{\alpha} = \int_{\delta_{\mathrm{C}}}^{+\infty} f\left(\delta\right)\mathrm{d}\delta \tag{5-55}$$

求出 δ_i 的分布后，估计的主要问题是确定裂缝失稳概率 P_{α}，其值主要依据工程等级和大坝安全程度来确定。根据工程经验，一般取 P_{α} 为 0.05 或 0.01。确定 P_{α} 后，由分布函数直接求出 X_{C}，即

$$\delta_{\mathrm{C}} = F^{-1}\left(\mu, \sigma, P_{\alpha}\right) \tag{5-56}$$

根据上面的分析，裂缝临界开度值是裂缝发生失稳扩展的一个极限，如果超过该极限就会造成裂缝的失稳。因此，根据裂缝失稳判据，在一定程度上可选择裂缝临界开度值作为拟定裂缝失稳的警戒指标的依据，对应地拟定裂缝失稳的两级警戒指标：

(1) 当裂缝失稳概率 P_{α} 为 0.05 时，计算所得的临界裂缝开度值 δ_{C1} 可作为裂缝发生失稳的一级警戒指标；

(2) 当裂缝失稳概率 P_{α} 为 0.01 时，计算所得的临界裂缝开度值 δ_{C2} 可作为裂缝发生失稳的二级警戒指标。

5.3.4 应用实例

5.3.4.1 环境荷载对高拱坝裂缝产生的影响分析

为了深入分析高拱坝裂缝的变化性态，仍以李家峡工程为例，充分考虑工程区复杂地形、地质条件的影响，建立了该拱坝整体有限元模型，如图 5-10 所示。

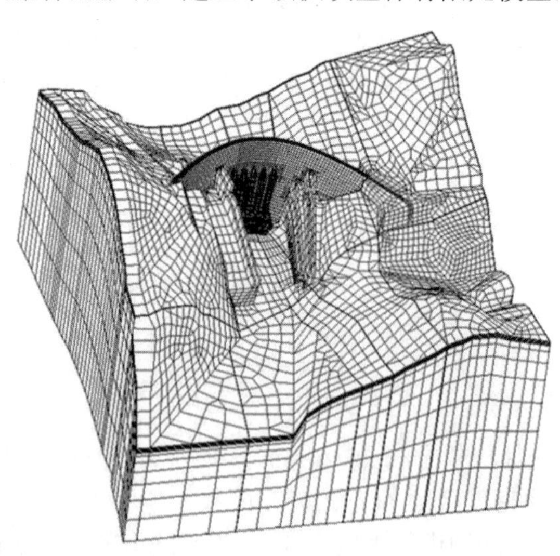

图 5-10 拱坝整体有限元模型

模型中单元采用六面体八节点等参单元和少量五面体六节点等参单元。模型共划分了 73 623 个单元，82 256 个节点。荷载效应计算工况为：①水压荷载；②水压+自重载荷；③水压+自重+温升或者温降。同时为了全面考虑该拱坝的特点和裂缝分布情况，在上述整体有限元模型基础上，特别考虑了横缝开裂的情况，应用双节点单元模拟了横缝开裂，计算了典型工况下的坝体应力场，用以和无缝模型相互印证。

1. 水压荷载工况下空间应力场分析

水压荷载计算工况为 2150m、2170m 和 2180m。通过计算，得到了拱坝下游面的空间应力分布图，如图 5-11～图 5-16 所示。

由计算结果分析可知：①在水压荷载作用时，下游面拱向应力以压应力为主，拱向压应力随水位的升高而增大，以高程 2060～2120m 的拱冠梁附近的应力较大，在水位 2180m 时，坝体下游面的压应力在 1MPa 左右；②在水压荷载作用下，下游面梁向应力在拱冠梁附近以拉应力为主，梁向拉应力随水位的升高而增大，

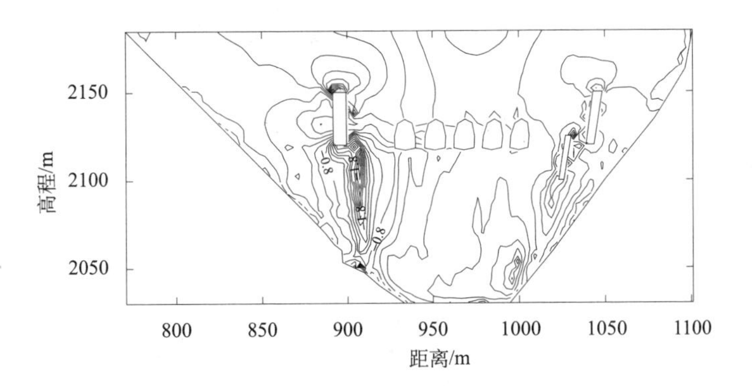

图 5-11　拱向应力分布图(H=2150m)

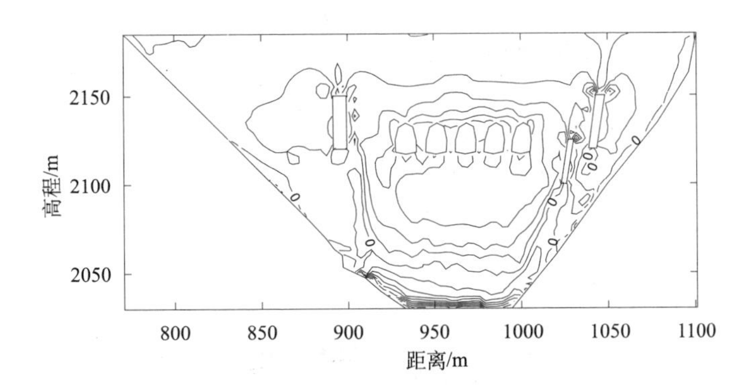

图 5-12　梁向应力分布图(H=2150m)

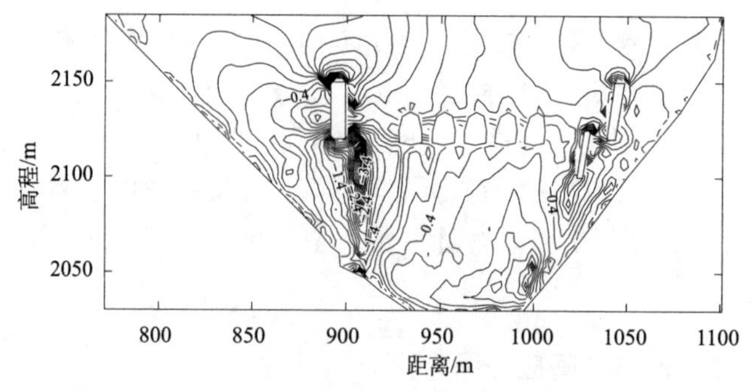

图 5-13　拱向应力分布图(H=2170m)

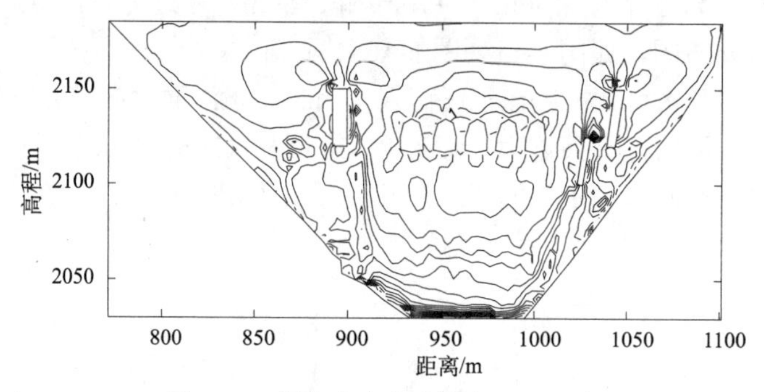

图 5-14　梁向应力分布图(H=2170m)

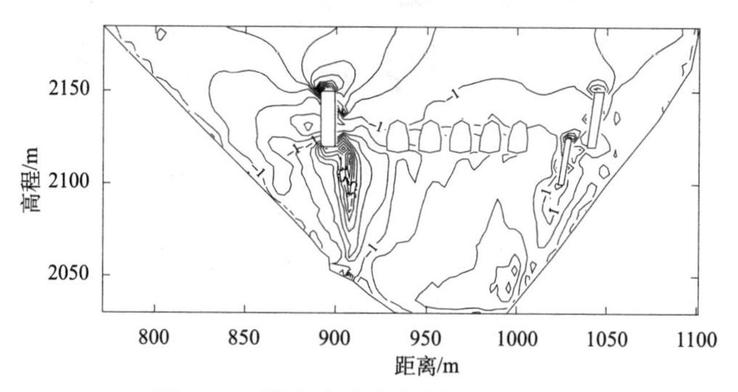

图 5-15　拱向应力分布图(H=2180m)

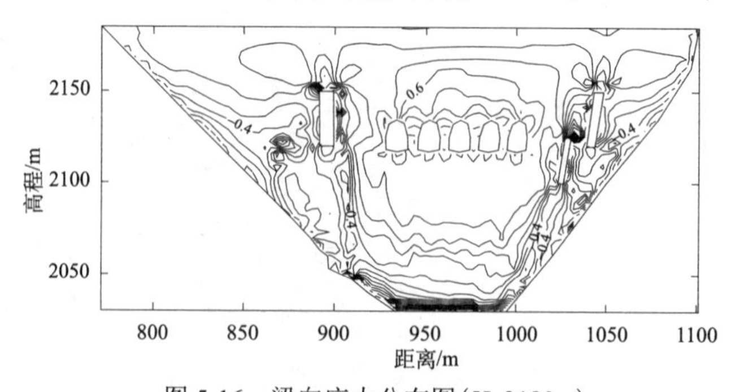

图 5-16　梁向应力分布图(H=2180m)

且最大拉应力的位置随水位的升高而不断上升，在水位 2180m 时，下游面的最大拉应力集中在 2140～2185m 高程范围内，高程 2160m 的拱冠梁附近(坝后裂缝的主要分布区域)梁向拉应力较大，其值为 0.6MPa 左右。可见，高水位对坝后裂缝较为不利，可能是其产生的原因。

2. 水压+自重工况下空间应力场分析

以下给出了水位 2150m+自重、2170m+自重和 2180m+自重组合下，下游面的空间应力分布图，如图 5-17～图 5-22 所示。

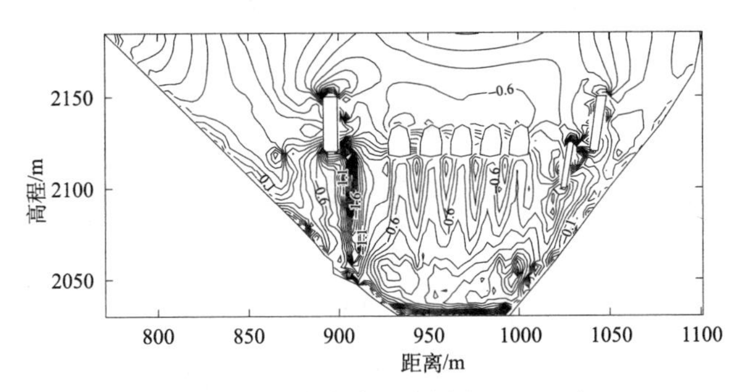

图 5-17　拱向应力分布图(H=2150m)

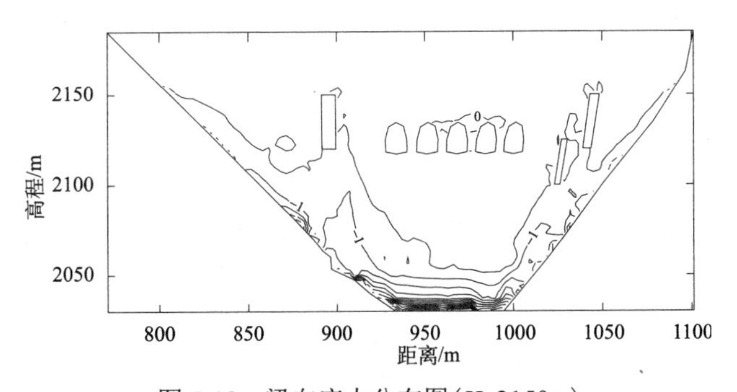

图 5-18　梁向应力分布图(H=2150m)

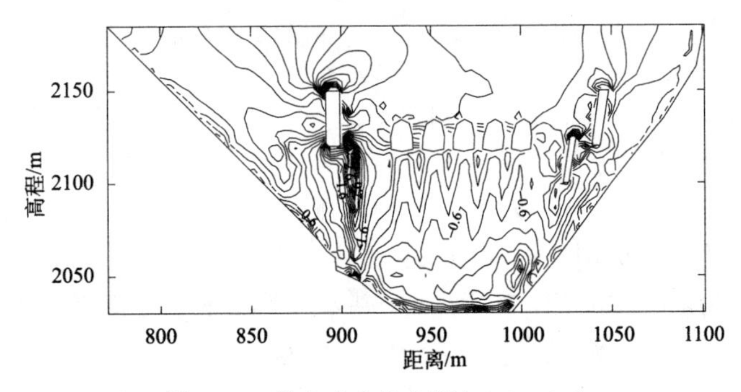

图 5-19　拱向应力分布图(H=2170m)

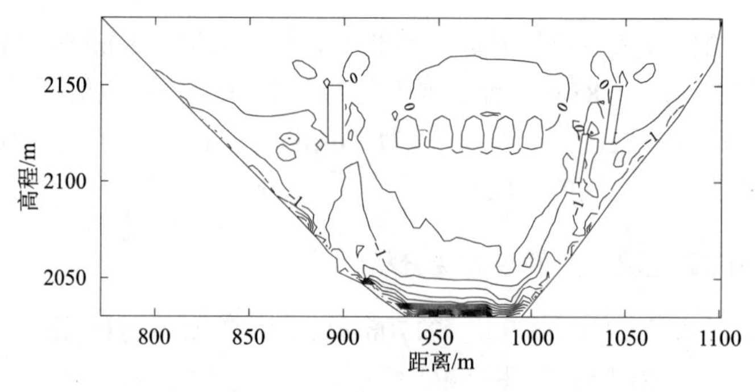

图 5-20　梁向应力分布图(H=2170m)

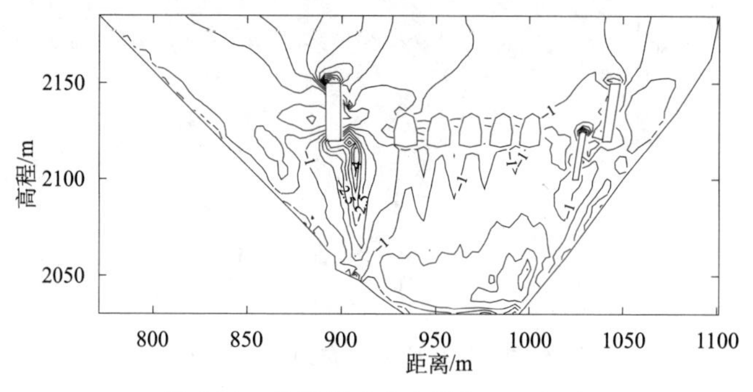

图 5-21　拱向应力分布图(H=2180m)

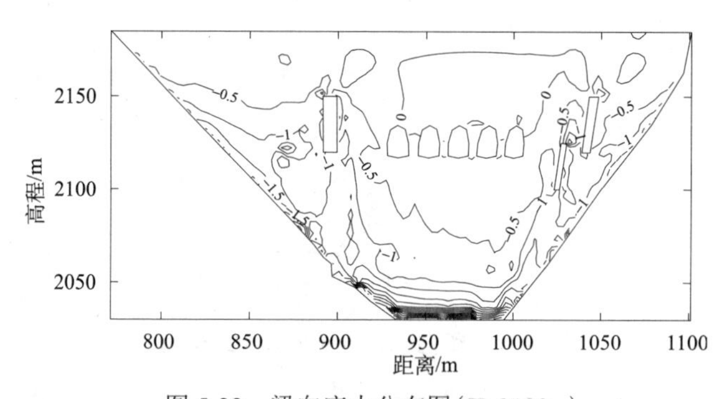

图 5-22　梁向应力分布图(H=2180m)

由计算结果分析可知：在附加自重荷载后，坝体上的拉应力有较大减小(这里是整体自重应力，即假定自重荷载为均匀分布体力，一次性施加于坝体上)，其中：①下游面拱向应力仍以压应力为主，拱向压应力随水位的升高而增大，以高程2060～2120m 的拱冠梁附近的应力较大，相比仅在水压荷载作用下的坝体下游面拱向应力，拱向压应力的范围有所扩大，基本上整个下游面都为受压区。在 2180m 水压及自重作用下，下游面拱向压应力在 1MPa 左右。②相比仅有水压荷载的情况，下游面梁向拉应力的分布规律与仅有水压荷载情况下的分布规律相似，下游面梁向拉应力有所减小，减小约 0.5MPa，并且从下游面梁向应力分布图看出，在上游水位从 2150m 上升到 2180m 时，高程 2160m 的拱冠梁附近(坝后裂缝的主要分布区域)梁向拉应力范围存在明显的扩展现象，从而验证了高水位对下游面的受力不利。

3. 考虑温度荷载工况下应力场分析

根据坝体温度监测资料分析可知，1～3 月期间坝体温度较低；8～10 月期间坝体温度较高。为此，分别选择 2003 年 1 月 28 日、2003 年 8 月 23 日的实测温度与封拱温度的差值作为典型温降和温升荷载，工况 1：水位 2179.5m+自重+温降；工况 2：水位 2165m+自重+温降；工况 3：水位 2179.5m+自重+温升；工况 4：水位 2165m+自重+温升。

1)低温空间应力场分析

为了更好地分析下游面的应力分布情况，通过计算，得到了拱坝在工况 1 和 2 时大坝下游面的空间应力场，如图 5-23～图 5-26 所示。

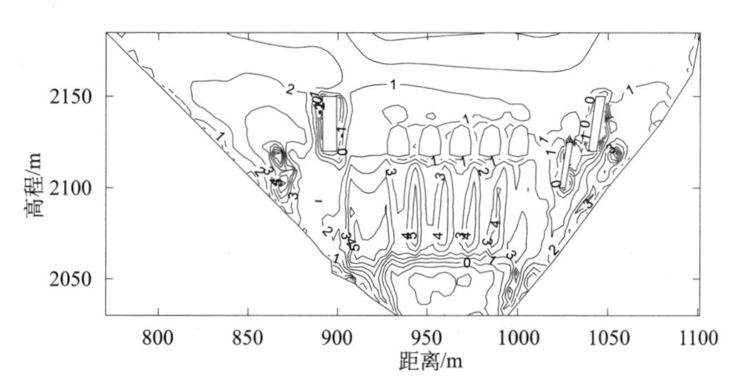

图 5-23　拱向应力分布图(工况 1)

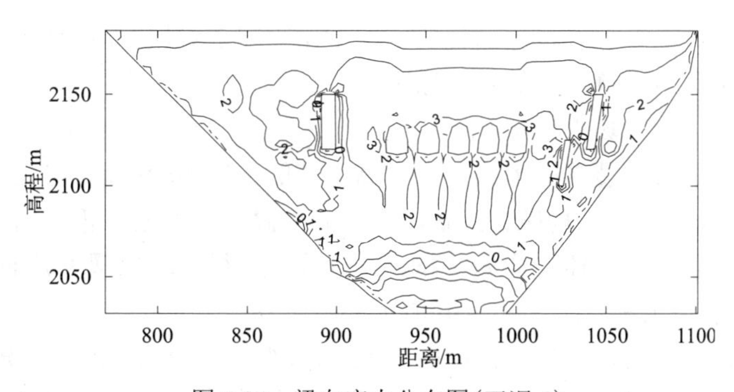

图 5-24　梁向应力分布图(工况 1)

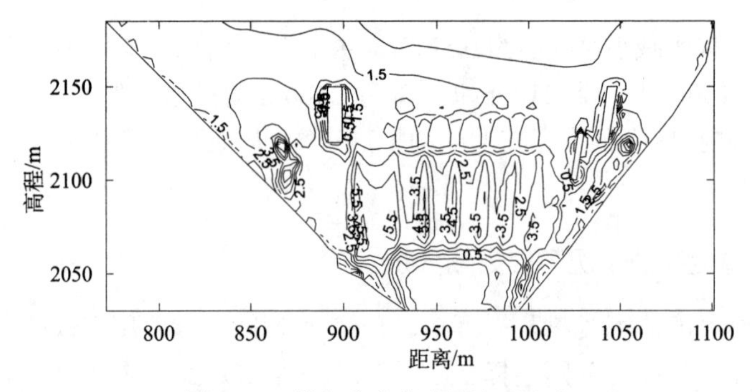

图 5-25　拱向应力分布图(工况 2)

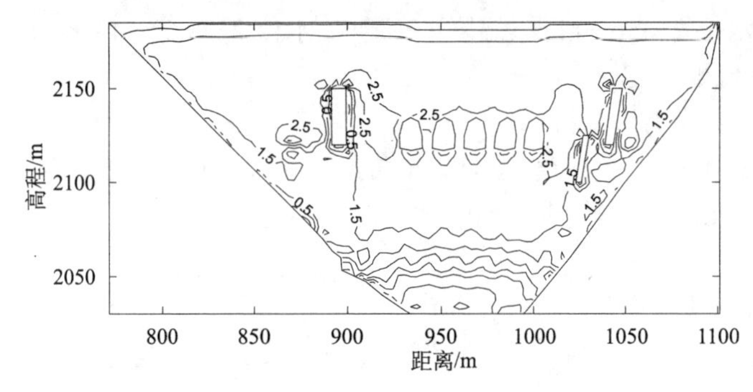

图 5-26　梁向应力分布图(工况 2)

由计算结果分析可知：坝体混凝土直接与大气接触，导致在冬季低温时，产生大面积的拉应力区，其中在 2150m 高程(裂缝集中高程区)，最大梁向拉应力分别为 2.5MPa(工况 1)、2.0 MPa(工况 2)，且有向上下和左右减小的规律；坝后背管与坝体连接处梁向拉应力较大(3.0MPa 左右)，在 2150m 高程，最大拱向拉应力分别为 2.0MPa(工况 1)、1.5MPa(工况 2)；工况 1 比工况 2 在坝体下游面所产生的拉应力大，且受拉区也深，说明工况 1 比工况 2 对坝体应力更不利，即低温高水位可能是坝后裂缝产生的主要原因。

2)高温空间应力场分析

为了分析下游面裂缝的形式，选择高温较低水位和较高水位的工况，即工况 3 和工况 4。其坝体温度场减去封拱温度得到变温场，并考虑相应的水位和自重，用有限元计算温升时坝体的应力状态，通过计算，得到了拱坝下游面的拱向和梁向空间应力场，如图 5-27～图 5-30 所示。

由计算结果分析可知：与温降时相反，在坝体下游面产生大面积的梁向及拱向压应力区，分布规律与温降时相似；拱向应力受上游水位的影响较显著，随着上游水位的上升，下游面压应力增大；梁向应力受上游水位的影响较不显著；在 2150m 高程(裂缝集中高程)区，最大的拱向压应力(拱冠梁附近)分别约为

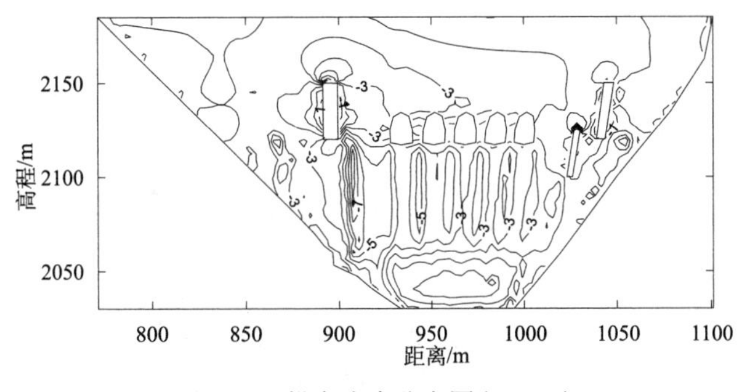

图 5-27　拱向应力分布图(工况 3)

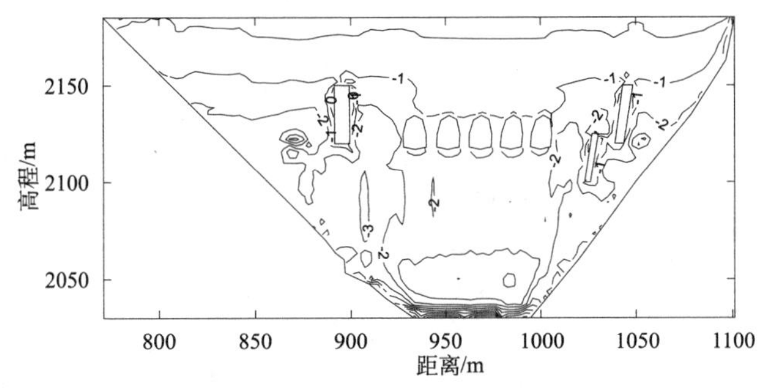

图 5-28　梁向应力分布图(工况 3)

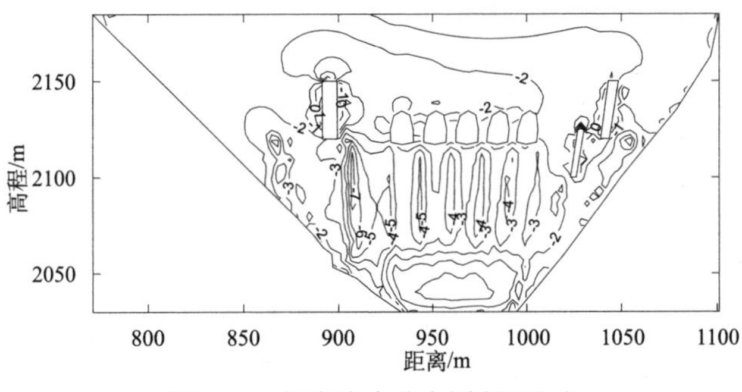

图 5-29　拱向应力分布图(工况 4)

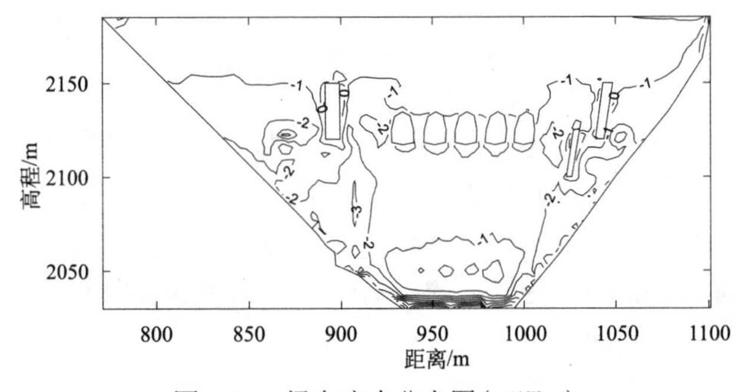

图 5-30　梁向应力分布图(工况 4)

3.0MPa(工况 3)和 2.0MPa(工况 4)，最大的梁向压应力均为 1.0MPa 左右(工况 3、工况 4)，拱向及梁向压应力均远远小于混凝土的受压强度，故坝体下游面裂缝不是其所受到的压应力导致的。

4. 考虑横缝开裂情况下的应力场分析

为了分析横缝对坝体下游面应力的影响，考虑横缝开裂影响，计算工况：水位 2179.5m+自重+温降，并解除下游面二层节点以模拟横缝开裂(相当于下游面横缝开裂的深度为 2.00～11.32m)。拱坝下游面空间应力场分布如图 5-31 和图 5-32 所示。

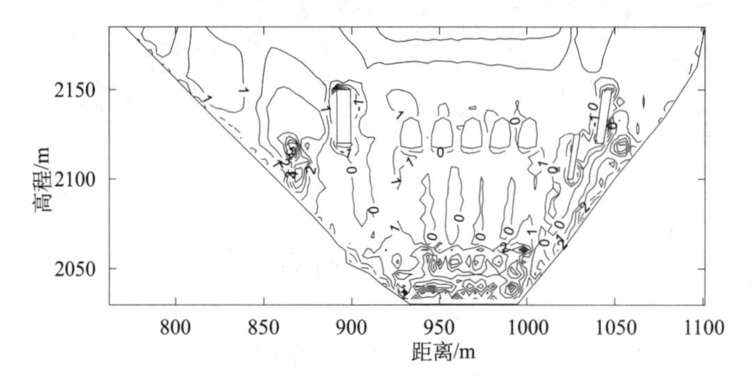

图 5-31　拱向应力分布图

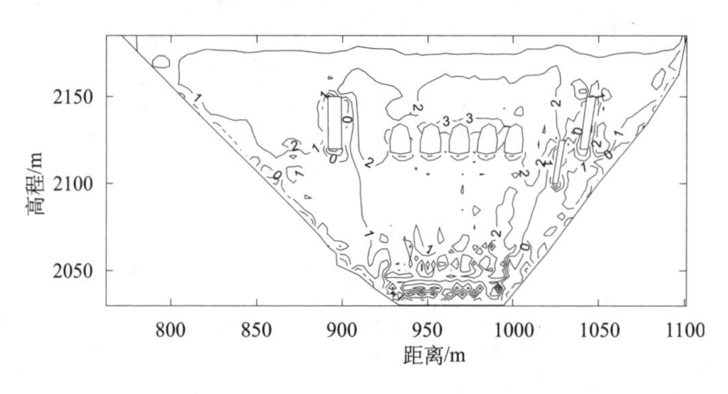

图 5-32　梁向应力分布图

由计算结果分析可知：考虑横缝开裂后，拱坝下游面拱向应力分布与不考虑横缝开裂时有显著差别，拱向应力不再连续分布，且在横缝处接近为零，最大拉应力转移到坝段中间，并向两侧逐渐减小，横缝开裂有利于改善坝体拱向应力；拱坝下游面梁向应力整体上受横缝的影响较小，虽然垂直向的应力等值线光滑性较差，但基本上是连续的。

通过上述分析，拱坝裂缝的产生受到水压荷载和温度荷载的作用，其中温度变化对拱坝裂缝产生的影响较大。结合已探明裂缝深度的典型裂缝的分布形式，可以判定：①坝后裂缝主要是由于拉应力产生的，其开裂形式主要是张开型；②对坝后裂缝稳定不利的荷载工况分别为低温高水位及低温低水位，其中低温高水位对裂缝的稳定最为不利。

5.3.4.2　高拱坝裂缝失稳判据和警戒值拟定

1）裂缝稳定性临界荷载

选取裂缝开裂较深且有代表性的水平裂缝为典型裂缝，在整体有限元模型中切取局部，并将网格细化，通过分析裂缝尖端的应力强度因子，判断裂缝的稳定性。高拱坝裂缝的有限元模型如图 5-33 所示。

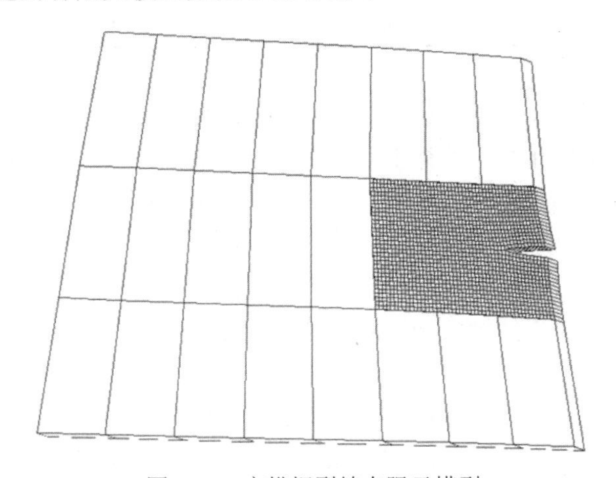

图 5-33　高拱坝裂缝有限元模型

由前文分析可知：该拱坝下游面的裂缝为第 I 类张开型裂缝，这是工程上最常见也是最危险的裂缝类型。考虑到该拱坝的复杂性，主要采用外推法计算分析应力强度因子 K_{I}，并根据 K_{I} 与断裂韧度 K_{IC} 之间的关系判断裂缝的稳定性。K_{IC} 可由试验确定如下：

$$K_{\mathrm{IC}} = 0.197 + 0.232\ln C \pm 1.96S \tag{5-57}$$

式中：C 为裂缝深度（cm）；S 为标准差，S=0.075 $\mathrm{MPa\cdot m^{1/2}}$；该拱坝下游部位裂缝的检测深度 C 一般为 1.3～2.0m，由式（5-57）估算 K_{IC} =（1.18～1.57）$\mathrm{MPa\cdot m^{1/2}}$。

由于低温高水位为裂缝产生的不利荷载工况，其中低温对裂缝的产生最为不利。因此，在计算典型裂缝的应力强度因子时，统一选取典型的温降作为温度荷载，即选取 2003 年 1 月 28 日的实测温度与封拱温度的差值作为典型温降，同时，水压荷载分别取 2140m、2150m、2160m、2170m、2175m 和 2180m。应用式（5-18），对典型裂缝 CBT11、CBT71 及 CBTA1 在上述工况下的应力强度因子进行计算，计算结果见表 5-8。

表 5-8 整体模型时典型裂缝缝端应力强度因子

裂缝编号		上游水位/m						裂缝深度/m	临界强度因子/(MPa·m$^{1/2}$)
		2140	2150	2160	2170	2175	2180		
未考虑裂缝扩展	CBT11	1.525	1.99	1.889	2.167	2.240	2.205	1.99	1.27～1.57
	CBT71	0.997	1.68	1.280	1.789	1.910	1.930	1.68	1.23～1.53
	CBTA1	0.963	1.64	1.453	1.839	1.549	1.532	1.64	1.23～1.53
考虑裂缝扩展	CBT11	1.112	1.244	1.500	1.794	1.873	1.853	3.150	1.38～1.68
	CBT71	0.609	0.700	1.043	1.343	1.484	1.518	2.750	1.35～1.65
	CBTA1	0.212	0.759	0.983	1.040	1.059	1.083	2.520	1.33～1.63

由计算结果可知：①由于选取的典型裂缝均为水平裂缝，主要受梁向应力的影响，当上游水位变化时，坝体下游面不同高程的梁向应力变化规律不同；②在裂缝检测深度下，部分水平缝的应力强度因子大于所对应临界应力强度因子的上界，在遭受到低温高水位工况时，裂缝会进一步开裂；③考虑裂缝扩展后，部分裂缝的深度增大，2180m 水位对应的应力强度因子得到不同程度的降低，但部分裂缝的应力强度因子仍然稍大于所对应的临界应力强度因子，故裂缝仍会进一步扩展。

为了进行裂缝稳定性预报，下面计算裂缝 CBT71 在开裂深度为 l=1.68m 和 l=2.75m 时，水位分别为 2140m、2150m、2160m、2170m、2175m 和 2180m 时的缝端应力强度因子，计算结果见表 5-9。

表 5-9 裂缝 CBT71 缝端应力强度因子计算值

开裂深度/m	上游水位/m						临界强度因子/(MPa·m$^{1/2}$)
	2140	2150	2160	2170	2175	2180	
1.68	0.997	1.007	1.280	1.789	1.910	1.930	1.23～1.53
2.75	0.609	0.700	1.043	1.343	1.484	1.518	1.35～1.65

通过对以上计算样本进行回归分析，得到裂缝开裂深度为 1.68m 和 2.75m 时的临界荷载隐函数如下：

$$
\begin{aligned}
K_{\mathrm{IC}}^{1} = & 119.23359 - 2.76408 \times (H - 2030) + 0.02125 \times (H - 2030)^2 \\
& - 0.00005 \times (H - 2030)^3
\end{aligned}
$$

$$K_{\mathrm{IC}}^{2}=69.27298-1.63494\times(H-2030)+0.01276\times(H-2030)^{2}-0.00003\times(H-2030)^{3}$$

图 5-34 为裂缝 CBT71 在开裂深度分别为 1.68m 和 2.75m 时缝端应力强度因子计算拟合结果。图 5-35 和图 5-36 为裂缝 CBT71 在开裂深度分别为 1.68m 和 2.75m 时的临界荷载及稳定预报图。由计算分析结果可知：①缝端应力强度因子与上游水位的拟合精度较高，利用该预报模型能够满足工程需要；②取断裂韧度作为控制值，在典型的温降荷载下，将上游水位分为稳定区和非稳定区。当上游水位大于临界上游水位时，裂缝将失稳扩展；而当上游水位小于临界上游水位时，裂缝稳定，从而得到在不利的温降荷载时防止裂缝扩展的水位工况。

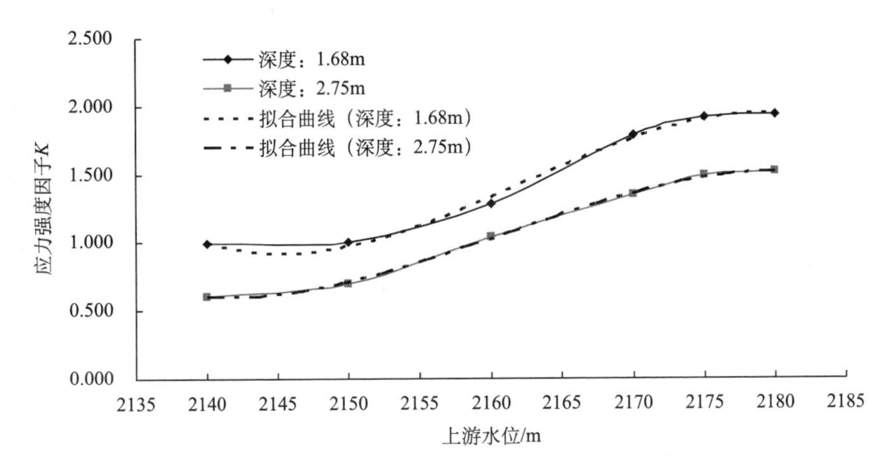

图 5-34　裂缝 CBT71 不同深度下缝端应力强度因子计算值及拟合值

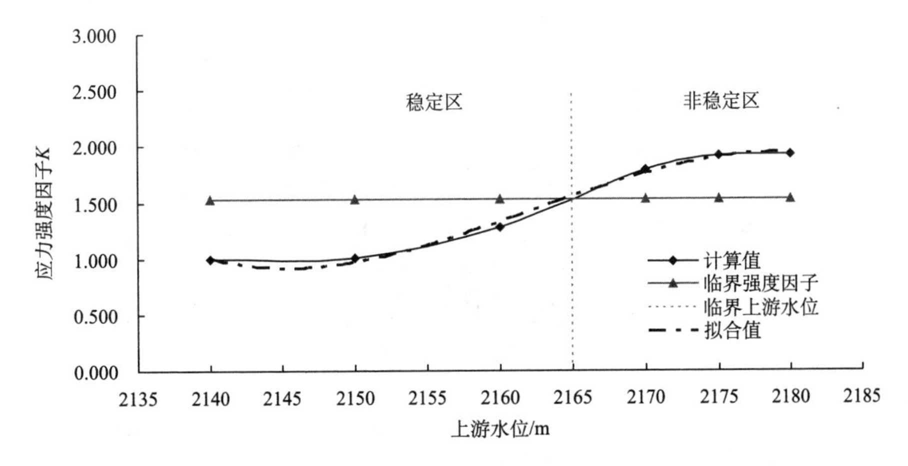

图 5-35　裂缝 CBT71 在 1.68m 深度时的临界荷载及稳定预报图

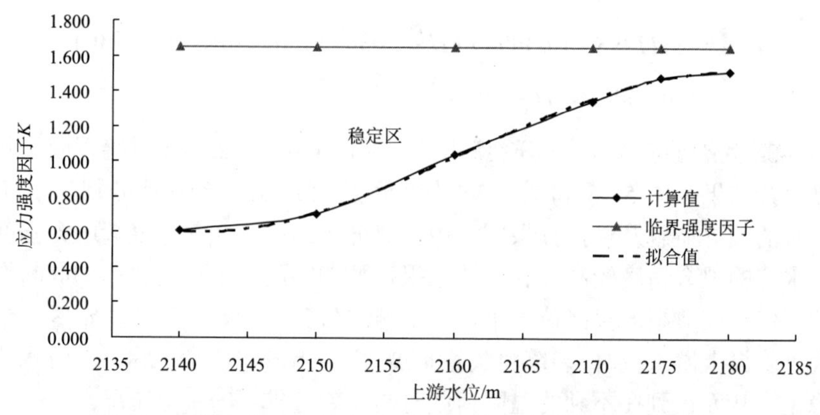

图 5-36　裂缝 CBT71 在 2.75m 深度时的临界荷载及稳定预报图

2) 裂缝失稳判据

下面以裂缝开度监测资料为基础，进行高拱坝裂缝稳定性的分析和失稳判据拟定。首先利用相空间重构技术分析裂缝的时变规律，对于时效变化较明显的资料，其实测过程线即可明显地反映出其演变趋势；但对于缓慢变化的裂缝，其发展趋势和演变规律则不能从实测资料中明显地反映出来。以中间坝段 11#坝段的测缝计资料为例，实测过程线如图 5-37～图 5-39 所示，可以看出：各测缝计测值

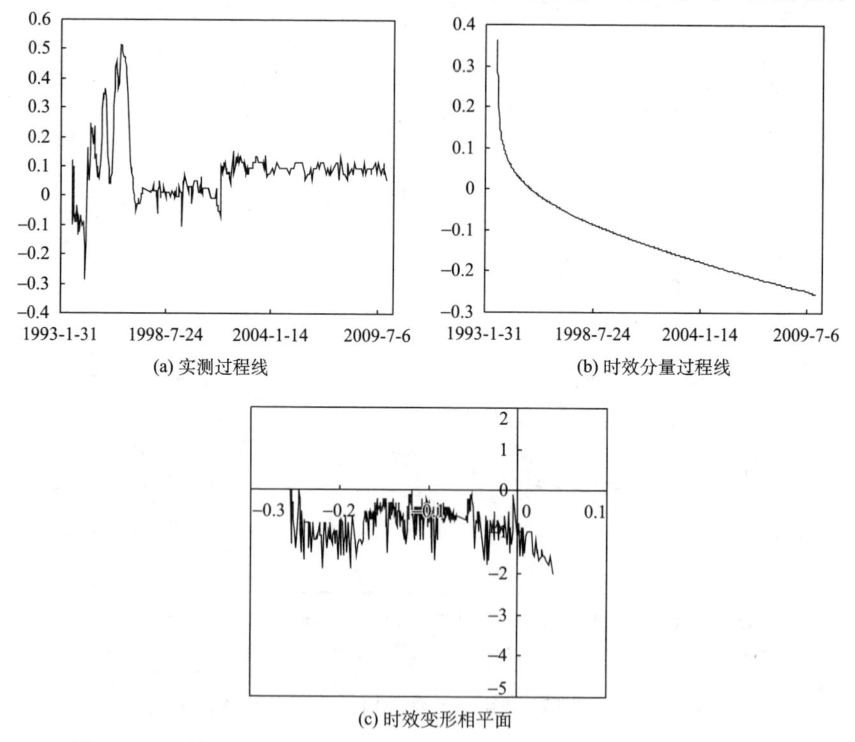

图 5-37　测缝计 J11-3 实测过程线、时效分量过程线、时效变形相平面

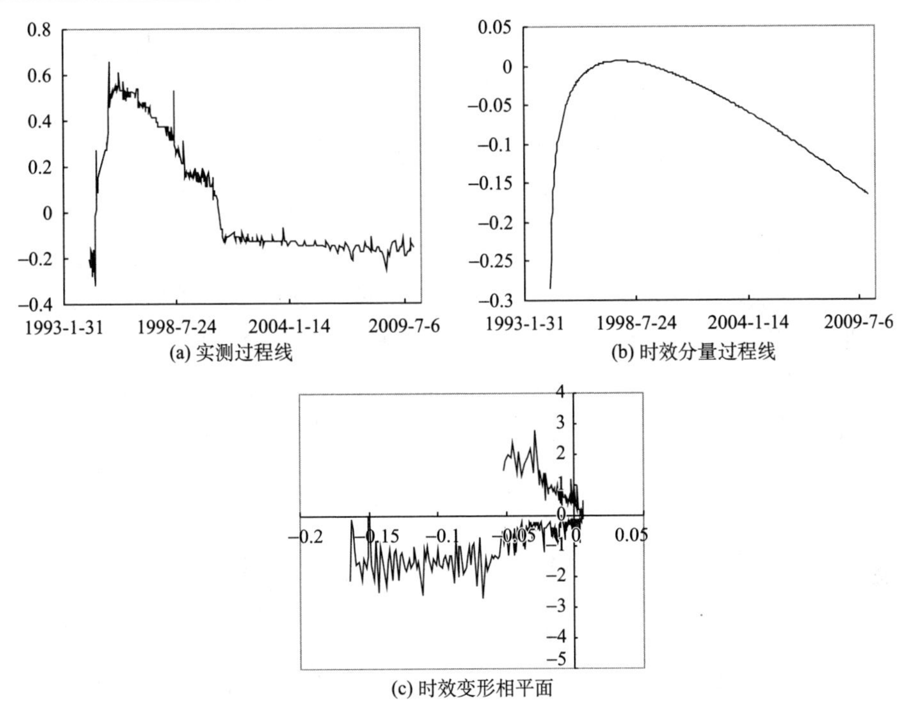

(a) 实测过程线　　(b) 时效分量过程线

(c) 时效变形相平面

图 5-38　测缝计 J11-6 实测过程线、时效分量过程线、时效变形相平面

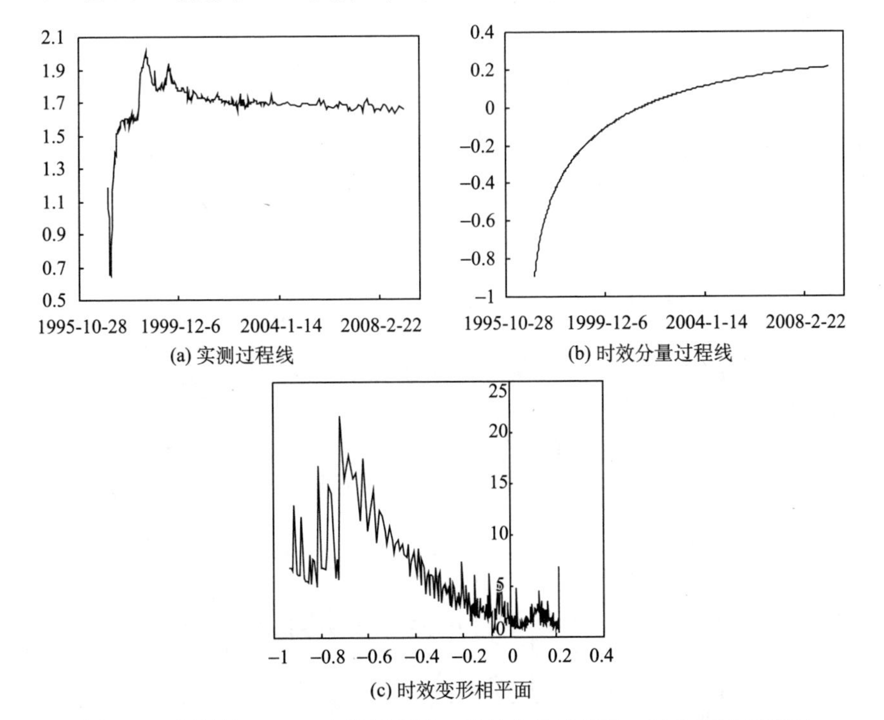

(a) 实测过程线　　(b) 时效分量过程线

(c) 时效变形相平面

图 5-39　测缝计 J11-18 实测过程线、时效分量过程线、时效变形相平面

变化总体平稳，无明显趋势性，其中各测缝计测值在1999年前有明显的趋势性变化，这与混凝土水化热等施工期影响因素有关。利用小波分析提取时效变形过程线和利用相空间重构技术绘制的时效变形相平面分别如图5-37～图5-39所示，其中在相平面中，横轴为时效变形k_θ，纵轴为时效变化率$\dot{k}_\theta$。

由计算结果分析可知：①实测值变化曲线不能清晰地反映裂缝随时间的变化趋势，其时效变化基本被温度和水位影响所覆盖；②看似平稳变化的裂缝，实际上裂缝开度依然随时间发生缓慢的演变，由经小波分析理论提取的时效分量，清楚地反映了裂缝随时间的演变；③时效分量过程线反映出来的是裂缝演变规律的直观体现和整体变化趋势，而要深入研究裂缝具体演变过程则需借助于相平面；④当时效变化率$\dot{k}_\theta$为正值时，裂缝时效变形增大；当时效变化率$\dot{k}_\theta$为负值时，时效变形减小；而且时效变化率$\dot{k}_\theta$的绝对值越大，则说明时效变形增大或减小变化的速度越大。

由上述分析可知，利用相空间重构技术重构裂缝时效变形相平面，可以清晰地反映出裂缝随时间变化过程中轻微的转变，即将一个微小的变化扩大化，能够清楚地了解到裂缝的整个变化过程。

进一步对11#坝段3个测点处的裂缝时效变形进行1-AGO生成，记为$\delta_{ir}^{(1)}(t)$，采用式(5-41)进行多元回归分析(计算过程中为了防止矩阵产生奇异将时间除以100，这不影响最终的结论)，得到

$$\delta_{ir}^{(1)}(t)_{\text{J11-3}} = 0.061t - 1.218t^2 + 2.623t^3 - 2.073t^5 \tag{5-58}$$

$$\delta_{ir}^{(1)}(t)_{\text{J11-6}} = 7.163t - 21.656t^2 + 18.425t^3 - 4.495t^5 \tag{5-59}$$

$$\delta_{ir}^{(1)}(t)_{\text{J11-18}} = 4.808t - 10.12t^2 - 8.058t^3 + 1.849t^5 \tag{5-60}$$

由式(5-42)，得

$$V_{\text{J11-3}} = \mathrm{d}\delta_{ir}^{(1)}(t)_{\text{J11-3}} \Big/ \mathrm{d}t = 0.061 - 2.436t + 7.869t^2 - 10.365t^4 \tag{5-61}$$

$$V_{\text{J11-6}} = \mathrm{d}\delta_{ir}^{(1)}(t)_{\text{J11-6}} \Big/ \mathrm{d}t = 7.163 - 43.312t + 55.275t^2 - 22.475t^4 \tag{5-62}$$

$$V_{\text{J11-18}} = \mathrm{d}\delta_{ir}^{(1)}(t)_{\text{J11-18}} \Big/ \mathrm{d}t = 4.808 - 20.24t - 24.174t^2 + 9.245t^4 \tag{5-63}$$

由式(5-45)的变换方法，可得

$$V_{\text{J11-3}} = -\frac{1}{4}Z^4 + \frac{1}{2}\times(2.44419)Z^2 + (-0.96)Z \tag{5-64}$$

$$V_{\text{J11-6}} = -\frac{1}{4}Z^4 + \frac{1}{2}\times(11.65947)Z^2 + (-14.0659)Z \tag{5-65}$$

$$V_{\text{J11-18}} = -\frac{1}{4}Z^4 + \frac{1}{2}\times(-7.95051)Z^2 + (-8.20765)Z \tag{5-66}$$

由上式的形式可知：①11#坝段 J11-3 测点的数据建立的突变模型为对偶尖点突变模型，模型中 $u_{J11-3}=2.44419$ 、$v_{J11-3}=-0.96$；②11#坝段 J11-6 测点的数据建立的突变模型为对偶突变模型，模型中 $u_{J11-6}=11.65947$、$v_{J11-6}=-14.0659$；③11#坝段 J11-18 测点的数据建立的突变模型为正则尖点突变模型，模型中 $u_{J11-18}=-7.95051$、$v_{J11-18}=-8.20765$。因此，11#坝段裂缝开度扩展判别式分别为

$$\Delta_{J11-3}=4u^3+27v^2=83.29 \tag{5-67}$$

$$\Delta_{J11-6}=4u^3+27v^2=11682.07 \tag{5-68}$$

$$\Delta_{J11-18}=4u^3+27v^2=-191.395 \tag{5-69}$$

由分析结果可知：

(1) 由 $\Delta_{J11-3}>0$ 可知，测点 J11-3 裂缝处于稳定状态，不发生亚临界扩展，因此，测点 J11-3 裂缝开度变化稳定，时效变形处于减小趋势，不会出现失稳破坏现象。

(2) 由 $\Delta_{J11-6}>0$ 可知，测点 J11-6 裂缝处于稳定状态，不发生亚临界扩展，因此，测点 J11-6 裂缝开度变化稳定，时效变形处于减小趋势，不会出现失稳破坏现象。

(3) 由 $\Delta_{J11-18}<0$ 可知，测点 J11-18 裂缝处于不稳定状态，发生了亚临界扩展，因此，测点 J11-18 裂缝开度虽然发生了几次变化(突变)，但未引起裂缝的失稳破坏，但测点 J11-18 裂缝时效变形有增大趋势，处于亚临界扩展阶段(不是指失稳扩展，失稳扩展表明已经发生破坏)。

3) 裂缝失稳警戒指标

下面利用典型小概率法来确定该拱坝裂缝的临界开度值，进行警戒指标拟定。裂缝缝端过大的应力应变会导致裂缝扩展，此时相应的开度值 δ 也大。选择 11#坝段三个裂缝测点 J11-3、J11-6 和 J11-18 监测资料系列中每年 δ 的最大值作为原始样本，样本系列见表 5-10。

表 5-10　11#坝段裂缝开度测点极大值统计表　(单位：mm)

年份	测点		
	J11-3	J11-6	J11-18
1996	0.515	0.571	1.359
1997	0.035	0.478	1.606
1998	0.052	0.535	2.010
1999	0.069	0.193	1.937
2000	0.066	0.173	1.796
2001	0.116	–0.088	1.752

续表

年份	测点		
	J11-3	J11-6	J11-18
2002	0.154	–0.108	1.754
2003	0.137	–0.068	1.748
2004	0.116	–0.129	1.701
2005	0.116	–0.129	1.720
2006	0.115	–0.131	1.697
2007	0.231	–0.110	1.716
2008	0.116	–0.130	1.682

以测点 J11-3 为例，利用 K-S 法对 11#坝段各测缝计测点监测资料的年最大值进行分布检验。测点 J11-3 每年的最大值服从正态分布，即 $\delta \sim N(\overline{\delta}_1,\sigma_1)$，其中 $\overline{\delta}_1$=0.141，σ_1=0.123。因此，裂缝开度 δ 大于极值 δ_{m1} 的概率分布为

$$f\left(\delta > \delta_{m1}\right) = \alpha_1 = \int_{\delta_{m1}}^{+\infty} \frac{1}{\sqrt{2\pi}\sigma_1} \mathrm{e}^{-\frac{\left(\delta-\overline{\delta}_1\right)^2}{2}} \mathrm{d}\delta = \int_{\delta_{m1}}^{+\infty} \frac{1}{0.123\sqrt{2\pi}} \mathrm{e}^{-\frac{\left(\delta-0.141\right)^2}{2}} \mathrm{d}\delta \quad (5\text{-}70)$$

由统计理论可知，当 α 足够小时，可以认为这是一个小概率事件，即该事件几乎不可能发生，若发生则为异常情况。裂缝失稳概率选取 $P_\alpha = 0.05$ 和 $P_\alpha = 0.01$，其相关统计参数和计算结果如表 5-11 所示。

表 5-11　小概率法计算的临界裂缝开度　　（单位：mm）

测点	均值 μ	方差 σ	临界裂缝开度 δ_C	
			$P_\alpha = 0.05$	$P_\alpha = 0.01$
J11-3	0.141	0.123	0.344	0.428
J11-6	0.081	0.278	0.538	0.728
J11-18	1.729	0.154	1.982	2.087

由计算结果可知：①在裂缝失稳概率 $P_\alpha = 0.05$ 下，测点 J11-3、J11-6、J11-18 的临界裂缝开度值分别为 0.344mm、0.538mm、1.982mm，将其作为监测拱坝裂缝扩展或发生失稳破坏的一级警戒指标；②在裂缝失稳概率 $P_\alpha = 0.01$ 下，临界裂缝开度值分别为 0.428mm、0.728mm、2.087mm，将其作为监测拱坝裂缝扩展或发生失稳破坏的二级警戒指标。

5.4　高拱坝裂缝损伤尺度影响的分析方法

5.4.1　基于弹性补偿法的高拱坝极限承载能力分析

通常采用拱坝的极限承载力评价拱坝的整体安全性能，表现为拱坝整体结构完全破坏或变形达到不再适合继续承载的程度。目前，研究拱坝极限承载力的方法主要包括试验方法、经验判定法、数值分析法和结合数学理论提出的方法等，其中数值分析方法中以有限元法应用最为广泛。基于有限元法评价拱坝极限承载力有两种途径：一是弹塑性分析方法，二是塑性极限分析方法。超载法和强度储备法是计算分析拱坝极限承载力时应用最为普遍的弹塑性分析方法，相应的失稳判据主要有收敛性判据、塑性区贯通判据和突变性判据等。塑性极限分析方法主要包括数学规划法和系列线性迭代法。近年来，基于弹性模量调整策略和结合线弹性有限元迭代分析的塑性极限分析方法已经被诸多领域采纳。弹性补偿法通过系统地修改弹性模量，将迭代过程中得到的一系列静力容许应力场应用到下限定理中，获得结构的下限；将得到的机动许可的速度场应用于上限定理中，获得结构的上限。可见，弹性补偿法避免了超载法和强度储备法需要确定失稳判据的困难，为此，在塑性力学下限定理的基础上，根据混凝土及岩体自身的特点，分析弹性模量调整策略，研究基于弹性补偿法的拱坝极限承载力分析方法。

5.4.1.1　弹性补偿法

弹性补偿法(elastic compensation method，ECM)源于压力容器应力分类的减缩模量法，其基于塑性极限分析的上限、下限定理，通过广义应力不断平均化，确定应力场和位移场的优化方向，进而应用有效算法确定满足约束条件的允许应力场，迭代求解塑性极限优化问题[59,60]。弹性补偿法的目的是通过几次弹性迭代来求解极限荷载，通过系统地缩减高应力单元的弹性模量，增加低应力单元的弹性模量，促使结构的应力场重分布，形成逐渐逼近极限状态的允许应力场和位移场，从而获得极限荷载的上限、下限值。

静力许可应力场(简称静力场) σ_{ij}^0 的定义[61]如下：

$$\left.\begin{array}{l}\text{在}V\text{内满足平衡方程}\sigma_{ij}^0+F_i=0\\ \text{在}V\text{内不违反屈服条件,即}f\left(\sigma_{ij}^0\right)\leqslant 0\\ \text{在}S_T\text{上满足应力边界条件}\sigma_{ij}^0 n_j=T_i^0=\eta^0\overline{T}_i\end{array}\right\}\tag{5-71}$$

式中：F_i 为系统所受外力；T_i^0 是与 σ_{ij}^0 平衡的面力；n_j 为物体表面外法线的方向余弦；比例因子 η^0 则称为静力许可载荷因子；$\overline{T}_i$ 是 S_T 上给定的面力分布规律。

弹性补偿法可以同时求解极限载荷的上限和下限，这里主要研究拱坝结构极限荷载的下限，又称下限弹性补偿法。下限定理表述为：由任一静力许可应力场σ_{ij}^0求得的静力许可载荷因子η^0是极限载荷因子η的下限，即$\eta^0 \leqslant \eta$。根据极限分析下限定理，可以通过求解静力场来获得极限载荷的下限值。弹性补偿法在一系列的弹性迭代过程中通过对单元弹性模量的不断调整，使结构的应力状态得到重新分布，由此获得一系列静力平衡的应力场。根据得到的静力场，并结合下限定理，就可以得到下限荷载的最大值。

首先，给定任意荷载P_n，进行弹性有限元分析，将得到的结果作为第一次迭代的解。然后，对每个单元的弹性模量进行调整，进行一系列的迭代分析。

$$E_{i+1}^e = E_i^e \frac{\sigma_n}{\sigma_i^e} \tag{5-72}$$

式中：i 代表迭代次数；E_i^e为单元当前的弹性模量；E_{i+1}^e为单元下一次迭代时的弹性模量；σ_i^e表示当前应力场中单元最大的等效应力；σ_n是名义应力，用作调整单元弹性模量的阈值，其值的选取没有严格的界定，一般可取为

$$\sigma_n = \frac{\min\limits_e\left(\sigma_i^e\right) + \max\limits_e\left(\sigma_i^e\right)}{2} \tag{5-73}$$

经过几次迭代过程，就定义了一系列平衡的应力场，把这些应力场代入下限定理就可以求出相应的下限载荷。由于解是线弹性的，则第 i 步解的最大应力值与施加的荷载P_n也是成正比的，故满足下限定理的极限荷载$P_{L,i}$可通过比例关系得到

$$P_{L,i} = P_n \frac{\sigma_{\mathrm{Y}}}{\max\limits_e\left(\sigma_i^e\right)} \tag{5-74}$$

式中：σ_{Y}表示屈服应力。

弹性补偿法给出的下限荷载的最佳估计是所有计算步给出的极限荷载的最大值

$$P_L = \max_i\left(P_{L,i}\right) \tag{5-75}$$

对于结构中任一单元e，迭代序列为

$$E_{i+1}^e = \varphi\left(E_i^e\right) = E_i^e \frac{\sigma_n}{\sigma_i^e} \tag{5-76}$$

根据数学分析理论，在一维实数空间中，由任何一种范数N定义的距离空间是等价的，故任一范数N定义下的完备距离空间X中，对于任一单元e：

(1) 当$\sigma_n < \sigma_i^e$时，$\alpha_i^e = \alpha_n / \sigma_i^e < 1$，$\varphi$是压缩映射。根据 Banach 不动点定理[62]，映射φ存在唯一不动点。序列E_i^e构成了 Banach 空间中的一个闭子集$\left[0, E_0\right]$（E_0为

结构的初始弹性模量)，逐渐逼近序列式(5-76)收敛于φ的不动点，此时的迭代是收敛的。

(2)当$\sigma_n > \sigma_i^e$时，$\alpha_i^e = \alpha_n / \sigma_i^e > 1$，$\varphi$不是压缩映射。序列$E_i^e$构成了 Banach 空间中的一个半开半闭子集$\left[E_0, \infty\right)$，逐渐逼近序列式(5-76)而不收敛于$\varphi$的不动点，此时的迭代是发散的。

综合以上两点，弹性补偿法中同时存在压缩映射与非压缩映射，故由式(5-76)产生的迭代序列结果不能保证收敛于极限荷载，而且在调整弹性模量的过程中，由于对所有单元的弹性模量都进行了调整，这对于采用单一材料的结构来说，可以得到较好的结果；对于由不同材料组成的结构来说，迭代会使各种材料的平均化广义应力趋于强度最低材料的广义强度，无法得到最优化的允许应力和下限荷载，不适用于多种材料结构的塑性极限分析。

5.4.1.2　弹性补偿法的改进

大坝结构各部位的工作条件不同，为了满足结构的强度、抗渗、抗冻和抗侵蚀性等要求，以及节省水泥用量和工程费用，通常在不同部位采用不同性能、不同指标的材料，以便充分发挥材料的性能。为了使弹性补偿法能够适用于由多种材料组合成的结构，需在应力平均化过程中考虑各种材料的强度参数影响，使得在结构达到极限承载力时每种材料均趋于各自的极限强度。为此，引入单元承载比，用于表征离散单元在复杂受力状态下接近于塑性屈服的程度，也能同时表征单元内力和屈服条件的综合指标。

单元承载比η_i^e表示为

$$\eta_i^e = \frac{S_i^e}{S_0^e},\quad S_i^e = f\left(\sigma_{ij}\right),\quad S_0^e = f\left(\sigma_s\right) \tag{5-77}$$

式中：η_i^e表示在第i次迭代时单元e的承载比；S_i^e表示第i次迭代时单元e的等效应力，与材料强度无关；S_0^e表示第i次迭代时单元e的屈服强度；σ_{ij}表示第i次迭代时单元e的应力分量；σ_s表示单元e的材料强度参数。

对于混凝土及岩石等准脆性材料而言，和服从 Mises 屈服准则的金属材料不同，缺乏确切的等效应力和屈服应力。根据 Mohr-Coulomb 强度理论，材料中任一点的抗剪强度正比于剪切面上的正应力。也就是说，一点处的正应力越大，则相应的抗剪强度就越高。为此，根据 Mohr-Coulomb 屈服准则定义单元的等效应力，以便将弹性补偿法有效地应用于拱坝极限承载能力分析中。

用主应力形式表示的 Mohr-Coulomb 屈服准则为(受压为负)

$$\frac{1}{2}\left(\sigma_1 - \sigma_3\right) = \frac{1}{2}\left(\sigma_1 + \sigma_3\right)\sin\varphi + c\cos\varphi \tag{5-78}$$

单元的等效应力定义为

$$S_i^e = \frac{1}{2}(\sigma_1 - \sigma_3)\sec\varphi + \frac{1}{2}(\sigma_1 + \sigma_3)\tan\varphi \tag{5-79}$$

取屈服应力 S_0^e=const。

定义承载比均匀度

$$d_i = \frac{\overline{\eta}_i + \eta_i^{\min}}{\overline{\eta}_i + \eta_i^{\max}} \tag{5-80}$$

式中：d_i 表示第 i 次迭代计算时的承载比均匀度；$\overline{\eta}_i$ 表示单元的承载比平均值；$\eta_i^{\min}$ 和 $\eta_i^{\max}$ 分别为单元承载比的最小值和最大值。

$$\left.\begin{aligned} \eta_i^{\min} &= \min\left(\eta_i^1, \eta_i^2, \cdots, \eta_i^N\right) \\ \eta_i^{\max} &= \max\left(\eta_i^1, \eta_i^2, \cdots, \eta_i^N\right) \\ \overline{\eta}_i &= \frac{1}{N}\sum_1^N \eta_i^e \end{aligned}\right\} \tag{5-81}$$

式中：N 表示结构总的单元数目。

承载比均匀度体现了结构中单元承载比的分布情况。在弹性模量调整之前，承载比分布很不均匀，d_i 值通常较小。随着弹性模量的迭代调整，承载比分布逐渐均匀化，d_i 相应增大。

根据单元承载比均匀度，定义基准承载比，并以此作为单元弹性模量调整的阈值

$$\eta_i^0 = \eta_i^{\max} - d_i \times \left(\eta_i^{\max} - \eta_i^{\min}\right) \tag{5-82}$$

式中：η_i^0 表示结构的基准承载比。

采用单元承载比作为弹性模量调整的控制参数，缩减高承载比单元的弹性模量，使得结构中的承载比重分布。假设在第 i 次迭代调整中，单元 e 的承载比从调整前的 η_i^e 降低到基准承载比 η_i^0，与之相对应单元 e 的等效应力在调整前后分别为 $\eta_i^e S_0^e$ 及 $\eta_i^0 S_0^e$。根据能量守恒原理，弹性模量调整前的单元变形能等于弹性模量调整后的单元变形能与耗散能之和

$$\frac{1}{2}\eta_i^e S_0^e \varepsilon_i^e = \frac{1}{2}\eta_i^0 S_0^e \varepsilon_i^0 + \eta_i^0 S_0^e \left(\varepsilon_{i+1}^e - \varepsilon_i^0\right) \tag{5-83}$$

采用线弹性计算时，单元应力在调整过程中满足胡克定律，于是

$$\left.\begin{aligned} \varepsilon_i^e &= \eta_i^e S_0^e / E_i^e \\ \varepsilon_i^0 &= \eta_i^0 S_0^e / E_i^e \\ \varepsilon_{i+1}^e &= \eta_i^0 S_0^e / E_{i+1}^e \end{aligned}\right\} \tag{5-84}$$

将式(5-84)代入式(5-83)，得到第 i+1 次迭代计算时单元 e 的弹性模量与第 i 次迭代计算时的弹性模量的关系为

$$E_{i+1}^{e}=E_{i}^{e}\frac{2\left(\eta_{i}^{0}\right)^{2}}{\left(\eta_{i}^{e}\right)^{2}+\left(\eta_{i}^{0}\right)^{2}} \tag{5-85}$$

综合上述内容，以单元承载比作为控制参数，基于压缩映射定理，根据承载比均匀度确定的基准承载比，建立改进的弹性补偿法。

将式(5-85)分解为$\eta_{i}^{e}>\eta_{i}^{0}$和$\eta_{i}^{e}\leqslant\eta_{i}^{0}$两部分，单元的弹性模量迭代公式如下：

$$E_{i+1}^{e}=\begin{cases}E_{i}^{e}\dfrac{2\left(\eta_{i}^{0}\right)^{2}}{\left(\eta_{i}^{e}\right)^{2}+\left(\eta_{i}^{0}\right)^{2}}, & \eta_{i}^{e}>\eta_{i}^{0}\\ E_{i}^{e}, & \eta_{i}^{e}\leqslant\eta_{i}^{0}\end{cases} \tag{5-86}$$

当承载比均匀度 d_i 较小时，基准承载比较大，弹性模量调整的范围较小；随着迭代的进行，承载比均匀度逐渐变大，基准承载比随之减小，弹性模量调整的范围变大。根据结构中承载比分布的不均匀程度，通过承载比均匀度动态地确定弹性模量的调整区域，这样能够同时适合于结构局部破坏模式和整体破坏模式，并可以兼顾塑性极限荷载的计算精度和计算效率。

由于在线弹性有限元分析过程中，解是线弹性的，第 i 次计算所获得的最大单元承载比 $\eta_{i}^{\max}$ 和外荷载之间呈线性比例关系，那么，塑性极限荷载下限值即可由第 i 次迭代分析中的荷载基准值和最大单元承载比 $\eta_{i}^{\max}$ 来确定：

$$P_{L,i}=P_{n}\max\left(\frac{S_{0}^{e}}{S_{i}^{e}}\right)=P_{n}\max\left(\frac{S_{0}^{e}}{\eta_{i}^{e}S_{0}^{e}}\right)=\frac{P_{n}}{\max\left(\eta_{i}^{e}\right)} \tag{5-87}$$

式中：$P_{L,i}$ 为第 i 次迭代计算的下限极限荷载；P_n 为荷载基准值。

考虑到对拱坝进行有限元计算时，温度荷载和水荷载等通常按照体力或面力的方式添加，荷载基准值 P_n 不易获得精确值，并且按照式(5-87)计算出的极限荷载来评价拱坝极限承载能力也并不直观，所以定义拱坝与基准荷载有关的承载能力系数

$$K_{i}=\frac{P_{L,i}}{P_{n}}\frac{1}{\max\left(\eta_{i}^{e}\right)} \tag{5-88}$$

以这种方式定义的承载能力系数，不仅简洁地反映出坝体极限承载能力，而且回避了荷载基准值计算的烦琐，提高了结果的精确度。

重复以上迭代计算，直至满足如下收敛准则：

$$\left|\max\left(\eta_{i+1}^{e}\right)-\max\left(\eta_{i}^{e}\right)\right|\leqslant \mathrm{err} \tag{5-89}$$

式中：err 为预设的迭代收敛容差。

若经过 n 次迭代计算后，计算结果收敛，则根据极限分析下限定理，与基准荷载有关的极限承载能力系数

$$K = \frac{1}{\max\left(\eta_N^e\right)} \tag{5-90}$$

5.4.1.3 基于改进 ECM 的高拱坝稳定分析

高拱坝与坝基整体失稳机理研究成果表明，拱坝的可能破坏形式有坝体本身的强度破坏、拱坝坝体的屈曲、拱坝沿建基面的滑移、坝肩岩体的滑移和坝肩岩体过大的压缩变形。从已建拱坝来看，影响拱坝整体安全最主要的因素为坝肩岩体的稳定性。拱坝属高次超静定结构，计算高拱坝极限承载能力的合理方式是将高拱坝坝体及坝基系统作为整体考察。

高拱坝坝肩稳定与地形地质构造等因素有关，计算高拱坝极限承载能力时，需首先确定坝肩滑裂面的位置，然后将坝体连同滑裂面范围内的岩体作为整体进行计算。根据不同工程滑裂面的产状、规模和性质的不同，可分别按照如下方法来确定可能的滑动面位置。

(1) 当坝肩岩体存在明显的连续的断层破碎带、大裂隙、夹层等软弱结构面时，滑裂面由这些陡倾角或缓倾角结构面组成。

(2) 当坝肩存在走向顺河流方向及下游斜入河床中的成组节理，并且倾角大致平行于山坡时，滑裂面由这组节理构成。

(3) 当坝肩无明显断夹层和节理裂隙，或者节理裂隙不连续、分布又比较均匀时，可先按照弹塑性分析方法对拱坝模型进行试算，将坝体失稳时坝肩岩体的塑性贯通区作为拱坝的可能滑裂面。

运用有限元软件 MARC 来实现弹性补偿法的迭代过程。迭代计算由 MARC 的两个子程序 HYPELA2 和 ELEVAR 来控制，在分析过程中，HYPELA2 主要用来定义用户材料属性，ELEVAR 调用单元的有关计算成果。

整个过程的流程如图 5-40 所示，具体实现过程如下。

步骤 1 在主程序中指定 JOB 文件和所套用子程序，执行 MARC 程序。

步骤 2 进行第一次迭代。

a.为坝体及坝肩岩体材料定义初始弹性模量和泊松比，生成单元刚度矩阵。

b.进行有限元计算。

c.调用坝体及滑裂面范围内岩体各单元的主应力，计算等效应力，进一步计算承载比。

d.计算坝体及滑裂面范围内岩体单元最大承载比并输出，计算基准承载比。

步骤 3 进行第 N 次迭代（$N \geqslant 2$）。

a.导入上一步迭代中各单元采用的弹性模量和计算出的单元的承载比。

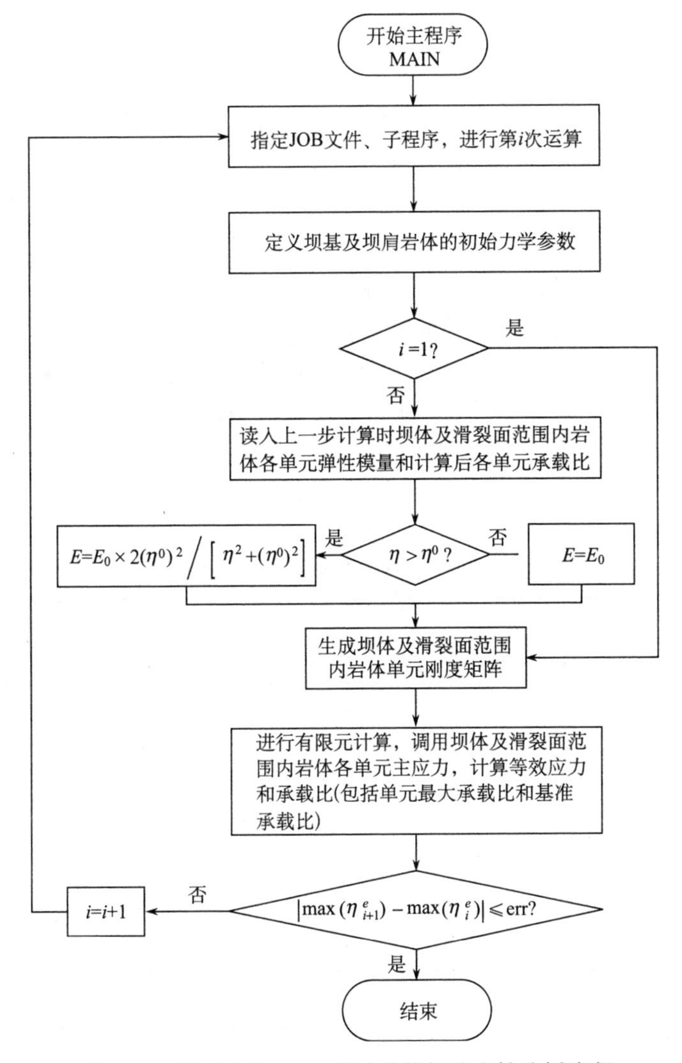

图 5-40　基于改进 ECM 算法的拱坝稳定性分析流程

b.若单元承载比大于基准承载比，则弹性模量按式(5-85)进行调整，否则弹性模量不做变化。重新生成单元刚度矩阵，并保存单元弹性模量。

c.进行有限元计算。

d.调用坝体及滑裂面范围内岩体各单元的主应力，计算等效应力，并计算承载比。

e.计算坝体及滑裂面范围内岩体单元最大承载比并输出，计算基准承载比。

步骤 4　若单元最大承载比的变幅小于设定的容差，则迭代结束，否则重复步骤 3。

5.4.1.4　应用实例

小湾水电站工程属大(1)型一等工程，永久性水工建筑物为1级。工程以发电为主兼有防洪等综合利用效益，水库具有不完全多年调节能力。混凝土双曲拱坝坝顶高程为1245.00m，最大坝高294.50m，坝顶长901.77m，拱冠梁顶宽12.00m，底宽72.91m。水库正常蓄水位1240.00m，设计洪水位1238.10m，校核洪水位1243.00m，死水位1166.00m。该工程枢纽区河谷深切呈“V”形，两岸平均坡度40°～42°，两岸沟梁相间。根据勘探及坝肩开挖槽地质资料，整个建基面岩体以Ⅱ类岩体为主，在坝基的高高程及坝基下游侧靠近坝趾部位的局部地段分布有Ⅲa、Ⅲb及Ⅳa等岩体。此外，在建基面上出露有Ⅲ级断层F11、蚀变岩带(E4+5、E1、E9)及较多的Ⅳ级结构面，它们多属Ⅳb类岩体。坝体及坝肩岩体材料参数见表5-12。

表5-12　坝体及坝肩岩体材料参数

材料类别	弹性模量 E /×10³MPa	泊松比 μ	黏聚力 c /MPa	内摩擦角 φ /rad
坝体混凝土	24.0	0.167	3.750	0.983
Ⅱ类岩体	22.0	0.260	2.000	0.983
Ⅲa类岩体	14.0	0.280	1.200	0.876
Ⅲb类岩体	10.0	0.290	1.000	0.855
Ⅳa类岩体	5.0	0.320	0.600	0.785
Ⅲ级断层F11	1.5	0.350	0.400	0.675
蚀变岩带E4+5	3.5	0.350	0.200	0.611

选取坝体和一定范围的基岩建立三维有限元模型，边界范围为：以坝轴线为中心，上游侧取1倍坝高，下游侧取1.5倍坝高，坝肩向两岸各延伸1倍坝高，坝基以下取1倍坝高。对铅直基础边界按法向链杆模拟，底部水平基础边界施加全部位移约束，顶部为自由边界。模型充分考虑了坝体的结构特点、河谷地形地貌，模拟了不同岩层分界、风化及卸荷分界、开挖卸荷松弛影响区以及断层等。单元主要采用六面体八节点等参单元。模型共计113 311个单元，122 536个节点。图5-41为坝体及坝基的整体有限元模型。荷载工况为：正常蓄水位+坝体自重。

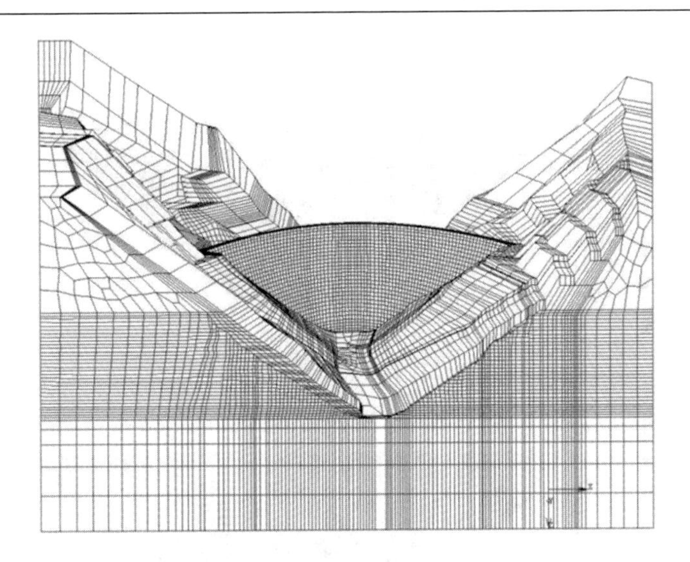

图 5-41　拱坝有限元模型

根据工程坝址处岩体地质情况确定坝肩滑裂面，将坝体连同滑裂面范围内的岩体作为拱坝的滑移系统，运用改进的弹性补偿法计算坝体与基准荷载有关的极限承载能力系数。迭代计算中，基准荷载为正常蓄水位坝体所受水压力，收敛容差 err 设定为 0.001。图 5-42 为承载能力系数 K 随迭代步的变化曲线，图 5-43～图 5-46 给出初始迭代步和最终迭代步时坝体上、下游面的最大和最小主应力分布图。

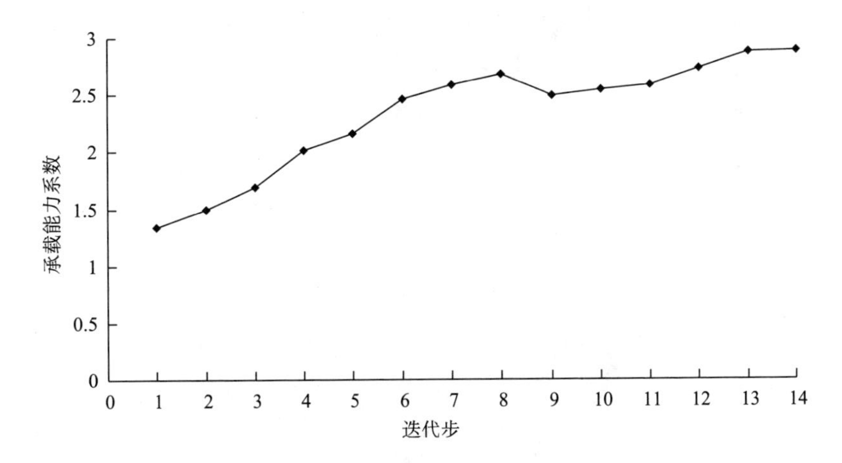

图 5-42　承载能力系数 K 随迭代步的变化曲线

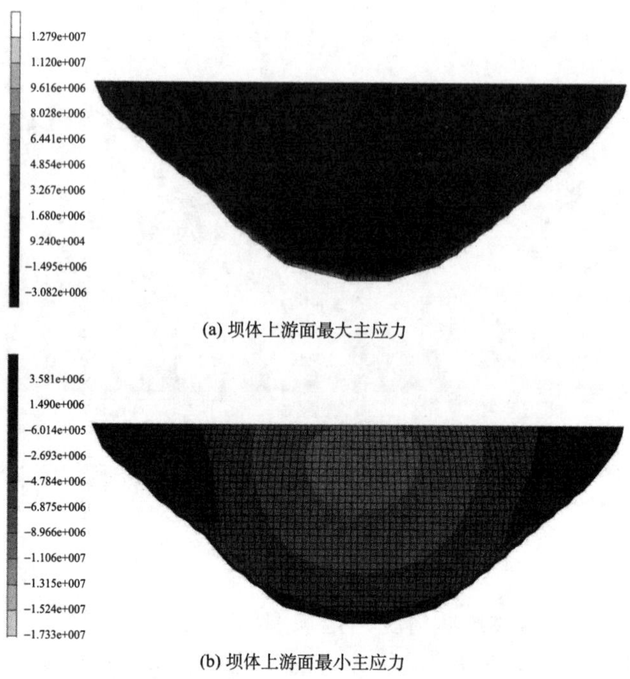

(a) 坝体上游面最大主应力

(b) 坝体上游面最小主应力

图 5-43　初始迭代步坝体上游面最大、最小主应力

(a) 坝体下游面最大主应力

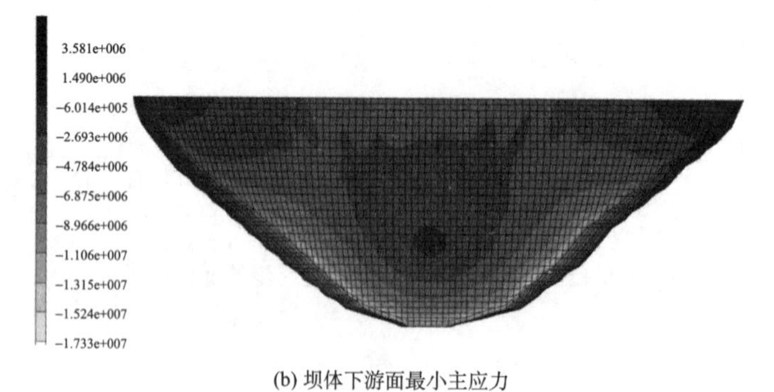

(b) 坝体下游面最小主应力

图 5-44　初始迭代步坝体下游面最大、最小主应力

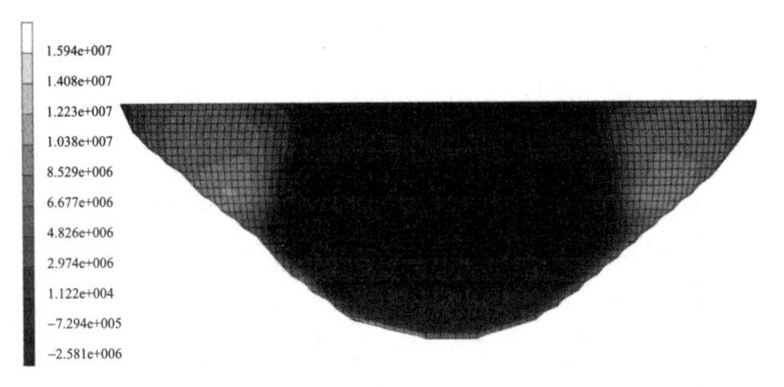

(a) 坝体上游面最大主应力

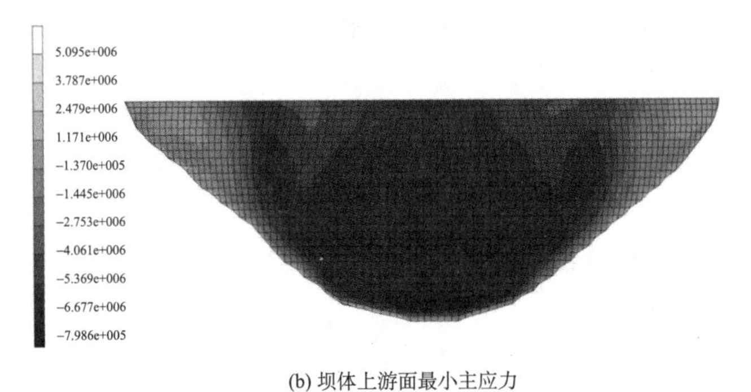

(b) 坝体上游面最小主应力

图 5-45　最终迭代步坝体上游面最大、最小主应力

(a) 坝体下游面最大主应力

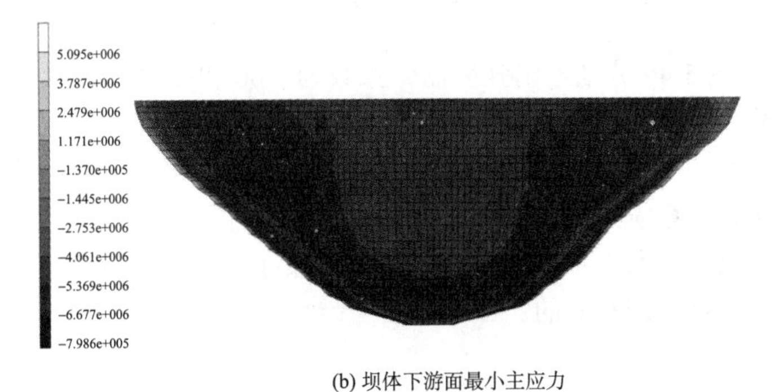

(b) 坝体下游面最小主应力

图 5-46　最终迭代步坝体下游面最大、最小主应力

由图 5-43 可以看出，随着迭代过程的进行，坝体的承载能力系数总体上逐渐增大。在迭代进行到第 14 步时，相邻两次迭代产生的单元最大承载比之差小于设定的收敛容差，迭代过程终止。根据式(5-90)，该拱坝的极限承载能力系数为 2.890。由于迭代是基于线弹性的，收敛速度较快，整个计算过程仅耗时 1.5h，充分体现了改进的弹性补偿法算法简单、易于实现、效率高的优点。

对比图 5-43～图 5-46 坝体上、下游面的最大和最小主应力，可以清楚地看出坝体从初始加载至达到塑性极限过程中，改进的弹性补偿法通过调整高应力单元的弹性模量来模拟结构的塑性内力重分布的过程。在达到拱坝极限承载力的状态下，坝体上、下游面的主应力分布总体上比较均匀，也即改进的弹性补偿法最终模拟了整个坝体的塑性失效。

为了进一步验证方法的有效性，对该拱坝按照强度储备法进行弹塑性有限元分析。计算中，f、c 值按照等比例进行折减，选择位移突变判据和塑性区贯通判据作为失稳判据。图 5-47 为拱冠梁坝顶顺河向位移与强度储备系数的关系曲线，可以看出，拱冠梁坝顶位移在折减系数为 3.32 左右时产生突变，故最终确定拱坝的强度储备系数为 3.32。

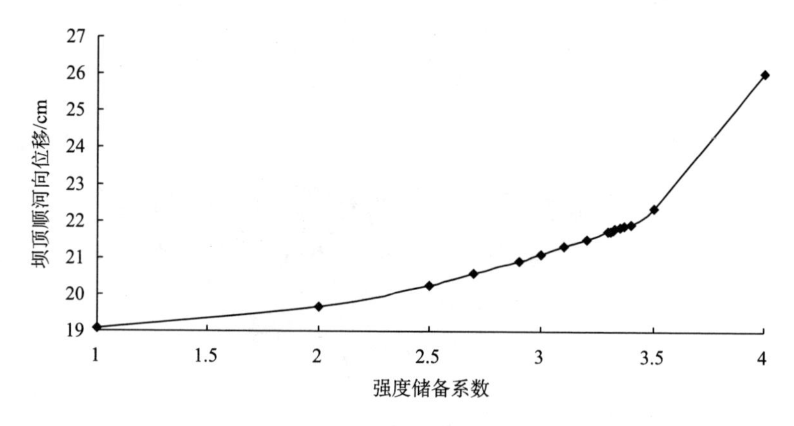

图 5-47　坝顶顺河向位移与强度储备系数关系曲线

图 5-48 和图 5-49 分别给出强度储备系数为 1.00 和 3.32 时坝体与坝基的等效塑性应变区域分布图。

对弹性补偿法与强度储备法的计算结果进行比较，可看出弹性补偿法由于在迭代的最终状态对系统绝大部分单元弹性模量都进行了软化调整，故所得承载能力系数比强度储备法所得系数偏小，结果偏于保守。所以按照弹性补偿法计算拱坝的极限承载力是合理有效的。

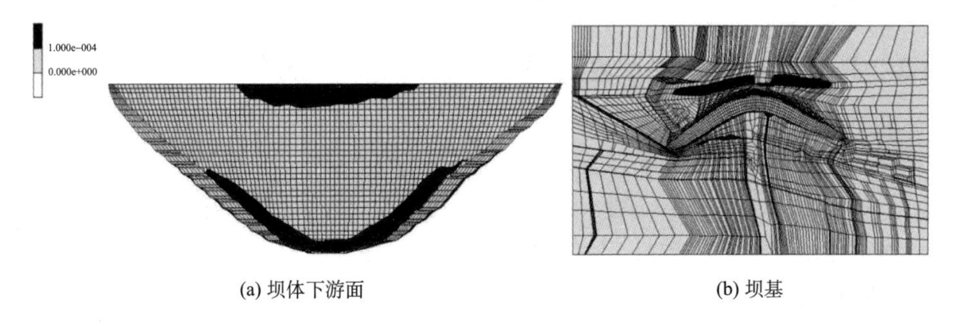

(a) 坝体下游面　　(b) 坝基

图 5-48　强度储备系数为 1.00 时坝体及基岩塑性区分布图

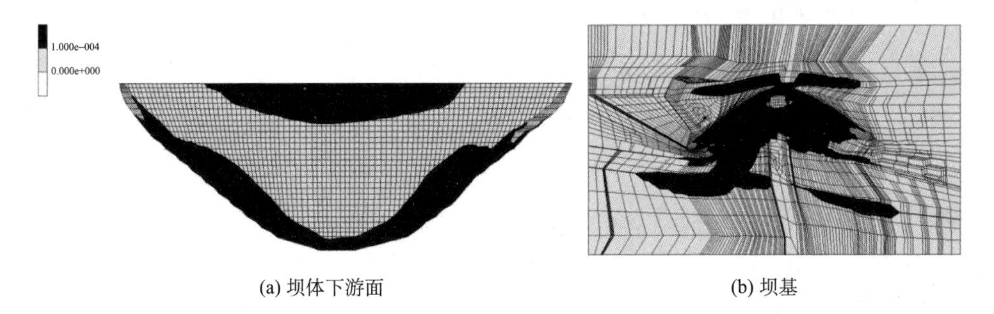

(a) 坝体下游面　　(b) 坝基

图 5-49　强度储备系数为 3.32 时坝体及基岩塑性区分布图

通过对计算结果进行分析，可以得出拱坝从初始受载到最终的极限承载状态。坝体上游面靠近两侧拱端部位逐渐从受压变为受拉，左侧拱端最大主拉应力 4.791MPa，右侧拱端最大主拉应力 5.825MPa，可能会导致坝体上游侧产生竖直向拉伸裂缝，如图 5-50 中的 $1^{\#}$裂缝和 $2^{\#}$裂缝；坝体达到极限承载力状态时，下游面低高程拱冠处存在较大的拉应力，最大主拉应力值为 1.538MPa，容易出现沿拱冠梁竖直向下的裂缝，如图 5-50 中的 $3^{\#}$裂缝。拱坝坝体上游面与坝基靠近的部位低高程处存在较大的拉应力，同时考虑到该拱坝坝肩岩石基础的不规则，这些部位存在一定的应力集中现象，可能造成坝体低高程建基面附近上游坝面出现顺坡向拉伸裂缝，如图 5-50 中的 $4^{\#}$裂缝和 $5^{\#}$裂缝。通常情况下，在拱坝坝踵部位存在较大的垂向正应力，容易在此产生水平裂缝，如 $6^{\#}$裂缝所示。

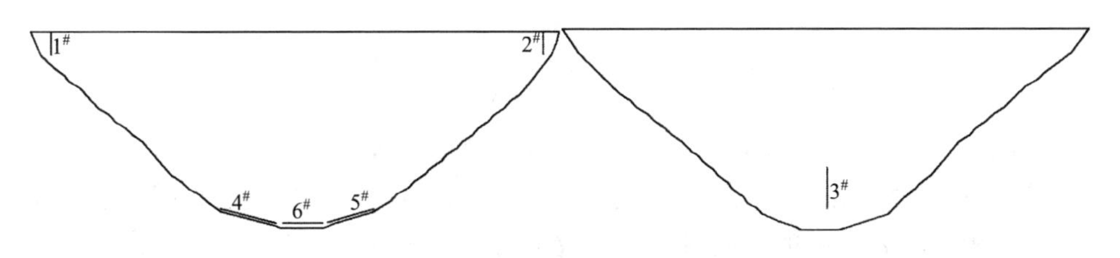

图 5-50　拱坝坝体上下游面可能开裂位置

5.4.2 高拱坝裂缝损伤尺度对极限承载力的影响分析

拱坝坝体裂缝的成因研究表明，引起拱坝开裂的因素非常复杂，不同拱坝的裂缝形式、产生部位、开裂程度也不尽相同。采用有限元法进行拱坝开裂数值模拟时，分析结果受荷载、边界条件、材料参数、计算方法等的综合影响明显，并且应力计算结果在很大程度上依赖于网格尺寸，坝踵、坝趾等角缘部位应力集中区的实际应力水平和角缘处理有很大关系，难以准确模拟上述影响因素的实际效应。下面通过借鉴现有类似工程的地质力学模型试验，综合比较坝体可能出现的裂缝部位和可能的裂缝尺度，模拟裂缝的开裂扩展过程。

5.4.2.1 裂缝扩展的模拟分析方法

裂缝是拱坝损伤的主要表现形式，常用断裂力学理论分析裂缝对拱坝工作性态的影响。混凝土断裂力学经历了线弹性断裂力学到非线性断裂力学的发展。线弹性断裂力学假设材料在开裂前处于线弹性状态，裂缝尖端的应力存在奇异性，裂缝的稳定性通过应力强度因子或能量释放率来判定。非线性断裂力学将裂尖附近的能量耗散和微裂区同时予以考察，针对混凝土中微裂区的非线性影响，通过引入一些简化的数学模型和假定来符合混凝土的力学特性。此外，断裂力学中的虚拟裂缝模型对裂缝扩展模拟采用分离网格节点来实现。在裂缝扩展过程中需对单元网格进行不断剖分，这将导致新的节点拓扑的产生，这种方法在计算效率和计算精度上都存在一定的缺陷。裂缝带模型避免了网格的重划分，通过改变材料的参数来模拟裂缝的影响。这一方法的数值缺陷是在处理曲线形式的裂缝时，存在较为严重的网格非客观性，而且无法给出裂缝的实际宽度，单元的尺寸在较大程度上影响了裂缝的情况。因此，下面在分析混凝土断裂过程区材料软化特性的基础上，运用非线性断裂力学模型描述其本构关系，研究基于虚拟裂缝模型的裂缝自适应扩展的分析方法，以避免网格重新剖分的不便，提高计算效率和精度。

1) 线弹性断裂力学理论

在二维平面问题中，裂缝尖端附近局部区域的应力场的表达式[56]为

$$\sigma_{ij}=\frac{K}{\sqrt{2\pi r}}f_{ij}(\theta)\quad \left(\begin{matrix}i\\j\end{matrix}\right\}=x,y\Bigg) \tag{5-91}$$

由上式可知，当裂缝尖端 $r\to 0$，应力存在奇异性，在 $r\to 0$ 处应力 σ_{ij} 以某种方式趋于无限大。因此，用裂缝尖端处的应力值无法建立材料的断裂判据。式(5-91)中，$f_{ij}(\theta)$ 是与 θ 有关的方向参数，$f_{ij}(\theta)\leqslant 1$，如图 5-51 所示。

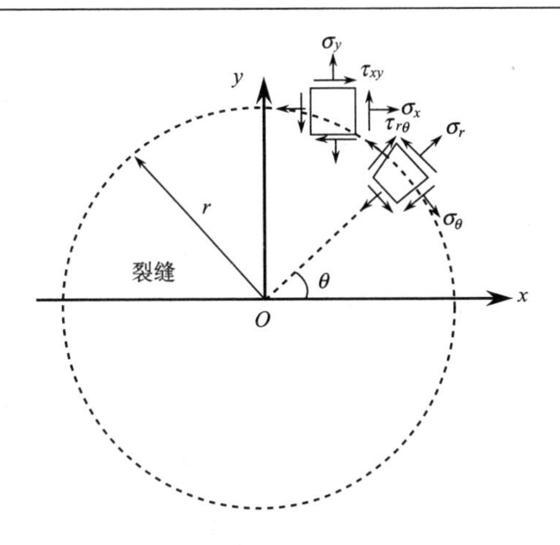

图 5-51　裂缝尖端局部区域应力场

对于裂缝尖端任一点而言，其坐标 r 是一定的，则根据式(5-91)，该点内应力场 σ_{ij} 的大小就完全由 K 来决定。K 控制了裂缝尖端附近的应力场，它是决定应力场强度的主要因素，称 K 为应力场强度因子。研究表明，K 和裂缝大小、形状以及应力大小有关，其数学表达式为

$$K = \lim_{r \to 0} \sqrt{2\pi r} \left(\sigma_{ij} \right)_{\theta=0} \tag{5-92}$$

当裂缝形状、大小一定时，K 随着应力的增大而增大，当增大到某一临界值时，就能使裂缝前缘某一区域的内应力 σ_{ij} 大到足以使材料分离，从而导致裂缝失稳扩展。裂缝失稳扩展的临界状态对应的应力场强度因子 K_C 称为临界应力场强度因子，称其为材料的断裂韧度。它和裂缝本身的大小、形状以及应力状态无关，是反映材料特性的一个物理量。那么，线弹性断裂力学中的应力场强度因子断裂判据即为

$$K = K_C \tag{5-93}$$

假定带裂缝坝体的裂缝在失稳扩展前，裂缝扩展了面积 δA，外力所做功为 δW，弹性应变能变化 δU，塑性应变能变化 $\delta U'$,表面能变化 $\delta \Gamma$。根据能量守恒和转换定律，有

$$\delta W = \delta U + \delta U' + \delta \Gamma \tag{5-94}$$

总势能 π 的变化 $\delta\pi$ 等于外力势能的变化($-\delta W$)与弹性应变能 U 的变化 δU 之和

$$\delta\pi = -\delta W + \delta U \tag{5-95}$$

能量耗散为

$$-\delta\pi = \delta U - \delta W = \delta U' + \delta \Gamma \tag{5-96}$$

裂缝扩展单位面积所耗散的能量称为能量释放率，用 G 表示

$$G=-\frac{\mathrm{d}\pi}{\mathrm{d}A}=\frac{\mathrm{d}W}{\mathrm{d}A}-\frac{\mathrm{d}U}{\mathrm{d}A}=\frac{\mathrm{d}U'}{\mathrm{d}A}+\frac{\mathrm{d}\Gamma}{\mathrm{d}A} \tag{5-97}$$

能量释放率随着荷载增大而达到临界值 G_{C} 时便会失稳扩展，发生脆性断裂。能量释放率的临界值是从能量转化的观点说明材料抵抗脆性破坏能力的一种断裂韧性指标，它表示材料中的裂缝扩展单位面积需要转化的断裂功。

Ⅰ、Ⅱ、Ⅲ型裂缝脆性断裂的能量释放率判据如下：

$$\begin{cases} G_{\mathrm{I}}\leqslant\begin{cases} G_{\mathrm{C}} & (\text{平面应力}) \\ G_{\mathrm{IC}} & (\text{平面应变}) \end{cases} \\ G_{\mathrm{II}}\leqslant\begin{cases} G_{\mathrm{C}} & (\text{平面应力}) \\ G_{\mathrm{IIC}} & (\text{平面应变}) \end{cases} \\ G_{\mathrm{III}}\leqslant G_{\mathrm{IIIC}} \end{cases} \tag{5-98}$$

在线弹性断裂力学中，应力强度因子与能量释放率判据是等效的。

2) 非线性断裂力学理论

线弹性断裂力学的应用条件是裂缝前缘的微裂区与试件尺寸相比要足够小。在混凝土宏观裂缝前端存在一个微裂缝区，这个区域相当于金属材料缝端的塑性区，而且随着荷载的增加，在自由裂缝和微裂缝之间存在裂缝的亚临界扩展。裂缝的亚临界扩展和微裂缝区合称为断裂过程区。

Hillerborg 等[63]在虚拟裂缝模型中，通过观测直接拉伸试件弹性段和裂缝扩展区的应力变形特性，明确指出了混凝土断裂区段的软化特性。在包含裂缝发展的断裂过程区上，其力学特性与线弹性段不同。断裂过程区的存在减小了材料刚度，削弱了材料本身应力传递能力，这种现象就是混凝土的软化特性(图 5-52)，其数学表达为断裂过程区所传递应力大小与过程区宽度的关系。如图 5-52 所示，可以用两条曲线来描述混凝土的变形特性：①如果 $\sigma < f_{\mathrm{t}}$，则混凝土变形按近似线性的 σ-ω 曲线加载段增长；②如果 $\sigma \geqslant f_{\mathrm{t}}$，那么断裂区的变形按 σ-ω 曲线增长。σ-ω 曲线反映了断裂过程区的应变软化特性，称作混凝土应变软化曲线。

混凝土非线性断裂力学模型主要包括虚拟裂缝模型(fictitious crack model)和裂缝带模型。虚拟裂缝模型由 Hillerborg 于 1976 年提出，将黏聚裂缝模型应用于分析混凝土结构的裂缝扩展。虚拟裂缝模型把裂缝分解为两部分(图 5-53)：真实物理裂缝(完全开裂区)和虚拟裂缝(微裂区)。前者表征宏观自由裂缝，裂缝面上不传递任何应力，而后者将带状裂缝区简化为一条分离裂缝，即虚拟裂缝。虚拟

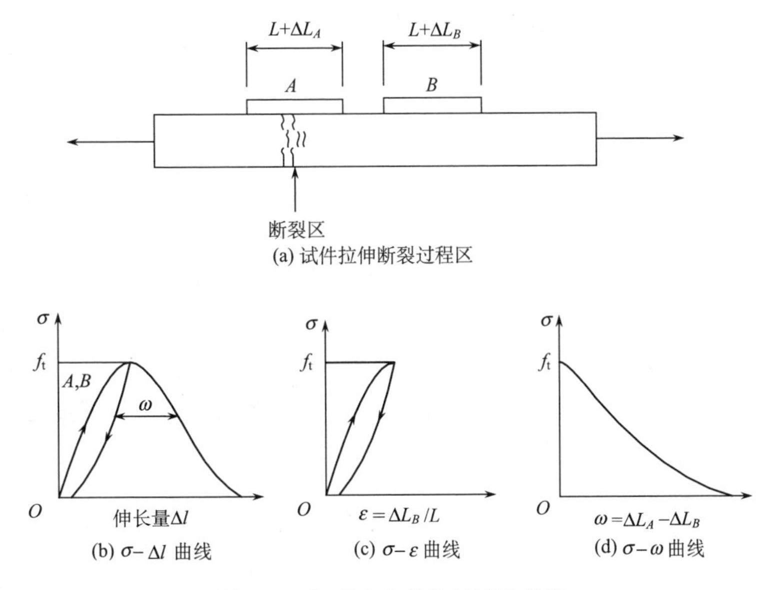

图 5-52　混凝土直接拉伸试验曲线

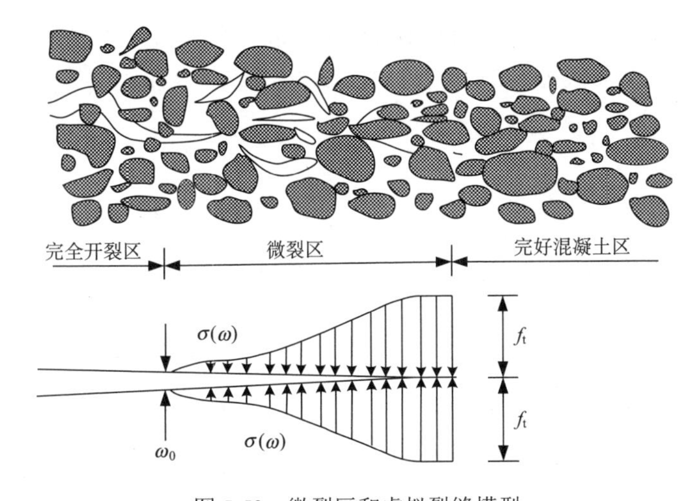

图 5-53　微裂区和虚拟裂缝模型

裂缝面上可以传递应力，其上某点应力的大小与该点裂缝面的张开位移 ω 之间存在确定的关系。对于线弹性断裂力学中裂缝尖端的应力奇异性，虚拟裂缝模型通过非线性断裂过程区将其消除，在混凝土类准脆性材料的断裂分析中引入了基于应变软化机理的非线性本构模型，合理有效地对裂缝由微裂纹向宏观裂缝发展进行了描述，并且虚拟裂缝还表征了由于裂缝张开而出现的非线性连续位移。

虚拟裂缝模型引入如下基本假设：①虚拟裂缝开始扩展的条件是缝端拉应力达到材料的抗拉强度 f_t；②虚拟裂缝模型中，缝面所传递的拉应力值是张开位移

ω 的函数，即 $\sigma=\sigma(\omega)$，$\sigma(\omega)$ 关系曲线体现了应变软化的力学特性；③断裂过程区之外的材料保持为弹性变形状态。虚拟裂缝开始发展时，弹性变形能释放，且释放的弹性变形能继续流入断裂过程区。整个断裂过程中，外力所做的功完全消耗于虚拟裂缝的形成和扩展。

裂缝张开位移与拉应力的软化关系是虚拟裂缝的核心内容。当裂缝处于临界张开状态，即 $\omega=0$ 时，初始裂缝尖端处的拉应力等于材料的极限抗拉强度（$\sigma=f_t$）；当裂缝开始张开且小于临界最大张开度 ω_c（即 $0\leqslant\omega\leqslant\omega_c$）时，初始裂缝尖端处的拉应力从 f_t 逐渐减小；当裂缝张开度大于或等于临界最大张开度(即 $\omega\geqslant\omega_c$)时，初始裂缝尖端处的拉应力降为零（$\sigma=0$），应力自由的宏观裂缝形成。软化曲线包含了两个材料参数：极限抗拉强度 f_t 和断裂能 G_f。断裂能定义为断裂区单位面积吸收的外力功，它在数值上等于软化曲线包围的面积。

$$G_f=\int_0^{\omega_c}\sigma(\omega)\mathrm{d}\omega \tag{5-99}$$

在虚拟裂缝模型中，认为软化曲线是材料的参数，与结构的几何形式和尺寸无关。一旦材料的抗拉强度、断裂能 G_f 和软化曲线形状 $\sigma(\omega)$ 确定后，就能准确定出材料的软化曲线。目前，已有多种混凝土软化曲线，为了数值计算的方便，一般将软化曲线简化成图 5-54 所示的单直线模型或双直线模型[64]。

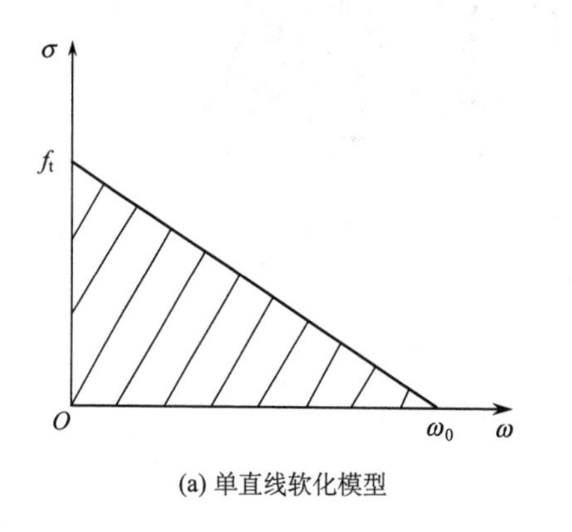

(a) 单直线软化模型

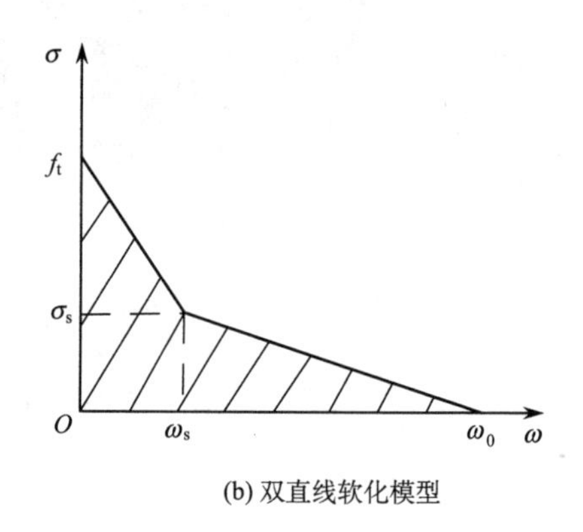

(b) 双直线软化模型

图 5-54　混凝土应变软化模型

单直线软化模型如图 5-54(a)所示，其表达式如下：

$$\sigma=\begin{cases} f_t\left(1-\dfrac{\omega}{\omega_0}\right) & 0\leqslant\omega\leqslant\omega_0 \\ 0 & \omega>\omega_0 \end{cases} \tag{5-100}$$

双直线软化模型如图 5-54(b)所示，其表达式如下：

$$\sigma=\begin{cases} f_{\mathrm{t}}-\left(f_{\mathrm{t}}-\sigma_{\mathrm{s}}\right)\dfrac{\omega}{\omega_{\mathrm{s}}} & 0\leqslant\omega\leqslant\omega_{\mathrm{s}} \\ \sigma_{\mathrm{s}}\dfrac{\omega_0-\omega}{\omega_0-\omega_{\mathrm{s}}} & \omega_{\mathrm{s}}<\omega\leqslant\omega_0 \\ 0 & \omega>\omega_0 \end{cases} \tag{5-101}$$

5.4.2.2　模拟裂缝扩展的有限元分析模型

基于有限元法模拟裂缝扩展的模型主要有分离裂缝模型和弥散裂缝模型，分离裂缝模型是在虚拟裂缝模型基础上发展起来的。

分离裂缝模型通过在开裂位置设置界面单元描述裂缝形成的非连续位移场。该模型假设，裂缝表面在裂缝的扩展过程中可以传递应力，材料本身的抗拉强度或断裂能决定了所传递的应力值。在计算中，每当新的裂缝形成，就需要重新划分网格，增加新的节点，组成新的几何布局。分离裂缝模型的优点在于：①可以对裂缝的起裂和扩展过程进行显式刻画，形象地模拟了结构的整个破坏过程，适用于含有为数不多主导裂缝的结构；②缝面两侧切向和法向的黏结应力体现了混凝土骨料之间的摩擦和咬合；③裂缝的宽度可以通过界面单元的变形能得到，有助于研究断裂机理；④可以准确地描述断裂过程的能量释放，较好地模拟结构尺寸效应。缺点是：非连续位移函数的引入或网格的重新剖分降低了计算效率。

弥散裂缝模型由 Rashid[65]于 1968 年首次提出，而后 Bažant 和 Oh[66]在弥散裂缝模型发展的断裂带理论基础上，对断裂过程实现了数值模拟。弥散裂缝模型不是直观地模拟裂缝，而是在力学上模拟裂缝的作用。该模型的核心思想是将混凝土处理为各向异性材料，其假设混凝土开裂后，仍然保持有某种连续性，裂缝是以一种“连续”的形式分布于单元中。分布裂缝模型将开裂路径上的单元替代为“软化单元”，通过调整“软化单元”的本构关系实现断裂能守恒，用非弹性开裂应变等效模拟裂缝。弥散裂缝模型的优点是不需要进行网格的动态调整，裂缝可自动确定起裂和扩展；缺点是难以直接计算裂缝的宽度和间距，裂缝的开裂范围及其作用在很大程度上受制于单元的大小，且不便于进行断裂机理的研究，容易出现“应力锁死”现象。

在采用分离裂缝模型对裂缝扩展进行模拟时，随着裂缝的不断扩展，需要再生成和调整扩展前的有限元网格，这样不仅导致前处理工作量增加，而且严重影响了计算结果的精度，很难将其应用到工程实践中去。为此，下面通过非线性弹簧单元探讨一种模拟裂缝扩展的方法，以避免网格重新剖分的不便，提高计算效率和精度。

弹簧单元由两个节点组成，如图 5-55 所示。

图 5-55　弹簧单元示意图

非线性弹簧的力和位移关系是非线性的，在大型有限元软件 MARC 中，用户可以通过定义 TABLE 或添加用户子程序 USPRNG 来描述非线性弹簧单元反力 F 与两个节点间的相对位移 Δu 之间的关系。二者函数关系（图 5-56）表述如下：

$$F = k\left(\Delta u\right) \times \Delta u \tag{5-102}$$

式中：F 为非线性弹簧反力；$k(\Delta u)$ 为弹簧刚度；Δu 为弹簧单元节点相对位移

$$\Delta u = \frac{\left(x^1 - x^2\right)}{\left|x^1 - x^2\right|}\left(u^1 - u^2\right) \tag{5-103}$$

式中：u^1 、u^2 分别为弹簧单元两节点的位移；x^1 、x^2 分别为节点坐标。

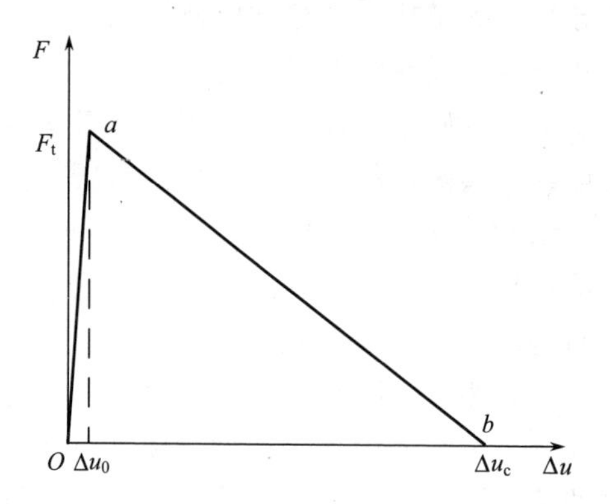

图 5-56　非线性弹簧力-伸长关系曲线

非线性弹簧可以应用在裂缝的上下节点来模拟虚拟裂缝的黏聚力作用。在预设的裂缝扩展路径上，依次添加非线性弹簧，通过弹簧将裂缝两边相应的节点联结，裂缝开裂后，根据节点的相对位移自动确定相应的非线性弹簧力，不必增加新的节点，不需要重新修改网格，由此来模拟裂缝的扩展。

当采用虚拟裂缝对混凝土进行断裂过程数值模拟时，对分离裂缝的两侧边界需要通过离散的有限元单元边界来进行力学表征。对于简单的结构受载情形，当裂缝的萌生位置以及后续扩展路径能预先确定时，常用的处理方法是在构建有限元离散网格时，在裂缝可能扩展路径上预留单元剖分边界，在裂缝发生部位设置一定宽度和长度的裂缝，并在裂纹相对应的上、下节点一一施加非线性弹簧，定义非线性弹簧的特性参数及根据实际情况定义非线性弹簧的方向，以此来反映混凝土的受拉破坏，裂缝的张开、闭合等。为了实现用非线性弹簧单元模拟虚拟裂缝的黏聚力作用，将混凝土的拉伸软化曲线转化为弹簧单元两个节点间的相对位移 Δu 与弹簧反力 F 之间的关系曲线。虚拟裂缝缝面的单元法向应力 σ 转化为单元的等效节点力(即弹簧单元的反力 F)如图 5-57 所示。图中“i”表示第 i 个弹簧单元，①、②、③、④分别为该弹簧单元相邻的混凝土单元的外边界面。

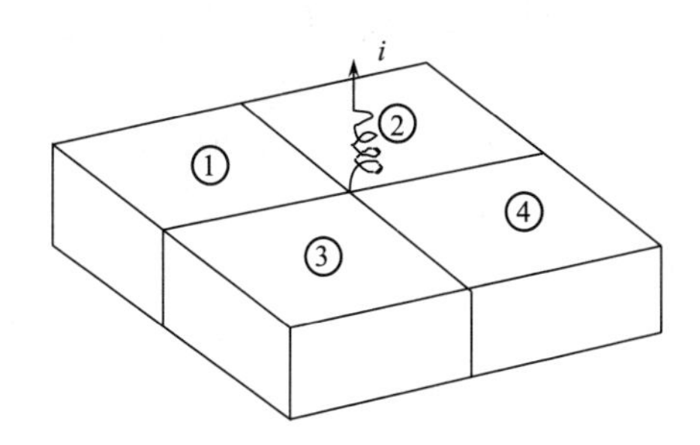

图 5-57　弹簧单元反力确定方法

假定每个单元以形心为界，对于四边形单元来说，几何中心即为形心，单元应力分别向与之相连的弹簧各传递 1/4，则根据力的平衡原理容易得到该弹簧单元的反力为

$$F_i = \frac{1}{4}\sum_{j=1}^{n}\sigma_j S_j \tag{5-104}$$

式中：n 为与第 i 个弹簧相邻的混凝土单元数；S_j、σ_j 分别为虚拟裂缝外边界面上第 j 号单元外边界面的面积、法向应力。

当单元所受拉应力达到混凝土抗拉强度 f_t 时，相应的弹簧反力 F_t 也达到最大值，此后弹簧约束力随着位移的逐渐增大而减小。结合混凝土的应力-应变曲线及式(5-104)，就可以得到弹簧的反力-伸长关系曲线。当混凝土裂缝宽度达到 ω_c 时，即弹簧的伸长量为 ω_u，此时非线性弹簧断裂，失去约束作用。可以通过编写用户子程序来定义非线性弹簧随伸长量 u 变化时的约束力 F 及刚度 K 来体现弹簧的失效，由此模拟混凝土的受拉破坏过程。

基于非线性弹簧的裂缝模拟步骤如下。

步骤 1　当混凝土所受拉应力未达到抗拉强度时，根据混凝土的实际弹性模量 E 来定义非线性弹簧刚度 K；当混凝土所受拉应力达到或超过抗拉强度后，混凝土的拉伸软化通过非线性弹簧变刚度 K 来模拟。

步骤 2　虚拟裂缝两边实行双编号，当双节点编号处由节点力折算的应力

$\sigma < f_t$时，节点间距离根据混凝土自身弹性本构关系确定。

步骤 3　当双节点编号处由节点力折算的应力$\sigma \geqslant f_t$时，虚拟裂缝形成，其开度ω按σ-ω曲线取值。

步骤 4　当虚拟裂缝开度ω达到一定值ω_c(临界裂缝张开位移)时，则两个节点间应力下降为零，形成宏观裂缝。

5.4.2.3　坝体裂缝开裂扩展过程数值模拟

在前文分析的基础上，考察拱坝从初始受载至最终达到极限承载状态的过程中，坝体裂缝的生成和扩展。首先，在坝体可能产生裂缝部位预设一定尺度范围的裂缝，通过添加非线性弹簧考察裂缝的生成和扩展过程。各条裂缝的预设长度取图 5-50 所示长度，深度取为坝厚的 1/4。非线性弹簧的张拉软化本构曲线选择单直线模型，如图 5-58 所示。然后，考察坝体从初始受载至坝体逐渐屈服软化、应力状态重新调整达到极限承载力的过程中，每条预设裂缝生成的先后次序、扩展演变过程，以及极限状态下裂缝的最终分布情况，并分析坝体混凝土处于弹性阶段、损伤软化及宏观开裂的实际状态。

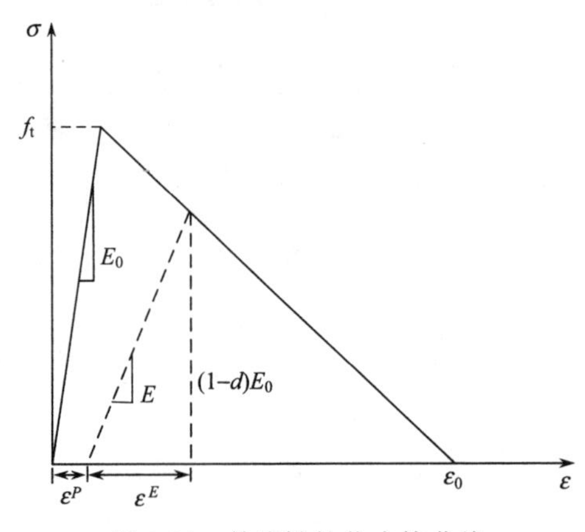

图 5-58　单线性软化本构曲线

1) 坝体裂缝损伤开裂与扩展演变过程

将图 5-50 的 1#～6#裂缝视为在拱坝运行过程中可能出现的裂缝，在这几条裂缝的缝面上添加非线性弹簧。整个弹性模量调整过程进行 20 次迭代，每次迭代中荷载分为 20 个等间距增量步添加，考察每次迭代中最后一个增量步结束时的弹簧受力状态，由此来跟踪坝体预设裂缝开裂的先后次序、扩展演变过程，以及极限状态下裂缝的最终分布情况。表 5-13 和表 5-14 给出了弹性模量调整过程中坝体各条预设裂缝宏观开裂的最大长度和深度，考虑到从迭代开始至进行到第 6 次时，坝体并未形成宏观裂缝，故只给出了从第 7 次迭代到迭代结束时的坝体开裂过程。

表 5-13　各预设裂缝随迭代次数的最大开裂长度　　（单位：m）

迭代次数	裂缝号					
	1#	2#	3#	4#	5#	6#
7	0.00	0.00	0.00	2.50	2.41	2.24
8	0.00	0.00	0.00	6.31	6.31	4.48
9	0.00	0.00	0.00	10.02	10.10	8.96
10	0.00	0.00	0.00	15.03	10.10	13.44
11	0.00	0.00	0.00	20.04	15.15	17.93
12	2.19	0.00	0.00	30.05	20.20	22.41
13	3.29	0.00	0.00	30.05	25.25	26.89
14	4.38	2.19	0.00	30.05	25.25	26.89
15	6.57	4.38	0.00	30.05	25.25	26.89
16	8.75	4.38	2.53	30.05	25.25	26.89
17	13.13	8.75	6.31	30.05	25.25	26.89
18	17.50	13.13	9.38	30.05	25.25	26.89
19	17.50	17.50	18.75	30.05	25.25	26.89
20	17.50	17.50	18.75	30.05	25.25	26.89

表 5-14　各预设裂缝随迭代次数的最大开裂深度　　（单位：m）

迭代次数	裂缝号					
	1#	2#	3#	4#	5#	6#
7	0.00	0.00	0.00	1.53	1.49	1.50
8	0.00	0.00	0.00	1.53	1.49	1.50
9	0.00	0.00	0.00	1.53	1.49	1.50
10	0.00	0.00	0.00	3.06	1.49	1.50
11	0.00	0.00	0.00	3.06	2.98	3.01
12	1.39	0.00	0.00	6.13	5.96	3.01
13	1.39	0.00	0.00	9.19	5.96	3.01
14	1.39	1.33	0.00	9.19	11.92	6.02
15	1.39	1.33	0.00	9.19	11.92	6.02
16	1.39	1.33	1.43	12.26	11.92	6.02
17	1.39	2.65	1.43	12.26	11.92	6.02
18	2.77	2.65	1.43	12.26	11.92	12.03
19	2.77	2.65	5.70	12.26	11.92	12.03
20	2.77	2.65	5.70	12.26	11.92	12.03

直至整个迭代过程的结束，坝体形成宏观裂缝的区域为：1#裂缝外层缝面的中上部以下、2#裂缝外层缝面整个区域、3#裂缝外层缝面的整个区域、4#和 5#裂缝靠近上游侧的区域、6#裂缝靠近上游侧外层全部以及内层中部的区域。对以上两表中各条预设裂缝的开展尺寸进行比较分析，容易发现坝体上游面低高程建基面附近的 4#和 5#顺坡向裂缝以及坝踵部位的 6#裂缝最容易开裂，主要是由于坝体下部拱圈较上部拱圈承担更大的梁向正应力。同时，4#及 5#部位因为岩石基础的不规则，存在一定的应力集中现象。由于该拱坝坝址河谷形状左、右岸基本对称，所以坝体左、右侧拱端受力也较为对称，4#、5#裂缝的开裂长度相当。在坝体逐渐屈服软化的过程中，下部拱圈的逐渐失效引起应力的重分布，上部拱圈承担的荷载逐渐增大，两侧拱端附近的坝体混凝土由受压过渡到受拉，导致坝体出现了 1#、2#竖直向分布裂缝。

2) 基于损伤指数的坝体损伤尺度评价

上面对坝体开裂主要从定性的角度描述了坝体损伤过程，并且采取裂缝开展的最大尺寸描述裂缝形态也并不直观。为合理评价坝体的损伤状态，需对坝体微裂缝和宏观裂缝及其分布综合考虑，通过一个无量纲单值指标对其进行描述更为直观和合理。为此，引入基于混凝土塑性损伤模型建立的损伤变量，描述坝体的张拉损伤状态。

损伤指数是唯象地表述构件、结构损伤程度的一种量化指标，定义为反应过程中损伤的累计值与其允许限值之比，直观上理解为微裂纹和宏观裂缝在体系中所占的百分比。用损伤指数 D 来描述损伤，其值在[0,1]之间单调增长，D 取 0 表示构件、结构处于无损伤状态；D 取 1 表示构件、结构完全损伤破坏。损伤指数包括局部损伤指数和整体损伤指数，局部损伤指数描述结构局部的损伤程度，整体损伤指数表征结构整体的损伤情况。由于影响损伤的因素错综复杂，现有多种方法定义损伤指数，归纳起来主要有：①基于变形的损伤指数，包括构件变形、应变及塑性率等；②基于材料特性退化的损伤指数，包括刚度退化、强度退化和每次循环滞回能量退化；③基于最大变形和滞回耗能组合建立的损伤指数，通过变形和能量组合的形式表示损伤，目的是能在变形分析的基础上考虑滞回能的累积。考虑到采用混凝土非线性断裂力学描述混凝土的开裂过程，故按照刚度退化思想定义的损伤指数对坝体的损伤进行评价。

(1) 局部损伤指数

局部损伤指数根据损伤因子的分布来定义，将坝体划分成若干个区域，每个区域含有若干数目的有限单元。通过非线性计算获得断面各点的损伤因子，对区域内各单元的损伤因子进行加权平均，取权重系数为各单元面积，局部损伤指数定义为

$$D_i = \frac{\sum d_{ij} S_{ij}}{\sum S_{ij}} \tag{5-105}$$

式中：D_i 为区域 i 的局部损伤指数；d_{ij} 和 S_{ij} 分别为区域 i 中第 j 个单元的损伤因子和单元面积。

损伤因子有多种表达方式，最简单、最常用的是标量形式的损伤因子 d，可以直观地体现材料内部宏观裂缝和微裂纹的体积。此时，有效应力张量定义为

$$\tilde{\sigma}_{ij} = \frac{\sigma_{ij}}{1-d} \tag{5-106}$$

混凝土线性软化曲线如图 5-58 所示，当拉应力未达到抗拉强度 f_{t} 时，混凝土处于线弹性阶段；当拉应力超过抗拉强度后，混凝土的非线性力学行为由图 5-59 中的软化段描述，软化段混凝土的弹性刚度受损降低。令 $x = \varepsilon/\varepsilon_{\mathrm{f}}$ ， $y = \sigma/\sigma_{\mathrm{f}}$ （σ_{f}、ε_{f} 分别为混凝土单轴抗拉强度及相应的峰值拉应变），则可以得到混凝土单轴受拉的应力-应变曲线方程如下：

$$\begin{cases} x \leqslant 1 & y = x \\ 1 < x \leqslant \dfrac{2G_{\mathrm{f}}}{E_0 \omega_{\mathrm{t}}^2} & y = \dfrac{x-1}{1-\dfrac{2G_{\mathrm{f}}}{E_0 \omega_{\mathrm{t}}^2}} + 1 \\ x > \dfrac{2G_{\mathrm{f}}}{E_0 \omega_{\mathrm{t}}^2} & y = 0 \end{cases} \tag{5-107}$$

对损伤因子的推导主要有两种等效性假设：一种是 Lemaitre 提出的应变等效性假设，即认为应力作用在受损材料上引起的应变等价于有效应力作用在虚拟无损伤材料上引起的应变；另一种是 Sidiroff 提出的能量等效性假设，这种假设认为应力作用在受损材料上产生的弹性余能与等效应力作用在虚拟无损伤材料上产生的弹性余能是等价的。考虑到应变等效性假设推导出的损伤模型是弹性损伤模型，计算出的损伤变量偏大，故按照能量等效性假设推导损伤因子，过程如下。

无损伤材料弹性余能

$$W_0^{\mathrm{e}} = \frac{\sigma^2}{2E_0} \tag{5-108}$$

等效有损伤材料弹性余能

$$W_{\mathrm{d}}^{\mathrm{e}} = \frac{\tilde{\sigma}^2}{2E_{\mathrm{d}}} \tag{5-109}$$

根据能量等效性假设有 $W_0^{\mathrm{e}} = W_{\mathrm{d}}^{\mathrm{e}}$ ，则可以得到 $E_{\mathrm{d}} = E_0 (1-d)^2$，进一步得到

$$\sigma = E_0 (1-d)^2 \varepsilon \tag{5-110}$$

结合式(5-107)，就可以得到单轴受拉损伤因子的表达式

$$\begin{cases} x \leqslant 1 & d=0 \\ 1 < x \leqslant \dfrac{2G_{\mathrm{f}}}{E_0 \omega_{\mathrm{t}}^2} & d = 1 - \sqrt{\dfrac{x - \dfrac{2G_{\mathrm{f}}}{E_0 \omega_{\mathrm{t}}^2}}{\left(1 - \dfrac{2G_{\mathrm{f}}}{E_0 \omega_{\mathrm{t}}^2}\right)x}} \\ x > \dfrac{2G_{\mathrm{f}}}{E_0 \omega_{\mathrm{t}}^2} & d = 1 \end{cases} \tag{5-111}$$

(2) 整体损伤指数

结构整体损伤指数有两种考察方式：一种是将结构作为一个整体，通过反映前后结构的力学性能改变来定义损伤指数；另一种是先对组成结构的各个构件进行评价，然后通过一定的权重系数加权组合各构件的损伤指数来获得结构整体的损伤指数。从根本上讲，结构整体的损伤状态是由局部的损伤状态决定的，因此基于加权组合法的整体损伤指数可以更好地评价结构的受损情况。采用 Park 等提出的基于损伤指数的加权组合法计算结构的整体损伤指数[67]。这种方法认为损伤程度越严重的部位对结构整体的损伤贡献也越大，权系数表达式如下：

$$\lambda_i = \frac{D_i}{\sum D_i} \tag{5-112}$$

式中：λ_i 为第 i 个损伤部位的权重系数；D_i 为第 i 个损伤部位的局部损伤指数。

结构的整体损伤指数为

$$D = \sum_{i=1}^{n} \lambda_i D_i \tag{5-113}$$

按照上述方法对拱坝在整个迭代过程中的损伤情况进行评价，认为坝体上所预设的可能裂缝全部开裂为坝体损伤的极限状态，对应的整体损伤指数 D=1。为保证权重系数的唯一性，以坝体达到极限承载状态时各条裂缝的损伤情况计算权重系数，并将其通用于坝体的不同损伤阶段。图 5-59 给出随迭代过程的坝体整体损伤指数变化曲线，可以看出，拱坝达到极限承载力时对应的损伤指数为 0.507；整个迭代过程中，损伤指数逐渐增大，第 19 次迭代结束后，整体损伤指数基本稳定，裂缝扩展过程停止。

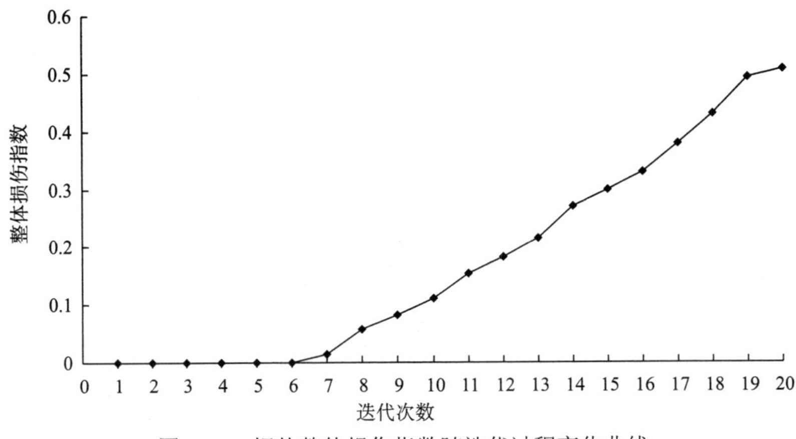

图 5-59　坝体整体损伤指数随迭代过程变化曲线

5.4.2.4　拱坝损伤开裂过程的极限承载力演变

拱坝是高次超静定结构，损伤发展的过程也是坝体逐步静定化的过程。计算拱坝在不同损伤开裂情况下相应的极限承载力，可以掌握坝体从初始开裂到最终损伤状态过程中的承载力演变，对工程的安全评价具有重要意义。为此，在前面分析得到的坝体开裂扩展过程和损伤尺度结论基础上，应用改进 ECM 计算开裂坝体的极限承载能力。计算模型仍采用图 5-41 所示有限元模型，荷载工况为：正常蓄水位+坝体自重。分别考察拱坝坝体在八种不同损伤状态下的极限承载能力，各损伤状态的宏观裂缝尺度如表 5-15 所示。裂缝采用双节点单元进行模拟。为了充分考虑坝体产生裂缝后的水力劈裂影响，对上游坝面出现的裂缝添加缝面水压力，其值根据各条裂缝的位置水头进行计算。

表 5-15　坝体不同损伤状态的裂缝尺度

坝体损伤状态	开裂裂缝	开裂长度/m	开裂深度/m	整体损伤指数
状态一	4#	15.03	3.06	0.0251
	5#	10.10	1.49	
	6#	13.44	1.50	
状态二	4#	20.04	3.06	0.0880
	5#	15.15	2.98	
	6#	17.93	3.01	
状态三	1#	2.19	1.39	0.1496
	4#	30.05	6.13	
	5#	20.20	5.96	
	6#	22.41	3.01	

续表

坝体损伤状态	开裂裂缝	开裂长度/m	开裂深度/m	整体损伤指数
状态四	1#	3.29	1.39	0.1748
	4#	30.05	9.19	
	5#	25.25	5.96	
	6#	26.89	3.01	
状态五	1#	13.13	1.39	0.1956
	2#	8.75	2.65	
	3#	6.31	1.43	
	4#	30.05	12.26	
	5#	25.25	11.92	
	6#	26.89	6.02	
状态六	1#	17.50	2.77	0.2563
	2#	13.13	2.65	
	3#	9.38	1.43	
	4#	30.05	12.26	
	5#	25.25	11.92	
	6#	26.89	12.03	
状态七	1#	17.50	2.77	0.3257
	2#	17.50	2.65	
	3#	18.75	5.70	
	4#	30.05	12.26	
	5#	25.25	11.92	
	6#	26.89	12.03	
状态八	1#	17.50	2.77	0.4506
	2#	17.50	2.65	
	3#	18.75	5.70	
	4#	30.05	12.26	
	5#	25.25	11.92	
	6#	26.89	24.06	

表 5-15 中，状态一至状态七分别为拱坝从初始受载至达到极限承载力过程中的几种开裂状态，状态八为裂缝扩展稳定基础上进一步对 6#裂缝增大开裂面积的损伤状态。图 5-60 给出不同损伤状态拱坝承载能力系数随迭代过程的变化曲线。图 5-61 给出拱坝极限承载力系数随整体损伤指数的变化曲线。

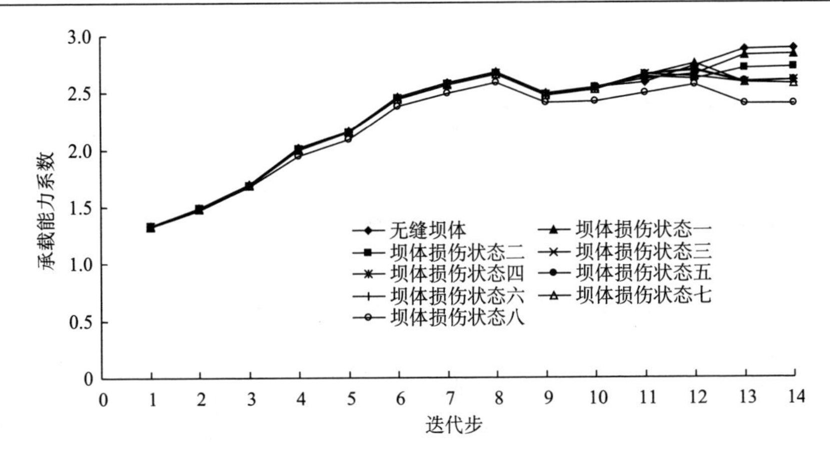

图 5-60　拱坝极限承载能力系数随迭代步变化曲线

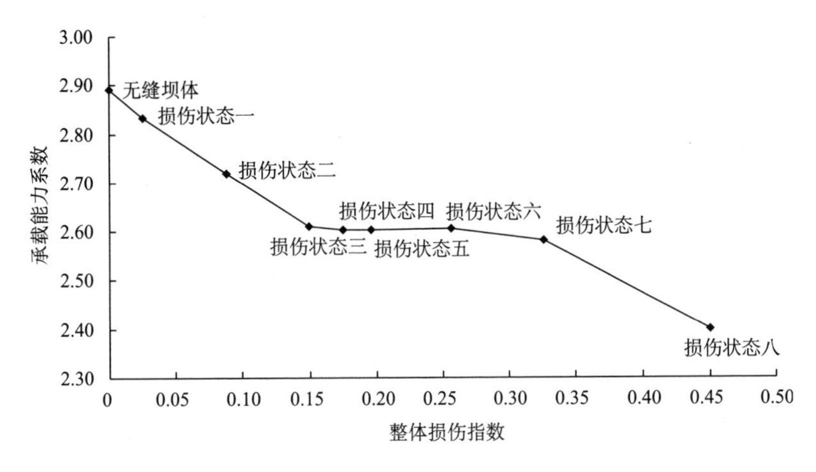

图 5-61　拱坝极限承载能力系数随整体损伤指数变化曲线

(1) 随着坝体裂缝的开展，拱坝极限承载能力系数总体上呈逐渐减小趋势。曲线在损伤指数为 0.15 之前下降较为明显，接着出现一段较为平缓的阶段，随后再次以较大的幅值减小。前文已经得到无缝坝体的极限承载能力系数为 2.890，损伤状态一至状态三情况下拱坝的极限承载力系数分别为 2.832、2.720、2.609，相对无缝坝体分别减小 2.02%、5.91%、9.72%；损伤状态四至状态六情况下拱坝的极限承载能力系数分别为 2.605、2.603、2.603，相对无缝坝体减小均在 9.95%左右；损伤状态七为坝体裂缝扩展稳定情况下所对应的损伤状态，此时的极限承载能力系数为 2.580，相对无缝坝体减小 10.72%；损伤状态八情况下拱坝的极限承载能力系数为 2.399，相对无缝坝体减小 16.99%。

(2) 对照坝体裂缝的开裂过程，可以得出坝体上游面开裂对拱坝极限承载力的影响要比下游面显著，低高程部位开裂产生的影响比高高程部位强烈，裂缝沿拱向开裂要比沿梁向开裂影响更大。

(3) 坝体极限承载能力系数的变化规律也可以从材料的强度破坏角度进行解释。前几次迭代中，坝体单元被调整的范围较小，即坝体的屈服损伤范围较小。此时，损伤状态一至状态三过程中坝体上裂缝的产生和扩展，在很大程度上增加了坝体材料的损伤，显著地降低了拱坝的整体刚度，促使其极限承载力出现迅速减小。而后，随着迭代过程的继续，坝体的屈服损伤范围随之增大，在这种情况下，由于坝体裂缝开裂造成的损伤对拱坝整体刚度造成的影响已经不是很明显，所以，损伤状态四至状态七之间拱坝的极限承载力下降不大。在承载能力的极限状态，整个坝体几乎全部屈服软化。此时，随着坝体裂缝面积的增大，由于开裂而对坝体材料损伤造成的影响再次被显现出来，拱坝的整体刚度也相应再次降低，进而出现损伤状态八时极限承载力显著减小的现象。

第6章　坝基渗流性态的有规分形分析方法

6.1　概　　述

在混凝土坝失事事故的统计中，由坝基渗漏问题造成大坝失事的占很大比例，通常是坝基断层、节理、裂隙的存在形成集中透水通道，并逐步演变、转异，最终造成工程失事[68,69]。因此，坝基渗流特性和渗控方案的设计是每一座大坝设计者需要重点考虑的工程问题之一。

坝基渗流特性取决于岩体的风化程度和岩体裂隙结构面的产状、渗透与变形特性，以及岩体的主要断层等透水带。断层作为岩体结构面，属于岩体中的构造裂隙，有其特殊性，地质学将断层定义为地壳表层岩层顺破裂面发生明显位移的构造，它是地壳中广泛发育的一类地质构造。如图 6-1 所示，断层的各个组成部分包括断层面和破碎带、断层线、断盘和断距，其中断层面通常被用于厚度较小的断层。有些规模较大的断层，往往是沿着宽度数厘米到数十米不等的破碎带，此时称为断层带，断层带中常形成糜棱岩、断层角砾岩和断层泥等。

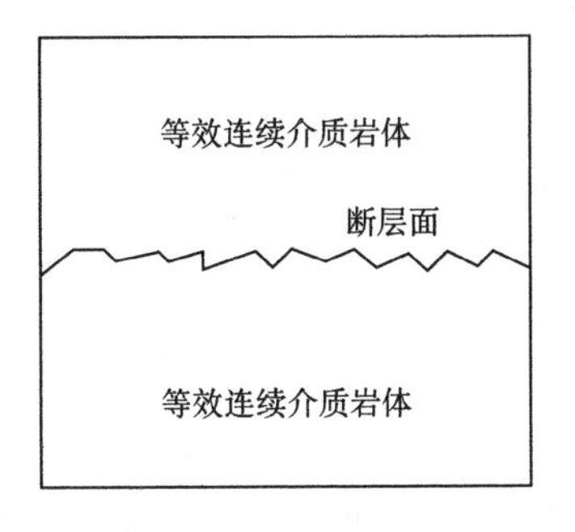

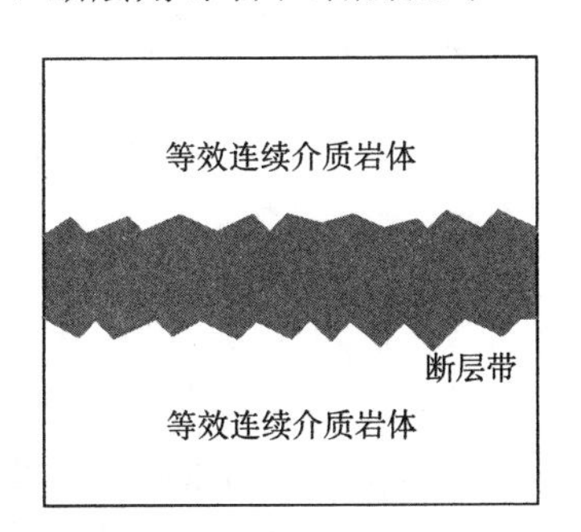

图 6-1　断层面和断层带示意图

通常，大规模断层尤其是强透水贯穿性断层的存在，使坝基渗流的特性大为复杂化[70]。坝基断层的渗流性态主要取决于岩体结构面的产状、粗糙程度、结构面位错值、面积接触率等，渗流的主要特点为强烈的非均匀性和各向异性，切向渗透性较强，法向渗透性则较弱，水流在断层带的运动主要是沿切向发生的，并呈现不均匀性和高度的非线性，形成复杂的渗流场，因此分析渗流性态时，需要尽可能还原断层结构面的真实形态，由此求解出来的水头、流量，才能真实准确地反映坝基渗流性态。

目前，用于求解裂隙岩体渗流的数学模型可分为四类，即等效连续介质模型、离散裂隙网络模型、双重介质模型、离散介质-连续介质混合模型[71-73]。坝基渗流计算模型在总体上被分为不连续体裂隙模型、水力等效多孔隙介质连续体模型和两者的混合模型，由于地表岩体往往被成组的裂隙结构面所切割，结构面间距远小于工程特征尺寸，后两种模型在工程界得到了广泛的运用。这是因为岩体裂隙结构面的成因、数量、产状和渗流影响因素过于复杂，对于实际工程问题难于获得所有结构面的渗流特性资料。同时，多孔隙介质模型渗流理论成熟，经验丰富，且就工程渗控问题而言，在绝大多数情况下能满足工程需求。但是，对于复杂水文地质条件下的坝基渗流而言，如将裂隙岩体等效为连续介质，有时不能很好地刻画坝基断层的特殊导水作用。因此，为了准确衡量坝基集中透水通道对大坝安全影响，本章从分析坝基断层的渗流基本特性出发，研究坝基断层结构面分形特征的模拟方法，结合坝基蠕变损伤特性，建立考虑坝基断层结构面分形特性的渗流分析模型。

6.2 坝基断层渗流特性分析方法

考虑坝基断层含有充填物的普通裂隙，渗流分析以立方定律为基础，其单宽流量与充填物孔隙率、充填物颗粒直径、裂隙平均宽度、运动黏滞系数、重力加速度、水力坡降及裂隙粗糙度修正系数影响因素有关，可表示为

$$q = G\left(n, d, \frac{gb^3}{12\mu}J, C_1\right) \tag{6-1}$$

式中：G 为单宽流量与影响因素的函数关系式；q 为单宽流量；n 为充填物孔隙率；d 为充填物颗粒的平均尺寸；b 为裂隙平均宽度；μ 为运动黏滞系数；J 为水力坡降；C_1 为裂隙粗糙度修正系数。

图 6-2 所示为坝基强透水断层示意图，对于强透水断层而言，渗流速度与水力坡降不再呈线性关系，而呈复杂的非线性关系，即所谓的非达西渗流或非线性渗流。若不考虑断层内部充填物、断层壁面粗糙度及渗透系数随深度变化的影响，坝基断层单宽流量可以表示为

$$q = \frac{gb^{\alpha}}{12\mu}J^{\beta} \tag{6-2}$$

式中：根据 α、β 的不同取值，将断层内水流分为线性立方水流（$\alpha=3$，$\beta=1$）、线性非立方水流（$\alpha\neq3$，$\beta=1$）、非线性立方水流（$\alpha=3$，$0.5\leqslant\beta<1$）及非线性非立方水流（$\alpha\neq3$，$\beta\neq1$）。此处，单宽流量相应于图 6-2 中 z 方向上单位宽度的流量。

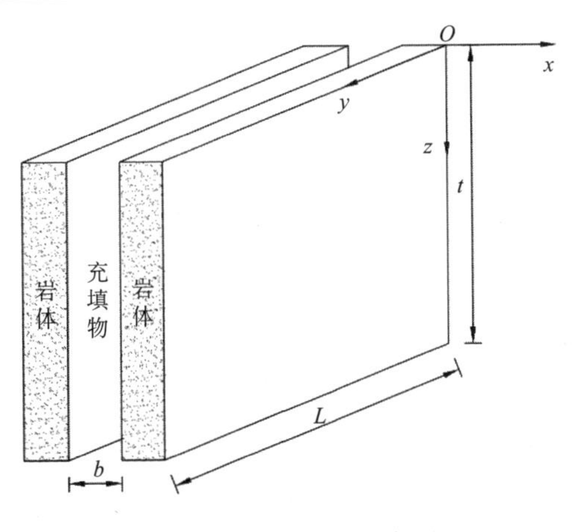

图 6-2　坝基断层示意图

考虑断层内部充填物、断层壁面粗糙度影响，不考虑渗透系数随深度变化的影响，将断层单宽流量表示成与充填物孔隙率 n 、充填物颗粒的平均尺寸 d 、断层平均厚度 b 、运动黏滞系数 μ 、水力坡降 J 、重力加速度 g 、 α 、 β 及 C_1 相关的函数形式

$$q = F\left(n, d, b, \alpha, \beta, C_1, g, \mu, J\right) \tag{6-3}$$

结合式(6-1)和式(6-3)，将不考虑渗透系数随深度变化影响的坝基断层单宽流量表示为

$$q = P\left(n, d, \frac{gb^{\alpha}}{12\mu}J^{\beta}, C_1\right) \tag{6-4}$$

式中： P 为断层单宽流量与影响因素的函数关系式。

1) 坝基断层渗流计算深度确定

坝基断层沿程剖面如图 6-3 所示， x 表示断层顶部岩体覆盖长度，相对断层而言，可视岩体覆盖层、大坝几乎不透水，岩体覆盖长度 x 的变化对断层渗流场的影响体现了断层贯穿性的渗流特性。假定上下游水位差、断层各区域渗透系数固定不变，设岩体覆盖长度 $x_i (i = 1, 2, \cdots, n)$ 为帷幕深度的倍数，当岩体覆盖长度分别为 $x_1, x_2, \cdots, x_{n+1}, x_n$ 时，相应的坝基典型点渗流要素分别为 $Y_1, Y_2, \cdots, Y_{n-1}, Y_n$ ，设定某一阈值 $\varepsilon_1 > 0$ ，若

$$\left|Y_2 - Y_1\right| > \varepsilon_1 ，\ \left|Y_3 - Y_2\right| > \varepsilon_1 ，\ \cdots ，\ \left|Y_n - Y_{n-1}\right| \leqslant \varepsilon_1 \tag{6-5}$$

则可认为当岩体覆盖长度取为 $x = x_{n-1}$ ，并继续增加时，岩体覆盖长度对坝基断层渗流场的影响可忽略不计，此时可将 x_{n-1} 视为该断层的最大岩体覆盖长度。

典型点渗流要素 Y 与岩体覆盖长度 x 满足函数关系

$$Y = P\left(x\right) \tag{6-6}$$

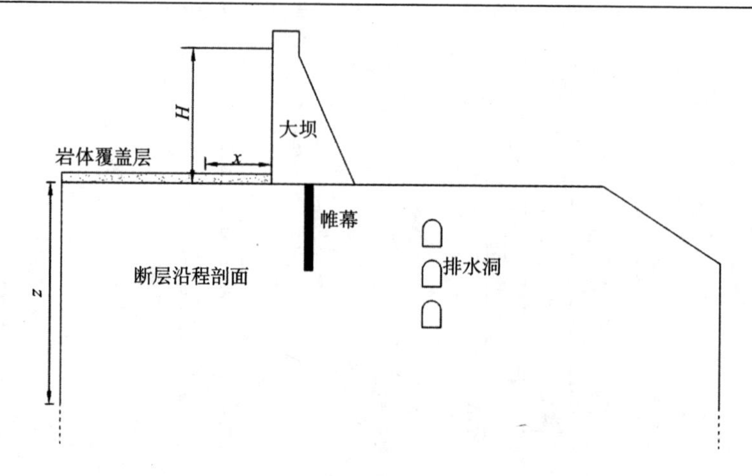

图 6-3　坝基断层沿程剖面

式中：函数关系 P 的确定，根据典型点渗流要素-岩体覆盖长度关系图，选择合适的函数形式对关系曲线进行拟合，确定拟合参数后即可确定函数关系 P 。

断层计算深度可视为当超过该计算深度后，继续增加深度不再引起断层内部渗流要素(如水头、渗流速度、孔隙水压力、渗流力等)的变化。断层渗流计算深度 t 的确定，以坝基典型点渗流要素为控制标准。假设断层深度 $Z_i(i=1,2,\cdots,n)$ 为帷幕深度的倍数，其中 i 表示 i 倍帷幕深度，并假设上下游水位差、断层各区域渗透系数固定不变，当断层深度依次取为 z_1 ， z_2 ， $\cdots$ ， z_{n-1} ， z_n 时，相应的坝基典型点渗流要素分别为 Y_1 ， Y_2 ， $\cdots$ ， Y_{n-1} ， Y_n ，设定某一阈值 $\varepsilon_2>0$ ，若

$$\left|Y_2-Y_1\right|>\varepsilon_2\text{，}\left|Y_3-Y_2\right|>\varepsilon_2\text{，}\cdots\text{，}\left|Y_n-Y_{n-1}\right|\leqslant\varepsilon_2 \tag{6-7}$$

则可认为当断层深度取为 $t=z_{n-1}$ ，并继续增加时，断层深度对坝基渗流场的影响可忽略不计，因此可取断层渗流计算深度为 $t=z_{n-1}$ 。

2)坝基断层带渗透系数随深度变化规律

坝基断层带作为厚度较大的渗透性结构面，渗透系数主要取决于充填物的性质，将断层带视为孔隙型岩体，各向同性的渗透系数可以表示为

$$k=\frac{g}{\mu}\times\frac{d^2}{180}\times\frac{n^3}{(1-n)^2} \tag{6-8}$$

式中： μ 为水运动黏滞系数； d 为固体颗粒的平均尺寸； n 为充填物孔隙率。

由式(6-8)可知，断层带深度变化对渗透系数的影响主要取决于充填物孔隙率 n 随深度 z 的变化，将充填物孔隙率表示成随深度变化的函数形式

$$n=n(z) \tag{6-9}$$

则断层带随深度变化的渗透系数 $k(z)$ 可表示为

$$k(z)=\frac{g}{\mu}\times\frac{d^2}{180}\times\frac{\left[n(z)\right]^3}{\left[1-n(z)\right]^2} \tag{6-10}$$

3) 坝基断层面流量确定

坝基断层面如图 6-4 所示，可视为裂隙面，下面结合式(6-1)分三种情况探讨坝基断层内水流本构关系。

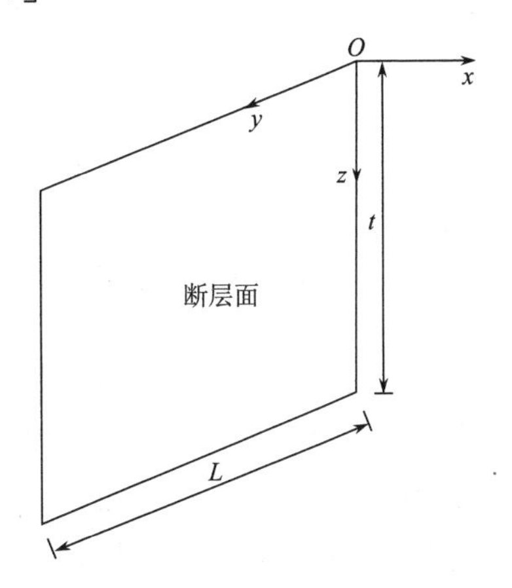

图 6-4　坝基断层面示意图

(1) 若不考虑裂隙内部充填物和两侧表面粗糙度，同时不考虑裂隙平均宽度、水力坡降随深度变化的影响，裂隙内单宽流量可表示为

$$q=\frac{gb^{\alpha}}{12\mu}J^{\beta} \tag{6-11}$$

式中：根据 α 、β 的不同取值，将裂隙内水流分为线性立方水流（$\alpha=3$，$\beta=1$）、线性非立方水流（$\alpha\neq3$，$\beta=1$）、非线性立方水流（$\alpha=3$，$0.5\leqslant\beta<1$）及非线性非立方水流（$\alpha\neq3$，$\beta\neq1$）。此处，单宽流量相应于图 6-4 中 z 方向上单位宽度的流量。

(2) 若考虑裂隙内部充填物和两侧表面粗糙度，但不考虑充填物孔隙率、裂隙平均宽度、水力坡降、α 及 β 随深度变化的影响，将裂隙单宽流量表示成与充填物孔隙率 n 、充填物颗粒的平均尺寸 d 、断层面平均宽度 b 、水的运动黏滞系数 μ 、水力坡降 J 、重力加速度 g 、α 、β 及 C_1 相关的函数形式，可表示为

$$q=F\left(n,d,b,\alpha,\beta,C_1,g,\mu,J\right) \tag{6-12}$$

结合式(6-12)，式(6-11)所示的普通裂隙单宽流量可推广为更一般的形式

$$q=P\left(n,d,\frac{gb^{\alpha}}{12\mu}J^{\beta},C_1\right) \tag{6-13}$$

式中：P 为断层面单宽流量与影响因素的函数关系式。

不同深度区域内水流本构关系不一定相同，渗流速度与水力坡降或呈线性关系，或呈复杂的非线性关系，即所谓的非达西渗流或非线性渗流。因此，对断层面而言，需考虑内部充填物和两侧表面粗糙度的影响，同时考虑水流本构关系随深度变化的影响。结合式(6-13)，断层面内某深度区域 dz 内的单宽流量可以表示为

$$q=P\left(n(z),d,\frac{g\left[b(z)\right]^{\alpha(z)}}{12\mu}\left[J(z)\right]^{\beta(z)},C_1\right) \tag{6-14}$$

式中：$b(z)$为断层面深度z处裂隙平均宽度；$J(z)$为深度z处水力坡降；$n(z)$为深度z处充填物孔隙率；$\alpha(z)$及$\beta(z)$为深度z处与水流本构有关的系数。

相应地，断层面t深度内总流量可表示为

$$Q=\int_0^t P\left\{n(z),d,\frac{g\left[b(z)\right]^{\alpha(z)}}{12\mu}\left[J(z)\right]^{\beta(z)},C_1\right\}\mathrm{d}z \tag{6-15}$$

6.3 坝基断层几何形态的有规分形模拟方法

上一节从断层带和断层面两方面介绍了坝基断层渗流基本特性，对于断层带，其渗流特性主要由内部充填物的渗透性决定，对于断层面而言，其渗流特性主要受所在裂隙几何形态的影响。运用巴西法在岩体样本中产生一个断裂表面，应用三维激光表面仪对断裂表面进行地形测量(探测器精度±7 μm，分辨率为7.5 μm)，获取X，Y和Z坐标上的数据文件，通过成像软件，得到断裂表面几何形态[74]，如图6-5所示，扫描区域尺寸为160mm×160mm，扫描间距为0.25mm，数据点的总数为641×641(即每个剖面641个点，共641个剖面)。

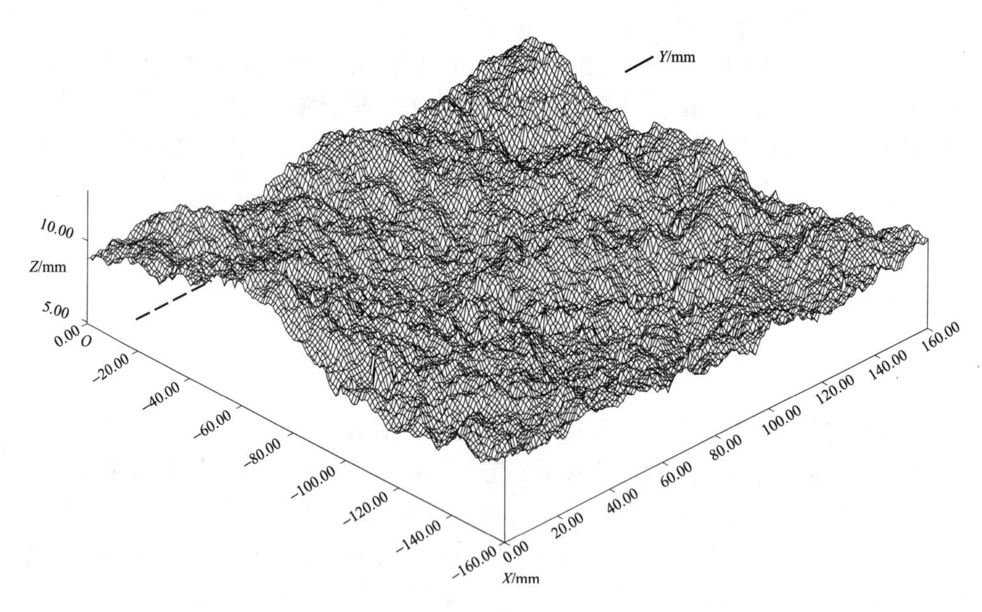

图6-5 断裂表面几何形态

由于断层两侧表面是粗糙裂隙面，其粗糙程度可以由分形维数来表示，并可通过分形几何理论[75]构造粗糙裂隙面，根据两侧裂隙面位错值和面积接触率(即开度分布模拟)，将两侧裂隙面进行组合，便可得到断层分形几何形态[76]。因此，

下面研究断层面所在裂隙单一表面分形模拟和开度分布模拟方法。本节关于断层的称呼均是指断层面。

6.3.1　分形特性与分形维数

单破裂面断层上盘和下盘的表面是两个粗糙的裂隙面，水体流动受到结构面的粗糙程度影响。同样地，上下两个结构面之间发生相对位移时，渗流性态也会发生改变。对单结构面断层且相对间距较小的裂隙断层可以根据分形理论研究结构面的形态，以此来对坝基断层渗流性态进行分析。

分形维数是表征分形的特征数，是刻画分形的不变量，从维数即可判断两个分形是否一致。分形维数的定义可以分为两大类：第一类是从纯几何概念进行的推导；第二类由信息论导出，主要有：关联维数、容量维数、盒维数、信息维数、Renyi 维数、自相似维数等。其中盒维数的定义如下：设有 R^n 空间的非空子集 A，对任意的 $r>0$，$N_r(A)$ 为覆盖 A 所需边长为 r 的 n 维立方体(盒子)的个数。若存在 D 使得当 $r\to 0$ 时，有

$$N_r\left(A\right)\propto 1/r^D \tag{6-16}$$

那么称 D 为 A 的盒维数。当且仅当存在一个正数 k，使得

$$\lim_{r\to 0}\frac{N_r\left(A\right)}{1/r^D}=k \tag{6-17}$$

两边取对数有

$$\lim_{r\to 0}\left(\ln N_r\left(A\right)+D\ln r\right)=\ln k \tag{6-18}$$

进一步有

$$D=\lim_{r\to 0}\frac{\ln k-\ln N_r\left(A\right)}{\ln r}=-\lim_{r\to 0}\frac{\ln N_r\left(A\right)}{\ln r} \tag{6-19}$$

一般地，在 $0<r<1$ 时，$\ln r$ 为负数，D 为正数，即为盒维数。

6.3.2　断层单一表面的分形模拟

坝基不同深处的断层表面形态和粗糙度往往很难被测量，为研究断层表面粗糙度对其渗流特性的影响，需建立数学模型，并根据实测数据推断断层实际表面形态。通常，断层两侧裂隙表面形态具有统计自相似性，可用分形插值方法模拟裂隙表面。

下面利用裂隙表面上少量的实测数据，进行断层表面的分形模拟，首先确定多重分形插值的插值区域，以及各区域分形插值的纵向压缩比，再根据分形插值数学模型插值出每一区域的曲面，组合成具有多重分形的断层单一表面。

1)插值区域的确定

分形插值区域的确定，通过运用地质统计学中的变差函数理论，依据变差函数理论中区域化变量的概念，将断层裂隙表面每一点高度视为一种区域化变量，通过变差函数的理论模型确定插值区域。

设随机试验 E 的样本空间为 $\Omega=\{\omega\}$，若对每一个 $\omega\in\Omega$，都有一个函数 $Z(x_1,x_2,\cdots,x_n;\omega)$ 与之对应 $(x_i\in X_i,i=1,2,\cdots,n)$，且当自变量 $x_i\,(i=1,2,\cdots,n)$ 取任意固定值 $x_{10},x_{20},\cdots,x_{n0}$ 时，$Z(x_{10},x_{20},\cdots,x_{n0};\omega)$ 为随机变量，则称 $Z(x_1,x_2,\cdots,x_n;\omega)$ 为定义在 $(X_1,X_2,\cdots,X_n)$ 上的随机函数。当随机函数 Z 依赖于多个自变量时，称为随机场。通常是三个自变量 x_u，x_v，x_w 的随机场 $Z(x_u,x_v,x_w;\omega)$，简记为 $Z(x)$，x 代表空间坐标向量，其维数与所研究的空间维数一致。当固定空间某点 x_0 来考察随机函数时，则 Z 是个随机变量。随机场 $Z(x_u,x_v,x_w;\omega)=Z(x)$ 称为一个区域化变量。区域化变量具有局部性、连续性、异向性和可迁性，局部性是指区域化变量被限于一定空间内；连续性是指区域化变量不同，连续性也不同；异向性是指根据区域化变量各个方向上的性质，分为各向同性和各向异性；可迁性是指区域化变量在某一范围内具有明显空间相关关系，若超过该范围，则相关关系变弱或者消失。

上述区域化变量的特征可用地统计学中的变差函数进行描述，包括描述其空间结构性和随机性。假设空间点 x 只在一维 x 轴上变化，区域化变量 $Z(x)$ 在 x，$x+h$ 两点处的值之差的方差之半定义为 $Z(x)$ 在 x 方向上的变差函数，记为 $\gamma(x,h)$，即

$$\begin{aligned}\gamma(x,h)&=\frac{1}{2}\operatorname{var}\left[Z(x)-Z(x+h)\right]\\&=\frac{1}{2}E\left[Z(x)-Z(x+h)\right]^2-\frac{1}{2}\left\{E\left[Z(x)-Z(x+h)\right]\right\}^2\end{aligned}\tag{6-20}$$

根据二阶平稳假设和本征假设，式(6-20)变为

$$\gamma(h)=\frac{1}{2}E\left[Z(x)-Z(x+h)\right]^2\tag{6-21}$$

变差函数具有如下功能：

(1)变差函数通过“变程” a 反映变量的影响范围，变差函数在 0～a (变程)范围内，从原点开始，随着 $|h|$ 的增大而增加。当 $|h|\geqslant a$，变差函数 $\gamma(h)$ 结束单调增加，而是稳定于极限值 $\gamma(\infty)$ 附近，该现象被称为“跃迁现象”，$\gamma(\infty)$ 被称为“基台值”。亦可理解为：在以 x 为中心、a 为半径的领域内的任何数据与 $Z(x)$ 空间相关，其相关程度一般随着两点的距离增大而减弱，当两点间的距离 $|h|$ 大于 a 时，$Z(x)$ 与 $Z(x+h)$ 就不存在空间相关。

a时，$Z(x)$与$Z(x+h)$就不存在空间相关。

(2) 变差函数在原点处的性状反映了变量的空间连续性，可分为抛物线型、线性型、间断型、随机型及拱型，其中拱型最为常见(图 6-6)，既有块金常数C_0(变差函数在原点处的间断性叫做“块金效应”，反映了变量的连续性很差)，又有基台值C_0+C（C称为“拱高”）和变程a。

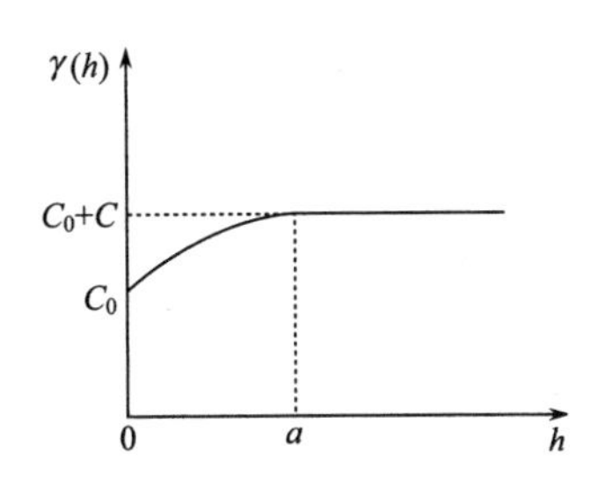

图 6-6　变差函数拱型

(3) 变差函数若为跃迁型，区域化变量在该方向上的变化幅度可以通过基台值反映。

(4) 区域化变量各向异性可通过不同方向上的变差图反映。

由上述理论可知，断层表面每一点的高程$z(x_u,x_v;\omega)$可看成二维区域化变量，并认为它是各向同性的，其既有相关性，也有随机性。随机性主要表现在断层表面的粗糙程度受作用在岩体上的载荷、岩石性质及组成成分等因素影响，裂隙表面各点的高度具有随机性；相关性体现在断层表面高度值$z(x_u,x_v;\omega)$受到两点间距离$h=\sqrt{{x_u}^2+{x_v}^2}$的影响，若两点间距离越小，则$z(x_u,x_v;\omega)$变化越小，相关性越大。

根据断层表面局部相关性的特点，运用变差函数理论模型中的基台值模型(指数函数模型)

$$\gamma(h)=C_0+C\left(1-\mathrm{e}^{-\frac{h}{A}}\right) \tag{6-22}$$

式中：当$h=3A$时，有$1-\mathrm{e}^{-\frac{3A}{A}}=1-\mathrm{e}^{-3}\approx 1$，故当$h=3A$时，$\gamma(h)\approx C_0+C$，变程$a=3A$。

当两点间距离小于a，两点间的距离越大，则变异程度越大。若两点间距离大于a，两点间距离不再影响两点变异程度，两点变异程度稳定于某一数值。区间$[a,\infty]$上曲线的变化体现数据的随机性，而区间$[0,a]$上曲线的变化体现数据的相关性。在分形插值的过程中变程$a=3A$作为插值区域的边长，插值区域如图 6-7 所示。

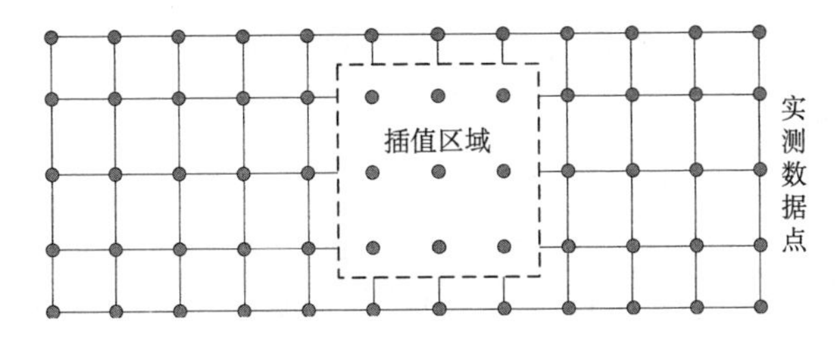

图 6-7　插值区域示意图

2) 各区域纵向压缩比的确定

在断层表面的分形模拟过程中，主要是运用自相似分形插值原理，其插值精度、模拟形态除了受已知数据点信息的影响以外，自相似分形插值的数学模型中的纵向压缩比是决定其表面模型形态的重要参数。运用多元统计分析的方法，可以将表面的局部变化特征从已知信息点中分离出来，确定纵向压缩比步骤为：①根据实测数据(已知) (x_{ui}, x_{vi}, z_i) $(i=1,2,\cdots,n)$，运用趋势面分析原理，拟合一次趋势面方程：$\widehat{z} = b_0 + b_1 x_u + b_2 x_v$；②求出已知信息点上的一次趋势值：$\widehat{z}_i = b_0 + b_1 x_{ui} + b_2 x_{vi}$ $(i=1,2,\cdots,n)$；③用各已知点上的实测值减去相应点上的趋势值，得到偏差值：$e_i = z_i - \widehat{z}_i$ $(i=1,2,\cdots,n)$；④以各个插值区域上偏差值作为该插值区域上纵向压缩比的依据。

3) 断层单一表面分形模拟数学模型

在确定多重分形插值的插值区域以及各区域分形插值的纵向压缩比后，可根据分形插值数学模型插值出每一区域的曲面。将各区域的插值曲面组合便可得到断层整体分形插值曲面。以下为各区域的分形插值数学模型。

令 $I=[a,b]$，$J=[c,d]$，设各区域 $D = I \times J = \{(x,y): a \leqslant x \leqslant b, c \leqslant y \leqslant d\}$，以 Δx、Δy 为步长，将 D 剖分为网格

$$a = x_0 < x_1 < \cdots < x_N = b,\ c = y_0 < y_1 < \cdots < y_M = d \tag{6-23}$$

给定一组网格点上的数据 $(x_n, y_m, z_{n,m})$，$n=0,1,\cdots,N$；$m=0,1,\cdots,M$。构造二元分形插值函数 $f: D \to R$，且满足

$$f(x_n, y_m) = z_{n,m} \tag{6-24}$$

令 x 方向的压缩变换为

$$\phi_n(x) = a_n x + b_n \tag{6-25}$$

令 y 方向的压缩变换为

$$\varphi_m(y) = c_m y + d_m \tag{6-26}$$

且满足条件

$$\phi_n(x_0) = x_{n-1}，\ \phi_n(x_N) = x_n \tag{6-27}$$

$$\varphi_m(y_0) = y_{m-1}，\ \varphi_m(y_M) = y_m \tag{6-28}$$

由此可得到

$$\begin{cases} a_n = (x_n - x_{n-1})/(x_N - x_0) \\ b_n = (x_{n-1}x_N - x_n x_0)/(x_N - x_0) \\ c_m = (y_m - y_{m-1})/(y_M - y_0) \\ d_m = (y_{m-1}y_M - y_m y_0)/(y_M - y_0) \end{cases} \tag{6-29}$$

又令 z 方向的压缩变换为

$$F_{n,m}\left(x,y,z\right)=e_{n,m}x+f_{n,m}y+g_{n,m}xy+\alpha_{n,m}z+k_{n,m} \tag{6-30}$$

并满足

$$\begin{cases}F_{n,m}\left(x_0,y_0,z_{0,0}\right)=z_{n-1,m-1}\\F_{n,m}\left(x_N,y_0,z_{N,0}\right)=z_{n,m-1}\\F_{n,m}\left(x_0,y_M,z_{0,M}\right)=z_{n-1,m}\\F_{n,m}\left(x_N,y_M,z_{N,M}\right)=z_{n,m}\end{cases} \tag{6-31}$$

式中：$\alpha_{n,m}$ $(n=0,1,\cdots,N, m=0,1,\cdots,M)$ 为决定插值曲面分形维数(粗糙程度)的自由参数，且满足 $0\leqslant\alpha_{n,m}<1$。$\alpha_{n,m}$ 称为垂直比例因子(各领域的纵向压缩比)。

根据上述条件，可以得出

$$\begin{cases}g_{n,m}=\left[z_{n-1,m-1}-z_{n-1,m}-z_{n,m-1}+z_{n,m}-\alpha_{n,m}\left(z_{0,0}-z_{N,0}-z_{0,M}+z_{N,M}\right)\right]\\\qquad/\left(x_0y_0-x_Ny_0-x_0y_M+x_Ny_M\right)\\e_{n,m}=\left[z_{n-1,m-1}-z_{n,m-1}-\alpha_{n,m}\left(z_{0,0}-z_{N,0}\right)-g_{n,m}\left(x_0y_0-x_Ny_0\right)\right]/\left(x_0-x_N\right)\\f_{n,m}=\left[z_{n-1,m-1}-z_{n-1,m}-\alpha_{n,m}\left(z_{0,0}-z_{0,M}\right)-g_{n,m}\left(x_0y_0-x_0y_M\right)\right]/\left(y_0-y_M\right)\\k_{n,m}=z_{n,m}-e_{n-1,m}x_N-f_{n,m}y_M-\alpha_{n,m}z_{N,M}-g_{n,m}x_Ny_M\end{cases} \tag{6-32}$$

式中：$n\in\{1,2,\cdots,N\}$；$m\in\{1,2,\cdots,M\}$。

令

$$W_{n,m}\left(x,y,z\right)=\left(\phi_n\left(x\right),\varphi_m\left(y\right),F_{n,m}\left(x,y,z\right)\right) \tag{6-33}$$

由此，就定义了一个随机函数系统 IFS，它是分形插值函数 f 的隐函数。

4) 断层结构面分形模拟

下面结合断层勘探的少量实测数据，通过分形插值，模拟断层结构面的形态和粗糙程度。

(1) 结构面分形插值的数学模型

假设有矩形结构面 D，如图 6-8 所示。令 $I=\left[a,b\right]$，$J=\left[c,d\right]$，$D=\left\{(x,y):a\leqslant x\leqslant b,c\leqslant y\leqslant d\right\}$，以 Δx、Δy 为步长，剖分结构面，长和宽边上有

$$\begin{cases}a=x_0<x_1<\cdots<x_N=b\\c=y_0<y_1<\cdots<y_N=d\end{cases} \tag{6-34}$$

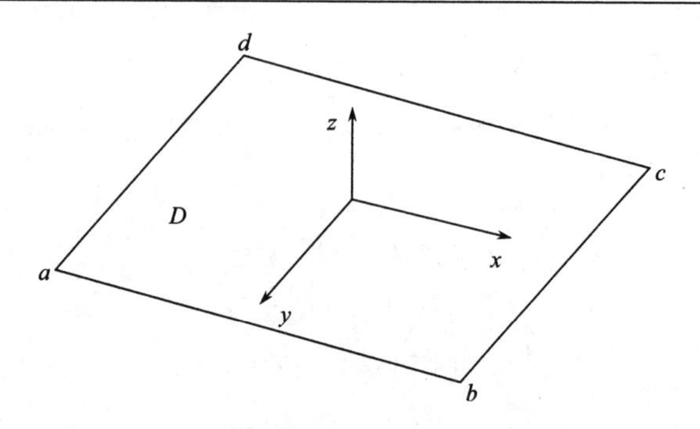

图 6-8　矩形结构面 D 示意图

若给定一组网格点上的数据 $(x_n, y_m, z_{n,m})$ $(n=0,1,2,\cdots,N; m=0,1,2,\cdots,M)$，只需要构造分形插值函数 f，使得 $f(x_n, y_m)=z_{n,m}$。考虑到计算的简便，构造一次压缩函数。

x 方向的压缩函数为

$$\phi_n(x)=a_n x+b_n \tag{6-35}$$

y 方向的压缩函数为

$$\psi_m(x)=c_m x+d_m \tag{6-36}$$

且满足条件

$$\begin{cases}\phi_n(x_0)=x_{n-1}, \phi_n(x_N)=x_n \\ \psi_m(y_0)=y_{m-1}, \psi_m(y_M)=y_m\end{cases} \tag{6-37}$$

可以得到

$$\begin{cases}a_n=\dfrac{x_n-x_{n-1}}{x_N-x_0} \\ b_n=\dfrac{x_{n-1}x_N-x_n x_0}{x_N-x_0} \\ c_m=\dfrac{y_m-y_{m-1}}{y_M-y_0} \\ d_m=\dfrac{y_{m-1}y_M-y_m x_0}{y_M-y_0}\end{cases} \tag{6-38}$$

z 向的压缩变换函数

$$F_{n,m}(x,y,z)=e_{n,m}x+f_{n,m}y+g_{n,m}xy+\alpha_{n,m}z+k_{n,m} \tag{6-39}$$

并满足：

$$\begin{cases} F_{n,m}\left(x_0, y_0, z_{0,0}\right) = z_{n-1,m-1} \\ F_{n,m}\left(x_N, y_0, z_{N,0}\right) = z_{n,m-1} \\ F_{n,m}\left(x_0, y_M, z_{0,M}\right) = z_{n-1,m} \\ F_{n,m}\left(x_N, y_M, z_{N,M}\right) = z_{n,m} \end{cases} \tag{6-40}$$

式中：$\alpha_{n,m}$为纵向压缩比，是决定分形插值曲面分形维数的参数，且满足$0<\alpha_{n,m}<1$。

由此可得

$$\begin{cases} g_{n,m} = \dfrac{z_{n-1,m-1} - z_{n-1,m} - z_{n,m-1} - \alpha_{n,m}\left(z_{0,0} - z_{N,0} - z_{0,M} + z_{N,M}\right)}{x_0 y_0 - x_N y_0 - x_0 y_M + x_N y_M} \\ e_{n,m} = \dfrac{z_{n-1,m-1} - z_{n,m-1} - \alpha_{n,m}\left(z_{0,0} - z_{N,0}\right) - g_{n,m}\left(x_0 y_0 - x_N y_0\right)}{x_0 - x_N} \\ f_{n,m} = \dfrac{z_{n-1,m-1} - z_{n-1,m} - \alpha_{n,m}\left(z_{0,0} - z_{0,M}\right) - g_{n,m}\left(x_0 y_0 - x_0 y_M\right)}{y_0 - y_M} \\ k_{n,m} = z_{n,m} - e_{n-1,m} x_N - f_{n,m} y_M - \alpha_{n,m} z_{n,m} - g_{n,m} x_N y_M \end{cases} \tag{6-41}$$

令

$$W_{n,m}\left(x, y, z\right) = W\left(\phi_n\left(x\right), \psi_m\left(x\right), F_{n,m}\left(x, y, z\right)\right) \tag{6-42}$$

至此，定义了一个迭代函数$W_{n,m}(x,y,z)$，它是分形插值函数f的隐函数，对其进行迭代求解可以得到插值曲面的各个插值点的值，从而得到完整的曲面形态。

(2)纵向压缩比的确定

断层分形插值模拟的形态和插值精度除了受已知插值点信息的影响外，纵向压缩比的大小决定了结构面粗糙程度。故从插值点数据本身出发，运用多元统计分析的方法，从已知信息中将断层表面局部变化特征分离出来，以各个插值点偏差的离差系数作为结构面分形插值纵向压缩比的计算依据，确定纵向压缩比。

步骤1　对已知的测量数据(x_i, y_i, z_i) $(i=1,2,\cdots,n)$在一定区域范围，运用最小二乘法拟合一次趋势面，方程为：$\hat{z} = a + bx + cy$；

步骤2　求出已知点上的拟合值，$\hat{z}_i = a + bx_i + cy_i$；

步骤3　用已知点上的实测值和最小二乘平面拟合值分别计算偏差值的绝对值e_i的平均值μ_e和方差σ_e，其中：$e_i = \left|z_i - \hat{z}_i\right|$，$\mu_e = \sum_{i=1}^{n} e_i \Big/ n$，$\sigma_e = \sqrt{\dfrac{\sum_{i=1}^{n}\left(e_i - \mu_e\right)^2}{n-1}}$；

步骤4　计算实测点与最小二乘拟合面的离差系数：$C_v = \dfrac{\sigma_e}{\mu_e}$，以插值区域上的离差系数作为确定该区域上纵向压缩比的依据。

离差系数越大，表面越粗糙，纵向压缩比例越大；离差系数越小，表面越平滑，纵向压缩比例越小，可以据此建立纵向压缩比例 α 与 C_v 的表达式。这里取纵向压缩比 α 的表达式为

$$\alpha = R\ln\left(1 + C_v\right) \tag{6-43}$$

式中：R 为拟合曲面的相关系数。

6.3.3 断层的开度分布模拟

在生成断层的单一表面后，便可根据两侧表面的位错值和面积接触率来模拟张开度。实际断层可看成是由两个分形结构面叠合而成的，设两个结构面的位错值为 $(\Delta x, \Delta y)$，则有

$$\Delta z\left(x, y\right) = z\left(x + \Delta x, y + \Delta y\right) - z\left(x, y\right) \tag{6-44}$$

按照式(6-44)计算的 $\Delta z(x, y)$ 有正有负，设负序列中绝对值最大的数对应的绝对值为 Δz^*，则断层的张开度 $b(x, y)$ 可估算如下：

$$b\left(x, y\right) = \Delta z\left(x, y\right) + R\Delta z^* \tag{6-45}$$

式中：R 为调整参数，可使 $b(x, y)$ 满足裂隙面上面积接触率的要求，由此可生成断层开度的分布情况。

6.3.4 断层的组合形貌

断层在发生渗流、闭合以及剪切的过程中，是由上下断层面组合在一起共同作用的，需对断层表面的组合形貌参数进行研究。断层的组合形貌从表述上分为两种，分别称之为断层表面形貌的叠加参数和空腔参数，前者是将上下断层面以各自的最小二乘面作为参照面，将获得的高度分布函数相加后再做参数计算；后者是将断层内的三维空腔单独取出，计算断层面上每一点所对应空腔体的高度，即隙宽 b。

当断层发生错位时，其接触状态发生了变化，隙宽的空间分布也发生变化。随着错位距离的增加，隙宽空间分布的体积和形状也发生明显变化。上下断层面的每一点对应的隙宽 b 值越大，可供水流动空间的净高越大，断层面达到闭合极限状态所需的法向位移也越大。水在流动过程中，会自动寻找面积最大的截面，并沿此截面流动。b 的平均值称为均值隙宽，用 b_m 表示。

在不同错位下，垂直于断层长度方向的单位宽度下的空腔体截面面积用 A_s 表示。图 6-9 表示节理在不同位错值下垂直于 L 方向的单位宽度的空腔截面面积，当错位距离较小时，上下断层面的吻合性较好，不同位置的截面面积相差不多，曲线也表现得较为平缓；随着错位距离的增加，上下断层面的吻合性越来越差，不

同位置上的截面面积变化比较大，曲线越来越陡峭。这说明随着接触状态的改变，断层内空腔空间分布的形式发生变化，这在一定程度上会改变水流动的路径。

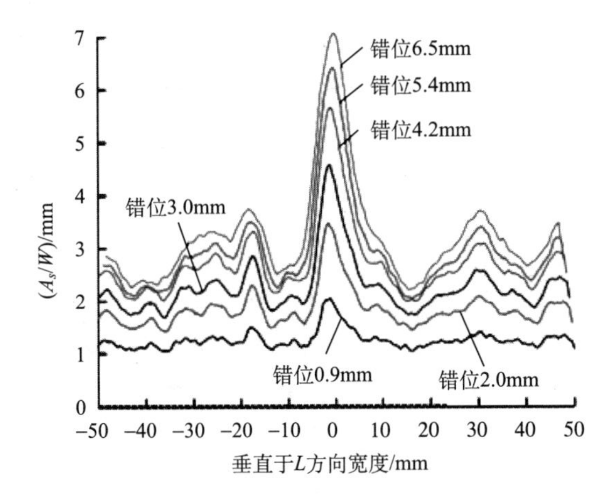

图 6-9 节理垂直于 L 方向单位宽度的空腔截面面积

断层面发生错位后，组合形貌特征发生变化，采用三维数盒法计算断层组合形貌的分形维数 D_2

$$D_2 = \frac{\ln N}{\ln n} \tag{6-46}$$

式中：n 为沿长、宽和高方向上长方体的个数；N 为填充空腔所需的长方体总数。

6.4 坝基断层面渗流特性的分形数值模拟方法

以上通过断层单一表面分形模拟和开度分布模拟构造了断层分形几何形态，下面确定坝基断层表面不同深度局域内渗透系数，并通过渗流有限元数值模拟，研究坝基断层面渗流特性。

6.4.1 断层面渗透系数的确定方法

单破裂面断层的渗透特性可以按照单裂隙的水流进行分析，为确定其渗透系数表达式，需要研究单裂隙的立方定律及其修正表达式，进而推导考虑断层结构面分形特性的渗透系数表达式。

立方定律研究两片光滑、平直、无限长的平行板之间的水流特性，假设水体是不可压缩的黏性流体，其运动规律符合达西定律，通过推导可以得到立方定律表达式，并可以知道平行板之间渗流量与隙宽的三次方成正比。

在图 6-10 所示的直角坐标系下，有

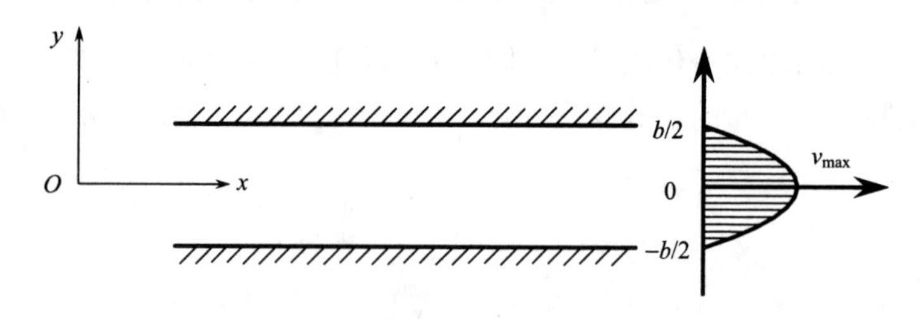

图 6-10　平行板水流示意图

$$q=\int_{-b/2}^{b/2} v\mathrm{d}y=-\frac{gb^3}{12\mu}\times\frac{\mathrm{d}H}{\mathrm{d}x}=-\frac{gb^3}{12\mu}\times J \tag{6-47}$$

式中：g 为重力加速度；b 为开度；μ 为地下水黏滞系数，$\mu=1.14\times10^{-3}\ \mathrm{N\cdot s/m^2}$，即 15℃时水的黏滞系数；$J$ 为与平行板平行的水力坡降。

并得到平行板的平均流速和渗透系数公式

$$\overline{v}=\frac{q}{b}=\frac{gb^2}{12\mu}\times J_{\mathrm{f}} \tag{6-48}$$

$$K_{\mathrm{f}}=\frac{\overline{v}}{J_{\mathrm{f}}}=\frac{gb^2}{12\mu} \tag{6-49}$$

立方定律描述的渗流规律是以表面光滑、平直且无任何填充为前提。事实上，这与天然断层结构面的实际情况是不符合的。由于结构面粗糙不平，增大了固壁对水的黏性阻力，水体流动时需要用较大的流动压力去平衡黏性阻力。同时，表面粗糙不平也减小了渗流实际的开度。初始接触面积的存在对渗流的影响也较为显著，尤其是在应力作用下受法向压力的作用产生变形，导致实际渗流复杂化。为此，众多学者[77-83]通过引入表面粗糙修正系数、粗糙度系数 JRC、开度变异系数等概念计算等效水力隙宽对立方定律进行了修正(表 6-1)。

表 6-1　立方定律的若干修正式

作者	表达式	备注
Lomize	$b_c=\sqrt[3]{\dfrac{b_{\max}^3}{\xi}}$ $\xi=1+6(e/b_{\max})^{1.5}$	$b_{\max}$ ——结构面最大开度 e ——凸起体的平均高度 ξ ——结构面粗糙修正系数
Louis	$b_c=\sqrt[3]{\dfrac{b_{\max}^3}{\xi}}$ $\xi=1+8.8(e/2b_{\max})^{1.5}$	各个参数意义同上

续表

作者	表达式	备注
Tsang	$b_c=\int_0^{b_{\max}} x^3 f(x)\mathrm{d}x \Big/ \int_0^{b_{\max}} x^2 f(x)\mathrm{d}x$	$f(x)$——开度分布函数 b_c——等效水力传导开度
Barton、Bandis	$b_c=b_m^2/\mathrm{JRC}^{2.5}$	b_m——力学开度 JRC——粗糙度系数
Brown、Pakir	$b_c=\bar{b}\sqrt{1-0.9\exp\left(-\dfrac{0.56}{C_v}\right)}$	$\bar{b}$——平均开度 C_v——开度变异系数
Walsh	$b_c=\sqrt[3]{\dfrac{1-\omega}{1+\eta\omega}b_{\max}^3}$	ω——面积接触率 η——经验常数

表 6-1 中，Lomize、Louis 公式都是采用表面粗糙性修正系数来修正的，其局限性在于采用的修正公式均是基于表面凸起高度均匀分布的假定建立的，与实际情况不符合；Tsang 公式是由开度分布函数直接修正立方定律，其困难在于寻找到一个合适的函数来表征开度分布；同样地，Barton 公式通过表面的粗糙度系数 JRC 建立力学隙宽和等效水力隙宽之间的关系，难点在于确定合理的 JRC 值；Brown 公式是利用开度分布的统计特性，建立的等效水力隙宽公式，相对比较简单；Walsh 公式是针对两壁有部分接触的断层裂隙而建立的，考虑了接触面积对开度的影响，对经验常数η，Walsh 建议取 1。

表 6-1 中利用等效水力隙宽对立方定律进行修正，进而分析坝基断层渗流，渗透系数都是平均值，对研究区域的渗流性态的细部特征无法进行描述。为了分析坝基断层的渗流特性，通过断层面性态的分形模拟，结合基本立方定律，可以建立基于结构面分形特性的坝基断层渗流性态分析模型。

在采用分形插值函数分别模拟出断层上盘、下盘两个结构面的具体形态后，可以根据其插值点的高度差来确定断层的开度，则有

$$\Delta z(x,y)=z_1(x,y)-z_2(x,y) \tag{6-50}$$

式中：$z_1(x,y)$、$z_2(x,y)$分别为断层上盘、下盘分形插值点的高度。

式(6-50)中的$\Delta z(x,y)$有正有负，当$\Delta z(x,y)$为负数，其绝对值的最大值为Δz^*，则断层的张开度$b(x,y)$估算如下：

$$b(x,y)=\Delta z(x,y)+\lambda\Delta z^* \tag{6-51}$$

式中：λ为调整参数，可使$b(x,y)$满足上下盘无嵌入，由此可以生成断层开度的分布情况。

根据平行板水流的立方定律可知，在插值点所在位置的断层渗透系数为

$$k_{x,y} = \frac{g}{12\mu} \times b^2(x,y) \tag{6-52}$$

由此，可以求出断层各处的渗透系数，为进一步分析研究坝基断层内水流流动的细部特征打下基础。

6.4.2 渗流场数值模拟方法

为了研究断层面渗流性态，可以按式(6-52)得到开度分布，之后将断层面离散成等尺度网格，每个网格的中心点对应其开度，其正视图如图 6-11 所示。假设模型左右为定水头边界，上下为不透水边界。

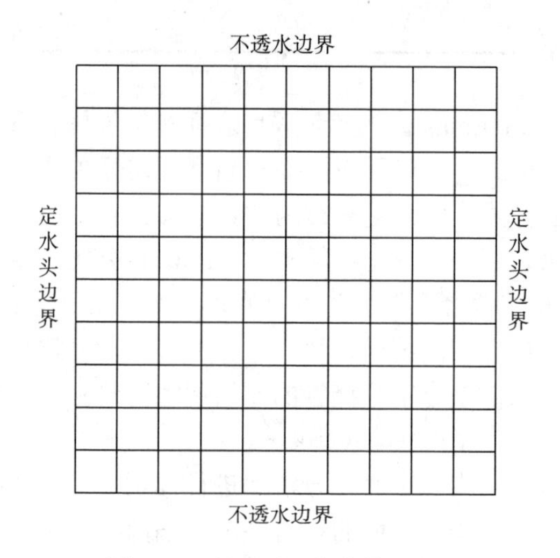

图 6-11 断层面网格离散示意图

网格划分和边界条件确定后，即可对离散后的网格进行数值分析。下面对渗流场的基本方程和渗流计算的有限单元法进行叙述。

6.4.2.1 稳定渗流基本方程

渗流场计算的目的是为求出区域内各个节点的水头、流速、区域内的流量等渗流要素。假设若以水头、流量作为边界条件，按稳定渗流计算渗流场。

在考虑水体不可压缩时，稳定渗流连续性方程为

$$\frac{\partial v_x}{\partial x} + \frac{\partial v_y}{\partial y} + \frac{\partial v_z}{\partial z} = 0 \tag{6-53}$$

由达西定律

$$v_x = -k_x \frac{\partial h}{\partial x}, \quad v_y = -k_y \frac{\partial h}{\partial y}, \quad v_z = -k_z \frac{\partial h}{\partial z} \tag{6-54}$$

得到稳定渗流的微分方程

$$\frac{\partial}{\partial x}\left(k_x\frac{\partial h}{\partial x}\right)+\frac{\partial}{\partial y}\left(k_y\frac{\partial h}{\partial y}\right)+\frac{\partial}{\partial z}\left(k_z\frac{\partial h}{\partial z}\right)=0 \tag{6-55}$$

对二维问题，仅需考虑 x 与 y 两个方向。同时，渗流场还必须满足一定的边界条件：

(1) 第一类边界条件 Γ_1 上水头已知

$$h\big|_{\Gamma_1}=h_0 \tag{6-56}$$

(2) 第二类边界条件 Γ_2 上单位面积渗流量已知，即法向流速已知

$$k_n\frac{\partial h}{\partial n}\bigg|_{\Gamma_2}=v_n \tag{6-57}$$

式中：n 是边界 Γ_2 的外法向。

6.4.2.2　渗流计算的有限单元法

有限单元法是用有限个单元的集合代替连续的渗流场。首先要把求解区域 R 划分为有限个单元，设单元节点为 i 、j 、m 、…，节点水头为 h_i 、h_j 、h_m 、…，单元形函数为 N_i 、N_j 、N_m 、…，单元内任一点水头 h 可以用形函数表示如下：

$$h^e(x,y,z)=\left[N_i,N_j,N_m,\ \cdots\right]\begin{Bmatrix}h_i\\h_j\\h_m\\\vdots\end{Bmatrix}=[N]\{h\}^e \tag{6-58}$$

把式 (6-58) 代入式 (6-53) 和式 (6-54)，得到

$$\{h'\}=\begin{bmatrix}\dfrac{\partial h}{\partial x} & \dfrac{\partial h}{\partial y} & \dfrac{\partial h}{\partial z}\end{bmatrix}^{\mathrm{T}}=[B]\{h\} \tag{6-59}$$

$$\{v\}=\begin{bmatrix}v_x & v_y & v_z\end{bmatrix}^{\mathrm{T}}=-[k][B]\{h\} \tag{6-60}$$

其中

$$[B]=\begin{bmatrix}\dfrac{\partial N_i}{\partial x} & \dfrac{\partial N_j}{\partial x} & \dfrac{\partial N_m}{\partial x} & \cdots\\ \dfrac{\partial N_i}{\partial y} & \dfrac{\partial N_j}{\partial y} & \dfrac{\partial N_m}{\partial y} & \cdots\\ \dfrac{\partial N_i}{\partial z} & \dfrac{\partial N_j}{\partial z} & \dfrac{\partial N_m}{\partial z} & \cdots\end{bmatrix} \tag{6-61}$$

把单元 e 作为求解区域 R 的一个子域 ΔR，在这个子域上的泛函为

$$I^{e}(h)=\iiint_{\Delta R}\left\{\frac{1}{2}\left[k_x\left(\frac{\partial h}{\partial x}\right)^2+k_y\left(\frac{\partial h}{\partial y}\right)^2+k_z\left(\frac{\partial h}{\partial z}\right)^2\right]\right\}\mathrm{d}x\mathrm{d}y\mathrm{d}z$$
$$+\iint_{\Delta\Gamma_2}v_n h\mathrm{d}s \tag{6-62}$$

对单元节点水头 h_i 求微分，得到

$$\frac{\partial I^e}{\partial h_i}=\frac{\partial}{\partial h_i}\iiint_{\Delta R}\left[k_x\frac{\partial h}{\partial x}\frac{\partial}{\partial h_i}\left(\frac{\partial h}{\partial x}\right)+k_x\frac{\partial h}{\partial y}\frac{\partial}{\partial h_i}\left(\frac{\partial h}{\partial y}\right)+k_x\frac{\partial h}{\partial z}\frac{\partial}{\partial h_i}\left(\frac{\partial h}{\partial z}\right)\right]\mathrm{d}x\mathrm{d}y\mathrm{d}z$$
$$+\iint_{\Delta\Gamma_2}v_n\frac{\partial h}{\partial h_i}\mathrm{d}s \tag{6-63}$$

由式(6-58)可知，在单元 e 内有

$$\frac{\partial}{\partial h_i}\left(\frac{\partial h}{\partial x}\right)=\frac{\partial N_i}{\partial x} \tag{6-64}$$

$$\frac{\partial h}{\partial h_i}=N_i \tag{6-65}$$

将式(6-64)和式(6-65)代入式(6-63)中，得到

$$\frac{\partial I^e}{\partial h_i}=[K]^e\{h_i\}^e-\{F\}^e \tag{6-66}$$

同样地，对 h_j、h_m 求解，可得

$$\begin{Bmatrix}\dfrac{\partial I^e}{\partial h_i}\\ \dfrac{\partial I^e}{\partial h_j}\\ \dfrac{\partial I^e}{\partial h_k}\\ \vdots\end{Bmatrix}=\frac{\partial I^e}{\partial\{h\}^e}=[K]^e\{h\}^e-\{F\}^e \tag{6-67}$$

$$[K]^e=\iiint_{\Delta R}[B]^{\mathrm{T}}[k][B]\mathrm{d}x\mathrm{d}y\mathrm{d}z \tag{6-68}$$

$$\{F\}^e=-\iint_{\Delta\Gamma_2}[N]^{\mathrm{T}}v_n\mathrm{d}s \tag{6-69}$$

将各个单元的 $\dfrac{\partial I^e}{\partial\{h\}^e}$ 加以集合，对于求解区域的全部节点，得到

$$[K]\{h\}=\{F\} \tag{6-70}$$

由此即可求出各节点的水头值，各点流速可由式(6-60)求出。

6.4.2.3　程序研制

为了分析坝基断层面分形特性对渗流场的影响，应用式(6-52)计算的结构面渗透系数是空间场的函数，分布不均，在计算软件中一一对其创建、赋值工作量大。基于 Python 语言通过对 ABAQUS 计算软件进行二次开发[84]，实现坝基断层面渗透系数的快速赋值，具体步骤如下。

步骤 1　利用宏管理器(Macro Manager)创建宏，实现一种材料的创建，并将其赋予某一集合，保存宏文件；

步骤 2　在宏文件中添加读取渗透系数文本的命令 file('Permeability.txt','r')；

步骤 3　添加循环创建材料和赋予集合的命令 while-else，创建材料集合，m= mdb.model[Model_Name].Material('MaterialsName')，每次循环对材料的渗透系数进行赋值，语句格式为 m.Permeability(table=((PermeabilityValue,VoidValue),))进行逐一赋值，循环终止条件为到达文件末尾，即 len(line)==0；

步骤 4　修改宏文件，删除不必要代码，保存脚本文件 Fractal_Material.py。

Python 二次开发程序流程如图 6-12 所示，这样，坝基断层面的材料库创建完成，可以对其进行渗流有限元分析。

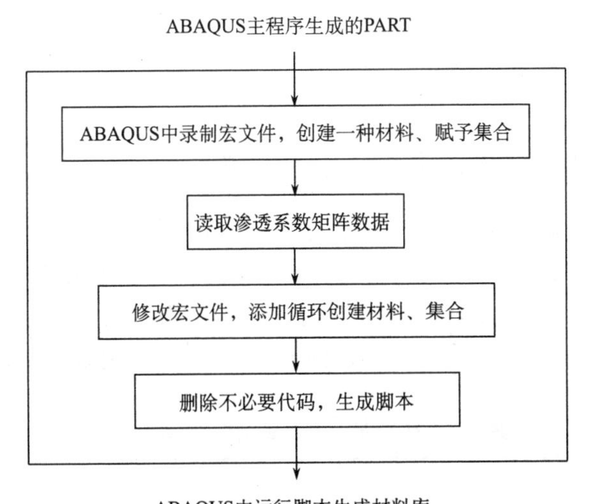

图 6-12　基于 Python 语言的快速建模流程

进行渗流分析时，必须采用孔压-应力耦合单元，且将单元的所有自由度均约束。通过命令“*INITIAL CONDITIONS TYPE=STRESS GEOSTIATIC”来设置初始条件，之后将基于 Python 语言开发的材料库导入模型中，计算坝基断层面的渗流场。

6.4.3　断层面渗流特性数值模拟试验

为了研究考虑断层结构面分形特性的渗流性态，在缺少断层实际开度的情况下，以图 6-11 所示的矩形断层结构面为例，模拟结构面形态，分析结构面形态对其渗流性态的影响，分析流程见图 6-13。

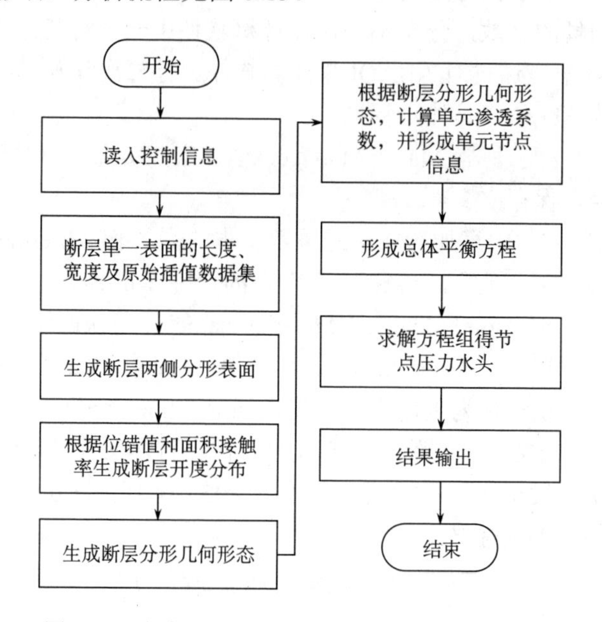

图 6-13　考虑坝基断层面分形特性的渗流分析流程

6.4.3.1　坝基断层结构面形态的分形模拟

为了精细模拟结构面的形态，在采用分形几何对其表面进行插值模拟时，需要知道结构面上的部分信息。下面以一正方形断层面为例进行说明，假设断层面上盘、下盘 4×4 个实测点 (x,y,z) 的法向高度已知，可以运用分形插值原理模拟曲面的形态，断层上盘、下盘在同一坐标系下 z 向数值见表 6-2，表面形态如图 6-14～图 6-15 所示。

表 6-2　结构面插值点原始数据　　（单位：mm）

位置	y	x			
		1	2	3	4
断层上盘	1	12	10	11	8
	2	10	8	10	9
	3	8	7	9	10
	4	9	9	8	10

续表

位置	y	x			
		1	2	3	4
断层下盘	1	3	0	2	1
	2	2	5	4	2
	3	2	7	5	3
	4	3	5	6	5

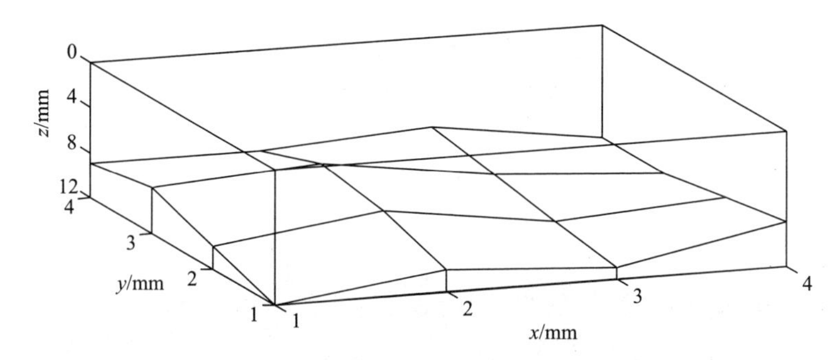

图 6-14　断层上盘结构面插值点仰视图

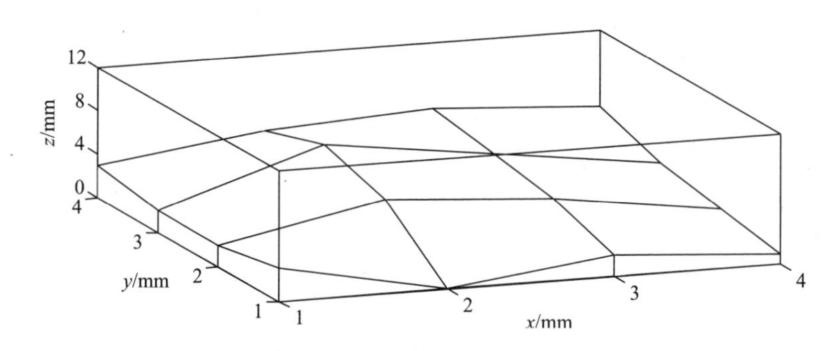

图 6-15　断层下盘结构面插值点俯视图

按分形插值原理即可确定断层上盘、下盘结构面的分形插值曲面形态，下面以断层下盘结构面为例，确定分形插值函数的纵向压缩比需要对初始的实测点构成的曲面进行最小二乘拟合，拟合函数为 $\hat{z}=a+bx+cy$ ，其中 $a=0.5625$ ，$b=1.0750$， $c=0.0750$ 。对偏差值按 6.3.2 节中所述的方法进行计算，求得离差系数 $C_v=0.7421$ ，相关系数 $R=0.6444$ ，故根据式(6-43)可知纵向压缩比为 $\alpha=0.3577$ 。

通过编写 MATLAB 程序实现式(6-42)的分形插值迭代函数，相应的曲面图形如图 6-16 所示，分形维数为 $D=2.5834$ 。

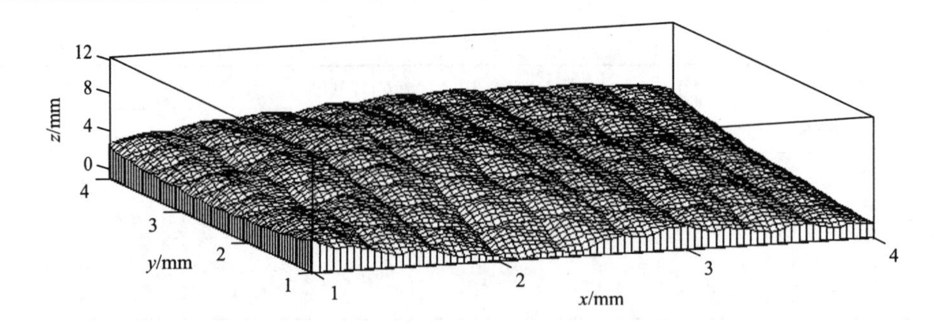

图 6-16　断层下盘结构面分形插值曲面

同样地，可以对断层上盘进行分形插值曲面的模拟，纵向压缩比为$\alpha = 0.2118$，分形曲面如图 6-17 所示，维数为$D = 2.3625$。

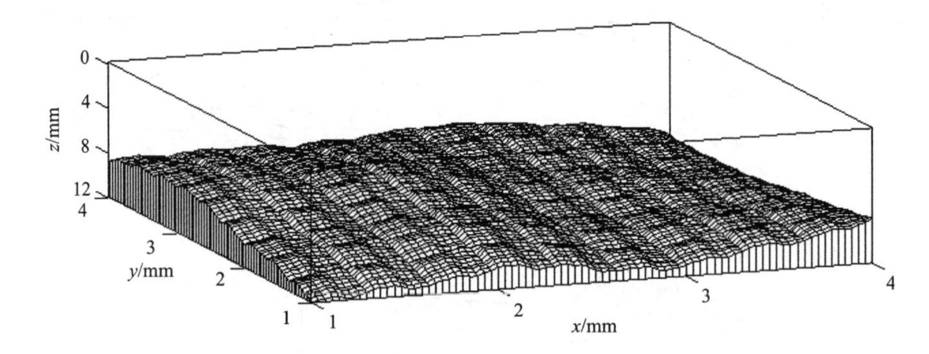

图 6-17　断层上盘结构面分形插值曲面

为模拟岩体断层的渗流特性，在模拟断层开度的分布时，取调整参数$\lambda = 1.1$，则开度分布图及其投影如图 6-18 所示。

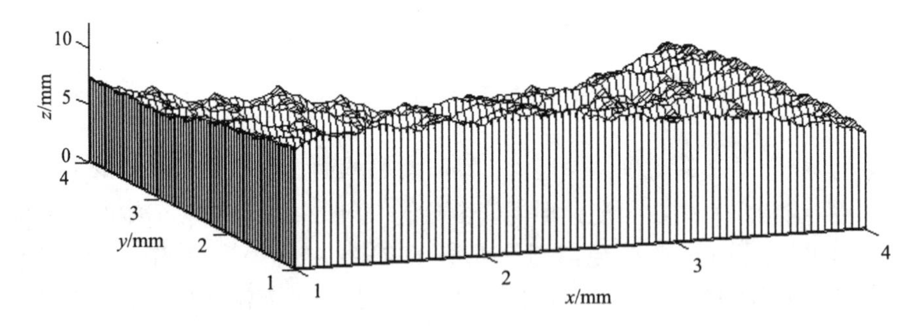

图 6-18　断层开度分布图

6.4.3.2　坝基断层结构面的渗流性态分析

计算区域大小为图 6-18 的正方形，前后为不透水边界，左右为定水头边界，分别为 1m 和 0m。区域离散为 82×82 个小正方形，每个正方形区域的渗透系数按式(6-52)计算。为了与常规断层分析方法进行比较，引入等效水力隙宽应用立方定律修正公式进行渗流场计算分析。选取 Lomize、Louis、Brown 提出的立方定律修正表达式，进行渗透系数的求解，其等效水力隙宽表达式分别为

$$\begin{cases} b_c=\sqrt[3]{\dfrac{b_{\max}^3}{\xi}} \qquad \xi=1+6\left(e/b_{\max}\right)^{1.5} \qquad (\text{Lomize}) \quad (\text{a}) \\ b_c=\sqrt[3]{\dfrac{b_{\max}^3}{\xi}} \qquad \xi=1+8.8\left(e/2b_{\max}\right)^{1.5} \qquad (\text{Louis}) \quad (\text{b}) \\ b_c=\bar{b}\sqrt{1-0.9\exp\left(-\dfrac{0.56}{C_v}\right)} \qquad (\text{Brown}) \quad (\text{c}) \end{cases} \tag{6-71}$$

式中：b_c 为等效水力隙宽，$b_{\max}$ 为结构面最大开度；e 为平均高度；$\bar{b}$ 为断层平均开度；C_v 为开度变异系数。

考虑结构面分形特性的渗透系数表达式和按式(6-71)计算的等效水力隙宽见表 6-3，表 6-3 还给出了两种方法计算的截面单宽流量。可以看出，采用式(6-71(c))得到的等效水力隙宽与考虑断层结构面分形特性的渗流量相差不大，此时的等效水力隙宽虽然不能对研究区域内的细部特征进行描述，但是当仅仅需要求解宏观渗流要素时，可以通过分形模拟结合等效水力隙宽概念进行渗流场分析；同时，不同的等效水力隙宽计算方法对计算结果有较大影响。

表 6-3　不同方法的渗透系数表达式、等效水力隙宽及截面单宽流量

方法		渗透系数表达式、等效水力隙宽/mm	截面单宽流量/(m^2/s)
分形		$k_{x,y}=\dfrac{g}{12\mu}b^2(x,y)$	0.0228
等效水力隙宽	Lomize	8.3597	0.0511
	Louis	9.2773	0.0629
	Brown	5.8846	0.0253

图 6-19 为考虑结构面分形特性的区域渗流场等势线分布图，可以看出，断层开度分布的不均匀性导致裂隙面内渗流路径比较复杂，呈现出各向异性的特征，断层内绕流和沟槽流现象明显，水体流动复杂，开度小的地方，水头阻力较大，因而等势线较密。数值分析结果表明，考虑分形特性的坝基断层渗流分析能更好

地反映断层内水体流动的细观特性，从而更客观地反映了坝基断层的渗流性态。

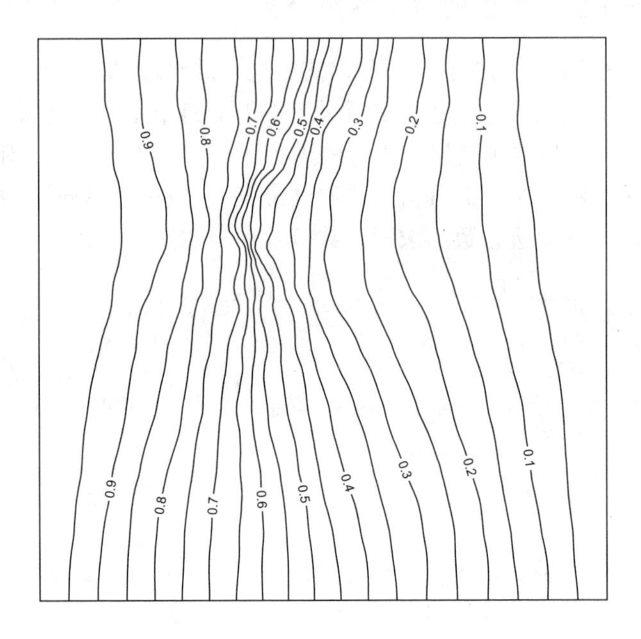

图 6-19　分形断层结构面渗流等势线图(水头差为 1m，单位：m)

6.5　坝基蠕变损伤的力学特性分析

坝基岩体的力学特性比较复杂，尤其是坝基中通常存在断层、裂隙和软弱夹层等，增加了坝基蠕变特性研究的难度[85-87]。例如陈村重力拱坝坝基地质条件复杂，尤其是大坝坝基的左侧断层、裂隙、层间错动面纵横交错，左岸坝肩岩体也较软弱，从而导致大坝向左岸的变形具有明显的时效性。又如法国的马尔帕塞拱坝，其失事的原因众说纷纭，但都指出坝址地质条件差是该坝失事的主要原因之一，该坝坝址地质，尤其是左岸坝基岩体质量很差，断裂发育，包括片理、裂隙、节理和断层等均存在，产状不规则且有夹泥，变形性和疏松性大，抗剪强度低，且该坝在失事前的几次位移测量显示大坝位移具有明显的时效性，在不利荷载的作用下，坝基断层蠕变破坏是断层产生损伤、断层的强度软化所致。

损伤力学从 20 世纪 80 年代以来，被应用于水利工程中，并且取得了一些成果。宏观损伤力学方法是按宏观唯象学方法，在介质中引入损伤变量来把细观结构演化为宏观力学问题进行研究[88-91]。介质中的“损伤”并不是一种独立的物理性质，而作为一种“劣化因素”被应用到弹性、塑性、黏弹性介质中。按材料变形的性质和状况，可将损伤分为弹性损伤、弹塑性损伤、疲劳损伤、蠕变损伤等。

细观结构的变化过程通过损伤变量的演化方程加以描述，即研究损伤演化的问题要有两组方程：应力应变本构方程和损伤演变方程。建立这些方程有两种方法，一种是用不可逆热力学原理，另一种是根据有效应力概念和应变等价性假设。Lemaitre 于 1971 年提出应变等效假设：受损材料的变形行为可以只通过有效应力来反映，即损伤材料的本构关系可以采用无损时的形式，只要将其中的应力 σ_{ij} 替换为有效应力 $\tilde{\sigma}_{ij}$。假设无损材料的本构关系为 $\sigma_{ij}=Q(\varepsilon_{ij})$，则损伤材料的本构关系为 $\tilde{\sigma}_{ij}=Q(\varepsilon_{ij})$。例如损伤材料的一维线弹性关系为

$$\varepsilon=\frac{\tilde{\sigma}}{E}=\frac{\sigma}{(1-D)E}=\frac{\sigma}{\tilde{E}} \tag{6-72}$$

式中：E 为无损时的弹性模量；D 为损伤变量；$\tilde{E}$ 为损伤材料的弹性模量。

下面应用宏观损伤力学方法，研究建立断层带、断层面和坝基等效连续介质岩体的蠕变模型。

6.5.1　断层带蠕变损伤模型

不同断层的性质差异较大，这里断层主要是指结构面，按其组成成分可分为有充填结构面和无充填结构面，有充填结构面包括硬岩层之间的相对厚度较小的软岩层，充填也有厚薄之分，根据充填物质的不同又可以细分；而无充填结构面又可以根据结构面上盘、下盘的几何形状和粗糙度进行细分。断层的厚度较大时，其力学性质主要受充填物的力学性质控制，法向变形较大；而断层的厚度很小时，其力学性质主要受结构面上下盘几何形状和粗糙度等控制，法向变形很小。因此，将法向变形很小、法向蠕变可以不计的断层视为无厚度断层，而将需要考虑法向蠕变的断层视为有厚度断层，如具有一定厚度的断层带。下面视断层法向不能受拉，研究断层带法向压缩和剪切蠕变特性，建立断层带蠕变损伤分析模型。

6.5.1.1　有厚度断层蠕变模型

断层带（图 6-20）的力学特性主要受断层软弱岩体性质控制，例如胶结较好的断层岩与断层泥的力学性质明显不同，但是它们都具有软弱岩体的共性：较大的流变性。根据实测资料和试验资料，软弱岩体的蠕变特性曲线见图 6-21，在一定应力作用下，首先产生瞬时弹性变形（OA），然后产生过渡蠕变（AB）、等速蠕变（BC）和加速蠕变（CD），其中过渡蠕变为 $\mathrm{d}^2\delta/\mathrm{d}t^2<0$，等速蠕变为 $\mathrm{d}^2\delta/\mathrm{d}t^2=0$，加速蠕变为 $\mathrm{d}^2\delta/\mathrm{d}t^2>0$。软弱岩体蠕变破坏本质是剪切或压剪破坏，故建立断层带法向和切向的蠕变模型。

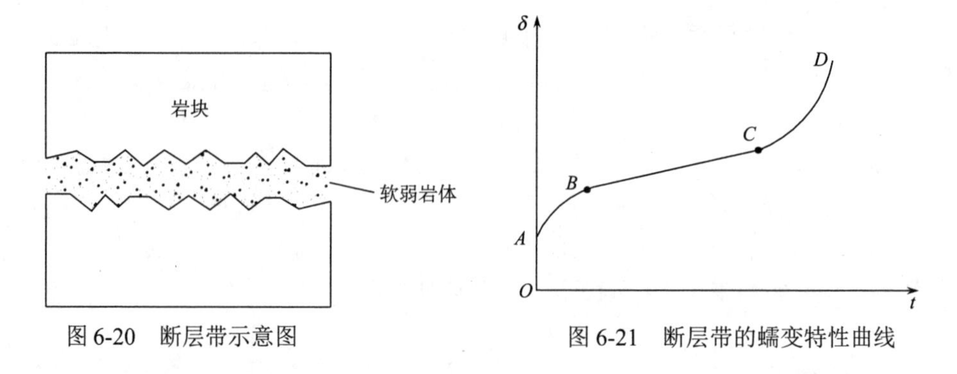

图 6-20　断层带示意图　　　　图 6-21　断层带的蠕变特性曲线

1. 法向压缩蠕变模型

1) 法向压缩的黏弹性蠕变特性

断层中存在较多的孔隙，其法向压缩的黏弹性蠕变特性不同于一般的岩体蠕变，在法向力的作用下可产生显著的压实。在一定压应力作用下，其黏弹性蠕变变形的过程为：首先产生瞬时变形，然后呈现蠕变速率减小的蠕变变形，最后变形趋于一稳定值。若在加载一段时间后卸载，已经产生的法向压缩变形大部分无法恢复。

2) 法向压缩黏弹性蠕变模型的建立

由上面对断层带法向压缩的黏弹性蠕变特性的分析可知，法向压缩的黏弹性蠕变模型中应该包括弹性体以反映瞬时变形、Kelvin 体以反映衰减蠕变和卸载后变形的滞后恢复。此外，由于法向压缩变形大部分无法恢复，模型中应该包括黏滞体以反映不可恢复的蠕变变形，但是这个黏滞体必须能够反映应变硬化和衰减蠕变的特性，故采用黏滞系数为时间函数的非线性黏滞体。

$$\eta_M(t) = \eta_0 e^{At} \tag{6-73}$$

式中：η_0 为 $t=0$ 时黏滞体的黏滞系数；A 为与材料流变特性相关的常数。$\eta_M(t)$ 随着受荷时间的增加而增大。

弹性体的应力与应变关系符合胡克定律，即

$$\sigma = E\varepsilon \tag{6-74}$$

至于黏滞体，其性质符合牛顿定律，即应力与应变速率之间成正比关系

$$\sigma = \eta\dot{\varepsilon} \tag{6-75}$$

式中：η 为黏滞系数。非线性黏滞体的黏性系数随时间而改变。

Kelvin 体由一个弹性体和一个黏滞体并联组成，弹性体和黏滞体的应变都等于总应变，而模型的总应力为两个元件应力之和，即

$$\sigma = E\varepsilon + \eta\dot{\varepsilon} \tag{6-76}$$

在恒定应力 σ 作用下，由式(6-76)解得

$$\varepsilon(t) = C\mathrm{e}^{-t/\tau_d} + \sigma/E \tag{6-77}$$

式中：$\tau_d = \eta/E$。

由于 $\varepsilon(0)=0$，可以求得常数 $C=-\sigma/E$，因此 Kelvin 模型的蠕变表达式为

$$\varepsilon(t) = \frac{\sigma}{E}\left(1-\mathrm{e}^{-t/\tau_d}\right) \tag{6-78}$$

在一定应力作用下，模型的应变随着时间的增加而增加，当 $t\to\infty$ 时，$\varepsilon\to\sigma/E$。当应力 σ 作用时间 t_1 后卸载，有

$$\begin{cases}\eta\dot{\varepsilon}+E\varepsilon=0, & t\geqslant t_1\\ \varepsilon\big|_{t=t_1}=\varepsilon(t_1)\end{cases} \tag{6-79}$$

由上式可以解得恢复过程的应变-时间关系

$$\varepsilon(t) = \frac{\sigma}{E}(\mathrm{e}^{-t_1/\tau_d}-1)\mathrm{e}^{-t/\tau_d} \tag{6-80}$$

当 $t\to\infty$ 时有 $\varepsilon\to 0$，即 Kelvin 模型具有滞弹性恢复特征。

各元件串联即组成断层带法向压缩的黏弹性蠕变模型，如图 6-22 所示。

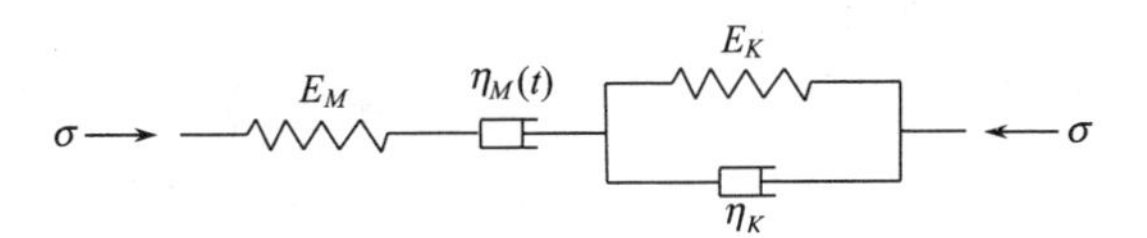

图 6-22　断层带法向压缩蠕变模型

由此可以得出

$$\varepsilon=\varepsilon_{E_M}+\varepsilon_{\eta_M}+\varepsilon_K；\quad \varepsilon_{E_M}=\frac{\sigma}{E_M}；\quad \dot{\varepsilon}_{\eta_M}=\frac{\sigma}{\eta_M(t)}；\quad \sigma=E_K\varepsilon_K+\eta_K\dot{\varepsilon}_K \tag{6-81}$$

对式(6-81)进行如下计算及整理消除 ε_{E_M}、ε_{η_M}、ε_K，得到断层带法向压缩的黏弹性蠕变的本构方程

$$\begin{aligned}
E_K\dot{\varepsilon}+\eta_K\ddot{\varepsilon} &= E_K\left(\dot{\varepsilon}_{E_M}+\dot{\varepsilon}_{\eta_M}+\dot{\varepsilon}_K\right)+\eta_K\left(\ddot{\varepsilon}_{E_M}+\ddot{\varepsilon}_{\eta_M}+\ddot{\varepsilon}_K\right)\\
&= E_K\left(\frac{\dot{\sigma}}{E_M}+\frac{\sigma}{\eta_M(t)}\right)+\eta_K\left(\frac{\ddot{\sigma}}{E_M}+\frac{\dot{\sigma}}{\eta_M(t)}-\frac{\sigma\dot{\eta}_M(t)}{\eta_M^2(t)}\right)+\left(E_K\dot{\varepsilon}_K+\eta_K\ddot{\varepsilon}_K\right)\\
&= E_K\left(\frac{\dot{\sigma}}{E_M}+\frac{\sigma}{\eta_M(t)}\right)+\eta_K\left(\frac{\ddot{\sigma}}{E_M}+\frac{\dot{\sigma}}{\eta_M(t)}-\frac{\sigma\dot{\eta}_M(t)}{\eta_M^2(t)}\right)+\dot{\sigma}\\
&= \left(\frac{E_K}{\eta_M(t)}-\frac{\dot{\eta}_M(t)\eta_K}{\eta_M^2(t)}\right)\sigma+\left(\frac{E_K}{E_M}+\frac{\eta_K}{\eta_M(t)}+1\right)\dot{\sigma}+\frac{\eta_K}{E_M}\ddot{\sigma}
\end{aligned} \tag{6-82}$$

在恒定荷载的作用下，$\dot{\sigma}=\ddot{\sigma}=0$，将式(6-73)代入式(6-82)并整理可以得

出

$$E_K\dot{\varepsilon}+\eta_K\ddot{\varepsilon}=\frac{1}{\eta_0 e^{At}}\left(E_K-A\eta_K\right)\sigma \tag{6-83}$$

式中：$\eta_M(t)=\eta_0 e^{At}$ 是时间的增函数，所以 $\dot{\varepsilon}+\frac{\eta_K}{E_K}\ddot{\varepsilon}$ 是随着时间递减的，反映了断层法向压缩黏弹性蠕变最后趋于稳定的规律，并且可以得出在恒定应力下的应变表达式

$$\varepsilon(t)=\frac{\sigma}{E_K}\left(1-e^{\frac{E_K}{\eta_K}t}\right)+\frac{\sigma}{E_M}+\int_{t=0}^{t}\frac{\sigma}{\eta_M(t)}dt \tag{6-84}$$

在保持压缩变形不变的情况下，$\dot{\varepsilon}=\ddot{\varepsilon}=0$，即得应力松弛方程为

$$\frac{1}{\eta_0 e^{At}}\left(E_K-A\eta_K\right)\sigma+\left(\frac{E_K}{E_M}+\frac{\eta_K}{\eta_0 e^{At}}+1\right)\dot{\sigma}+\frac{\eta_K}{E_M}\ddot{\sigma}=0 \tag{6-85}$$

2. 切向剪切蠕变模型

1) 断层带的剪切蠕变特性

断层带的剪切蠕变特性与结构面充填物质的蠕变特性密切相关，同时与结构面的粗糙度等相关，其结构面剪切蠕变有别于一般连续介质。

(1) 不同剪应力作用下，剪切蠕变变形过程不同。当应力水平较低时，蠕变经历第Ⅰ、Ⅱ阶段(应变速率很低)后，变形即转而趋于稳定，可得到固定的渐近值(蠕变限界)；应力水平较高时，蠕变从第Ⅰ阶段过渡到第Ⅱ阶段，经过一段时间的常应变速率阶段Ⅱ，然后进入第Ⅲ阶段，蠕变速率急剧增大、剪切滑动破坏；而应力水平很高时，第Ⅱ阶段的时间就很短，由第Ⅰ阶段在短时间内过渡到第Ⅲ阶段。

(2) 当剪应力小于断层带的长期强度时，剪切变形最后趋于稳定；而当剪应力超过长期强度时，断层带最后剪切滑移破坏。

(3) 卸载后已发展的剪切变形基本上不随时间减小，即没有明显的滞后恢复。由于在蠕变发展的同时，软岩体物质产生相对滑移和错位，因此，在卸荷后，除极少量的瞬时回弹外，已经产生了的剪切变形均呈塑性性态。

2) 切向剪切蠕变模型的建立

由以上有厚度断层的剪切蠕变特性分析，蠕变模型应该要能够反映瞬时弹性变形、应力水平较低时蠕变趋于稳定的变形、常应变速率蠕变变形和加速蠕变变形破坏。因此，蠕变模型中应该包括弹性体模拟瞬时弹性变形、Kelvin 体模拟衰减的蠕变变形、线性黏滞体模拟常应变速率蠕变、塑性体模拟塑性屈服及模拟进入塑性后加速蠕变的非线性黏滞体。由此建立断层带剪切蠕变模型，如图 6-23 所示。

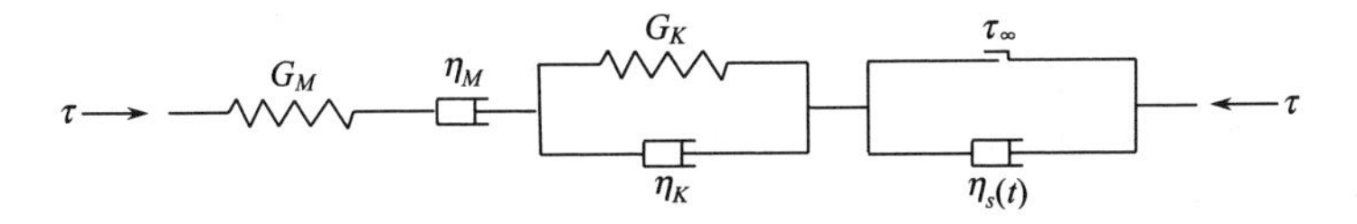

图 6-23　断层带剪切蠕变模型

当剪应力超过长期强度τ_∞时，有厚度断层发生屈服。为了反映屈服以后的随时间的加速蠕变特性，非线性黏滞体的黏滞系数应随荷载作用时间的增加而减小，采用下式来表示：

$$\eta_s(t)=\frac{\eta_0}{At^2+Bt+C} \tag{6-86}$$

式中：A、B、C 为与材料相关的常数。

由上述分析，可以得到断层带的剪切蠕变本构方程。

(1) $\tau \leqslant \tau_\infty$时，$\tau=\tau_0$为常数时，剪切蠕变方程为

$$\gamma(t)=\frac{\tau_0}{G_M}+\frac{\tau_0}{\eta_M}t+\frac{\tau_0}{G_K}\left(1-\mathrm{e}^{-\frac{G_K}{\eta_K}t}\right) \tag{6-87}$$

式中：第一项表示瞬时弹性变形，第二项为常应变速率的不可恢复蠕变变形，第三项为衰减蠕变变形，能够基本上反映断层剪切蠕变曲线的特性。

(2) $\tau=\tau_0>\tau_\infty$时，剪切蠕变方程为

$$\gamma(t)=\frac{\tau_0}{G_M}+\frac{\tau_0}{\eta_M}t+\frac{\tau_0}{G_K}\left(1-\mathrm{e}^{-\frac{G_K}{\eta_K}t}\right)+\frac{\tau_0-\tau_\infty}{\eta_s(t)}t \tag{6-88}$$

这时变形主要是由第一项变形和第四项的加速蠕变变形组成，而第二项和第三项较小；$\dfrac{\tau_0-\tau_\infty}{\eta_s(t)}$随着剪应力的增大而增大，随荷载作用时间的增加而增大，蠕变模型能够反映断层屈服后随剪应力和作用时间增加的加速蠕变破坏特征。

6.5.1.2　断层带的损伤蠕变模型

在持续荷载作用下，断层变形随着时间的增加而增长，在荷载较大时，断层会产生蠕变破坏，所以可以认为蠕变的过程也是损伤逐步积累的过程，当损伤累积到一定程度时断层破坏。因为在剪切荷载较小时，断层蠕变变形最后趋于稳定，所以可假定在黏弹性阶段，断层不会产生损伤，只有断层进入塑性阶段时才产生损伤。有学者在研究节理的弹塑性损伤本构关系时也指出，坝基断层的塑性和损伤的微观机制都是节理充填物质和节理两侧物质发生微破裂，塑性是这些微破裂在宏观上变形的不可逆性的表征。损伤的宏观表征是刚度劣化和强度弱化，蠕变损伤会导致刚度劣化和强度弱化，故断层损伤蠕变模型应包括断层的应力应变本

构方程和损伤演变方程，即损伤演变方程的建立需引入损伤函数。考虑损伤演变时断层的刚度和屈服强度也会发生变化，下面首先建立断层的损伤函数和考虑损伤演化的屈服函数。

1）断层蠕变损伤函数的建立

为了描述细观结构的变化过程，需要建立损伤变量的演变方程。由于黏塑性蠕变位移增大的过程也是损伤积累的过程，即蠕变和损伤同时发生，根据损伤的热力学第二定律，损伤是损伤耗散势的函数，引入如下函数：

$$\boldsymbol{D} = \boldsymbol{I} - \exp\left[-B\left|\boldsymbol{Y} - \boldsymbol{Y}_0\right|^{1/n}\right] \tag{6-89}$$

式中：$\boldsymbol{I}$ 为单位矩阵；B、n 分别为材料常数；$\boldsymbol{Y}_0$ 为损伤初始耗散能；$\boldsymbol{Y}$ 为发生蠕变损伤后的总耗散能。

将结构面的弹塑性切向损伤定义如下：

$$D_\tau = 1 - \exp(-\kappa\zeta_D^R) \tag{6-90}$$

式中：κ、R 分别为材料常数；ζ_D 为塑性剪切位移。

类似地，法向损伤定义为

$$D_v = 1 - \exp(-\kappa_s\zeta_D^{R_s}) \tag{6-91}$$

式中：κ_s、R_s 分别为材料常数。

假定完全损伤状态下的剪应力为 τ^c，法向的剪位移为 v^c，则有

$$\tau^a = D_\tau\tau^c + (1 - D_\tau)\tau^i \tag{6-92}$$

$$v^a = v^e + D_v v^c \tag{6-93}$$

式中：τ^a、v^a 分别为实测的剪应力和法向位移；τ^i 为不考虑损伤的剪应力。

由式(6-92)和式(6-93)就可以建立断层的弹塑性损伤本构方程。

结构面的损伤通常认为与黏塑性位移同时发生，故可认为损伤耗散能与结构面塑性功积累之间存在函数关系。式(6-90)和式(6-91)视损伤耗散能与切向塑性位移之间存在函数关系，结构面的蠕变损伤耗散能与黏塑性位移之间也存在函数关系，并认为与法向位移无关。

设蠕变损伤耗散能可表示为 $\boldsymbol{Y} = a'(\omega^{\mathrm{vp}})^{b'}$，$\omega^{\mathrm{vp}} = \int(\mathrm{d}u'^{\mathrm{vp}}\mathrm{d}u'^{\mathrm{vp}} + \mathrm{d}v'^{\mathrm{vp}}\mathrm{d}v'^{\mathrm{vp}})^{1/2}$，其中 $\mathrm{d}u'^{\mathrm{vp}}$ 和 $\mathrm{d}v'^{\mathrm{vp}}$ 是局部坐标轴 x' 和 y' 两个方向的黏塑性位移增量，假定损伤在切向是各向同性的，且无初始损伤，则对于有厚度断层切向蠕变损伤可以定义为

$$D_\tau = 1 - \exp\left(-a\left|\omega^{\mathrm{vp}}\right|^b\right) \tag{6-94}$$

式中：a、b 分别为结构面的材料常数。

法向的损伤演化方程为

$$D_v = 1 - \exp\left(-c\left|\omega^{\text{vp}}\right|^d\right) \tag{6-95}$$

式中：c、d 分别为结构面的材料常数。

当断层的黏塑性位移为 0，即断层处于黏弹性状态时，由式(6-94)和式(6-95)可知断层切向和法向的损伤度都为 0；当断层的黏塑性位移量达到一定的程度时，切向和法向的损伤度都趋于 1，即断层完全破坏。

2) 断层损伤蠕变的屈服函数

断层的剪切蠕变屈服函数需要考虑断层损伤度的影响。根据大量的结构面剪切的试验资料可知：结构面剪切破坏后，结构面的摩擦系数变化较小，一般为未破坏前的0.95～1；而结构面的凝聚力基本消失，破坏后一般为破坏前的0.1～0.2。给出如下形式的断层损伤蠕变屈服函数：

$$f = \tau + \mu\sigma_n - \alpha c \tag{6-96}$$

式中：μ 为摩擦系数；σ_n 为结构面的法向正应力(以拉为正、以压为负)；c 为凝聚力；α 是损伤的函数，定义为

$$\alpha = 1 - D_\tau \tag{6-97}$$

当断层处于无损状态时，$D_\tau = 0$，$\alpha = 1$，则

$$f = \tau + \mu\sigma_n - c \tag{6-98}$$

即为通常的 Mohr-Coulomb 屈服准则。

随着断层塑性蠕变的增加，D_τ 逐渐增大，α 逐渐减小，当断层完全破坏时，$\alpha = 0$，此时屈服函数变为

$$f = \tau + \mu\sigma_n \tag{6-99}$$

这里要指出的是，建立损伤函数时，假定切向蠕变损伤是各向同性的，故三向应力作用下断层带损伤蠕变屈服函数表示为

$$f = \left(\tau_{x'}^2 + \tau_{y'}^2\right)^{\frac{1}{2}} + \mu\sigma_{z'} - \alpha c \tag{6-100}$$

式中：$\tau_{x'}$、$\tau_{y'}$ 分别为与断层平行 x'、y' 轴方向的剪应力；$\sigma_{z'}$ 为与断层垂直 z' 轴方向的正应力；其他符号意义同前。

式(6-100)考虑了损伤的影响，也就是考虑了断层的应力历史，反映了断层的剪切屈服强度随着损伤度的增大而降低。

3) 断层损伤蠕变模型

在荷载作用下，断层切向和法向的变形特性是完全不同的，需要分别建立断层损伤蠕变的切向和法向模型。

不考虑损伤的黏弹塑性本构方程为

$$\dot{\sigma}_{ij} = D_{ijkl}^{0}\left(\dot{\varepsilon}_{kl} - \dot{\varepsilon}_{kl}^{vp}\right) \tag{6-101}$$

式中：D_{ijkl}^{0}为无损材料的刚度张量；$\dot{\sigma}_{ij}$为表观应力张量率；$\dot{\varepsilon}_{kl}$为总应变率；$\dot{\varepsilon}_{kl}^{vp}$为黏性应变率。

根据等效应变假设，只需将式(6-101)中的表观应力项改为有效应力，即可得材料的黏弹塑性损伤本构方程

$$\dot{\sigma}_{ij}^{*} = D_{ijkl}^{0}\left(\dot{\varepsilon}_{kl} - \dot{\varepsilon}_{kl}^{vp}\right) \tag{6-102}$$

式中：黏性应变率$\dot{\varepsilon}_{kl}^{vp}$根据具体的材料蠕变本构计算。

设无损断层在正应力σ_n作用下切向弹性刚度系数为$k_{x'}^{i} = k_{y'}^{i} = k_{s}^{i}$，完全损伤状态下$k_{s}^{c}$，则在损伤的演变过程中，断层的切向弹性刚度系数为

$$k_s = D_\tau k_s^c + \left(1 - D_\tau\right) k_s^i \tag{6-103}$$

由式(6-102)有

$$\dot{\varepsilon}_{ij}^{e} = \dot{\varepsilon}_{ij} - \dot{\varepsilon}_{ij}^{v} = C_{ijkl}^{0}\dot{\sigma}_{kl}^{*} \tag{6-104}$$

式中：C_{ijkl}^{0}为无损材料的柔度张量。

将式(6-104)中无损材料的柔度张量替换为损伤材料的柔度张量C_{ijkl}^{0-d}，有效应力替换为表观应力σ_{kl}，则有

$$\dot{\varepsilon}_{ij}^{e} = C_{ijkl}^{0-d}\dot{\sigma}_{kl} + \dot{C}_{ijkl}^{0-d}\sigma_{kl} \tag{6-105}$$

由此可以得出剪切蠕变损伤断层的弹性应变率

$$\dot{\gamma}_{j}^{e} = \frac{1}{k_s}\dot{\tau}_j - \frac{1}{k_s^2}\dot{k}_s\tau_j = \frac{1}{k_s}\dot{\tau}_j + \frac{1}{k_s^2}\left(k_s^i - k_s^c\right)\dot{D}_\tau\tau_j \tag{6-106}$$

式中：j为x'或y'。

以图 6-23 所示的模型来推导结构面切向损伤蠕变方程，采用 Kelvin 模型来模拟损伤蠕变的黏弹性变形，由等效应变假设得出黏弹性应变率为

$$\dot{\gamma}_{j}^{ve} = \frac{\tilde{\tau}_j}{\eta_k}\exp\left(-\frac{k_k}{\eta_k}t\right) \tag{6-107}$$

式中：$\tilde{\tau}_j$为有效剪应力，$\tilde{\tau}_j = \dfrac{k_s}{k_s^i}\tau_j = \left(1 - D_\tau + \dfrac{k_s}{k_s^i}D_\tau\right)\tau_j$。

黏弹性应变可由下式求得

$$\gamma_{j,t+\Delta t}^{ve} = \gamma_{j,t}^{ve}\exp\left(-\frac{k_k}{\eta_k}\Delta t\right) + \frac{\tilde{\tau}_j}{k_k}\left[1 - \exp\left(-\frac{k_k}{\eta_k}\Delta t\right)\right] \tag{6-108}$$

当结构面进入屈服时，式(6-100)中$f \geqslant 0$，需要引入塑性势函数Q，塑性势函数具有如下形式：

$$Q = Q\left(\{\sigma\},\{\dot{\varepsilon}^{\text{vp}}\}\right) \tag{6-109}$$

黏塑性流动法则为

$$\dot{\gamma}_j^{\text{vp}} = \gamma\langle f\rangle\frac{\partial Q}{\partial \tau_j} \tag{6-110}$$

式中：γ 为流性系数；$\langle f\rangle = \begin{cases} f, & f>0 \\ 0, & f\leqslant 0 \end{cases}$。

采用图 6-23 所示的模型时，$\gamma = 1/\eta_s$，η_s 为蠕变屈服后的黏滞系数，采用关联流动法则，则有

$$\begin{aligned}\dot{\gamma}_j^{\text{vp}} &= \gamma\langle f\rangle\frac{\partial Q}{\partial \tau_j} \\ &= \frac{1}{\eta_s}\langle f\rangle\frac{\partial f}{\partial \tau_j} = \frac{1}{\eta_s}\langle f\rangle\frac{\tau_j}{\sqrt{\tau_{x'}^2+\tau_{y'}^2}}\end{aligned} \tag{6-111}$$

当 $\tau_{x'}$、$\tau_{y'}$、$\sigma_{z'}$ 为常数，且 $f = (\tau_{x'}^2+\tau_{y'}^2)^{\frac{1}{2}} + \mu\sigma_{z'} - (1-D_\tau)c > 0$ 时，随着损伤度的增加，f 增大，$\dot{\gamma}^{\text{vp}}$ 也随着增大，反映了蠕变加速的过程。

由上述推导可以得出断层带的切向损伤蠕变本构方程

$$\begin{aligned}\dot{\gamma}_j &= \dot{\gamma}_j^{\text{e}} + \dot{\gamma}_j^{\text{v}} + \dot{\gamma}_j^{\text{ve}} + \dot{\gamma}_j^{\text{vp}} = \frac{1}{k_s}\dot{\tau}_j + \frac{1}{k_s^2}\left(k_s^i - k_s^c\right)\dot{D}_\tau\tau_j + \frac{\left(1-D_\tau+\dfrac{k_s}{k_s^i}D_\tau\right)\tau_j}{\eta_M} \\ &\quad + \frac{\left(1-D_\tau+\dfrac{k_s}{k_s^i}D_\tau\right)\tau_j}{\eta_k}\exp\left(-\frac{k_k}{\eta_k}t\right) + \frac{1}{\eta_s}\langle f\rangle\frac{\tau_j}{\sqrt{\tau_{x'}^2+\tau_{y'}^2}}\end{aligned} \tag{6-112}$$

以上推导了断层的切向损伤蠕变本构方程，下面推导断层的法向损伤蠕变本构方程。断层带法向压缩蠕变一般呈现衰减蠕变的特性，根据图 6-22 所示的模型模拟蠕变的衰减特性，断层法向的变形(位移)可以表示为

$$\varepsilon_{z'} = \varepsilon_{z'}^{\text{e}} + \varepsilon_{z'}^{\text{ve}} + D_v\varepsilon_{z'}^{\text{c}} \tag{6-113}$$

其中黏性变形可以表示为

$$\varepsilon_{z'}^{\text{ve}} = \frac{\sigma_{z'}}{k_{2,n}}\left(1-\mathrm{e}^{-\frac{k_{2,n}}{\eta_n}t}\right) + \int_{t=0}^{t}\frac{\sigma_{z'}}{\eta_M(t)}\mathrm{d}t \tag{6-114}$$

因此，断层带法向压缩蠕变损伤本构方程为

$$\varepsilon_{z'} = \frac{\sigma_{z'}}{k_n} + \frac{\sigma_{z'}}{k_{2,n}}\left(1-\mathrm{e}^{-\frac{k_{2,n}}{\eta_n}t}\right) + \int_{t=0}^{t}\frac{\sigma_{z'}}{\eta_M(t)}\mathrm{d}t + D_v\varepsilon_{z'}^0\exp(-k\sigma_{z'}) \tag{6-115}$$

6.5.1.3 断层带蠕变模拟方法

在数值模拟中，对于有厚度断层带，必须考虑夹层中面切线方向的两个正应力，下面在常规夹层单元的基础上，研究断层带蠕变模拟计算方法。

软弱夹层(尤其是软岩夹层)垂直各向同性面方向压缩和平行各向同性面方向剪切的蠕变特性完全不同的，压缩蠕变通常最后趋于稳定，而剪切蠕变在剪应力较大时，会发生剪切破坏。将软弱夹层视为横观各向同性体，并考虑两种蠕变特性，压缩蠕变采用图 6-22 表示的模型，而剪切蠕变采用图 6-23 表示的模型。

1)夹层单元应变增量与位移增量的关系

采用图 6-24 所示的单元来模拟夹层的蠕变。在夹层平面内，每边用三个节点，用二次插值函数，在夹层厚度方向，每边用两个节点，用一次插值函数。夹层的厚度可以任意。设整体坐标系 (x_i, y_i, z_i) 中各节点在 Δt 时间内的位移增量为 $\{\Delta\delta\}$，则单元内任一点的位移增量为

$$\Delta u = \sum_{i=1}^{16} N_i \Delta u_i \text{，}\quad \Delta v = \sum_{i=1}^{16} N_i \Delta v_i \text{，}\quad \Delta w = \sum_{i=1}^{16} N_i \Delta w_i \tag{6-116}$$

式中：角点，$N_i = \frac{1}{4}(1+\xi_0)(1+\eta_0)(1+\zeta_0)(\xi_0+\eta_0-1)$；中点，$N_i = \frac{1}{2}(1-\xi^2)(1+\eta_0)(1+\zeta_0)(i=2,6,10,14)$；$N_i = \frac{1}{2}(1-\eta^2)(1+\xi_0)(1+\zeta_0)(i=4,8,12,16)$；$\xi_0 = \xi_i\xi$，$\eta_0 = \eta_i\eta$，$\zeta_0 = \zeta_i\zeta$。

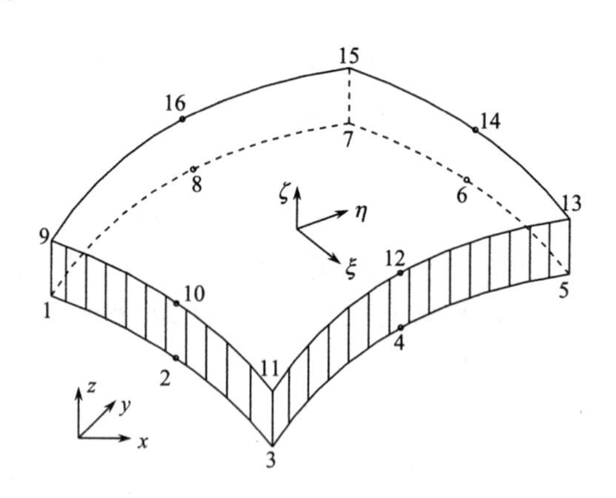

图 6-24 三维夹层单元

设局部坐标系与整体坐标系之间的转换矩阵为 $[T]$，则有

$$\begin{bmatrix} \frac{\partial \Delta u'}{\partial x'} & \frac{\partial \Delta v'}{\partial x'} & \frac{\partial \Delta w'}{\partial x'} \\ \frac{\partial \Delta u'}{\partial y'} & \frac{\partial \Delta v'}{\partial y'} & \frac{\partial \Delta w'}{\partial y'} \\ \frac{\partial \Delta u'}{\partial z'} & \frac{\partial \Delta v'}{\partial z'} & \frac{\partial \Delta w'}{\partial z'} \end{bmatrix} = [T]^{-\mathrm{T}} \begin{bmatrix} \frac{\partial \Delta u}{\partial x} & \frac{\partial \Delta v}{\partial x} & \frac{\partial \Delta w}{\partial x} \\ \frac{\partial \Delta u}{\partial y} & \frac{\partial \Delta v}{\partial y} & \frac{\partial \Delta w}{\partial y} \\ \frac{\partial \Delta u}{\partial z} & \frac{\partial \Delta v}{\partial z} & \frac{\partial \Delta w}{\partial z} \end{bmatrix} [T] \tag{6-117}$$

由此可得出 Δt 时间内的总应变增量为

$$\Delta \varepsilon = \begin{bmatrix} \Delta \varepsilon_{x'} & \Delta \varepsilon_{y'} & \Delta \varepsilon_{z'} & \Delta \gamma_{x'y'} & \Delta \gamma_{y'z'} & \Delta \gamma_{z'x'} \end{bmatrix} = [B']\{\Delta \delta\} \tag{6-118}$$

2) 横观各向同性夹层的弹性柔度矩阵

将夹层中面的法线作为坐标的 z' 轴，x' 轴和 y' 轴在夹层中面的切平面内，局部坐标系 (x', y', z') 中，对于横观各向同性的夹层，弹性柔度矩阵为

$$[C'] = \begin{bmatrix} \frac{1}{E_{M,1}} & -\frac{\mu_1}{E_{M,1}} & -\frac{\mu_2}{E_{M,2}} & & & \\ -\frac{\mu_1}{E_{M,1}} & \frac{1}{E_{M,1}} & -\frac{\mu_2}{E_{M,2}} & & & \\ -\frac{\mu_2}{E_{M,2}} & -\frac{\mu_2}{E_{M,2}} & \frac{1}{E_{M,1}} & & & \\ & & & \frac{1}{G_1} & & \\ & & & & \frac{1}{G_2} & \\ & & & & & \frac{1}{G_2} \end{bmatrix} \tag{6-119}$$

3) 断层带蠕变模拟方法

计算短时间 Δt 内的蠕变时可以认为应力 σ 不变，并且认为黏性变形的泊松比不随时间而改变，并等于瞬时弹性变形的泊松比。由 Kelvin 体应变的递推式，可以推出 $t+\Delta t$ 时刻 x'、y'、z' 方向正应变 Kelvin 体的黏弹性应变为

$$\varepsilon_{vkx',t+\Delta t} = \varepsilon_{vkx',t} \exp\left(-\frac{E_{K,1}}{\eta_{K,1}}\Delta t\right) + \left(\frac{\sigma_{x'}}{E_{M,1}} - \mu_1 \frac{\sigma_{y'}}{E_{M,1}} - \mu_2 \frac{\sigma_{z'}}{E_{M,2}}\right)\left(1 - \exp\left(-\frac{E_{K,1}}{\eta_{K,1}}\Delta t\right)\right) \tag{6-120}$$

$$\varepsilon_{vky',t+\Delta t} = \varepsilon_{vky',t} \exp\left(-\frac{E_{K,1}}{\eta_{K,1}}\Delta t\right) + \left(-\mu_1 \frac{\sigma_{x'}}{E_{M,1}} + \frac{\sigma_{y'}}{E_{M,1}} - \mu_2 \frac{\sigma_{z'}}{E_{M,2}}\right)\left(1 - \exp\left(-\frac{E_{K,1}}{\eta_{K,1}}\Delta t\right)\right) \tag{6-121}$$

$$\varepsilon_{vkz',t+\Delta t}=\varepsilon_{vkz',t}\exp\left(-\frac{E_{K,2}}{\eta_{K,2}}\Delta t\right)+\left(-\mu_2\frac{\sigma_{x'}}{E_{M,2}}-\mu_2\frac{\sigma_{y'}}{E_{M,2}}+\frac{\sigma_{z'}}{E_{M,2}}\right)\left(1-\exp\left(-\frac{E_{K,2}}{\eta_{K,2}}\Delta t\right)\right) \tag{6-122}$$

则 x'、y'、z' 方向正应变总的黏性应变增量为

$$\Delta\varepsilon_{vi,t}=\Delta\varepsilon_{vki,t}+\Delta\varepsilon_{vMi,t}=\varepsilon_{vki,t+\Delta t}-\varepsilon_{vki,t}+\frac{\sigma_i}{\eta_{Mi}(t)}\Delta t \tag{6-123}$$

式中：i 分别为 x'、y'、z'；$\eta_{Mx'}=\eta_{My'}$。

根据本构方程

$$\varepsilon(t)=J(0)\sigma(t)+\int_0^t\sigma(\zeta)\frac{\mathrm{d}J(t-\zeta)}{\mathrm{d}(t-\zeta)}\mathrm{d}\zeta \tag{6-124}$$

式中：J 为蠕变柔量。

可以得出在连续剪应力 $\tau(t)$ 作用下，具有图 6-24 所示剪切蠕变特性的地质缺陷的剪切变形为

$$\gamma(t)=\frac{\tau(t)}{G_M}+\int_0^t\frac{\tau(\xi)}{\eta_M}\mathrm{d}\xi+\int_0^t\frac{\tau(\xi)}{\eta_K}\mathrm{e}^{-\frac{G_K}{\eta_K}(t-\xi)}\mathrm{d}\xi+\int_0^t\frac{\tau(\xi)-\tau_\infty}{\eta_s(\xi)}\langle\tau(\xi)-\tau_\infty\rangle_+\mathrm{d}\xi \tag{6-125}$$

由式(6-125)可以得出局部坐标下三个黏塑性剪应增量：

$$\Delta\gamma_{\mathrm{vp},x'y'}=\frac{\tau_{x'y'}}{\eta_{M,x'y'}}\Delta t+\gamma_{x'y'\mathrm{vk},t}+\Delta t\frac{\tau_{x'y'}-\tau_{\infty,x'y'}}{\eta_{s,x'y'}(t)}\langle\tau_{x'y'}-\tau_{\infty,x'y'}\rangle_+ \tag{6-126}$$

$$\Delta\gamma_{\mathrm{vp},y'z'}=\frac{\tau_{y'z'}}{\eta_{M,y'z'}}\Delta t+\gamma_{y'z'\mathrm{vk},t}+\Delta t\frac{\tau_{y'z'}-\tau_{\infty,y'z'}}{\eta_{s,y'z'}(t)}\langle\tau_{y'z'}-\tau_{\infty,y'z'}\rangle_+ \tag{6-127}$$

$$\Delta\gamma_{\mathrm{vp},z'x'}=\frac{\tau_{z'x'}}{\eta_{M,y'z'}}\Delta t+\gamma_{z'x'\mathrm{vk},t}+\Delta t\frac{\tau_{z'x'}-\tau_{\infty,z'x'}}{\eta_{s,z'x'}(t)}\langle\tau_{z'x'}-\tau_{\infty,z'x'}\rangle_+ \tag{6-128}$$

由式(6-123)、式(6-126)～式(6-128)可以得出横观各向同性体 Δt 时间内的黏弹塑性应变增量 $\{\Delta\varepsilon_{\mathrm{vp}}\}$，从而可以得到模拟断层带蠕变的增量表示式：

$$\{\Delta\sigma\}=[D']\left(\{\Delta\varepsilon\}-\{\Delta\varepsilon_{\mathrm{vp}}\}\right)=[D'][B']\{\Delta\delta\}-[D']\{\Delta\varepsilon_{\mathrm{vp}}\} \tag{6-129}$$

式中：$\{\Delta\sigma\}^{\mathrm{T}}=\{\sigma_{x'}\ \ \sigma_{y'}\ \ \sigma_{z'}\ \ \tau_{x'y'}\ \ \tau_{y'z'}\ \ \tau_{z'x'}\}$，$[D']=[C']^{-1}$。

6.5.2　坝基等效连续介质岩体黏弹性蠕变本构模型

坝基等效连续介质岩体在一定应力作用下，其黏弹性蠕变变形的过程为：首先产生瞬时变形，然后呈现蠕变速率减小的蠕变变形，最后变形趋于一稳定值。因此，黏弹性蠕变模型采用由 Kelvin 体和 Maxwell 体串联而成的 Burgers 体模型，如图 6-25 所示。

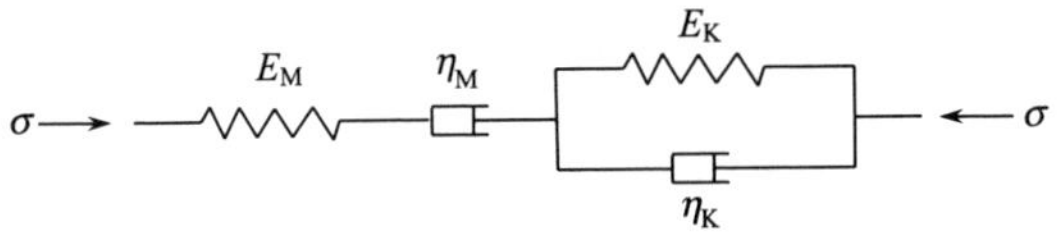

图 6-25　断层带及坝基等效连续介质岩体蠕变模型

设 Maxwell 体和 Kelvin 体的应变分别为 ε_M、ε_K，对于串联组合，有

$$\varepsilon=\varepsilon_K+\varepsilon_M,\quad \sigma=\sigma_K=\sigma_M \tag{6-130}$$

$$\dot{\varepsilon}_M=\frac{\sigma_M}{\eta_M}+\frac{\dot{\sigma}_M}{E_M},\quad \sigma_K=E_K\varepsilon_K+\eta_K\dot{\varepsilon}_K \tag{6-131}$$

联立式(6-130)和式(6-131)，消去 ε_M、ε_K，即得 Burgers 体本构方程为

$$\sigma+\left(\frac{\eta_M+\eta_K}{E_K}+\frac{\eta_M}{E_M}\right)\dot{\sigma}+\frac{\eta_M\eta_K}{E_ME_K}\ddot{\sigma}=\eta_M\dot{\varepsilon}+\frac{\eta_M\eta_K}{E_K}\ddot{\varepsilon} \tag{6-132}$$

令 $p_1=\dfrac{\eta_M+\eta_K}{E_K}+\dfrac{\eta_M}{E_M}$，$p_2=\dfrac{\eta_M\eta_K}{E_ME_K}$，$q_1=\eta_M$，$q_2=\dfrac{\eta_M\eta_K}{E_K}$，则式(6-132)可表示为

$$\sigma+p_1\dot{\sigma}+p_2\ddot{\sigma}=q_1\dot{\varepsilon}+q_2\ddot{\varepsilon} \tag{6-133}$$

设 Burgers 体所受应力为 $\sigma=\sigma_0H(t)$，则 $\dot{\sigma}=\sigma_0\delta(t)$，$\ddot{\sigma}=\sigma_0\dot{\delta}(t)$，代入式(6-133)得

$$\sigma_0H(t)+p_1\sigma_0\delta(t)+p_2\sigma_0\dot{\delta}(t)=q_1\dot{\varepsilon}+q_2\ddot{\varepsilon} \tag{6-134}$$

式中：$\delta(t)$ 是狄拉克(Dirac)脉冲函数；$H(t)$ 是赫维赛德(Heaviside)单位函数，其中：

$$H(t)=\begin{cases}0, & t<0\\ 1, & t\geqslant 0\end{cases} \tag{6-135}$$

对式(6-134)取拉普拉斯变换整理后得

$$\hat{\varepsilon}=\sigma_0\left[\frac{1}{q_2}\frac{1}{S^2(S+q_1/q_2)}+\frac{p_1}{q_1}\frac{q_1/q_2}{S(S+q_1/q_2)}+\frac{p_2}{q_2}\frac{1}{(S+q_1/q_2)}\right] \tag{6-136}$$

对式(6-136)作逆变换整理得 Burgers 体蠕变方程为

$$\varepsilon(t)=\sigma_0\left[\frac{p_2}{q_2}+\frac{t}{q_1}+\left(\frac{p_1}{q_1}-\frac{p_2}{q_2}-\frac{q_2}{q_1^2}\right)\left(1-e^{-q_1t/q_2}\right)\right] \tag{6-137}$$

将 $\dfrac{p_2}{q_2}=\dfrac{1}{E_M}$，$\dfrac{1}{q_1}=\dfrac{1}{\eta_M}$，$\dfrac{p_1}{q_1}-\dfrac{p_2}{q_2}-\dfrac{q_2}{q_1^2}=\dfrac{1}{E_K}$，$\dfrac{q_1}{q_2}=\dfrac{E_K}{\eta_K}$ 代入式(6-137)，则 Burgers 体蠕变方程为

$$\varepsilon(t)=\sigma_0\left[\frac{1}{E_{\mathrm{M}}}+\frac{t}{\eta_{\mathrm{M}}}+\frac{1}{E_{\mathrm{K}}}\left(1-\mathrm{e}^{-E_{\mathrm{K}}t/\eta_{\mathrm{K}}}\right)\right] \tag{6-138}$$

假设在 $t=t_1$ 时刻卸载，则相应的卸载曲线方程为

$$\varepsilon_m\left(t-t_1\right)=\frac{\sigma_0 t_1}{\eta_{\mathrm{M}}}+\frac{\sigma_0}{E_{\mathrm{K}}}\left(1-\mathrm{e}^{-E_{\mathrm{K}}t_1/\eta_{\mathrm{K}}}\right)\mathrm{e}^{-E_{\mathrm{K}}\left(t-t_1\right)/\eta_{\mathrm{K}}} \tag{6-139}$$

Burgers 体卸载时，除了瞬时恢复的弹性变形 σ_0/E_{M} 外，延迟恢复的弹性变形按 Kelvin 体规律卸载，并且有永久变形 $\sigma_0 t_1/\eta_{\mathrm{M}}$。

当 Burgers 体上 $\varepsilon=\varepsilon_0\cdot H(t)$ 时，$\dot{\varepsilon}=\varepsilon_0\delta(t)$，$\ddot{\varepsilon}=\varepsilon_0\dot{\delta}(t)$，由式(6-133)可得

$$\sigma+p_1\dot{\sigma}+p_2\ddot{\sigma}=q_1\varepsilon_0\delta\left(t\right)+q_2\varepsilon_0\dot{\delta}\left(t\right) \tag{6-140}$$

对式(6-140)作拉普拉斯变换并整理得

$$\hat{\sigma}=\frac{\varepsilon_0}{p_2}\frac{q_1+q_2S}{\dfrac{1}{p_1}+\dfrac{p_1}{p_2}S+S^2} \tag{6-141}$$

对式(6-141)作拉普拉斯逆变换得松弛方程为

$$\sigma\left(t\right)=\frac{\varepsilon_0}{A}\left[\left(q_1-q_2r_1\right)\mathrm{e}^{-r_1t}-\left(q_1-q_2r_2\right)\mathrm{e}^{-r_2t}\right] \tag{6-142}$$

式中：$A=\sqrt{p_1{}^2-4p_2}$，$r_1=(p_1-A)/2p_2$，$r_2=(p_1+A)/2p_2$，当 $A>0$ 时，Burgers 体才有实际意义，参数 E_{M}、E_{K}、η_{M} 及 η_{K} 受到此条件的限制，Burgers 体有两个松弛时间，即 $1/r_1$ 和 $1/r_2$，决定了 Burgers 体的松弛特性，当 $t\to\infty$ 时，Burgers 体内应力会松弛到零。

6.5.3　断层面剪切黏弹塑性蠕变本构模型

断层面作为无厚度的结构面，其切向黏弹塑性蠕变模型采用由 Hooke 体(H 体)、Kelvin 体(K 体)和理想黏塑性体组成的西原正夫模型，如图 6-26 所示。其蠕变主要经历以下几个过程：瞬时弹性变形阶段、蠕变趋于稳定变形阶段、常应变速率蠕变变形阶段和加速蠕变变形阶段等。

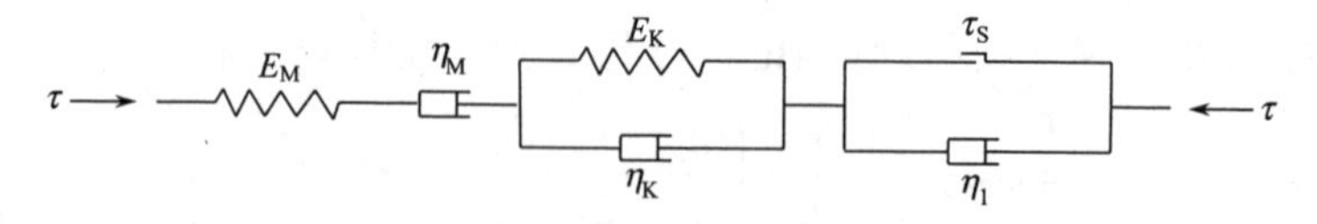

图 6-26　断层面剪切蠕变模型

对于 H 体：$\tau_{\mathrm{H}}=G_{\mathrm{H}}\gamma_{\mathrm{H}}$；

对于 K 体：$\tau_{\mathrm{K}}=G_{\mathrm{K}}\gamma_{\mathrm{K}}+\eta_{\mathrm{K}}\dot{\gamma}_{\mathrm{K}}$；

对于 K-H 体：$\tau=\tau_H=\tau_K$，$\gamma=\gamma_H+\gamma_K$。

经拉普拉斯变换整理后得

$$\hat{\tau}+\frac{\eta_K}{G_H+G_K}\hat{S}\tau=\frac{G_H G_K}{G_H+G_K}\hat{\gamma}+\frac{G_H\eta_K}{G_H+G_K}\hat{S}\gamma \tag{6-143}$$

将式(6-143)作拉普拉斯逆变换后整理得 K-H 微分方程为

$$\tau+p_1\dot{\tau}=q_0\gamma+q_1\dot{\gamma} \tag{6-144}$$

式中：$p_1=\dfrac{\eta_K}{G_H+G_K}$；$q_0=\dfrac{G_H G_K}{G_H+G_K}$；$q_1=\dfrac{G_H\eta_K}{G_H+G_K}$。

设作用在 K-H 体上的应力 $\tau=\tau_0 H(t)$，而 $\dot{\tau}=\tau_0\delta(t)$，这里 $H(t)$、$\delta(t)$ 分别为 Heaviside 单位函数和 Dirac 脉冲函数。由式(6-144)可得

$$\tau_0 H(t)+\mathrm{p}_1\tau_0\delta(t)=q_0\gamma+q_1\dot{\gamma} \tag{6-145}$$

经拉普拉斯变换整理得 K-H 蠕变方程为

$$\gamma(t)=\frac{\tau_0}{G_H}+\frac{\tau_0}{G_K}\left(1-\mathrm{e}^{-G_K t/\eta_K}\right) \tag{6-146}$$

对于西原正夫蠕变模型，其应力 τ、应变 γ 与 K-H 体的应力 τ_{KH} 和应变 γ_{KH} 及黏塑性体的应力 τ_{N1}、应变 γ_{N1} 有下列关系：

$$\gamma=\gamma_{KH}+\gamma_{N1},\quad \tau=\tau_{KH}=\tau_S+\tau_{N1} \tag{6-147}$$

经推导得西原正夫模型的蠕变本构方程为

$$\tau-\tau_S+\left(\frac{\eta_1}{G_H}+\frac{\eta_1}{G_K}+\frac{\eta_K}{G_K}\right)\dot{\tau}+\frac{\eta_1\eta_K}{G_H G_K}\ddot{\tau}=\eta_1\dot{\gamma}+\frac{\eta_1\eta_K}{G_K}\ddot{\gamma} \tag{6-148}$$

由式(6-148)得蠕变方程为

$$\gamma(t)=\frac{\tau_0}{G_H}+\frac{\tau_0}{G_K}\left(1-\mathrm{e}^{-G_K t/\eta_K}\right)+\frac{\tau-\tau_S}{\eta_1}t \tag{6-149}$$

因此，西原正夫蠕变模型为

$$\gamma(t)=\begin{cases}\dfrac{\tau_0}{G_H}+\dfrac{\tau_0}{G_K}\left(1-\mathrm{e}^{-G_K t/\eta_K}\right), & \tau<\tau_S\\[2ex] \dfrac{\tau_0}{G_H}+\dfrac{\tau_0}{G_K}\left(1-\mathrm{e}^{-G_K t/\eta_K}\right)+\dfrac{\tau-\tau_S}{\eta_1}t, & \tau\geqslant\tau_S\end{cases} \tag{6-150}$$

6.6　考虑蠕变损伤的坝基渗流性态分析模型

在长期高水头渗透作用下，坝基岩体及断层的物理力学性质将随时间发生变化，从而直接对坝基应力场、位移场等造成较大影响。同时，应力场和位移场的

改变又引起坝基渗流性态的变化，应力的作用导致断层及等效连续介质岩体渗透系数发生变化，如断层隙宽的增加或减小、两侧表面粗糙性和错位的改变等，将影响断层面的导水性[92]。坝基蠕变是指在恒定应力场作用下，其位移场随时间增长而不断发展的过程，故坝基应力场的改变对渗流场的影响，包含了坝基蠕变对渗流场的影响。蠕变变形往往需要在总变形中扣除弹性或弹塑性的瞬时变形部分，蠕变变形会导致坝基岩体微小裂隙和孔隙、断层面分形几何形态或断层带内部充填物孔隙发生变化，从而改变坝基渗流；反过来，坝基渗流的改变引起应力场变化，并使坝基蠕变特性也发生变化。因此，下面研究建立蠕变作用下断层面、断层带及坝基等效连续介质岩体渗流数学模型，构建坝基蠕变与渗流耦合模型。

6.6.1　坝基蠕变对渗流分形特性影响的数学模型

6.6.1.1　蠕变作用下断层面渗流数学模型

考虑蠕变对断层面渗流特性的影响过程为：断层面蠕变→断层力学隙宽、两侧裂隙面位错值和面积接触率变化(即断层裂隙面分形维数和开度分布变化)→断层面不同深度渗透系数的变化→断层面渗流特性的变化。下面研究蠕变作用下断层面不同深度区域渗透系数的表达式，并据此建立蠕变作用下断层面渗流数学模型。

假设断层面受荷时间 $t=0$ 时，某一深度 z 处力学隙宽为 $B(z)$，等效水力隙宽为 $b(z)$，受荷时间 $t=T$ 时，力学隙宽改变量为 $\Delta B(z)$，相应的等效水力隙宽改变量为 $\Delta b(z)$，假定断层面各深度处水流本构均满足立方定律，则深度 z 处的渗透系数为

$$k(z)=\frac{g\left[b(z)+\Delta b(z)\right]^2}{12\mu} \tag{6-151}$$

断层面蠕变使得其力学隙宽发生改变，而对于无充填物的裂隙而言，等效水力隙宽和力学隙宽、裂隙粗糙度间满足

$$b(z)=\frac{\left[B(z)\right]^2}{\mathrm{JRC}(z)^{2.5}} \tag{6-152}$$

式中：$\mathrm{JRC}(z)$ 为深度 z 处裂隙粗糙度。

由此可知，断层面蠕变时间 t 后，断层面某一深度 z 处渗透系数可表示为

$$k(z)=\frac{g}{12\mu}\left\{\frac{\left[B(z)+\Delta B(z)\right]^2}{\mathrm{JRC}(z)^{2.5}}\right\}^2 \tag{6-153}$$

根据裂隙粗糙度与分形维数 D_1 的关系式，并假定断层裂隙面粗糙度大体为各

向同性，裂隙分形维数 D_1 可用断层裂隙面分形维数 D_2 代替，则断层面某一深度 z 处渗透系数可表示为

$$k(z)=\frac{g}{12\mu}\left[\frac{\left[B(z)+\Delta B(z)\right]^2}{(172.206D_2-167.295)^{2.5}}\right]^2 \tag{6-154}$$

则受荷时间 t 后，断层面渗流的基本方程为

$$\frac{\partial}{\partial x'}\left(K_{t,x'}\frac{\partial h^f}{\partial x'}\right)+\frac{\partial}{\partial y'}\left(K_{t,y'}\frac{\partial h^f}{\partial y'}\right)+\frac{\partial}{\partial z'}\left(K_{t,z'}\frac{\partial h^f}{\partial z'}\right)=0 \tag{6-155}$$

式中：x'、y' 分别为平行结构面的两轴；h^f 为裂隙面内的水头；$K_{t,x'}$、$K_{t,y'}$ 为蠕变后裂隙面渗透系数，其计算公式见式(6-151)；$K_{t,z'}\neq 0$，$\partial h^f/\partial z'=0$。

由式(6-155)推导出的单裂隙单元有限元支配方程为

$$\left[K^f\right]^e\left\{h^f\right\}^e=\left\{Q^f\right\}^e \tag{6-156}$$

其中 $\left[K^f\right]^e$ 的元素：

$$K_{ij}^f=B\int_{\Gamma}\left(K_{t,x'}\frac{\partial N_i}{\partial x'}\frac{\partial N_j}{\partial x'}+K_{t,y'}\frac{\partial N_i}{\partial y'}\frac{\partial N_j}{\partial y'}\right)\mathrm{d}\Gamma \tag{6-157}$$

式中：B 为断层的力学隙宽；N 为平面四节点等参单元的形函数；$i,j=1,2,3,4$。

6.6.1.2　蠕变作用下断层带及坝基等效连续介质岩体渗流数学模型

断层带由于厚度较大，不可等效为二维裂隙面渗流处理，因此，采用与坝基等效连续介质岩体相同的三维渗流控制方程，区别在于各自区域渗透系数的表达式不同，断层带渗透系数见式(6-10)。

对于坝基等效连续介质岩体而言，将其视为密集裂隙型岩体，在进行渗流分析时，需事先知道裂隙岩体各向异性的等效渗透系数张量。假定坝基等效连续介质岩体内每组渗透性结构面无限延伸并且规则排列，则等效渗透张量可表示为

$$k_{ij}=\sum_{l=1}^{m}\frac{gb_l^3}{12\mu S_l}\left(\delta_{ij}-n_i^l n_j^l\right) \tag{6-158}$$

式中：m 为裂隙分组数；b_l 为第 l 组裂隙的等效水力隙宽；S_l 为第 l 组裂隙的间距；δ_{ij} 为 Kronecker 符号；$n_i^l\ (i=1,2,3)$ 为第 l 组裂隙的法向方向余弦；g 为重力加速度；μ 为水的运动黏滞系数。

断层带作为孔隙型岩体，坝基等效连续介质岩体作为密集型裂隙岩体，两者同被视为连续介质岩体，假定应力作用下连续介质岩体黏性变形增量可以等效于瞬时应力增量导致的变形增量。设某一时刻 t 连续介质岩体内的应力为 σ_{ij}，黏性

应变为 $\varepsilon_{ij}^{\mathrm{v}}$，则黏性应变等效的应力增量为

$$\Delta\sigma_{ij}^{\mathrm{v}} = d_{ijkl}\varepsilon_{kl}^{\mathrm{v}} \tag{6-159}$$

设 $K_{x'}$、$K_{y'}$、$K_{z'}$ 分别为连续介质岩体渗透系数张量的三个主渗透系数，由总应力 $\sigma_{ij} + \Delta\sigma_{ij}^{\mathrm{v}}$ 可以得出三个渗透主轴方向的有效主应力 $\sigma_{x'}^{s}$、$\sigma_{y'}^{s}$、$\sigma_{z'}^{s}$，并根据连续介质岩体渗透系数(张量)与应力的关系式 $K = K_0\mathrm{e}^{\lambda\sigma}$，则在受荷作用 t 时间后的渗透系数为

$$[K'] = \begin{bmatrix} K_{x'}\exp\left(\lambda\sigma_{x'}^{s}\right) & & \\ & K_{y'}\exp\left(\lambda\sigma_{y'}^{s}\right) & \\ & & K_{z'}\exp\left(\lambda\sigma_{z'}^{s}\right) \end{bmatrix} \tag{6-160}$$

式中：λ 为影响系数，断层带和坝基等效连续介质岩体取不同值，由试验确定。

渗透主轴与整体坐标之间的旋转矩阵记为 $[T]$，则在整体坐标下的渗透系数张量为

$$[K] = [T]^{\mathrm{T}}[K'][T] \tag{6-161}$$

连续介质岩体的渗流运动方程如下：

$$\left(K_{ij,t}h_{,j}^{c}\right)_{,i} = 0 \tag{6-162}$$

式中：$K_{ij,t}$ 为蠕变后连续介质岩体的渗透张量，可由式(6-160)和式(6-161)求得；h^{c} 为连续介质岩体内的水头值。

采用空间八节点等参单元，可以推导得有限元支配方程为

$$\left[K^{c}\right]^{e}\left\{h^{c}\right\}^{e} = \left\{Q^{c}\right\}^{e} \tag{6-163}$$

式中：$\left[K^{c}\right]^{e}$ 的元素为

$$K_{ab}^{c} = \int_{\Omega^{e}} N_{a,i}K_{ij,t}N_{b,j}\mathrm{d}\Omega \quad (a,b = 1,2,\cdots,8\text{；}\ i,j = 1,2,3) \tag{6-164}$$

6.6.2　坝基蠕变与渗流耦合模型

下面在蠕变作用下坝基渗流数学模型的基础上，研究并建立坝基的蠕变与渗流耦合模型，给出数值模拟实现方法。

6.6.2.1　坝基蠕变渗流耦合模型建立

对于含断层带的坝基而言，蠕变作用下坝基渗流数学模型即为式(6-163)。对于含断层面的坝基而言，蠕变作用下坝基渗流数学模型根据离散介质(断层面)和连续介质(坝基等效连续介质岩体)接触处的水头连续性原则建立渗流控制方程。

这样既可以避免对每条裂隙模拟而带来的巨大的工作量，又可以满足工程精度的要求。根据两类介质接触处的水头连续性原则，将式(6-156)和式(6-163)整体组装，得到坝基蠕变后的渗流控制方程为

$$[K_t]\{h\}=\{Q\} \tag{6-165}$$

对于连续介质岩体，坝基渗流对应力的影响以渗流体积力的形式考虑。规定应力的符号以拉应力为正，压应力为负。渗流体力可以表示为

$$\boldsymbol{F}=\boldsymbol{F}_{\mathrm{s}}+\boldsymbol{F}_{\mathrm{d}}=\gamma_{\mathrm{w}}\mathrm{grad}(z)-\gamma_{\mathrm{w}}\mathrm{grad}(h) \tag{6-166}$$

式中：γ_{w} 为水的容重；z 为位置高程；$\boldsymbol{F}_{\mathrm{s}}$ 为静水压力，其作用效果可用有效应力考虑；$\boldsymbol{F}_{\mathrm{d}}$ 为动水压力，计算时作为外荷载考虑；grad 为梯度。

考虑渗流作用时微元体的平衡方程为

$$\left.\begin{aligned}
&\frac{\partial\sigma_x}{\partial x}+\frac{\partial\tau_{xy}}{\partial y}+\frac{\partial\tau_{xz}}{\partial z}-\frac{\partial h}{\partial x}=0\\
&\frac{\partial\tau_{xy}}{\partial x}+\frac{\partial\sigma_y}{\partial y}+\frac{\partial\tau_{yz}}{\partial z}-\frac{\partial h}{\partial y}=0\\
&\frac{\partial\tau_{xz}}{\partial x}+\frac{\partial\tau_{yz}}{\partial y}+\frac{\partial\sigma_z}{\partial z}-\frac{\partial h}{\partial z}+\gamma_{\mathrm{w}}-\gamma_{\mathrm{c}}=0
\end{aligned}\right\} \tag{6-167}$$

式中：$\{\sigma\}=[\sigma_x\quad\sigma_y\quad\sigma_z\quad\tau_{xy}\quad\tau_{yz}\quad\tau_{zx}]$ 为总应力张量；γ_{w} 为水的容重；γ_{c} 为岩体的饱和容重；h 为总水头，并用 $\gamma_{\mathrm{w}}h$ 表示渗透力，式中仍记为 h。

坝基岩体应力应变的关系可表示为

$$\{\sigma\}=[D](\{\varepsilon\}-\{\varepsilon_0\}) \tag{6-168}$$

式中：$\{\varepsilon\}=[\varepsilon_x\quad\varepsilon_y\quad\varepsilon_z\quad\gamma_{xy}\quad\gamma_{yz}\quad\gamma_{zx}]$ 为应变张量；$\{\varepsilon_0\}$ 为考虑非线性时岩体的初应变；$[D]$ 为弹性矩阵。

由几何方程可知，应变与位移的关系式为

$$\{\varepsilon\}=[B]\{\delta\} \tag{6-169}$$

式中：$\{\delta\}=[\delta_x\quad\delta_y\quad\delta_z]^{\mathrm{T}}$ 为位移；$[B]$ 为几何矩阵，且

$$[B]=\begin{bmatrix}
\frac{\partial}{\partial x} & 0 & 0 & \frac{\partial}{\partial y} & 0 & \frac{\partial}{\partial z}\\
0 & \frac{\partial}{\partial y} & 0 & \frac{\partial}{\partial x} & \frac{\partial}{\partial z} & 0\\
0 & 0 & \frac{\partial}{\partial z} & 0 & \frac{\partial}{\partial y} & \frac{\partial}{\partial x}
\end{bmatrix}^{\mathrm{T}} \tag{6-170}$$

将式(6-168)～式(6-170)代入式(6-167)，便可得到位移分量和水头表示的平

衡方程，即

$$\begin{cases} G\nabla^2\delta_x + \dfrac{G}{1-2\upsilon}\dfrac{\partial\varepsilon_v}{\partial x} - \dfrac{\partial h}{\partial x} + X_0 = 0 \\ G\nabla^2\delta_y + \dfrac{G}{1-2\upsilon}\dfrac{\partial\varepsilon_v}{\partial y} - \dfrac{\partial h}{\partial y} + Y_0 = 0 \\ G\nabla^2\delta_z + \dfrac{G}{1-2\upsilon}\dfrac{\partial\varepsilon_v}{\partial z} - \dfrac{\partial h}{\partial z} + Z_0 + \gamma_w - \gamma_c = 0 \end{cases} \tag{6-171}$$

式中：$G = E/2(1+\upsilon)$ 为剪切模量；$\nabla^2 = \dfrac{\partial^2}{\partial x^2} + \dfrac{\partial^2}{\partial y^2} + \dfrac{\partial^2}{\partial z^2}$ 为拉普拉斯算子；$\varepsilon_v = \varepsilon_x + \varepsilon_y + \varepsilon_z = \dfrac{\partial\delta_x}{\partial x} + \dfrac{\partial\delta_y}{\partial y} + \dfrac{\partial\delta_z}{\partial z}$ 为体积应变；X_0、Y_0、Z_0 为由初应变 $\{\varepsilon_0\}$ 引起的等价体积力。

由式(6-171)推导得到单元矩阵平衡方程为

$$[K]^e\{\delta\}^e = \{F_1\}^e + \{F_0\}^e + [K']^e\{h\}^e \tag{6-172}$$

式中：$\{F_1\}^e$ 为外荷载引起的节点力；$\{F_0\}^e$ 为初应变引起的节点力；$[K']^e$ 为渗流应力耦合矩阵。

对于断层面，将其上的任一点渗透力 $P = -\gamma_w(h-z)$ 对面积积分得到等效节点荷载为

$$\{F_h\} = \int_{-1}^{1}\int_{-1}^{1}[N]^T\{p\}|J|\mathrm{d}\xi\mathrm{d}\eta \tag{6-173}$$

式中：$|J| = \sqrt{\left(\dfrac{\partial x}{\partial\xi}\dfrac{\partial y}{\partial\eta} - \dfrac{\partial x}{\partial\eta}\dfrac{\partial y}{\partial\xi}\right)^2 + \left(\dfrac{\partial y}{\partial\xi}\dfrac{\partial z}{\partial\eta} - \dfrac{\partial y}{\partial\eta}\dfrac{\partial z}{\partial\xi}\right)^2 + \left(\dfrac{\partial z}{\partial\xi}\dfrac{\partial x}{\partial\eta} - \dfrac{\partial z}{\partial\eta}\dfrac{\partial x}{\partial\xi}\right)^2}$ 。

根据断层面蠕变本构，得到单元矩阵平衡方程为

$$[K]^e\{\delta\}^e = \{F_1\}^e + \{F_0\}^e + \{F_h\}^e \tag{6-174}$$

式中：$[K]^e = \int_{-1}^{1}\int_{-1}^{1}[N]^T[T]^T[D][T][N]|J|\mathrm{d}\xi\mathrm{d}\eta$；$\{F_1\}^e$ 为外荷载引起的节点力；$\{F_0\}^e$ 为断层面蠕变引起的节点力。

对于含断层带的坝基而言，其整体单元矩阵平衡方程即为式(6-172)。

对于含断层面的坝基而言，将式(6-171)和式(6-174)组装形成整体耦合分析的单元矩阵平衡方程：

$$[K]\{\delta\} = \{F_1\} + \{F_0\} + \{F_h\} \tag{6-175}$$

因此，由式(6-163)和式(6-172)组合得到含断层带蠕变与渗流耦合方程，由式(6-165)和式(6-175)组合得到含断层面蠕变与渗流耦合方程。

6.6.2.2　蠕变渗流耦合模型实现方法

下面进行基于蠕变模型的 UMAT 子程序二次开发，用户材料子程序(user-defined material mechanical behavior)是 ABAQUS 提供给用户定义自己的材料属性的 FORTRAN 程序接口[84]，使用户能够使用 ABAQUS 材料库中没有定义的材料模型。根据断层带、断层面及坝基等效连续介质岩体采用的蠕变模型，编制各自蠕变模型的 UMAT 子程序，即定义了各自区域的材料模型，并通过接口参数与 ABAQUS 渗流主程序进行数据的交换和调用。UMAT 蠕变子程序流程如图 6-27 所示。

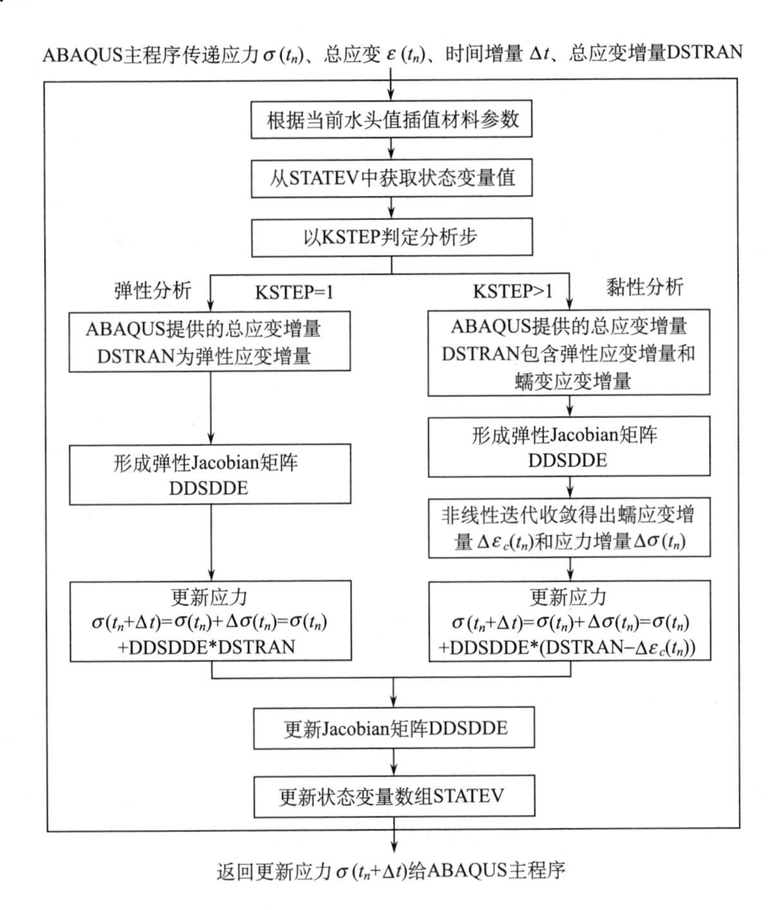

图 6-27　某一时刻渗流场下蠕变 UMAT 子程序编写流程

蠕变模型 UMAT 子程序的编写采用 FORTRAN 语言，在进行 UMAT 子程序编写时，需要注意：

(1) ABAQUS 中进行蠕变有限元分析时，一般采用两个分析步，首先是瞬态弹性分析步，然后是黏性分析步。因此，在编制 UMAT 子程序时，需区分瞬时弹性和蠕变，可以接口参数 KSTEP 作为判定依据。当 KSTEP=1，则为瞬时弹性分析；当 KSTEP>1，则为蠕变分析。

(2)在 ABAQUS 中，剪切应变采用工程剪切应变的定义，即 $\gamma_{ij}=u_{i,j}+u_{j,i}$，所以剪切模量是 G 而不是 $2G$。

(3)在 UMAT 子程序的接口参数中，只有总应变 STRAN，没有区分蠕变应变和弹性应变。因此，在编制 UMAT 子程序时，用户需定义蠕变应变和弹性应变作为状态变量保存在 STATEV 数组中。当然，用户还可以将需要的一些变量，如等效蠕变应变、等效黏弹性应变和等效黏性应变保存在 STATEV 数组中，以备输入 ODB 文件，进而在后处理模块 Visualization 中查看。

(4)状态变量 STATEV 数组需采用 ABAQUS 中的另外一个用户子程序 SDVINI 赋初值，对于本 UMAT 子程序，状态变量赋初值为 0。

(5)对于某材料单元的一个积分点，一般来说，在每个增量步的每一次迭代过程中，需要调用 UMAT 子程序一次，但第一次迭代需额外多调用一次形成刚度矩阵。

(6)黏性分析时，ABAQUS 主程序给定的总应变增量 DSTRAN 包含了弹性应变增量和蠕变应变增量，在求解蠕变应变增量和应力增量时，需进行多次迭代求解，因为蠕变增量强烈地依赖于应力状态，容易导致求解过程的不稳定。

(7)注意 ABAQUS 主程序更新应力、应变等变量的方式。对于每一增量步的每一次迭代，如果系统不平衡，则 ABAQUS 主程序会放弃本迭代步的应力、应变等变量的更新，恢复到增量步初始时刻的变量值。只有当系统迭代平衡后，ABAQUS 主程序才会更新应力、应变等变量。

(8)对总应变增量 DSTRAN 的理解。DSTRAN 是一个总应变增量，真正的物理意义为某一增量步 Δt 时间内产生的总应变增量，而不是该增量步的每一次迭代步产生的总应变修正量。因为按照蠕变有限元的系统平衡方程，每次迭代得到一个试探应力 $\sigma\left(t_n+\Delta t\right)$，进而进行系统平衡判断，如果不满足平衡判定标准，则得到总位移增量 Δa 的一个修正量 $\delta a^{(n)}$，根据几何方程可以得到总应变增量 $\Delta\varepsilon$ 的修正量 $\delta\varepsilon^{(n)}=B\delta a^{(n)}$。这时 ABAQUS 主程序并不把修正量 $\delta\varepsilon^{(n)}$ 传给 UMAT 子程序，而是先将总应变增量 $\Delta\varepsilon$ 进行更新 $\Delta\varepsilon^{(n+1)}=\Delta\varepsilon^{(n)}+\delta\varepsilon^{(n)}$，然后再传给 UMAT 子程序。

(9)某一时刻的渗流场下的 UMAT 子程序要根据当前积分点的水头值在给定材料参数之间自动插值对应水头下的材料参数。

利用 ABAQUS 进行蠕变渗流耦合分析，必须采用位移−孔隙水压力耦合单元。另外，在 ABAQUS 软件中，缺乏纯渗流场的渗流单元，而当进行纯粹渗流场的渗流计算时，可以采用耦合单元，此时需将单元的所有位移自由度均约束即可。坝基蠕变与渗流耦合程序流程如图 6-28 所示，具体步骤如下。

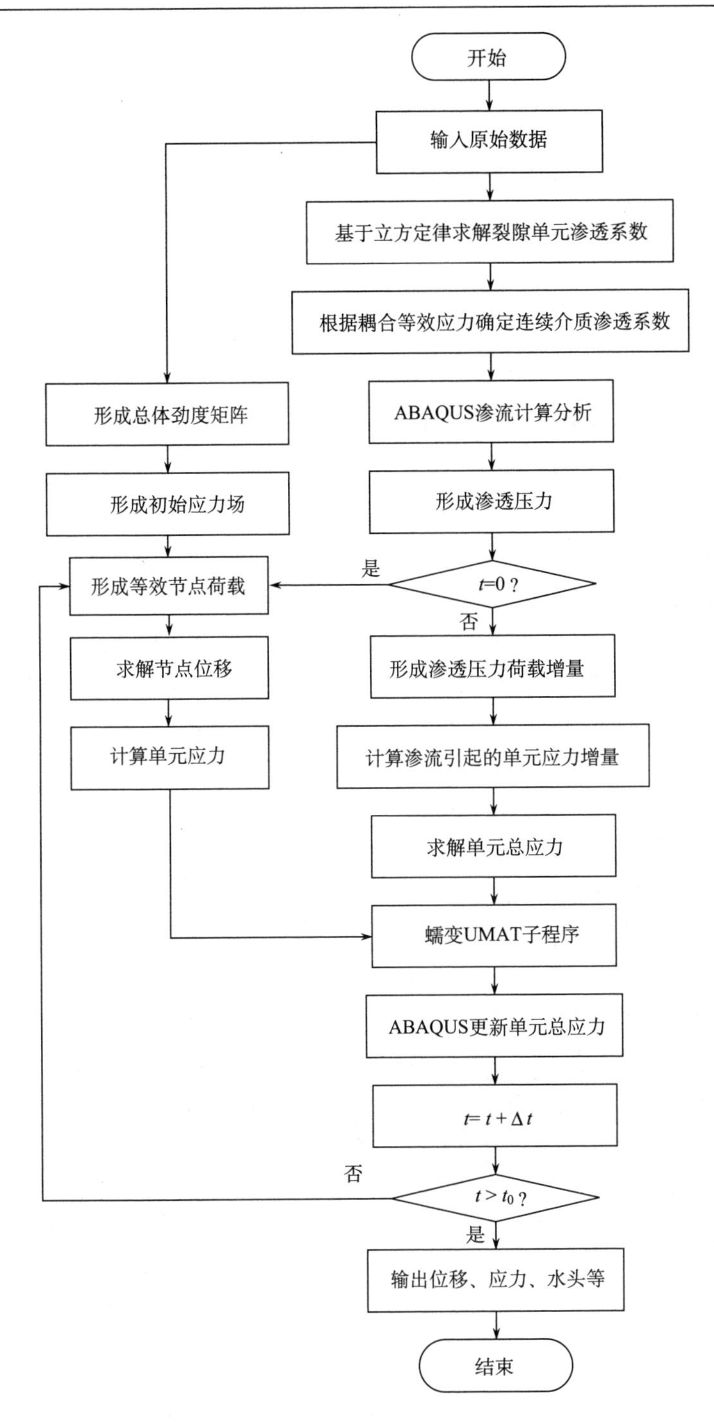

图 6-28　坝基蠕变渗流耦合程序流程

步骤 1　假定 $t=0$ 时刻，通过*initial conditions，type=stress，GEOSTATIC 命令来设置坝基初始地应力场，进行初步渗流应力耦合分析，这时需要平衡孔隙水压力和有效应力，可以得到相应的位移、应力、渗流场。

步骤 2　ABAQUS 主程序传递应力 $\sigma(t)$ 、总应变 $\varepsilon(t)$ 、时间增量 Δt 、总应变增量 DSTRAN 进入蠕变 UMAT 子程序，并返回 $\sigma(t+\Delta t)$ 给 ABAQUS，更新相应的渗透系数，计算得到的渗流场作下一时段用，便可得到 $t_2=t_1+\Delta t$ 时刻的位移、应力、渗流场，以此类推，即可计算蠕变总时间 t 后的位移、应力、渗流场。

6.6.3　应用实例

龙羊峡水电站枢纽由主坝、副坝、泄水建筑物、引水建筑物和厂房等组成。最大坝高 178m，最大底宽 80m，建基面高程 2432.0m，坝顶高程 2610m。坝基岩性为花岗闪长岩，岩性坚硬，经多次地质构造运行，坝肩断裂发育，被多条断裂切割。坝区主要断层分布见图 6-29，北东向断层大多充填较宽的石英岩脉并形成蚀变岩带，其中较大的是位于右岸的 F120 断层和 A2 岩脉。F120 断层在距坝肩不远的深部贯穿上、下游，宽度 2～6m，性状较差，其走向与大坝推力方向近于正交，在 2560m 高程距坝头最短距离为 55m，多有小的分支，充填的糜棱石和角

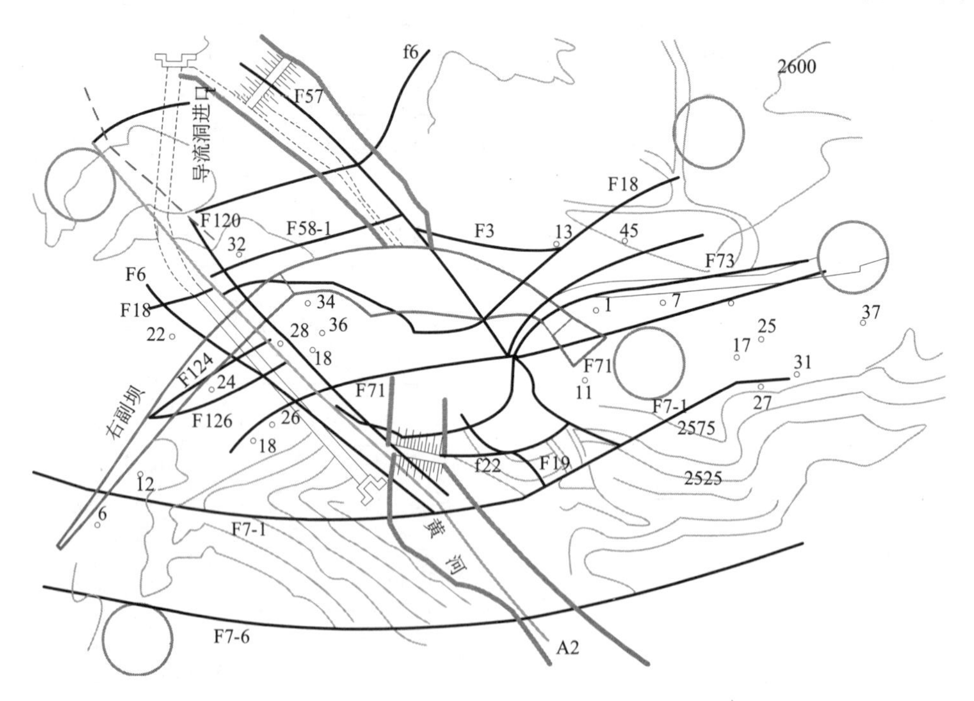

图 6-29　龙羊峡坝区主要断层分布

砾岩不甚连续，但有较连续的全强风化蚀变岩带，断层泥平均厚度1.2cm。A2石英岩脉宽达5～10m，脉体内NE向的直立裂隙和近水平裂隙发育，透水性很强。F120+A2断层大多有数厘米至数十厘米的含有角砾与碎屑的夹泥，夹泥本身密实不透水，但在断层影响带内的碎裂岩体能构成网络状渗水通道，透水性相对较强，形成主要渗漏通道。

由于龙羊峡重力拱坝右岸坝基F120+A2断层延伸至基础底部深达数公里，贯穿坝体的上下游，透水性强，对大坝的安全构成严重威胁。下面研究该断层的强透水贯穿性渗流特性及蠕变渗流耦合特性。

1) 坝基断层渗流特性分析

对该断层剖面(穿过右岸重力墩，重力墩处坝基高程2580m)建立二维有限元模型。模型初选范围为：重力墩上游断层贯穿长度取10倍帷幕深度，下游断层贯穿长度取3倍帷幕深度，坝基深取10倍帷幕深度。采用位移-孔压四边形耦合单元进行分析，共有57 131个耦合单元，57 624个节点，A2断层二维有限元模型材料分区见图6-30。

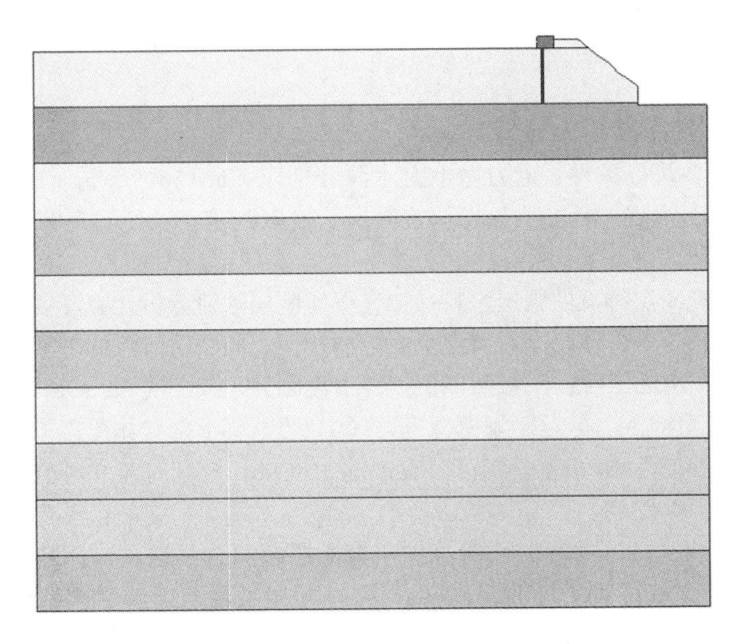

图6-30 坝基断层剖面二维有限元模型材料分区

根据《水利水电工程地质勘察规范》(GB 50487—2008)，岩土渗透性分级中强透水的渗透系数范围为$10^{-4}\,\mathrm{m/s} \leqslant k < 1\times10^{-2}\,\mathrm{m/s}$，此外，断层不同深度区域取渗透系数随深度$z$呈指数分布$k = 0.0003\mathrm{e}^{-0.0018z}$。断层剖面各分区材料参数取值如表6-4所示。

表 6-4 材料变形、渗流参数

参数	弹性模量/MPa	泊松比	密度/(kg/m^3)	渗透系数/(m/s)
重力墩	3.0×10^4	0.167	2400	1.00×10^{-9}
重力墩下游侧山体	2.0×10^4	0.22	2400	1.00×10^{-8}
帷幕	3.0×10^4	0.167	2400	1.00×10^{-9}
断层坝基面下第一岩层	5.4×10^3	0.2	2400	2.64×10^{-4}
第二岩层	5.4×10^3	0.2	2400	2.32×10^{-4}
第三岩层	5.4×10^3	0.2	2400	2.04×10^{-4}
第四岩层	5.4×10^3	0.2	2400	1.79×10^{-4}
第五岩层	5.4×10^3	0.2	2400	1.58×10^{-4}
第六岩层	5.4×10^3	0.2	2400	1.39×10^{-4}
第七岩层	5.4×10^3	0.2	2400	1.22×10^{-4}
第八岩层	5.4×10^3	0.2	2400	1.07×10^{-4}
第九岩层	5.4×10^3	0.2	2400	9.42×10^{-5}
第十岩层	5.4×10^3	0.2	2400	8.28×10^{-5}

渗流水头边界条件：重力墩上游水深分别取 20m(2600m 正常蓄水位)，同时，重力墩上游侧，断层上部岩体覆盖层长度取为零，以便确定断层的最大计算深度。

首先研究断层渗流的强透水特性，在确定断层渗流分析计算深度的基础上，研究断层上部覆盖岩体长度对渗流场影响的规律，即断层渗流的贯穿性特性。断层渗流特性研究的工况：①按照断层计算深度划分，有工况 1a～9a，分别对应 9 种断层计算深度(2～10 倍于帷幕深度)；②按照断层上部岩体覆盖长度划分，选定断层计算深度为 10 倍帷幕深度，有工况 1b～9b，分别对应 9 种岩体覆盖长度(1～9 倍于帷幕深度)。

由工况 1a～9a 的渗流计算分析研究断层超深、强透水渗流特性，表 6-5 为上游水位 2600m 时，工况 1a～9a，坝基断层帷幕上下游侧典型点测压管水头值。图 6-31 为上游水位 2600m 时，坝基断层深度为 10 倍帷幕深度相应的渗流等势线。

表 6-5　(上游水位 2600m) **坝基断层帷幕上下游侧典型点不同工况下测压管水头值** (单位：m)

断层渗流按计算深度划分计算工况	坝基建基面高程 2432 (m) 坝基断层帷幕上下游侧典型点水头值							
	帷幕上游侧典型点					帷幕下游侧典型点		
	距帷幕 1 倍帷幕长度节点号 1815	距帷幕 3 倍帷幕长度节点号 7390	距帷幕 5 倍帷幕长度节点号 11083	距帷幕 7 倍帷幕长度节点号 14413	距帷幕 9 倍帷幕长度节点号 17203	距帷幕 0.5 倍帷幕长度节点号 2934	距帷幕 1 倍帷幕长度节点号 2922	距帷幕 1.5 倍帷幕长度节点号 2904
1a	147.99	163.97	167.50	168.28	168.44	77.66	59.46	35.89
2a	144.54	160.62	165.73	167.48	168.03	78.61	61.42	37.51
3a	143.99	159.21	164.44	166.57	167.35	79.99	62.97	38.50
4a	144.11	158.69	163.71	165.85	166.68	81.02	63.99	39.09
5a	144.31	158.52	163.31	165.36	166.17	81.69	64.61	39.43
6a	144.48	158.47	163.10	165.05	165.82	82.09	64.97	39.63
7a	144.58	158.45	162.98	164.86	165.59	82.32	65.18	39.74
8a	144.65	158.45	162.92	164.74	165.45	82.47	65.31	39.80
9a	144.70	158.45	162.87	164.67	165.36	82.55	65.39	39.84

由表 6-5 和图 6-31 分析可知，上游水深取 20m(2600m 正常蓄水位)时，坝基强透水断层随着所取计算深度的增加，帷幕上游侧距离帷幕附近典型点测压管水

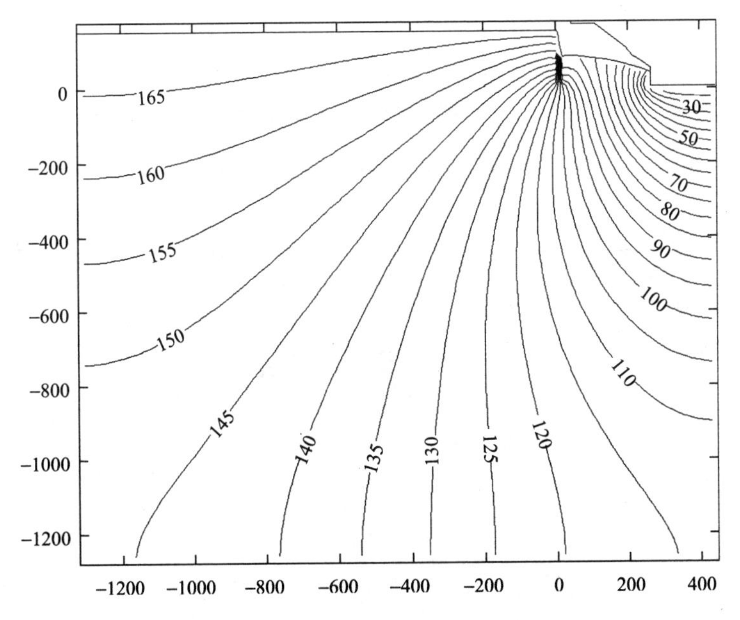

图 6-31　工况 9a 坝基断层(10 倍帷幕深度)渗流等势线(单位：m)

头值先减小后增大，距离帷幕较远典型点测压管水头值呈逐渐减小趋势，帷幕下游侧典型点测压管水头值呈逐渐增大趋势。三个区域典型点的测压管水头计算值均逐渐趋于稳定。对各典型点相邻工况的测压管水头值作差值运算，并取绝对值可知，随着断层深度的增加，各典型点差值绝对值逐渐减小，在断层深度达到 10 倍帷幕深度时，能保证各典型点测压管水头与 9 倍帷幕深度的测压管水头差值绝对值均小于 0.1m(假设 $\varepsilon_1 = 0.1\,\mathrm{m}$)。因此，对于深度大于 10 倍帷幕的坝基断层岩体对渗流场的影响已可忽略不计，从而将断层 F120+A2 渗流计算深度确定为 10 倍帷幕深度。

由工况 9a、1b～9b 的渗流计算分析研究断层贯穿性渗流特性，以 10 倍帷幕深度作为断层计算深度，考虑断层上部覆盖岩体长度对坝基断层渗流场的影响。表 6-6 为工况 9a、1b～9b 坝基断层帷幕下游侧典型点测压管水头值，图 6-32 为坝基断层帷幕下游侧典型点测压管水头值与岩体覆盖长度关系。由表 6-6 及图 6-32 分析可知，断层上部岩体覆盖层长度的增大，延长了坝基断层水流渗透路径，使

表 6-6　坝基断层帷幕下游侧典型点不同工况下测压管水头值　　(单位：m)

节点	工况 9a	工况 1b	工况 2b	工况 3b	工况 4b	工况 5b	工况 6b	工况 7b	工况 8b	工况 9b
709	82.02	79.90	76.35	73.27	70.74	68.60	66.72	64.96	63.17	61.04
720	88.67	86.25	82.27	78.84	76.05	73.70	71.63	69.71	67.75	65.43
392	93.50	90.87	86.56	82.88	79.89	77.39	75.19	73.15	71.08	68.63
776	97.87	95.32	90.92	87.01	83.77	81.02	78.60	76.34	74.04	71.32
2890	71.78	70.13	67.28	64.74	62.61	60.79	59.18	57.66	56.10	54.23
2979	51.20	50.26	48.60	47.09	45.80	44.69	43.69	42.75	41.77	40.59
3012	52.62	51.69	50.01	48.43	47.06	45.87	44.79	43.76	42.70	41.41

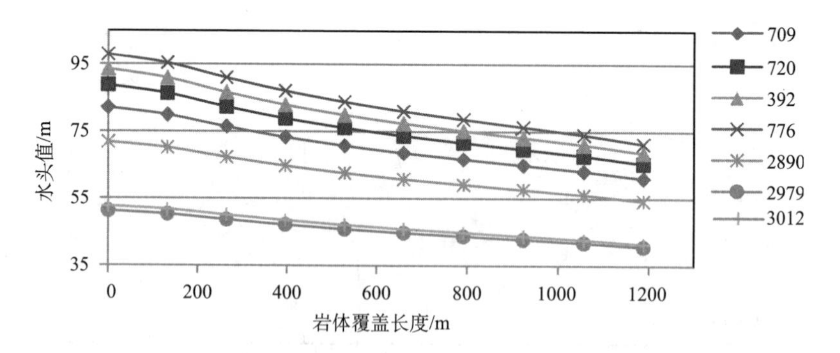

图 6-32　岩体覆盖长度与典型点测压管水头值关系

得断层帷幕下游侧典型点测压管水头值有减小趋势；各个部位测压管水头值随岩体覆盖长度变化的敏感性程度不同，测压管水头值 H 与岩体覆盖长度 x 关系曲线的斜率 $\left|\mathrm{d}H / \mathrm{d}x\right|$ 越大，则该点测压管水头值随岩体覆盖长度变化的敏感性越大。

2) 坝基蠕变渗流耦合分析

以上确定了断层的计算范围，下面研究断层的蠕变与渗流耦合特性，并验证所建耦合模型的有效性。取上游水深 20m(2600m 正常蓄水位)，下游水深 18m(对应 2450m 下游水位)，同时，重力墩上游侧，断层上部岩体覆盖层长度取为零，断层计算深度为 10 倍于帷幕长度。根据蠕变渗流耦合程序，分两个分析步进行蠕变渗流耦合分析：①静态分析步(初始地应力平衡计算)，施加重力荷载与水压荷载，平衡孔隙水压力和有效应力，得到相应的位移、应力、渗流场；②Visco 准静态分析步(蠕变渗流耦合计算)，F120+A2 断层采用 Burgers 蠕变模型，计算蠕变时间定为 360d。图 6-33 为 $t = 360$ d 时，考虑断层蠕变渗流耦合(实线)与非耦合作用(虚线)坝基渗流等势线分布对比图。

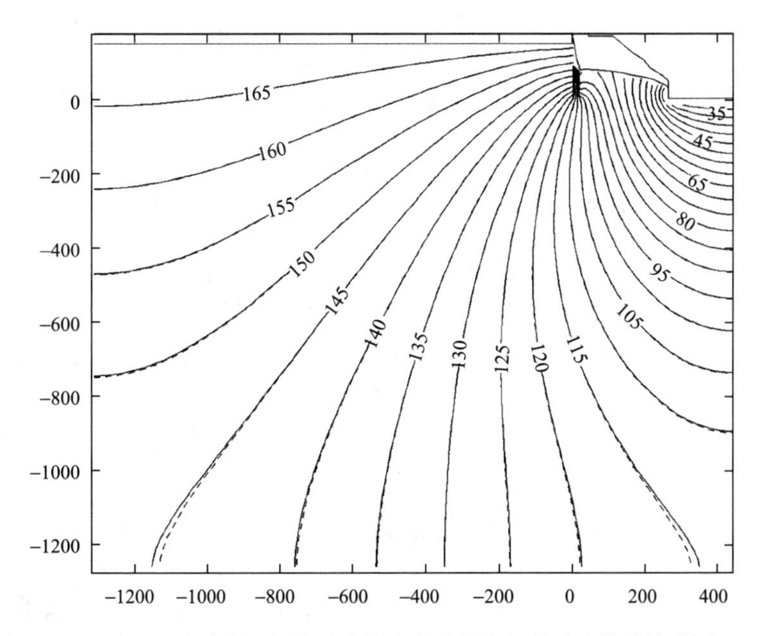

图 6-33　$t = 360$ d 考虑断层蠕变渗流耦合与非耦合坝基渗流等势线(单位：m)

由图 6-33 分析可知，考虑断层蠕变与渗流耦合时，水库蓄水使坝踵附近岩体受拉，渗透系数增大使库水更容易渗入坝基中，靠下游坝基岩体受压渗透系数减小使渗入的库水不易排出，帷幕下游侧测压管水头升高。由此可知，蠕变渗流耦合作用使坝体与坝基接触面下部的渗透压力增大，因此，蠕变渗流耦合能够更加客观地评价坝基渗流性态。

第 7 章　坝基渗流性态演变和转异监控模型

很多工程坝基往往存在部分断层贯穿坝体上下游且透水性强，断层倾向、走向、渗透系数等均对坝基渗流性态带来很大影响，成为大坝长期服役的安全隐患。下面结合坝基渗流监测资料，对坝基渗流场演变规律、渗流安全监控及渗流场转异进行较为系统的研究。

7.1　坝基渗流性态演变时序模型

坝基由于其渗流结构面的分形特性，渗透系数具有较强的不均匀性和各向异性，通过立方定律改进公式能将分形特性和平均意义下的渗透系数进行转换。但是，平均意义的渗透系数只能反映研究区域宏观的水力特性，而考虑分形特征的渗透系数则能较为客观地反映断层破裂面的细观水力特性，对研究坝基渗流特性有着重要的意义。

7.1.1　考虑断层面分形特性的坝基渗透系数反演方法

在渗流计算中，渗透系数的正确选取是渗流分析的重要环节，现场勘探的数据往往非常离散，室内试验受条件限制，与实际情况往往难以完全一致，这给计算参数的选取带来了很大的困难。因此，利用实测资料对坝基渗透系数进行反演分析是十分有必要的。在选取实测资料进行分析时，不同的监测点对渗流反演目标函数的影响程度各不相同，需要考虑不同位置监测点测值对参数反分析的敏感性影响。

7.1.1.1　坝基渗透系数反演分析模型

利用数值方法求解渗流反问题时，其结果往往是不适定的，直接求解渗透系数的解析解往往比较困难。渗透系数反演分析是以目标函数为控制条件，利用渗流正分析的适定性，假设待反演的渗透系数初值，求出各点对应的计算值，根据测值与计算值之差寻求极小值来修正参数，反复修正至满足允许的误差限为止[93]。这种方法不需要反求未知量，而是直接利用优化算法，计算精度高，能满足工程实际要求。

设坝基各分区材料渗透系数为 K_i（$i=1,2,\cdots,n$），下标 i 表示根据岩体透水性划分的第 i 个子区，n 为分区总数，主要包括断层渗透系数张量 K_{id} ($i=1,2,\cdots,r$)，

r 为岩层总数；防渗帷幕区域 K_{iw} $(i=r+1)$；排水孔区域 K_{ip} $(i=r+2)$；等效连续介质岩体区域 K_{ic} $(i=r+3,\cdots,n)$， $n-r-2$ 为区域总数。坝基各区域渗透系数张量 K

$$\begin{aligned}K&=\left[K_1,K_2,\cdots,K_n\right]\\&=\left[K_{1d},K_{2d},\cdots,K_{rd},K_{(r+1)w},K_{(r+2)p},K_{(r+3)c},\cdots,K_{nc}\right]\end{aligned} \tag{7-1}$$

以 $K_i^{\,j}$ $(j=1,2,3)$ 表示第 i 子区渗透系数张量的分量，根据实际情况，给定 $K_i^{\,j}$ 的上限 $\bar{K}_i^{\,j}$ 和下限 $\underline{K}_i^{\,j}$：

$$\underline{K}_i^{\,j}\leqslant K_i^{\,j}\leqslant \bar{K}_i^{\,j} \tag{7-2}$$

根据渗流区域内若干已知坐标位置的水头、渗流量监测值与计算值的相对误差，用加权最小二乘法建立目标函数：

$$F(K_i^{\,j})=\sum_{k=1}^{m}\omega_k\left(\frac{H_k^c-H_k^o}{H_k^o}\right)^2+\sum_{k=m+1}^{M}\omega_k\left(\frac{Q_k^c-Q_k^o}{Q_k^o}\right)^2 \tag{7-3}$$

式中：将水头相对误差与渗流量相对误差求和，这是由于通过水头值只能反演出各区域渗透系数比值，真实渗透系数必须用渗流量逼近，ω_k 为第 k 个监测点的权系数，M 为区域内监测点总数；H_k^c 和 H_k^o 分别为区域内第 k 个监测点的计算水位值和监测水位值水压分量，Q_k^c 和 Q_k^o 分别为区域内第 k 个监测点的计算渗流量值和监测渗流量水压分量。

当目标函数为 $F(K_i^{\,j})=\min$ 时，对应的渗透系数 K 即为待求值。在目标函数中采用了水头和渗流量的相对值，使目标函数成为无量纲的数值函数，从而可以避免在优化过程中因量纲问题引发的一些不合理现象，也便于判断算法收敛与否。同时，根据坝基的实际工程状况和地质条件等，可以获得待反演参数的取值范围，得到一组约束条件：

$$a_i\leqslant x_i\leqslant b_i \tag{7-4}$$

式中：a_i、b_i 分别为第 i 个参数 X_i 的最小值、最大值。

式(7-4)中的权系数是为了反映高敏感度测点的作用，改善反演分析的适定性。下面通过实测点水头值对目标参数的敏感性分析，确定权值 ω_j：

$$\omega_j=\frac{\partial H_j/\partial x_i}{\sum\limits_{j=1}^{n}\partial H_j/\partial x_i} \tag{7-5}$$

式中：$\partial H_j/\partial x_i$ 为第 j 个测点水头 H_j 对第 i 个参数 x_i 的敏感系数。

式(7-5)的权值计算方法，需要计算水头 $H_j(X)$ 对目标参数向量 X 的偏导数，一般采用差分法，以差分代替微分近似求水头对参数的偏导数，实际中常用一阶前差公式近似求导数：

$$\frac{\partial H_j}{\partial x_i}=\frac{H_j(X+\Delta x_i)-H_j(X)}{\Delta x_i} \tag{7-6}$$

通过选取合适的差分步长，可以实现测点水头值对目标未知参数的敏感性分析。

基于等效水力隙宽对单破裂面的渗透系数进行反演分析时，需要考虑材料的不均匀性和各向异性，根据立方定律，其渗透系数可以表示为

$$K=\frac{gb_c^2}{12\mu}\begin{bmatrix}1-\cos^2\alpha_1 & -\cos\alpha_2\cos\alpha_1 & -\cos\alpha_3\cos\alpha_1\\ -\cos\alpha_1\cos\alpha_2 & 1-\cos^2\alpha_2 & -\cos\alpha_3\cos\alpha_2\\ -\cos\alpha_1\cos\alpha_3 & -\cos\alpha_2\cos\alpha_3 & 1-\cos^2\alpha_3\end{bmatrix}$$
$$=\begin{bmatrix}K_{11} & K_{12} & K_{13}\\ K_{21} & K_{22} & K_{23}\\ K_{31} & K_{32} & K_{33}\end{bmatrix} \tag{7-7}$$

式中：$\cos\alpha_1$、$\cos\alpha_2$、$\cos\alpha_3$为断层法向矢量的方向余弦；b_c为等效水力隙宽；μ为水的运动黏滞系数。

式(7-7)中的渗透张量的各个分量即为单破裂面断层渗流反演分析时的待反演参数。

考虑断层结构面分形特性时，渗透系数受断层破裂面不同位置的开度影响，每一点的开度不同，对应渗透系数也不同，随空间位置发生变化，对应的渗透系数表达式为

$$k_{x,y}=\frac{g}{12\mu}b^2(x,y) \tag{7-8}$$

式中：$b(x,y)$为断层破裂面上的点(x,y)对应的断层开度值。

假设待反演的参数为$x_i(i=1,2,\cdots,m)$，通过式(7-8)可以求得破裂面对应位置的开度$b_i(i=1,2,\cdots,m)$。由于断层开度分布具有分形特性，可以按考虑断层结构面分形特性的渗流分析方法，应用分形理论模拟断层形态，得到研究区域的渗透系数分布，求解区域的渗流要素H_j，即可按式(7-3)建立反演目标函数。同样，可以对待反演参数设定上下限，结合不同位置测点的敏感性分析，通过优化算法求解渗透系数。由此，可建立考虑单破裂面断层分形特性的渗透系数反演方法。

7.1.1.2　渗透系数反演的量子遗传算法

渗透系数的反演优化方法从最初的单纯形法、最小二乘法，发展到人工神经网络、遗传算法、模拟退火算法等智能算法，这些优化方法都不同程度地存在着迭代次数多、收敛慢、无法得到全局最优解的现象。鉴于此，下面引入量子遗传算法[94]进行优化求解，量子遗传算法结合了量子计算与遗传算法两种算法的优点，克服了常规遗传算法进化方式选择的困难，可以达到优化求解目标函数的要求。

1) 量子比特编码

在量子遗传算法中，充当信息储存单元的物理介质是量子比特，是由两个量子态叠加而成，量子比特可以表示为

$$|\varphi\rangle=\alpha|0\rangle\beta|1\rangle \tag{7-9}$$

式中：$|0\rangle$、$|1\rangle$ 分别表示自旋向下态和自旋向上态；α、β 为幅常数，并满足 $|\alpha|^2+|\beta|^2=1$（$|\alpha|^2$ 表示量子处于自旋向下态的概率，$|\beta|^2$ 表示量子处于自旋向上态的概率）。

在量子遗传算法中，采用量子比特存储、表达一个染色体可以为“0”态、“1”态或者它们的任意叠加态，即该染色体表达的不再是某一确定的信息，而是包含所有可能的信息。

若个体由 m 个染色体组成，则每个个体可以表示为

$$q=\begin{bmatrix}\alpha_1 & \alpha_2 & \cdots & \alpha_m\\ \beta_1 & \beta_2 & \cdots & \beta_m\end{bmatrix} \tag{7-10}$$

2) 量子门更新

量子门是量子位最基本的操作，有很多种量子门操作，可根据具体问题进行选择，这里选取量子旋转门进行量子门操作。量子旋转门的调整操作为

$$U(\theta_i)=\begin{bmatrix}\cos(\theta_i) & -\sin(\theta_i)\\ \sin(\theta_i) & \cos(\theta_i)\end{bmatrix} \tag{7-11}$$

其更新过程为

$$\begin{bmatrix}\alpha_i'\\ \beta_i'\end{bmatrix}=U(\theta_i)\begin{bmatrix}\alpha_i\\ \beta_i\end{bmatrix}=\begin{bmatrix}\cos(\theta_i) & -\sin(\theta_i)\\ \sin(\theta_i) & \cos(\theta_i)\end{bmatrix}\begin{bmatrix}\alpha_i\\ \beta_i\end{bmatrix} \tag{7-12}$$

式中：$(\alpha_i,\beta_i)^{\mathrm{T}}$ 和 $(\alpha_i',\beta_i')^{\mathrm{T}}$ 分别是染色体第 i 个量子比特旋转门更新前、后的概率幅；θ 为旋转角。

旋转门更新如图 7-1 所示，量子比特位于第一、三象限时，θ 为正值（θ 逆时针旋转），将提高“0”状态的概率，而当 θ 为负值（θ 顺时针旋转），将提高“1”状态的概率；当量子比特位于第二、四象限时，θ 为正提高“1”状态的概率，为负提高“0”状态的概率。

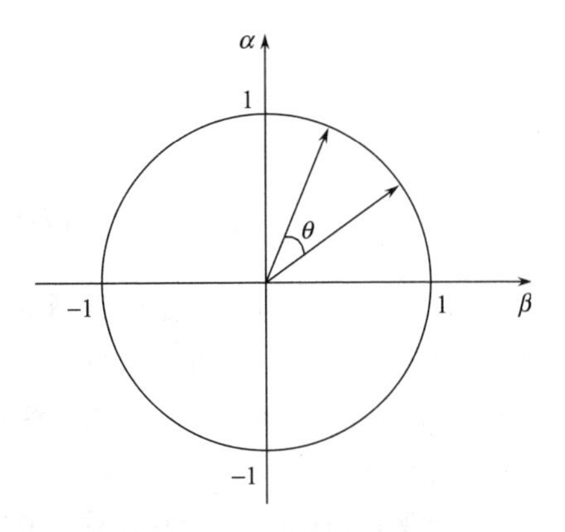

图 7-1　旋转量子门的坐标图

3) 量子遗传算法步骤

量子遗传算法对应的流程如图 7-2 所示，基本步骤如下。

步骤 1　初始化种群 $Q(t_0)$，生成以量子比特为编码的随机染色体；

步骤 2　对初始种群 $Q(t_0)$ 中的个体进行初次测量，得到相应的确定解 $P(t_0)$；

步骤 3　评估各确定解 $P(t_0)$ 的适应度值；

步骤 4　记录最优个体及其适应度值；

步骤 5　判断是否满足终止条件，若满足则退出，否则继续计算；

步骤 6　若不满足终止条件，则重新对种群 $Q(t)$ 中的每个个体进行一次测量，求出相应确定解；

步骤 7　评估各确定解 $P(t)$ 的适应度值；

步骤 8　对个体利用量子旋转门 $U(t)$ 实施调整，得到新种群 $Q(t+1)$；

步骤 9　记录最优个体及其适应度值；

步骤 10　迭代次数增加 1，并返回步骤 5 继续计算。

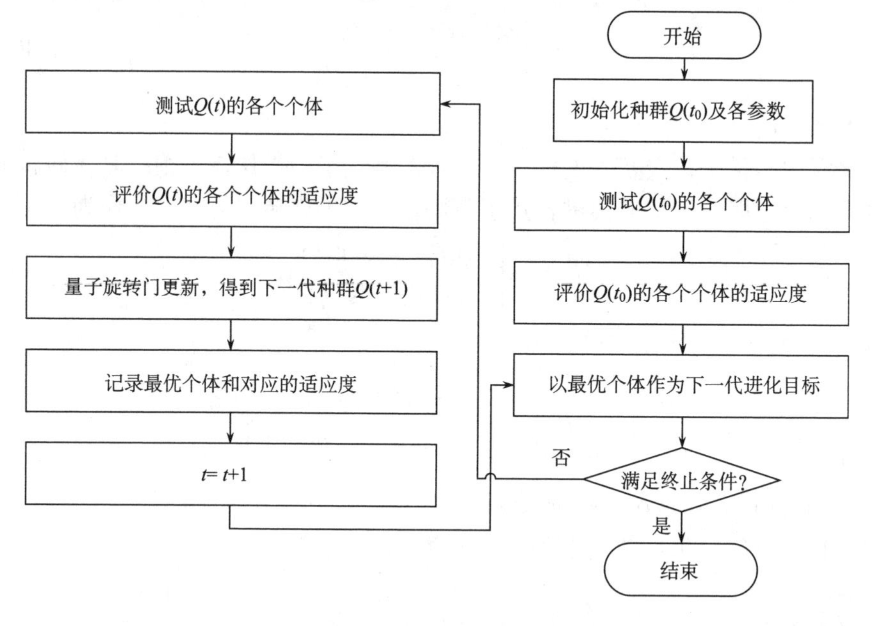

图 7-2　量子遗传算法流程

4) 基于量子遗传算法的渗透系数反演分析流程

量子遗传算法通过 MATLAB 语言来实现，通过编制 Seepage_QGAInverse.m 程序调用 ABAQUS 软件来实现渗透系数的反演分析。计算流程如图 7-3 所示，具体步骤如下。

步骤 1　在 MATLAB 程序中通过 system 命令调用 ABAQUS 进行渗流场计算；

步骤 2　通过 fopen 命令调用 ABAQUS 结果文件，计算目标函数；

步骤 3　利用编写的量子遗传算法程序对目标函数进行优化计算；

步骤 4　利用 MATLAB 中 strrep 命令修正 ABAQUS 命令流中待反演渗透系数，返回步骤 2，直到满足允许误差要求。

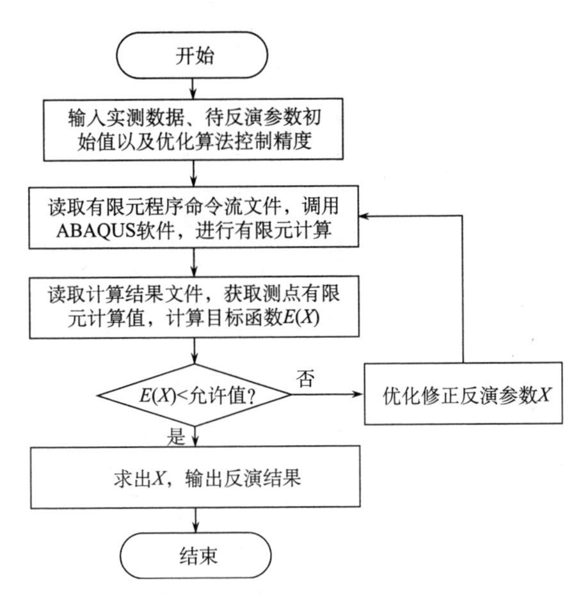

图 7-3　基于量子遗传算法的渗透系数反演程序流程

7.1.1.3　应用实例

仍以龙羊峡右岸坝基断层 F120+A2 为研究对象，假设该断层与周围无水力交换，即忽略水流在断层法向的流动，仅考虑水体沿断层的切向流动，将断层由多破裂面断层概化为单破裂面断层，断层附近布置的测点也随之概化到单破裂面断层区域内。三维有限元模型和概化后的二维模型分别如图 7-4 和图 7-5 所示。利

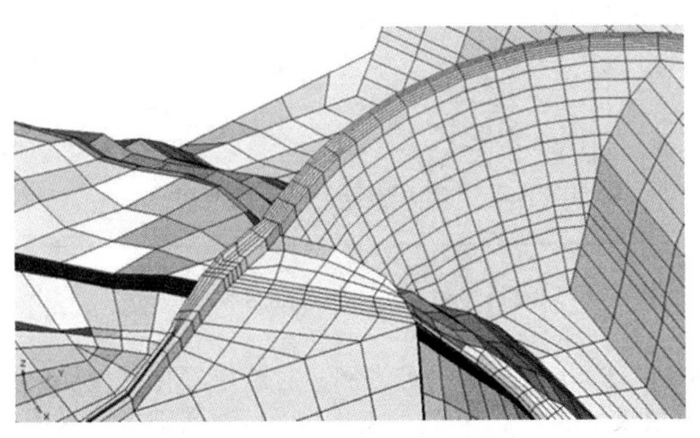

图 7-4　三维有限元模型

用概化后的单破裂面断层模型进行反演分析，共剖分3349个单元，3484个节点，以坝踵为坐标原点，考虑2463m、2497m和2530m三层廊道。该坝基断层剖面布置有6个测压管测点，分别为2463m高程DR1g-3、DR1P1-3、DR1P1-10、DR1P1-12，2497m高程的DR3g-6和2530m高程的DR5g-6，具体位置见图7-6。

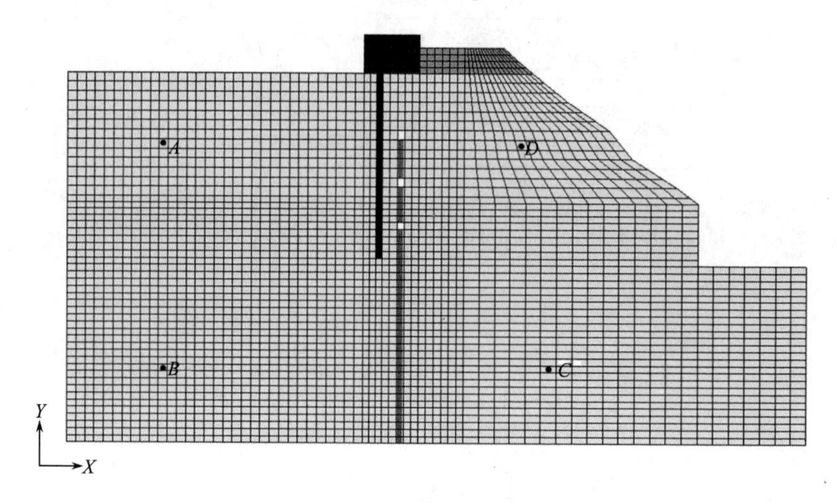

图7-5　概化有限元模型

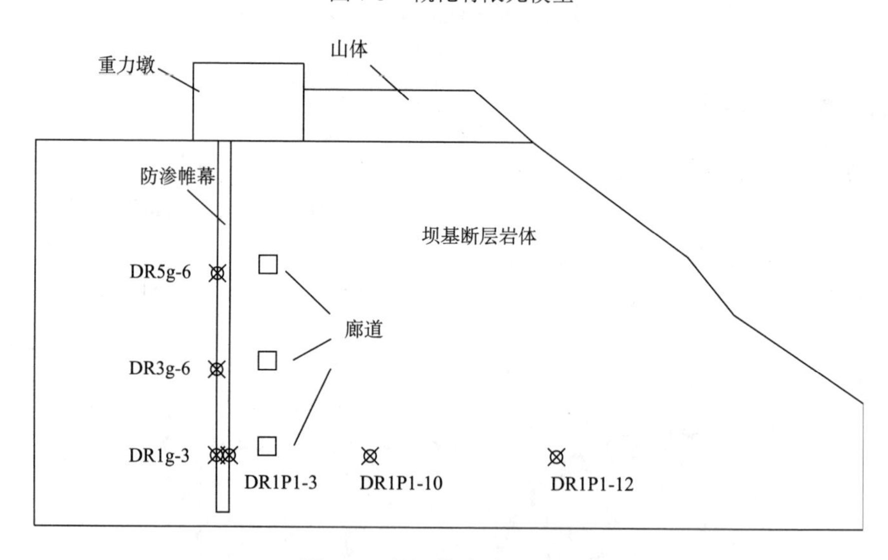

图7-6　断层单破裂面示意图

以图7-5中A、B、C、D四个点为例，对断层概化破裂面的渗透系数进行反演分析，其渗透系数分别为k_A、k_B、k_C、k_D；断层破裂面区域外的材料包括重力墩、山体和防渗帷幕，渗透系数分别为k_z、k_s和k_w，取重力墩渗透系数为

$k_z = 1\times10^{-9}$ m/s，待反演的参数为其余的 $x_1 \sim x_6$。山体下游侧和三层廊道四周均为排水边界。

为了研究不同测点对渗透系数反演效果的影响，按式(7-5)对参数敏感性进行分析，利用差分方程求解不同位置测点的权系数，具体如表 7-1 所示。

表 7-1 考虑分形特性反演的各测点权系数

测点编号	DR1g-3	DR1P1-3	DR1P1-10	DR1P1-12	DR3g-6	DR5g-6
权系数	0.193	0.175	0.167	0.143	0.178	0.145

结合各个测点的监测资料、上下游水位以及各个测点的权系数，利用量子遗传算法反演分析确定断层结构面的渗透系数，资料系列取 2005 年 6 月至 2006 年 6 月。首先对各测点监测资料建立统计模型，分离出水压分量作为参数反演分析的目标值，然后考虑到算法搜索性能和运算时间的要求，取种群个体总数为 10，采用二进制的量子比特编码。反演过程中，量子遗传算法适应度曲线如图 7-7 所示。限于篇幅，在表 7-2 中列出了 2005 年 12 月 1 日的反演分析结果及待反演渗透系数取值范围。

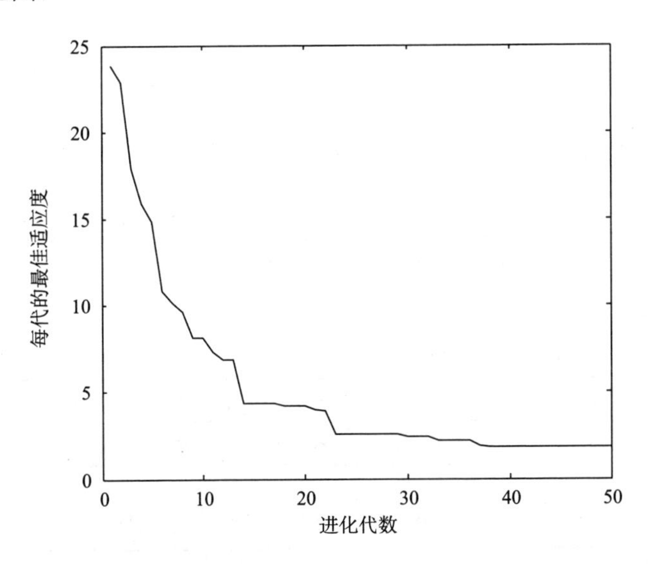

图 7-7 基于分形特性的量子遗传算法迭代适应度

利用量子遗传算法作为寻优方法，参数反演的目标函数的最优值为 1.85，能快速有效地进行坝基断层渗透系数反演分析。

为了验证反演结果的有效性，采用表 7-2 所示的渗透系数反演结果进行渗流有限元计算，得到测压管水位计算值与目标值的对照关系如表 7-3 所示。计算结果表明，采用基于分形特性的反演结果进行渗流有限元分析得到的测点计算值与目标值接近，说明了渗透系数反演分析结果的正确性。

表 7-2 基于分形特性渗透系数取值范围及反演结果 （单位：m/s）

区域名称	渗透系数取值范围		渗透系数反演值
	上限	下限	
A	1.0×10^{-4}	1.0×10^{-6}	2.14×10^{-6}
B	1.0×10^{-4}	1.0×10^{-6}	3.87×10^{-5}
C	1.0×10^{-4}	1.0×10^{-6}	7.64×10^{-5}
D	1.0×10^{-4}	1.0×10^{-6}	5.61×10^{-6}
山体	1.0×10^{-6}	1.0×10^{-8}	4.28×10^{-7}
防渗帷幕	1.0×10^{-7}	1.0×10^{-10}	3.49×10^{-8}

表 7-3 基于分形特性反演测点计算值与目标值对照表 （单位：m）

项目	DR1g-3	DR1P1-3	DR1P1-10	DR1P1-12	DR3g-6	DR5g-6
水头计算值	30.59	34.38	40.21	41.07	79.28	102.11
水头目标值	32.11	32.25	41.77	39.01	81.30	100.29
误差绝对值	1.52	2.13	1.56	2.06	2.02	1.82

同样地，利用常规的等效水力隙宽进行反演分析时，坝基断层区域的渗透系数在整个区域是平均的概念，待反演渗透系数为k_{f}，其他区域渗透系数中重力墩渗透系数为$k_{\mathrm{z}}=1\times10^{-9}\,\mathrm{m/s}$，待反演的为山体渗透系数$k_{\mathrm{s}}$和防渗帷幕渗透系数$k_{\mathrm{w}}$，对应的待反演的参数为$y_1$～$y_3$。反演分析目标函数的权系数值见表 7-4，反演结果见表 7-5。

表 7-4 常规反演中各测点对目标函数的权系数

测点编号	DR1g-3	DR1P1-3	DR1P1-10	DR1P1-12	DR3g-6	DR5g-6
权系数	0.1987	0.0832	0.0848	0.0758	0.3662	0.1913

表 7-5 常规反演渗透系数取值范围及反演结果 （单位：m/s）

区域名称	渗透系数取值范围		渗透系数反演值
	上限	下限	
坝基断层平均渗透系数	1.0×10^{-4}	1.0×10^{-6}	2.35×10^{-5}
山体	1.0×10^{-6}	1.0×10^{-8}	6.61×10^{-7}
防渗帷幕	1.0×10^{-7}	1.0×10^{-10}	1.74×10^{-8}

常规反演时，利用量子遗传算法作为寻优方法进行参数反演的迭代适应度如图 7-8 所示，最终目标函数的最优化值为 3.46。

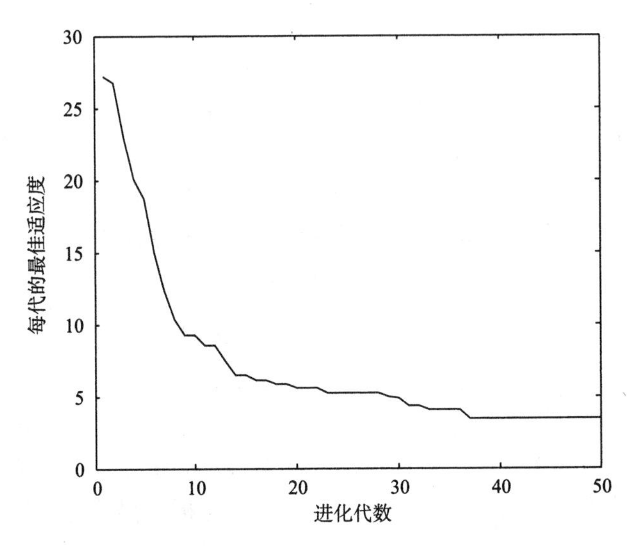

图 7-8　常规反演量子遗传算法迭代适应度

采用表 7-5 所示的渗透系数反演结果进行渗流有限元计算，得到测压管水位计算值与目标值的对照关系如表 7-6 所示。从表 7-6 可以看出，反演目标函数的最终值比分形模拟方法大，各测点计算值与目标值相差较大，这与常规反演分析方法没有考虑断层结构面的形态有关。

表 7-6　常规反演测点计算值与目标值对照表　　（单位：m）

项目	DR1g-3	DR1P1-3	DR1P1-10	DR1P1-12	DR3g-6	DR5g-6
水头计算值	35.64	35.68	37.98	41.58	84.29	104.58
水头目标值	32.11	32.25	41.77	39.01	81.30	100.29
误差绝对值	3.53	3.43	3.79	2.57	2.99	4.29

以上分析表明，利用分形特性对坝基岩体断层渗透系数进行反演分析，计算结果体现了坝基岩体断层沟槽流、绕流现象中渗透系数是随着空间位置的不同而不断变化的客观情况，能更客观地反映断层破裂面的渗流特性，这对把握坝基岩体断层的水力特性，监控坝基渗流性态有着重要的意义。

7.1.2　坝基渗流演变规律和时序模型

结合渗流监测资料，对反映坝基渗流性态的演变规律的研究，能间接了解坝基渗透性随时间的演变过程。而坝基渗流性态的变化其实质是渗透系数随时间的演变过程，因此，前文合理确定坝基渗透系数是分析其渗流演变规律的关键。

坝基各区域渗透系数是空间场(x,y,z)、时间t的函数

$$k = k(x,y,z,t) \tag{7-13}$$

坝基渗流状态(包括扬压力和渗流量等)跟环境量和坝基各区域的渗透系数有关，假设t时刻水压引起的坝基渗流状态为$Y_H=(x,y,z,t)$，上游水位$h_{\mathrm{u}}(t)$，下游水位$h_{\mathrm{d}}(t)$，坝基渗透系数为$k(x,y,z,t)$，则坝基渗流状态可以表示为

$$Y_H(x,y,z,t) = S\left[k(x,y,z,t), h_{\mathrm{u}}(t), h_{\mathrm{d}}(t)\right] \tag{7-14}$$

$$Y_H(x,y,z,t) = Y(x,y,z,t) - \left[Y_T(x,y,z,t) + Y_\theta(x,y,z,t)\right] \tag{7-15}$$

式中：$Y(x,y,z,t)$为坝基渗流统计模型中渗流状态拟合值；$Y_H(x,y,z,t)$、$Y_T(x,y,z,t)$及$Y_\theta(x,y,z,t)$分别为水压分量、温度分量和时效分量。

由式(7-14)可知，当环境量不变时，坝基渗流状态只与渗透系数有关；当渗透系数不变时，坝基渗流状态便只与环境量有关。如果能够找到某一时刻坝基渗流状态与环境量的关系表达式，就可以通过反演分析求得该时刻坝基各区域的渗透系数，即

$$k(x,y,z,t) = G\left[Y_H(x,y,z,t), h_{\mathrm{u}}(t), h_{\mathrm{d}}(t)\right] \tag{7-16}$$

坝基渗流特性的变化主要是由断层、防渗帷幕、排水及等效连续介质岩体区域渗透系数的变化引起，根据上述坝基渗透系数反演分析模型，得到各个典型时刻坝基各区域的渗透系数。坝基渗透系数随时间的演变规律可分为4种(图7-9)，分别为：逐渐减小，以不断变小的速率增大并逐渐趋于稳定，以某一恒定的速率增大，以逐渐增大的速率增大。

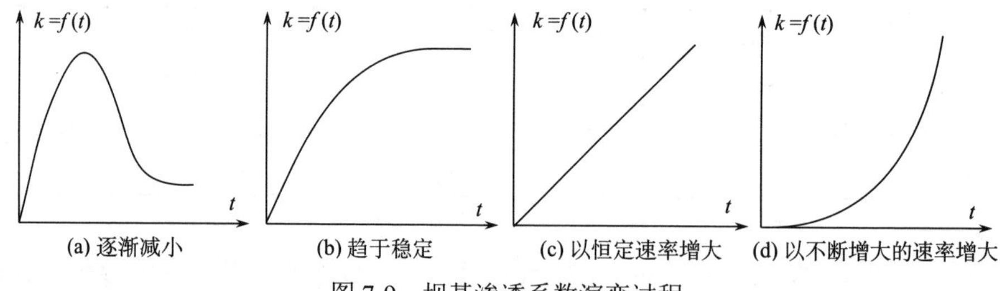

图7-9　坝基渗透系数演变过程

(1)渗透系数随时间逐渐减小，如图7-9(a)中曲线所示，有

$$\frac{\mathrm{d}f(t)}{\mathrm{d}t} < 0 \tag{7-17}$$

这种演变规律对应于坝基断层内部的充填物在水流的长期运移作用下，致使断层内部发生淤塞现象，此时断层的导水性变弱，有利于坝基的渗流稳定，坝基

渗流处于正常运行状态。

(2)渗透系数随时间以不断变小的速率增大并逐渐趋于稳定，如图 7-9(b)中曲线所示，有

$$\frac{\mathrm{d}f(t)}{\mathrm{d}t}>0 \text{ 且 } \frac{\mathrm{d}^2 f(t)}{\mathrm{d}t^2}<0 \tag{7-18}$$

这种演变规律对应于坝基断层内部充填物的分布在水流的长期作用下逐渐趋于平衡，此时，断层的导水性能逐步趋于稳定，坝基渗流亦处于正常运行状态。

(3)渗透系数随着时间以恒定的速率逐渐增大，如图 7-9(c)中曲线所示，有

$$\frac{\mathrm{d}f(t)}{\mathrm{d}t}>0 \text{ 且 } \frac{\mathrm{d}^2 f(t)}{\mathrm{d}t^2}=0 \tag{7-19}$$

这种演变规律对应于坝基断层在长期的高水头作用下，断层内部的充填颗粒逐渐被带走，断层的渗透系数逐渐变大，渗漏量增大，坝基渗流处于异常状态。

(4)渗透系数随着时间以不断增大的速率增大，如图 7-9(d)中曲线所示，有

$$\frac{\mathrm{d}f(t)}{\mathrm{d}t}\gg 0 \text{ 且 } \frac{\mathrm{d}^2 f(t)}{\mathrm{d}t^2}>0 \tag{7-20}$$

这种演变规律对应于坝基断层渗漏量以不断增大的速率增大，此时断层已成为强透水性渗漏通道，是最为不利的情况，坝基渗流处于危险状态。

以上将坝基渗透系数随时间的演变规律分为 4 种类型，在此基础上，选择合适的方程对渗透系数随时间的演变规律进行曲线拟合，即可建立坝基渗流演变时序模型。由坝基渗透系数反演分析模型，得到不同监测时段各个区域的渗透系数计算值序列，对各岩层计算值绘制渗透系数过程线，并选择函数进行拟合得到的坝基渗流演变时序模型有如下 4 种形式：

$$k(z,t)=f(z,t)=\begin{cases} a_0(z)+a_1(z)\mathrm{e}^{a_2(z)t}, & a_1(z)>0, a_2(z)<0 \quad \text{(a)} \\ a_0(z)+\sum\limits_{i=1}^{s} a_i(z)t^i & \text{(b)} \\ a_0(z)+a_1(z)t & \text{(c)} \\ a_0(z)+a_1(z)\mathrm{e}^{a_2(z)t}, & a_1(z)>0, a_2(z)>0 \quad \text{(d)} \end{cases} \tag{7-21}$$

式中：(a)、(b)、(c)、(d)分别对应于图 7-9(a)、(b)、(c)及(d)的演变曲线。

由于坝基不同深度渗透系数的拟合曲线往往不相同，主要表现为拟合系数 a_0、a_1、a_2、a_i 随深度 z 而发生变化。因此，拟合系数可表示为 $a_0(z)$、$a_1(z)$、$a_2(z)$、$a_i(z)$（为深度 z 的函数），$k(z,t)$ 表示为深度 z 处于与时间 t 有关的渗透系数。当渗透系数沿着曲线 a 变化时，指数函数表达式中，$a_0(z)$ 为稳定渗透系数；$a_1(z)>0$ 为渗透系数衰减幅度；$a_2(z)<0$，为渗透系数衰减速度。当渗透系数沿着曲线(b)或(c)发生变化时，渗透系数随时间演变可采用多项式表达。当渗透系数沿着曲线

(d)发生变化时，指数函数表达式中，$a_0(z)$为初始渗透系数；$a_1(z)>0$为渗透系数增大幅度；$a_2(z)>0$，为渗透系数增大速度。

通过以上对坝基渗透系数演变规律分析，由式(7-21)所示的(a)、(b)、(c)、(d)4种渗透系数演变时序模型，表征坝基渗流处于正常、正常、异常及危险状态，据此可评判坝基渗流性态。

7.2 坝基渗流安全监控模型

坝基断层作为集中漏水通道，对大坝安全服役产生不利影响，当渗流要素一旦超过允许值，就会出现破坏。影响坝基渗流的主要因素有库水位、降雨、温度及时效等，且库水位、降雨对坝基渗流影响具有一定的滞后效应，滞后机理由于断层的存在变得更为复杂，通常难以用数学模型求得滞后时间。下面利用渗流监测资料，建立考虑库水位、降雨滞后效应的坝基测压管水位监控模型和断层影响下的坝基渗流量监控模型。

7.2.1 坝基测压管水位安全监控模型

库水位和降雨是影响坝基渗流的重要因素，根据坝基不同深度的测压管水位监测资料，可研究上游库水位和降雨对坝基不同深度的渗流滞后规律。

测压管水位h的变化往往要滞后于库水位H的变化，如图7-10所示，测压管水位出现峰谷值的时刻要比库水位达到峰谷值的时刻滞后，存在滞后时间差$\Delta t = t_2 - t_1$。

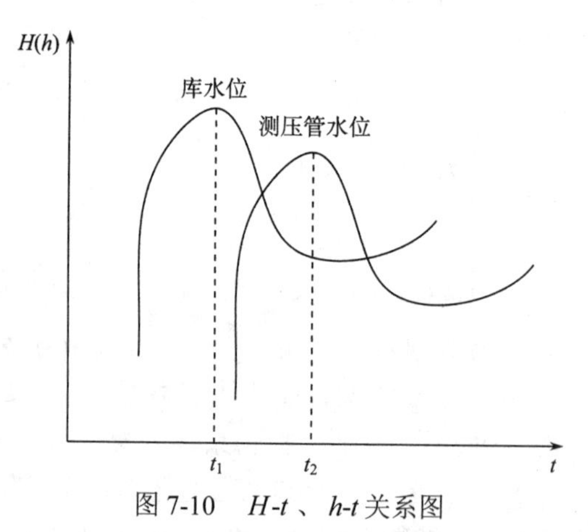

图7-10 H-t、h-t关系图

库水位变化对渗流的滞后原因归纳起来有下列几个方面：①渗流场介质的影响，在水压力传递过程中，渗流场内的水压力传递与渗流场介质的物理特性有关；

②非稳定渗流的影响，大坝运行过程中，库水位是连续变化的，坝基渗流是库水位变动时非稳定渗流瞬时状态的反映，非稳定渗流是造成渗流场滞后于库水位变化的主要影响因素；③坝基深度方向的不同监测部位以及不同的监测方式，都会影响库水压力对渗流的滞后效应，如用于测压管管径越大，其滞后时间也就越长。

同样，与库水位的滞后影响类似，降雨对坝基渗流场的影响也具有一定的滞后效应。降雨的滞后原因可归纳为：①坝基渗流场介质的物理性质，水压力传递的速度与介质有关；②非稳定渗流的影响，主要是降雨引起地下水位的变化，而受地下水位变化影响的介质，其充水和放水都需要时间，这种降雨引起的非稳定渗流的瞬时状态主要通过测压管水位测值变化反映；③测压管充(放)水也需要时间，介质中水位的升降早于测压管水位，并且测压管管径的大小也影响滞后时间，管径越小，滞后时间越短。

下面根据坝基不同深度测压管监测资料，在考虑库水位、降雨滞后效应的常规方法基础上，针对现存问题，提出考虑库水位、降雨滞后的改进分析方法，并综合考虑温度、时效的影响，建立坝基测压管水位安全监控模型。

7.2.1.1　库水位、降雨滞后效应的常规分析方法

1. 库水位滞后效应的常规分析方法

1) 前期库水位法

一般采用前 i 天库水位的平均值作为因子，如前 1 天、2 天、5 天、10 天等的平均库水位作为因子。水压分量可以表示为

$$H_{\mathrm{d}} = \sum_{i=1}^{n} a_i \overline{d}_i \tag{7-22}$$

式中：$\overline{d}_i$ 为前 $i(i = 1,2,5,10,\cdots,n)$ 天的平均库水位；a_i 为回归系数。

选用前期库水位的平均值作为模型因子，有时甚至会选入前一个月的平均水位，很难合理解释。实际上，平均的概念较笼统，库水位对渗流的作用是逐渐上升，并逐渐下降的过程，而不应是平均过程。此外，前期库水位法无法考虑断层渗流特性对测压管水位的影响。

2) 等效库水位法

等效库水位法考虑到上游库水位对渗流的作用也许是当天就达到最大效果，也许是在第 2 天、第 3 天甚至更迟，但这之前已经开始有一定作用，在这之后也不会马上失去作用。因此，该方法认为上游库水位变化对坝基渗流的影响是逐渐上升，然后逐渐下降的过程，而不是平均的过程。

滞后影响函数 $P(t)$ 呈正态分布曲线，如图 7-11 所示，可表示为

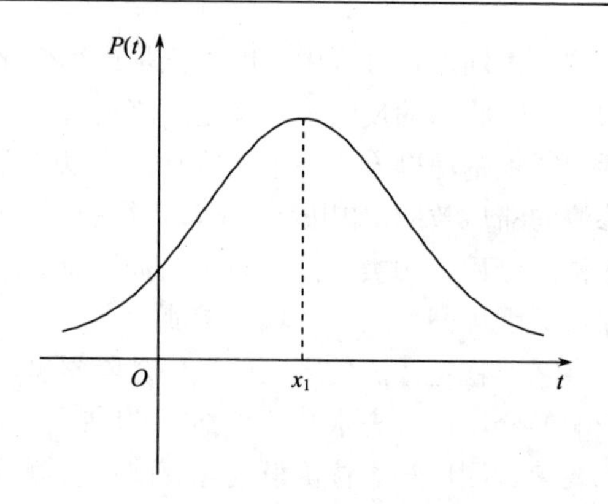

图 7-11　水位滞后影响函数曲线

$$P(t)=\frac{1}{\alpha_1}\frac{1}{\sqrt{2\pi}x_2}\mathrm{e}^{\frac{-(t-x_1)^2}{2x_2^2}} \tag{7-23}$$

$$\alpha_1=\int_{-\infty}^{t_0}\frac{1}{\sqrt{2\pi}x_2}\mathrm{e}^{\frac{-(t-x_1)^2}{2x_2^2}}\mathrm{d}t \tag{7-24}$$

式中：α_1 为调整参数；x_1 为水位滞后天数；x_2 为水位影响正态分布标准差。

$t=t_0$ 时刻对应的等效水位 H_d' 可以表示为

$$H_\mathrm{d}'=\int_{-\infty}^{t_0}P(t)H(t)\mathrm{d}t=\int_{-\infty}^{t_0}\frac{1}{\alpha_1}\frac{1}{\sqrt{2\pi}x_2}\mathrm{e}^{\frac{-(t-x_1)^2}{2x_2^2}}H(t)\mathrm{d}t \tag{7-25}$$

水压分量 H_d 可表示为

$$H_\mathrm{d}=b_1H_\mathrm{d}'=b_1\int_{-\infty}^{t_0}\frac{1}{\alpha_1}\frac{1}{\sqrt{2\pi}x_2}\mathrm{e}^{\frac{-(t-x_1)^2}{2x_2^2}}H(t)\mathrm{d}t \tag{7-26}$$

式中：b_1 为回归系数；x_1 为待定的水位滞后天数；x_2 为待定的水位影响正态分布标准差；$H(t)$ 为 t 时刻的水位。

等效库水位法是对前期库水位法的改进，但不同库水位的影响过程并不一定符合正态分布的分布规律。另外，水位滞后天数 x_1 在不同时间段具有不同数值，该方法同样无法考虑断层渗流特性对测压管水位影响的特殊性。

3) 考虑库水位滞后的有限元方法

通过实测资料可以得到各测压管水位影响函数式(7-23)，由式(7-25)计算出相应的等效水位；用稳定渗流有限元计算对应等效库水位时的各测压管水位，即考虑了非稳定渗流的影响。

假设坝基各区域的渗透系数为 k，用稳定渗流有限元计算不同上游水深 H_d' 对应的测压管水位 H_d，则 H_d 与 H_d' 之间可用多项式表示：

$$H_{\mathrm{d}} = \sum_{i=0}^{m} a_i H_{\mathrm{d}}'^{i} \tag{7-27}$$

式中：H_{d} 为测压管水位的计算值；a_i 为系数；H_{d}' 为考虑滞后作用的上游等效库水位；m 可根据计算区渗透特性取值，简化计算可取 $m=1$。

由于 a_i 是在假设渗透系数下求得的，因而由渗流有限元计算求得的渗流监测量与实测值有差异，对式(7-27)根据实测渗流进行调整：

$$H_{\mathrm{D}} = XH_{\mathrm{d}} = X\sum_{i=0}^{m} a_i H_{\mathrm{d}}'^{i} \tag{7-28}$$

式中：X 为调整系数。

考虑库水位滞后的有限元法计算测压管水位时，虽然考虑了断层渗流特性对测压管水位的影响，但是存在与等效库水位法类似的问题：不同库水位的影响过程并不一定呈正态分布规律，另外水位滞后天数 x_1 在不同时间段具有不同数值。

2. 降雨滞后效应的常规分析方法

1)前期降雨量法

采用前 i 天降雨量的平均值作为因子，如前 1 天、2 天、5 天、10 天等的平均降雨量作为因子。降雨分量可以表示为

$$H_{\mathrm{p}} = \sum_{i=1}^{n} b_i \overline{p}_i \tag{7-29}$$

式中：$\overline{p}_i$ 为前 $i(i=1,2,5,10,\cdots,n)$ 天的平均降雨量；b_i 为回归系数。

渗流监测资料表明，渗流变化要滞后于降雨一段时间，选用前期降雨量的平均值作为因子主要有以下缺陷：①降雨对测压管的影响是通过前 5 天平均降雨量、前 10 天平均降雨量，甚至是前一个月的平均降雨量来反映，而对实测资料的分析表明，降雨的实际影响时间并没有这么长，所以选用较长时期内的平均降雨量作为模型的因子难以解释且不合理；②不能反映降雨对渗流影响呈非线性的过程和断层对测压管水位的影响。

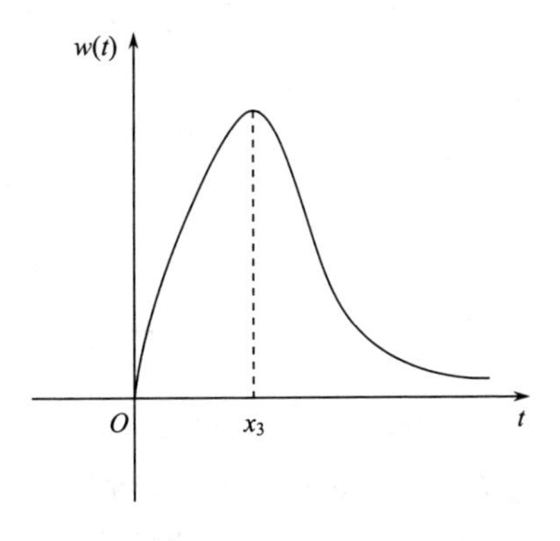

图 7-12　降雨滞后影响曲线

2)等效降雨量法

等效降雨量法考虑了降雨对渗流的滞后作用是一个“逐渐产生→显著影响→影响消失”的过程。用对数正态分布曲线来描述这一过程，降雨滞后影响曲线如图 7-12 所示。

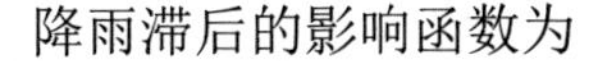
降雨滞后的影响函数为

$$w(t)=\frac{1}{\alpha_2}\frac{1}{\sqrt{2\pi}x_4 t}\mathrm{e}^{\frac{-(\ln t-x_3)^2}{2x_4^2}} \tag{7-30}$$

$$\alpha_2=\int_{-\infty}^{t_0}\frac{1}{\sqrt{2\pi}x_4 t}\mathrm{e}^{\frac{-(\ln t-x_3)^2}{2x_4^2}}\mathrm{d}t \tag{7-31}$$

式中：α_2 为调整参数；x_3 为降雨滞后天数；x_4 为降雨影响分布参数。

$t=t_0$ 时刻对应的等效降雨量 H'_{p} 可以表示为

$$H'_{\mathrm{p}}=\int_{-\infty}^{t_0}w(t)\left[R(t)\right]^{2/5}\mathrm{d}t=\int_{-\infty}^{t_0}\frac{1}{\alpha_2}\frac{1}{\sqrt{2\pi}x_4 t}\mathrm{e}^{\frac{-(\ln t-x_3)^2}{2x_4^2}}\left[R(t)\right]^{2/5}\mathrm{d}t \tag{7-32}$$

降雨分量 H_{p} 可表示为

$$H_{\mathrm{p}}=b_2H'_{\mathrm{p}}=b_2\int_{-\infty}^{t_0}\frac{1}{\alpha_2}\frac{1}{\sqrt{2\pi}x_4 t}\mathrm{e}^{\frac{-(\ln t-x_3)^2}{2x_4^2}}\left[R(t)\right]^{2/5}\mathrm{d}t \tag{7-33}$$

式中：$R(t)$ 为 t 时刻的降雨量；2/5 为降雨入渗指数；b_2 为回归系数；x_3 为待定的降雨滞后天数；x_4 为待定的降雨影响分布参数。

等效降雨量法是对前期降雨量法的改进，通过引入更多的参数能有效地提高模型的精度，但等效降雨量法也有自身的缺陷，主要表现在：①对实测资料的分析发现，不同雨型的降雨过程并不都符合对数正态分布的分布规律；②参数的确定过程中先要对雨型进行分析，再进行试算，工作量大且难以精确模拟降雨的影响；③根据工程经验要取降雨量的 2/5 次方，从而使降雨量显得平滑，物理意义不明确。同样，等效降雨量法无法考虑断层对测压管水位的影响。

3）参数非线性估计法

降雨对坝基渗流的影响表现为一次降雨完毕，测压管约需一段时间才能恢复正常。因此，先对测压管监测资料进行筛选，选取无降雨影响的测压管水位测值序列，对其建立统计模型

$$H'=H_D+H_T+H_\theta \tag{7-34}$$

并求得降雨影响期监测资料中测压管水位的降雨分量：

$$H_{\mathrm{p}}=H-H'=H-(H_D+H_T+H_\theta) \tag{7-35}$$

式中：H_{p} 表示降雨分量；H 为实测测压管水压；H' 为统计模型计算值；H_D、H_T 和 H_θ 分别是库水位水压分量、温度分量和时效分量的计算值。

降雨对测压管水位的影响呈指数函数变化，可以用下式拟合：

$$H_p = \sum_{j=1}^{i} K_1 (10 I_j) e^{-K_2 t_j} \tag{7-36}$$

式中：H_p 为降雨引起的测压管水位分量；I_j 为第 j 次降雨强度；t_j 为从起始降雨日至第 j 次降雨日的天数；i 为从起始降雨日至监测日的天数；K_1、K_2 为与降雨、测压管水位监测部位所处坝基深度、断层及等效连续岩体等因素有关的综合影响系数。

参数非线性估计法反映的降雨对测压管水位的影响在降雨当日达到最大，而后呈指数衰减，这并未能反映降雨对坝基渗流的实际影响情况。

7.2.1.2　库水位、降雨滞后效应的改进分析方法

1. 确定水压分量的混合方法

通过对测压管水位和上游库水位监测资料分析可知，测压管水位的变化往往要滞后于上游库水位的变化。若某一段时间内，上游库水位逐步上升，相应地，测压管水位也逐步上升，当上游库水位由持续上升转为开始下降，此时，测压管水位仍会保持上升趋势一段时间并开始下降；同理，上游库水位在由持续下降并转为上升时，测压管水位仍将下降一段时间后才开始上升。因此，若以测压管水位为横坐标、上游库水位为纵坐标，绘制两者的关系曲线如图 7-13 所示。

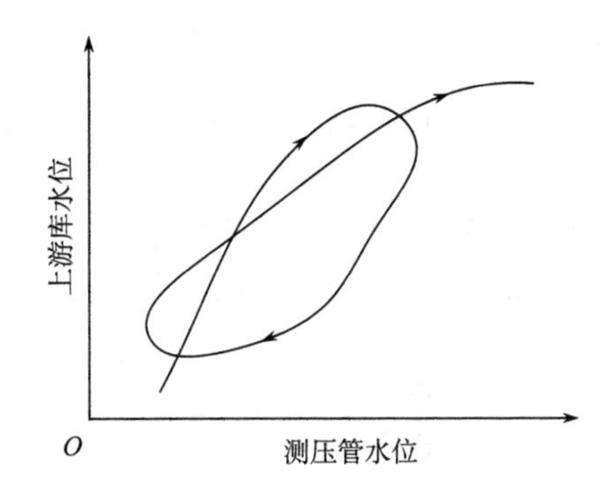

图 7-13　测压管水位与上游库水位关系线

选取无降雨影响的某测压管水位监测序列，滞后天数对某一测压管来说是不断变化的，可根据非稳定渗流的方法求出上游库水位变化时测压管水位的相关且不同步的关系曲线，找出测压管水位与上游库水位变化的定量关系，计算出其曲线形状，以符合实际变化规律。

假设坝基处于稳定渗流状态，其上游库水位 H 和测压管水位 h 保持不变。当上游库水位在某一监测日 t_1 上升（或下降）单位高度，之后又维持稳定，如图 7-14 中 $a(a')$ 线所示。则测压管水位必然由一直保持的 h 水位上升（或下降）至 m_1 或 m_1'，第二天上升（或下降）至 m_2 或 m_2'……第 n 天上升（或下降）至 m_n 或 m_n'，当 n 相当大时，趋于某一定值，即稳定渗流所对应的水位，连接 m_1，m_2，m_3，…，m_n 得 m 曲线，代表非稳定渗流的变化过程。稳定渗流忽略了这一过程，认为当上游库水位 H 上升（或下降）到 $a(a')$ 线的同时，h 亦上升（或下降）到 $b(b')$。这就是稳定渗流与非稳定渗流的根本区别。其中，m 曲线可通过对测压管监测资料拟合所得。

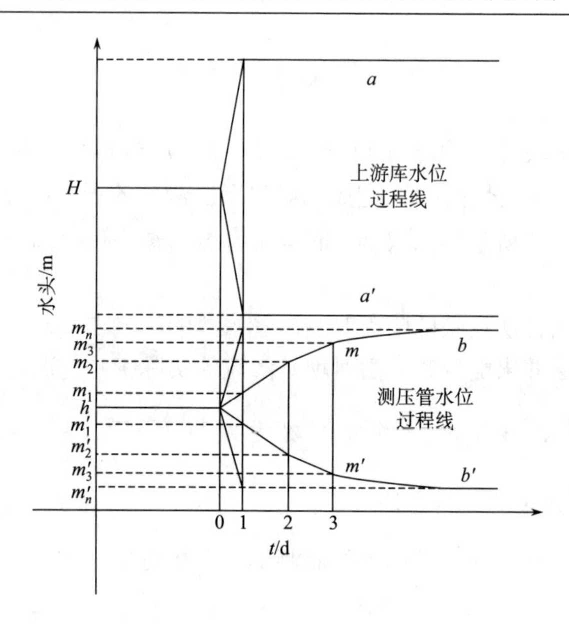

图 7-14　测压管水位稳定与非稳定渗流过程线

通过对 m 曲线的分析可知，当某监测日、监测日前 1 天、监测日前 2 天……监测日前 n 天上游库水位上升分别为 ΔH 、 ΔH_1 、 ΔH_2 、…、 ΔH_n 时，则对当日测压管水位的影响分别为 $m_1\Delta H$ 、 $m_2\Delta H_1$ 、 $m_3\Delta H_2$ 、…、 $m_{n+1}\Delta H_n$ ，当 n 足够大时， $m_{n+1}-m_n\approx 0$ ，则测压管水位变化量只需计算有限项数即可满足精度要求，测压管水位总的变化可表示为

$$\Delta h=m_1\Delta H+m_2\Delta H_1+m_3\Delta H_2+\cdots+m_n\Delta H_{n-1}+m_{n+1}\Delta H_n \tag{7-37}$$

令 $M=m_1+m_2+m_3+\cdots+m_n+m_{n+1}$ ，在式(7-37)两边同时除以 M 得

$$\frac{\Delta h}{M}=\frac{m_1}{M}\Delta H+\frac{m_2}{M}\Delta H_1+\frac{m_3}{M}\Delta H_2+\cdots+\frac{m_n}{M}\Delta H_{n-1}+\frac{m_{n+1}}{M}\Delta H_n \tag{7-38}$$

由 $\frac{m_1}{M},\frac{m_2}{M},\frac{m_3}{M},\cdots,\frac{m_n}{M},\frac{m_{n+1}}{M}>0$ ，且 $1=\frac{m_1}{M}+\frac{m_2}{M}+\frac{m_3}{M}+\cdots+\frac{m_n}{M}+\frac{m_{n+1}}{M}$ 可知，存在以 t_i 作为离散型随机变量的概率分布 $P(X)$ ，使得

$$P(X=t_{i+1})=p_{i+1}\ (i=0,1,2,3,\cdots,n) \tag{7-39}$$

式中： t_{i+1} 表示前 i ($i=0,1,2,5,10,\cdots,n$) 天； $p_{i+1}=\frac{m_1}{M},\frac{m_2}{M},\frac{m_3}{M},\cdots,\frac{m_n}{M},\frac{m_{n+1}}{M}$ ($i=0,1,2,3,\cdots,n$)，表示前 i 天上游库水位变化量对测压管水位变化量的影响权重。

设 ΔH_d 为某等效库水位变化量，在其作用下该测点在同一监测日有相同的测值，则 ΔH_d 可表述为

$$\begin{aligned}\Delta H_{\mathrm{d}} &= \varphi\left(\Delta H_1, \Delta H_2, \cdots, \Delta H_i, \cdots, \Delta H_n, p_1, p_2, \cdots, p_i, \cdots, p_n\right) \\ &= \frac{m_1}{M}\Delta H + \frac{m_2}{M}\Delta H_1 + \frac{m_3}{M}\Delta H_2 + \cdots + \frac{m_n}{M}\Delta H_{n-1} + \frac{m_{n+1}}{M}\Delta H_n\end{aligned} \tag{7-40}$$

则 Δh 可表示为

$$\begin{aligned}\Delta h = M \cdot \Delta H_{\mathrm{d}} &= M \cdot \left(\frac{m_1}{M}\Delta H + \frac{m_2}{M}\Delta H_1 + \frac{m_3}{M}\Delta H_2 + \cdots + \frac{m_n}{M}\Delta H_{n-1} + \frac{m_{n+1}}{M}\Delta H_n\right) \\ &= M \cdot \left[\sum_{i=0}^{n} p(t_{i+1}) \cdot \Delta H(t_i)\right]\end{aligned} \tag{7-41}$$

故考虑滞后作用的上游等效库水位 H'_{d} 及相应的测压管水位 H_{d} 可以表示为

$$H'_{\mathrm{d}} = H_{\mathrm{d}0} + \Delta H_{\mathrm{d}} \tag{7-42}$$

$$H_{\mathrm{d}} = h_0 + \Delta h \tag{7-43}$$

式中：h_0、$H_{\mathrm{d}0}$ 分别表示非稳定渗流开始前的初始上游库水位和初始测压管水位。

以上的推导都是基于渗流监测资料而得。在此基础上，将由式(7-42)计算的相应等效库水位，利用前面建立的坝基渗流有限元模型计算对应等效库水位时的各测压管水位，即既考虑了坝基断层坝基渗流特性对测压管水位的影响，又考虑了坝基非稳定渗流的影响。

将 H'_{d} 与 H_{d} 代入式(7-27)，则 H_{d} 与 H'_{d} 之间可用多项式表示：

$$H_{\mathrm{d}} = \sum_{i=0}^{m} a_i H'^{i}_{\mathrm{d}} \tag{7-44}$$

考虑到 a_i 是在假设坝基各区域渗透系数下求得的，因而由三维渗流有限元求得的渗流监测量与实际测值有差异，以 X 作为渗流监测量的调整系数，对式(7-44)根据实测测压管水位进行调整得

$$H_D = XH_{\mathrm{d}} = X\sum_{i=0}^{m} a_i H'^{i}_{\mathrm{d}} \tag{7-45}$$

2. 确定降雨分量的优化方法

上面针对测压管水位滞后上游库水位变化的天数对某一测压管来说是不断变化的问题，通过采用改进的考虑库水位滞后的混合法模拟库水位对渗流的滞后效应，得到了很好的解决。采用的坝基渗流有限元模型充分考虑了断层渗流特性对测压管水位的影响，据此，利用降雨影响期的测压管总水头减去库水位水压分量、温度分量和时效分量，可得到更加精确的降雨分量，也同时考虑了断层存在对测压管水位降雨分量的影响。

下面将 ADALINE 网络自适应滤波器中的抽头延迟线构造块和 BP 神经网络有机结合，通过 ADALINE 网络自适应滤波器中的抽头延迟线构造块实现降雨滞

后效应的模拟，将降雨量监测资料作为输入信号，测压管水位降雨分量作为输出信号，得到模拟测压管水位降雨分量的 BP 神经网络，经训练调整得到权值 $W_p(k)$ 和偏置值 b，可确定考虑降雨滞后效应的测压管水位降雨分量。

1) BP 神经网络

BP 神经网络又称为误差反向传播(back propagation)神经网络，是一种多层的前向型神经网络。图 7-15 所示为具有 n 个输入的 BP 网络结构和神经元模型示意图，每一个输入被赋予权值后，与偏差求和作为神经元传递函数的输入。

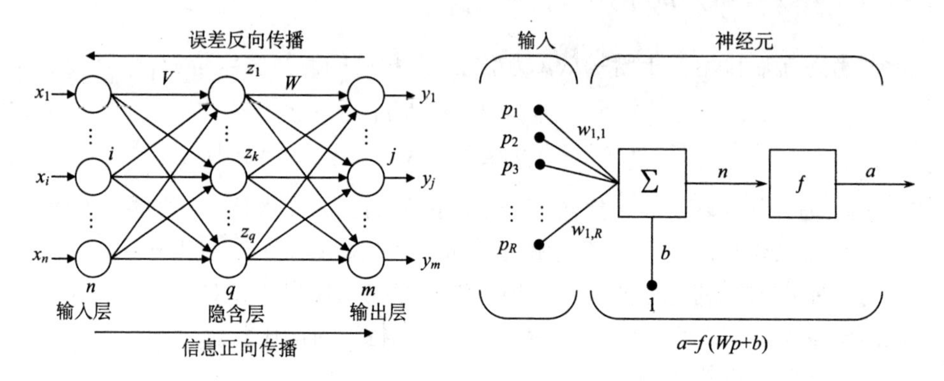

图 7-15　BP 神经网络结构图和神经元模型示意图

BP 神经网络常用的传递函数主要有 tan-sigmoid 函数、log-sigmoid 型函数以及线性函数 purelin。BP 神经网络训练过程需要提供输入向量 p 和期望响应 t，并根据网络的误差性能调整权值以及偏差，主要沿着误差函数减小最快的方向，也就是梯度的反方向改变权值和偏差，用迭代计算公式可表示为

$$x_{k+1} = x_k - a_k g_k \tag{7-46}$$

式中：x_k 代表当前的权值和偏差；x_{k+1} 代表迭代产生的下一次的权值和偏差；g_k 为当前误差函数的梯度；a_k 代表学习速率。

以包含有 4 个神经元层的 BP 神经网络为例，假设该 BP 神经网络的输入数目为 M，每一个输入用 m 表示；第 1 个隐含层用 I 表示，神经元数目为 I，每一个神经元用 i 表示；第 2 个隐含层用 J 表示，神经元数目为 J，每一个神经元用 j 表示；输出层用 P 表示，每一个输出用 p 表示。输入层与第 1 隐含层间的权值为 w_{mi}，表示第 m 个输入与第1隐含层第 i 个神经元间的权值；第1、2隐含层间的权值为 w_{ij}；第 2 隐含层与输出层间的权值为 w_{jp}。神经元的输入记为 u，输出记为 v，用上标表示神经元所处层，下标表示层中的序号，设所有神经元的传递函数均为 sigmoid 函数；训练样本集为 $\boldsymbol{X}=\left[X_1, X_2, \cdots, X_N\right]$，其中任意一个训练样本 $\boldsymbol{X}_k$ 都是一个 M 维矢量，即 $\boldsymbol{X}_k=\left[X_{k1}, X_{k2}, \cdots, X_{kM}\right]$，$k=1,2,\cdots,N$；期望响应为 $\boldsymbol{d}_k=\left[d_{k1}, d_{k2}, \cdots, d_{kp}\right]^{\mathrm{T}}$，实

际输出为 $\boldsymbol{Y}_k=\left[Y_{k1},Y_{k2},\cdots,Y_{kp}\right]^{\mathrm{T}}$。设 n 为迭代次数，权值和实际输出都是 n 的函数。对于各层的中间值，可以写出表达式如下。

第 1 隐含层第 i 个神经元的输入、输出如下：

$$u_i^I=\sum_{m=1}^{M}w_{mi}x_{km} \tag{7-47}$$

$$v_i^I=f\left(\sum_{m=1}^{M}w_{mi}x_{km}\right) \tag{7-48}$$

第 2 隐含层第 j 个神经元的输出为

$$v_j^J=f\left(\sum_{i=1}^{I}w_{ij}v_i^I\right) \tag{7-49}$$

输出层第 p 个神经元输入、输出如下：

$$u_p^P=\sum_{j=1}^{J}w_{jp}v_j^J \tag{7-50}$$

$$y_{kp}=v_p^P=f\left(\sum_{j=1}^{J}w_{jp}v_j^J\right) \tag{7-51}$$

定义误差能量为 $\frac{1}{2}e_{kp}{}^2(n)$，则输出层所有神经元的误差能量总和为

$$E(n)=\frac{1}{2}\sum_{p=1}^{P}e_{kp}{}^2(n)=\frac{1}{2}\sum_{p=1}^{P}\left(d_{kp}(n)-y_{kp}(n)\right)^2 \tag{7-52}$$

误差与信号相反，从后向前传播，在反向传播过程中，逐层修改权值和偏差。

2) 降雨滞后效应的优化方法确定降雨分量

降雨滞后效应的模拟主要通过 ADALINE 网络自适应滤波器中的抽头延迟线构造块(图 7-16)实现，抽头延迟线构造块信号从左边输入，在延迟线的输出端是一个 R 维向量，包含当前时刻的输入信号和分别延迟了 1 到 $R-1$ 时间步的输入信号。其中，每个延迟模块的输出 $p(t)$ 由输入 $y(t)$ 根据下式计算求得

$$p(t)=y(t-1) \tag{7-53}$$

每个延迟块的输出延迟了一个时间步的输入，这与监测资料的时间步(天)一致。将抽头延迟线构造块与 BP 神经网络结合起来，以降雨量监测资料为抽头延迟线构造块的输入，延迟线输出端的 R 维向量作为 BP 网络的输入，考虑降雨滞后的测压管水位降雨分量作为 BP 网络的期望输出，由此建立确定降雨分量的 BP 神经网络模型如图 7-17 所示，训练得到的网络模型可用以预测考虑降雨滞后的测压管水位降雨分量。

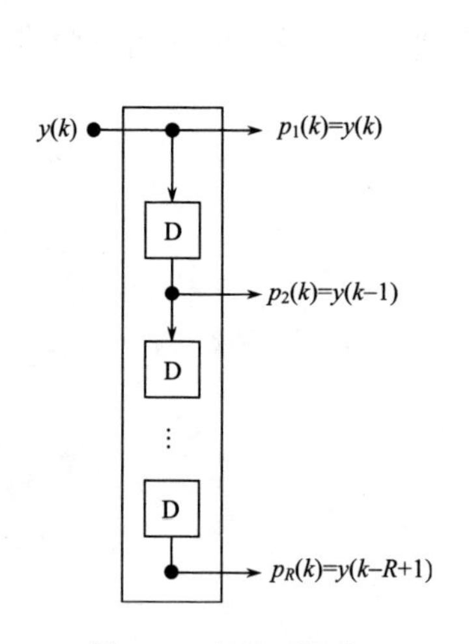

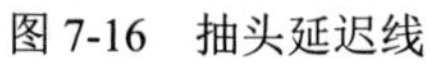
图 7-16　抽头延迟线

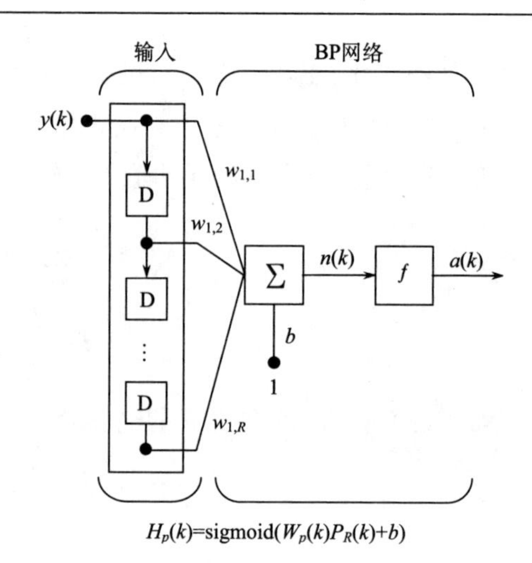

图 7-17　模拟降雨分量的 BP 神经网络

步骤 1　确定 BP 神经网络的输入向量。将降雨的监测资料 $y(k)$ 从抽头延迟线构造块左边输入，每经过一个延迟模块延迟一个时间步 $y(k-1)$，经过 $R-1$ 个延迟模块后在延迟线的输出端形成一个 R 维的降雨延迟向量 $P_R(k)=[y(k),y(k-1),\cdots,y(k-R+1)]^{\mathrm{T}}$，即为 BP 神经网络的输入向量，其中 R 表示滞后天数，主要依据降雨过程线和测压管测值过程线两条曲线波峰间的时间间隔来确定网络需要的延迟时间(滞后天数)。

步骤 2　确定 BP 网络的期望输出向量。对无降雨影响的测压管水位测值序列根据式(7-34)建立统计模型

$$
\begin{aligned}
H' &= H_D + H_T + H_\theta \\
&= a_0 + X\sum_{i=0}^{m} a_i H_{\mathrm{d}}^{\prime i} + \sum_{i=1}^{n}\left(b_{1i}\sin\frac{2\pi it}{365} + b_{2i}\cos\frac{2\pi it}{365}\right) + c_1\theta + c_2\ln\theta
\end{aligned}
\tag{7-54}
$$

式中：a_0 为常数项；H_{d}' 为上游等效库水位；X 为渗流监测量的调整系数；a_i 为拟合系数；b_{1i} 和 b_{2i} 为温度因子回归系数；c_1 和 c_2 为时效因子回归系数。

步骤 3　用降雨影响期的测压管总水头减去由式(7-54)计算所得的库水位分量、温度分量和时效分量三者之和，便得到降雨分量 H_p，即为 BP 网络的期望输出

$$
H_p = H - H' = H - \left(H_D + H_T + H_\theta\right) \tag{7-55}
$$

综上所述，每一 $P_{Ri}(k)$ 的网络输入，有对应的期望输出 H_{pi}，$\left\{P_{Ri}(k),H_{pi}\right\}$ $(i=1,2,\cdots,Q)$ 则构成一个参考模式，形成一个正确的行为样本集合：

$$
\left\{P_{R1}(k),H_{p1}\right\},\left\{P_{R2}(k),H_{p2}\right\},\cdots,\left\{P_{RQ}(k),H_{pQ}\right\} \tag{7-56}
$$

BP 网络每输入一个数据 $P_{Ri}(k)$，便将网络输出与期望输出 H_{pi} 相比较一次，

LMS 算法根据期望输出与网络输出的误差调整网络参数权值 $W_p(k)$ 和偏置值 b，使得式(7-52)最小化。

根据调整得到的权值 $W_p(k)$ 和偏置值 b，可确定考虑降雨滞后效应的测压管水位降雨分量表达式

$$H_p(k)=\text{sigmoid}\left(W_p(k)P_R(k)+b\right) \tag{7-57}$$

将此降雨分量代替传统降雨分量参与统计模型建模。

7.2.1.3　坝基测压管水位安全监控模型

1) 温度分量

坝基渗流受裂隙、断层带内充填物孔隙率变化的影响，裂隙、充填物孔隙率变化受基岩温度的作用。而基岩温度变化较小，且基本上呈年周期变化。在无实测基岩温度时，可直接采用正弦波周期函数作为温度分量

$$H_T=\sum_{i=1}^{m}\left(b_{1i}\sin\frac{2\pi it}{365}+b_{2i}\cos\frac{2\pi it}{365}\right) \tag{7-58}$$

式中：$m=2$；b_{1i}、b_{2i} 为回归系数。

2) 时效分量

时效分量是评价渗流状况的重要依据。坝前淤积、坝基裂隙、断层带内充填物孔隙率的缓慢变化以及防渗排水设施防渗排水效应的变化等因素都将影响坝基的渗流状况。其一般规律是在蓄水初期或某一工程措施初期变化较快，随着时间的延伸而逐渐趋向平稳，时效分量 H_θ 可表示为

$$H_\theta=c_1\theta+c_2\ln\theta \tag{7-59}$$

式中：c_1 为时效分量线性项的回归系数；c_2 为时效分量对数项的回归系数；θ 为起始日至测值当天的累计天数除以 100。

3) 监控模型建立

通过改进的考虑库水位的混合方法求得水压分量 H_D，利用考虑降雨滞后效应的优化方法求得降雨分量 H_p，并结合温度分量 H_T、时效分量 H_θ，可得考虑库水位和降雨滞后效应的坝基测压管水位安全监控模型为

$$\begin{aligned}H&=H_D+H_p+H_T+H_\theta\\&=a_0+X\sum_{i=0}^{m}a_iH_d'^{\,i}+H_p+\sum_{i=1}^{n}\left(b_{1i}\sin\frac{2\pi it}{365}+b_{2i}\cos\frac{2\pi it}{365}\right)+c_1\theta+c_2\ln\theta\end{aligned} \tag{7-60}$$

式中：a_i 由坝基渗流有限元计算成果拟合求得；b_{1i}、b_{2i}、c_1 和 c_2 根据渗流监测资料拟合求得。

7.2.2 坝基渗流量安全监控模型

强透水断层的存在对坝基渗流有较大的影响，断层作为水流的主要导水通道，其渗透系数随着渗透历时的延长而不断地发生变化，故在建立坝基渗流安全监控模型时应予充分的考虑。下面结合断层渗流特性研究成果，建立反映断层影响的坝基渗流量安全监控模型。

坝基渗流量主要受上游库水位、降雨、温度及时效等因素的影响。常规的统计模型为

$$Q = Q_H + Q_p + Q_T + Q_\theta \tag{7-61}$$

式中：Q 为坝基渗流量的拟合值；Q_H 为水压分量；Q_p 为降雨分量；Q_T 为温度分量；Q_θ 为时效分量。

考虑到断层作为坝基集中导水通道，将断层渗流量主要来源分为两部分：断层部分和等效连续介质体部分。一般情况下，坝基渗流量主要受到水压作用的影响，可将坝基渗流量安全监控模型中的水压分量划分成断层带或断层面水压分量和等效连续介质岩体水压分量。以 Q_H^{f} 表示断层水压分量，Q_H^{e} 表示等效连续介质岩体水压分量，则坝基渗流量安全监控模型为

$$Q = Q_H^{\mathrm{e}} + Q_H^{\mathrm{f}} + Q_p + Q_T + Q_\theta \tag{7-62}$$

7.2.2.1 坝基各区水压分量构建

根据断层渗流基本特性可知，断层带和断层面渗流特性不同，坝基渗流量水压分量的确定需按照断层带和断层面区别对待。对于含断层带的坝基渗流而言，以 Q_H^{z} 表示断层带内渗流量水压分量，则坝基渗流量水压分量包括断层带内渗流量水压分量与等效连续介质岩体渗流量水压分量，可表示为

$$Q_H = Q_H^{\mathrm{e}} + Q_H^{\mathrm{z}} \tag{7-63}$$

同理，对于含断层面的坝基渗流而言，以 Q_H^{p} 表示断层面渗流量水压分量，则坝基渗流量水压分量可表示为

$$Q_H = Q_H^{\mathrm{e}} + Q_H^{\mathrm{p}} \tag{7-64}$$

下面分别研究建立等效连续介质岩体、断层带及断层面渗流量水压分量的表达式。

1) 等效连续介质岩体水压分量

对于等效连续介质岩体渗流量水压分量，影响因子的选择与常规方法类似，其表达式为

$$Q_H^{\mathrm{e}} = \sum_{i=0}^{m^{\mathrm{e}}} a_i^{\mathrm{e}} H^i \tag{7-65}$$

式中：a_i^{e} 为水压因子拟合系数；m^{e} 为因子个数；H 为监测前期平均坝前水位。

2) 断层带水压分量

由断层带渗透系数随深度的空间变化规律可知，断层带的渗透系数与其充填物孔隙率和颗粒直径有关，断层带内总渗流量可表示成各岩层渗流量之和。假设断层带倾角为 90°，并按渗透能力将断层带分为 m 个岩层，同一岩层内各区域渗透性相同，可用同一渗透系数表示，结合式(6-10)，得到断层带走向方向上的某一截面 T_m 深度内总流量可以表示成 m 个岩层区域的流量之和

$$\begin{aligned} Q_H^{\mathrm{z}} = & -\int_0^{T_1}\int_0^{b_1} \frac{g}{\mu}\frac{d^2}{180}\frac{[n_1]^3}{[1-n_1]^2} J(x,z)\mathrm{d}x\mathrm{d}z - \int_{T_1}^{T_2}\int_0^{b_2} \frac{g}{\mu}\frac{d^2}{180}\frac{[n_2]^3}{[1-n_2]^2} J(x,z)\mathrm{d}x\mathrm{d}z - \\ & \cdots - \int_{T_{m-1}}^{T_m}\int_0^{b_m} \frac{g}{\mu}\frac{d^2}{180}\frac{[n_m]^3}{[1-n_m]^2} J(x,z)\mathrm{d}x\mathrm{d}z \end{aligned} \tag{7-66}$$

式中：$T_1, T_2, \cdots, T_m$ 分别表示第一岩层、第二岩层、……、第 m 岩层的下表面深度；$b_1, b_2, \cdots, b_m$ 分别表示第一岩层、第二岩层、……、第 m 岩层断层平均厚度；$n_1, n_2, \cdots, n_m$ 分别表示第一岩层、第二岩层、……、第 m 岩层内充填物孔隙率；$J(x,z)$ 表示断层带走向截面内深度 z 处，宽度方向坐标 x 处渗透水流的水力坡降。

考虑到一般情况下，断层带内部的水流路径(渗透路径)在较长时间内没有变化，渗透水流的水力坡降 $J(x,z)$ 与上游水深 H 有关，故断层带内渗流量水压分量可表示为

$$Q_H^{\mathrm{z}} = DH \tag{7-67}$$

式中：D 为断层带各岩层总影响系数，与断层带不同岩层内部水流渗透路径、充填物孔隙率、充填物固体颗粒平均尺寸、水流运动黏滞系数 μ 及重力加速度 g 有关；H 为监测前期平均坝前水位。

3) 断层面水压分量

由断层面渗流基本特性可知，断层面的渗透系数与其几何分形特征、充填物孔隙率和颗粒直径有关，断层面内渗流量水压分量可以表示为式(6-15)，该式假定了断层面不同深度水流本构关系随深度而变化。假设断层面按深度分为 n 种水流本构关系，将式(6-15)进行变化后得到断层面 t_n 深度内总流量，可以表示成 n 个深度区域的流量之和

$$Q_H^{\mathrm{p}}=\int_0^{t_1}P\left(n(z),d,\frac{gb(z)^{\alpha_1}}{12\mu}J(z)^{\beta_1},C_1\right)\mathrm{d}z+\int_{t_1}^{t_2}P\left(n(z),d,\frac{gb(z)^{\alpha_2}}{12\mu}J(z)^{\beta_2},C_1\right)\mathrm{d}z+\cdots+\int_{t_{n-1}}^{t_n}P\left(n(z),d,\frac{gb(z)^{\alpha_n}}{12\mu}J(z)^{\beta_n},C_1\right)\mathrm{d}z \tag{7-68}$$

式中：$t_1,t_2,\cdots,t_n$ 分别表示第一深度、第二深度、……、第 n 深度区域的下表面深度；$\alpha_1,\beta_1,\alpha_2,\beta_2,\cdots\alpha_n,\beta_n$ 分别表示各深度区域所满足的水流本构关系的系数，一般情况下，满足 $0.5\leqslant\beta_1,\beta_2,\cdots,\beta_n\leqslant1$ 。

同理，坝基断层面内渗透路径在较长时间内没有变化，渗透水流的水力坡降 J 与上游水深 H 有关，故断层面渗流量水压分量亦可表示为

$$Q_H^{\mathrm{p}}=G_1H^{\beta_1}+G_2H^{\beta_2}+\cdots+G_nH^{\beta_n} \tag{7-69}$$

式中：$G_1,G_2,\cdots,G_n$ 为各深度区域影响系数，与断层面不同深度区域内部水流渗透路径、充填物孔隙率、充填物固体颗粒平均尺寸、水流运动黏滞系数 μ 及重力加速度 g 有关；H 为监测前期平均坝前水位。

7.2.2.2 坝基渗流量安全监控模型

1) 降雨分量

采用前 i 天降雨量的平均值作为因子，如前 1 天、2 天、5 天、10 天等的平均降雨量作为因子，即

$$Q_p=\sum_{i=1}^{n}d_i\overline{p}_i \tag{7-70}$$

式中：d_i 为降雨分量回归系数；$\overline{p}_i$ 为前 i 天的平均降雨量，$i=1,2,5,10,\cdots,n$ 。

2) 温度分量

坝基的温度变化，引起结构面(如断层带、断层面、节理和裂隙)的缝隙变化，从而引起渗漏量的变化。一般坝基的温度计在运行多年后失效，难以用温度计的测值作为因子。而对多年运行的大坝，坝基温度变化受环境温度变化显著，故采用周期项作为因子，温度分量表达式为

$$Q_T=\sum_{i=1}^{m}\left(b_{1i}\sin\frac{2\pi it}{365}+b_{2i}\cos\frac{2\pi it}{365}\right) \tag{7-71}$$

式中：b_{1i}、b_{2i} 为回归系数，$m=2$；t 为从监测日至始测日的累计天数。

3) 时效分量

时效分量综合反映了坝基渗流量随时间的变化过程，其形成过程复杂，一般采用如下形式：

$$Q_\theta=c_1\theta+c_2\ln\theta \tag{7-72}$$

式中：c_1、c_2 为时效分量的回归系数；θ 为监测日至始测日的累计天数除以 100。

4) 监控模型建立

由上述分析可知，断层带内渗流量水压分量与上游水位一次方相关，可以和等效连续介质岩体水压分量合并，则反映断层带影响的坝基渗流量安全监控模型可表示为

$$
\begin{aligned}
Q &= Q_H^{\mathrm{e}} + Q_H^{\mathrm{z}} + Q_p + Q_T + Q_\theta \\
&= a_0 + \sum_{i=2}^{m^{\mathrm{e}}} a_i^{\mathrm{e}} H^i + AH + \sum_{i=1}^{n} d_i \overline{p}_i + \sum_{i=1}^{2} \left(b_{1i} \sin\frac{2\pi it}{365} + b_{2i} \cos\frac{2\pi it}{365} \right) \\
&\quad + c_1\theta + c_2 \ln\theta
\end{aligned}
\tag{7-73}
$$

式中：a_0 为常数项；a_i、b_{1i}、b_{2i}、c_1、c_2、d_i 为各因子对应的回归系数；系数 A 由断层带和等效连续介质岩体综合决定；考虑到断层带的集中导水作用，由监控模型分离得到的 AH 项分量主要由断层带贡献。

反映断层面影响的坝基渗流量安全监控模型的表达式为

$$
\begin{aligned}
Q &= Q_H^{\mathrm{e}} + Q_H^{\mathrm{p}} + Q_p + Q_T + Q_\theta \\
&= a_0 + \sum_{i=1}^{m^{\mathrm{e}}} a_i^{\mathrm{e}} H^i + G_1 H^{\beta_1} + G_2 H^{\beta_2} + \cdots + G_n H^{\beta_n} \\
&\quad + \sum_{i=1}^{n} d_i \overline{p}_i + \sum_{i=1}^{2} \left(b_{1i} \sin\frac{2\pi it}{365} + b_{2i} \cos\frac{2\pi it}{365} \right) + c_1\theta + c_2 \ln\theta
\end{aligned}
\tag{7-74}
$$

式中：$G_1 H^{\beta_1} + G_2 H^{\beta_2} + \cdots + G_n H^{\beta_n}$ 综合考虑了断层对坝基渗流的影响。

7.3　坝基渗流监控模型优化方法

坝基渗流性态是影响大坝安全的重要因素，通过建立坝基渗流安全监控模型，及时分析和监控其渗流状态，有利于确保大坝安全运行。影响坝基渗流性态的主要因素有库水位、降雨、温度、时效等，其中库水位及降雨对大坝渗流的影响常存在着滞后效应。上节研究了考虑滞后效应的坝基渗流安全监控模型，但滞后模式以及参数优化算法的选择，对模型效果和计算效率有较大影响。同时，考虑到坝基渗流受库水位和降雨等因素影响机理的复杂性，下面应用量子遗传算法优化滞后效应的监控模型参数，结合渗透系数反演成果，引入等效水位的概念，建立坝基断层渗流混合模型；同时考虑到各因子的非线性影响，利用小波神经网络建立隐函数渗流监控模型，并根据最大熵理论构建渗流安全监控的组合模型，从而优化坝基渗流监控模型。

7.3.1 基于量子遗传算法的坝基渗流混合模型优化

传统的渗流统计模型大多将水位和降雨按分段平均来处理，而水位和降雨对渗流的影响实际是先逐渐上升然后下降的渐变过程，故可采用正态分布曲线模拟库水位的滞后效应、对数正态分布曲线模拟降雨的滞后效应，然后利用量子遗传优化算法，求解水位与降雨的滞后天数和影响天数，得到等效水位和等效降雨。在此基础上，利用反演的渗透系数结果，结合等效水位计算水压分量，建立坝基断层渗流监控混合模型。

7.3.1.1 水压分量

坝基测压孔水位 h、渗流量 Q 受到库水位、降雨、温度和时效的共同作用，其中库水位 H 是影响效应量的主要因素之一。t 时刻测压管水位滞后于库水位的变化，可表示为

$$h(t) = F\left[t, H(t), H(t-\tau_1(t)), H(t-\tau_2(t)), \cdots, H(t-\tau_n(t))\right] \tag{7-75}$$

式中：τ 为滞后时间，$\tau_k(t) \geqslant 0$，$k = 1,2,\cdots,n$；$H(t)$、$H(t-\tau_n(t))$ 为对应时刻的库水位。

式(7-75)中，$h(t)$ 反映了库水位变化与测压管水位滞后的关系，在 t 时刻，测压管水位受之前的库水位连续变化的影响。下面引入反映库水位连续变化的水位滞后影响函数。设某测压管的测值受监测日前 n 天的水位 $H_i (i = 1,2,\cdots,n)$ 的影响，H_d 为等效水位，可以表示为

$$H_\text{d} = \varphi(H_1, H_2, \cdots, H_k, \zeta_1, \zeta_2, \cdots, \zeta_k) \tag{7-76}$$

式中：$\zeta_i, i = 1,2,\cdots,k(k \leqslant n)$ 为第 i 个水位对等效水位的影响权重，则得权向量 $\boldsymbol{\zeta} = \left[\zeta_1, \zeta_2, \cdots, \zeta_k\right]$，并有 $\sum_{i=1}^{k} \zeta_i = 1, k \leqslant n$。

等效水位 H_d 可以用下式表示：

$$H_\text{d} = \sum_{i=1}^{k} \zeta_i H_i \tag{7-77}$$

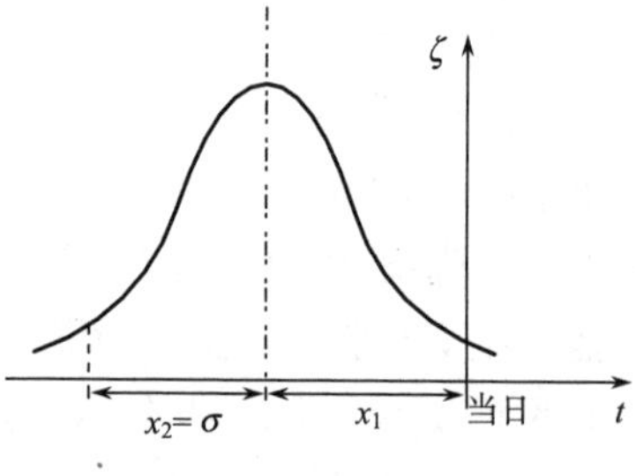

图 7-18 水位滞后正态分布影响曲线

若水位滞后天数为 x_1，影响天数为 x_2，研究分析表明 $\zeta(t)$ 一般呈正态分布，上游库水位对测压管水位的影响过程如图 7-18 所示。

$$\zeta(t) = \frac{1}{\sqrt{2\pi x_2}} \mathrm{e}^{\frac{-(t-x_1)^2}{2x_2^2}} \tag{7-78}$$

若 t_0 时刻下闸蓄水，则对固定的 t_1 时刻，有

$$\int_{t_0}^{t_1} \zeta(t)\mathrm{d}t = 1 \tag{7-79}$$

对某一特定测点而言，在一定时段内，可以认为滞后天数 x_1 和影响分布参数 x_2 为常数。

式(7-78)中的 $\zeta(t)$ 可以作为前期库水位对等效水位影响权重的分布函数，即水位滞后影响函数。若在 t_1 时刻影响测压管水位的等效库水位为 H_d，前期水位对其影响的权函数为 $\zeta(t) \geqslant 0$，则有

$$H_\mathrm{d} = \int_{t_0}^{t_1} \zeta(t)H(t)\mathrm{d}t = \int_{t_0}^{t_1} \frac{1}{\sqrt{2\pi x_2}} \mathrm{e}^{\frac{-(t-x_1)^2}{2x_2{}^2}} H(t)\mathrm{d}t \tag{7-80}$$

式中：x_1 为待定的水位滞后天数；x_2 为待定的水位影响正态分布标准差；$H(t)$ 为 t 时刻的实际库水位。

式(7-80)中实际的滞后天数和影响分布参数需要优化算法求得，这里采用量子遗传算法，一般可以把连续型积分改成离散型积分，积分区间取 x_2 的 2～3 倍即可满足要求。

7.3.1.2　降雨分量

为了合理地考虑降雨与坝基断层渗流之间的滞后过程，与分析库水位滞后影响效应类似，引入能够反映降雨滞后效应的降雨滞后影响函数的概念，用对数正态分布曲线来描述降雨对测压管水位的影响过程。降雨滞后影响函数为

$$w(t) = \frac{1}{\sqrt{2\pi}x_4 t} \mathrm{e}^{\frac{-(\ln t - x_3)^2}{2x_4{}^2}} \tag{7-81}$$

式中：x_3 为降雨滞后天数；x_4 为降雨影响分布参数。

在固定监测日 t_1，分析起始日时间为 t_0，一般可取为始测日前 1～2 个月，有

$$\int_{t_0}^{t_1} w(t)\mathrm{d}t = 1 \tag{7-82}$$

同样地，考虑降雨入渗的影响采用指数变换法，设在 t_1 时刻对应的等效降雨量为 P_d，降雨滞后影响函数为 $w(t) \geqslant 0$，则有

$$P_\mathrm{d} = \int_{t_0}^{t_1} w(t)\left[P(t)\right]^\beta \mathrm{d}t = \int_{t_0}^{t_1} \frac{1}{\sqrt{2\pi}x_4 t} \mathrm{e}^{\frac{-(\ln t - x_3)^2}{2x_4{}^2}} \left[P(t)\right]^\beta \mathrm{d}t \tag{7-83}$$

式中：$P(t)$ 为 t 时刻的降雨量；β 为入渗变换指数，$0 < \beta < 1$；其余符号与式(7-81)中意义相同。

降雨分量可以表示为

$$h_{\mathrm{p}} = bP_{\mathrm{d}} = b\int_{t_0}^{t_1} \frac{1}{\sqrt{2\pi}x_4 t} \mathrm{e}^{\frac{-(\ln t - x_3)^2}{2x_4^2}} \left[P(t)\right]^{\beta} \mathrm{d}t \tag{7-84}$$

式中：h_{p} 为降雨分量；b 为回归系数；x_3 为待定的降雨滞后天数；x_4 为待定的降雨影响分布参数；$P(t)$ 为 t 时刻的雨量；P_{d} 为等效降雨量。与水压分量相同，x_3 和 x_4 可以经量子遗传算法优化求得。

7.3.1.3　温度分量

坝基渗流受断层裂隙变化的影响，裂隙变化受基岩温度的作用。由于基岩温度变化基本上呈年周期或半年周期变化，在无实测基岩温度资料时，可以采用正弦周期函数模拟温度分量，则有

$$h_T = \sum_{i=1}^{n}\left(c_{1i}\sin\frac{2\pi it}{365} + c_{2i}\cos\frac{2\pi it}{365}\right) \quad i = 1,2 \tag{7-85}$$

式中：$i = 1,2$，为年周期和半年周期；$n = 2$；c_{1i}、c_{2i} 为回归系数。

7.3.1.4　时效分量

测压管水位的时效分量是评价渗流状况的重要依据。坝前淤积、防渗体防渗效果的变化等都将影响坝基渗流性态，其具体表达式可取为

$$h_\theta = d_1\theta + d_2\ln\theta \tag{7-86}$$

式中：d_1、d_2 为时效分量的回归系数；θ 为起始日至测值当天的累计天数除以 100。

7.3.1.5　坝基渗流监控统计模型和混合模型

通过考虑水位和降雨对坝基渗流的滞后效应，结合温度分量和时效分量的表达式，可得考虑滞后效应的坝基渗流安全监控统计模型为

$$\begin{aligned} H &= h_H + h_p + h_T + h_\theta \\ &= A_0 + a_1 H_{\mathrm{d}} + bP_{\mathrm{d}} + \sum_{i=1}^{n}\left(c_{1i}\sin\frac{2\pi it}{365} + c_{2i}\cos\frac{2\pi it}{365}\right) + d_1\theta + d_2\ln\theta \end{aligned} \tag{7-87}$$

式中：A_0 为常数项。

利用式(7-80)计算出的等效水位是考虑前期影响的一个量，利用等效水位可以将非稳定渗流有限元计算归为稳定渗流计算，这样就能建立起水压分量的有限元计算模型。

根据反演得到的坝基岩体和断层渗透系数，利用稳定渗流有限元计算不同上游等效水位 H_{d} 对应的测压管水位水压分量 h_H

$$h_H = \sum_{i=0}^{m} a_i H_{\mathrm{d}}^i \tag{7-88}$$

式中：a_i 为系数；H_{d} 为等效水位；m 根据区域的渗透性质取值，可以简化取 $m = 1,2,3$。

则考虑滞后效应的坝基渗流混合模型为

$$\begin{aligned} H &= h_H + h_p + h_T + h_\theta \\ &= A_0 + XH_{\mathrm{d}} + bP_{\mathrm{d}} + \sum_{i=1}^{n}\left(c_{1i}\sin\frac{2\pi it}{365} + c_{2i}\cos\frac{2\pi it}{365}\right) + d_1\theta + d_2\ln\theta \end{aligned} \tag{7-89}$$

式中：X 为调整系数，可拟合求解，或简化取 $X = 1$。

式(7-89)的参数可以利用实测资料以模型的复相关系数和剩余标准差为目标函数，运用量子遗传优化算法，计算模型的因子系数和库水位、降雨的滞后参数，具体流程如图 7-19 所示。

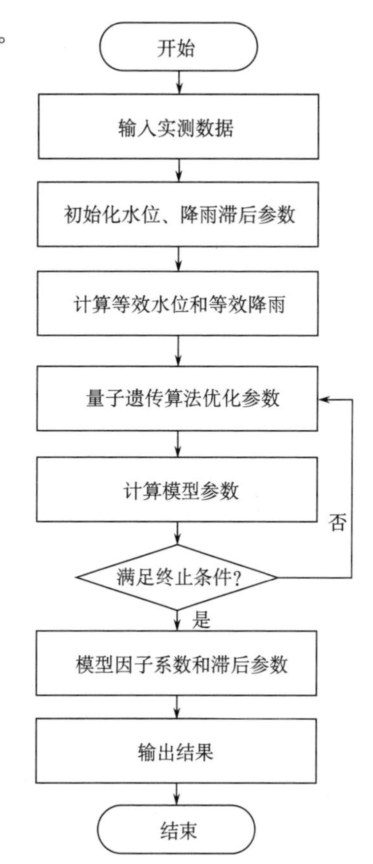

图 7-19　量子遗传算法优化流程

7.3.2　基于小波神经网络的坝基渗流监控模型

坝基渗流(测压管水位、渗流量等)与环境量之间关系复杂，难以用显函数来表达。神经网络算法能够在复杂关系之间建立隐函数关系，并且具有较强的非线性拟合能力，自学习、自适应能力强；而小波变换是时间-频率的局部化分析，可以抓住实测数据的局部细节，更好地反映其特性。

小波分析能够将信号分解到不同频带中，是一种基于窗口的信号分析方法，具有多分辨分析的能力，可以分析对象的任意细节，实现对非平稳信号的准确分析。若小波函数 $\varphi(t)$ 平移 τ 后，在尺度 a 下与原始信号 $x(t)$ 作内积，有

$$f_x(a,\tau) = \frac{1}{\sqrt{a}}\int_{-\infty}^{+\infty} x(t)\varphi\left(\frac{t-\tau}{a}\right)\mathrm{d}t \quad a > 0 \tag{7-90}$$

小波分析能够通过小波基函数的变换，分析信号的局部特征，对信号如渗流实测数据的噪声不敏感，并能抓住渗流数据的局部特征，这有利于反映实测数据的多尺度变化规律。

小波神经网络[95]融合了神经网络算法和小波理论，具有多尺度分析和隐函数优势，由其建立的渗流监控模型能更客观地反映坝基渗流特性，其中神经网络结构与 BP 神经网络类似，隐含层节点的传递函数为小波基函数，通过误差反传来

调整网络的权值阈值。小波神经网络拓扑结构如图 7-20 所示，其中 $X_1, X_2, \cdots, X_4$ 为输入因子，分别为水压分量、降雨分量、温度分量、时效分量，Y 为输出值(即渗流)，w_{ij} 和 v_j 为权值。

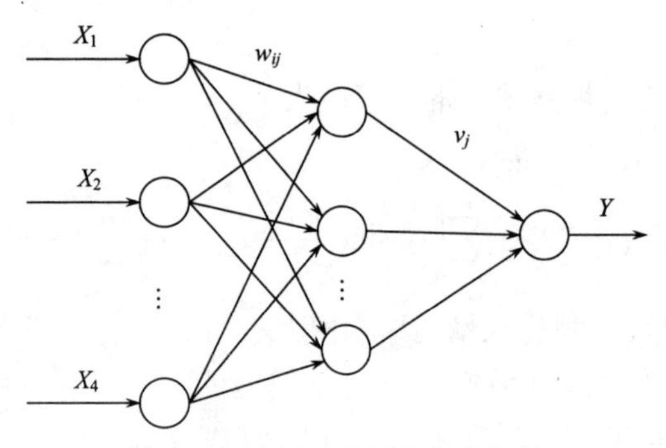

图 7-20　小波神经网络拓扑结构

当输入因子的数据序列为 $X_i (i=1,2,\cdots,4)$ 时，隐含层输出为

$$h(j) = h_j \left[\frac{\sum_{i=1}^{4} w_{ij} X_i - b_j}{a_j} \right] \quad j = 1,2,\cdots,l \tag{7-91}$$

式中：$h(j)$ 为隐含层第 j 个节点的输出值；w_{ij} 为渗流因子输入层和隐含层之间的权重；h_j 为小波基函数；b_j 为小波基函数 h_j 的平移因子；a_j 为小波基函数 h_j 的伸缩因子。

$$h(x) = \cos(1.75x) e^{-x^2/2} \tag{7-92}$$

下面采用 Morlet 母小波，基函数图像如图 7-21 所示。

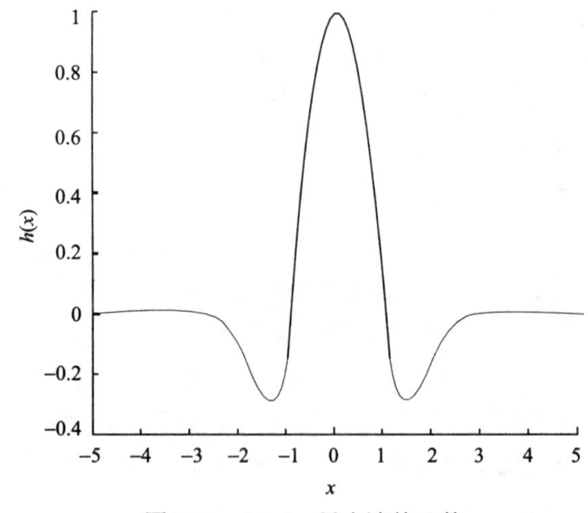

图 7-21　Morlet 母小波基函数

网络输出Y为

$$Y = \sum_{j=1}^{l} v_j h(j) \tag{7-93}$$

小波神经网络权值采用梯度下降法进行修正，使网络输出值不断逼近期望值，直到满足一定的终止条件为止。

步骤 1　参数初始化：随机初始化基函数的伸缩因子a_j、平移因子b_j以及网络权值w_{ij}、w_{jk}，选取合适的学习率η；

步骤 2　原始样本分类：把原始样本分为训练集和测试集，训练集用于网络的训练，测试集用于网络的测试；

步骤 3　输出值比较：把测试集输入网络，将网络预测输出和期望输出作差，求得误差e；

步骤 4　权值修正：根据误差e，利用梯度下降法对网络权值和伸缩、平移因子进行修正，使网络预测值逼近期望值；

步骤 5　收敛判断：若收敛，则停止计算；若未收敛，则返回步骤 3。

通过权值阈值的修正，直至满足终止条件，用最后得到的参数代入小波神经网络中，输入水压、降雨、温度、时效因子序列，可以输出渗流序列，由此便可利用这一模型对坝基渗流性态进行监控。

7.3.3　基于最大熵的坝基渗流监控组合模型

不同的坝基渗流监控模型各有其长处和缺点，渗流混合模型通过考虑监测效应量的滞后影响，采用有限元方法计算水压分量，反映了不同区域材料参数和几何参数的影响，但常常难以选择合理的显函数来反映水位变化影响机理的复杂性。小波神经网络模型克服了这一缺陷，可以抓住实测数据的局部细节，但小波基函数的选取带有一定的人为因素。为此，下面利用最大熵原理，综合这两种模型的优点，建立坝基渗流监控组合模型，对进一步监控坝基渗流性态有积极意义。

一般地，将 Shannon 定义的熵称为信息熵，具体表达式为

$$S(x) = -\sum_{i=1}^{n} p_i \ln p_i \tag{7-94}$$

式中：p_i 为信息源中信号x_i出现的概率；$S(x)$为熵值的大小，是系统状态不确定性的量度。

利用最大熵原理求解不适定问题时，需要在给定的条件下，选择所有可能的概率分布中，信息熵取得极大值的那一种分布。对于坝基渗流，最大熵原理可以表示为如下优化问题：

$$\max S(x) = -\sum_{i=1}^{n} p_i \ln p_i \tag{7-95}$$

约束条件为

$$\sum_{i=1}^{n} f_k(x_i) p_i = F_k \quad k = 1,2 \tag{7-96}$$

$$\sum_{i=1}^{n} p_i = 1 \quad p_i \geqslant 0 \tag{7-97}$$

熵值最大时

$$p_i = \exp\left[\lambda_0 + \sum_{k=1}^{2} \lambda_k f_k(x_i)\right] \qquad i = 1,2,\cdots,n \tag{7-98}$$

式中：$S(x)$为渗流x的熵；p_i为渗流x取值为x_i时的概率；$f_k(x_i)$为x的函数，如一阶中心距、二阶中心距等；F_k为函数$f_k(x_i)$的均值；λ_k为拉格朗日乘子；$k=1$为渗流混合模型情况，$k=2$为小波神经网络监控模型情况。

坝基渗流可以看作是随时间连续变化的离散序列，分别利用基于量子遗传算法的渗流混合模型和基于小波神经网络的渗流监控模型对其进行预测，并计算预测值与实测值的偏差，将其作为预测量的约束信息，应用最大熵原理对这些约束信息进行求解，以达到提高模型预测精度的目的。

1)模型特征值计算

为获取基于量子遗传算法的渗流混合模型和基于小波神经网络的渗流监控模型的信息，由模型的计算结果得到特征值。设共有N个实测值，第i个实测监测量为$x_i(i=1,2,\cdots,N)$，由两种模型可以得到各监测量的计算值为$\hat{x}_{ik}(k=1,2)$，则由两模型得到的计算值的方差$e_k(k=1,2)$为

$$e_k = \frac{1}{N}\sum_{i=1}^{N}\left(x_i - \hat{x}_{ik}\right)^2 \quad k = 1,2 \tag{7-99}$$

2)最大熵概率密度函数求解

坝基渗流x为离散型随机变量，根据最大熵原理，建立如下模型：

$$\max S\left(x\right) = -\sum_{i=1}^{N} p_i \ln p_i \tag{7-100}$$

约束条件

$$\sum_{i=1}^{N}\left(x_i - \hat{x}_{ik}\right)^2 p_i = e_k \tag{7-101}$$

$$\sum_{i=1}^{N} p_i = 1 \quad p_i \geqslant 0 \tag{7-102}$$

将式(7-98)代入式(7-101)和式(7-102)，得

$$\sum_{i=1}^{N}\left(x_i-\hat{x}_{ik}\right)^2\exp\left[\lambda_0+\sum_{k=1}^{2}\lambda_k\left(x_i-\hat{x}_{ik}\right)^2\right]=e_k \tag{7-103}$$

$$\sum_{i=1}^{N}\exp\left[\lambda_0+\sum_{k=1}^{2}\lambda_k\left(x_i-\hat{x}_{ik}\right)^2\right]=1 \tag{7-104}$$

联立式(7-103)和式(7-104)可求得拉格朗日乘子 λ_0 和 λ_k（$k=1,2$）的值，从而得到第 i 个实测值的概率函数为

$$p\left(X=x_i\right)=\exp\left[\lambda_0+\sum_{k=1}^{2}\lambda_k\left(x_i-\hat{x}_{ik}\right)^2\right] \tag{7-105}$$

3) 模型预测

对将来 T 日的效应量，基于量子遗传算法的渗流混合模型和基于小波神经网络的渗流监控模型的第 $t\left(t=1,2,\cdots,T\right)$ 个预测结果为 $\hat{x}_{tk}(k=1,2)$，则预测第 t 个值的概率为

$$p\left(X=x_t\right)=\exp\left[\lambda_0+\sum_{k=1}^{2}\lambda_k\left(x_t-\hat{x}_{tk}\right)^2\right] \tag{7-106}$$

对概率进行积分求得期望值，即为这一天的预测值 x_t，然后由式(7-106)即可得到 T 个坝基渗流的预测值序列。

7.3.4 应用实例

7.3.4.1 基于量子遗传算法的坝基断层混合模型

以龙羊峡水电站为例，对坝基断层 F120+A2 中的测压管测点 DR1P1-10 进行分析，建模时段为 2010 年 1 月 1 日至 2010 年 12 月 31 日，预测时段为 2011 年 1 月 1 日至 2011 年 1 月 31 日。由式(7-87)的滞后统计模型，采用量子遗传算法，将库水位滞后与降雨滞后的影响参数优化求解，选取种群 10 个，以模型的复相关系数 R 和剩余标准差 S 构造适应度函数 fitness=S/R，迭代的适应度曲线如图 7-22 所示。

通过优化算法求解出该测点的水位滞后天数和影响天数为 8d、26d，降雨滞后天数和影响天数为 44d、12d，由此可以根据式(7-80)计算出等效水位 H_{d}，等效水位、等效降雨量序列如图 7-23、图 7-24 所示。

可以对每个不同的等效水位值采用有限元计算，按式(7-88)求得测点的水压分量值 h_H，取 $m=1$，利用最小二乘原理求得多项式系数为 $a_1=0.893$、$a_0=20.437$。

由此即可利用等效水位按稳定渗流的理论建立坝基断层渗流混合模型，根据式(7-89)，取调整系数 $X=1$，对建模序列进行分析求解，系数采用最小二乘拟合，

具体数值如表 7-7 所示。

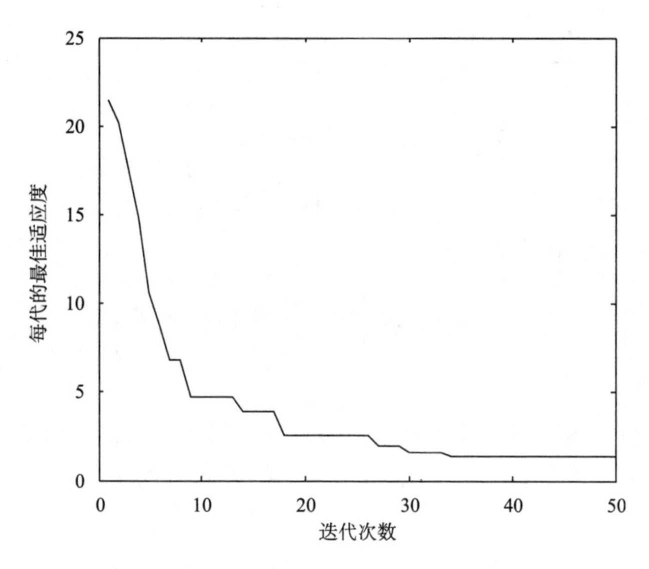

图 7-22　量子遗传算法迭代适应度

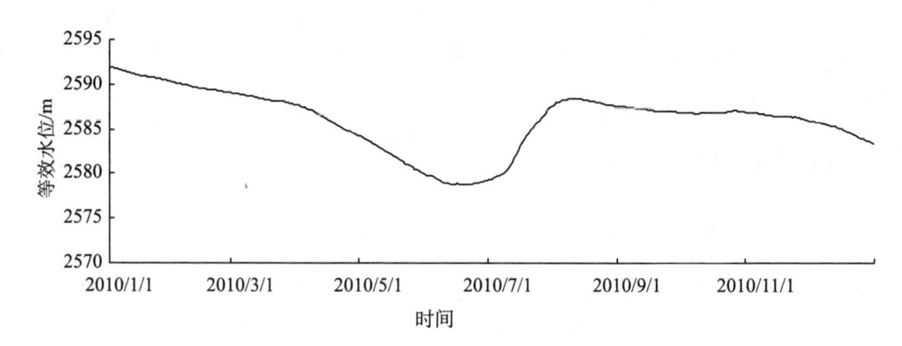

图 7-23　等效水位过程线

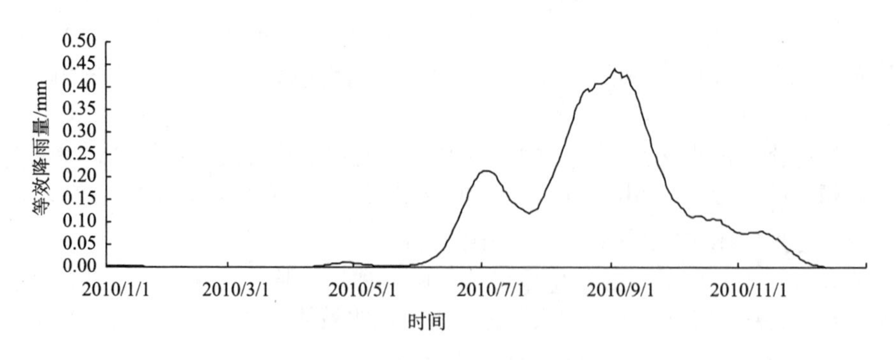

图 7-24　等效降雨量过程线

表 7-7　坝基断层渗流混合模型系数

系数	A_0	b	c_{11}	c_{12}	c_{21}	c_{22}	d_1	d_2
取值	0.0709	11.56	0.5016	–0.2153	0.1648	–0.1223	0	–10.76

对测点的拟合曲线如图 7-25 所示。

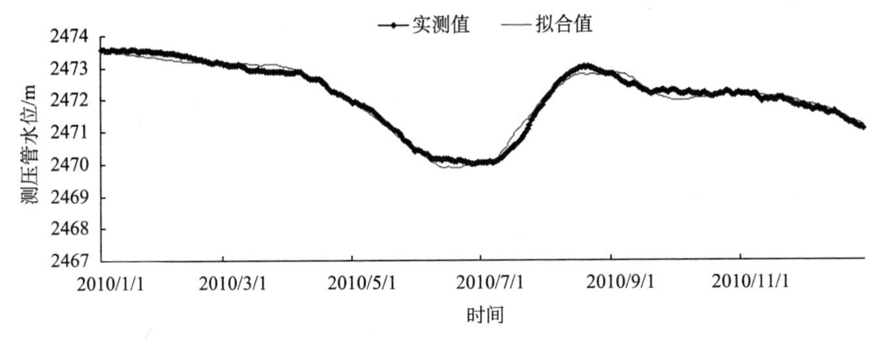

图 7-25　坝基岩体断层渗流混合模型拟合过程线

对于预测序列，模型的部分预测值如表 7-8 所示。

表 7-8　坝基岩体断层渗流混合模型预测

时间	实测值/m	预测值/m
2011 年 1 月 5 日	2470.71	2471.18
2011 年 1 月 10 日	2470.26	2471.10
2011 年 1 月 15 日	2469.99	2471.03
2011 年 1 月 20 日	2469.88	2470.82
2011 年 1 月 25 日	2469.90	2470.34

7.3.4.2　基于小波神经网络的坝基断层渗流模型

小波神经网络模型的输入为等效水位分量、等效降雨分量、温度分量和时效分量，输出为测压管 DR1P1-10 的实测序列，其中温度分量按半年周期考虑，有 4 个因子，时效分量有 2 个因子，即 8 输入、1 输出的结构，隐含层节点数目选为 6 个节点，网络的拓扑结构为 8-6-1。

模型对测点的拟合曲线如图 7-26 所示。

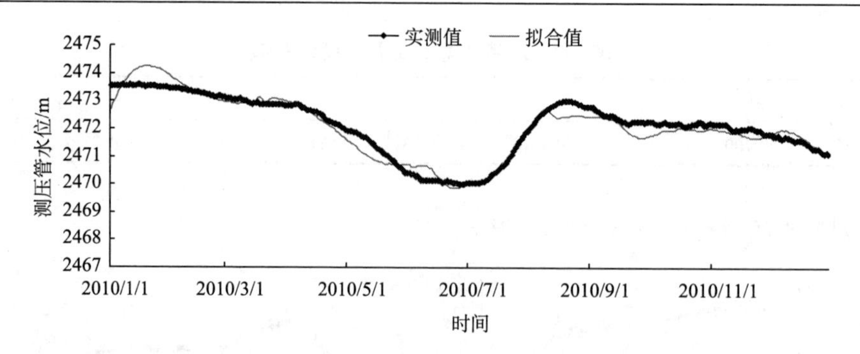

图 7-26　小波神经网络的坝基断层渗流监控模型拟合过程线

对于预测序列，模型的部分预测值如表 7-9 所示。

表 7-9　小波神经网络的坝基断层渗流监控模型预测值表

时间	实测值/m	预测值/m
2011 年 1 月 5 日	2470.71	2468.73
2011 年 1 月 10 日	2470.26	2474.16
2011 年 1 月 15 日	2469.99	2470.31
2011 年 1 月 20 日	2469.88	2467.54
2011 年 1 月 25 日	2469.90	2468.25

7.3.4.3　基于最大熵的坝基断层渗流组合模型

根据最大熵理论，通过对式(7-100)～式(7-104)进行求解可以得到拉格朗日乘子 λ_0 和 λ_1、λ_2，其中 λ_1 对应于坝基断层渗流混合模型，λ_2 对应于基于小波理论的坝基断层渗流监控模型。

由前期实测资料建模分析和概率密度函数求解，可得 $\lambda_0=-1.0351$、$\lambda_1=5.5836$、$\lambda_2=-6.0719$，若以 2011 年 1 月 10 日为例，则当天预测值 x 的概率函数为 $p(x)=\mathrm{e}^{-1.0351+5.5836(x-2471.18)^2-6.0719(x-2468.73)^2}$，对其进行积分求期望值，即可得到这一天的预测值 2470.32m，更接近实测值。

应用概率函数可以求得预测时段的渗流预测值。基于最大熵理论的坝基断层渗流监控组合模型部分预测值见表 7-10。

对比三种模型的预测结果，单一模型由于其性能的局限性，在数据预测时与实测值相比有一定的差别，并且在模型选取时也存在着如何合理选取模型的问题。利用最大熵理论将各种模型组合而成的模型，融合各模型提供的优势，建立的坝基渗流监控组合模型预测精度较高。

表 7-10　基于最大熵的坝基断层渗流监控模型预测

时间	实测值/m	预测值/m
2011 年 1 月 5 日	2470.71	2470.32
2011 年 1 月 10 日	2470.26	2470.18
2011 年 1 月 15 日	2469.99	2470.01
2011 年 1 月 20 日	2469.88	2469.53
2011 年 1 月 25 日	2469.90	2469.25

7.4　坝基渗流时效转异诊断模型

坝基渗流性态在客观环境改变和内在结构因素变化的共同影响下，有可能发生转异。比如，外部遭遇特殊荷载，如特大洪水、地震等，使得坝基渗流发生异常，造成水力坡降过大，发生渗漏量过大等现象；内部防渗排水措施及断层的变化，如防渗帷幕老化、排水失效、断层导水能力变化等因素的影响，也会使得坝基渗流在正常外荷载的作用下，表现出随着时间逐渐变化和发展的趋势。若控制措施处理不当，则坝基渗流将发生转异。

坝基渗流转异特征与断层导水能力的变化紧密相关，断层内部充填物的分布状态随着时间推移而发生变化，在高水头等各种不利荷载作用下，伴随有蠕变变形，导致渗透特性发生变化。断层作为导水通道可能从一个连续状态变化过渡到不连续状态，即断层发生转异。断层的转异必然反映在坝基渗流性态中，通过渗流量表现出来，坝基渗流的实测资料可以真实客观地记录渗流场的演变过程。坝基渗流性态的变化除受荷载作用外，还受到其他已知或未知因素的影响，具有一定的灰度。本节结合坝基渗流实测资料，应用突变理论和灰色系统理论建立坝基渗流灰色尖点突变模型，拟定坝基渗流性态转异诊断准则。

7.4.1　突变势函数

突变理论主要依据势函数在各临界点附近的非连续状态特征。设系统状态由 n 个状态变量 $x_1,x_2,\cdots,x_n$ 来表示，外界控制条件由 r 个控制变量 $u_1,u_2,\cdots,u_r$ 表征，则系统的动力学性质由势函数

$$V(X)=f(x_1,x_2,\cdots x_n,u_1,u_2,\cdots,u_r)=f(X,U) \tag{7-107}$$

来描述。$u_1,u_2,\cdots,u_r$ 构成 r 维控制空间，而 $x_1,x_2,\cdots x_n,u_1,u_2,\cdots,u_r$ 构成 $n+r$ 维相空间。

根据截断代数可对 $V(X)$ 的 Taylor 级数展开式 $f_u(X)$ 进行 k 次截断，记为

$\bar{f}_u(X)^k$，忽略高次项，有

$$V(X)=\bar{f}_u(x)^k=\sum_{r=0}^{k}\frac{1}{r!}D^r f_u\big|_0 X^r \tag{7-108}$$

式中：$f_u(X)=f(X,U)$。

由分类定理，若$V(X)$为无限次连续可导的光滑函数，则$DV(X)=0$，即

$$\frac{\partial V}{\partial x_1}=0,\frac{\partial V}{\partial x_2}=0,\cdots,\frac{\partial V}{\partial x_n}=0 \tag{7-109}$$

式(7-109)为R^{n+r}中的微分流形M，称M为平衡曲面(突变流形)。奇点集S是M的一个子集，由M的退化临界点(突变点)组成，它除了满足式(7-109)外，还满足 Hessian 矩阵$H(V)$退化条件，即

$$\det H(V)=\begin{vmatrix}\dfrac{\partial^2 V}{\partial {x_1}^2} & \cdots & \dfrac{\partial^2 V}{\partial x_1\partial x_n}\\ \vdots & & \vdots\\ \dfrac{\partial^2 V}{\partial x_n\partial x_1} & \cdots & \dfrac{\partial^2 V}{\partial {x_n}^2}\end{vmatrix} \tag{7-110}$$

奇点对应于那些将发生突变体系的平衡状态。S在控制空间R^r中的投影就是分叉集B，它们是可能引起系统状态突变的控制变量的取值。当$r\leqslant 4$时，平衡曲面M的任意点上，B关于$V(X)$所受到的摄动是局部稳定的，在非临界点和非退化临界点不是突变的形式，在退化临界点附近的标准式为突变。$\bar{f}_u(X)^k$与$V(X)$是局部微分同胚的，当X足够小时，定量分析是正确的。

7.4.2　坝基渗流的灰色尖点突变模型

坝基渗流量时效分量的变化规律及其收敛性在很大程度上反映了坝基渗流场的工作状态，当时效分量突然增大或者变化急剧时，则意味着坝基渗流性态发生转异，故可据此诊断坝基渗流性态是否发生转异，而灰色系统理论为模拟具有一定趋势性变化或单调变化的数据序列提供了理论基础。

设$Q_\theta^{(0)}$为渗流量时效分量序列，$Q_\theta^{(1)}$为其累加生成(AGO)序列

$$Q_\theta^{(0)}=\left\{Q_\theta^{(0)}(1),Q_\theta^{(0)}(2),\cdots,Q_\theta^{(0)}(m)\right\} \tag{7-111}$$

$$Q_\theta^{(1)}=\left\{Q_\theta^{(1)}(1),Q_\theta^{(1)}(2),\cdots,Q_\theta^{(1)}(m)\right\} \tag{7-112}$$

式中：$Q_\theta^{(0)}(l)(l\leqslant m)$为$l$时间的序列值；$Q_\theta^{(1)}(l)(l\leqslant m)$为$l$时间的 AGO 序列值

$$Q_\theta^{(1)}(l)=\sum_{i=1}^{l}Q_\theta^{(0)}(i)\quad (l\leqslant m) \tag{7-113}$$

将单变量连续函数$Q_\theta^{(1)}$由 Taylor 展开式表示成幂级数形式，由于时效分量主

要受时间的影响，因此，将 $Q_\theta^{(1)}$ 展开成时间 t 的幂级数形式

$$Q_\theta^{(1)}(t) = a_0 + a_1 t + a_2 t^2 + \cdots + a_n t^n + \cdots \tag{7-114}$$

式中：$a_0, a_1, \cdots, a_n$ 为待定系数。

经分析，取式(7-114)的 5 次截断，即可满足足够的精度要求，上式近似表达式为

$$Q_\theta^{(1)}(t) = a_0 + a_1 t + a_2 t^2 + a_3 t^3 + a_4 t^4 + a_5 t^5 \tag{7-115}$$

可利用多元回归分析确定系数 $a_0, a_1, \cdots, a_5$。

对上式求导得到还原后的模型表达式为

$$Q_\theta^{(0)}(t) = \frac{\mathrm{d}Q_\theta^{(1)}(t)}{\mathrm{d}t} = a_1 + 2a_2 t + 3a_3 t^2 + 4a_4 t^3 + 5a_5 t^4 \tag{7-116}$$

即坝基渗流量时效分量可表示成

$$Q_\theta = a_1 + 2a_2 t + 3a_3 t^2 + 4a_4 t^3 + 5a_5 t^4 \tag{7-117}$$

式中：t 为渗流量资料系列始测日至监测日的累计天数除以 100。

令 $b_0 = a_1$、$b_1 = 2a_2$、$b_2 = 3a_3$、$b_3 = 4a_4$、$b_4 = 5a_5$，$p = \dfrac{b_3}{4b_4}$、$t = y - p$ 得

$$\begin{aligned} Q_\theta &= b_0 + b_1 t + b_2 t^2 + b_3 t^3 + b_4 t^4 \\ &= c_4 y^4 + c_2 y^2 + c_1 y^1 + c_0 \end{aligned} \tag{7-118}$$

式中：

$$\begin{cases} c_4 = b_4 \\ c_2 = 6p^2 b_4 - 3pb_3 + b_2 \\ c_1 = -4p^3 b_4 + 3p^2 b_3 - 2pb_2 + b_1 \\ c_0 = p^4 b_4 - p^3 b_3 + p^2 b_2 - pb_1 + b_0 \end{cases} \tag{7-119}$$

再令 $y = \sqrt[4]{\dfrac{1}{4c_4}} Z (c_4 > 0)$，或 $y = \sqrt[4]{\dfrac{1}{-4c_4}} Z (c_4 < 0)$ 代入式(7-118)并略去常数项(常数项不会改变 Q_θ 的性质)，则有

$$Q_\theta = \frac{1}{4} Z^4 + \frac{1}{2} A Z^2 + BZ \tag{7-120}$$

$$\text{或}\quad Q_\theta = -\frac{1}{4} Z^4 + \frac{1}{2} A Z^2 + BZ \tag{7-121}$$

式中：$A = \dfrac{c_2}{\sqrt{|c_4|}}$，$B = \dfrac{c_1}{\sqrt[4]{4|c_4|}}$。

式(7-120)、式(7-121)即为以 Z 为状态变量，A、B 为控制变量的灰色尖点突变模型；其中式(7-120)为尖点突变的标准势函数，称为正则尖点突变，其平衡

曲面 M 和分叉集 B 如图 7-27 所示；式(7-121)为对偶尖点突变的标准势函数，其平衡曲面 M 和分叉集 B 如图 7-28 所示。

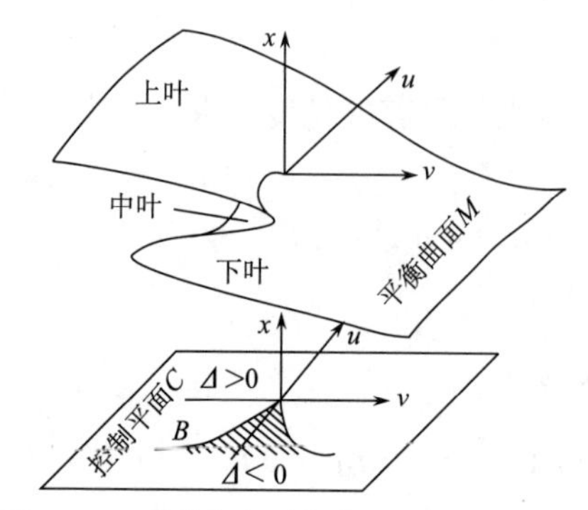

图 7-27　正则尖点平衡曲面及分叉集

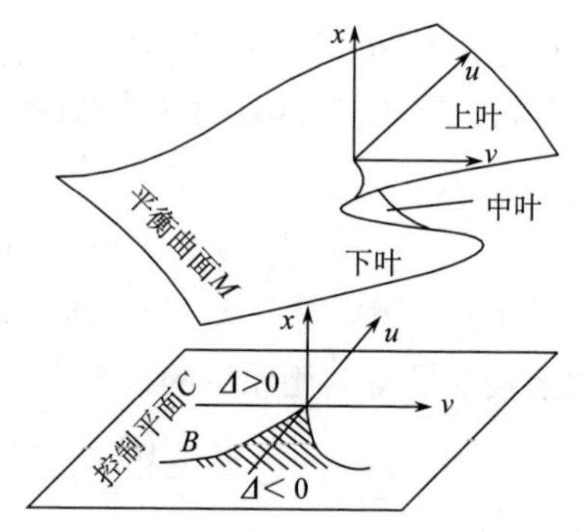

图 7-28　对偶尖点平衡曲面及分叉集

7.4.3　坝基渗流性态的转异准则

由式(7-120)、式(7-121)对 Z 求导，令 $\partial Q_\theta / \partial Z = 0$，得到平衡曲面方程为

$$Z^3 + AZ + B = 0 \text{（正则尖点突变）} \tag{7-122}$$

$$-Z^3 + AZ + B = 0 \text{（对偶尖点突变）} \tag{7-123}$$

由式(7-122)或式(7-123)决定的平衡曲面 M 在空间(Z,A,B)中的图形为一具有褶皱的光谱曲面，如图 7-27、图 7-28 所示。它由上、中、下三叶构成，其中上、下两叶是稳定的，中叶是不稳定的。无论 A、B 沿何种途径变化，相点(Z,A,B)都只是在上叶(或下叶)平衡地变化，并在其到达该叶的褶皱边缘时产生突跳而跃过中叶。因此，所有在平衡曲面上有竖直切线的点就构成状态的突变点集(即奇点集) S，其方程为

$$\frac{\partial^2 A}{\partial Z^2} = 3Z^2 + A \text{（正则尖点突变）} \tag{7-124}$$

或 $$\frac{\partial^2 A}{\partial Z^2} = -3Z^2 + A \text{（对偶尖点突变）} \tag{7-125}$$

由式(7-122)和式(7-124)或者式(7-123)和式(7-125)联立求得分叉集 B 的方程为

$$\Delta = 4A^3 + 27B^2 = 0 \tag{7-126}$$

得到坝基渗流性态转异诊断准则如下：

(1) 当 $\Delta = 4A^3 + 27B^2 > 0$，坝基渗流场处于正常状态；

(2) 当 $\Delta = 4A^3 + 27B^2 = 0$，坝基渗流场处于转异临界状态；

(3) 当 $\Delta = 4A^3 + 27B^2 < 0$，坝基渗流场处于异常状态。

第8章 重力坝服役稳定性可靠度安全监控方法

8.1 概 述

重力坝服役稳定性受多重环境因素与力学因素的长期作用，并经受各种突发性灾害的侵袭，这些影响因素是随机的和时变的，同时各种因素具有交替作用和相互关联性。影响重力坝服役稳定性诸多因素中，内在因素主要有：重力坝结构配置的合理性和可靠性，坝基处理和帷幕灌浆的质量以及它们在重力坝长期服役中的变化情况，筑坝材料特性及其老化、变异、侵蚀、流失等情况，坝身和坝基的排水特性，坝体裂缝及其发展状况，岸坡的处理，坝体横缝、纵缝的状态，坝基析出物及其对坝基的危害，取水口、溢洪道、泄流孔洞和排沙孔洞等的冲蚀破坏情况等；外在因素主要有：气候特征，地震，近坝库岸的滑坍，超设计洪水，水质的侵蚀，水库特性及其调度运用方式，附属建筑物质量及其运行状态，泄洪设施及其使用状况，运行期的维护、修理、补强加固等。

总体来说，在重力坝服役稳定性分析中存在大量的不确定性因素，它们大致分为随机性因素、模糊性因素和未确知性因素，具体为：①环境荷载与坝身及坝基材料的随机性，除自重外，环境荷载与重力坝运行过程中发生的汛期洪水、地震、山体滑坡等事件有关，而且由于河水侵蚀、渗流、碱化反应、裂隙扩展、混凝土老化等原因，坝身材料、坝基岩层软弱带的强度随着时间的推移不断降低，坝身与坝基材料强度弱化进程具有随机性；②评价准则的模糊性，重力坝服役稳定性研究存在许多模糊性问题，如重力坝沿建基面抗滑稳定安全系数的容许值为多少才算安全、规范中分项系数的确定等，以模糊理论为基础的模糊综合评判方法将在重力坝稳定性评价中发挥重要作用；③实测信息的未确知性，监测仪器的局限性及数据测读中的不确定性，不能获得足够的资料或不能掌握所需的全部信息等，导致了重力坝服役稳定性分析中的未确知性。

综观重力坝服役稳定性分析的各项研究，伴随着大量的以随机性、模糊性、未确知性等为特征的客观不确定性因素和包括设计、施工、运行管理等的主观不确定性因素，这些不确定性因素加大了重力坝服役稳定性研究的难度。为此，本章在介绍重力坝服役稳定性风险因素识别方法和可靠度分析模式的基础上，利用模糊数学综合评判分析模型评价主观不确定性对重力坝服役稳定性可靠度的影响，在此基础上，综合考虑重力坝沿坝基浅层、深层及其组合滑动方式，利用实测资料，建立重力坝服役稳定性的时效位移场的尖点突变模型及失稳判据。

8.2　重力坝服役可靠度分析模式

8.2.1　重力坝服役稳定性风险因素识别

对重力坝服役稳定性风险因素进行识别，首先要找出重力坝在正常运行荷载作用下的各种潜在风险因素，建立风险因素集合；然后对风险因素的严重程度进行分析，把造成损失程度小的风险因素从前面得到的风险因素集合中剔除掉，将注意力集中在恶性风险因素上。因此，下面将重力坝服役稳定性的风险因素按其关联隶属关系建立递阶层次模型，利用遗传算法改进后的层次分析法构造判断矩阵，据此求解各因素的重要性排序权值，检验判断矩阵的一致性，从而识别重力坝服役稳定性风险因素。

(1) 分析所有影响重力坝服役稳定性的风险因素之间的关系，对重力坝服役稳定性中各种潜在风险因素组成的复杂系统建立层次结构模型：目标层—准则层—指标层。

重力坝服役稳定性是由坝体、坝基以及近坝区等的结构性态综合反映的，任一处破坏都将导致重力坝失稳破坏。按照风险因素所处的部位、性质及因素之间的相互关系，对各风险因素进行划分归类，由此建立重力坝服役稳定性风险因素识别层次结构模型，如图 8-1 所示。

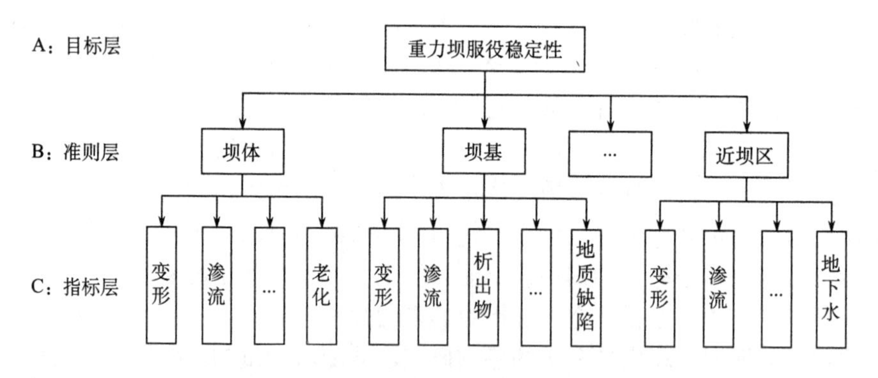

图 8-1　重力坝服役稳定性风险因素识别层次结构模型

这里构造的重力坝服役稳定性风险因素集，从上到下分别由目标层 A、准则层 B 和指标层 C 组成，其中 A 层即重力坝服役稳定性；B 层由 n 个影响重力坝服役稳定性的风险因素 B_1，B_2，…，B_n 组成，包括坝体、坝基及近坝区等；C 层由 m 个具体的风险因素 C_1，C_2，…，C_m 组成，如变形、渗流以及地质缺陷等。该层次结构模型基本上涵盖了重力坝服役稳定性风险因素识别分析需要满足的全部条件，如坝基面抗滑稳定条件、深层抗滑稳定条件以及抗倾覆条件等。

(2) 将同一层次的各风险因素按其对相邻上一层次各准则的相对重要性进行两两比较，构造判断矩阵。

由于发生在重力坝上的作用，如库水位变化、坝体温度变化、渗流变化、结构和材料的变化等都是随机变量，所以这里主要凭借专家经验建立判断矩阵。对 B 层、C 层的元素，分别以各自相邻的上一层元素为准则进行两两比较，采用判断矩阵标度来描述各元素的相对重要程度。通过分析比较，得到 B 层风险因素的判断矩阵为

$$\boldsymbol{B}=\left\{b_{ij}\left|i,j=1,2,\cdots,n\right.\right\}_{n\times n} \tag{8-1}$$

式中：元素 b_{ij} 表示从 A 层考虑元素 B_i 对元素 B_j 的相对重要程度。

如重力坝坝基存在风险因素用 B_i 表示，近坝区存在风险因素用 B_j 表示，则 b_{ij} 表示从重力坝服役稳定性的角度考虑，坝基存在风险因素 B_i 对近坝区存在风险因素 B_j 的相对重要程度。采用同样的方法，可以得到对应于 B 层各元素 B_k 的 C 层元素的判断矩阵为

$$\boldsymbol{C}^k=\left\{c_{ij}^k\left|i,j=1,2,\cdots,m\right.\right\}_{m\times m} \tag{8-2}$$

式中：k=1,2,⋯,n。

(3) 同一层次各风险因素的重要程度排序及其一致性检验，即确定同一层次各元素对于上一层次某元素的相对重要程度的排序权值并检验各判断矩阵的一致性。

以 B 层为例，假设从重力坝服役稳定性的角度考虑，B 层中每个元素的排序权值为 ω_k (k=1,2,⋯,n，分别表示 n 个影响重力坝稳定性的因素)，且满足

$$\sum_{k=1}^{n}\omega_k=1 \tag{8-3}$$

$$\omega_k>0 \tag{8-4}$$

根据判断矩阵 $\boldsymbol{B}$ 的定义

$$b_{ij}=\omega_i/\omega_j \quad i,j=1,2,\cdots,n \tag{8-5}$$

现在的问题是已知判断矩阵 $\boldsymbol{B}=\left\{b_{ij}\right\}_{n\times n}$，来推求该层各元素的排序权值 ω_k。如果判断矩阵 $\boldsymbol{B}$ 能够满足式(8-5)，决策者可以精确度量 b_{ij}，则判断矩阵 $\boldsymbol{B}$ 具有完全的一致性，于是有

$$\sum_{k=1}^{n}\left(b_{ik}\cdot\omega_k\right)=\sum_{k=1}^{n}\left(\omega_i/\omega_k\right)\cdot\omega_k=n\cdot\omega_i \tag{8-6}$$

从而

$$\sum_{k=1}^{n}\left|\sum_{k=1}^{n}\left(b_{ik}\cdot\omega_k\right)-n\cdot\omega_i\right|=0 \tag{8-7}$$

判断矩阵 B 的一致性程度主要取决于专家对各风险因素及其后果严重性的把握程度，对各风险因素及其后果认识得越清楚，判断矩阵的一致性程度就越高，反之亦然。根据式(8-7)，式左端的值越小，则判断矩阵 B 的一致性程度就越高，当式(8-7)严格成立时，判断矩阵 B 则具有完全的一致性。因此，B 层各元素的排序及其一致性检验问题就等价为如下优化问题：

$$\begin{aligned}&\min F_{\mathrm{CI}}\left(\omega_k\right)=\sum_{k=1}^{n}\left|\sum_{k=1}^{n}(b_{ik}\cdot\omega_k)-n\cdot\omega_i\right|\Big/n\\&\text{s.t. }\omega_k>0,k=1,2,\cdots,n\\&\sum_{k=1}^{n}\omega_k=1\end{aligned} \tag{8-8}$$

式中：$F_{\mathrm{CI}}(\omega_k)$ 称为一致性指标函数；单排序权值 ω_k (k=1,2,…,n)为优化变量。

针对该非线性优化问题，可采用遗传算法，通过一系列的选择、交叉、变异等遗传操作，实现该问题的全局优化求解。当 $F_{\mathrm{CI}}(\omega_k)<0.1$ 时，认为判断矩阵 $\boldsymbol{B}$ 具有满意的一致性。据此计算的各元素单排序权值 ω_k 是可以接受的，否则就需要调整判断矩阵 $\boldsymbol{B}$，直至其具有满意的一致性为止。

(4)各层次风险因素总排序及其一致性检验，即确定每一层次各元素对于最高层(重力坝服役稳定性)的相对重要程度排序权值并检验各判断矩阵的一致性。

这一过程是从最高层次到最低层次逐层进行的。这里，B 层各元素的排序权值 ω_k 和一致性指标函数 $F_{\mathrm{CI}}(\omega_k)$ 同时也是 B 层元素的总排序权值和总排序一致性指标函数；而 C 层各元素的总排序权值 ω_k' 和一致性指标函数 $F_{\mathrm{CI}}'(\omega_i')$ 则需要通过计算确定，即

$$\omega_i'=\sum_{k=1}^{n}\omega_k\cdot\omega_i^k \tag{8-9}$$

$$F_{\mathrm{CI}}'\left(\omega_k'\right)=\omega_i'=\sum_{k=1}^{n}\omega_k\cdot F_{\mathrm{CI}}^k\left(\omega_i^k\right) \tag{8-10}$$

式中：$i=1,2,\cdots,m$。当 $F_{\mathrm{CI}}'(\omega_i')<0.10$ 时，C 层总排序结果具有满意的一致性，据此计算各元素的总排序权值 ω_i' 是可以接受的；否则就需要调整判断矩阵，直至其具有满意的一致性为止。

(5)根据 C 层次总排序权值 ω_i' 的计算结果，确定各风险因素对重力坝服役稳定性的重要性排序，并将风险程度小的因素从最初的风险因素集中删除，为进一步分析工作提供依据。

重力坝服役稳定性风险因素识别流程如图 8-2 所示。通过风险因素识别，可以初步确定重力坝服役稳定性评价中存在的主要风险因素，如坝体变形异常、纵横缝张开或出现新的裂缝、建筑材料老化、帷幕防渗性能减弱、排水孔淤堵引起扬压力增大、绕坝渗流加剧导致岸坡坝段失稳、坝基软弱夹层泥化和层间充填物流失等。反映这些风险因素特性和变化规律的信息，可以由相应监测项目的实测资料获得，还可以通过安排专门人员对重力坝及其附近地区进行定期或不定期的巡查。

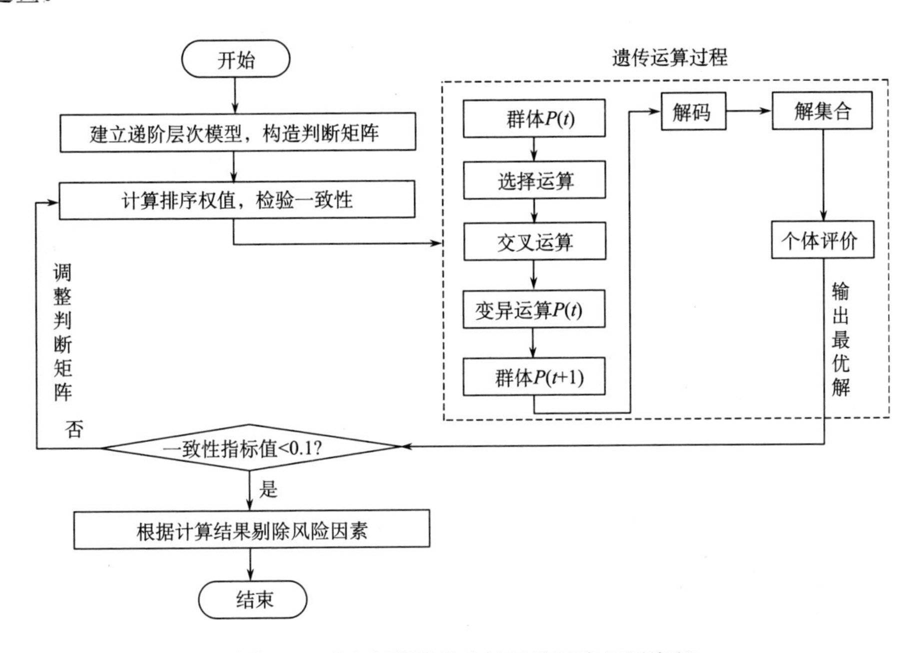

图 8-2　重力坝服役稳定性风险因素识别流程

根据前面分析可以确定，重力坝服役过程中存在影响其稳定性的诸多风险因素，这些因素将对重力坝服役稳定性带来安全隐患，如当重力坝建在微风化(甚至弱风化)岩石、交错裂隙、软弱夹层、断层破碎带等构成的不完整岩体上时，由于软弱结构面及其不利组合的存在，在荷载作用下，整个坝体或个别坝块将沿软弱结构面滑动失稳。目前，通常采用刚体极限平衡法核算沿这种软弱面的抗滑稳定性，当坝基工程地质条件复杂或重要工程时，常辅以有限元法进行分析研究。但由于重力坝深层滑动通道一般由多个滑动面组成，而滑动通道又可能不止一条，这些滑动面和滑动通道组成结构体系。因此，在重力坝服役稳定性风险因素识别的基础上，需要考虑影响因素的随机时变特性，建立基本随机因素的随机过程模型，据此利用结构体系可靠度理论[96]构建重力坝服役稳定性可靠度分析模式。

8.2.2　重力坝失稳破坏模式构成方式概化模型

重力坝失稳破坏包括沿坝基面的浅层单滑面滑动和沿基岩软弱夹层的深层多滑面滑动，其失稳实质就是剪切破坏，坝体沿坝基面或软弱夹层是否发生失稳破坏取决于该面上任意一点的应力状态。因此，重力坝稳定性极限状态的本质是滑动面的极限剪应力状态。根据 Mohr-Coulomb 准则，抗滑力 R 为

$$R = \int_A \tau_f \mathrm{d}s = \int_A (c' + \sigma f')\mathrm{d}s = c'A + f'\int_A \sigma \mathrm{d}A \tag{8-11}$$

式中：τ_f 为极限剪应力；c' 为抗剪断凝聚力；f' 为抗剪断摩擦系数；σ 为滑动面上的正应力；A 为滑动面的面积。

下面给出重力坝沿坝基面滑动的失稳概率计算方法。考虑坝前水压力、泥沙压力等，作用效应 S 为重力坝所受水平向荷载总和，抗滑力 R 可表示为

$$R = c'A + f'\left(\sum W - U\right) \tag{8-12}$$

式中：$\sum W$ 为坝体自重等作用在坝基面上的荷载垂直向分力总和；U 为作用在坝基面的扬压力。

重力坝沿坝基面失稳破坏的功能函数 Z_1 为

$$Z_1 = g(H_{\mathrm{U}}, H_{\mathrm{D}}, H_{\mathrm{S}}, \alpha, c', f', \cdots) = c'A + f'\left(\sum W - U\right) - \sum P \tag{8-13}$$

式中：H_{U}、H_{D}、H_{S}、α、$\sum P$ 分别为上游水位、下游水位、坝前泥沙高度、扬压力折减系数、坝体所受水平向荷载总和。

由此得到重力坝沿坝基面的失稳破坏概率为

$$P_{f1} = P(Z < 0) = \int_{Z<0} \cdots \int f_X(H_{\mathrm{U}}, H_{\mathrm{D}}, H_{\mathrm{S}}, \alpha, c', f', \cdots)\mathrm{d}H_{\mathrm{U}}\mathrm{d}H_{\mathrm{D}}\mathrm{d}H_{\mathrm{S}}\mathrm{d}\alpha\mathrm{d}c'\mathrm{d}f'\mathrm{d}\cdots \tag{8-14}$$

虽然重力坝在几何构成上是单一块体，但是存在着不同的破坏模式，如沿坝基面浅层滑动或基岩深层滑动以及坝体倾覆等潜在破坏模式。而且，由于坝体内各种孔洞的存在，这些破坏模式间具有一定的相关性，所以仅用单一模式的可靠度不能完全反映重力坝服役稳定性可靠度。对于具有 m 个可能破坏模式的重力坝，其服役稳定性可靠度为具有多个相关失稳模式的结构体系的可靠度。因此，将重力坝概化成图 8-3 所示的构成方式，破坏模式相关性对重力坝服役稳定性可靠度的影响分析如下。

(1) 在达到承载能力极限状态下，任何一种破坏模式出现，重力坝均发生失稳破坏，此时各破坏模式之间可以看成串联构成，各破坏模式之间相关性的增加将会提高重力坝服役稳定性的可靠度。

(2) 每种破坏模式的产生都是一个渐进过程，如一个滑动通道的形成是局部剪切破坏逐渐积累的过程，只有当潜在滑动面上每个单元剪切屈服，一个滑动破坏模式才产生，此时各种累积破坏模式形成并联系统。对于并联子系统构成的破坏模式来说，由于局部单元之间存在相关性，相关性增加，重力坝失稳破坏概率将增大。

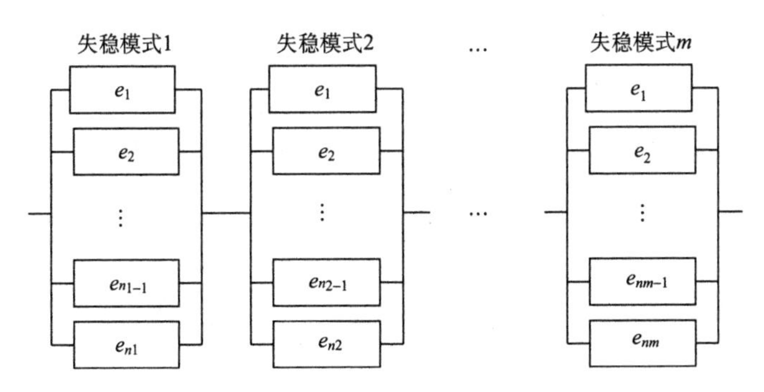

图 8-3 重力坝失稳破坏模式构成方式概化模型

8.2.3 基本随机变量的随机过程模型

由于环境荷载与材料内部作用的影响，重力坝在服役较长时间或遭受灾害作用后，往往存在不同程度的损伤，其抗力和荷载效应都与设计状态不同。因此，在重力坝服役稳定性可靠度分析中，必须考虑到结构抗力和荷载效应随时间变化的影响。由于重力坝运行荷载可以通过观测和计算找出其随时间变化的规律，故以时间为参数描述抗力的随机时变特性是比较合适的。从受荷特点分析，重力坝服役稳定性可靠度包括静力与动力时变可靠度，问题的关键在于建立合适的抗力与荷载效应的时变模型。因此，下面结合设计规范，研究静荷载工况下重力坝服役稳定性可靠度问题。

重力坝服役稳定性可靠度计算涉及的荷载如图 8-4 所示，某坝段失稳模式功能函数如下：

$$Z_1 = (D_1\gamma_c k_1 - D_2\alpha k_2 + D_3) f' k_3 + D_4 c' k_3 - D_5 \tag{8-15}$$

式中：$D_1 = 0.5n_2H_3^2 + B_1H + 0.5n_1H_4^2$；$D_2 = 0.5\gamma_{\mathrm{w}} B_2(H_1 - H_2)$；$D_3 = \gamma_{\mathrm{w}}[n_2H_3H_1 - 0.5n_2H_3^2 + 0.5n_1H_2^2 - 0.5(H_1 - H_2)B_3 - B_2H_2]$；$D_4 = B_2$；$D_5 = 0.5\gamma_{\mathrm{w}}H_1^2 + P_2 - 0.5\gamma_{\mathrm{w}}H_2^2$。

重力坝服役稳定性可靠度计算选取的基本随机变量包括筑坝材料抗拉、抗压强度，容重，扬压力折减系数，坝体混凝土与坝基面间的摩擦系数和凝聚力系数，上游水位，淤积泥沙容重等。根据重力坝失稳破坏特点及模式，提出影响抗力和荷载效应的每个风险因素随时间变化的随机过程模型为

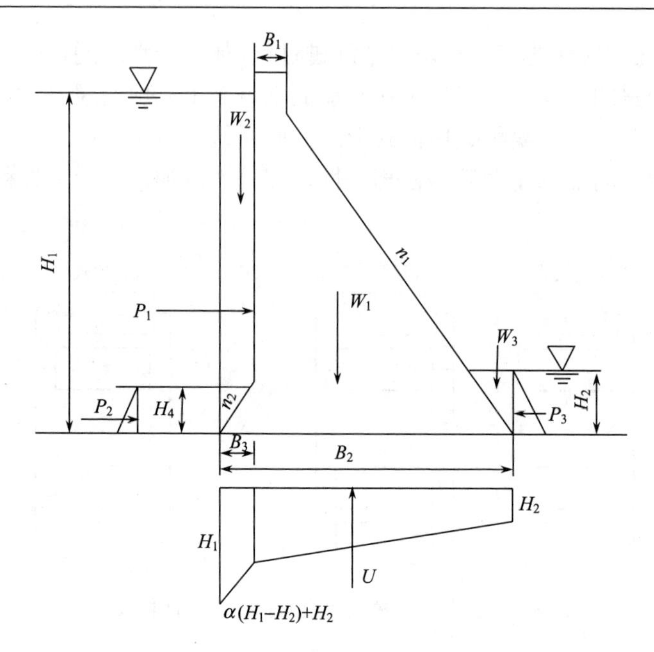

图 8-4　重力坝服役稳定性可靠度计算受力剖面图

$$X_i(t) = X_i(0)\psi_i(t) \qquad i = 1,2,\cdots,m \tag{8-16}$$

式中：$\psi_i(t)$ 为第 i 个随机变量的确定性函数；$X_i(0)$ 和 $X_i(t)$ 分别为 0 和 t 时刻的随机变量。

由于重力坝服役过程中会出现混凝土碳化、帷幕灌浆老化等，材料的容重、抗拉强度、抗压强度、摩擦系数、凝聚力等均呈下降趋势，相应的 $X_i(t)$ 为衰减函数；而扬压力折减系数、泥沙容重等可能会增加，相应的 $\psi_i(t)$ 为递增函数。各随机变量的衰减函数符合以下规律：

(1)混凝土容重为 γ_c，随着时间的增长其衰减函数为

$$k_1 = \psi_1(t) = \mathrm{e}^{-0.0005t} \tag{8-17}$$

(2)抗压强度为 R_a，抗拉强度为 R_t，混凝土与坝基的摩擦系数和凝聚力系数分别为 f 和 c，其衰变规律相同

$$k_2 = \psi_2(t) = \mathrm{e}^{-0.005t} \tag{8-18}$$

(3)扬压力折减系数为 α，其递增函数为

$$k_3 = \psi_3(t) = 1/2 + A_1 / \left(1 + C_1\mathrm{e}^{-0.005t}\right) \tag{8-19}$$

这里假定重力坝运行足够长时间后，因未检修帷幕灌浆及排水设施完全失去作用，坝基扬压力分布自上游至下游完全按三角形荷载连续分布，没有折点，扬压力增加的大小与灌浆廊道位置有关，若知道上下游水位和灌浆廊道位置，常数

A_1、C_1 就可以被确定出来，当然必须保证初始时刻

$$k_3 = \psi_3(0) = 1/2 + A_1/\left(1 + C_1\right) = 1 \tag{8-20}$$

(4) 据相关文献统计，水库内的水位变化服从指数增加规律，因此水库上游的多年平均水位 H_2 的变化函数取为

$$k_4 = \psi_4(t) = 1/2 + A_2/\left(1 + C_2 \mathrm{e}^{-0.0005t}\right) \tag{8-21}$$

水位增加所能达到的极值也就是遇到特大洪水时上游水位到达坝顶而不漫坝时的水位，这里常数 A_2、C_2 需要根据重力坝的具体尺寸及上游特征水位确定，初始时刻

$$k_4 = \psi_4(0) = 1/2 + A_2/(1 + C_2) = 1 \tag{8-22}$$

(5) 不同的水库其淤积的规律不同，淤积泥沙分布的形态(条带状、三角状、锥形等) 也不同，但是越靠近坝体泥沙颗粒越细。随着时间的不断推移，泥沙会越来越密，并且淤积高度逐渐增加。根据设计规范规定的取值，一般认为水库泥沙浮容重的取值范围为 5～14.5 kN/m^3。结合已有的研究成果，综合考虑泥沙容重和高度的影响，认为泥沙浮容重随时间变化的规律为

$$k_5 = \psi_5(t) = 1/2 + 2.4/\left(1 + 3.8\mathrm{e}^{-0.0005t}\right) \tag{8-23}$$

而坝前泥沙淤积高度增加的分布规律为

$$k_6 = \psi_6(t) = 1/2 + A_3/\left(1 + C_3 \mathrm{e}^{-0.005t}\right) \tag{8-24}$$

这里根据水库泥沙淤积特点，假定足够长时间以后，水库泥沙达到淤沙高程，而初始时刻

$$k_6 = \psi_6(0) = 1/2 + A_3/\left(1 + C_3\right) = 1 \tag{8-25}$$

当已知坝基高程和淤沙高程后，就可以确定常数 A_3、C_3。

8.2.4　考虑破坏模式相关性的串联系统可靠度算法

由概率论知，结构体系串联系统失效概率可表示为

$$P_f = P\left(Z_1 < 0 \cup Z_2 < 0 \cup \cdots \cup Z_n < 0\right) \tag{8-26}$$

式中：$\cup$ 为事件之和；$Z_i < 0$ 代表系统的第 i 个失效模式发生(或系统的第 i 个单元失效破坏)。

若结构体系各失效破坏模式完全正相关，则整个体系失效概率取决于出现概率最大的失效模式，即

$$P_f = \max P_{fi} \tag{8-27}$$

式中：P_{fi} 为系统第 i 个失稳破坏模式出现的概率。

若结构体系各失效破坏模式相互独立，则有

$$P_r = \max P\left(Z_1 \geqslant 0 \cap \cdots \cap Z_n \geqslant 0\right) = P\left(Z_1 \geqslant 0\right)\cdots P\left(Z_n \geqslant 0\right) = \prod_{i=1}^{n} P_{ri} \tag{8-28}$$

式中：P_r 为体系可靠度；P_{ri} 为系统第 i 个失效模式不出现的概率；$\cap$ 为事件之积。

由于结构体系失效概率与可靠度之间存在互补关系，故有

$$P_f = 1 - P_r = 1 - \prod_{i=1}^{n}\left(1 - P_{fi}\right) \tag{8-29}$$

如果每种破坏模式单独引起的失效概率 $P_{fi} \ll 1$ 时，则式(8-29)转化为

$$P_f = 1 - \sum_{i=1}^{n} P_{fi} \tag{8-30}$$

由于结构体系实际的破坏模式不完全相关，也不完全独立，而是处于两者之间，因此结构体系破坏概率的一般界限范围为

$$\max P_{fi} \leqslant P_f \leqslant 1 - \prod_{i=1}^{n}\left(1 - P_{fi}\right) \tag{8-31}$$

当 $P_{fi} \ll 1$ 时，式(8-31)转化为

$$\max P_{fi} \leqslant P_f \leqslant \sum_{i=1}^{n} P_{fi} \tag{8-32}$$

由于重力坝失稳破坏模式相互间通常具有一定的相关性，故由上述算法所得结果或偏于保守，或偏于不安全。若假设重力坝各坝段之间没有横缝，各坝段独立工作，则重力坝结构体系可看成各坝段失稳模式组成的串联体系，坝段之间和失稳模式之间的相关系数 $0 < \rho_{ij} < 1$。重力坝各坝段的可能失稳模式的功能函数 Z_i 都是非线性的，要求出 ρ_{ij}，可用泰勒级数在验算点 x^* 处展开，对应的相关系数为

$$\rho_{ij} = \frac{\operatorname{cov}\left(Z_i, Z_j\right)}{\left(\sigma_{Z_i}, \sigma_{Z_j}\right)} = \sum_{k} \alpha_{ik} \alpha_{jk} \tag{8-33}$$

式中：灵敏系数 $\alpha_{ik} = \left(\dfrac{\partial Z_i}{\partial x_k'}\right)_{x^*} \left[\sqrt{\sum_k \left(\dfrac{\partial Z_i}{\partial x_k'}\right)_{x^*}^2}\right]^{-1}$；$\alpha_{jk} = \left(\dfrac{\partial Z_j}{\partial x_k'}\right)_{x^*} \left[\sqrt{\sum_k \left(\dfrac{\partial Z_j}{\partial x_k'}\right)_{x^*}^2}\right]^{-1}$。

只要给出各坝段稳定性极限状态功能函数，即可用式(8-33)求出它们之间的相关系数。由式(8-33)可以看出，失稳模式来自相同的随机变量 x_k 的数目占总随机变量的数目越多，则相关系数越大，相关性越好；反之，相同的随机变量数目占总随机变量数目越少，则相关系数就越小，相关性就越差。因此，可以推知重力坝各相邻坝段之间、相同的失稳模式之间的相关系数较大。而相离较远的坝段之间以及不同失稳模式之间的相关系数则较小。

如果结构体系失效破坏模式相关系数 ρ 和可靠指标 β 都相同，则可以得到考虑相关性的串联系统失效概率为

$$P_f(\rho)=1-\int_{-\infty}^{+\infty}\left[\Phi\left(\frac{\bar{\beta}+\sqrt{\bar{\rho}}t}{\sqrt{1-\bar{\rho}}}\right)\right]^n\cdot\phi(t)\mathrm{d}t \tag{8-34}$$

式中：Φ 和 ϕ 分别表示标准正态分布和密度函数，$\bar{\beta}$ 为各失效模式的等效可靠指标；$\Phi(-\bar{\beta})=1-\prod\limits^{n}\left[1-\phi(-\beta_i)\right]=1-\left[1-\Phi(-\beta_1)\right]\left[1-\Phi(-\beta_2)\right]\cdots\left[1-\Phi(-\beta_n)\right]$；$\bar{\rho}$ 为平均相关系数 $\bar{\rho}=\dfrac{1}{n(n-1)}\sum\limits_{i,j=1;i\neq j}^{n}\rho_{ij}$。

由式(8-34)可知，随着重力坝失稳破坏模式相关性增加，重力坝失稳破坏概率减小；而重力坝失稳破坏模式或路径增多，将导致重力坝失稳破坏概率增大。尽管重力坝各失稳破坏模式之间的相关系数不会相同，但以上规律具有普遍性，而且考虑失稳破坏模式间存在的相关性将使得重力坝的设计更为合理。因此，在考虑重力坝失稳模式的相关性时，利用改进的 Ditlevsen 推导的窄界限公式，得到重力坝失稳破坏概率为

$$P\left(Z_1\right)+\max\left\{\sum_{i=2}^{n}\left[P(Z_i)-\sum_{j=1}^{i-1}P(Z_i,Z_j)\right],0\right\}\leqslant P_f\leqslant\sum_{i=1}^{n}P\left(Z_i\right)-\sum_{i=2}^{n}\max_{j\leqslant i}P\left(Z_i,Z_j\right) \tag{8-35}$$

8.2.5　累积破坏模式形成的并联系统可靠度算法

为了提高重力坝服役稳定性，将横缝全部灌浆或将坝体横缝局部灌浆，使得各坝段之间相互联系。重力坝任何一种失稳破坏模式的形成都是延性单元应力重分布的过程，按极限平衡假定，当局部或滑动通道全部达到屈服，这种破坏模式才形成，所以重力坝失稳破坏模式的形成可以概化为延性单元的并联系统。在这种情况下，重力坝服役稳定性可靠度的计算通过将各坝段失稳破坏模式视作并联体系进行分析。设某破坏模式由 m 个单元破坏形成，则重力坝失稳破坏概率为

$$P_f=P\left(E_1\cap E_2\cap\cdots\cap E_m\right) \tag{8-36}$$

如果单元 E_i 是统计独立的，则式(8-32)转化为

$$P_f=\prod_{i=1}^{m}P_{fi} \tag{8-37}$$

实际上，单元 E_i 之间也具有相关性，假定单元之间相关系数为 ρ，则子系统的可靠指标 β_s 为

$$\beta_s = \beta_e \sqrt{\frac{m}{1+\rho(m-1)}} \approx \bar{\beta} \sqrt{\frac{m}{1+\bar{\rho}(m-1)}} \tag{8-38}$$

由式(8-36)可知，当单元之间相关性增大时，并联系统的失效概率增加；当单元数量增加时，系统失效概率减小。当单元之间完全相关($\rho = 1$)时，$\beta_s = \beta_e$，这时

$$P_f \leqslant \min_{i=1,\cdots,m} P(E_i = 1) \tag{8-39}$$

由式(8-37)和式(8-38)，可以得出并联系统的失效概率为

$$\prod_{i=1}^{m} P(F_i = 1) \leqslant P_f \leqslant \min_{i=1,\cdots,m} P(E_i = 1) \tag{8-40}$$

对于单元相关系数不同的情况，可以利用相关矩阵

$$\boldsymbol{C} = [\rho_{ij}] = \begin{bmatrix} 1 & \rho_{12} & \cdots & \rho_{1n} \\ \rho_{21} & 1 & \cdots & \rho_{2n} \\ \vdots & \vdots & & \vdots \\ \rho_{n1} & \rho_{n2} & \cdots & 1 \end{bmatrix}$$

进行分析。

8.3 重力坝服役可靠度模糊综合评价方法

在重力坝服役稳定性可靠度分析中存在大量的不确定性因素，这些不确定性可分为客观不确定性(随机不确定性)和主观不确定性(模糊不确定性)，前者可利用数学统计原理进行分析，如荷载、抗力等具有客观不确定性；而后者是无法用数理统计方法给出的。目前，对结构分析中存在的大量主观不确定性的研究还很少。因此，在前文利用可靠度理论分析重力坝服役稳定性可靠度的基础上，本节提出利用模糊数学综合评判[97-99]，从 8 个方面的主观不确定性因素来研究其对重力坝服役稳定性可靠度的影响，具体包括：①地质勘探；②分析方法；③荷载作用；④设计失误；⑤计算方法；⑥施工失误；⑦施工质量；⑧突发事件。以上这些不确定性因素反映了工程地质勘探、设计、施工、运行管理等方面的人员素质、经验、能力和水平。

8.3.1 模糊综合评判分析模型

8.3.1.1 模糊综合评判基本原理

模糊综合评判是复杂的递归计算过程，评价对象可以有任意多个，每个评价体系包含多种特性。设 $X = \{x_1, x_2, \cdots, x_n\}$ 是因素集，$Y = \{y_1, y_2, \cdots, y_m\}$ 是决策集，

对于任意的$x_i \in X, y_j \in Y$，用r_{ij}表示x_i在y_j上的特征指标(隶属度)；对于每个x_i，向量$(r_{i1}, r_{i2}, \cdots, r_{im})$是$x_i$关于$Y$的特征指标向量(隶属度向量)($i$=1,2,⋯,$n$)。以这$n$个向量作为行组成$n \times m$矩阵$\boldsymbol{R} = (r_{ij})_{n \times m}$，则$\boldsymbol{R}$即为$X$到$Y$的模糊关系矩阵，称为单因素评判矩阵。用$X$的模糊集$A = \{a_1, a_2, \cdots, a_n\}$表示权重分配，即$a_i$是因素$x_i$的数量指标，应用模糊变换原理，$A$和$R$合成得到

$$A \cdot R = B \tag{8-41}$$

$B = \{b_1, b_2, \cdots, b_m\}$表示决策集上各种决策的可能性系数，再以最大隶属度原则选择最大的b_j对应的y_j作为评判结果。

8.3.1.2　层次分析法原理

以A表示目标，u_i表示评价因素，$u_i \in U$ $(i = 1, 2, \cdots, n)$，u_{ij}表示u_i对u_j $(j = 1, 2, \cdots, n)$的相对重要性数值，u_{ij}取值见表 8-1。

表 8-1　判断矩阵标度

标度u_{ij}	因素比较	意义
1	u_i与u_j同等重要	u_i与u_j对总目标有相同的贡献
3	u_i比u_j稍显重要	u_i的贡献稍大于u_j，但不明显
5	u_i比u_j明显重要	u_i的贡献明显大于u_j，但不十分明显
7	u_i比u_j强烈重要	u_i的贡献十分明显大于u_j
9	u_i比u_j极其重要	u_i的贡献比u_j有压倒优势
2,4,6,8	u_i比u_j处于上述两相邻指标的中间值	相邻两判断之间

由各标度值的意义得到判断矩阵$\boldsymbol{U}$如下：

$$\boldsymbol{U} = \begin{bmatrix} u_{11} & u_{12} & \cdots & u_{1n} \\ u_{21} & u_{22} & \cdots & u_{2n} \\ \vdots & \vdots & & \vdots \\ u_{n1} & u_{n2} & \cdots & u_{nn} \end{bmatrix} \tag{8-42}$$

由矩阵$\boldsymbol{U}$求出最大特征值对应的单位特征向量，该单位特征向量各分量即为各评价因素重要性排序。因此，权重分配的计算可归结为计算满足$\boldsymbol{U\omega} = \lambda_{\max}\boldsymbol{\omega}$的特征根和特征向量，将特征向量正规化，并将正规化得到的特征向量$\boldsymbol{\omega} = [\omega_1, \omega_2, \cdots, \omega_n]$作为本层次元素的排序权值，$\omega_i$和$\lambda_{\max}$的计算如下：

$$\omega_i = \left(\prod_{j=1}^{n} u_{ij}\right)^{1/n}, \ \omega_i^0 = \frac{\omega_i}{\sum \omega_i}, \ \lambda_{\max} = \sum_{i=1}^{n} \frac{(\boldsymbol{U} \cdot \boldsymbol{\omega})_i}{n\omega_i} \tag{8-43}$$

为了检验权重的分配是否合理，需要对判断矩阵进行一致性检验：

$$CR=CI/RI \tag{8-44}$$

式中：CR 为判断矩阵的随机一致性比率；CI 为判断矩阵的一般一致性指标，$CI=\frac{1}{n-1}(\lambda_{max}-n)$；RI 为判断矩阵的平均随机一致性指标(表 8-2)。

表 8-2 判断矩阵的平均随机一致性指标

阶数	1	2	3	4	5	6	7	8	9
RI	0.00	0.00	0.58	0.90	1.12	1.24	1.32	1.41	1.45

当 CR <0.1 时，即认为判断矩阵具有满意的一致性，说明权重系数分配合理。否则就需要调整判断矩阵，直到取得满意的一致性为止。

8.3.1.3 模糊综合评判模型构建

模糊综合评判(fuzzy comprehensive evaluation, FCE)应用中的关键问题是如何合理确定各评价指标的权重，而层次分析法(analytic hierarchy process, AHP)在实用中存在的主要问题是如何构造、检验和修正判断矩阵的一致性问题和计算判断矩阵各要素的权重。鉴于此，下面研究直接根据单指标相对隶属度的模糊评价矩阵，构造层次分析法中的判断矩阵以确定各评价指标权重，并利用加速遗传算法检验和修正判断矩阵的一致性[100]，从而建立计算判断矩阵各要素权重的模糊综合评判模型。

(1)根据待评价系统的实际情况，从代表性、系统性和适用性的角度，建立模糊综合评价的评价指标体系，由各评价指标的样本数据建立单评价指标相对隶属度的模糊评价矩阵。设有 n 个评价指标组成对 m 个评价方案的样本数据集 $\{x(i,j)|i=1\sim n, j=1\sim m\}$，各指标值 $x(i,j)$ 均为非负值。为确定单个评价指标的相对隶属度的模糊评价矩阵，消除各评价指标的量纲效应，使建模具有通用性，需对样本数据集 $\{x(i,j)\}$ 进行标准化处理。为了尽可能保持各评价指标值的变化信息，对越大越优型指标的标准化处理公式为

$$r(i,j)=x(i,j)/\left[x_{max}(i)+x_{min}(i)\right] \tag{8-45}$$

对越小越优型指标的标准化处理公式为

$$r(i,j)=\left[x_{max}(i)+x_{min}(i)-x(i,j)\right]/\left[x_{max}(i)+x_{min}(i)\right] \tag{8-46}$$

对越中越优型指标的标准化处理公式为

$$r(i,j)=\begin{cases}x(i,j)\big/\left[x_{\mathrm{mid}}(i)+x_{\mathrm{min}}(i)\right], x_{\mathrm{min}}(i)\leqslant x(i,j)<x_{\mathrm{mid}}(i)\\ \left[x_{\mathrm{max}}(i)+x_{\mathrm{mid}}(i)-x(i,j)\right]\big/\left[x_{\mathrm{max}}(i)+x_{\mathrm{mid}}(i)\right], x_{\mathrm{mid}}(i)\leqslant x(i,j)<x_{\mathrm{max}}(i)\end{cases}$$

(8-47)

式中：$x_{\min}(i)$、$x_{\max}(i)$、$x_{\mathrm{mid}}(i)$ 分别为方案集中第 i 个指标的最小值、最大值和中间最适值；$r(i,j)$ 为标准化后的评价指标值，也就是第 j 个方案、第 i 个评价指标从属于优的相对隶属度值，$i=1\sim n$，$j=1\sim m$。以这些 $r(i,j)$ 值为元素可组成单评价指标的模糊评价矩阵 $\boldsymbol{R}=(r(i,j))_{n\times m}$。

(2) 根据模糊评价矩阵 $\boldsymbol{R}=(r(i,j))_{n\times m}$ 构造用于确定各评价指标权重的判断矩阵 $\boldsymbol{B}=(b_{ij})_{n\times n}$。模糊综合评价的实质是一种优选过程，从综合评价的角度看，若评价指标 i_1 的样本系列 $\left\{r(i_1,j)\middle|j=1\sim m\right\}$ 的变化程度比评价指标 i_2 的样本系列 $\left\{r(i_2,j)\middle|j=1\sim m\right\}$ 的变化程度大，则评价指标 i_1 传递的综合评价信息比评价指标 i_2 传递的综合评价信息多。因此，可用各评价指标的样本标准差

$$s(i)=\left[\sum_{j=1}^{m}\left(r(i,j)-\overline{r_i}\right)^2\Big/m\right]^{0.5} \tag{8-48}$$

反映各评价指标对综合评价的影响程度，并用于构造判断矩阵 $\boldsymbol{B}$；其中 $\overline{r_i}=\sum_{j=1}^{m}r(i,j)/m$ 为各评价指标下样本系列的均值，$i=1\sim n$。于是，根据式(8-48)可得到判断矩阵

$$b_{ij}=\begin{cases}\dfrac{s(i)-s(j)}{s_{\max}-s_{\min}}(b_m-1)+1, & s(i)\geqslant s(j)\\ 1\Big/\left[\dfrac{s(i)-s(j)}{s_{\max}-s_{\min}}(b_m-1)+1\right], & s(i)<s(j)\end{cases} \tag{8-49}$$

式中：$s_{\min}$、$s_{\max}$ 分别为 $\left\{s(i)\middle|i=1\sim n\right\}$ 的最小值和最大值；相对重要性程度参数值 $b_m=\min\left\{9,\mathrm{int}\left[s_{\max}/s_{\min}+0.5\right]\right\}$。

(3) 判断矩阵 $\boldsymbol{B}$ 的一致性检验、修正及其权重 $w_i(i=1\sim n)$ 的计算，要求满足：$w_i>0$ 和 $\sum_{i=1}^{n}w_t=1$。根据判断矩阵 $\boldsymbol{B}$ 的定义

$$b_{ij}=w_i/w_j \quad (i,j=1\sim n) \tag{8-50}$$

下面研究由 $\boldsymbol{B}=\left\{b_{ij}\right\}_{n\times n}$ 推求各评价指标权重值 $\left\{w_i\middle|i=1\sim n\right\}$，若 $\boldsymbol{B}$ 满足式(8-50)，则能精确度量 w_i/w_j，此时判断矩阵 $\boldsymbol{B}$ 具有完全一致性，有

$$\sum_{i=1}^{n}\sum_{j=1}^{n}\left|b_{ij}w_j - w_i\right| = 0 \tag{8-51}$$

由于重力坝服役稳定性评价的复杂性、主观认识上的多样性以及片面性，判断矩阵 **B** 的一致性条件不能完全满足。但层次分析法要求判断矩阵 **B** 具有满意的一致性，以适应各种复杂系统。因此，若 **B** 不具有满意的一致性，则需要修正。设 **B** 的修正判断矩阵为 $\boldsymbol{Y}=\left\{y_{ij}\right\}_{n\times n}$，**Y** 各要素的权重值仍记为 $\left\{w_i \middle| i=1\sim n\right\}$，称式(8-52)最小的 **Y** 矩阵为 **B** 的最优一致性判断矩阵

$$\begin{aligned}
&\min \mathrm{CIC}(n)=\sum_{i=1}^{n}\sum_{j=1}^{n}\left|y_{ij}-b_{ij}\right|\Big/n^2+\sum_{i=1}^{n}\sum_{j=1}^{n}\left|y_{ij}w_j-w_i\right|\Big/n^2\\
&\text{s.t. } y_{ii}=1 \quad (i=1\sim n)\\
&1/y_{ji}=y_{ij}\in\left[b_{ij}-db_{ij},b_{ij}+db_{ij}\right] \quad (i=1\sim n, j=i+1\sim n)\\
&\sum_{i=1}^{n}w_i=1, w_i>0 \quad (i=1\sim n)
\end{aligned} \tag{8-52}$$

式中：称目标函数 CIC(n) 为一致性指标系数(consistency index coefficient)；d 为非负参数，可从[0,0.5]内选取。

式(8-52)是一个常规方法较难处理的非线性优化问题，权重值 $w_i(i=1\sim n)$ 和修正判断矩阵 $Y=\{y_{ij}\}_{n\times n}$ 的上三角矩阵元素为优化变量，对 n 阶判断矩阵 **B** 共有 $n(n+1)/2$ 个独立的优化变量。显然，CIC(n)值越小，则判断矩阵 **B** 的一致性程度就越高，当取全局最小值 CIC(n)= 0 时，则 Y=B；且式(8-50)和式(8-51)成立，此时判断矩阵 **B** 具有完全的一致性，又根据约束条件 $\sum_{i=1}^{n}w_i=1$，可知全局最小值是唯一的。而模拟生物优胜劣汰规则与群体内部染色体信息交换机制的加速遗传算法是通用的全局优化方法，用它来求解式(8-52)较为简便而有效。

(4)把各评价指标的权重值 w_i 与各方案相应评价指标的相对隶属度值 $r(i,j)$ 相乘并累加，可得模糊评价的综合指标值

$$z(j)=\sum_{i=1}^{n}w_i r(i,j) \quad (j=1\sim m) \tag{8-53}$$

综合指标值 $z(j)$ 越大，说明第 j 个方案越优。

由上述分析可知，AHP-FCE 法直接从原判断矩阵 **B** 的一致性程度出发构造修正判断矩阵的准则函数，根据式(8-52)，原判断矩阵 **B** 具有完全一致性的充要条件是式(8-52)取全局最小值 CIC(n) =0，该修正准则较为直观和简便，而且 AHP-FCE 法通过原判断矩阵 **B** 各要素的调整来修正，因此该法的修正具有全局性。

8.3.2　重力坝服役可靠度计算

下面从两方面评价主观不确定性对重力坝服役稳定性可靠度的影响：一方面从历史角度分析重力坝失事情况，确定各主观不确定性因素在可靠度计算中所占的比重，称为重要性；另一方面针对具体的工程给出各主观不确定性因素对重力坝服役稳定性可靠度的影响，称为效应。

1) 重要性评价

重要性评价是对一段历史时期主观不确定性因素的统计结果，在一段历史时期内是稳定不变的，不随具体工程而变。根据重力坝失稳破坏的情况，可确定上述 8 个主观因素在重力坝失稳破坏中所占的比重，用重要性的模糊集合代替。设重要性有 4 个子集：非常重要 G_1、重要 G_2、一般 G_3、不重要 G_4，可得到 8 个主观因素的重要性评价如下：地质勘探—重要 G_2；分析方法—一般 G_3；荷载作用—一般 G_3；设计失误—重要 G_2；计算方法—不重要 G_4；施工失误—不重要 G_4；施工质量—一般 G_3；突发事件—非常重要 G_1。重要性四个子集 G_i 的隶属函数 μ 见表 8-3。

表 8-3　重要性 G_i 的隶属函数 μ

隶属函数 μ	0.0	0.1	0.2	0.3	0.4	0.5	0.6	0.7	0.8	0.9	1.0
非常重要 G_1	0	0	0	0	0	0	0	0.01	0.25	0.81	1.0
重要 G_2	0	0	0	0	0	0	0	0.1	0.5	0.9	1.0
一般 G_3	0	0	0.1	0.5	0.9	1.0	0.9	0.5	0.1	0	0
不重要 G_4	1.0	0.9	0.5	0.1	0	0	0	0	0	0	0

2) 效应评价

对主观不确定性因素的第二种评价是效应，对具体工程由专家给出评价。现把效应评价分为 5 级(表 8-4)：很大 F_1、大 F_2、中 F_3、小 F_4、很小 F_5。

表 8-4　效应 F_i 的隶属函数 μ

F_i	0.0	0.1	0.2	0.3	0.4	0.5	0.6	0.7	0.8	0.9	1.0
很大 F_1	0	0	0	0	0	0	0	0.1	0.5	0.9	1.0
大 F_2	0	0	0	0	0	0.1	0.5	0.9	1.0	0.9	0.5
中 F_3	0	0	0.1	0.5	0.9	1.0	0.9	0.5	0.1	0	0
小 F_4	0.5	0.9	1.0	0.9	0.5	0.1	0	0	0	0	0
很小 F_5	1.0	0.9	0.5	0.1	0	0	0	0	0	0	0

3）模糊综合评判模型

设第 i 个因素在评价中的重要性为 G_j，效应为 F_k，则重要性与效应的模糊关系 R_i 应为

$$\boldsymbol{R}_i = G_j \times F_k \quad (i = 1, 2, \cdots, 8) \tag{8-54}$$

令

$$\boldsymbol{R} = \bigcup_{i=1}^{8} \boldsymbol{R}_i = (\gamma_{ij})_{11\times 11} \tag{8-55}$$

式中：$\boldsymbol{R}_i$、$\boldsymbol{R}$ 均为 11 阶方阵，$\boldsymbol{R}$ 是 8 个主观不确定因素的总模糊关系，称为重要性-效应关系。

由于目前对主观不确定性因素研究很少，因此只取安全指标在较小的范围[−1,0]上变化，且将安全指标分为 5 级：很小 H_1、小 H_2、中 H_3、大 H_4、很大 H_5，也用模糊集合表示，H_i 的隶属函数 μ 见表 8-5。

表 8-5　安全指标 H_i 的隶属函数 μ

H_i	0.0	−0.1	−0.2	−0.3	−0.4	−0.5	−0.6	−0.7	−0.8	−0.9	−1.0
很小 H_1	0	0	0	0	0	0	0	0.16	0.5	0.9	1.0
小 H_2	0	0	0	0	0	0.16	0.5	0.9	1.0	0.9	0.5
中 H_3	0	0	0.16	0.5	0.9	1.0	0.9	0.5	0.16	0	0
大 H_4	0.5	0.9	1.0	0.9	0.5	0.16	0	0	0	0	0
很大 H_5	1.0	0.9	0.5	0.16	0	0	0	0	0	0	0

若效应为 F_i，安全指标为 $H_i (i = 1, 2, \cdots, 5)$，则 Q_i 与 H_i 的模糊关系及效应-安全指标的模糊关系应为

$$\boldsymbol{Q}_i = F_i \times H_i \quad (i = 1, 2, \cdots, 5) \tag{8-56}$$

$$\boldsymbol{Q} = \bigcup_{i=1}^{5} Q_i = (q_{ij})_{11\times 11} \tag{8-57}$$

式中：$\boldsymbol{Q}_i$、$\boldsymbol{Q}$ 均为 11 阶方阵。

有了重要性（效应模糊关系 R）和效应（安全指标模糊关系 Q），即可将对主观不确定性因素的两种评价与安全指标联系起来。将矩阵 $\boldsymbol{R}$ 与矩阵 $\boldsymbol{Q}$ 合成，得到重要性-安全指标关系矩阵 $\boldsymbol{S}$

$$\boldsymbol{S} = \boldsymbol{RQ} = (s_{ij})_{11\times 11} \tag{8-58}$$

对 $\boldsymbol{S}$ 进行一级综合评判，得到矩阵 $\boldsymbol{D}$

$$\boldsymbol{D} = (d_{ij})_{3\times 11} \tag{8-59}$$

式中：$d_{1j}=\min(s_{1j},s_{2j},\cdots,s_{11,j})$、$d_{2j}=\max(s_{1j},s_{2j},\cdots,s_{11,j})$、$d_{3j}=1/11(s_{1j},s_{2j},\cdots,s_{11,j})$。

对 D 进行二级综合评判，简单起见，假定权重集 $A=(0.33,0.33,0.33)$，按矩阵乘法得 $C=A\cdot D=[0.33(d_{11}+d_{21}+d_{31}),0.33(d_{12}+d_{22}+d_{32}),\cdots,0.33(d_{1,11}+d_{2,11}+d_{3,11})]=(c_1,c_2,\cdots,c_{11})$，$C$ 是安全指标模糊集合，用加权平均法求出安全指标

$$\text{BETA}=\left(\sum_{i=1}^{11}\alpha_i c_i\right)\bigg/\left(\sum_{i=1}^{11}c_i\right) \tag{8-60}$$

式中：$\alpha_1=0,\ \alpha_2=-0.1,\ \alpha_3=-0.2,\cdots,\alpha_{11}=-1.0$; BETA 为负，是考虑主观不确定性因素后，求得的安全指标减小值，该值与只考虑客观不确定性得到的安全指标相加，可得到考虑主客观不确定性因素的重力坝服役稳定性可靠度指标 β' 的界限值

$$\beta_1+\text{BETA}\geqslant\beta'\geqslant\beta_2+\text{BETA} \tag{8-61}$$

8.3.3　应用实例

某混凝土实体重力坝最大坝高 113.0m，坝顶全长 308.5m，坝顶高程 179.0m，水库正常蓄水位 173m。上游面直立，下游面下部坝坡坡度为 0.64，帷幕灌浆廊道距上游坝踵处 6m。上游水深 98m，淤沙深度 4m，设计淤沙高程与坝底高程之差为 8m。重力坝设计基准期 100a，属不完全调节水库，校核洪水位 177.80m。将扬压力折减系数 α、混凝土抗压强度 R_a，抗拉强度 R_t，坝基面的摩擦系数 f'，凝聚力 c' 及混凝土容重 γ_c、上游水深 H、淤沙深度 H' 及淤沙容重 γ_s 作为随机变量，假设各变量均服从正态分布，统计独立，且分布模型不随时间变化，各参数的统计特性如表 8-6 所示。根据重力坝具体尺寸及各种设施的布置情况，可以计算得到常数 A_1=3.07，C_1=5.18；A_2=0.5，C_2=0.15；A_3=1.55，C_3=2.05。

表 8-6　随机变量统计特性

统计特征	随机变量								
	α	R_a /MPa	R_t /MPa	f'	c' /MPa	γ_c /(kN/m³)	γ_s /(kN/m³)	H /m	H' /m
均值	0.25	15	1.0	1.0	1.0	23.5	5	98	4
标准差	0.03	3	0.3	0.3	0.3	0.05	0.05	2.2	0.3

根据式(8-15)，给出重力坝服役稳定性的功能函数

$$Z_1=(3654\gamma_c-3520\alpha-694)f'+7215c'-4985 \tag{8-62}$$

根据表 8-6 所示统计特征值，结合功能函数，可以计算 t=0 时相应的统计参

数期望值

$$E(Z_1)=0.7235,\ \sigma(Z_1)=0.189,\ \beta_1=E(Z_1)/\sigma(Z_1)=3.828,\ P_{f1}=1.01\times10^{-4}$$

若仅考虑共同变量α，各坝段坝体稳定性功能函数相关性很小，几乎是独立的，重力坝失稳概率 P_f 接近于式(8-26)的上限值。按式(8-26)有 $1.012\times10^{-4}\leqslant P_f\leqslant 1.765\times10^{-4}$，从工程设计观点看，重力坝服役稳定性可靠率为 99.97%，相应可靠指标为 3.621。如果保证重力坝服役稳定性可靠指标不低于 3.100，即可靠率 99.937%，按式(8-16)的衰减函数，此时功能函数为

$$Z_1=\left(3654\gamma_c\psi_2(t)-3520\alpha(t)-694\right)f'\psi_1(t)+7215c'\psi_1(t)-4985 \tag{8-63}$$

满足$\beta=3.100$的条件时，相应的$P_f=6.254\times10^{-4}$。该重力坝主体工程于 1998 年 4 月正式开工，2000 年 12 月 18 日下闸蓄水，已投入使用近 10 年。设抗力及荷载效应的变量变化规律为：R_a、R_t、f'、c' 的衰减函数$\psi_1(t)=e^{-0.005t}$，γ 的衰减函数为$\psi_2(t)=e^{-0.005t}$，α 的变化规律为$\alpha(t)=\alpha(0)\times1.005^t$。以$t=40$年为例，重力坝服役稳定性功能函数为

$$Z_1=(2785\gamma_c-3365\alpha-498)f'+6217c'-4985 \tag{8-64}$$

根据式(8-26)，有$8.124\times10^{-4}\leqslant P_f\leqslant9.543\times10^{-4}$，也应接近上限值，从工程设计角度认为重力坝服役稳定性可靠率 99.05%，相应的可靠指标为 2.875。随着重力坝服役年份的增加，重力坝服役稳定性可靠度计算结果如图 8-5 所示。从图 8-5 可以看出，随着重力坝服役时间的增长，重力坝失稳破坏概率越来越大，这与工程运行实际情况相符合。

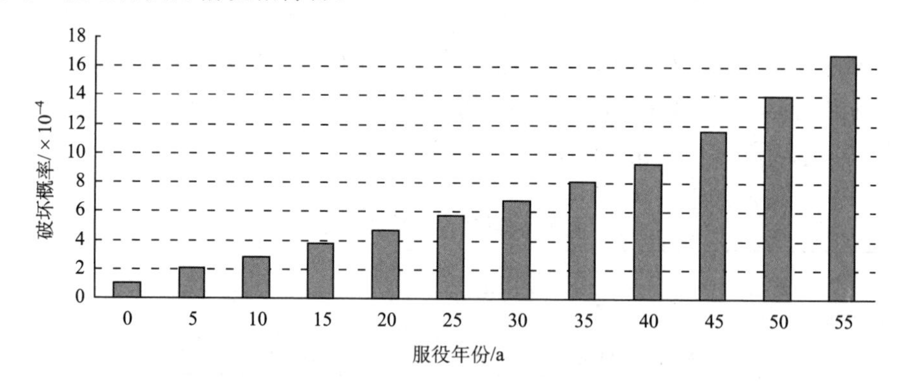

图 8-5　不同年份重力坝失稳破坏概率($\times10^{-4}$)

另外，该重力坝基岩有倾向下游的软弱夹层 S1 和倾向上游的断层 F0(简化为图 8-6)，软弱夹层 S1 上的摩擦系数f_S均值为 0.3，变异系数为 0.45。可能的深层滑动通道有沿 S1 抗力体的组合滑动通道(图 8-6 中的 *BCD*)和沿 S1-F1 的组合滑动通道(图 8-6 中的 *BCEF*)，可靠度指标β和失稳破坏概率P_f计算结果列于表 8-7。

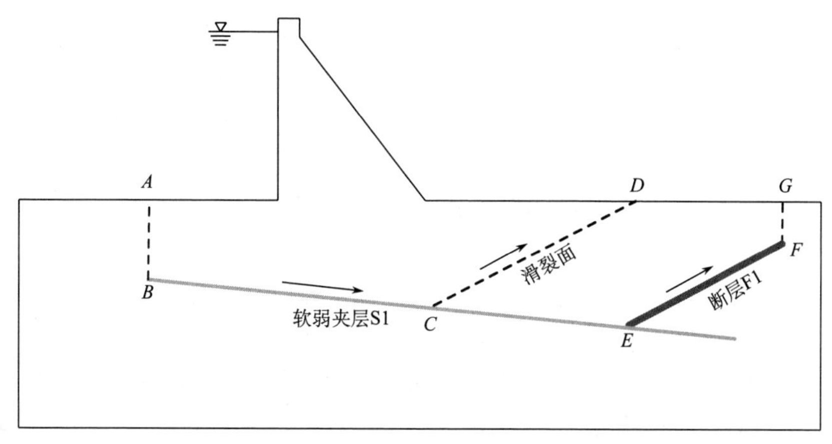

图 8-6　重力坝基岩软弱夹层分布图

表 8-7　重力坝服役稳定性可靠度指标 β 和失稳破坏概率 P_f 计算结果

组合滑动体	滑动面	可靠度指标	失稳概率	滑动面失稳概率
S-抗力体	*BC* 滑动面	3.53	1.469×10^{-4}	0.801×10^{-4}～1.481×10^{-4}
	CD 滑动面	0	0.5	
S-F	*BCE* 滑动面	3.59	1.623×10^{-4}	0.742×10^{-4}～1.613×10^{-4}
	EF 滑动面	0	0.5	

将重力坝失稳破坏认为是两种失稳状态的串联，根据式(8-26)可求出重力坝失稳破坏概率 P_f 的变化范围为 1.591×10^{-4}～3.094×10^{-4}，可靠度指标 $3.41\leqslant\beta\leqslant3.59$ 。考虑主观不确定性因素对重力坝服役稳定性可靠度的影响，给出 8 个主观不确定因素的评价如表 8-8 所示。

表 8-8　主观不确定性因素的模糊综合评价

主观因素	重要性 G_i	效应 F_i
地质勘探	重要 G_2	很大 F_1
分析方法	一般 G_3	大 F_2
荷载作用	一般 G_3	小 F_4
设计失误	重要 G_2	小 F_4
计算方法	不重要 G_4	很小 F_5
施工失误	不重要 G_4	中 F_3
施工质量	一般 G_3	很小 F_5
突发事件	很重要 G_1	很小 F_5

根据模糊综合评判模型，可求得可靠度指标减小值 BETA = –0.45，与仅考虑

客观不确定性的安全指标叠加，得到考虑主观不确定性后的重力坝失稳概率为 $0.963\times10^{-3} \leqslant P_f \leqslant 1.524\times10^{-3}$、可靠度指标 $0.26 \leqslant \beta \leqslant 3.14$。可见，考虑主观不确定性后，重力坝服役稳定性可靠度较未考虑主观不确定性时有所减小。

8.4 重力坝服役稳定性的时空监控方法

在具有复杂地质条件的岩基上修建混凝土重力坝时，由于坝基内往往存在多条相互切割交错的断层或软弱夹层，因此重力坝深层滑动面通常是多个滑动面相互连接而成的组合滑动面，且各个滑动面上的材料力学性质及稳定计算参数各异甚至相差甚远。目前采用的重力坝抗滑稳定分析方法，大都是针对浅层滑动的，重力坝深层抗滑稳定尚未有特别有效的分析手段。由于重力坝服役稳定性归根结底是坝体及坝基的强度问题，下面根据分项系数法，利用坝基组合滑动面上的应力计算成果，研究重力坝沿坝基典型组合滑动面的深层抗滑稳定分析方法。在此基础上，综合考虑深层、浅层及其组合滑动方式，考虑重力坝长期服役中时间因素的影响，根据重力坝及其基础范围内时效位移场与抗滑稳定之间的关系，利用监测数据，建立重力坝服役稳定性的时效位移场的尖点突变模型及失稳判据。

8.4.1 重力坝深层滑动失稳分析方法

8.4.1.1 分项系数法基本原理

1) 承载能力极限状态

在承载能力极限状态下，对于基本组合来说，可采用下列极限状态设计表达式[101]来分析重力坝的抗滑稳定性

$$\gamma_0 \psi S\left(\gamma_G G_K, \gamma_Q Q_K, a_K\right) \leqslant \frac{1}{\gamma_{\mathrm{d1}}} R\left(\frac{f_K}{\gamma_{\mathrm{m}}}, a_K\right) \tag{8-65}$$

式中：γ_0 为结构重要性系数，对应于结构安全级别为Ⅰ、Ⅱ、Ⅲ级的结构及构件，可分别取用 1.1、1.0、0.9；ψ 为设计状况系数，对应于持久状况、短暂状况、偶然状况，可分别取用 1.0、0.95、0.85；$S(\cdot)$ 为作用效应函数；$R(\cdot)$ 为结构及构件抗力函数；γ_G 为永久作用分项系数；γ_Q 为可变作用分项系数；G_K 为永久作用标准值；Q_K 为可变作用标准值；a_K 为几何参数的标准值(可作为定值处理)；f_K 为材料性能的标准值；γ_{m} 为材料性能分项系数；γ_{d1} 为基本组合结构系数。

在承载能力极限状态下，对于偶然组合来说，可采用下列极限状态设计表达式[101]来分析重力坝的抗滑稳定性：

$$\gamma_0 \psi S(\gamma_G G_K, \gamma_Q Q_K, A_K, a_K) \leqslant \frac{1}{\gamma_{d2}} R\left(\frac{f_K}{\gamma_m}, a_K\right) \tag{8-66}$$

式中：A_K 为偶然作用代表值；γ_{d2} 为偶然组合结构系数。

2) 正常使用极限状态

在正常使用极限状态下，对于作用效应的短期组合来说，可用下列设计表达式[101]来分析重力坝的抗滑稳定性：

$$\gamma_0 S_S(G_K, Q_K, f_K, a_K) \leqslant C_1 / \gamma_{d3} \tag{8-67}$$

在正常使用极限状态下，对于作用效应的长期组合来说，可用下列设计表达式[101]来分析重力坝的抗滑稳定性：

$$\gamma_0 S_l(G_K, \rho Q_K, f_K, a_K) \leqslant C_2 / \gamma_{d4} \tag{8-68}$$

式中：C_1、C_2 为结构的功能限值；$S_S(\cdot)$、$S_l(\cdot)$ 分别为作用效应的短期、长期组合时的效应函数；γ_{d3}、γ_{d4} 分别为正常使用极限状态短期、长期组合时的结构系数；ρ 为可变作用标准值的长期组合系数，这里取 $\rho=1$。

8.4.1.2　重力坝深层滑动失稳判据

1) 平面状或圆弧状单滑面

式(8-65)中的作用效应函数 $S(\cdot)$、抗力函数 $R(\cdot)$，在具体到重力坝深层组合抗滑稳定分析上，如果组合滑动面为如图 8-7 所示的平面状单滑面，它们即被分别称为滑动力、抗滑力。

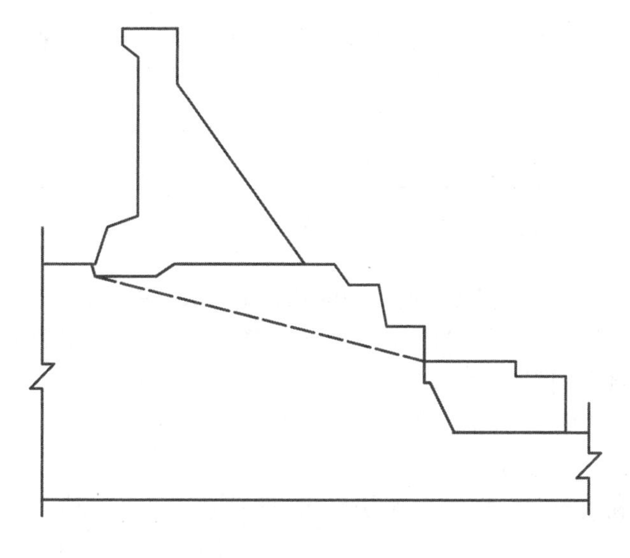

图 8-7　平面状单滑面

使用结构分析法得到该滑动面上的应力分布之后，$S(\bullet)$、$R(\bullet)$可分别采用以下表达式进行计算：

$$S(\bullet)=\sum_{i=1}^{n}A_i\tau_i \tag{8-69}$$

$$R(\bullet)=\sum_{i=1}^{n}A_i\left(\sigma_i\frac{f'}{\gamma_{\mathrm{m}}}+\frac{c}{\gamma_{\mathrm{m}}}\right) \tag{8-70}$$

式中：n为组合滑动面上划分的单元个数；A_i为组合滑动面上第i个单元的面积；σ_i为组合滑动面上单元 i 沿滑动面法向的正应力；τ_i为组合滑动面上单元i沿滑动面切向的切应力；f'为组合滑动面上材料之间的摩擦系数；c为组合滑动面上材料之间的凝聚力；其余符号意义同前。

将式(8-69)～式(8-70)代入式(8-65)，得

$$\gamma_0\psi\sum_{i=1}^{n}A_i\tau_i\leqslant\frac{1}{\gamma_{\mathrm{d1}}}\sum_{i=1}^{n}A_i\left(\sigma_i\frac{f'}{\gamma_{\mathrm{m}}}+\frac{c}{\gamma_{\mathrm{m}}}\right) \tag{8-71}$$

因此，在重力坝深层抗滑稳定分析中，当组合滑动面为平面状单滑面时，其滑动体(包含坝体及滑动面以上的岩体)的抗滑稳定安全系数K_s可定义为

$$K_s=\frac{\sum_{i=1}^{n}A_i\left(\sigma_i\frac{f'}{\gamma_{\mathrm{m}}}+\frac{c}{\gamma_{\mathrm{m}}}\right)}{\gamma_0\psi\gamma_{\mathrm{d1}}\sum_{i=1}^{n}A_i\tau_i} \tag{8-72}$$

由式(8-72)可得当组合滑动面为平面状单滑面时的重力坝深层滑动失稳判据为

$$K_s=\frac{\sum_{i=1}^{n}A_i\left(\sigma_i\frac{f'}{\gamma_{\mathrm{m}}}+\frac{c}{\gamma_{\mathrm{m}}}\right)}{\gamma_0\psi\gamma_{\mathrm{d1}}\sum_{i=1}^{n}A_i\tau_i}\begin{cases}>1 & \text{稳定}\\=1 & \text{处于失稳临界状态}\\<1 & \text{失稳}\end{cases} \tag{8-73}$$

如果组合滑动面是如图8-8所示的圆弧状单滑面，由于各个单元上滑动力$A_i\tau_i$与抗滑力$A_i(\sigma_i f'/\gamma_{\mathrm{m}}+c/\gamma_{\mathrm{m}})$的方向随着单元序号$i$的变化而变化，而力又是矢量，所以此时不能将它们直接相加。但此时，所有单元上的滑动力$A_i\tau_i$对圆弧状单滑面所在圆圆心形成的滑动力矩的方向却是相同的，所有单元上的抗滑力$A_i(\sigma_i f'/\gamma_{\mathrm{m}}+c/\gamma_{\mathrm{m}})$对圆弧状单滑面所在圆圆心形成的抗滑力矩的方向也是相同的。因此，可利用滑动力矩与抗滑力矩之间的关系来分析滑动体的抗滑稳定性，具体分析方法如下。

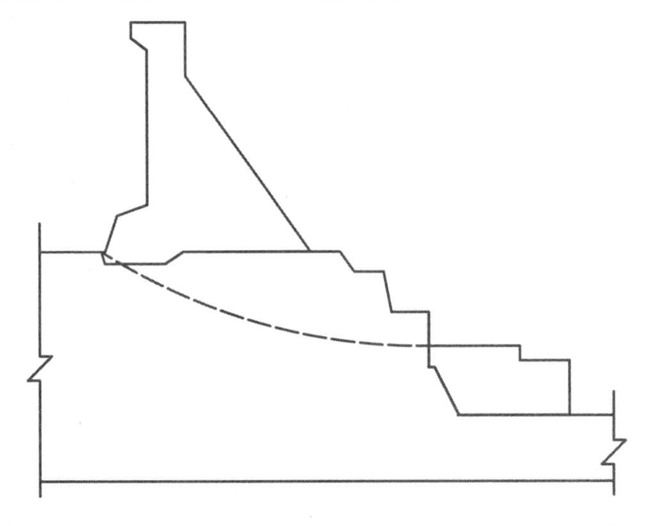

图 8-8　圆弧状单滑面

首先使用结构分析法得到滑动面上的应力分布，然后分别取式(8-65)中作用效应函数 $S(\cdot)$ 、抗力函数 $R(\cdot)$ 为滑动力矩、抗滑力矩，当组合滑动面为圆弧状单滑面时，它们的计算表达式分别为

$$S(\cdot)=\sum_{i=1}^{n}A_i\tau_i l_i \tag{8-74}$$

$$R(\cdot)=\sum_{i=1}^{n}A_i\left(\sigma_i\frac{f'}{\gamma_{\mathrm{m}}}+\frac{c}{\gamma_{\mathrm{m}}}\right)l_i \tag{8-75}$$

式中：l_i 为滑动面上单元 i 到圆弧状滑动面所在圆圆心的距离；其余符号意义同前。

由于组合滑动面上每个单元到滑动面所在圆圆心的距离 l_i 均等于该圆弧半径，所以经过类似平面状单滑面抗滑稳定安全系数及其失稳判据的推导，可以得出与式(8-72)相同的安全系数表达式及与式(8-73)相同的失稳判据，不再赘述。

2)平面状双滑面或三滑面

如果组合滑动面为图 8-9 所示的平面状双滑面或图 8-10 所示的平面状三滑面，与圆弧状单滑面类似，由于在整个组合滑动面上各个单元内力的方向不完全相同，同样不可以将各个单元在整个滑动面上的滑动力与抗滑力直接相加。但实际上，重力坝沿其组合滑动面滑动失稳的瞬时，由于滑动体(由坝体及滑动面以上的岩体组成)受到组合滑动面以下岩体边界条件的约束，可将该滑动体的滑动失稳视作围绕滑动体瞬时转动中心的抗转动失稳问题。因此，下面从抗转动稳定的角度进行分析。

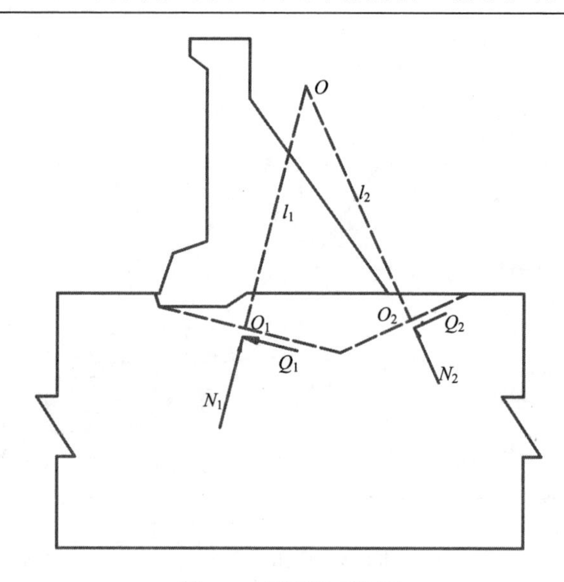

图 8-9　平面状双滑面

如图 8-9 所示，对于双滑面中的第一个滑动面，首先将结构分析成果中各个单元的应力合成为该滑动面上的法向力 N_1 及切向力 Q_1，它们的作用点为 O_1，对第二个滑动面做同样处理，得到 (N_2, Q_2, O_2)。过作用点 O_1、O_2 作力 N_1、N_2 的延长线交于 O 点。选取 O 点作为坝体及其基础的瞬时转动中心，对其取矩后，则式(8-65)中作用效应函数 $S(\bullet)$、抗力函数 $R(\bullet)$ 即被分别称为滑动力矩、抗滑力矩，它们的平面状双滑面计算表达式分别为

$$S(\bullet) = Q_1 l_1 + Q_2 l_2 \tag{8-76}$$

$$R(\bullet) = \left(N_1 \frac{f_1'}{\gamma_{\mathrm{m}}} + A_1 \frac{c_1}{\gamma_{\mathrm{m}}} \right) l_1 + \left(N_2 \frac{f_2'}{\gamma_{\mathrm{m}}} + A_2 \frac{c_2}{\gamma_{\mathrm{m}}} \right) l_2 \tag{8-77}$$

式中：A_1、A_2 分别为组合滑动面中第一、第二滑动面的面积；l_1、l_2 分别为组合滑动面中第一、第二滑动面到交点 O 的距离；其余符号意义同上。

如图 8-10 所示，对于三滑面中的每一个滑动面，可分别按照双滑面分析中所提原理得到 (N_1, Q_1, O_1)、(N_2, Q_2, O_2)、(N_3, Q_3, O_3)。与组合滑动面是平面状双滑面情况不同的是，N_1、N_2、N_3 延长线交于一点的巧合是不常出现的，大多数情况下有三个交点。此时，可以三个交点中的任意一个作为瞬时转动中心。在图 8-10 所示坐标系下，定义 d_2 为 O 点到 N_2 作用线的距离，如果 N_2 对 O 点的矩为图示逆时针方向，则取该距离为正值，反之为负值。于是，此时的滑动力矩、抗滑力矩的计算表达式分别为

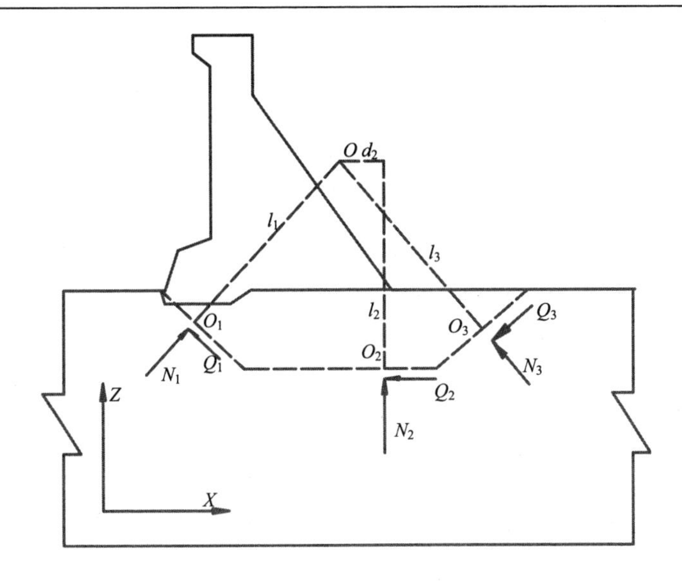

图 8-10　平面状三滑面

$$S(\bullet)=Q_1l_1+Q_2l_2+Q_3l_3-N_2d_2 \tag{8-78}$$

$$R(\bullet)=\sum_{i=1}^{3}\left(N_i\frac{f_i'}{\gamma_{\mathrm{m}}}+A_i\frac{c_i}{\gamma_{\mathrm{m}}}\right)l_i \tag{8-79}$$

式中：具体符号意义同前。

对于组合滑动面中滑动面个数多于 3 个的情况，可以将平面状三滑面的计算方法进行推广，得到其滑动力矩、抗滑力矩的计算表达式分别为

$$S(\bullet)=\sum_{i=1}^{n}Q_il_i-\sum_{i=2}^{n-1}N_id_i \tag{8-80}$$

$$R(\bullet)=\sum_{i=1}^{n}\left(N_i\frac{f_i'}{\gamma_{\mathrm{m}}}+A_i\frac{c_i}{\gamma_{\mathrm{m}}}\right)l_i \tag{8-81}$$

式中：d_i 为瞬时转动中心 O 点到第 i 滑动面上法向合力 N_i 作用线的距离，当 N_i 对点 O 的矩为逆时针时取正，反之取负，其中 O 为第一、第 n 滑动面上法向合力 N_1、N_n 作用线的交点，n 为组合滑动面中滑动面的个数；其余符号意义同前。

对于平面状多滑面(三滑面作为多滑面的特殊情况进行处理)来说，一般情况下，其瞬心个数 N 是不等于滑动面个数 n 的。因此，对 N 个瞬心中的第 i 个，分别采用式(8-80)、式(8-81)可计算出相对于该点的滑动力矩及抗滑力矩，代入式(8-65)，得到相应的稳定安全系数为

$$K_s^i = \frac{R(\bullet)}{\gamma_0 \psi \gamma_{d1} S(\bullet)} = \frac{\sum_{i=1}^{n}\left(N_i \frac{f_i'}{\gamma_m} + A_i \frac{c_i}{\gamma_m}\right) l_i}{\gamma_0 \psi \gamma_{d1}\left(\sum_{i=1}^{n} Q_i l_i - \sum_{i=2}^{n-1} N_i d_i\right)} \tag{8-82}$$

由此可得到上述所有瞬心对应的稳定安全系数 $K_s^1, K_s^2, \cdots, K_s^N$ 。一般来说，这些稳定安全系数是不同的，而重力坝失稳与否，是由所有这些稳定安全系数中的最小值控制的。由此可得重力坝服役稳定安全系数及其失稳判据可分别表示为

$$K_s = \min\left\{K_s^1, K_s^2, \cdots, K_s^N\right\} \tag{8-83}$$

$$K_s = \min\left\{K_s^1, K_s^2, \cdots, K_s^N\right\} \quad \begin{cases} >1 & \text{稳定} \\ =1 & \text{处于失稳临界状态} \\ <1 & \text{失稳} \end{cases} \tag{8-84}$$

3) 多种材料组成的组合滑动面

对于坝基中实际存在的组合滑动面，不论其形状如何，均有可能穿越断层、节理、裂隙或岩体、混凝土，材料不同导致抗滑参数 f' 、c 有非常大的差异。以往按照组合滑动面上各组成材料的面积，加权平均得到整个滑动面的抗滑参数。这种不考虑滑动面上应力的实际分布情况而加权得到统一参数的做法，其最终的稳定安全系数计算结果与实际情况有很大的差异。在研究重力坝深层抗滑稳定分析方法中所使用的形如式(8-72)的稳定安全系数及形如式(8-73)的失稳判据，可以有效避免这个缺点。当整个滑动面中的某个滑动面由不同材料组成时，其失稳判据同式(8-73)，只是安全系数的计算公式略有变化，其中平面状单滑面抗滑稳定安全系数的计算公式可变化为

$$K_s = \frac{\sum_{j=1}^{m}\left(\sum_{i=1}^{n} A_i\left(\sigma_i \frac{f_j'}{\gamma_m} + \frac{c_j}{\gamma_m}\right)\right)_j}{\gamma_0 \psi \gamma_{d1} \sum_{j=1}^{m}\left(\sum_{i=1}^{n} A_i \tau_i\right)_j} \tag{8-85}$$

式中：m 为滑动面上材料种类数；f_j' 、c_j 分别为滑动面上第 j 种材料的摩擦系数、凝聚力；其余符号意义同前。

在每个材料相同的滑动面上，如果能保证划分出来的所有单元大小一致，则式(8-85)可简化为

$$K_s = \frac{\sum_{j=1}^{m}\left(\sum_{i=1}^{n}A_i\left(\sigma_i\frac{f_j'}{\gamma_{\mathrm{m}}}+\frac{c_j}{\gamma_{\mathrm{m}}}\right)\right)_j}{\gamma_0\psi\gamma_{\mathrm{d1}}\sum_{j=1}^{m}\left(\sum_{i=1}^{n}A_i\tau_i\right)_j} = \begin{cases} \dfrac{\sum_{j=1}^{m}A_j\left(\sum_{i=1}^{n}\left(\sigma_i\dfrac{f_j'}{\gamma_{\mathrm{m}}}+\dfrac{c_j}{\gamma_{\mathrm{m}}}\right)\right)_j}{\gamma_0\psi\gamma_{\mathrm{d1}}\sum_{j=1}^{m}A_i\left(\sum_{i=1}^{n}\tau_i\right)_j} & \text{多种材料} \\ \dfrac{\sum_{i=1}^{n}\left(\sigma_i\dfrac{f'}{\gamma_{\mathrm{m}}}+\dfrac{c}{\gamma_{\mathrm{m}}}\right)}{\gamma_0\psi\gamma_{\mathrm{d1}}\sum_{i=1}^{n}\tau_i} & \text{单种材料} \end{cases} \tag{8-86}$$

式中：A_j 为滑动面上第 j 种材料所占的总面积；其余符号意义同前。

对于组合滑动面为圆弧状单滑面、平面状双滑面、平面状三滑面及平面状多滑面等情况，如果组合滑动面由不同的材料组成，则滑动体抗滑稳定安全系数的计算公式可作同式(8-85)、式(8-86)相类似的变换即可。

8.4.2　重力坝服役稳定性时效位移突变监控模型

8.4.2.1　失稳特征

重力坝失稳的发生可通过明显的趋势性变形反映，当抗滑稳定不满足要求时，坝体上下游水平位移会产生不收敛的现象，而判定水平位移收敛与否，只需考察其时效分量的变化趋势即可，即时效位移是重力坝服役稳定性的综合表征，可直观反映坝体及坝基在不利荷载组合作用或材料弱化而导致的结构失稳现象。坝体混凝土徐变和坝基岩体流变等均是时效位移的主要组成部分，它们均随时间增大。基岩中的软弱带在外荷载的作用下，随着时间的增加，法向位移一般趋于稳定，而切向位移可能趋于稳定，也可能呈急剧增大的发散状态。另外，由于混凝土的弹性模量是时间的增函数，所以坝体刚度是时间的增函数，但坝体刚度也有可能由于补强加固而得到强化，这就使得坝体的时效位移有可能会随时间的增加而呈减小的趋势。

实际工程中，位移时效分量往往是上述影响因素的综合作用，其变化趋势可能为图 8-11 中的任意一种，a、b 及 c 这三类变化趋势是经常出现的类型，也是重力坝服役稳定性处于良性发展阶段的表现，而 d、e 的变化趋势是重力坝稳定性恶化的表征。一旦时效位移的变化趋势如 d 或 e 所示，必须及时采取工程措施确保大坝安全。

8.4.2.2　时效位移场

重力坝长期服役过程中，往往需要在单个位移测点的基础上，通过建立时效

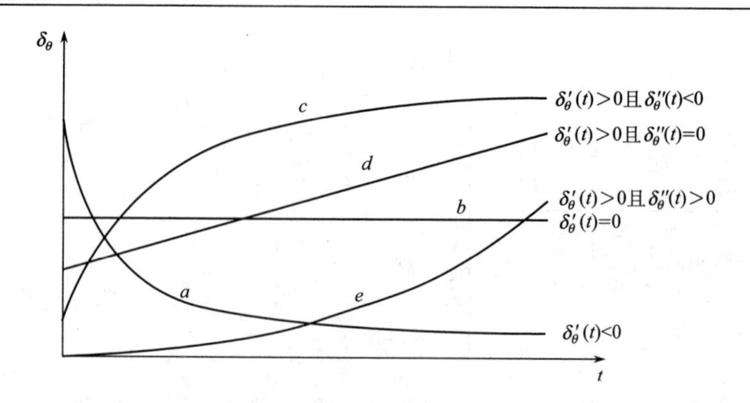

图 8-11　时效分量变化趋势分类

位移的空间场，提高实测数据充分反映重力坝服役稳定性的能力。

在水压力、温度等外荷载的作用下，重力坝及其基础将产生位移场，在直角坐标系下，该位移场可表示为

$$\begin{aligned}\delta(H,T,\theta,x,y,z) &= f(H,T,\theta,x,y,z)\\ &= u(H,T,\theta,x,y,z)\boldsymbol{i} + v(H,T,\theta,x,y,z)\boldsymbol{j} + w(H,T,\theta,x,y,z)\boldsymbol{k}\end{aligned} \tag{8-87}$$

式中：H 为水压因子；T 为温度因子；θ 为时效因子；x、y、z 分别为位移场的空间坐标分量，其中 x 沿顺河向由上游指向下游，y 沿横河向由右岸指向左岸，z 由低高程处指向高高程处；u 、v 、w 分别为位移矢量场在坐标轴 x、y、z 上的投影，分别为顺河向、横河向及垂直向位移。

按照位移产生的原因，将 $u(H,T,\theta,x,y,z)$ 表示为

$$u(H,T,\theta,x,y,z) = f_H\left(H,x,y,z\right) + f_T\left(T,x,y,z\right) + f_\theta\left(\theta,x,y,z\right) \tag{8-88}$$

式中：f_H、f_T、f_θ 分别为坝体及其基础中任意一点顺河向位移的水压、温度及时效分量，其余符号意义同前。

在水压力及温度等外荷载作用下，将时效位移 f_θ 表示为

$$\delta_\theta = f_\theta\left(\theta,x,y,z\right) = f_\theta\left[f(\theta), f\left(x,y,z\right)\right] \tag{8-89}$$

式中：$f(\theta)$ 为坝体或坝基中某一固定点的位移时效分量，通常可表示为

$$f(\theta) = c_1 + c_2\theta + c_3\ln\theta \tag{8-90}$$

$f(x,y,z)$ 为坝体及其基础中某一时刻的时效分量，由于该函数在整个坝体及其基础范围内连续，可以用幂级数将其展开，并保留至三次项后转化为

$$f\left(x,y,z\right) = \sum_{l=0}^{3}\sum_{m=0}^{3}\sum_{n=0}^{3} a_{lmn} x^l y^m z^n \tag{8-91}$$

由于式(8-89)同样在整个坝体及其基础范围内连续，因此将式(8-90)及式(8-91)代入式(8-89)，经多元幂级数展开、略去高次项及归并同类项后得

$$\delta_\theta = f_\theta(\theta,x,y,z) = \sum_{j=0}^{1}\sum_{k=0}^{1}\sum_{l=0}^{3}\sum_{m=0}^{3}\sum_{n=0}^{3} C_{jklmn}\theta_j \ln\theta_k x^l y^m z^n \tag{8-92}$$

对于重力坝而言，各个坝段抗滑稳定性存在差异，可仅研究单坝段也即是某条梁的时效位移挠曲线即可，则式(8-92)可退化为

$$\delta_\theta = f_\theta(\theta,z) = \sum_{j=0}^{1}\sum_{k=0}^{1}\sum_{n=0}^{3} C_{jkn}\theta_j \ln\theta_k z^n \tag{8-93}$$

由式(8-92)、式(8-93)可以看出，整个坝体及其基础范围内的时效位移场由时间 θ 及空间坐标 x、y、z 确定。

8.4.2.3　失稳判据

已有的研究成果表明，在正常情况下，时效位移的变化是光滑连续的，而当荷载效应大到坝体无法承受或抗力小到无法抵抗荷载效应的时候，重力坝稳定状态会发生突然变化，此时，时效位移可能由一种稳定状态突变到另外一种稳定状态，也有可能在此时突变而导致失稳事故。故可以利用时效位移场的突变特性来研究重力坝服役稳定性，以此作为其是否失稳的判据。

对由式(8-93)表达的时效位移场，在确定了各个参数后，可利用泰勒级数将其展开成以重力坝运行时间 θ 为自变量、位置坐标 z 为参数的多项式函数。此时，时效位移场可表示为

$$\begin{aligned}\delta_\theta(z) &= a_0(z) + a_1(z)\theta + a_2(z)\theta^2 + a_3(z)\theta^3 + a_4(z)\theta^4 \\ &= \sum_{i=0}^{4} a_i(z)\theta^i\end{aligned} \tag{8-94}$$

式中：θ 为运行时间，单位为天；$a_i(z)$ 为展开系数，$i=0,1,2,3,4$。

设 $L=\dfrac{a_3(x,y,z)}{4a_4(x,y,z)}$ 及 $\theta = T - L$，代入式(8-94)得

$$\delta_\theta(x,y,z) = b_0(x,y,z) + b_1(x,y,z)T + b_2(x,y,z)T^2 + b_3(x,y,z)T^4 \tag{8-95}$$

式中：

$$\begin{bmatrix} b_0(x,y,z) \\ b_1(x,y,z) \\ b_2(x,y,z) \\ b_3(x,y,z) \end{bmatrix} = \begin{bmatrix} 1 & -L & L^2 & -L^3 & L^4 \\ 0 & 1 & -2L & 3L^2 & -4L^3 \\ 0 & 0 & 1 & -3L & 6L^2 \\ 0 & 0 & 0 & 0 & 1 \end{bmatrix} \begin{bmatrix} a_0(x,y,z) \\ a_1(x,y,z) \\ a_2(x,y,z) \\ a_3(x,y,z) \\ a_4(x,y,z) \end{bmatrix} \tag{8-96}$$

将式(8-95)两边同除以系数 $b_3(x,y,z)$，则时效位移场尖点突变模型势函数为

$$V(T) = e(x,y,z) + f(x,y,z)T + g(x,y,z)T^2 + T^4 \tag{8-97}$$

式中：$e=\dfrac{b_0(x,y,z)}{b_3(x,y,z)};f=\dfrac{b_1(x,y,z)}{b_3(x,y,z)};g=\dfrac{b_2(x,y,z)}{b_3(x,y,z)}$。

由突变理论知，式(8-97)表示的突变模型稳定与否，由其平衡点个数决定。为得到该势函数平衡点，将式(8-97)对时间求导并令其为0，即

$$V'(T,x,y,z)=f(x,y,z)+2g(x,y,z)T+4T^3=0 \tag{8-98}$$

其解的个数由判别式

$$\Delta(x,y,z)=\left[3\sqrt{3}f(x,y,z)\right]^2+\left[2g(x,y,z)\right]^3 \tag{8-99}$$

的符号决定。此判别式也称为分叉集方程，其在控制平面内的图形如图8-12中的两条曲线所示，图中阴影部分即为势函数的不稳定区域。

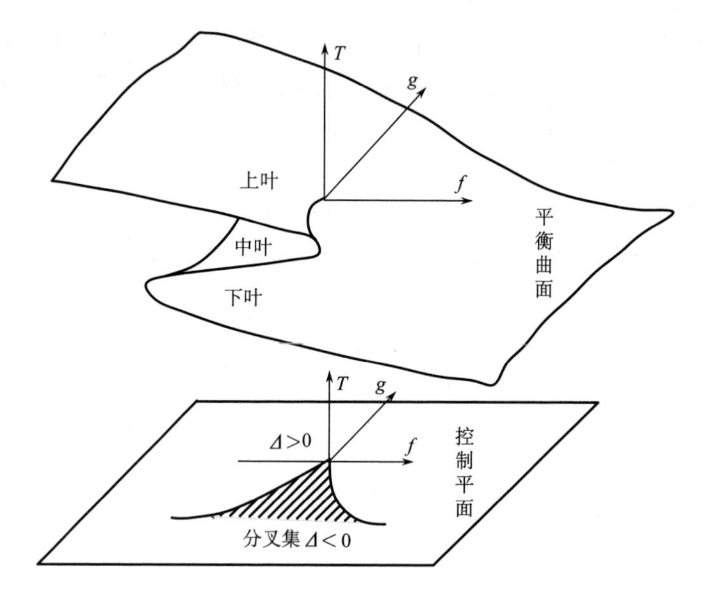

图8-12　时效位移尖点突变模型的平衡曲面与分叉集

因此，重力坝服役稳定性判据具体如下：

(1) 当$\Delta(x,y,z)>0$或$f(x,y,z)=g(x,y,z)=0$时，由式(8-98)表示的势函数导数只有一个实数解，也即是由式(8-97)表示的势函数只有一个平衡点。所以，由式(8-97)表示的时效位移场处于连续光滑阶段，不会发生突变，大坝处于稳定的平衡态。

(2) 当$\Delta(x,y,z)=0$且$f(x,y,z)$、$g(x,y,z)$不同时为零时，由式(8-98)表示的势函数导数有三个实数解，其中两个相等的实数解对应于图8-12中分叉集的两条曲线。所以，由式(8-97)表示的时效位移场处于临界稳定状态，只要稍有干扰，大坝就可能产生失稳。

(3) 当 $\Delta(x,y,z)<0$ 时，由式(8-98)表示的势函数导数有三个互异实数解，也即是由式(8-97)表示的势函数有两个稳定态的平衡点和一个不稳定的平衡点。所以，由式(8-97)表示的时效位移场在两个稳定的平衡点处缓慢变化，一旦变化到图 8-12 中的分叉集时，大坝就会发生失稳。

8.4.3　应用实例

某宽缝重力坝最大坝高 105m，坝顶全长 466.5m，共由 26 个坝段组成。其中，$3^{\#}$坝段偏于右岸，是实体重力坝，坝高及底宽分别为 57m 及 22m。坝下岩基为乌桐石英砂岩层，普遍存在软弱页岩夹层，除了斜穿该坝段的 sh1 及 sh2 厚度达到 2～3m 外，其余厚度均处于 10～20cm。另外，在坝基下还有 F0 断层穿过。由于该坝段的地质条件复杂，且页岩性质松软，遇水后容易崩解为泥状，坝基防渗帷幕后的排水孔淤积严重，坝基扬压力过高，使得该坝段的抗滑稳定安全系数较之其他坝段偏低。

该坝段通过垂线测量其水平位移，共有两个测点，分别布置在高程 62.5m(测点Ⅰ)及 86.5m(测点Ⅱ)处。综合考虑各测点对坝段稳定性的敏感性及测值序列的规律性、完整性，选取测点Ⅰ及其实测数据(1980 年 2 月 1 日到 2000 年 6 月 3 日)作为本次分析的对象，该测点监测序列的始测日期为 1966 年 2 月 1 日。下面分别采用混合模型及统计模型对时效分量进行分离。

混合模型需要建立该坝段的有限元模型。考虑该坝段及其基础条件的实际情况，选定其有限元计算范围为：上游约 4 倍坝高，取为 200m；下游约 3 倍坝高，取为 320m；坝基以下约 2.5 倍坝高，取为 260m。在划分有限元网格时，坝体部

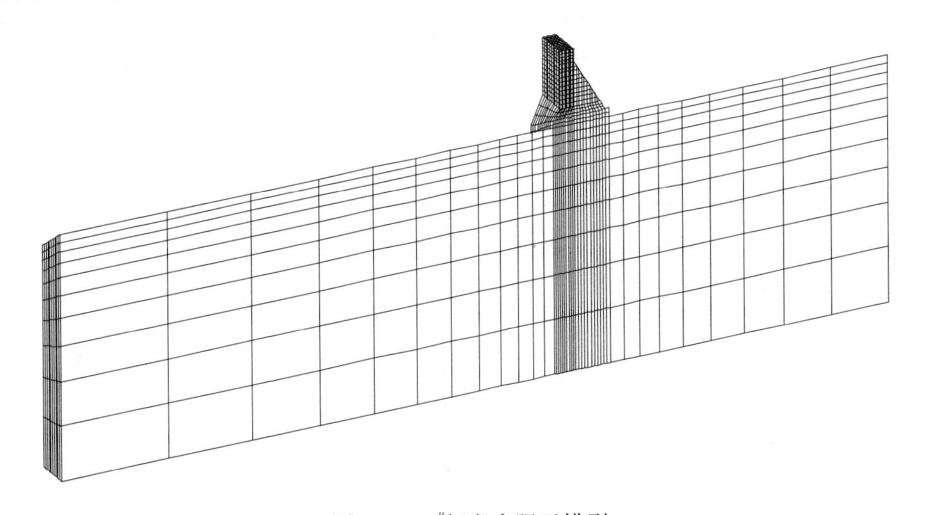

图 8-13　$3^{\#}$坝段有限元模型

分按照实际尺寸进行模拟；坝基部分根据 F0 走向及页岩软弱带的分布进行模拟，其中 F0、sh1、sh2 按照实际产状及尺寸进行模拟，而其他厚度较小的页岩在岩体中进行综合考虑。另外，在布置节点时，使水平位移测点处于节点上。坝体及基岩的常规单元采用六面体八节点或五面体六节点等参单元，而 F0、sh1、sh2 的模拟采用薄层单元进行处理。3#坝段有限元模型如图 8-13 所示，共有 7170 个单元和 8569 个节点。

坝体、岩体及其软弱结构带的初始力学参数采用表 8-9 中的设计值，反演分析的力学参数也列在表 8-9 中。利用坝体及其基础的材料力学参数反演结果进行有限元计算。

表 8-9　力学参数反演结果

参数	符号(单位)	设计值	反演值
抗剪断参数	f'	0.75	无
(岩体/混凝土)	c(MPa)	0.4	无
混凝土弹性模量	$E_c(\times10^4\,\text{MPa})$	2.3	2.219
混凝土泊松比	μ_c	0.16	无
岩基变形模量	$E_r(\times10^4\,\text{MPa})$	5.0	4.891
岩基泊松比	μ_r	0.26	无
页岩变形模量	$E_s(\times10^4\,\text{MPa})$	0.1	0.094
页岩泊松比	μ_s	0.3	无

分别使用统计模型及混合模型得到测点 I 的时效位移，将每年年底的计算结果列在表 8-10 中。由表 8-10 中的计算结果可知，两种方法的复相关系数均在 0.9 以上，且相对误差均较小，因此时效位移计算结果可用于该坝段稳定性分析。

表 8-10　测点 I 位移时效分量　　（单位：mm）

时间	混合模型	统计模型	时间	混合模型	统计模型
1980.12.31	0.3310	0.3210	1988.12.31	0.6310	0.6210
1981.12.31	0.3688	0.3588	1989.12.31	0.6671	0.6571
1982.12.31	0.4070	0.3971	1990.12.31	0.7030	0.6930
1983.12.31	0.4445	0.4351	1991.12.31	0.7388	0.7292
1984.12.31	0.4830	0.4730	1992.12.31	0.7744	0.7650
1985.12.31	0.5123	0.5050	1993.12.31	0.8102	0.8007
1986.12.31	0.5562	0.5469	1994.12.31	0.8460	0.8360
1987.12.31	0.5936	0.5841	1995.12.31	0.8638	0.8712

续表

时间	混合模型	统计模型	时间	混合模型	统计模型
1996.12.31	0.8814	0.9070	1999.12.31	0.9523	0.9695
1997.12.31	0.8994	0.9176	2000.6.3	1.0055	1.0113
1998.12.31	0.9170	0.9280	复相关系数 R	0.912	0.931

这里取混合模型与统计模型所得时效位移的平均值，得到式(8-94)中各项系数：$a_0 = 0.97275, a_1 = -0.04783, a_2 = -0.00101, a_3 = -0.00007, a_4 = -0.00001$。进一步按式(8-95)～式(8-97)可得：$e = 37280$，$f = 464838.7228$，$g = -2751.0971$。最后，按式(8-98)可得该坝段稳定性判据为：$\Delta = (3\sqrt{3}f)^2 + (2g)^3 = 5667451823503.379 > 0$，表明该坝段是稳定的。

此外，使用改进的分项系数法可得该坝段沿建基面稳定性安全系数为 $K_s = 1.12 > 1$，满足相应判据中的稳定要求；而使用传统的刚体极限平衡法可得该坝段沿建基面抗滑稳定安全系数为 $K = 4.13$，同样满足规范规定相应工况下的安全系数要求。

虽然上述分析所采用的方法不同，但三种方法所得结果均满足相应的稳定要求，所得结论是相同的，检验了文中方法的有效性。需要说明的是，上述 K_s 与 K 的计算结果相差较大，这是因为，在计算 K_s 的过程，在与计算 K 相同的荷载工况下，对外部荷载使用荷载分项系数进行了超载，而对 c、f 等计算参数使用材料性能分项系数进行了折减。

第9章 混凝土坝服役性态多源信息集成融合推理方法

9.1 概 述

混凝土坝结构和工作条件复杂，特别是高坝大库，最终的综合分析通常由经验丰富的专家小组来完成。其一，当汛期来临或出现险情时，需要各级领导亲临现场，组织专家进行分析评价，作出决策；其二，混凝土坝监测项目、监测点及其监测资料往往很多，进行定期安全检查时，数据处理和分析的工作量很大，需要较长时间来完成，遇到突发情况时，往往不能及时发现隐患，延误补救时机，造成不必要的损失；其三，混凝土坝在设计、施工和运行过程中，积累了大量的专家知识和实践经验，需要及时科学地总结管理这些知识，避免由于专家老龄化而导致这些知识的丢失，使其发挥更大的作用。根据混凝土坝服役性态检测、监测和巡视检查等诸多资料，如果能结合前文的分析方法体系，利用系统理论、水工结构监测和馈控技术、软件工程技术和计算机技术等理论和方法，进行混凝土坝服役性态多源信息集成融合推理分析，将大幅减少人工处理的工作量，同时在分析的精度和效率上也会有质的飞跃[102-105]。

随着国内外病险坝的逐渐增多，要求实时或及时掌握大坝的安全状况，而其影响因素又极其复杂，坝工界发现单用监控模型或反分析等理论和方法，对大坝安全状况做出分析评价和监控有其局限性。从 20 世纪 90 年代起，在自动化监测技术、现代计算理论和方法、人工智能、计算机科技等发展的基础上，国内外监测界开始研发大坝安全综合分析评价的专家系统。例如，意大利开发了微机辅助监测系统（MIDAS）、DAMSAFE 决策支持系统等，将人工智能技术应用于大坝安全管理，并与 Internet 连接，用于管理显示解析监测数据，检索设计、试验及专家对大坝评价等资料。法国、美国和日本等也先后开发了大坝安全监测数据处理系统。在 20 世纪 80 年代，我国结合“七五”和“八五”国家科技攻关项目，研发了大坝监测数据管理系统，主要用于存储和管理监测数据，制作图表、统计分析及异常值的识别等，后来研发了“一机四库”的大坝安全综合评价专家系统，在基于分布式体系及网络上实现了对大坝安全进行及时或实时分析评价和综合评价两大功能。但从这些系统应用情况来看，监测系统采集资料的可靠性、软硬件平台的水平及运行管理的水平等是类似专家系统成功应用于实际工程的关键。

混凝土坝服役性态信息集成融合推理分析需要综合利用多源信息进行融合处

理，而混凝土坝监测系统的分层和分块特性使得需要监测的部位非常多。同时，由于混凝土坝服役性态多源信息具有强烈的不确定性，而且不同的分析方法会得出有偏差的结论，混凝土坝服役性态信息集成融合推理分析具有相当的复杂性和困难性。复杂性表现在：监测数据不精确、不完整、不一致、不可靠甚至互相矛盾；监测数据不断变化以及数据量不断增加；利用典型效应量进行监测、分类及识别等出现的局限性；监测环境的干扰、伪装甚至破坏以及监测环境的不确定性等。困难性主要表现在：工程结构的多层次性、影响因素的不确定性；监测系统间的多重非线性和耦合性；状态变量的多维性和分布性等。而且随着时间的推移，混凝土坝服役性态多源信息越来越多，关联层次越来越复杂，需要对其进行有效的融合处理。

为实现上述目标和功能，需要研究复杂系统的多层融合、知识获取、知识表示和实时推理等具备学习功能的新人工智能技术。

9.2　多源信息集成融合分析模型

9.2.1　多源信息集成融合分析结构

多源信息集成融合是把分布在不同位置的多个同类或异类传感器提供的局部不完整观测量加以综合，消除多传感器之间可能存在的冗余和矛盾，通过互补处理，降低其不确定性，以形成对系统环境相对完整一致的感知描述，从而提高智能系统决策、规划、反应的快速性和正确性。

混凝土坝服役性态多源信息集成融合技术是广义的，是对传统信息融合技术的拓宽与推广，这里的“传感器”不仅仅是指基本的感应设备，人工记录信息、专家经验信息、模型监控信息都可视为传感器的数据源。混凝土坝服役性态信息集成融合推理主要分为三大部分：信息获取、信息集成融合以及信息存储。在信息获取单元中，主要包括混凝土坝服役性态的原始多源信息、模型规则信息以及专家知识，模型规则信息即是通过评判准则对原始监测数据进行信息发掘；专家知识模型模块主要是融合专家知识、操作人员知识及相关理论知识对模型规则信息进行进一步的融合与提取。信息存储单元主要是存储信息集成融合过程中的临时信息，即数据信息、特征信息、关联信息以及决策信息。混凝土坝服役性态多源信息集成融合推理分析的主体是信息集成融合部分，包括三个阶段的信息融合过程(图 9-1)，即数据层、特征层和决策层信息融合，其中数据层和特征层信息融合主要利用各类最优、次优的分散式算法处理监测数据；决策层信息融合主要使用推理技术处理各种反映数据间关系和含义的抽象数据，人工智能的符号处理功能可用于获得这些推断或推理能力。

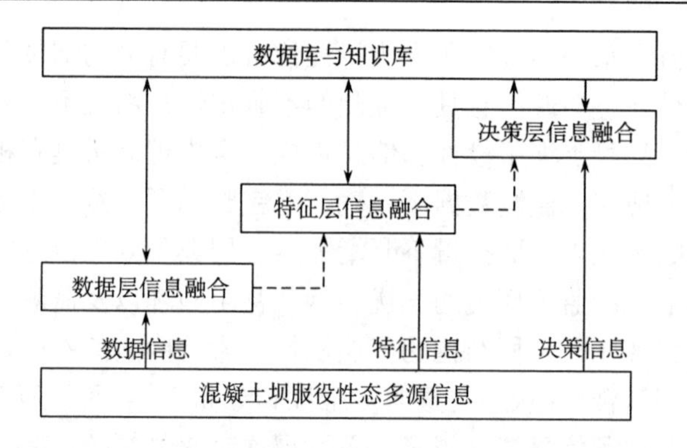

图 9-1　混凝土坝服役性态多源信息融合层次结构

图 9-1 中的三层结构在功能上可以分别满足混凝土坝服役性态监测、预警及评价决策等不同层次的要求，数据层信息融合对象为监测系统获得的多效应量监测数据，并对其进行必要的预处理分析，提取与混凝土坝服役性态相关的有效数据；特征层信息融合包括多效应量监测信息特征的获取，也包括对数据层信息的融合结果与已知损伤模式相关联，进行预警，这直接关系到监测信息融合的准确率和工程性态预报的可靠性；决策层信息融合以特征层的数据关联结果为信息来源，根据已有的健康诊断知识及专家知识，进行混凝土坝服役性态评价，提供建议对策等辅助信息。

因此，根据混凝土坝服役性态多源信息集成融合层次和融合内容，提出如图 9-2 所示的混凝土坝服役性态多源信息集成融合分析结构，并将信息集成融合推理分

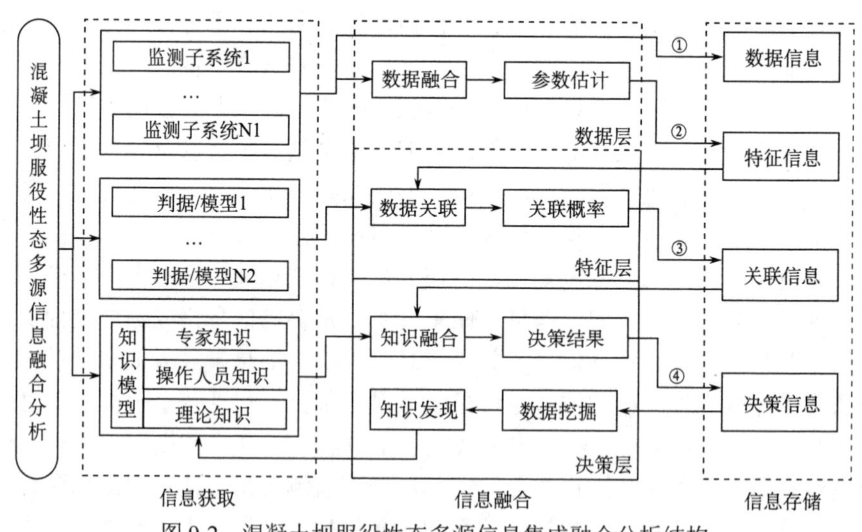

图 9-2　混凝土坝服役性态多源信息集成融合分析结构

①模糊贴近度融合模型；②相似度融合模型；③GA-BP 网络融合模型；④D-S 证据理论融合模型

析系统结构分为分布式结构和集中式结构相结合的混合式结构。整个系统由一级全局融合中心和若干二级融合分中心组成，全局融合中心主要将各融合分中心融合后的数据与来自外部的其他信息相融合，呈分布分层式融合结构，而融合分中心则采取集中式结构。在全局融合中心和各个融合分中心中，对信息的融合处理都是分级分层次处理的。该模型既体现了数据层、特征层和决策层的层次结构，也体现了数据融合、数据关联、知识融合层次与内容之间的对应关系。

基于多效应量监测信息融合的混凝土坝服役性态评价决策是通过对多效应量监测信息进行关联和综合，获得混凝土坝服役性态的更完整和更准确的判断信息，从而对混凝土坝运行安全进行决策分析。多效应量监测信息融合不仅是处理复杂数据的方法，也是建立有效的人机协同信息处理环境的基础。

9.2.2　数据信息的模糊贴近度融合模型

下面利用混凝土坝服役性态多效应量监测信息模糊相关特性，建立基于模糊贴近度的监测信息融合模型，首先将效应量监测值与估计值进行模糊化；然后定义和计算每个测点的监测值模糊量与效应量估计值模糊量之间的贴近度，由贴近度的大小来表征测点的重要性，贴近度越大，表明该测点对监测信息融合结果的影响越重要，在融合过程中其权重也越大；最后建立多效应量监测信息融合计算模型。

9.2.2.1　效应量实测值与估计值的模糊化处理

混凝土坝服役性态受到各种因素的影响，其效应量监测数据与真实值存在误差。假设测量误差为高斯正态分布随机误差，其模糊化的隶属函数选用三角形隶属函数，三角形的中心是效应量监测值，宽度为监测数据标准方差的 4 倍。对于第 i 个测点，设其对真实值 A 的 m 次测量后的测量均值为 x_i，测量方差为 σ_i，则监测值的模糊量为

$$\tilde{A}_i=\left(a_{i1},a_{i2},a_{i3}\right)=\left(x_i-2\sigma_i,x_i,x_i+2\sigma_i\right) \tag{9-1}$$

效应量估计值的模糊化过程同监测值模糊化过程类似，估计值 x_0、方差 σ_0 分别为

$$x_0=\frac{1}{n}\sum_{i=1}^{n}x_i \tag{9-2}$$

$$\sigma_0^2=\frac{1}{n-1}\sum_{i=1}^{n}\left(x_i-x_0\right)^2 \tag{9-3}$$

从而效应量估计值的模糊量为

$$\tilde{A}_0=\left(a_{01},a_{02},a_{03}\right)=\left(x_0-2\sigma_0,x_0,x_0+2\sigma_0\right) \tag{9-4}$$

9.2.2.2 模糊贴近度定义与计算

设模糊量 $\tilde{A}_i$ 和 $\tilde{A}_j$，定义

$$S = S(\tilde{A}_i, \tilde{A}_j) \tag{9-5}$$

若 S 满足：① $0 \leqslant S \leqslant 1$；②对于 $\tilde{A}_i = \tilde{A}_j$，$S = 1$；③ $S(\tilde{A}_i, \tilde{A}_j) = S(\tilde{A}_j, \tilde{A}_i)$；④当且仅当 $\tilde{A}_i \cap \tilde{A}_j = \varnothing$ 时，$S(\tilde{A}_i, \tilde{A}_j) = 0$；⑤当 $\tilde{A}_i \subset \tilde{A}_j \subset \tilde{A}_S$ 时，有 $S(\tilde{A}_i, \tilde{A}_j) > S(\tilde{A}_i, \tilde{A}_S)$。称 S 为 $\tilde{A}_i$、$\tilde{A}_j$ 的贴近度，即 $\tilde{A}_i$ 与 $\tilde{A}_j$ 的接近程度。

设 $\tilde{A}_i = (a_{i1}, a_{i2}, a_{i3})$ 和 $\tilde{A}_j = (a_{j1}, a_{j2}, a_{j3})$ 为两个三角形模糊量，则其贴近度为

$$S(\tilde{A}_i, \tilde{A}_j) = \frac{1}{1 + d(\tilde{A}_i, \tilde{A}_j)} \tag{9-6}$$

式中：$d(\tilde{A}_i, \tilde{A}_j) = \left| \dfrac{a_{i1} + 4a_{i2} + a_{i3} - a_{j1} - 4a_{j2} - a_{j3}}{6} \right|$。

贴近度 $S(\tilde{A}_i, \tilde{A}_j)$ 值越大，表示 $\tilde{A}_i$ 与 $\tilde{A}_j$ 越贴近，$S(\tilde{A}_i, \tilde{A}_j) = 1$，表示 $\tilde{A}_i$ 与 $\tilde{A}_j$ 完全相同；$S(\tilde{A}_i, \tilde{A}_j) = 0$，表示 $\tilde{A}_i$ 与 $\tilde{A}_j$ 完全不一致。在混凝土坝服役性态多效应量监测信息融合中，考虑的是每个测点监测值 A_i 与效应量估计值 A_0 之间的贴近程度，所以需要计算的贴近度为 $S(\tilde{A}_i, \tilde{A}_0)$。

9.2.2.3 监测点权重与监测信息融合

在监测信息融合过程中，对不同的测点需要赋予不同的权重，测值可靠性高、稳定性好的测点在融合分析中有较大的权重。测点监测值 X_i 越接近于效应量估计值 X_0，则其可靠性与稳定性就越好，在数据融合时，接近估计值的程度(贴近度)就越高，权重就应取得较大值。因此，可以利用贴近度 $S(\tilde{A}_i, \tilde{A}_0)$ 来表征各测点的权重，记第 i 个测点权重 $r_i = S(\tilde{A}_i, \tilde{A}_0)$，将它们归一化后可以得到各个测点之间的相对权重为

$$w_i = r_i \Big/ \sum_{i=1}^{n} r_i \qquad i = 1, 2, \cdots, n \tag{9-7}$$

在得到监测点与估计值贴近度的基础上，即可计算出各测点的相对权重，进而最终得到多测点监测信息融合结果为

$$\tilde{x} = \sum_{i=1}^{n} w_i x_i \tag{9-8}$$

9.2.3　关联信息的相似度融合模型

混凝土坝服役性态多效应量监测信息融合是利用多测点监测数据的冗余和互补来增强其结果的一致可靠性，故测度一致可靠程度也是融合的一个尺度。为充分利用多测点监测数据和测度一致可靠性，可根据多测点监测数据的标称化差定义相似度和相似度矩阵，用同一效应量的监测信息形成一致性测度，用监测数据序列形成可靠性测度，最终形成多测点监测信息组合及加权，进行时空融合，这一融合既可在数据层进行，也可扩展到决策层。

9.2.3.1　相似度矩阵

监测系统的同一效应量多测点集合为 $S=(s_1,s_2,\cdots,s_n)$，$z_i(k)$ 表示 k 时刻测点 s_i 的输出。设监测系统用如下状态方程和输出方程描述：

$$\begin{cases}X(k+1)=\Phi(k)X(k)+G(k)V(k)\\Z(k)=H(k)X(k)+W(k)\end{cases}\tag{9-9}$$

式中：$\Phi(k)$、$G(k)$、$H(k)$ 分别为状态转移矩阵、监测噪声分布矩阵及输出矩阵；$V(k)$ 和 $W(k)$ 分别为具有零均值和正定协方差矩阵的高斯噪声向量，采用 Kalman 滤波算法进行状态更新，式中省略了各测点编号的下标。

在 k 时刻，由于测点所处的环境噪声和自身监测仪器性能的不一致，将形成有差异的状态估计向量。为度量这一差异，定义如下的状态估计向量的标称化差

$$u_{ij}(k)=C_{ij}^{-1/2}(k|k)\left[\hat{X}_i(k|k)-\hat{X}_j(k|k)\right]\tag{9-10}$$

式中：$C_{ij}(k|k)=P_i(k|k)+P_j(k|k)$ 表示监测数据的估计误差协方差之和。

采用正态型隶属度函数的模糊测度，定义 k 时刻状态向量的相似度为

$$d_{ij}(k)=\exp\left[-bu_{ij}^{\mathrm{T}}(k)u_{ij}(k)\right]\tag{9-11}$$

式中：b 是系数；$u_{ij}(k)$ 是列矢量；$d_{ij}(k)$ 是标量。由式(9-10)可得

$$d_{ij}(k)=\exp\left\{-b\left[\hat{X}_i(k|k)-\hat{X}_j(k|k)\right]^{\mathrm{T}}\times\left[P_i(k|k)+P_j(k|k)\right]^{-1}\times\left[\hat{X}_i(k|k)-\hat{X}_j(k|k)\right]\right\}\tag{9-12}$$

状态向量间的相似程度 $d_{ij}(k)$ 表征了同一效应量不同测点监测数据自身之间的相似程度，当监测系统无法用状态方程表示时，可直接用监测数据计算相似度。由相似度可得 k 时刻多测点监测系统的相似度矩阵为

$$\boldsymbol{D}(k)=\begin{bmatrix} 1 & d_{12}(k) & \cdots & d_{1n}(k) \\ d_{21}(k) & 1 & \cdots & d_{2n}(k) \\ \vdots & \vdots & & \vdots \\ d_{n1}(k) & d_{n2}(k) & \cdots & 1 \end{bmatrix}_{n\times n} \tag{9-13}$$

相似度矩阵 $\boldsymbol{D}(k)$ 包含了 k 时刻监测系统 $S=(s_1,s_2,\cdots,s_n)$ 在空间分布上效应量的信息，是进行多测点监测数据空间融合的尺度。同样，时间序列 $\{D(k),k=1,2,\cdots\}$ 包含了到当前时刻为止的效应量在时间分布上的信息，是进行多测点监测数据时间融合的尺度。

9.2.3.2　数据层融合

设 $c_i(k)$ 是 k 时刻测点 i 的一个计数器(初值为 0)，考察 $D(k)$ 的第 i 行，若 $d_{ij}(k)\geqslant\Gamma_1$ (Γ_1 是设定的阈值)，则计数器加 1。此时，第 i 行扫描之后的 $c_i(k)$ 终值表示 k 时刻与测点 i 监测数据较为相似的数据个数，$c_i(k)$ 大，表示 k 时刻测点 i 的监测值与大多数监测值一致，这些监测值可组成一个真值的聚类；$c_i(k)$ 小，表示 k 时刻测点 i 的监测值与大多数监测值不一致，而成为奇异值的可能性较大。因此，$c_i(k)$ 是监测数据一致性的度量。定义 k 时刻测点 i 的一致性测度为

$$p_i(k)=c_i(k)/n \tag{9-14}$$

显然有 $0\leqslant p_i(k)\leqslant 1$，这实际上是一种可能性测度。$p_i(k)$ 也可由相似度直接定义

$$p_i(k)=\sum_{j=1}^{n}d_{ij}(k)\Big/n \tag{9-15}$$

相对于式(9-14)的硬测度而言，式(9-15)给出的一致性测度则是一种软测度。于是，由测点组 $S=(s_1,s_2,\cdots,s_n)$ 得到 k 时刻一致性向量为

$$p(k)=\left[p_1(k),p_2(k),\cdots,p_n(k)\right] \tag{9-16}$$

对测点 i 而言，除了存在与其他测点的一致性问题外，还存在自身的可靠性问题，这种可靠性往往通过监测数据序列表现出来，$\left[p_1(k),p_2(k),\cdots,p_n(k)\right]^{\mathrm{T}}$ 表示测点 i 的一致性测度的时间序列，令

$$\overline{p}_i(k)=\frac{1}{k}\sum_{i=1}^{k}p_i(t) \tag{9-17}$$

式中：$\overline{p}_i(k)$ 表示平均或综合的一致性测度。

如果序列波动不大，则说明测点 i 的性能比较稳定或环境噪声较小，即可靠性较高。故可直观地定义测点 i 的可靠性测度为一致性测度的方差，即

$$\sigma_i^2(k)=\frac{1}{k}\sum_{i=1}^{k}\left[\overline{p}_i(k)-p_i(k)\right]^2 \tag{9-18}$$

用于融合的监测数据或在融合中权重较大的监测数据应是一致性较大且可靠性较高者，即 $\overline{p}_i(k)$ 较大，而 $\sigma_i^2(k)$ 较小。但对测点 i 而言，$\overline{p}_i(k)$ 较大并不意味着 $\sigma_i^2(k)$ 较大或较小，反之亦然。故引入映射 $f\left[\overline{p}_i(k),\sigma_i^2(k)\right]$ 来综合二者，使选择的融合数据组合与 $\overline{p}_i(k)$ 正相关，且与 $\sigma_i^2(k)$ 负相关，如利用双线性定义一致可靠测度

$$q_i(k)=f\left[\overline{p}_i(k),\sigma_i^2(k)\right]=\left[1-\alpha\sigma_1(k)\right]\overline{p}_i(k) \tag{9-19}$$

式中：α 是一个合适的系数。

通常 $0<\alpha\leqslant 1$，这是因为一致性与可靠性相比显得更为重要一些。这样，便可根据 $q_i(k)$ 值的大小对效应量监测数据进行排队，然后采用不同的门限方法进行融合。比如选择一组大于阈值 Γ_2 的测点组监测数据加权融合，或将前 l $(n/3\leqslant l\leqslant n)$ 个测点组数据进行加权融合，这两种方法相当于筛除一部分一致性小而可靠性差的数据，然后对最大测点组进行融合。当然，也可不舍弃任何数据，将 k 时刻 n 个数据按如下加权公式进行融合：

$$z_f(k)=\sum_{i=1}^{n}q_i(k)z_i(k)\Big/\sum_{i=1}^{n}q_i(k) \tag{9-20}$$

相似度可直接由监测数据计算得到

$$d_{ij}(k)=\exp\left\{-b\left[z_i(k)-z_j(k)\right]^2\right\} \tag{9-21}$$

式中：$d_{ij}(k)$ 为度量多测点数据间的置信距离。

相似度计算需要计算 n 个测点两两之间的标称化差，一致性测度计算需要将 n^2 维的相似度矩阵元素与阈值逐一比较，计算的复杂度为 $o(n^2)$。为减少计算量，在计算综合一致性测度和可靠性测度时，使用如下递推算法：

$$\overline{p}_i(k)=\frac{k-1}{k}\overline{p}_i(k-1)+\frac{1}{k}p_i(k) \tag{9-22}$$

$$\sigma_i^2(k)=\frac{k-1}{k}\left\{\sigma_i^2(k-1)+\frac{1}{k}\left[p_i(k)-\overline{p}_i(k)\right]\right\} \tag{9-23}$$

9.2.3.3　决策层融合

基于相似度的同一效应量多测点数据层融合可扩展到决策层融合，即将 n 个测点用于模式分类，这时相似度和相似度矩阵有所不同。设各个模式类的状态向量为 $X_j(1\leqslant j\leqslant c)$，标称化差为 $u_{ij}(k)=C_{ij}^{-1/2}(k|k)\left[\hat{X}_i(k|k)-\hat{X}_j(k|k)\right]$，相似度仍

按式(9-11)计算，但此时得到的相似度矩阵为$n\times c$维，即

$$D(k)=\begin{bmatrix} d_{11}(k) & d_{12}(k) & \cdots & d_{1c}(k) \\ d_{21}(k) & d_{22}(k) & \cdots & d_{2c}(k) \\ \vdots & \vdots & & \vdots \\ d_{n1}(k) & d_{n2}(k) & \cdots & d_{nc}(k) \end{bmatrix}_{n\times c} \tag{9-24}$$

式中：c为类别数。

根据相似度矩阵，可采用数据层融合的一致可靠性测度进行决策层融合。相应的一致性(综合)测度计算为

$$p_i(k)=\frac{1}{n}\sum_{i=1}^{n}d_{ij}(k) \tag{9-25}$$

$$\overline{p}_j(k)=\frac{1}{k}\sum_{i=1}^{k}p_j(t) \tag{9-26}$$

而可靠性测度计算为

$$\sigma_j^2(k)=\frac{1}{k}\sum_{i=1}^{k}\left[\overline{p}_j(t)-p_j(t)\right]^2 \tag{9-27}$$

最终的目标类别号为

$$r=\arg\max_{j} f\left[\overline{p}_i(k),\sigma_j^2(k)\right] \tag{9-28}$$

如果将相似度矩阵视为k时刻n个测点对c个类别形成决策的可能性分布，则可先进行时间融合，再进行空间融合，形成一个融合可能性分布的决策表。

步骤 1　将相似度矩阵转化为可能性分布，即

$$\prod{}_j(k)=\sum_{j}d_{ij}(k)/o_j \tag{9-29}$$

步骤 2　采用综合映射函数进行时间融合，即

$$\prod{}_i^k=S\left[\prod{}_i(1),\cdots,\prod{}_i(k)\right]=\sum_{j}d_{ij}(k)/o_j \tag{9-30}$$

步骤 3　采用综合映射函数进行空间融合，即

$$\prod{}_i^k=S\left[\prod{}_1^k,\cdots,\prod{}_n^k\right]=\sum_{j}d_j^k/o_j \tag{9-31}$$

9.2.4　特征信息的 GA-BP 网络融合模型

特征信息融合是指将经过配准的监测数据进行特征提取，从多测点监测信息中，提取相应的一组特征信息形成特征矢量，然后进行关联处理，使每一种监测项目得到同一效应量的特征向量，最后融合这些特征向量，进行分类或目标识别。

对于特征信息融合还没有通用的处理方法，鉴于 BP 神经网络可以有效地应用于特征信息融合，遗传算法(genetic algorithm，GA)能够搜索到全局最优解，鲁棒性强，若将 BP 网络和遗传算法结合起来，那么遗传算法将把 BP 网络的结构优化和权值学习合并起来一起求解，不仅能发挥 BP 网络的泛化映射能力，还使得 BP 网络具有很快的收敛性以及较强的学习能力，将达到优化 BP 网络的目的。

9.2.4.1　遗传算法与 BP 网络原理

1)遗传算法

遗传算法是借鉴生物界自然选择和自然遗传机制的随机化搜索算法，具有简单通用、并行运算、鲁棒性强等特点。遗传算法的核心内容主要由 5 个基本因素组成：①参数的编码；②初始种群的设定；③适应度函数的设定；④遗传操作的设计；⑤控制参数的设定。遗传算法的工作机理为：首先对种群进行初始化，随机地对种群中染色体进行基因编码，然后进行选择、交叉、变异等遗传操作产生子代，并利用适应度函数来检验子代个体的优劣，淘汰适应度小的个体，把适应度大的个体直接传给下一代重新进行遗传繁殖，直至产生满意的个体为止。

2)BP 网络

BP 网络包含输入层、隐含层和输出层。BP 算法的学习过程是基于梯度下降法来实现对网络连接权(权值和阈值)的修正，使得网络误差平方和最小。BP 网络算法的核心是通过向后传播误差，同时向前修正误差的方式来不断调整网络参数，以实现或逼近希望的输入输出矢量关系。它对每一个训练都进行两次传播计算：①前向计算，从输入层开始向后逐层计算输出，产生最终输出，并计算实际输出与目标输出的误差；②反向传播，从输出层开始向前逐层传播误差信号，修正权值，直到误差小于给定的阈值。

9.2.4.2　GA-BP 融合算法

BP 算法属于单点搜索方法，当搜索空间是多峰分布时，常常就会陷入局部最优解而无法求解到全局最优解，GA 具有使 BP 避开局部极小点的能力。因此，GA 和 BP 算法的结合，可以有效地弥补这些不足，取得理想的效果。融合算法原理为：在 GA 每一代进行遗传操作之前，对群体中的最优个体进行次数较多的 BP 训练，使最优个体得到足够的训练后，目标误差能很快地下降，作为混合学习算法指导误差下降的主导搜索方向；然后将经 BP 训练后的最优个体与群体中的其他个体逐一进行启发式的交叉，使算法能在最优个体与群体的其他个体所长成的寻优空间中进行寻优，再从交叉子代和经 BP 训练后的原最优个体中选出当代最优个体进行下一次的 BP 训练。该过程如图 9-3 所示。

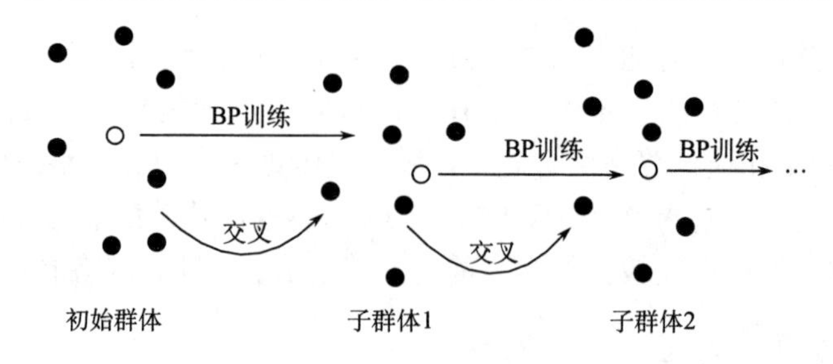

图 9-3　GA-BP 融合算法示意图

图 9-3 中，空心点表示当前群体中的最优个体，实黑点表示其他个体。初始的最优个体进行 BP 训练后，群体中的其他个体分别与其进行交叉产生交叉子代，交叉子代及经 BP 训练后的原最优个体组成子群体 1，这样就完成了融合算法的一次进化过程。然后在子群体 1 中选出最优个体进行 BP 训练，再与该群体中的其他个体逐一交叉，共同形成子群体 2，完成新一轮的进化，如此反复，直到训练结束。

9.2.4.3　监测信息特征级的 GA-BP 网络融合模型

对于多层 BP 神经网络，定义能量函数为

$$E_k = \frac{1}{2}\sum\left(t_{kj} - o_{kj}\right)^2, \quad E = \sum E_k \tag{9-32}$$

式中：o_{kj} 为第 k 个学习样本第 j 个输出节点的实际输出；t_{kj} 为第 k 个学习样本第 j 个输出节点的期望输出。

BP 神经网络的训练过程是找到一个较优的网络模型(确定网络参数)，调整权值矩阵 W 和阈值矩阵 θ 使得 E 最小的过程。因此，定义评价神经网络优劣的适应度函数为

$$F = C - E \tag{9-33}$$

式中：C 为常数；E 为能量函数。

GA-BP 算法应用于特征信息融合的过程如图 9-4 所示。将利用遗传算法得到的网络参数及初始权值矩阵和阈值矩阵传于 BP 算法对其进行细微调整，即可得到满意的优化结果。

9.2.5　决策信息的 D-S 证据理论融合模型

Dempster-Shafer 证据推理是贝叶斯方法的扩展，在 Dempster-Shafer 证据推理中，所有命题都用分辨框的子集 Θ 组成，以由效应量监测信息得到的特征度量作为证据，通过基本概率分布函数对所有命题赋予一个可信度(证据的函数)，

而某个特定的基本概率分布与 Θ 构成一个证据体。在多效应量监测信息融合的应用中，每个信息源通过一组证据和命题，建立一个相应的基本概率分布。与其他推理方法相比，Dempster-Shafer 证据推理具有符合人脑推理决策过程、不需要先验信息、可直接进行合理的信息论解释、能区分确定与不确定区间、能处理随机性和模糊性导致的不确定性等优点，在对不确定信息的处理与综合中得到了广泛的应用。

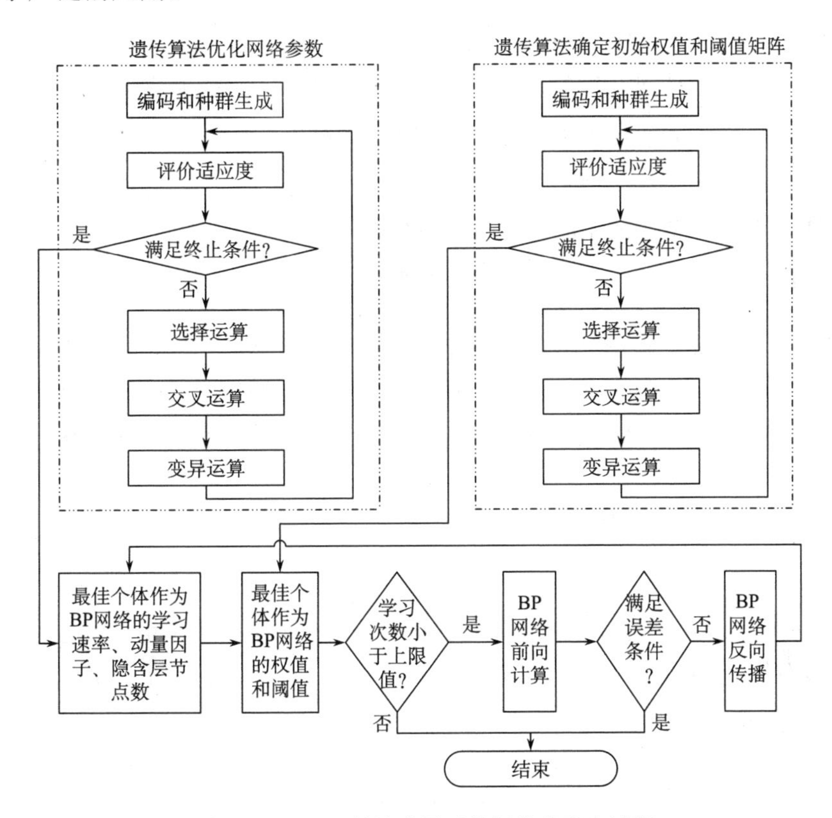

图 9-4 GA-BP 算法应用于特征信息融合过程

9.2.5.1 D-S 证据理论

设对某命题的辨识框架为 Θ，它是关于命题的各种相互独立的可能答案或假设的有限集合。Θ 中所有可能子集的集合用幂集 2^{θ} 来表示，若 Θ 中有 N 个元素，则 2^{θ} 中有 $2N-1$ 个元素。D-S 证据理论是对 2^{θ} 中的元素用可信度作为其不确定性的基本度量，并使用 Dempster 综合规则进行运算，把两个或多个离散的判定结果和数据源组合起来，导出一个组合结果所应具有的高、低不确定性度量，如图 9-5 所示。D-S 理论的组合方法与评价体系如下。

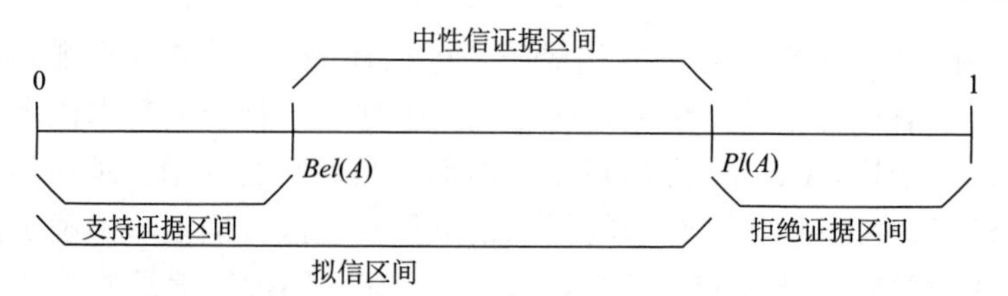

图 9-5　D-S 证据区间与不确定性度量

1) 基本可信度分配函数 $m(A)$

$m(A)$ 是幂集 2^θ 到[0,1]之间的映射，表示对事件 A 的精确信任，满足：

(1) 不可能事件的基本可信度分配(函数值)为 0：

$$m(\phi)=0 \tag{9-34}$$

(2) 幂集 2^θ 中全部元素的基本可信度分配值之和为 1：

$$\sum_{A\subseteq 2^\theta} m(A)=1 \tag{9-35}$$

D-S 理论修正了概率理论存在的缺陷，即在完备概率空间中，事件 A 以外的所有事件都视为 $\overline{A}$。实际上，对于事件 A 的相信程度并不一定提供了它对 A 的相信程度的信息，$m(A)+m(\overline{A})<1$。因此，在 D-S 证据理论中要首先给出基本可信度分配。

2) 信任度函数 $Bel(A)$

$$Bel(A)=\sum_{B\subset A} m(B) \tag{9-36}$$

式中：$Bel(A)$ 也称下限函数，定义为事件 A 中所有子集的基本可信度分配函数之和，表示对 A 的全部信任，可以得到 $Bel(\phi)=m(\phi)=0$ 和 $Bel(\overline{A})=\sum_{B\subset \overline{A}} m(B)$。

3) 拟信度函数 $Pl(A)$

$$Pl(A)=1-Bel(\overline{A}) \tag{9-37}$$

式中：$Pl(A)$ 也称上限函数，定义为对事件 A 似乎可能成立的不确定性度量，表示对事件 A 非假的信任程度，且 $Pl(A)>Bel(A)$。事件 A 的不确定性由中性信任函数 $u(A)=Pl(A)-Bel(A)$ 表示，当 $u(A)=0$，即 $Bel(A)=Pl(A)$ 时，D-S 方法与 Bayes 方法等同。

4) 融合决策的可信度分配函数

由于对命题证据的采集手段不同、采集时间和采集周期不同，因此，对命题所包含的各子集可能出现多种基本可信度分配，对其进行融合处理的方法称为 Dempster 综合规则，它是基于正交和概念导出的。

设 m_1 和 m_2 是幂集 2^θ 上的两个基本可信度分配函数，它们分别将可信度散布

到幂集 2^{θ} 中的子集 B、C 之上，则命题 A 的基本可信度分配函数是它们的正交和 $m = m_1 \oplus m_2$，定义为

$$m(\phi)=0,\quad m(A)=\frac{\sum\limits_{B\cap C=A} m_1(B)m_2(C)}{1-Q}\quad(A\neq\phi\text{时})\tag{9-38}$$

式中：$Q=\sum\limits_{B\cap C=\phi} m_1(B)m_2(C)=1-\sum\limits_{B\cap C\neq\phi} m_1(B)m_2(C)$，当 $Q\neq 1$ 时，正交和 m 也是一个基本可信度分配函数；当 $Q=1$ 时，则不存在正交和 m，称 m_1 和 m_2 矛盾。

同样，多个基本可信度分配函数的正交和 $m = m_1 \oplus m_2 \oplus \cdots \oplus m_n$ 定义为

$$m(\phi)=0,\quad m(A)=\frac{\sum\limits_{\cap A_i=A}\prod\limits_{1\leqslant i\leqslant n} m_i(A_i)}{1-Q}\quad(A\neq\phi\text{时})\tag{9-39}$$

式中：$Q=\sum\limits_{\cap A_i\neq\phi}\prod\limits_{1\leqslant i\leqslant n} m_i(A_i)=1-\sum\limits_{\cap A_i=\phi}\prod\limits_{1\leqslant i\leqslant n} m_i(A_i)$。

9.2.5.2　决策信息的 D-S 融合模型

1) 单测点多测量属性融合模型

设单测点 n 个监测周期中通过对效应量的监测获得对 k 个命题的可信度分配为 $m_1(A_i), m_2(A_i), \cdots, m_n(A_i)$，$i=1,2,\cdots,k$，$m_j(A_i)$ 表示在第 j 个周期中对命题 A_i 的可信度分配，则该测点依据 n 个监测周期的累积测量对 k 个命题的融合后验可信度分配为

$$m(A_i)=\frac{\sum\limits_{\cap A_j=A_i}\prod\limits_{1\leqslant s\leqslant n} m_s(A_i)}{1-Q}\quad i=1,2,\cdots,k\tag{9-40}$$

$$Q=\sum\limits_{\cap A_i\neq\phi}\prod\limits_{1\leqslant s\leqslant n} m_s(A_i)=1-\sum\limits_{\cap A_i=\phi}\prod\limits_{1\leqslant s\leqslant n} m_s(A_i)\tag{9-41}$$

特别地，“未知”命题(不同于中性命题)的融合后验可信度分配为

$$u=\prod_{i=1}^{n} u_i \Big/ (1-Q)\tag{9-42}$$

式中：u_i 表示第 i 个周期“未知”命题的可信度分配值。

对于除了“未知”命题以外，各周期间不同命题都相互独立的情形

$$m(A_i)=\frac{\sum\limits_{\cap A_j=A_i}\prod\limits_{1\leqslant s\leqslant n} m_s(A_i)}{1-Q}=\frac{\sum\limits_{j=1}^{n}\left\{m_j(A_i)\prod\limits_{s=0}^{j-1}u_s\left[\prod\limits_{s=j+1}^{n}\left(m_s(A_i)+u_s\right)\right]\right\}}{1-Q}\tag{9-43}$$

式中：$u_0=0$；$Q=1-\sum_{j=1}^{n}\left\{m_j(A_i)\prod_{s=0}^{j-1}u_s\left[\prod_{s=j+1}^{n}\left(m_s(A_i)+u_s\right)\right]\right\}-\prod_{s=1}^{n}u_s$。

2) 多测点多测量属性融合模型

设有 m 个测点，每个测点在辨识框架 Θ 的幂集 2^{θ} 中有意义的命题为 k 个。各测点在各测量周期上获得的后验可信度分配为 $m_{si}(A_i)$（$i=1,2,\cdots,k$；$j=1,2,\cdots,n$；$s=1,2,\cdots,m$），$u_{sj}=m_{sj}(2^{\theta})$，其中 $m_{sj}(A_i)$ 表示第 s 个测点在第 j 个监测周期上对命题 A_i 的后验可信度分配；u_{sj} 表示对“未知”命题的可信度分配。

方法一：首先对于单个测点，基于 n 个监测周期的累积测量计算出每一个命题的融合后验可信度分配，然后基于这些融合可信度分配，再将 m 个测点视为一个监测系统，进一步计算出总的融合后验可信度分配。

(1) 计算单测点依据各自 n 个监测周期的累积量测所获得的 k 个命题的融合后验可信度分配

$$m_s(A_i)=\frac{\sum\limits_{\cap A_j=A_i}\prod\limits_{1\leqslant s\leqslant n}m_{sj}(A_i)}{1-Q_s}\quad i=1,2,\cdots,k \tag{9-44}$$

$$Q_s=\sum_{\cap A_j=\phi}\prod_{1\leqslant s\leqslant n}m_{sj}(A_i) \tag{9-45}$$

特别地，“未知”命题的融合后验可信度分配为

$$u_s=\prod_{i=1}^{n}u_i\Big/(1-Q_s) \tag{9-46}$$

式中：$m_{sj}(P)=\dfrac{\sum\limits_{j=1}^{n}\left\{m_j(P)\prod\limits_{i=0}^{j-1}u_{si}\left[\prod\limits_{i=j+1}^{n}\left(m_{si}(P)+u_{si}\right)\right]\right\}}{1-Q}$；$P\subseteq 2^{\theta}$；$u_{s0}=0$；$Q=1-\sum_{j=1}^{n}\left\{m_{sj}(P)\prod_{i=0}^{j-1}u_{si}\left[\prod_{i=j+1}^{n}\left(m_{si}(P)+u_{si}\right)\right]\right\}-\prod_{i=1}^{n}u_{si}$。

(2) 将 m 个测点视为一个监测系统，计算总的融合后验可信度分配

$$m(P)=\frac{\sum\limits_{\cap A_j\neq P}\prod\limits_{1\leqslant s\leqslant n}m_s(A_i)}{1-Q}\ (P\subseteq 2^{\theta}) \tag{9-47}$$

式中：$Q=\sum\limits_{\cap A_j=\phi}\prod\limits_{1\leqslant s\leqslant n}m_s(A_i)$。

特别地，“未知”命题的融合后验可信度分配为

$$u=\prod_{i=1}^{n}u_i\Big/(1-Q) \tag{9-48}$$

方法二：首先在每个给定的监测周期，计算 m 个测点所获得的融合后验可信度分配，然后基于在所有 n 个监测周期上所获得的融合后验可信度分配，计算总的融合后验和信度分配。

(1) 计算每个监测周期上 m 个测点获得的 k 个命题的融合后验可信度分配

$$m\left(P_j\right)=\frac{\sum\limits_{\bigcap A_i=P}\prod\limits_{1\leqslant s\leqslant n} m_{sj}\left(A_i\right)}{1-Q_j}\quad\left(P\subseteq 2^{\theta}\right)\tag{9-49}$$

式中：$Q_j=\sum\limits_{\bigcap A_j=\phi}\prod\limits_{1\leqslant s\leqslant n} m_{sj}(A_i)$。

特别地，“未知”命题的融合后验可信度分配为

$$u_j=\prod_{i=1}^{n}u_{ij}\Big/\left(1-Q_j\right)\tag{9-50}$$

$$m_{sj}\left(P\right)=\frac{\sum\limits_{j=1}^{n}\left\{m_{sj}\left(P\right)\prod\limits_{i=0}^{j-1}u_{si}\left[\prod\limits_{i=j+1}^{n}\left(m_{si}\left(P\right)+u_{si}\right)\right]\right\}}{1-Q}\tag{9-51}$$

式中：$Q=1-\sum\limits_{j=1}^{n}\left\{m_{sj}(P)\prod\limits_{i=0}^{j-1}u_{si}\left[\prod\limits_{s=j+1}^{n}(m_{si}(P)+u_{si})\right]\right\}-\prod\limits_{i=1}^{n}u_{si}$。

(2) 基于 n 个监测周期上的可信度分配，计算总的融合后验和信度分配

$$m\left(P\right)=\frac{\sum\limits_{\bigcap A_j\neq P}\prod\limits_{1\leqslant j\leqslant n} m_j\left(A_i\right)}{1-Q_s}\quad\left(P\subseteq 2^{\theta}\right)\tag{9-52}$$

$$Q=\sum_{\bigcap A_j=\phi}\prod_{1\leqslant j\leqslant n} m_j\left(A_i\right)\tag{9-53}$$

特别地，“未知”命题的融合后验可信度分配为

$$u=\prod_{i=1}^{n}u_i\Big/\left(1-Q\right)\tag{9-54}$$

混凝土坝服役性态多源信息集成融合推理实质上就是在同一个鉴别框架下，将不同的证据体合成为一个新的证据体的过程。这种合并是利用 Dempster 合并规则来实现的。通过将各基本概率分布函数合并，产生对各基本概率分布函数统一的总体基本概率分布函数，对获得的关于各命题的总体基本概率分布利用某一决策选择规则，获得最后的结果。此外，用 Dempster-Shafer 证据推理进行决策信息融合时，可将 BP 网络的单通道输出结果直接转化为证据推理模型，从而避开建立质量函数的麻烦，提高了决策精度。

9.3　多源信息的相容方法集综合评价方法

混凝土坝服役性态多源信息集成融合推理评价是多指标、多层次的递阶分析问题，上述信息融合评价方法，实质上是选择几种有代表性的方法，将其分析结论按一定的方式融合，最终得到一个综合值。由于每种方法的原理不同，有些方法对某些评价对象有偏好性，即有些方法可能对某些对象适合，而对另一些对象不适合或适合的程度不高，所以不同方法所得结论的一致性程度对确定各种方法在推理评价中所占的权重就显得至关重要。因此，需要研究上述方法的融合问题。下面引入相容方法集，研究混凝土坝服役性态多源信息集成融合推理评价的相容方法集的构建方法，给出相应的判断标准，为评价方法的融合提供理论依据；然后引入合作博弈理论、方法集化思想和属性识别理论，提出相应的综合评价技术。

9.3.1　相容方法集的确定

在工程实践中，由于不同方法机理相异，并且分析结论的表现形式不尽相同，以至不同方法之间不一定都具有可比性，而不可比的方法在应用中很难进行组合。在定义相容方法集之前，首先需要定义可比方法集。所谓可比性，是指不同方法的分析结论是以同性质(或可转化为同性质)的指标来表示的。所谓可比方法集，是指运用不同方法对同一组对象进行分析时，其结论之间具备(或可转化为具备)可比性的所有方法的集合 M。一般而言，不同方法应用于一组待研究对象时，如果其结论能以数值体现或直接以排序形式给出，其结论通过一定的数学变换(如标准化等)均可使之具有可比性。在以上定义的基础上，将相容方法集定义为：在给定检验标准条件下，适用于评价对象的所有方法集合 M_1，且 $M_1 \subseteq M$。

依据少数服从多数的原则，如果某专家对评价指标的重要性判断矩阵与专家群体综合性矩阵的相容程度高、共识程度高，就认为该专家水平高、判断准确性强，或者至少认为该专家意见代表大多数与会专家意见，因此该专家的重要性就强；反之，则认为该专家水平低、判断准确性低，或者认为该专家意见与大多专家的意见不相符合，其重要性就低。由于混凝土坝的复杂性和多样性，虽然确实存在与上述原则相反的情况，但大多数的情况均可按照此准则分析研究。

同时，为保证结论的合理性，即综合分析结论与原始方法的结论之间是否密切相关，可以通过斯皮尔曼等级相关系数事后检验得知。但用斯皮尔曼等级相关系数事后检验两种结论之间的密切程度，并不能从总体上把握多种结论之间是否具有一致性。为此，需要结合肯德尔和谐系数来对综合分析法进行事前检验。与此同时，在对不同方法一致性检验的基础上，综合应用模糊聚类分析法来确定相容方法集。

9.3.1.1 肯德尔和谐系数事前一致性检验法

事前检验主要是检验用于组合的各种方法的结论是否具有一致性。肯德尔和谐系数最初是用于确定两组或多组数字序列之间相关性大小的一个描述工具，能够反映出数字序列之间的内在关联度。因此，在用多种方法对同一组对象分析时，应用肯德尔和谐系数检验各方法结论在总体上是否具有相容性，能够在一定程度上体现出分析方法的内在属性。基本思路为：选用b种综合方法分别对m个对象进行研究，检验这些结果之间是否一致，通过讨论统计学中肯德尔和谐系数显示出样本数据中“实际符合”与“最大可能的符合”之间的分歧程度来判别多种结论的一致性。

假设H_0：b种方法的结论不具有相容性；H_1：b种方法的结论具有相容性。当$m \leqslant 7$时，计算统计量

$$s=\sum_{i=1}^{m} r_i^2-\frac{1}{m}\left(\sum_{i=1}^{m} r_i\right)^2 \tag{9-55}$$

式中：s为肯德尔和谐系数；$r_i=\sum_{j=1}^{b} y_{ij}$；$y_{ij}$为第$i$个对象在第$j$种方法中的结果排序值。

在给定显著性水平条件α下，查肯德尔和谐系数临界值表得临界值s_α，当$s \geqslant s_\alpha$时，判定b种方法具有相容性，否则判定b种方法不具有相容性。

当$m>7$时，计算统计量

$$\chi^2=b(m-1)W \tag{9-56}$$

其中

$$W=\frac{12\sum_{i=1}^{n} r_i^2-3b^2 m(m+1)^2}{b^2 m(m^2-1)} \tag{9-57}$$

由于当$m \to +\infty$时，统计量$\chi^2=b(m-1)W$近似服从自由度为$m-1$的χ^2分布，故在实际应用中一般当$m>7$时，可根据给定显著性水平α查临界值$\chi_\alpha{}^2(m-1)$，当$\chi^2 \geqslant \chi_\alpha{}^2(m-1)$时判定$b$种方法的结论具有相容性，否则判定不具有相容性。

对具有相容性的b种方法的结论可进行下一步组合研究；否则，只能逐步剔除其中一些方法，直到满足结论相容性条件方能组合。具体流程如图9-6所示。

9.3.1.2 斯皮尔曼等级相关系数事后一致性检验法

事后检验，主要是检验综合评价方法所得结论与原始方法所得结论之间的密

切程度。斯皮尔曼事后一致性检验主要用于检验各组合方法所得排序结果与原始所有方法所得排序结果之间的相关程度，p 种组合方法的排序结果见表 9-1。

表 9-1　p 种组合方法的排序结果

对象	组合 1	组合 2	…	组合 p
对象 1	X_{11}	X_{12}	…	X_{1p}
对象 2	X_{21}	X_{22}	…	X_{2p}
⋮	⋮	⋮		⋮
对象 n	X_{n1}	X_{n2}	…	X_{np}

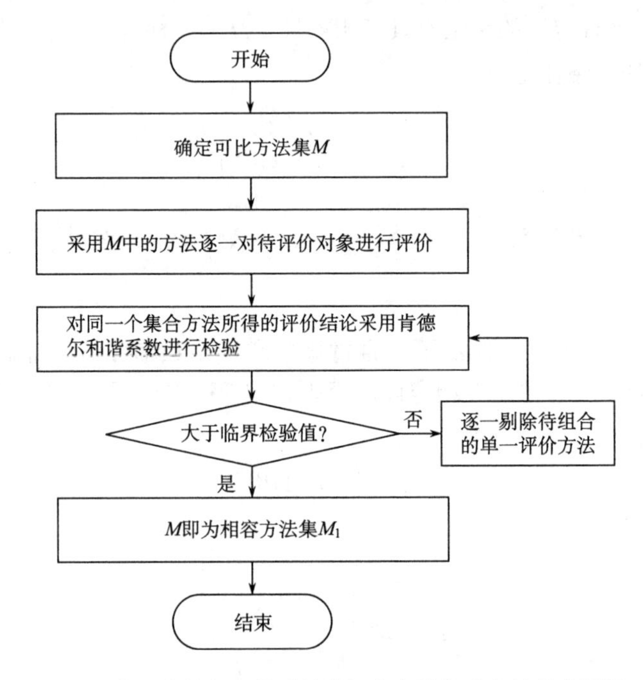

图 9-6　基于肯德尔和谐系数的相容方法集确定的程序框图

1) 将综合评价结果转化为排序值

假设对原 m 种方法进行 p 种组合，所得排序结果见表 9-1。其中 X_{ik} 表示第 i 个对象在第 k 种组合方法下的排序值，$1 \leqslant X_{ik} \leqslant n(i=1,2,\cdots,n;k=1,2,\cdots,p)$。

2) 提出假设

假设 H_0：第 k 种组合方法与原 m 种独立评价方法无关；H_1：第 k 种组合方法与原 m 种独立评价方法有关。

3) 构造统计量 t_k

t_k 服从自由度为 $n-2$ 的 t 分布，其表达式为

$$t_k = \rho_k \sqrt{\frac{n-2}{1-\rho_k^{\ 2}}} \qquad k=1,2,\cdots,p \tag{9-58}$$

式中：$\rho_k = \frac{1}{m}\sum_{j=1}^{m}\rho_{jk}$ ，ρ_k 表示第 k 种组合方法与原 m 种方法之间的平均相关程度 ρ_{jk} 表示第 k 种组合方法与原第 j 种方法之间的斯皮尔曼等级相关系数，其计算式为

$$\rho_{jk} = 1 - \frac{6\sum_{i=1}^{n}\left(x_{ik}-x_{ij}\right)^2}{n\left(n^2-1\right)} \qquad j=1,2,\cdots,m; k=1,2,\cdots,p \tag{9-59}$$

式中：x_{ik}, x_{ij} 为第 i 个对象分别在第 j 种原始方法和第 k 种组合方法下排序结果规范后的取值；n 为对象的个数；m 为原始方法数；p 为组合方法数。

斯皮尔曼等级相关系数 ρ_{jk} 反映组合方法 k 与原独立方法 j 之间的相关程度，ρ_{jk} 越大，表示两种方法所得的排序结果的相关程度越高。因此，可根据式(9-59)来确定斯皮尔曼等级相关系数 ρ_{jk} 值，由此得到 ρ_k 值及统计量 t_k 值的大小，利用 ρ_k 值和 t_k 值来选择与原 m 种独立方法最密切的组合方法作为最后结果。

9.3.1.3　基于模糊聚类分析的相容方法集确定方法

设可比方法集 M，待研究对象集 X，用第 i 种方法对 m 个对象进行分析可得到结论向量

$$\boldsymbol{u}_i = \left(u_{i1}, u_{i2}, \cdots, u_{im}\right)^{\mathrm{T}} \quad i=1,2,\cdots,b \tag{9-60}$$

假设以上结论向量具有可比性(或已转化为可比结论)，则可分别运用肯德尔和谐系数事前一致性检验法和斯皮尔曼等级相关系数事后一致性检验法进行双重检验的保证下，利用模糊聚类分析法确定混凝土坝服役性态综合评价相容方法集，其思路如图 9-7 所示。

9.3.2　综合评价方法

由上一节分析可知，相容方法集中的评价方法具有一致性。确定了相容方法集后，即可以这些方法的结论为基础，给出明确的评价方法组合判断标准，对参与组合的各种方法赋予不同的权重系数，找出有效的综合评判方法。为此，引入合作博弈理论、方法集化思想和属性识别理论，对参与的各种方法所占权重进行研究，提出混凝土坝服役性态综合评价的博弈法、方法集化法和模糊属性法。

9.3.2.1　博弈法

合作博弈也称为正和博弈，是指博弈双方的利益都有所增加，或者至少是一方的利益增加，而另一方的利益不受损害，因而整体利益有所增加。若将合作博弈的思想反过来应用，设混凝土坝服役性态综合评价的误差平方和为综合评价的目标，记作综合评价的“损失”，显然，误差平方和越小越好，即合作博弈的目标由“收益”越“大”越好变成了“损失”越“小”越好。为此，通过评价方法之间的相互合作与妥协，减小参与合作的每种方法的“损失”以及综合评价方法的“损失”，从而产生了一个“损失”的减小量。这个“损失减小量”在参与合作的每种方法中如何分配，将取决于参与合作的各种方法的可靠性。

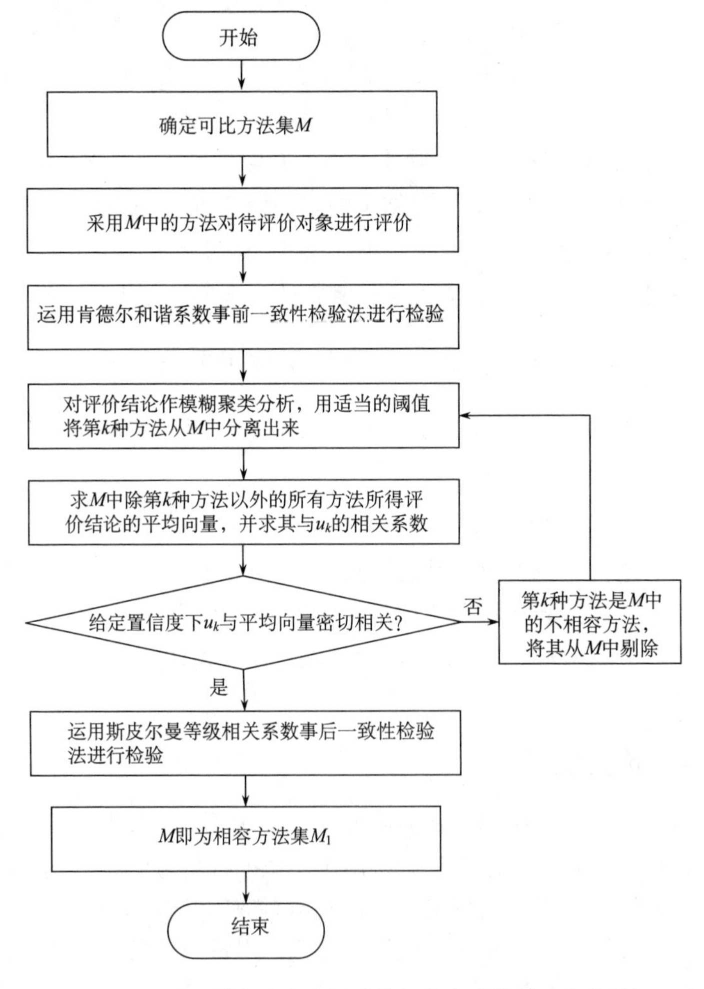

图 9-7　基于模糊聚类分析法的相容方法集的确定方法

混凝土坝服役性态综合评价博弈法的基本思路是：①将每种方法看成是合作博弈问题的局中人 i，每种方法的评价结果即局中人 i 的策略 S_i，则所有相容方法，组成局中人集合 N，所有策略组成策略组合 S；②将综合评价的误差平方和看成是合作的“结果”，显然，误差平方和最小的方案即最优的综合方法组合；③按合作博弈夏普利值法在各种方法中进行分配，从而获得综合权系数；④在上述分析的基础上，集成各种方法成果，得到最终结果。

为分析方便，将混凝土坝服役性态综合评价方法博弈问题表示为 (N,υ)，N 表示参与合作的所有方法的集合，$N=\{1,2,\cdots,b\}$，b 为参与合作的方法的个数；υ 是与 N 中的每个集合 S（$S\subseteq N$）相对应的特征函数。因此，$\upsilon(S)$ 表示的是集合 S 中参与合作的几种方法相互合作所能得到的“损失”的减小量，也就是“损失”向量 $(u_i)_{i\in S}$ 的集合，且满足

$$\sum_{i\in S}u_i \geqslant \upsilon(S) \tag{9-61}$$

即集合 S 中参与合作的几种方法“损失”之和大于合作后的综合方法集合的“损失”，存在“损失”的减小量。

设集合 S 中参与合作的几种方法中第 i 种方法分配所得的权重为 x_i，则 x_i 需要满足如下条件：

$$x_i \geqslant \upsilon(\{i\}),\quad i=1,2,\cdots,b \tag{9-62}$$

$$\sum_{i\in S}x_i=\upsilon(N)\text{或}x(N)=\upsilon(N) \tag{9-63}$$

核中的权重分配方案比其他任何集合 S 后的分配方案都更优，这里，“核”指能够通过独立性检验的权重分配方案。独立性检验要求对每个集合 S，分配给集合 S 中所有方法的“损失”减小量之和不得大于集合 S 即其相应的综合评价方法所能获得的“损失”减小量。如果某个权重分配方案在“核”中，须满足条件：

$$\sum_{i\in S}x_i=\upsilon(N),\ \sum_{i\in S}x_i \geqslant \upsilon(S),\forall S\subset N \tag{9-64}$$

将 $\upsilon(N)$ 分配给 b 种方法的分配方案有核子和夏普利值两种解。核子是对核的扩展，而且对于任何合作方案必须非空。核子表示全部的最优权重分配方案的集合，记为 $C(N,V)$。当选择了某个“核”中的权重分配方案时，某种方法(即局中人)也许希望选择其他对“它”更为有利的权重分配方案。但它不可能同其他方法形成新的集合而获得比现在“核”中的权重分配方案更多的“损失”减小量，故它无法否决这个“核”分配方案。夏普利值实质是按照各种参与合作的方法的“平均”贡献大小来分配，利用公理化方法得到合作博弈的唯一解。

设 $\varphi_i[V]$ 为某种方法(即局中人) i 在博弈 (N,V) 中应该得到的“损失”减小量，则夏普利值需满足以下条件：若 S 为 (N,V) 任意一个集合，则有

$$\sum_{i\in S}\varphi_i[V]=V(S) \tag{9-65}$$

对 N 的任意置换 π 和 $i\in N$，有

$$\varphi_{\pi(i)}[\pi]=\varphi_i[V] \tag{9-66}$$

对任意两个 m 种方法合作博弈 (N,U) 和 (N,V)，有

$$\varphi_i[U+V]=\varphi_i[U]+\varphi_i[V] \tag{9-67}$$

这里应用第二种方法(夏普利值)进行分配。

由于各类评价方法常存在结论不一致的问题。设某混凝土坝隐患病害问题要对 m 个对象进行分析，现采用 b 种具有相同属性的方法对其进行评价，方法集用 $M=\{1,2,\cdots,b\}$ 表示，将 M 看成是合作博弈问题的局中人集合。设 M 的所有子集为 2^M，那么任何一个子集 $S\in 2^M$ 形成综合评价的一个集合。若干种方法由于属性相似而结成集合后，作为一个整体进行综合评价，目标是尽量降低综合评价的误差，即增大“损失”减小量。采用评价值与人为设定的基准得分之间的误差平方和来反映其有效性。

设 u_{ik} 为第 i 种方法对第 k 个对象的评判值 $(i=1,2,\cdots,b;k=1,2,\cdots,m)$，$u_k$ 为所选的多种方法评价值的均值，那么，对于第 k 个对象，第 i 种方法评判值与多种方法评判值的均值 u_k 之间的误差为

$$e_{ik}=u_k-u_{ik} \tag{9-68}$$

设

$$\hat{u}_k=\omega_1 u_{1k}+\omega_2 u_{2k}+\cdots+\omega_b u_{bk} \tag{9-69}$$

表示多种方法的综合评判值，$\omega_1,\omega_2,\cdots,\omega_b$ 为 b 种方法的权系数，其满足

$$\sum_{i=1}^{b}\omega_i=1,\omega_i\geqslant 0,\quad i=1,2,\cdots,b \tag{9-70}$$

首先把 b 种具有相同属性的方法看成是合作博弈的 b 个局中人，其次将误差平方和 $J(M)$ 看成是合作博弈均衡的结果，那么目标是综合分析的误差要比各种不同方法得到的结论的误差更小。

设 b 种参与组合的方法为“参与者”，综合评价的误差总和 $J(M)$ 为“最大集合”的集合成果，则不同方法评价值的误差就是“局中人给集合带来的贡献”。因此，需要求得客观权重向量($\omega_1,\omega_2,\cdots,\omega_b$)，其中 ω_i 是不同方法按其对总误差的平均贡献所得的“分配”，也就是相对于综合评价值得到的客观权重。

步骤 1　计算初始的综合评价权系数。

设 e_k 为第 k 个待分析对象综合评价误差，则

$$e_k=\sum_{i=1}^{b}\omega_i\left(u_k-u_{ik}\right)=\sum_{i=1}^{b}\omega_i e_{ik} \tag{9-71}$$

综合评价的误差平方和为

$$J(M)=\sum_{k=1}^{m}{e_k}^2=\sum_{k=1}^{m}\sum_{i=1}^{b}\sum_{j=1}^{b}\omega_i\omega_j e_{ik}e_{jk} \tag{9-72}$$

记

$$\boldsymbol{E}=\left(\sum_{k=1}^{m}e_{ik}e_{jk}\right)_{b\times b},\ \boldsymbol{W}=(\omega_1,\omega_2,\cdots,\omega_b)^{\mathrm{T}},\boldsymbol{I}^{\mathrm{T}}=(1,1,\cdots,1)_{b\times b} \tag{9-73}$$

则 $\boldsymbol{E}$ 为综合评价模型的误差信息矩阵。

设 $\boldsymbol{W}$ 为综合评价模型的权系数向量，则综合评价误差平方和的非负权最优组合预测模型为

$$\begin{cases}\min J(M)=\boldsymbol{W}^{\mathrm{T}}\boldsymbol{E}\boldsymbol{W}\\ \boldsymbol{I}^{\mathrm{T}}\boldsymbol{W}=1\\ \boldsymbol{W}\geqslant 0\end{cases} \tag{9-74}$$

求解式(9-74)可以得到混凝土坝服役性态综合评价模型的权系数向量。

步骤 2　计算特征函数 $\upsilon(s)$。

实际上就是各种方法集合进行综合评价所得的误差平方和，计算出每个集合的特征函数。这里 $s\subset M$，s 是 M 的子集，共需计算 $C_b^1+C_b^2+\cdots+C_b^{b-1}+C_b^b=2^b-1$ 个特征函数。

设 $M=\{1,2,\cdots,b\},s\in M,\upsilon(s)$ 为定义在 2^M 集合上实值函数，令 $\upsilon(s)=J(s)$，若 $\upsilon(s)$ 满足

$$\begin{cases}\upsilon(\varPhi)=0\\ \upsilon(M)\leqslant\sum_{i=1}^{b}\upsilon(\{i\})\end{cases} \tag{9-75}$$

就称 $\upsilon(s)$ 为合作博弈 $[M,\upsilon]$ 的特征函数。其中 $J(s)$ 表示集合 s 进行综合评判所得的误差平方和。

步骤 3　计算多种方法合作博弈的夏普利值。

设 $\upsilon(s\cup\{i\})-\upsilon(s)$ 为第 i 种方法对于集合 s 合作的贡献，这里 $s\subset M$，定义

$$\phi_i(\upsilon)=\sum_{s}\frac{(b-|s|)!(|s|-1)!}{b!}\left[\upsilon(s)-\upsilon(s-\{i\})\right] \tag{9-76}$$

为合作博弈 $[M,\upsilon]$ 中第 i 种方法所得到的平均贡献。

设 $\phi(\upsilon)=(\phi_1(\upsilon),\phi_2(\upsilon),\cdots,\phi_b(\upsilon))$ 为综合评判权系数合作博弈 $[M,\upsilon]$ 的夏普利值。

步骤 4　综合评判博弈法的权重。

将所得到的夏普利值进行标准化处理，即可得到合作博弈法确定的综合评判权系数向量$(\omega_1,\omega_2,\cdots,\omega_b)$。其中

$$\omega_i=\frac{\phi_i(\upsilon)}{\upsilon(M)}\bigg/\sum_{j=1}^{b}\frac{\phi_j(\upsilon)}{\upsilon(M)}\qquad(i=1,2,\cdots,b)\tag{9-77}$$

它们满足$\sum_{i=1}^{b}\omega_i=1,\omega_i\geqslant 0,i=1,2,\cdots,b$。

步骤 5　计算综合评价值。

设第i种方法第j个对象的评价值为u_{ij}，博弈模型确定的第i种方法的权系数为ω_i，则综合评价的合作博弈模型所得评判值U_j为

$$U_j=\sum_{i=1}^{b}\omega_i u_{ij}\qquad(i=1,2,\cdots,b;j=1,2,\cdots,m)\tag{9-78}$$

9.3.2.2　方法集化法

1）可能的组合评判集

设相容方法集M_1中有b种方法，其中第i种方法对m个对象的评价结论为

$$u_i=(u_{i1},u_{i2},\cdots,u_{im})^{\mathrm{T}}\quad(i=1,2,\cdots,b)\tag{9-79}$$

这样就存在着相容的结论集$u=\{u_1,u_2,\cdots,u_b\}$。现在的问题是如何从这相容的结论集中组合出一个理想的评价结论。为此，定义可能的组合评价集，它是由b个相容的评价结论的任意凸线性组合构成，即令

$$u^0=\sum_{i=1}^{b}\omega_i u_i\tag{9-80}$$

这里将u^0视为基于相容评价结论集的一种可能的组合评判向量，它的全体$\left\{u^0\middle|u^0=\sum_{i=1}^{b}\omega_i u_i,\omega_i\geqslant 0,\sum_{i=1}^{b}\omega_i=1\right\}$表示可能的组合评价集。

2）综合评价方法集化法

综合评价方法的集化就是要在所有可能的组合综合评价集中找到一个最优的组合。在不同的相容综合评价结论中寻找一致或妥协，使确定的最满意的组合综合评价向量与所有相容方法的评价向量之间的总体偏差为最小。因此，可构造如下非线性规划模型：

$$\begin{aligned}&\min_{(\omega_1,\omega_2,\cdots,\omega_b)}\sum_{i=1}^{b}\left\|u^0-u_i\right\|_2\\&\text{s.t.}\quad\sum_{i=1}^{b}\omega_i=1,\omega_i\geqslant 0\qquad i=1,\cdots,b\end{aligned}\tag{9-81}$$

求解以上非线性规划模型，可求得与最满意的组合综合评判 u^* 相应的最满意的组合权向量 $\omega_i = (\omega_1^*, \omega_2^*, \cdots, \omega_b^*)^{\mathrm{T}}$ 。这样可求得最优的组合综合评价值，即

$$u^* = \sum_{i=1}^{b} \omega_i^* u_i \tag{9-82}$$

综合评价方法集化法分析结论的相容性检验是指检验由式(9-82)解出的最满意组合综合评价 u^* 与相容方法集中的所有断方法的结论在总体上是否相容。

对相容方法集 M_1 中的 b 种方法的 b 个结论向量及最满意的组合 u^* 做模糊聚类分析。在给定阈值 ε 的情况下，将其分成两类：如果被单独分出的一个向量不是最满意的组合 u^*，则判定最满意的结论与 M_1 中的 b 种方法的 b 个结论总体上具有相容性；否则，求最满意的组合 u^* 与相容方法集 M_1 中的 b 种方法的 b 个结论的平均向量 $\overline{u}$ 的相关系数 r_0，然后在一定显著性水平下，根据 r_0 检验 u^* 与 $\overline{u}$ 的相关性，进而判断最满意的组合综合评价结论与相容方法的综合评价结论全体是否相容。如果检验结果得到 u^* 与 $\overline{u}$ 密切相关，则判定最满意的组合综合评价结论与相容方法的综合评价结论总体相容；否则不相容，应重新寻求方法组合，直到满足要求为止。

基于方法集化法的混凝土坝服役性态综合评价流程如图 9-8 所示。

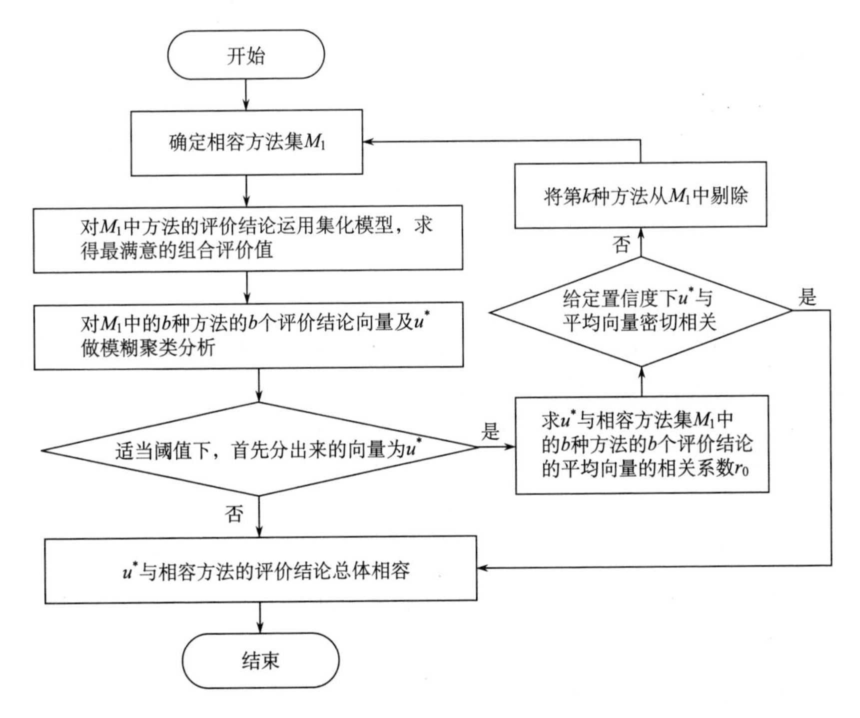

图 9-8　基于方法集化法的混凝土坝服役性态综合评价流程

9.3.2.3　模糊属性法

1) 属性集与属性集运算

设 X 为研究对象，例如混凝土坝坝体及坝基“实测性态”，$x_i(i=1,2,\cdots,n)$ 为反映研究对象性态或特征的属性指标，例如反映大坝坝体及坝基“实测性态”的渗流监测指标、变形监测指标、应力应变指标、巡查指标等；设 F 为研究对象 X 的一类属性，例如大坝坝体及坝基“实测性态”状况，称为属性空间或最大属性集；设 $C_k(k=1,2,\cdots,K)$ 为属性空间中的 K 个属性集，综合评判集中的五个等级都是 F 的子集。对于属性集，可以定义属性集运算如下：C_m 与 C_n 的“和” $C_m \cup C_n$ 表示“或者有 C_m 属性，或者有 C_n 属性”；C_m 与 C_n 的“交” $C_m \cap C_n$ 表示“既有 C_m 属性，也有 C_n 属性”；C_m 与 C_n 的“差” $C_m - C_n$ 表示“有 C_m 属性而没有 C_n 属性”；C_m 的“余集” $\bar{C}_m$ 表示“不具有 C_m 属性”；属性集中的“空集”定义为“不具有任何属性”，记为 $\varnothing$。例如，$C_m - C_n = \varnothing$，$C_m \cap \bar{C}_n = \varnothing$；对于多个属性集 C_k 的“和”与“交”分别用符号 $\bigcup_k C_k$ 与 $\bigcap_k C_k$ 表示；$\bigcup_k C_k$ 表示“至少具有 C_k 中的一个属性”，$\bigcap_k C_k$ 表示“具有所有 C_k 的属性”。

2) 属性代数和属性可测空间

为了研究属性集之间的关系，必须研究属性集的集合 A。若 A 满足以下 3 个条件：$F \in A$；如果 $C_m \in A$，则 $\bar{C}_m \in A$；如果 $C_m \in A$，$C_n \in A$，则 $C_m \cup C_n \in A$；则称 A 为属性代数，即对于属性代数中的属性集，对余运算、有限和运算、有限交运算皆封闭。

设 A 为属性代数，如果 A 还满足：对 $C_k \in A$，$k=1,2,\cdots$，有 $\bigcup_k C_k \in A$，则称 A 为属性 σ 代数，称 (F,A) 为属性可测空间。从理论上看，属性代数和属性 σ 代数与概率论和测度论中的代数和 σ 代数是不同的，因为概率论和测度论中集合的运算是点集的运算，而属性集的运算是逻辑中的“或”“并”“非”等运算。

3) 属性测度和属性测度空间

设 x_i 为 X 中的任一属性指标，C_k 为 F 中的任一属性，可用“$x_i \in C_k$”表示“x_i 具有属性 C_k”。但是“$x_i \in C_k$”仅是一种定性描述，而通常需对“x_i 具有属性 C_j”的程度作定量的刻画。可用一个数来表示“$x_i \in C_k$”的程度，这个数可记为 $\mu(x_i \in C_k)$ 或 $\mu_{x_i}(C_k)$，称它为 $x_i \in C_k$ 的属性测度。为方便起见，一般规定属性测度在 $[0,1]$ 之间取值。

对不同的属性集都可以给出相应的属性测度，但是，这些属性测度不可以任意给，必须满足一定的规则。设 (F,A) 为属性可测空间，称 μ_{x_i} 为 (F,A) 上的属性测度，如果μ_{x_i}满足：$\mu_{x_i}(C_k)\geqslant 0, C_k\in A$；$\mu_{x_i}(F)=1$；若$C_k\in A$，$C_m\cup C_n=\phi(m\neq n)$，则

$$\mu_{x_i}\left(\bigcup_{k=1}^{\infty}C_k\right)=\sum_{k=1}^{\infty}\mu_{x_i}\sigma(C_k) \tag{9-83}$$

式中：$i=1,2,\cdots,n$；$k=1,2,\cdots,K$。

式(9-83)反映了属性测度的可加性，(F, A, μ_{x_i})称为属性测度空间。属性测度空间与传统的概率空间或模糊测度空间是不同的。传统的概率空间或模糊测度空间是建立在点集或模糊集的基础之上的，属性测度空间则是建立在属性集的基础之上的。而属性集也不同于点集或模糊集。模糊集是一个函数，它研究的是对象X到区间[0,1]的一种映射关系，这种关系通常用隶属度来描述；属性集是关于某种属性的一种定性描述，它不是由元素或点组成的，研究对象X与属性集的映射关系由属性测度来体现。

4) 属性空间的分割和有序分割类

设F为研究对象X上的某类属性空间，$C_1, C_2,\cdots, C_K$为属性空间中的K个属性。如果$C_1, C_2,\cdots, C_K$满足：

$$F=\bigcup_{k=1}^{K}C_k, C_m\cup C_n=\phi(m\neq n) \tag{9-84}$$

则称($C_1, C_2,\cdots, C_K$)为属性空间下的分割。

将坝体及坝基“实测性态”的健康状况F划分为五个属性集，即C_1(健康)，C_2(亚健康)，C_3(轻度病变)，C_4(重度病变)，C_5(病危)。显然，上述五个属性集之间是可“比较”的，前面规定数值越大，表示对大坝健康越有利，为与之对应，这里认为$C_1>C_2>C_3>C_4>C_5$，即越安全越“强”，因此(C_1, C_2, C_3, C_4, C_5)为大坝“实测性态”的健康状况F的有序分割类。

5) 属性识别准则

在模糊数学模式识别中，判断研究对象X应属于评价类$C_1, C_2,\cdots, C_K$中的哪一类时，一般采用最大隶属度原则，即设模糊子集$C_k\in F(U), k=1,2,\cdots,K$。对$x\in U$，设$x$属于$C_k$的隶属度为$\mu_x(C_k)$，若

$$\mu_x(C_k)=\max\{\mu_x(C_1),\mu_x(C_2),\cdots,\mu_x(C_k)\} \tag{9-85}$$

则认为x相对地隶属于C_k，即判x归属于模式C_k一类。

在无序分割模糊子集中，最大隶属度原则应用十分广泛。对无序分割属性集，同理也可采用最大属性测度原则。但是对有序分割属性集，最大属性测度原则在处理问题时，在有些情况下(如某两属性测度接近时)可能得出不尽合理的结论。比如，将大坝“实测性态”的健康状况F划分为五个属性集，即(C_1, C_2, C_3, C_4, C_5)=(健康，亚健康，轻度病变，重度病变，病危)，这是一个有

序分割属性集。若大坝“实测性态”健康状况属性测度为 $(\mu_x(C_1),\mu_x(C_2),\mu_x(C_3),\mu_x(C_4),\mu_x(C_5))=(0.05,0.40,0.35,0.15,0.05)$，按最大属性测度原则，该坝坝体及坝基“实测性态”的健康状况应确定为亚健康。但是，x 属于轻度病变至病危的属性测度之和为 0.55，占整个属性测度总和的一半以上，且 $\mu_x(C_2)$ 和 $\mu_x(C_3)$ 相当接近。因此，简单地按最大属性测度原则认为该坝坝体及坝基“实测性态”的健康状况为亚健康是不合理的，有可能掩盖了实际结构的健康状况。为此，对有序分割属性集问题，宜采用置信度准则。

设 $(C_1,\ C_2,\cdots,\ C_K)$ 是属性空间 F 的一个有序分割类，λ 为置信度，且 $(C_1>C_2>\cdots>C_K)$，若

$$k_0=\min\left\{k:\sum_{i=1}^{k}\mu_x\left(C_i\right)\geqslant\lambda,1\leqslant k\leqslant K\right\} \tag{9-86}$$

则认为 x 属于 C_{k_0} 类。

置信度准则是从“强”的角度来考虑的，即认为越“强”越好，而且“强”的类应占相当大的比例。λ 为置信度，取值范围通常为 $0.5>\lambda>1$，一般取为 $\lambda=0.6\sim0.7$。在模糊评判方法的基础上，首先引入属性识别理论，确定评判对象的因素集 U 和评判集 V，并建立从 U 到 V 的模糊综合评判矩阵 $R=\left[r_{ij}\right]_{n\times m}$；然后，根据模糊评价方法，选择合适的合成算子；最后，对评价结果分析处理，得出综合评价值。

9.3.3 可靠性分析

以往对大坝工作性态综合评价结论可信度进行分析时，大多是从源头找起，对输入信息(监测资料)进行可靠性分析，一般以监测系统的精度为主要指标，不再赘述。在此，将可靠性定义为评价结论与客观实际的一致性，提出混凝土坝服役性态综合评价方法所得结论的可靠性分析的实现过程。可靠性测度基本思路如图 9-9 所示，可靠性测度的研究基于以下基本假设。

1)假设 1：差异性假设

对同一对象运用多种不同方法分别进行评价时，客观上存在着结论的差异性问题。比如采用主元分析法和灰色关联度法对同一大坝进行综合评价，所得两种结论与实际状况存在一定差异，同时两种不同方法所得结论之间也存在差异。

2)假设 2：相容性假设

不同的方法对不同的问题适用程度是有差异的，有些可能是根本不适用的，不适用的方法称为不相容方法，适用的方法称为相容的方法。

3)假设 3：待评价对象的等级差异假设

在工程实践中，同一组内若干个评价对象客观上存在等级差异，这也是符合

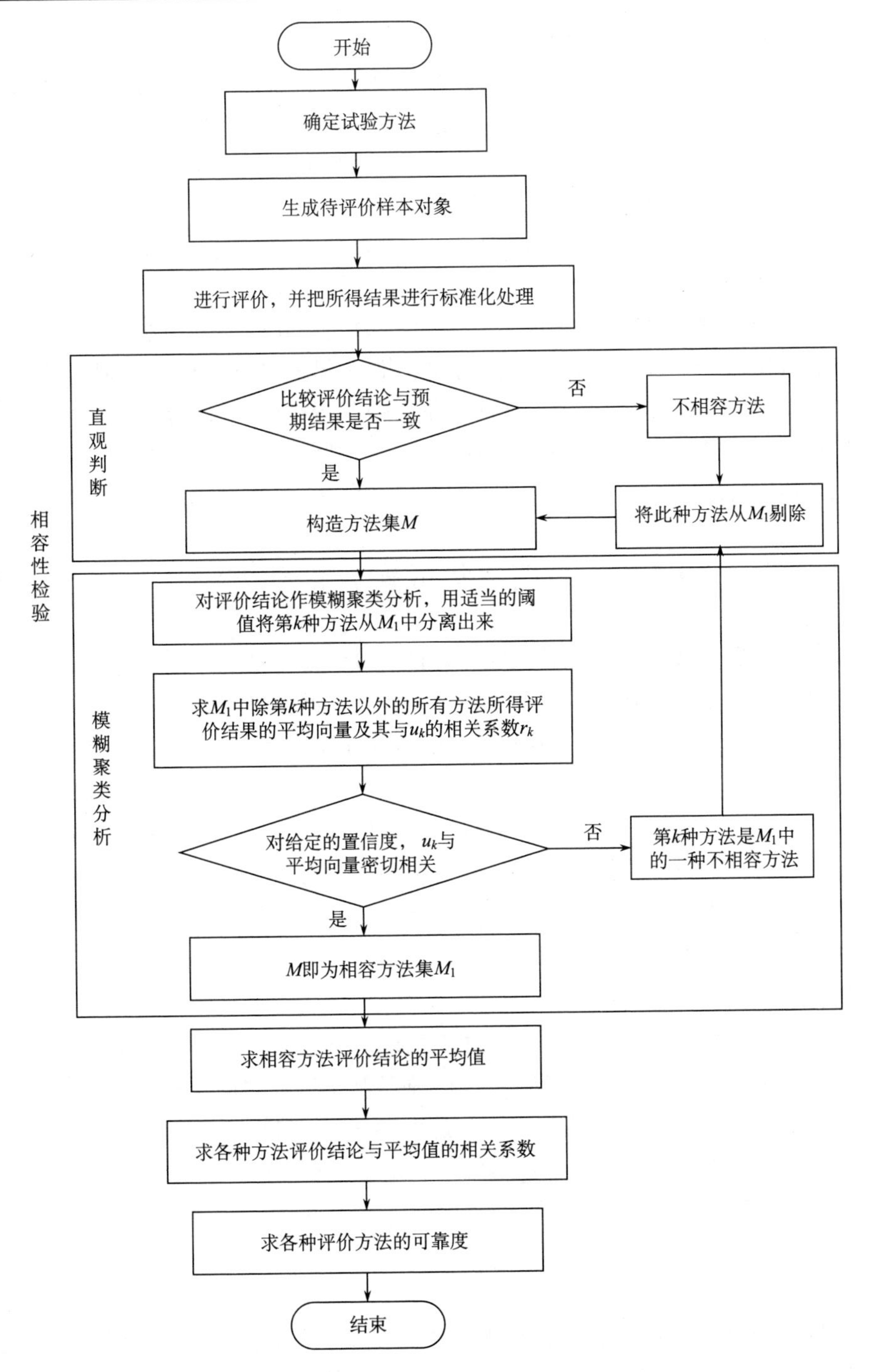

图 9-9　评价方法结论可靠性测度的仿真试验思路

实测数据规律的。如同一监测项目所有测点中，有的测点测值无异常变化，可能属于健康或亚健康；而某些测点测值则存在明显的趋势性变化或数据规律性差，可能属于轻度病变或重度病变，存在一定的等级差异。在本试验中，采用人为设定等级差异的随机数据作为试验样本，方便直观判断结果可靠性。

4)假设4：待评价对象数据分布假设

某特定等级内待评价对象某属性(指标)值的样本数据服从正态分布。这与利用监测数据建立统计模型的基本假定类似。

选择几种有代表性的(主要的且常用的)方法进行试验，利用仿真方法生成足够的随机样本对象进行分析评价，通过直观判断和模糊聚类分析比较各种方法的结论与预期结论(生成试验数据时人为划分的等级)是否相似，求标准化处理以后相容方法结论的平均值，并作为所选方法结论可靠性测度的参考值，求各方法评价结论标准化处理后的值与所有相容方法结论的平均值的相关系数，从而求得可靠度。

9.4 多源信息集成融合推理方法

混凝土坝服役性态多源信息集成融合推理分析体系是建立在多源信息集成与融合基础上，体系中存在许多复杂不确定问题。多源信息集成是指对监测信息、人工记录信息、专家经验信息、模型监控信息等进行综合、统一的系统控制技术，强调融合体系中不同信息的转换与流动的总体结构。多源信息融合是指在信息集成过程中，将来自不同效应量的监测信息合并成综合信息的具体阶段，强调监测数据转换与合并的具体方法和步骤，其关键在于运用各类融合方法对各种数据进行处理和推理。上文的融合分析模型主要是从信息融合的角度，研究多效应量监测信息融合结构、准则和算法的选择与优化上，尚需要研究如何从信息集成的角度实现对多源信息的综合控制。

人工智能专家系统(图9-10)利用知识推理，通过建立包含大量工程知识的知识库和推理机来模拟专家解决问题[106]。特别是基于黑板结构的专家系统，作为一种多专家合作系统，适合于多源信息集成融合推理。因此，下面基于黑板结构的专家系统模型对混凝土坝服役性态多源信息集成融合处理，实现对各层次信息融合算法的综合控制，在较高层次上实现领域专家信息融合处理能力。

9.4.1 黑板框架结构

黑板框架结构通过提供可扩展的多层次结构，有效地组织调度大量相互独立的知识源，删除和添加知识源均不会影响系统的主体结构，对于系统的维护、更新、修改和调整升级都非常方便。而且，黑板结构本身是智能化结构，通过不断加入新的知识，可不断提高系统的智能化程度，为系统功能扩展提供了优良的环境。黑板框架结构如图 9-11 所示，由黑板、知识源和控制运算机构组成。

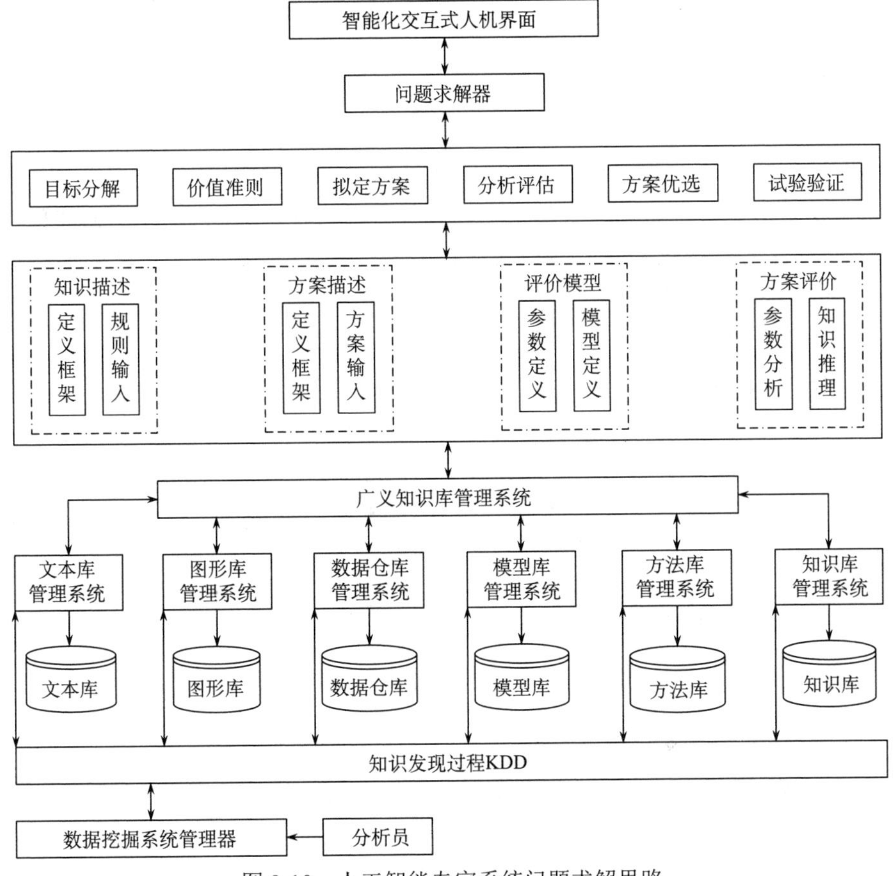

图 9-10　人工智能专家系统问题求解思路

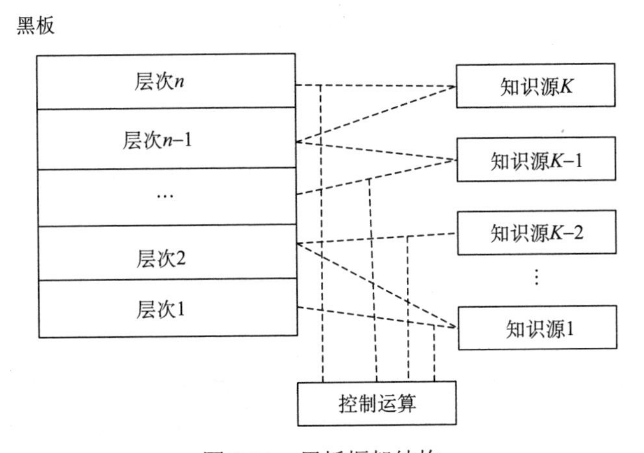

图 9-11　黑板框架结构

(1)黑板是用来存储数据、传递信息和处理方法的动态数据库，是系统中的全局工作区。整个黑板分成若干个信息层，每一层用于描述领域问题的某一类信息。知识源改变黑板的内容，从而逐步导出问题的解。在问题求解过程中所产生的部分解全部记录在黑板上。各知识源之间的交互只通过黑板进行，黑板是公共可访问的。

(2)知识源描述某个独立领域的知识及其处理方法，每个知识源可完成某些特定的解题功能，各知识源之间相互独立，通过黑板进行交流，合作完成问题求解。

(3)控制运算机构是黑板模型求解问题的推理机构，由监督程序和调度程序组成。监督程序根据黑板的状态变化激活有关知识源，将动作部分可执行的知识源放入调度队列中。调度程序选择最合适的知识源来执行，用执行的结果修改黑板状态，为下一步推理循环创造条件。

在黑板框架结构中，一个动态问题被分解成许多方面，每个专家在其特定领域提供解决问题的方法，并利用黑板交流如何利用它的专家经验解决问题。在此框架下，各个功能模块协调工作以实现最佳的融合效果。因此，鉴于混凝土坝服役性态多源信息融合的层次化要求，利用黑板框架构造多层次复杂融合系统成为较好的途径。

9.4.2　推理分析结构

混凝土坝服役性态多源信息集成融合推理分析结构如图 9-12 所示，主要由以下几个方面组成。

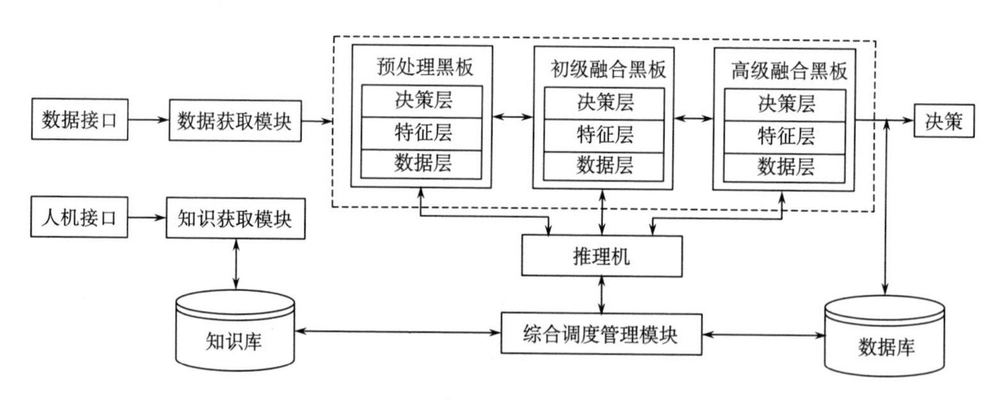

图 9-12　多源信息集成推理分析结构

(1)数据库：用于存储融合对象的初始数据、当前事实数据和融合结果。

(2)知识库：用于存储专家知识，包括事实与可行的操作以及规则。

(3)黑板：用于存放输入数据、部分解、选择对象和最终解，是全局数据存储区；黑板上的数据是分层组织的，每层上的相关信息作为一组知识源的输入；黑板的目的是保持计算状态和求解状态的数据，这些数据由知识源产生并为知识源所用；根据信息融合的特点，共采用 3 个黑板，即预处理黑板(数据层)、初级融合黑板(特征层)和高级融合黑板(决策层)，且每个黑板均分为 3 层。

(4) 综合调度管理模块：综合调度管理模块主要包括事件管理、黑板监督、知识调度及结果选择等功能，用以监督黑板信息的变化，激活与信息变化有关的知识源并将其置入调度队列，构成一个激发知识源集，并根据优先级的高低来判断选用特定的知识源作为下一步要执行的知识源。知识源执行后可能需要插入新的知识源到黑板中去，这又可能激发其他知识源，为新的一轮推理循环创造条件。

(5) 推理机：推理机就是以一定的推理策略，有效地选择知识库中的知识，根据输入信息进行推理，得出科学合理的结论。

9.4.3 知识库和推理过程

对于混凝土坝服役性态信息集成融合推理，最重要的技术环节是知识库和推理机，下面以专家系统技术为基础，综合运用多维数据库技术、神经网络和黑板结构理论，对复杂融合系统的知识表示、知识获取、知识管理和实时融合推理机制进行研究。

9.4.3.1 知识库

1) 知识的表示

混凝土坝服役性态综合评价结构[107]如图 9-13 所示，包括工程等级评判准则、设计标准评判准则、原型工作性态评判准则、施工质量评判准则、运行评判准则和库区滑坡评判准则等。知识库存放的是知识，知识表示常用的方法有规则结构、框架结构、逻辑表示法和原型表示法等。混凝土坝服役性态多源信息集成融合推理，采用基于多维数据原理的知识表示方法，通过模式识别、模糊识别、推理求解等实现，具体由 7 张表构成。

(1) 元事实表：元事实编号 ID-MATA，变量 VAR，谓词类型 OP TYPE，谓词名 OP NAME，值 VAL；

(2) 事实表：事实编号 ID-FACT，组成 CONSTITUTE；

(3) 规则表：规则编号 ID-RULE，前提 PREMISE，结论 CONCLUSION，置信度 CONFIDENCE；

(4) 方法表：事实编号 ID-METHOD，参数 PARAMETER，描述 DESCRIPTI ON；

(5) 事实索引表：元事实编号 ID-MATA，包含该项的事实编号 ID-FACT；

(6) 规则索引表：元事实编号 ID-MATA，包含该项的规则编号 ID-RULE；

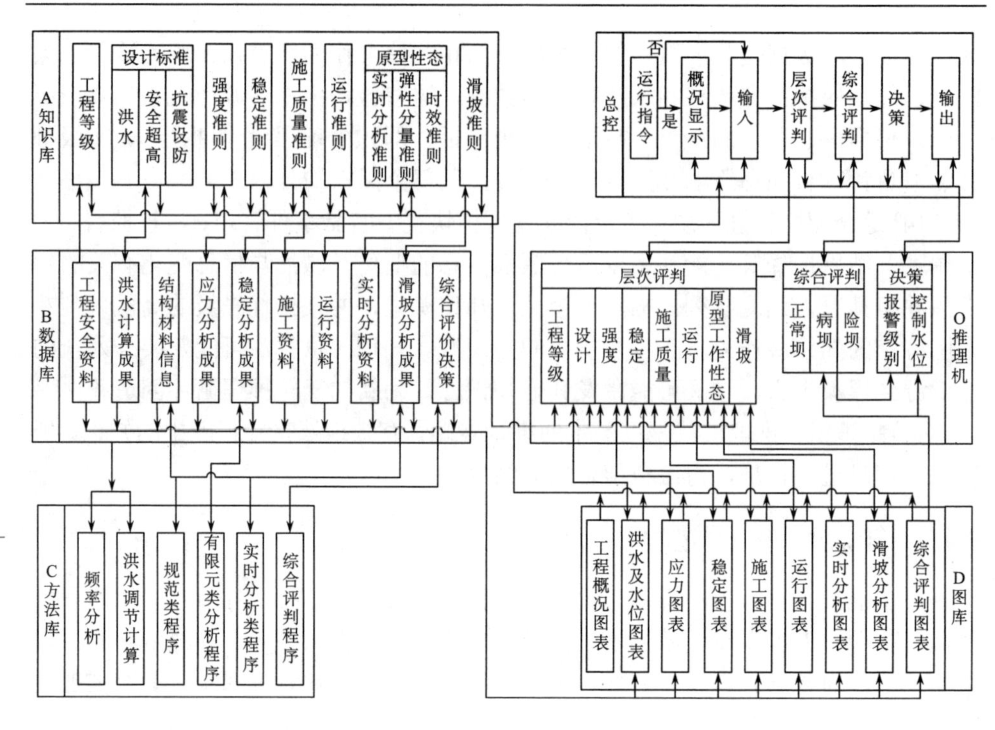

图 9-13　混凝土坝服役性态综合评价结构

(7) 方法索引表：元事实编号 ID-MATA，包含该项的方法编号 ID-METHOD。

2) 知识的获取

知识获取采用两种机制：①使用人工知识获取方法，将得到的专家知识直接输入知识库；②利用神经网络的 BP 学习算法来获取。与传统专家系统中的知识获取方式(由知识工程师整理、总结、消化领域专家的知识)相比，神经网络获取技术既具有更高的时间效率，又能保证更高的学习质量。具体知识获取过程如图 9-14 所示。

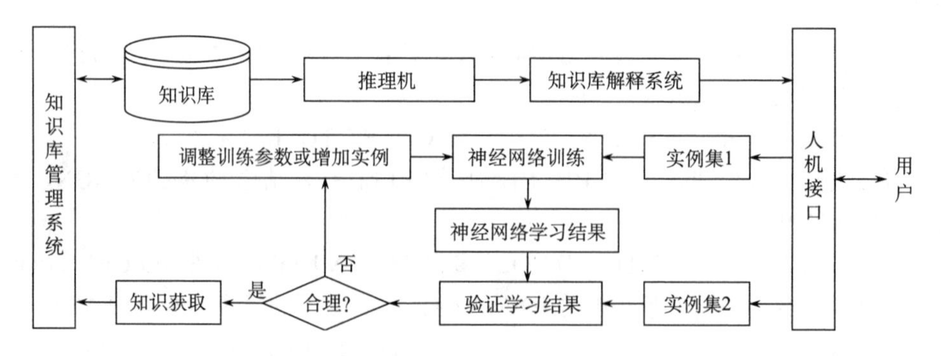

图 9-14　BP 神经网络实现知识自动获取过程

3) 知识的管理

知识的管理直接影响系统工作效率和性能，要提高多源信息集成融合分析的效率，设计一个高效、实时的知识库管理系统同样重要。知识库管理系统功能包括知识输入、输出、搜索、选择、修改、删除、查询以及规则的一致性和完整性检验等，其中一致性检验包括规则自身的条件冗余和冲突、规则间的冗余和矛盾、蕴涵检验等。因此，知识库管理系统除了采用高效的搜索算法外，还借助多维数据库的信息共享、存储、并发控制和故障恢复等技术来实现知识的高效管理。根据知识库和多维数据库两者的结合紧密程度，管理系统又可分为 3 种形式：弱耦合形式、松散耦合形式和紧耦合形式。鉴于紧耦合系统在实际运用中具有执行效率高、通信交互损失小等特点，所以选择紧耦合形式管理系统，该管理系统将知识库管理系统和多维数据库管理系统两者集成起来，以多维数据库管理系统为核心，采用 SQL 与知识库进行交互，组织、管理和查询知识和数据。

9.4.3.2　推理过程

混凝土坝服役性态实时推理分析流程[107]如图 9-15 所示，当知识库识别为异常测值时，即通过推理过程进行异常测值的成因分析，对结构和渗流引起的异常进行物理成因解析，对疑难杂症进行专家综合诊断，并提出辅助决策的建议。

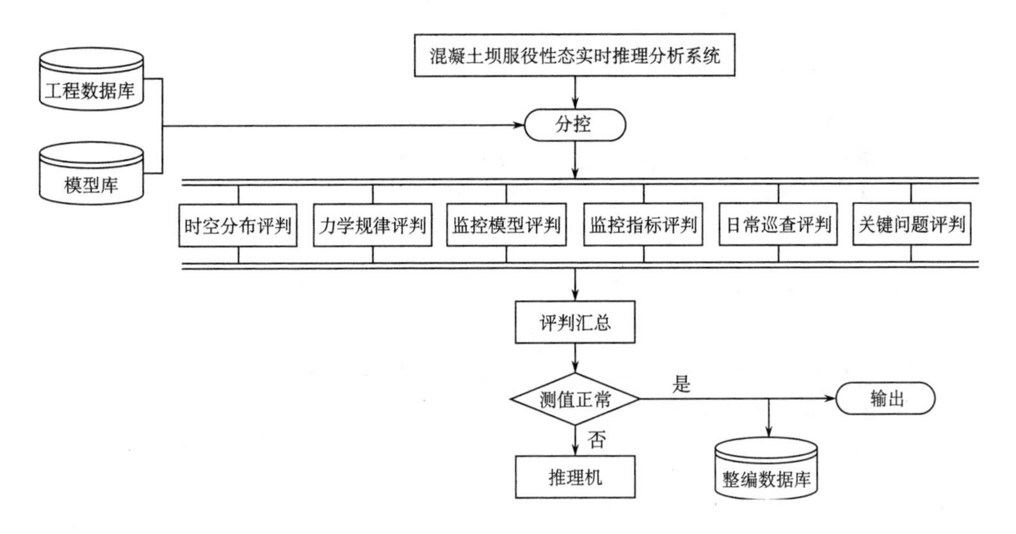

图 9-15　混凝土坝服役性态实时推理分析流程

根据知识库的评判准则，对混凝土坝服役性态进行层次阈值模糊评判，首先对水工建筑物的级别、设计标准以及衡量质量的有关标准等进行评价；然后，进行枢纽等级、设计洪水、安全超高、抗滑稳定、工程质量及基础处理等进行评价；

最后，按上述准则进行评价。但是，在资源条件限制的条件下，往往难以产生完整而准确的决策。

针对这个问题，目前已开发了许多实用方法，如渐进约束满足方法、并行推理方法、动态规划方法和渐进推理方法等，其中渐进推理方法是尽可能快地生成一个可行的解，并在限制时间内充分优化这个可行解，所以渐进推理在有实时要求时可以采用。根据多源信息集成融合的定义，渐进推理方法可以对各类数据进行去粗取精、去伪存真、由此及彼、由表及里的渐进综合分析过程。考虑到实时性要求，因此，采用分级渐进推理机制(图 9-16)进行信息集成融合推理，具体可分为 3 级，即感知、记忆和论证，3 级推理在综合调度管理下协调工作，完成实时融合。具体推理过程如下：

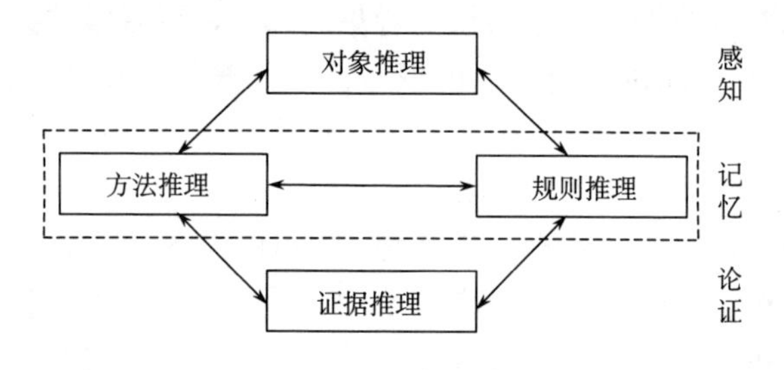

图 9-16　分级渐进推理机制

1) 推理机主要数据结构

CURRENT-FACTS-SET　存储当前的事实集合；

CURRENT-RULE　存储当前正在执行的规则；

CURRENT-METHOD　存储当前正在执行的方法；

VALID-RULES-STACK　规则顺序栈，存储所要执行的规则序列；

VALID-METHODS-STACK　方法顺序栈，存储所要执行的方法序列。

2) 推理机与知识库的主要接口函数

(1) SEARCH(OBJECT, CURRENT-FACTS-SET) 在事实库中搜索与当前对象相匹配的所有元事实，元事实的匹配条件为

IF OBJECT = ID-MATA

THEN ID-MATA should be added into CURRENT-FACTS-SET

(2) SEARCH(PARENT-RULE, FACTS-SET) 在优化规则库中搜索当前启用规则的所有的子规则，子规则的匹配条件为

IF PARENT-RULE number = PARENT-RULE AND part of conditions are consistent with FACTS-SET

THEN return

(3) SEARCH (PARENT-METHOD，FACTS-SET) 在方法库中搜索当前启用方法的所有的子方法，子方法的匹配条件为

IF PARENT-METHOD number = PARENT-METHOD AND is suitable in FACTS-SET for MATA use

THEN return

(4) EXECUTE (RULE-NO) 执行启用规则 RULE-NO 的操作部分。如果该规则的操作部分含有"输出建议"的操作，则输出相应的建议；如果含有"判断新的事实(中间事实)"的操作，则进行相应的中间事实的判断，并将判断成立的中间事实返回。

(5) EXECUTE (METHOD-NO) 执行启用方法 METHOD-NO 的操作部分。如果该方法的操作部分含有"输出建议"的操作，则输出相应的建议；如果有新的事实(中间事实)产生，则进行相应的中间事实的判断，并将判断成立的中间事实返回。

(6) EXECUTE (bpa) 根据数据库中或专家确定的基本概率指派函数(bpa)，运用证据理论对规则推理结果进行验证。如果有新的事实(中间事实)产生，则进行相应的中间事实的判断，并将判断成立的中间事实返回。

3) 具体推理算法(图 9-17)

步骤 1　开始时，当前规则和当前方法置-1，当前事实集、规则顺序栈和方法顺序栈置空；

步骤 2　执行 SEARCH (OBJECT，CURRENT-FACTSSET)，并将当前事实集中的元事实按权重大小调整顺序；

步骤 3　若当前事实集为空，转入步骤 6；

步骤 4　根据元事实的具体情况，执行 SEARCH (CURRENT-RULE，CURRENT-FACTS-SET) 或 SEARCH (CURRENT-METHOD，CURRENT-FACTSSET)，并将返回的规则或方法按权重自小到大的顺序依次压入规则顺序栈或方法顺序栈；

步骤 5　清空当前事实集；

步骤 6　若规则顺序栈或方法顺序栈为空，则转入步骤 8；否则，执行 POP 操作，压出各自栈中下一条规则或方法，置为当前规则或当前方法；

步骤 7　执行 EXECUTE (CURRENT-RULE) 或 EXECUTE (CURRENT-METHOD)，若有新产生的中间事实返回，则将中间事实加入当前事实集，转入步骤 3；

步骤 8　执行 EXECUTE (bpa)，若有新产生的中间事实返回，则将中间事实加入当前事实集，转入步骤 3。

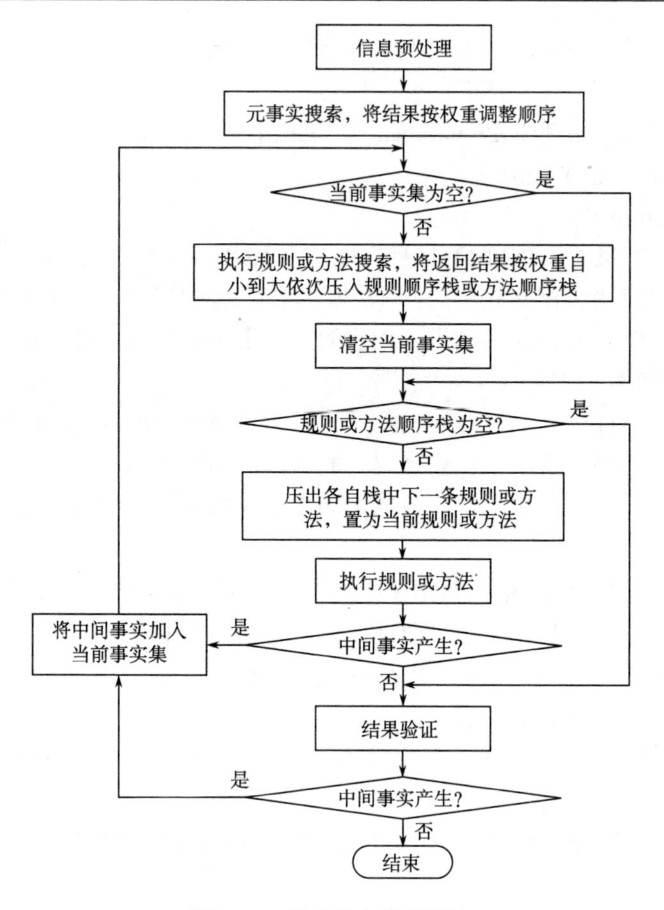

图 9-17　集成融合推理算法

在混凝土坝服役性态多源信息集成融合推理分析基础上，以面向对象软件设计开发方法为基本原则，实现混凝土坝服役性态多源信息集成融合推理的功能。为了保证系统稳定、高效地运行，在设计、开发过程中遵循以下原则：①可靠性，由于从各信息源获取的信息种类、特征各不相同，因此要求系统模型具有很高的可靠性，并且要具备较强的容错能力以及一定的故障分析能力；②易用性，系统操作简便，人机交互界面友好，便于使用与维护；③通用性，通过对数据接口进行标准化处理，使系统具有较高的通用性，能够处理来自各信息源的信息。

混凝土坝服役性态多源信息集成融合推理采用层次化的体系结构如图 9-18 所示，自下而上划分为四个层次，分别是数据层、学习层、融合层以及应用层。在数据层上，实现对外部环境信息源状态的获取以及相应数据的标准化处理，完成对监测数据的预处理；在学习层上，通过构建 BP 网络学习算法对证据合成规则中的权值参数进行离线学习，据此实现对学习样本的管理；在融合层上利用学习后得到的权值参数在证据合成网络中对标准化后的数据进行合成，实现对信息的融合；应用层是扩展模块，可以根据需求加入不同的模块，从而实现对信息集成融合决策结果的应用。

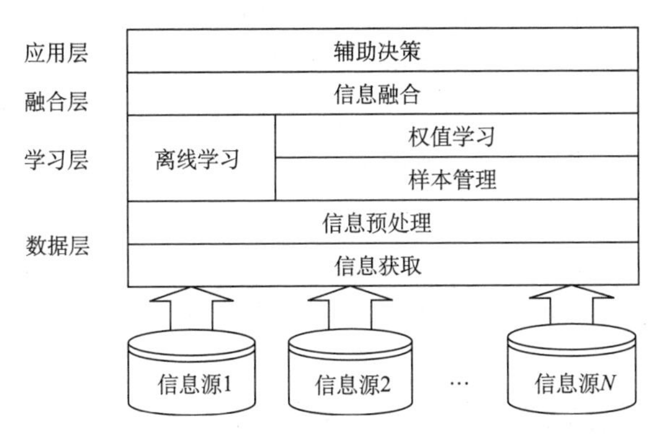

图 9-18　信息集成融合体系结构

根据信息集成融合体系结构，设计了系统开发过程如图 9-19 所示。

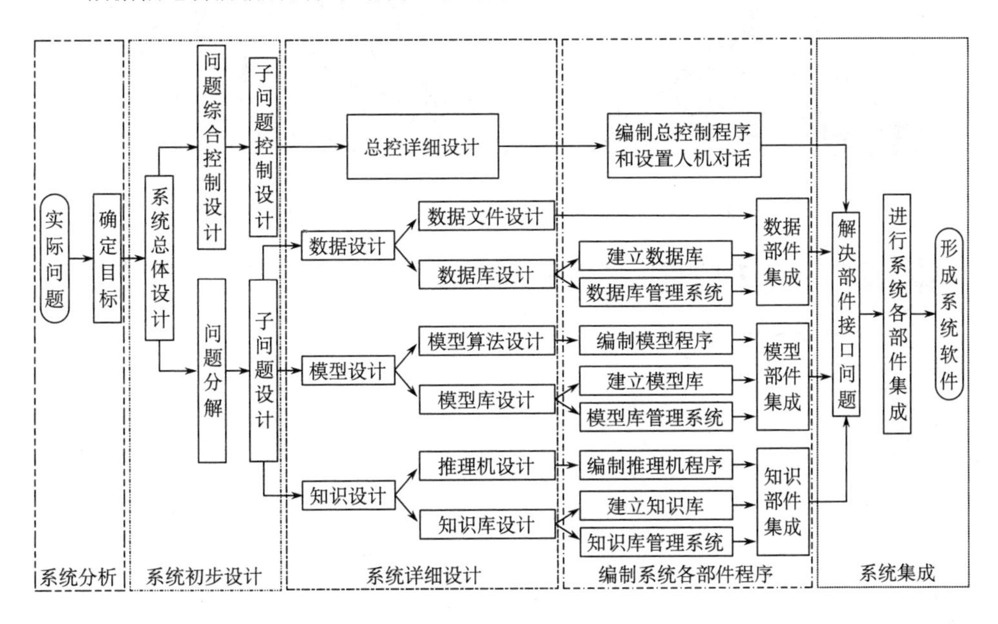

图 9-19　系统开发过程

图 9-20 给出了混凝土坝服役性态多源信息集成融合推理分析主界面，主要包括：①信息预处理模块，包括监测数据获取与标准化子模块，通过获取待融合的数据，利用标准化函数将各种类型的数据和信息进行预处理；②参数设置模块，

用于管理和配置系统中的各种全局参数，包括神经网络权值的配置以及信息融合参数等；③离线学习模块(图 9-21)，包括样本管理、学习参数设置以及学习算法三个子模块，样本管理子模块实现对样本数据的添加、删除、修改、保存等管理，学习算法模块利用神经网络对算法中合成网络的权值进行离线学习，学习参数设置作为辅助模块管理离线学习模块中特定的参数，如算法的学习效率、迭代次数等；④信息集成融合推理模块(图 9-22)，将标准化后的数据传入证据合成网络中，并利用离线学习得到的权值对合成网络权值参数进行设置，最终得到信息融合推理结果。

图 9-20　多源信息集成融合推理分析主界面

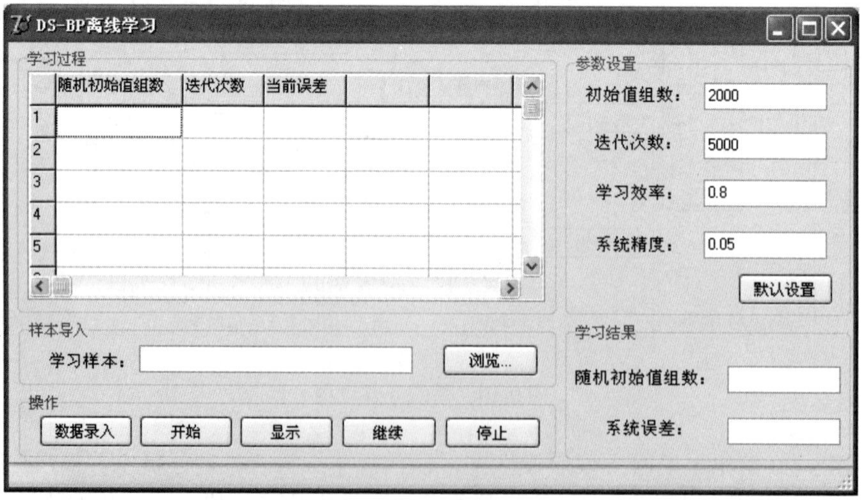

图 9-21　离线学习模块

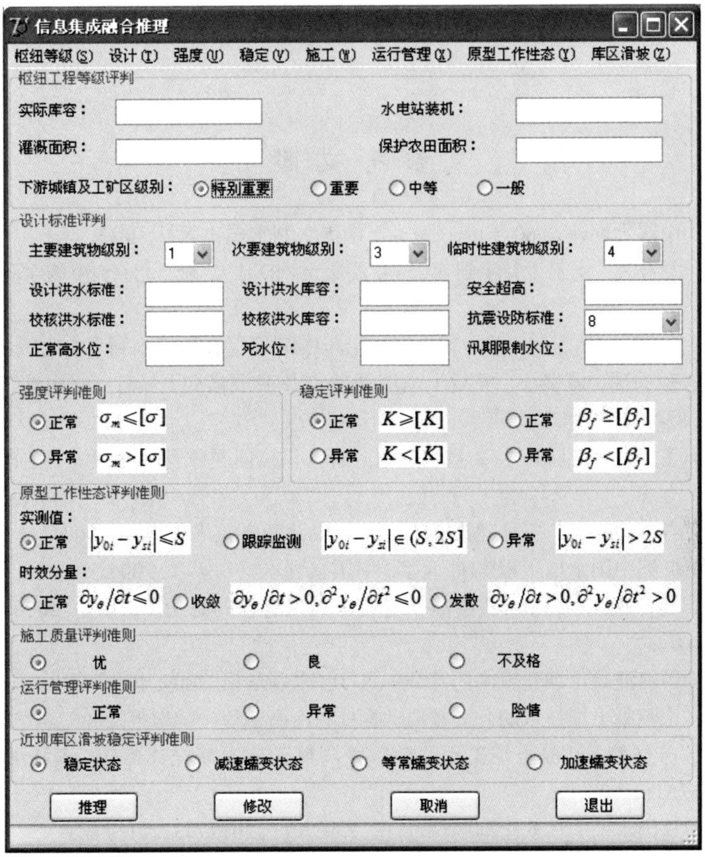

信息集成融合推理

枢纽等级(S)　设计(T)　强度(U)　稳定(V)　施工(W)　运行管理(X)　原型工作性态(Y)　库区滑坡(Z)

枢纽工程等级评判

实际库容：　　水电站装机：

灌溉面积：　　保护农田面积：

下游城镇及工矿区级别：　⊙特别重要　○重要　○中等　○一般

设计标准评判

主要建筑物级别：1　次要建筑物级别：3　临时性建筑物级别：4

设计洪水标准：　设计洪水库容：　安全超高：

校核洪水标准：　校核洪水库容：　抗震设防标准：8

正常高水位：　死水位：　汛期限制水位：

强度评判准则

⊙正常　$\sigma_m \leqslant [\sigma]$

○异常　$\sigma_m > [\sigma]$

稳定评判准则

⊙正常　$K \geqslant [K]$　○正常　$\beta_f \geq [\beta_f]$

○异常　$K < [K]$　○异常　$\beta_f < [\beta_f]$

原型工作性态评判准则

实测值：

⊙正常　$|y_{0i} - y_{si}| \leqslant S$　○跟踪监测　$|y_{0i} - y_{si}| \in (S, 2S]$　○异常　$|y_{0i} - y_{si}| > 2S$

时效分量：

○正常　$\partial y_\theta / \partial t \leqslant 0$　○收敛　$\partial y_\theta / \partial t > 0, \partial^2 y_\theta / \partial t^2 \leqslant 0$　○发散　$\partial y_\theta / \partial t > 0, \partial^2 y_\theta / \partial t^2 > 0$

施工质量评判准则

⊙优　○良　○不及格

运行管理评判准则

⊙正常　○异常　○险情

近坝库区滑坡稳定评判准则

⊙稳定状态　○减速蠕变状态　○等常蠕变状态　○加速蠕变状态

推理　修改　取消　退出

图 9-22　多源信息集成融合推理模块

参 考 文 献

[1] 贾金生. 中国大坝建设 60 年[M]. 北京: 中国水利水电出版社, 2013.

[2] 周建平, 党林才. 水工设计手册第 5 卷混凝土坝[M]. 2 版. 北京: 中国水利水电出版社, 2011.

[3] 周建平, 钮新强, 贾金生. 重力坝设计二十年[M]. 北京: 中国水利水电出版社, 2008.

[4] 姚霄雯, 张秀丽, 傅春江. 混凝土坝溃坝特点及溃坝模式分析[J]. 水电能源科学, 2016, 34(12): 83-86.

[5] 李瓒, 陈飞, 郑建波, 等. 特高拱坝枢纽分析与重点问题研究[M]. 北京: 中国电力出版社, 2004.

[6] 刘允芳. 岩体地应力与工程建设[M]. 武汉: 湖北科学技术出版社, 2000.

[7] 彭程. 21 世纪中国水电工程[M]. 北京: 中国水利水电出版社, 2005.

[8] 周建平, 杨泽艳, 陈观福. 我国高坝建设与高坝选型的思考[C]//水电 2006 国际研讨会, 2006: 464-467.

[9] 朱伯芳. 当前混凝土坝建设中的几个问题[J]. 水利学报, 2009, 40(1): 1-9.

[10] 朱伯芳. 论混凝土坝技术的几个重要问题[J]. 南昌工程学院学报, 2005, 24(1): 1-7.

[11] 顾冲时, 苏怀智. 混凝土坝工程长效服役与风险评定研究述评[J]. 水利水电科技进展, 2015, 35(5): 1-12.

[12] 郑守仁. 我国水库大坝安全问题探讨[J]. 人民长江, 2012, 43(21): 1-5.

[13] 吴中如. 水工建筑物安全监控理论及其应用[M]. 北京: 高等教育出版社, 2003.

[14] 吴中如. 中国大坝的安全和管理[J]. 中国工程科学, 2000, 2(6): 36-39.

[15] 顾冲时, 吴中如. 大坝与坝基安全监控理论和方法及其应用[M]. 南京: 河海大学出版社, 2006.

[16] 张秀丽, 杨泽艳. 水工设计手册第 11 卷水工安全监测[M]. 2 版. 北京: 中国水利水电出版社, 2013.

[17] 文成林, 周东华. 多尺度估计理论及其应用[M]. 北京: 清华大学出版社, 2002.

[18] Guerrero V M. Time series smoothing by penalized least squares[J]. Statistics & Probability Letters, 2007, 77: 1225-1234.

[19] Schaffrin B, Snow K. Total Least-Squares regularization of Tykhonov type and an ancient racetrack in Corinth[J]. Linear Algebra and Its Applications, 2010, 432: 2061-2076.

[20] Yang W X, Peter W. Development of an advanced noise reduction method for vibration analysis based on singular value decomposition[J]. NDTE International, 2003, 36: 419-432.

[21] Zekri M, Sadri S, Sheikholeslam F. Adaptive fuzzy wavelet network control design for nonlinear systems[J]. Fuzzy Sets and Systems, 2008, 159: 2668-2695.

[22] Neupauer R M, Borchers B. A MATLAB implementation of the minimum relative entropy

method for linear inverse problems[J]. Computers & Geosciences, 2001, 27: 757-762.

[23] Ulrych T J, Woodbury A D. Extensions to minimum relative entropy inversion for noisy data[J]. Journal of Contaminant Hydrology, 2003, 67: 13-25.

[24] Dubrulle A A. A QR algorithm with variable iteration multiplicity[J]. Journal of Computational and Applied Mathematics, 1997, 86: 125-139.

[25] Ruiz-Medina M D, Angulo J M, Anh V V. Fractional order regularization and wavelet approximation to the inverse estimation problem for random fields[J]. Journal of Multivariate Analysis, 2003, 85: 192-216.

[26] Tewfik A H, Kim M M. Correlation structure of the discrete wavelet coefficients of fractional Brownnian motions[J]. IEEE Trans. on Information Theory, 1992, 38(2): 904- 909.

[27] Chou K C, Willsky A S, Benveniste A. Multiscale recursive estimation data fusion and regularization[J]. IEEE Trans. on Automatic Control, 1994, 39(3): 464-478.

[28] Wen C L, Zhou D H. Multiscale stochastic system modeling and multiscale recursive data fusion estimation[J]. Chinese Journal of Electronics, 2002, 11(2): 192-195.

[29] 李树英, 许茂增. 随机系统的滤波与控制[M]. 北京: 国防工业出版社, 1991.

[30] 唐欣薇, 秦川, 张楚汉. 基于细观力学的混凝土类材料破损分析[M]. 北京: 中国建筑工业出版社, 2012.

[31] 高大钊. 岩土工程的回顾与前瞻[M]. 北京: 人民交通出版社, 2001.

[32] 张林, 陈建叶. 水工大坝与地基模型试验及工程应用[M]. 成都: 四川大学出版社, 2009.

[33] 吴中如, 顾冲时. 大坝原型反分析及其应用[M]. 南京: 江苏科学技术出版社, 2000.

[34] 何君毅, 林祥都. 工程结构非线性问题的数值解法[M]. 北京: 国防工业出版社, 1993.

[35] 刘宁, 刘光廷. 混凝土结构的随机温度场及随机徐变应力[J]. 力学进展, 1998, 28(1): 58-70.

[36] 刘宁. 可靠度随机有限元法及其工程应用[M]. 北京: 中国水利水电出版社, 2001.

[37] 李翔. 从复杂到有序: 神经网络智能控制理论新进展[M]. 上海: 上海交通大学出版社, 2006.

[38] 张雨浓, 罗飞恒, 陈锦浩, 等. 三输入伯努利神经网络权值与结构双确定[J]. 计算机科学与工程, 2013, 35(5): 142-148.

[39] 韦未, 李同春, 姚纬明. 建立在应变空间上的混凝土四参数破坏准则[J]. 水利水电科技进展, 2004, 24(5): 27-30.

[40] 河海大学, 水电水利规划设计总院. 高拱坝库盘变形及对大坝工作性态影响研究报告[R]. 2015.

[41] 常晓林, 周伟, 赖国伟, 等. 高混凝土坝结构安全与优化理论及应用[M]. 北京: 中国水利水电出版社, 2014.

[42] 汝乃华, 姜中胜. 大坝事故与安全·拱坝[M]. 北京: 中国水利水电出版社, 1995.

[43] Demmer W, Huber H, Lombardi G, et al. Remedial project for Kolnbrein arch dam, design and construction[R]. Osterreichische Draukraftwerke A. G. , Carinthia, Austria, June, 1991.

[44] Lombardi G. Kolnbrein dam: an unusual solution for an unusual problem[J]. Water Power and Dam Construction, 1991, 43(6): 31-34.

[45] 陈宗梁, 汝乃华. 国外高拱坝开裂漏水事故和加固(二集)[M]. 上海: 上海大坝科技咨询公司刊印, 2001.

[46] 潘家铮, 熊思政. 瑞士崔音尔拱坝的变形破坏与修复[J]. 大坝与安全, 1987, 1: 2-22.

[47] 李宗利, 任青文. 混凝土拱坝坝踵开裂研究述评[J]. 水利水电科技进展, 2004, 3: 62-65.

[48] Swanson A A, Sharma R P. Effects of the 1971 San Fernando earthquake on Pacoima arch dam[C]//Proceedings of 13th Congress of International Commission on Large Dams, New Delhi, India, 1979: 797-824.

[49] 吴中如, 顾冲时, 李雪红, 等. 佛子岭、梅山两座连拱坝的工作性态分析[J]. 大坝与安全, 1999, 4: 35-40.

[50] 沈长松, 陆绍俊, 林益才. 陈村重力拱坝裂缝加固方案及其效应初探[J]. 河海大学学报, 1994, 22(5): 15-22.

[51] 邢林生, 陈锵. 陈村拱坝下游面 105m 高程附近水平向裂缝长期分析研究[J]. 大坝与安全, 2009, 6: 20-25(31).

[52] 李雪红, 叶燕华. 龙羊峡重力拱坝裂缝的荷载效应分析[C]//第六届全国高强与高性能混凝土会议论文集, 2007: 402-407.

[53] 清华大学. 二滩水电站拱坝右岸 33#/34#坝段裂缝分析研究总报告[R]. 2005.

[54] 河海大学. 铁川桥水电站拱坝裂缝成因及整体稳定安全度分析评价报告[R]. 2012.

[55] 张文修, 吴伟志, 梁吉业, 等. 粗糙集理论与方法[M]. 北京: 科学出版社, 2001.

[56] 徐世烺, 赵国藩. 混凝土断裂力学研究[M]. 大连: 大连理工大学出版社, 1991.

[57] 秦前清. 实用小波分析[M]. 西安: 西安电子科技大学出版社, 1994.

[58] 凌复华. 突变理论及其应用[M]. 上海: 上海交通大学出版社, 1986.

[59] 王飞, 陈钢, 刘应华, 等. 极限分析的弹性补偿法及其应用[J]. 应用力学学报, 2004, 21(4): 147-150.

[60] Yang P, Liu Y, Ohtake Y, et al. Limit analysis based on a modified elastic compensation method for nozzle-to-cylinder junctions[J]. International Journal of Pressure Vessels and Piping, 2005, 82(10): 770-776.

[61] 陈钢, 刘应华. 结构塑性极限与安定分析理论及工程方法[M]. 北京: 科学出版社, 2006.

[62] 张筑生. 数学分析新讲(第 2 册)[M]. 北京: 北京大学出版社, 1990.

[63] Hillerborg A, Modéer M, Petersson P E. Analysis of crack formation and crack growth in concrete by means of fracture mechanics and finite elements[J]. Cement and Concrete Research, 1976, 6(6): 773-782.

[64] 王学志, 宋玉普, 张小刚, 等. 基于尺寸效应的混凝土有效裂缝扩展量研究[J]. 武汉理工大学学报, 2006, 28(3): 51-54.

[65] Rashid Y R. Analysis of pre-stressed concrete pressure vessels[J]. Nuclear Engineering and Design, 1968, 7(4): 334-344.

[66] Bažant Z P, Oh B-H. Crack band theory for fracture of concrete[J]. Materials and Structures(RILEM), 1983, 16: 155-177.

[67] Park Y J, Ang A H S. Mechanistic seismic damage model for reinforce concrete[J]. Journal of Structure Engineering ASCE, 1985, 111(4): 722-739.

[68] 周志芳, 王锦国. 裂隙介质水动力学[M]. 北京: 中国水利水电出版社, 2004.
[69] 杜时贵. 岩体结构面的工程性质[M]. 北京: 地震出版社, 1999.
[70] 河海大学, 黄河水电公司龙羊峡发电分公司. 拱坝超深强透水贯穿性断层渗流特性及其影响研究报告[R]. 2014.
[71] 柴军瑞, 徐维生. 大坝工程渗流非线性问题[M]. 北京: 中国水利水电出版社, 2011.
[72] 田开铭, 万力. 各向异性裂隙介质渗透性的研究与评价[M]. 北京: 学苑出版社, 1989.
[73] 张有天. 岩石水力学与工程[M]. 北京: 中国水利水电出版社, 2005.
[74] 谢和平, 冯夏庭. 灾害环境下重大工程安全性的基础研究[M]. 北京: 科学出版社, 2009.
[75] 朱华, 姬翠翠. 分形理论及其应用[M]. 北京: 科学出版社, 2011.
[76] 孙洪泉, 谢和平. 岩石断裂表面的分形模拟[J]. 岩土力学, 2008, 29(2): 347-352.
[77] Barton N, Bandis S, Bakhtar K. Strength deformation and conductivity coupling of rock joints[J]. International Journal of Rock Mechanics and Mining Sciences & Geomechanics Abstracts, 1985, 22(3): 121-140.
[78] Lomize G M. Flow in Fractured Rocks[M]. Moscow: Gesenergoizdat, 1951.
[79] Louis C. A study of groundwater flow in jointed rock and its influence on the stability of rock masses[R]. Imperial College Rock Mechanics Research Report, London, 1969.
[80] Tsang Y W, Tsang C F. Channel model of flow through fractured media[J]. Water Resources Researeh, 1987, 23(3): 467-479.
[81] Amadei B, Illannasekare T A. Mathematical model for flow and solute transport in nonhomogenous rock fracture[J]. International Journal of Rock Mechanics and Mining Sciences & Goemechanics, 1994, 18: 719-731.
[82] Tsang Y W, Witherspoon P A. Hydromechanical Behavior of a deformable rock fracture subject to normal stress[J]. Journal of Geophys Research, 1981, 86(B10): 9287-9298.
[83] Walsh J B. Effect of pore pressure and confining pressure on fracture permeability[J]. International Journal of Rock Mechanics and Mining Sciences & Geomechanics Abstracts, 1981, 18: 429-435.
[84] 陈卫忠, 伍国军, 贾善坡. ABAQUS 在隧道及地下工程中的应用[M]. 北京: 中国水利水电出版社, 2009.
[85] 夏才初, 王伟, 曹诗定. 节理在不同接触状态下的渗流特性[J]. 岩石力学与工程学报, 2010, 29(7): 1297-1306.
[86] Snow D T. Anisotropic permeability of fractured media[J]. Water Resources Research, 1969, 5(6): 1273-1289.
[87] Barenblatt G I. Basic concepts in the theory of seepage of homogeneous liquids in fissured rocks[J]. Journal of Applied Mathematical Mechanics, 1960, 24(5): 1286-1303.
[88] Oda M. An equivalent continuum model for coupled stress and fluid flow analysis in jointed rock masses[J]. Water Resources Research, 1986, 22(13): 1845-1856.
[89] Tang X W, Zhou Y D, Zhang C H, et al. Study on the heterogeneity character of concrete failure based on the equivalent probabilistic model[J]. Journal of Materials in Civil Engineering, 2011, 23(4): 402-413.

[90] 王向东. 混凝土损伤理论在水工结构仿真分析中的应用[D]. 南京: 河海大学, 2004.

[91] Lee J, Fenves G L. Plastic damage model for cyclic loading of concrete structures[J]. Journal of Engineering Mechanics, 1998, 124(8): 892-900.

[92] Long J C S, Remer J S, Wilson C R, et al. Porous media equivalents for networks of discontinuous fractures[J]. Water Resources Research, 1982, 18(3): 645-658.

[93] 朱岳明, 刘望亭. 裂隙岩体渗透系数张量的反演分析[J]. 岩石力学与工程学报, 1997, 16(5): 461-470.

[94] 李士勇, 李盼池. 量子计算与量子优化算法[M]. 哈尔滨: 哈尔滨工业大学出版社, 2010.

[95] 肖胜中. 小波神经网络理论与应用[M]. 沈阳: 东北大学出版社, 2006.

[96] 赵国藩, 金伟良, 贡金鑫. 结构可靠度理论[M]. 北京: 中国建筑工业出版社, 2000.

[97] 李登峰. 复杂模糊系统多层次多目标多人决策理论模型方法与应用研究[D]. 大连: 大连理工大学, 1995.

[98] 陈守煜. 模糊分析设计优选理论与模型[J]. 系统工程, 1990, 8(6): 55-61.

[99] 黄定轩, 武振业, 宗蕴璋. 基于属性重要性的多属性客观权重分配方法[J]. 系统工程理论方法应用, 2004, 13(3): 203-207.

[100] 金菊良, 魏一鸣, 潘金锋. 修正AHP中判断矩阵一致性的加速遗传算法[J]. 系统工程理论与实践, 2004, 1: 63-69.

[101] 中华人民共和国国家经济贸易委员会. DL5108—1999 混凝土重力坝设计规范[S]. 北京: 水利电力出版社, 2000.

[102] Comerford J B, Salvaneschi P, Lazzari M, et al. The role of AI technology in the management of dam safety: The DAMSAFE System[J]. Dam Engineering, 1992, 3(4): 265-275.

[103] Lazzari M, Salvaneschi P. MISTRAL: an expert system for management of warnings from automatic monitoring systems of dams[C]. Proceedings of the 2nd Specialist Seminar on integrated CAD of earthquake resistant buildings and civil structures, 1993: 156-162.

[104] Lazzari M. Artificial Intelligence and Monitoring of Dams[M]. EG-SEA-AI, 1994.

[105] Gaziev E G. Safety provision and an expert system for diagnosing and predicting dam behavior[J]. Hydrotechnical Construction, 2000, 34(6): 285-289.

[106] Davis R, Buehanan B G, Shortliffe E H. Production system as a representation for a knowledge-based consultation program[J]. Artificial Intelligence, 1977, 8(1): 15-45.

[107] 顾冲时, 苏怀智, 赵二峰. 大坝安全监控及反馈分析系统[J]. 中国水利, 2008, 20: 37-40.

编 后 记

《博士后文库》(以下简称《文库》)是汇集自然科学领域博士后研究人员优秀学术成果的系列丛书。《文库》致力于打造专属于博士后学术创新的旗舰品牌，营造博士后百花齐放的学术氛围，提升博士后优秀成果的学术和社会影响力。

《文库》出版资助工作开展以来，得到了全国博士后管委会办公室、中国博士后科学基金会、中国科学院、科学出版社等有关单位领导的大力支持，众多热心博士后事业的专家学者给予积极的建议，工作人员做了大量艰苦细致的工作。在此，我们一并表示感谢！

《博士后文库》编委会